개정판

건축물 에너지 평가사

1차 필기대비

필기시리즈 **4** 건물 에너지효율설계 · 평가

▶ 1차 필기대비 완전학습을 위한 필독서
▶ 핵심이론과 필수예제, 예상문제 수록

건축물에너지평가사 수험연구회 **www.inup.co.kr**

INUP
365 / 24
www.inup.co.kr

건축물에너지평가사 전용홈페이지를 통한
최신정보제공, 교재내용에 대한
질의응답이 가능합니다.

홈페이지 주요메뉴

❶ 커뮤니티
- 공지사항
- 학습 질의응답
- 쌤컬럼
- 출석체크

❷ 자료실
- 기출문제
- 모의고사
- 동영상 자료실

❸ 최신정보
- 개정법 정보
- 필기 정오표
- 실기 정오표

❹ 시험정보
- 시험일정
- 응시자격
- 출제기준

❺ 교재안내

❻ 동영상강좌

❼ 학원강좌

❽ 나의 강의실

한 솔 아 카 데 미 도 서 는 다 릅 니 다
인터넷 홈페이지 등록회원 학습 관리

본 도서를 구매하신 후 홈페이지에 회원등록을 하시면 아래와 같은
학습 관리시스템을 이용하실 수 있습니다.

01
학습 내용 질의 응답

본 도서 학습 시 궁금한 사항은 전용 홈페이지 학습게시판에 질문하실 수 있으며 함께
공부하시는 분들의 공통적인 질의응답을 통해 보다 효과적인 학습이 되도록 합니다.

> 전용 홈페이지(www.inup.co.kr) – 학습게시판

02
최신정보 및 개정사항

시험에 관한 최신정보를 가장 빠르게 확인할 수 있도록 제공해드리며, 시험과 관련된
법 개정내용은 개정 공포 즉시 신속히 인터넷 홈페이지에 올려드립니다.

> 전용 홈페이지(www.inup.co.kr) – 최신정보

03
전국 모의고사

인터넷 홈페이지를 통한 전국모의고사를 실시하여 학습에 대한 객관적인 평가 및 결과
분석을 알려드림으로써 시험 전 부족한 부분에 대해 충분히 보완할 수 있도록 합니다.

> • 시행일시 : 시험 실시 (세부내용은 인터넷 공지 참조)

건축물에너지평가사 수험연구회 www.inup.co.kr

Electricity

꿈·은·이·루·어·진·다

건축물에너지평가사 자격시험은...

건축물에너지평가사 시험은 2013년 민간자격(에너지관리공단 주관)으로 1회 시행된 이후 2015년부터는 녹색건축물조성지원법에 의해 국토교통부장관이 주관하는 국가전문자격시험으로 승격되었습니다.

건축물에너지평가사는 녹색건축물 조성을 위한 건축, 기계, 전기 분야 등 종합지식을 갖춘 유일한 전문가로서 향후 국가온실가스 감축의 핵심역할을 할 것으로 예상되며 그 업무영역은 건축물에너지효율등급 인증 업무 및 건물에너지관련 전문가로서 건물에너지 제도운영 및 효율화 분야 활용 등 점차 확대되어 나갈 것으로 전망됩니다.

향후 법제도의 정착을 위해서는 건축물에너지평가사 자격취득자가 일정 인원이상 배출되어야 하므로 시행초기가 건축물에너지평가사가 되기 위한 가장 좋은 기회가 될 것이며, 건축물에너지평가사의 업무는 기관에 소속되거나 또는 등록만 하고 개별적인 업무도 가능하도록 법제도가 추진되고 있어 자격증 취득자의 미래는 더욱 밝은 것으로 전망됩니다.

그러나 건축물에너지평가사의 응시자격대상은 건설분야, 기계분야, 전기분야, 환경분야, 에너지분야 등 범위가 매우 포괄적이어서 향후 경쟁은 점점 높아질 것으로 예상되오니 법제도의 시행초기에 보다 적극적인 학습준비로 건축물에너지평가사 국가전문자격을 취득하시어 건축물에너지분야의 유일한 전문가로서 중추적인 역할을 할 수 있기를 바랍니다.

본 수험서는 각 분야 전문가 및 전문 강사진으로 구성된 수험연구회를 구성하여 시험에 도전하시는 분께 가장 빠른 합격의 길잡이가 되어 드리고자 체계적으로 차근차근 준비하여 왔으며 건축물에너지평가사 시험에 관한 전문홈페이지(www.inup.co.kr) 통해 향후 변동이 되는 부분이나 최신정보를 지속적으로 전해드릴 수 있도록 합니다.

끝으로 여러분께서 최종합격하시는 그 날까지 교재연구진 일동은 혼신의 힘을 다할 것을 약속드립니다.

건축물에너지평가사 수험연구회

건축물에너지평가사 제도 및 응시자격

❶ 개요 및 수행직무

건축물에너지평가사는 건물에너지 부문의 시공, 컨설팅, 인증업무 수행을 위한 고유한 전문자격입니다. 건축, 기계, 전기, 신재생에너지 등의 복합지식 전문가로서 현재는 건축물에너지효율등급의 인증업무가 건축물에너지평가사의 고유업무로 법제화되어 있으며 향후 건물에너지 부문에서 설계, 시공, 컨설팅, 인증업무 분야의 유일한 전문자격 소지자로서 확대·발전되어 나갈 것으로 예상됩니다.

❷ 건축물에너지평가사 도입배경

1. 건축물 분야 국가온실가스 감축 목표달성 요구
   2020년까지 건축물 부문의 국가 온실가스 배출량 26.9% 감축목표 설정
2. 건축물 분야의 건축, 기계, 전기, 신재생 분야 등 종합적인 지식을 갖춘 전문인력 양성

❸ 수행업무

1. 건축물에너지효율등급 인증기관에 소속되거나 등록되어 인증평가업무 수행(법 17조의 3항)
2. 그린리모델링 사업자 등록기준 중 인력기준에 해당(시행령 제18조의 4)

❹ 자격통계

구 분		민간시험('13~14년)	제1회 시험('15년)	제2회 시험('16년)	제3회 시험('17년)	제4회 시험('18년)	제5회 시험('19년)	제6회 시험('20년)	제7회 시험('21년)	제8회 시험('22년)	제9회 시험('23년)
1차 시험 (필기)	응시자(명)	6,495	2,885	1,595	1,035	755	574	382	372	302	369
	합격자(명)	1,172	477	176	207	58	186	116	89	74	155
	합격률(%)	18.0	16.5	11.0	20.0	7.7	32.4	30.4	23.9	24.5	42.0
2차 시험 (실기)	응시자(명)	1,084	880	426	304	170	191	240	154	107	178
	합격자(명)	108	98	61	82	79	23	27	50	20	21
	합격률(%)	10.0	11.1	14.3	27.0	46.5	12.0	11.3	32.5	18.7	11.8
최종합격자(명)		108	98	61	82	79	23	27	50	20	21

❺ 건축물에너지평가사 응시자격 기준

1. 「국가기술자격법 시행규칙」 별표 2의 직무 분야 중 건설, 기계, 전기·전자, 정보통신, 안전관리, 환경·에너지(이하 "관련 국가기술자격의 직무분야"라 한다)에 해당하는 기사 자격을 취득한 후 관련 직무분야에서 2년 이상 실무에 종사한 자
2. 관련 국가기술자격의 직무분야에 해당하는 산업기사 자격을 취득한 후 관련 직무분야에서 3년 이상 실무에 종사한 자
3. 관련 국가기술자격의 직무분야에 해당하는 기능사 자격을 취득한 후 관련 직무분야에서 5년 이상 실무에 종사한 자
4. 고용노동부장관이 정하여 고시하는 국가기술자격의 종목별 관련 학과의 직무분야별 학과 중 건설, 기계, 전기·전자, 정보통신, 안전관리, 환경·에너지(이하 "관련학과"라 한다)에 해당하는 건축물 에너지 관련 분야 학과 4년제 이상 대학을 졸업한 후 관련 직무분야에서 4년 이상 실무에 종사한 자
5. 관련학과 3년제 대학을 졸업한 후 관련 직무분야에서 5년 이상 실무에 종사한 자
6. 관련학과 2년제 대학을 졸업한 후 관련 직무분야에서 6년 이상 실무에 종사한 자
7. 관련 직무분야에서 7년 이상 실무에 종사한 자
8. 관련 국가기술자격의 직무분야에 해당하는 기술사 자격을 취득한 자
9. 「건축사법」에 따른 건축사 자격을 취득한 자

건축물에너지평가사 시험정보

❶ 검정방법 및 면제과목

● 검정방법

구 분	시험과목	검정방법	문항수	시험 시간(분)	입실시간
1차 시험 (필기)	건물에너지 관계 법규	4지선다 선택형	20	120	시험 당일 09:30까지 입실
	건축환경계획		20		
	건축설비시스템		20		
	건물 에너지효율 설계·평가		20		
2차 시험 (실기)	건물 에너지효율 설계·평가	기입형 서술형 계산형	10 내외	150	

- 시험시간은 면제과목이 있는 경우 면제 1과목당 30분씩 감소 함
- 관련 법률, 기준 등을 적용하여 정답을 구하여야 하는 문제는 "시험시행 공고일" 현재 시행된 법률, 기준 등을 적용하여 그 정답을 구하여야 함

● 면제과목

구분		면제과목 (1차시험)	유의사항
건축사		건축환경계획	
기술사	건축전기설비기술사	건축설비시스템	면제과목은 수험자 본인이 선택가능
	발송배전기술사		
	건축기계설비기술사		
	공조냉동기계기술사		

- 면제과목에 해당하는 자격증 사본은 응시자격 증빙자료 제출기간에 반드시 제출하여야 하고 원서접수 내용과 다를 경우 해당시험 합격을 무효로 함
- 건축사와 해당 기술사 자격을 동시에 보유한 경우 2과목 동시면제 가능함
- 면제과목은 원서접수 이후 변경 불가함
- 제1차 시험 합격자에 한해 다음회 제1차 시험이 면제됨

❷ 합격결정기준

- **1차 필기시험** : 100점 만점기준으로 과목당 40점 이상, 전 과목 평균 60점 이상 득점한 자
  - 면제과목이 있는 경우 해당면제과목을 제외한 후 평균점수 산정
- **2차 실기시험** : 100점 만점기준 60점 이상 득점한 자

❸ 원서접수

- 원서접수처 : 한국에너지공단 건축물에너지평가사 누리집(http://min24.energy.or.kr/nbea)
- 검정수수료

구분	1차 시험	2차 시험
건축물에너지평가사	68,000원	89,000원

- 접수 시 유의사항
  - 면제과목 선택여부는 수험자 본인이 선택할 수 있으며, 제1차 시험 원서 접수시에만 가능하고 이후에는 선택이나 변경, 취소가 불가능함
  - 원서접수는 해당 접수기간 첫날 10:00부터 마지막 날 18:00까지 건축물에너지평가사 누리집 (http://min24.energy.or.kr/nbea)를 통하여 가능
  - 원서 접수 시에 입력한 개인정보가 시험당일 신분증과 상이할 경우 시험응시가 불가능함

❹ 시험장소

- 1차 시험 : 서울지역 1개소

- 2차 시험 : 서울지역 1개소
  - 구체적인 시험장소는 제1·2차 시험 접수 시 안내
  - 접수인원 증가 시 서울지역 예비시험장 마련

❺ 응시자격 제출서류(1차 합격 예정자)

- 대상 : 1차 필기시험 합격 예정자에 한해 접수 함
  증빙서류 : 졸업(학위)증명서 원본, 자격증사본, 경력(재직) 증명서 원본 중 해당 서류 제출
  - 기타 자세한 사항은 1차 필기시험 합격 예정자 발표시 공지
- 유의사항
  - 1차 필기시험 합격 예정자는 해당 증빙서류를 기한 내(13일간)에 제출
  - 지정된 기간 내에 증빙서류 미제출, 접수된 내용의 허위작성, 위조 등의 사실이 발견된 경우에는 불합격 또는 합격이 취소될 수 있음
  - 응시자격, 면제과목 및 경력산정 기준일 : 1차 시험시행일

건축물에너지평가사 출제기준

[건축물의 에너지효율등급 평가 및 에너지절약계획서 검토 등을 위한 기술 및 관련지식]

❶ 건축물에너지평가사 1차 시험 출제기준(필기)

시험과목	주요항목	출제범위
건물에너지 관계 법규	1. 녹색건축물 조성 지원법	1. 녹색건축물 조성 지원법령
	2. 에너지이용 합리화법	1. 에너지이용 합리화법령 2. 고효율에너지기자재 보급촉진에 관한 규정 및 효율관리기자재 운용규정 등 관련 하위규정
	3. 에너지법	1. 에너지법령
	4. 건축법	1. 건축법령(총칙, 건축물의 건축, 건축물의 유지와 관리, 건축물의 구조 및 재료, 건축설비 보칙) 2. 건축물의 설비기준 등에 관한 규칙 3. 건축물의 설계도서 작성기준 등 관련 하위규정
	5. 그 밖에 건물에너지 관련 법규	1. 건축물 에너지 관련 법령·기준 등 (예 : 건축·설비 설계기준·표준시방서 등)
건축 환경계획	1. 건축환경계획 개요	1. 건축환경계획 일반 2. Passive 건축계획 3. 건물에너지 해석
	2. 열환경계획	1. 건물 외피 계획 2. 단열과 보온 계획 3. 부위별 단열설계 4. 건물의 냉·난방 부하 5. 습기와 결로 6. 일조와 일사
	3. 공기환경계획	1. 환기의 분석 2. 환기와 통풍 3. 필요환기량 산정
	4. 빛환경계획	1. 빛환경 개념 2. 자연채광
	5. 그 밖에 건축환경 관련 계획	
건축설비 시스템	1. 건축설비 관련 기초지식	1. 열역학 2. 유체역학 3. 열전달 기초 4. 건축설비 기초
	2. 건축 기계설비의 이해 및 응용	1. 열원설비 2. 냉난방·공조설비 3. 반송설비 4. 급탕설비
	3. 건축 전기설비 이해 및 응용	1. 전기의 기본사항 2. 전원·동력·자동제어 설비 3. 조명·배선·콘센트설비
	4. 건축 신재생에너지설비 이해 및 응용	1. 태양열·태양광시스템 2. 지열·풍력·연료전지시스템 등
	5. 그 밖에 건축 관련 설비시스템	

시험과목	주요항목	세부항목
건물 에너지효율 설계·평가	1. 건축물 에너지효율등급 평가	1. 건축물 에너지효율등급 인증 및 제로에너지건축물인증에 관한 규칙 2. 건축물 에너지효율등급 인증기준 3. 건축물에너지효율등급인증제도 운영규정
	2. 건물 에너지효율설계 이해 및 응용	1. 에너지절약설계기준 일반(기준, 용어정의) 2. 에너지절약설계기준 의무사항, 권장사항 3. 단열재의 등급 분류 및 이해 4. 지역별 열관류율 기준 5. 열관류율 계산 및 응용 6. 냉난방 용량 계산 7. 에너지데이터 및 건물에너지관리시스템(BEMS) (에너지관리시스템 설치확인 업무 운영규정 등)
	3. 건축, 기계, 전기, 신재생분야 도서 분석능력	1. 도면 등 설계도서 분석능력 2. 건축, 기계, 전기, 신재생 도면의 종류 및 이해
	4. 그 밖에 건물에너지 관련 설계·평가	

❷ 건축물에너지평가사 2차 시험 출제기준(실기)

시험과목	주요항목	출제범위
건물 에너지효율 설계·평가	1. 건물 에너지 효율 설계 및 평가 실무	1. 각종 건축물의 건축계획을 이해하고 실무에 적용할 수 있어야 한다. 2. 단열, 온도, 습도, 결로방지, 기밀, 일사조절 등 열환경계획에 대해 이해하고 실무에 적용할 수 있어야 한다. 3. 공기환경계획에 대해 이해하고 실무에 적용할 수 있어야 한다. 4. 냉난방 부하계산에 대해 이해하고 실무에 적용할 수 있어야 한다. 5. 열역학, 열전달, 유체역학에 대해 이해하고 실무에 적용할 수 있어야 한다. 6. 열원설비 및 냉난방설비에 대해 이해하고 실무에 적용할 수 있어야 한다. 7. 공조설비에 대해 이해하고 실무에 적용할 수 있어야 한다. 8. 전기의 기본 개념 및 변압기, 전동기, 조명설비 등에 대해 이해하고 실무에 적용할 수 있어야 한다. 9. 신재생에너지설비(태양열, 태양광, 지열, 풍력, 연료전지 등)에 대해 이해하고 실무에 적용할 수 있어야 한다. 10. 전기식, 전자식 자동제어 등 건물 에너지절약 시스템에 대해 이해하고 실무에 적용할 수 있어야 한다. 11. 건축, 기계, 전기 도면에 대해 이해하고 실무에 적용할 수 있어야 한다. 12. 난방, 냉방, 급탕, 조명, 환기 조닝에 대해 이해하고 실무에 적용할 수 있어야 한다. 13. 에너지절약설계기준에 대해 이해하고 실무에 적용할 수 있어야 한다. 14. 건축물에너지효율등급 인증 및 제로에너지빌딩 인증기준을 이해하고 실무에 적용할 수 있어야 한다. 15. 에너지데이터 및 BEMS의 개념, 설치확인기준을 이해하고 실무에 적용할 수 있어야 한다.
	2. 그 밖에 건물에너지 관련 설계·평가	

Contents

제3장 건축물 에너지효율등급 인증 및 제로에너지건축물 인증 제도 운영규정

Contents

Contents

[참고] 에너지 관계법령

건축물에너지 관계법령은 법제처 국가법령정보센터에서 다운받으셔서 참고 바랍니다.

1. 건축물 에너지절약설계기준(시행 2024.8.8)
2. 건축물 에너지효율등급 인증 및 제로에너지건축물 인증에 관한 규칙(시행 2024.7.10)
3. 건축물 에너지효율등급 인증 및 제로에너지건축물 인증 기준(시행 2023.12.29)
4. 건축물 에너지효율등급 인증 및 제로에너지건축물 인증 제도운영규정(시행 2023.11.15)

제1편
건축물 에너지효율등급 평가

CHAPTER 01 건축물 에너지효율등급 인증 및 제로에너지 건축물 인증에 관한 규칙

1 목 적

> **규칙** 제1조 【목적】
> 이 규칙은 「녹색건축물 조성 지원법」 제17조제5항 및 같은 법 시행령 제12조제1항에서 위임된 건축물 에너지효율등급 및 제로에너지 건축물 인증 대상 건축물의 종류 및 인증기준, 인증기관 및 운영기관의 지정, 인증받은 건축물에 대한 점검 및 건축물에너지평가사의 업무범위 등에 관한 사항과 그 시행에 필요한 사항을 규정함을 목적으로 한다.
> 〈개정 2015.11.18., 2017.1.20.〉

 필기 예상문제

건축물 에너지효율등급 인증 및 제로에너지 건축물 인증에 관한 규칙 목적에 해당되지 않는 것은?

요점 목적

① 건축물 에너지효율등급 및 제로에너지 건축물 인증 대상 건축물의 종류 및 인증기준

② 인증기관 및 운영기관의 지정

③ 인증받은 건축물에 대한 점검

④ 건축물에너지평가사의 업무범위 등에 관한 사항과 그 시행에 필요한 사항을 규정함을 목적으로 한다.

 실기 예상문제

• 건축물 에너지효율등급 인증 및 제로에너지 건축물 인증에 관한 규칙 목적 4가지를 쓰시오.
• 에너지 효율등급 및 제로에너지 건축물 인증에 관하여 설명하시오.

예제문제 01

건축물 에너지효율등급 인증 및 제로에너지 건축물 인증에 관한 규칙의 목적에 해당하지 않는 것은?

① 건축물 에너지효율등급 인증 및 제로에너지 건축물 대상 건축물의 종류

② 인증기관 및 운영기관의 지정

③ 건축물 에너지 평가사의 업무 범위

④ 건축물 에너지효율등급 검토기관의 지정

해설
건축물에너지 효율등급 검토기관의 지정은 건축물에너지효율등급 및 제로에너지 건축물 인증에 관한 규칙의 목적에 해당하지 않는다.

답 : ④

건축물 에너지효율등급 인증 및 제로에너지 건축물 인증에 관한 규칙의 목적에 해당하지 않는 것은?

① 인증대상 건축물의 종류

② 설계검토서 작성기준

③ 인증기준

④ 인증받은 건축물에 대한 점검

해설

설계검토서 작성기준은 건축물에너지효율등급 인증 및 제로에너지 건축물 인증규칙의 목적에 해당하지 않는다.

답 : ②

2 적용대상

규칙 제2조 【적용대상】

「녹색건축물 조성 지원법」 (이하 "법"이라 한다) 제17조제5항 및 「녹색건축물 조성 지원법 시행령」 (이하 "영"이라 한다) 제12조제1항에 따른 건축물 에너지효율등급 인증 및 제로에너지건축물 인증은 「건축법 시행령」 별표 1 각 호에 따른 건축물을 대상으로 한다. 다만, 「건축법 시행령」 별표 1 제3호부터 제13호까지 및 제15호부터 제29호까지의 규정에 따른 건축물 중 국토교통부장관과 산업통상자원부장관이 공동으로 고시하는 실내 냉방·난방 온도 설정조건으로 인증 평가가 불가능한 건축물 또는 이에 해당하는 공간이 전체 연면적의 100분의 50 이상을 차지하는 건축물은 제외한다. 〈개정 2015. 11. 18, 2017. 1. 20, 2021. 8. 23.〉

1. 삭제 〈2021. 8. 23.〉
2. 삭제 〈2021. 8. 23.〉
3. 삭제 〈2021. 8. 23.〉
4. 삭제 〈2021. 8. 23.〉
5. 삭제 〈2021. 8. 23.〉

요점 적용대상

건축물 에너지효율등급 인증 및 제로에너지 건축물 인증은 다음의 건축물을 대상으로 한다.

① 「건축법 시행령」 별표 1 각 호에 따른 건축물을 대상으로 한다.

② 「건축법 시행령」 별표 1 제3호부터 13호까지 및

③ 제15호부터 제29호까지의 규정에 따른 건축물 중 국토교통부장관과 산업통상자원부장관이 공동으로 고시하는 실내 냉방·난방 온도 설정조건으로 인증 평가가 불가능한 건축물 또는 이에 해당하는 공간이 전체 연면적의 100분의 50 이상을 차지하는 건축물은 제외한다.

예제문제 03

다음 중 건축물 에너지효율등급 인증 및 제로에너지 건축물 인증 대상으로 가장 부적합한 것은? (단, 1호 및 2호, 14호에 해당되지 않는 것)

① 단독주택   ② 공동주택
③ 업무시설   ④ 제1종 근린생활시설

───

해설 건축물 에너지효율등급 인증 및 제로에너지 건축물 인증은 다음의 건축물을 대상으로 한다.
1. 단독주택(단독주택, 다중주택, 다가구주택, 공관) : 1호
2. 공동주택(아파트, 연립주택, 다세대주택), 기숙사 : 2호
3. 업무시설 : 14호
4. 제1종 근린생활시설 : 3호

답 : ④

예제문제 04

다음 중 건축물 에너지효율등급 인증 및 제로에너지 건축물 인증 대상 건축물은 어느 것인가? (다만 예외 규정에 해당되지 않는 것)

① 단독주택
② 문화집회시설 중 냉방면적이 500m² 미만인 건축물
③ 연면적이 500m² 이상인 건축물
④ 관광 휴게시설 중 냉방면적이 500m² 미만인 건축물

───

해설
면적과 무관하게 건축물에너지 효율등급 인증 및 제로에너지 건축물 인증대상 건축물은 단독주택, 공동주택, 업무시설 등이 포함된다.

답 : ①

3 운영기관의 지정 등

필기 예상문제

운영기관의 지정 및 고시, 심의 업무, 보고 등과 관련하여 출제 될 수 있다.

실기 예상문제

운영기관의 업무에 대해 4가지를 쓰시오.

> **규칙** 제3조【운영기관의 지정 등】
> ① 국토교통부장관은 법 제23조에 따라 녹색건축센터로 지정된 기관 중에서 건축물 에너지 효율등급 인증제 운영기관 및 제로에너지 건축물 인증제 운영기관을 지정하여 관보에 고시하여야 한다. 〈개정 2017.1.20.〉
> ② 국토교통부장관은 제1항에 따라 운영기관을 지정하려는 경우 산업통상자원부장관과 협의하여야 한다. 〈개정 2015.11.18.〉
> ③ 운영기관은 해당 인증제에 관한 다음 각 호의 업무를 수행한다. 〈개정 2015.11.18, 2017.1.20.〉
>   1. 인증업무를 수행하는 인력(이하 "인증업무인력"이라 한다)의 교육, 관리 및 감독에 관한 업무
>   2. 인증관리시스템의 운영에 관한 업무
>   3. 인증기관의 평가·사후관리 및 감독에 관한 업무
>   4. 인증제도의 홍보, 교육, 컨설팅, 조사·연구 및 개발 등에 관한 업무
>   5. 인증제도의 개선 및 활성화를 위한 업무
>   6. 인증절차 및 기준 관리 등 제도 운영에 관한 업무
>   7. 인증 관련 통계 분석 및 활용에 관한 업무
>   8. 인증제도의 운영과 관련하여 국토교통부장관 또는 산업통상자원부장관이 요청하는 업무
>   9. 그 밖에 인증제도의 운영에 필요한 업무로서 국토교통부장관이 산업통상자원부장관과 협의하여 인정하는 업무
> ④ 운영기관의 장은 다음 각 호의 구분에 따른 시기까지 운영기관의 사업내용을 국토교통부장관과 산업통상자원부장관에게 각각 보고하여야 한다.
>   1. 전년도 사업추진 실적과 그 해의 사업계획: 매년 1월 31일까지
>   2. 분기별 인증 현황: 매 분기 말일을 기준으로 다음 달 15일까지
> ⑤ 운영기관의 장은 인증기관에 법 제19조 각 호의 처분사유가 있다고 인정하면 국토교통부장관에게 알려야 한다. 〈신설 2015.11.18.〉

요점 운영기관의 지정 등

① 운영기관의 지정 및 고시

국토교통부장관은 법 제23조에 따라 녹색건축센터로 지정된 기관 중에서 건축물 에너지 효율등급 인증제 운영기관 및 제로에너지 건축물 인증에 운영기관을 지정하여 관보에 고시하여야 한다.

② 지정에 따른 협의

1) 지정 : 국토교통부장관이 지정
2) 협의 : 산업통상자원부 장관과 협의

③ 운영기관의 업무

1. 인증업무를 수행하는 인력(이하 "인증업무인력"이라 한다)의 교육, 관리 및 감독에 관한 업무
2. 인증관리시스템의 운영에 관한 업무
3. 인증기관의 평가·사후관리 및 감독에 관한 업무
4. 인증제도의 홍보, 교육, 컨설팅, 조사·연구 및 개발 등에 관한 업무
5. 인증제도의 개선 및 활성화를 위한 업무
6. 인증절차 및 기준 관리 등 제도 운영에 관한 업무
7. 인증 관련 통계 분석 및 활용에 관한 업무
8. 인증제도의 운영과 관련하여 국토교통부장관 또는 산업통상자원부장관이 요청하는 업무
9. 그 밖에 인증제도의 운영에 필요한 업무로서 국토교통부장관이 산업통상 자원부장관과 협의하여 인정하는 업무

④ 운영기관 장의 보고

① 보고내용 : 운영기관의 사업내용
② 보고대상 : 국토교통부장관, 산업통상자원부장관
③ 보고시기
   • 전년도 사업추진실적과 그 해의 사업계획 : 매년 1월 31일까지
   • 분기별 인증현황 : 매 분기 말일 기준으로 다음달 15일까지

⑤ 운영기관 장은

인증기관에 처분사유가 있다고 인정하면 국토교통부장관에게 알려야 한다.

예제문제 05

다음 중 건축물 에너지효율등급 인증 및 제로에너지 건축물 인증에 관한 규칙과 관련된 운영기관의 지정에 대한 설명 중 가장 부적합한 것은?

① 운영기관의 지정권자는 산업통상자원부 장관이다.
② 운영기관의 지정에 대해서 산업통상자원부장관과 협의하여야 한다.
③ 운영기관은 녹색건축센타로 지정된 기관중에서 지정하여 관보에 고시하여야 한다.
④ 운영기관의 장은 운영기관의 사업내용을 국토교통부장관과 산업통상자원부장관에게 각각 보고하여야 한다.

해설
운영기관의 지정권자는 국토교통부장관이다.

답 : ①

예제문제 06

다음 중 건축물에너지 효율등급 운영기관의 업무가 아닌 것은?

① 인증제도의 홍보, 교육, 컨설팅, 조사 · 연구 및 개발 등에 관한 업무
② 인증기관의 지정에 관한 업무
③ 인증제도의 개선 및 활성화를 위한 업무
④ 인증관리시스템의 운영에 관한 업무

해설

인증기관의 지정은 국토교통부장관이 산업통상자원부장관과 협의하여 지정신청 기관을 정한다.

답 : ②

예제문제 07

운영기관의 장은 운영기관의 전년도 사업추진실적과 그 해의 사업계획을 언제까지 국토교통부장관과 산업통상자원부장관에게 각각 보고하여야 하는가?

① 매년 12월 31일까지   ② 매년 1월 31일까지
③ 매년 2월 31일까지   ④ 매년 3월 31일까지

해설

전년도 사업추진실적과 그 해의 사업계획을 매년 1월 31일까지 국토교통부장관과 산업통상자원부장관에게 각각 보고 하여야 한다.

답 : ②

---

4 인증기관의 지정

 필기 예상문제

인증기관의 협의 및 공고, 지정신청서 인증기관의 상근 인증업무인력 보유 등과 관련하여 출제될 수 있다.

실기 예상문제

건축물에너지 효율등급 인증기관의 상근인증업무인력에 대하여 가능한 사람 5명을 쓰시오.

규칙 제4조【인증기관의 지정】

① 국토교통부장관은 법 제17조제2항에 따라 건축물에너지 효율등급 인증기관을 지정하려는 경우에는 산업통상자원부장관과 협의하여 지정 신청 기간을 정하고, 그 기간이 시작되는 날의 3개월 전까지 신청 기간 등 인증기관 지정에 관한 사항을 공고하여야 한다. 〈개정 2017.1.20.〉
② 건축물에너지 효율등급 인증기관으로 지정을 받으려는 자는 제1항에 따른 신청 기간 내에 별지 제1호서식의 건축물 에너지효율등급 인증기관 지정 신청서(전자문서로 된 신청서를 포함한다)에 다음 각 호의 서류(전자문서를 포함한다)를 첨부하여 국토교통부장관에게 제출하여야 한다. 〈개정 2015.11.18, 2017.1.20.〉
1. 인증업무를 수행할 전담조직 및 업무수행체계에 관한 설명서
2. 제4항에 따른 인증업무인력을 보유하고 있음을 증명하는 서류

3. 인증기관의 인증업무 처리규정

4. 인증업무를 수행할 능력을 갖추고 있음을 증명하는 서류

③ 제2항에 따른 신청을 받은 국토교통부장관은 「전자정부법」 제36조제1항에 따른 행정정보의 공동이용을 통하여 신청인의 법인 등기사항증명서(법인인 경우만 해당한다) 또는 사업자등록증(개인인 경우만 해당한다)을 확인하여야 한다. 다만, 신청인이 사업등록증을 확인하는 데 동의하지 아니하는 경우에는 해당 서류의 사본을 제출하도록 하여야 한다.

④ 건축물에너지 효율등급 인증기관은 다음 각 호의 어느 하나에 해당하는 건축물의 에너지효율등급 인증에 관한 상근(常勤) 인증업무인력을 5명 이상 보유하여야 한다. 〈개정 2015.11.18, 2017.1.20.〉

1. 「녹색건축물 조성 지원법 시행규칙」 제16조제5항에 따라 실무교육을 받은 건축물에너지평가사

2. 건축사 자격을 취득한 후 3년 이상 해당 업무를 수행한 사람

3. 건축, 설비, 에너지 분야(이하 "해당 전문분야"라 한다)의 기술사 자격을 취득한 후 3년 이상 해당 업무를 수행한 사람

4. 해당 전문분야의 기사 자격을 취득한 후 10년 이상 해당 업무를 수행한 사람

5. 해당 전문분야의 박사학위를 취득한 후 3년 이상 해당 업무를 수행한 사람

6. 해당 전문분야의 석사학위를 취득한 후 9년 이상 해당 업무를 수행한 사람

7. 해당 전문분야의 학사학위를 취득한 후 12년 이상 해당 업무를 수행한 사람

⑤ 제2항제3호에 따른 인증업무 처리규정에는 다음 각 호의 사항이 포함되어야 한다.

1. 건축물 에너지효율등급 인증 평가의 절차 및 방법에 관한 사항

2. 건축물 에너지효율등급 인증 결과의 통보 및 재평가에 관한 사항

3. 건축물 에너지효율등급 인증을 받은 건축물의 인증 취소에 관한 사항

4. 건축물 에너지효율등급 인증 결과 등의 보고에 관한 사항

5. 건축물 에너지효율등급 인증 수수료 납부방법 및 납부기간에 관한 사항

6. 건축물 에너지효율등급 인증 결과의 검증방법에 관한 사항

7. 그 밖에 건축물 에너지효율등급 인증업무 수행에 필요한 사항

⑥ 국토교통부장관은 제2항에 따라 건축물 에너지효율등급 인증기관 지정 신청서가 제출되면 해당 신청인이 인증기관으로 적합한지를 산업통상자원부장관과 협의하여 검토한 후 제14조에 따른 건축물에너지 효율등급 인증운영위원회의 심의를 거쳐 지정·고시한다. 〈개정 2015.11.18, 2017.1.20, 2021.8.23.〉

⑦ 법 제17조제2항에 따른 제로에너지건축물 인증기관은 제6항에 따라 지정·고시된 건축물 에너지 효율등급 인증기관 중에서 국토교통부장관이 산업통상자원부장관과 협의하여 지정·고시한다. 〈신설 2017.1.20, 2021.8.23.〉

⑧ 제로에너지건축물 인증기관은 다음 각 호의 사항을 갖추어야 한다. 〈신설 2017.1.20.〉

1. 인증업무를 수행할 전담조직 및 업무수행체계

2. 3명 이상의 상근 인증업무인력(인증업무인력의 자격에 관하여는 제4항을 준용한다. 이 경우 "건축물의 에너지효율등급 인증"은 "제로에너지건축물 인증"으로 본다)

3. 인증업무 처리규정(인증업무 처리규정에 포함되어야 하는 사항에 관하여는 제5항을 준용한다. 이 경우 "건축물 에너지효율등급 인증"은 "제로에너지건축물 인증"으로 본다.)

요점 인증기관의 지정

① 협의 및 공고

1. 협의 : 국토교통부장관은 산업통상자원부장관과 협의하여 지정 신청기간을 정함
2. 공고 : 그 기간이 시작되는 날의 **3개월 전**까지 신청기간 등 인증기관 지정에 관한 사항을 공고

② 건축물에너지 효율등급 인증기관 지정 신청서

인증기관으로 지정을 받으려는 자는 제1항에 따른 신청 기간 내에 별지 제1호서식의 건축물 에너지효율등급 인증기관 지정 신청서(전자문서로 된 신청서를 포함한다.)에 다음 각 호의 서류(전자문서를 포함한다)를 첨부 하여 **국토교통부장관에게 제출**하여야 한다.

1. 인증업무를 수행할 전담조직 및 업무수행체계에 관한 설명서
2. 제4항에 따른 전문인력을 보유하고 있음을 증명하는 서류
3. 인증기관의 인증업무 처리규정내용
4. 인증업무를 수행할 능력을 갖추고 있음을 증명하는 서류

③ 제2항에 따른 신청을 받은 국토교통부장관은 「전자정부법」 제36조제1항에 따른 행정정보의 공동이용을 통하여 신청인의 법인 등기사항증명서(법인인 경우만 해당한다) 또는 사업자등록증(개인인 경우만 해당한다)을 확인하여야 한다. 다만, 신청인이 사업등록증을 확인하는 데 동의하지 아니하는 경우에는 해당 서류의 사본을 제출하도록 하여야 한다.

④ 인증기관은 다음 각 호의 어느 하나에 해당하는 건축물의 에너지효율등급 인증에 관한 상근 인증업무인력을 5명 이상 보유하여야 한다.

1. 「녹색건축물 조성 지원법 시행규칙」 제16조제5항에 따라 실무교육을 받은 건축물에너지평가사
2. 건축사 자격을 취득한 후 3년 이상 해당 업무를 수행한 사람
3. 건축, 설비, 에너지 분야(이하 "해당 전문분야"라 한다)의 기술사 자격을 취득한 후 3년이상 해당 업무를 수행한 사람
4. 해당 전문분야의 기사 자격을 취득한 후 10년 이상 해당 업무를 수행한 사람
5. 해당 전문분야의 박사학위를 취득한 후 3년 이상 해당 업무를 수행한 사람
6. 해당 전문분야의 석사학위를 취득한 후 9년 이상 해당 업무를 수행한 사람
7. 해당 전문분야의 학사학위를 취득한 후 12년 이상 해당 업무를 수행한 사람

⑤ 제2항제3호에 따른 인증업무 처리규정에는 다음 각 호의 사항이 포함되어야 한다.

1. 건축물 에너지효율등급 인증 평가의 절차 및 방법에 관한 사항
2. 건축물 에너지효율등급 인증 결과의 통보 및 재평가에 관한 사항

3. 건축물 에너지효율등급 인증을 받은 건축물의 인증 취소에 관한 사항

4. 건축물 에너지효율등급 인증 결과 등의 보고에 관한 사항

5. 건축물 에너지효율등급 인증 수수료 납부방법 및 납부기간에 관한 사항

6. 건축물 에너지효율등급 인증 결과의 검증방법에 관한 사항

7. 그 밖에 건축물 에너지효율등급 인증업무 수행에 필요한 사항

⑥ 국토교통부장관은 제2항에 따라 건축물 에너지효율등급 인증기관 지정 신청서가 제출되면 해당 신청인이 인증기관으로 적합한지를 산업통상자원부장관과 협의하여 검토한 후 제14조에 따른 인증운영위원회(이하 "인증운영위원회"라 한다)의 심의를 거쳐 지정 · 고시한다.

⑦ 법 제17조제2항에 따른 제로에너지건축물 인증기관은 제6항에 따라 지정 · 고시된 건축물 에너지효율등급 인증기관 중에서 국토교통부장관이 산업통상자원부장관과 협의하여 지정 · 고시한다. 〈신설 2017.1.20, 2021.8.23.〉

⑧ 제로에너지건축물 인증기관은 다음 각 호의 사항을 갖추어야 한다. 〈신설 2017.1.20.〉

1. 인증업무를 수행할 전담조직 및 업무수행체계

2. 3명 이상의 상근 인증업무인력(인증업무인력의 자격에 관하여는 제4항을 준용한다. 이 경우 "건축물의 에너지효율등급 인증"은 "제로에너지건축물 인증"으로 본다)

3. 인증업무 처리규정(인증업무 처리규정에 포함되어야 하는 사항에 관하여는 제5항을 준용한다. 이 경우 "건축물 에너지효율등급 인증"은 "제로에너지건축물 인증"으로 본다)

예제문제 08

다음 중 국토교통부장관이 건축물에너지 효율등급 인증기관을 지정하려는 경우에는 산업통상자원부장관과 협의하여 지정신청기간을 정하고, 그 기간이 시작하는 날의 몇 개월 전까지 신청 기간 등 인증기관 지정에 관한 사항을 공고하여야 하는가 가장 적합한 것은?

① 1개월　　　　　　　　　② 2개월
③ 3개월　　　　　　　　　④ 4개월

해설
국토교통부장관이 건축물에너지 효율등급 인증기관을 지정하려는 경우에는 산업통상자원부장관과 협의하여 지정신청기간을 정하고, 그 기간이 시작하는 날의 3개월 전까지 신청 기간 등 인증기간 지정에 관한 사항을 공고한다.

답 : ③

예제문제 09

다음 중 건축물 에너지효율등급 인증기관이 보유해야 할 상근(常勤) 인증업무인력의 자격 조건으로 가장 적합한 것은?　　　　　　【13년 2급 출제유형】

① 해당 전문분야의 석사학위를 취득한 후 10년 이상 해당 업무를 수행한 사람
② 해당 전문분야의 기사 자격을 취득한 후 9년 이상 해당업무를 수행한 사람
③ 해당전문분야의 박사학위를 취득한 후 3년 이상 해당 업무를 수행한 사람
④ 해당 전문분야의 학사학위를 취득한 후 11년 이상 해당 업무를 수행한 사람

해설 건축물에너지 효율등급 인증기관은 다음 각 호의 어느 하나에 해당하는 건축물의 에너지효율등급 인증에 관한 인증업무인력을 5명 이상 보유하여야 한다.
1. 녹색건축물 조성 지원법 시행규칙」 제16조제5항에 따라 실무교육을 받은 건축물에너지 평가사
2. 건축사 자격을 취득한 후 3년 이상 해당 업무를 수행한 사람
3. 건축, 설비, 에너지 분야(이하 "해당 전문분야"라 한다)의 기술사 자격을 취득한 후 3년 이상 해당 업무를 수행한 사람
4. 해당 전문분야의 기사 자격을 취득한 후 10년 이상 해당 업무를 수행한 사람
5. 해당 전문분야의 박사학위를 취득한 후 3년 이상 해당 업무를 수행한 사람
6. 해당 전문분야의 석사학위를 취득한 후 9년 이상 해당 업무를 수행한 사람
7. 해당 전문분야의 학사학위를 취득한 후 12년 이상 해당 업무를 수행한 사람

답 : ③

예제문제 10

다음 중 건축물에너지 효율등급인증기관과 관련된 내용 중 가장 부적합한 것은?

① 인증기관 은 상주하는 인증업무인력을 5인 이상 보유하여야 한다.

② 인증기관은 운영기관에서 지정한다.

③ 건축물에너지 효율등급 인증기관 지정 신청서를 국토교통부장관에게 제출한다.

④ 건축사자격을 취득한 후 3년 이상 해당업무를 수행한 사람은 상근 인증업무인력에 포함된다.

해설

국토교통부장관은 제2항에 따라 건축물 에너지효율등급 인증기관 지정 신청서가 제출되면 해당 신청인이 인증기관으로 적합한지를 산업통상자원부장관과 협의하여 검토한 후 제14조에 따른 건축물에너지 효율등급 인증운영위원회(이하 "인증운영위원회"라 한다)의 심의를 거쳐 지정·고시한다.

답 : ②

5 인증기관 지정서의 발급 및 인증기관 지정의 갱신 등

  필기 예상문제

인증기관의 지정의 유효기간
: 에너지 효율등급 인증서를
발급한 날부터 5년으로 한다.

규칙 제5조 【인증기관 지정서의 발급 및 인증기관 지정의 갱신 등】

① 국토교통부장관은 제4조제6항 및 제7항에 따라 인증기관으로 지정받은 자에게 별지 제2호서식 또는 제2호의 2서식의 건축물 에너지효율등급 인증기관 지정서를 발급하여야 한다. 〈개정 2017.1.20〉

② 제4조제6항 및 제7항에 따른 인증기관 지정의 유효기간은 인증기관 지정서를 발급한 날부터 5년으로 한다. 〈개정 2017.1.20〉

③ 국토교통부장관은 산업통상자원부장관과의 협의를 거쳐 제2항에 따른 지정의 유효기간을 5년마다 5년의 범위에서 갱신할 수 있다. 이 경우 건축물 에너지효율등급 인증기관에 대해서는 산업통상자원부장관과의 협의 후에 제14조에 따른 건축물 에너지효율등급 인증운영위원회의 심의를 거쳐야 한다. 〈개정 2017.1.20〉

④ 제1항에 따라 건축물 인증기관 지정서를 발급받은 인증기관의 장은 다음 각 호의 어느 하나에 해당하는 사항이 변경되었을 때에는 그 변경된 날부터 30일 이내에 변경된 내용을 증명하는 서류를 해당 인증제 운영기관의 장에게 제출하여야 한다. 〈개정 2015.11.18, 2017.1.20〉

1. 기관명 및 기관의 대표자
2. 건축물의 소재지
3. 제4조제4항에 따른 상근 인증업무인력

⑤ 운영기관의 장은 제4항에 따라 제출받은 서류가 사실과 부합하는지를 확인하여 이상이 있을 경우 그 내용을 국토교통부장관과 산업통상자원부장관에게 각각 보고하여야 한다. 〈개정 2015.11.18.〉

⑥ 국토교통부장관은 산업통상자원부장관과 협의하여 법 제19조 각 호의 사항을 점검할 수 있으며, 이를 위하여 인증기관의 장에게 관련 자료의 제출을 요구할 수 있다. 이 경우 자료 제출을 요구받은 인증기관의 장은 특별한 사유가 없으면 이에 따라야 한다.

요점 인증기관의 지정서의 발급 및 인증기관 지정의 갱신 등

① 인증기관 지정서발급

국토교통부장관은 제4조제6항 및 제7항에 따라 인증기관으로 지정받은 자에게 별지제2호서식 또는 별지 제2호의 2서식의 **인증기관 지정서**를 발급하여야 한다.

② 유효기간

제4조제6항 및 제7항에 따른 인증기관 지정의 유효기간은 **인증기관 지정서**를 발급한 날부터 5년으로 한다.

③ 갱신

국토교통부장관은 산업통상자원부장관과의 협의를 거쳐 제2항에 따른 지정의 유효기간을 5년마다 5년의 범위에서 갱신할 수 있다. 이 경우 건축물 에너지효율등급 인증기관에 대해서는 산업통상자원부장관과의 협의 후에 제14조에 따른 건축물 에너지효율등급 인증운영위원회의 심의를 거쳐야 한다.〈개정 2017.1.20〉

④ 변경증명 서류제출

제1항에 따라 건축물 인증기관 지정서를 발급받은 인증기관의 장은 다음 각 호의 어느 하나에 해당하는 사항이 변경되었을 때에는 그 변경된 날부터 **30일 이내**에 변경된 내용을 증명하는 서류를 해당 인증제 **운영기관의 장**에게 제출하여야 한다.
① 기관명 및 기관의 대표자
② 건축물의 소재지
③ 상근 인증업무인력

⑤ 변경내용의 보고

운영기관의 장은 제4항에 따라 제출받은 서류가 사실과 부합되는지를 확인하여 이상이 있을 경우 그 내용을 **국토교통부장관과 산업통상자원부장관**에게 각각 보고하여야 한다.

6. 점검사항

국토교통부장관은 산업통상자원부장관과 협의하여 법 제19조 각 호의 사항을 점검할 수 있으며, 이를 위하여 인증기관의 장에게 관련 자료의 제출을 요구할 수 있다. 이 경우 자료 제출을 요구받은 인증기관의 장은 특별한 사유가 없으면 이에 따라야 한다.

예제문제 11

다음 중 건축물에너지 효율등급 인증기관의 지정과 관련된 사항 중 틀린 것은?

① 건축물에너지 효율등급 인증기관은 다음 각 호의 어느 하나에 해당하는 건축물의 에너지 효율등급 평가 및 에너지 관리에 관한 비상근 인증업무인력을 5명 이상 보유하여야 함
② 인증기관의 유효기간은 5년이다.
③ 지정의 유효기간을 5년마다 갱신할 수 있다.
④ 건축물 에너지효율등급 인증기관 지정서를 발급받은 인증기관의 장은 1. 기관명 및 기관의 대표자 2. 건축물의 소재지, 3. 상근 인증업무인력에 관한 서류를 제출해야 한다.

해설

건축물에너지 효율등급 인증기관은 건축물의 에너지효율등급 평가 및 에너지 관리에 관한 상근(常勤) 인증업무인력을 5명 이상 보유하여야 함.

답 : ①

예제문제 12

다음 중 건축물에너지 효율등급 인증기관 지정의 유효기간으로 가장 적합한 것은?

① 건축물 에너지효율등급 인증기관 지정서를 발급한 날부터 3년으로 한다.
② 건축물 에너지효율등급 인증기관 지정서를 발급한 날부터 4년으로 한다.
③ 건축물 에너지효율등급 인증기관 지정서를 발급한 날부터 5년으로 한다.
④ 건축물 에너지효율등급 인증기관 지정서를 발급한 날부터 7년으로 한다.

해설

건축물에너지 효율등급 인증기관 지정의 유효기간은 건축물 에너지효율등급 인증기관 지정서를 발급한 날부터 5년으로 한다.

답 : ③

예제문제 13

"건축물 에너지효율등급 인증 및 제로에너지 건축물 인증에 관한 규칙"에 따른 운영기관 및 인증기관에 대한 내용으로 적절하지 않은 것은? [2016년도 2회 국가자격시험]

① 운영기관은 인증관리시스템의 운영에 관한 업무를 수행한다.
② 인증기관은 기관명 및 기관의 대표자가 변경되었을 때 국토교통부장관에게 관련 증명 서류와 함께 30일 이내에 보고하여야 한다.
③ 인증기관은 인증 평가서 결과에 따라 인증 여부 및 등급을 결정한다.
④ 운영기관은 전년도 사업추진 실적과 그 해의 사업계획을 매년 1월 말일까지 국토교통부장관과 산업통상자원부장관에게 보고하여야 한다.

해설

인증기관은 기관명 및 기관의 대표자가 변경되었을 때 인증제 운영기관의 장에게 관련증명 서류와 함께 30일 이내에 보고하여야 한다.

답 : ②

예제문제 14

다음 중 건축물에너지 효율등급 인증기관의 지정과 관련된 내용 중 (   ) 안에 가장 적합한 것은?

> 에너지효율등급 인증기관 지정서를 발급받은 (㉠)은 다음 각 호의 어느 하나에 해당하는 사항이 변경되었을 때에는 그 변경된 날부터 (㉡) 이내에 변경된 내용을 증명하는 서류를 해당 인증제 운영기관의 장에게 제출하여야 한다.
> 1. 기관명 및 기관의 대표자
> 2. 건축물의 소재지
> 3. 상근 인증업무인력

① ㉠ 인증기관의 장, ㉡ 7일
② ㉠ 인증기관의 장, ㉡ 15일
③ ㉠ 인증기관의 장, ㉡ 20일
④ ㉠ 인증기관의 장, ㉡ 30일

해설

건축물 에너지효율등급 인증기관 지정서를 발급받은 인증기관의 장은 다음 각 호의 어느 하나에 해당하는 사항이 변경되었을 때에는 그 변경된 날부터 30일 이내에 변경된 내용을 증명하는 서류를 해당 인증제운영기관의 장에게 제출하여야 한다.

답 : ④

6 인증신청 등

규칙 제6조【인증 신청 등】

① 법 제17조제4항에서 "국토교통부와 산업통상자원부의 공동부령으로 정하는 기준 이상인 건축물"이란 제8조제2항제1호에 따른 건축물 에너지효율등급(이하 "건축물 에너지효율등급"이라 한다)이 1++ 등급 이상인 건축물을 말한다. 〈신설 2017.1.20.〉

② 다음 각 호의 어느 하나에 해당하는 자(이하 "건축주등"이라 한다)는 건축물 에너지효율등급 인증 및 제로에너지건축물 인증을 신청할 수 있다.〈개정 2015.11.18., 2017.1.20.〉
1. 건축주
2. 건축물 소유자
3. 사업주체 또는 시공자(건축주나 건축물 소유자가 인증 신청에 동의하는 경우에만 해당한다)

③ 제2항에 따라 인증을 신청하려는 건축주등은 제3조제3항제2호에 따른 인증관리시스템(이하 "인증관리시스템"이라 한다)을 통하여 다음 각 호의 구분에 따라 해당 인증기관의 장에게 신청서를 제출하여야 한다.〈개정 2017.1.20.〉
1. 건축물 에너지효율등급 인증을 신청하는 경우: 별지 제3호서식에 따른 신청서 및 다음 각 목의 서류
   가. 공사가 완료되어 이를 반영한 건축·기계·전기·신에너지 및 재생에너지(「신에너지 및 재생에너지 개발·이용·보급 촉진법」에 따른 신에너지 및 재생에너지를 말한다. 이하 같다) 관련 최종 설계도면
   나. 건축물 부위별 성능내역서
   다. 건물 전개도
   라. 장비용량 계산서
   마. 조명밀도 계산서
   바. 관련 자재·기기·설비 등의 성능을 증명할 수 있는 서류
   사. 설계변경 확인서 및 설명서
   아. 건축물 에너지효율등급 예비인증서 사본(예비인증을 받은 경우만 해당한다)
   자. 가목부터 아목까지의 서류 외에 건축물 에너지효율등급 평가를 위하여 건축물 에너지효율등급 인증제 운영기관의 장이 필요하다고 정하여 공고하는 서류
2. 제로에너지건축물 인증을 신청하는 경우: 별지 제3호의2서식에 따른 신청서 및 다음 각 목의 서류
   가. 1++등급 이상의 건축물 에너지효율등급 인증서 사본
   나. 건축물에너지관리시스템(법 제6조의2제2항에 따른 건축물에너지관리시스템을 말한다. 이하 같다) 또는 전자식 원격검침계량기 설치도서
   다. 제로에너지건축물 예비인증서 사본(예비인증을 받은 경우만 해당한다)
   라. 가목부터 다목까지의 서류 외에 제로에너지건축물 인증 평가를 위하여 제로에너지건축물 인증제 운영기관의 장이 필요하다고 정하여 공고하는 서류
3. 건축물 에너지효율등급 인증 및 제로에너지건축물 인증을 동시에 신청하는 경우: 별지 제3호서식에 따른 신청서 및 다음 각 목의 서류
   가. 제1호 각 목의 서류
   나. 제2호나목부터 라목까지의 서류

④ 제3항에 따라 신청서에 첨부하여 제출하는 서류(인증서 사본 및 예비인증서 사본은 제외한다)에는 설계자 및 「건축물의 설비기준 등에 관한 규칙」 제3조에 따른 관계 전문기술자가 날인을 하여야 한다. 다만, 다음 각 호의 어느 하나에 해당하는 경우에

 필기 예상문제

인증 신청등과 관련하여 인증 신청시기, 인증신청을 할 수 있는 자, 제출서류, 인증처리기간 인증평가기간연장, 신청서류의 보완요청 등이 출제될 수 있다.

 필기 예상문제

인증서류 7가지를 쓰시오.

는 그 사유서를 첨부하여 「건축법」 제25조에 따른 감리자 또는 건축주의 날인으로 설계자 또는 관계전문기술자의 날인을 대체할 수 있으며, 제2호의 경우 인증기관의 장은 변경 내용을 영 제10조제2항에 따른 허가권자에게 통보하여야 한다.〈신설 2017.1.20.〉

1. 「건축물의 설비기준 등에 관한 규칙」 제2조에 따라 관계전문기술자의 협력을 받아야 하는 건축물에 해당하지 아니하는 경우

2. 첨부서류의 내용이 「건축법」 제22조제1항에 따른 사용승인 후 변경된 경우

3. 제1호 및 제2호 외에 설계자 또는 관계전문기술자의 날인이 불가능한 사유가 있는 경우

⑤ 인증기관의 장은 제3항에 따른 신청을 받은 날부터 다음 각 호의 구분에 따른 기간 내에 인증을 처리하여야 한다.〈개정 2017.1.20., 2021.8.23〉

1. 건축물 에너지효율등급 인증의 경우: 50일(단독주택 및 공동주택의 경우에는 40일)

2. 제로에너지건축물 인증의 경우: 30일(제3항제3호에 따라 신청한 경우에는 1++등급 이상의 건축물 에너지효율등급 인증서가 발급된 날부터 기산한다)

⑥ 인증기관의 장은 제5항에 따른 기간 내에 부득이한 사유로 인증을 처리할 수 없는 경우에는 건축주등에게 그 사유를 통보하고 20일의 범위에서 인증 평가 기간을 한 차례만 연장할 수 있다.〈개정 2017.1.20.〉

⑦ 인증기관의 장은 제3항에 따라 건축주등이 제출한 서류의 내용이 미흡하거나 사실과 다른 경우에는 건축주등에게 보완을 요청할 수 있다. 이 경우 건축주등이 제출서류를 보완하는 기간은 제5항의 기간에 산입하지 아니한다.〈개정 2015.11.18., 2017.1.20.〉

⑧ 인증기관의 장은 건축주등이 보완 요청 기간 안에 보완을 하지 아니한 경우 등에는 신청을 반려할 수 있다. 이 경우 반려 기준 및 절차 등 필요한 사항은 국토교통부장관과 산업통상자원부장관이 정하여 공동으로 고시한다.〈신설 2015.11.18., 2017.1.20.〉

⑨ 제9조제1항에 따라 인증을 받은 건축물의 소유자는 필요한 경우 제9조제3항에 따른 유효기간이 만료되기 90일 전까지 같은 건축물에 대하여 재인증을 신청할 수 있다. 이 경우 평가 절차 등 필요한 사항은 국토교통부장관과 산업통상자원부장관이 정하여 공동으로 고시한다.〈신설 2015.11.18., 2017.1.20.〉

예제문제 15

건축물 에너지효율등급 인증 신청서(건축물 에너지 효율등급 인증 및 제로에너지건축물 인증에 관한 규칙 별지 제3호 서식)의 기재 항목이 아닌 것은?

【2018년 국가자격 4회 출제문제】

① 조달청 입찰참가자격 심사(PQ) 가점 여부
② 제로에너지건축물 인증 신청 연계 동의 여부
③ 에너지절약계획서 에너지성능지표 점수
④ 신청 건축물 주용도

해설

건축물에너지효율등급 인증신청서에 에너지절약계획서 에너지성능지표 점수는 기재항목에 포함되지 않는다.

답 : ③

■ 건축물 에너지효율등급 인증 및 제로에너지건축물 인증에 관한 규칙[별지 제3호서식] <개정 2019. 5. 13.>

건축물 에너지효율등급 인증 신청서

※ 색상이 어두운 난은 신청인이 작성하지 않으며, [ ]에는 해당하는 곳에 √표를 합니다. (앞쪽)

접수번호		접수일		처리기간	단독 및 공동 주택 40일 이내 그 밖의 건축물 50일 이내

신청인	성명(법인명)			생년월일(법인등록번호)	
	주 소			대표자 성명	
	실 무 책 임 자	성 명		부 서	직 위
		전화번호		F A X	전자우편

건축주	성명(법인명)	생년월일(사업자 또는 법인 등록번호)
	주소	(전화번호 :)

설계자	사무소명	신고번호
	성명	자격번호
	사무소 주소	(전화번호 :)

공사시공자	회사명	면허번호
	대표자명	
	사무소 주소	(전화번호 :)

공사감리자	사무소명	신고번호
	성명	자격번호
	사무소 주소	(전화번호 :)

신 청 건축물	건 축 물 명		착공일
	허가(신고)번호		준공(예정)일
	소재지 주소		
	건축물의 주된 용도	[ ] 주거용 건축물 (주용도 : , 총전용면적 임대: ㎡, 분양: ㎡) [ ] 주거용 외의 건축물 (주용도 : , 연면적: ㎡, 층수: 층)	
	인센티브	용적율 완화 (%), 건축물 최대 높이 완화(%), 조경면적 기준 완화 (%) 취득세 감면(%, 원), 소득세감면(%, 원) 조달청 입찰참가자격 심사(PQ) 가점 여부 ( )	

제로에너지건축물 인증 신청 연계 동의 ☐
  신에너지 및 재생에너지 설비 용량 ( ) [건축물 대지 내 ( ), 건축물 대지 외 ( )]
  건축물 대지 외에 신에너지 및 재생에너지 설비가 있을 경우 해당 주소:

예비인증 등급 및 발급일	등급(년 월 일)
예비인증 번호	

「녹색건축물 조성 지원법」 제17조제3항 및 「건축물 에너지효율등급 인증 및 제로에너지건축물 인증에 관한 규칙」 제6조제3항에 따라 건축물 에너지효율등급(제로에너지건축물) 인증을 신청합니다.

년 월 일

신 청 인 (서명 또는 인)
(또는 대리인) (전화번호:)

신청서 접수기관

인증기관의 장 귀하

210mm×297mm[백상지 80g/㎡ (재활용품)]

(뒤쪽)

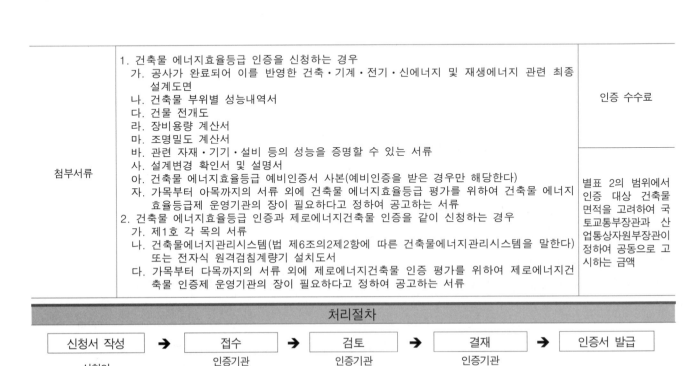

| 첨부서류 | 1. 건축물 에너지효율등급 인증을 신청하는 경우
  가. 공사가 완료되어 이를 반영한 건축·기계·전기·신에너지 및 재생에너지 관련 최종 설계도면
  나. 건축물 부위별 성능내역서
  다. 건물 전개도
  라. 장비용량 계산서
  마. 조명밀도 계산서
  바. 관련 자재·기기·설비 등의 성능을 증명할 수 있는 서류
  사. 설계변경 확인서 및 설명서
  아. 건축물 에너지효율등급 예비인증서 사본(예비인증을 받은 경우만 해당한다)
  자. 가목부터 아목까지의 서류 외에 건축물 에너지효율등급 평가를 위하여 건축물 에너지효율등급제 운영기관의 장이 필요하다고 정하여 공고하는 서류
2. 건축물 에너지효율등급 인증과 제로에너지건축물 인증을 같이 신청하는 경우
  가. 제1호 각 목의 서류
  나. 건축물에너지관리시스템(법 제6조의2제2항에 따른 건축물에너지관리시스템을 말한다) 또는 전자식 원격검침계량기 설치도서
  다. 가목부터 다목까지의 서류 외에 제로에너지건축물 인증 평가를 위하여 제로에너지건축물 인증제 운영기관의 장이 필요하다고 정하여 공고하는 서류 | 인증 수수료

별표 2의 범위에서 인증 대상 건축물 면적을 고려하여 국토교통부장관과 산업통상자원부장관이 정하여 공동으로 고시하는 금액 |

처리절차

신청서 작성	→	접수	→	검토	→	결재	→	인증서 발급
신청인		인증기관 (인증처리 부서)		인증기관 (인증처리 부서)		인증기관 (인증처리 부서)		

210mm×297mm[백상지 80g/㎡(재활용품)]

■ 건축물 에너지효율등급 인증 및 제로에너지건축물 인증에 관한 규칙 [별지 제3호의2서식] <개정 2019. 5. 13.>

제로에너지건축물 인증 신청서

※ 색상이 어두운 난은 신청인이 작성하지 않으며, [ ]에는 해당하는 곳에 √표를 합니다. (앞쪽)

접수번호		접수일시	처리기간	30일 이내

신청인	성명(법인명)			생년월일(법인등록번호)	
	주 소			대표자 성명	
	실 무 책 임 자	성 명		부 서	직 위
		전화번호		FAX	전자우편

건축주	성명(법인명)	생년월일(사업자 또는 법인 등록번호)
	주소	(전화번호 :)

설계자	사무소명	신고번호
	성명	자격번호
	사무소 주소	(전화번호 :)

공사 시공자	회사명	면허번호
	대표자명	
	사무소 주소	(전화번호 :)

공사 감리자	사무소명	신고번호
	성명	자격번호
	사무소 주소	(전화번호 :)

신청 건축물	건 축 물 명	착공일
	허가(신고)번호	준공(예정)일
	소재지 주소	
	건축물의 주된 용도	[ ] 주거용 건축물 (주용도: , 총전용면적 임대: ㎡, 분양: ㎡) [ ] 주거용 외의 건축물 (주용도: , 연면적: ㎡, 층수: 층)
	신에너지 및 재생에너지설비	용량 ( ) [대지 내 ( ), 대지 외 ( )] 건축물 대지 외에 신에너지 및 재생에너지 설비가 있을 경우 해당 주소:
	인센티브	용적률 완화(%), 건축물 최대 높이 완화(%), 조경면적 기준 완화(%) 취득세 감면(%, 원), 소득세 감면(%, 원) 조달청 입찰참가자격 심사(PQ) 가점 여부( )

예비인증 등급 및 발급일	등급(년 월 일)	예비인증 번호	

「녹색건축물 조성 지원법」 제17조제3항 및 「건축물 에너지효율등급 인증 및 제로에너지건축물 인증에 관한 규칙」 제6조제3항에 따라 제로에너지건축물 인증을 신청합니다.

년 월 일

신청인
(또는 대리인) (서명 또는 인)

(전화번호:)

신청서 접수기관 (접수부서명 및 접수자인)

인증기관의 장 귀하

210mm×297mm[백상지(80g/㎡) 또는 중질지(80g/㎡)]

(뒤쪽)

| 첨부서류 | 1. 1++등급 이상의 건축물 에너지효율등급 인증서 사본
2. 건축물에너지관리시스템(법 제6조의2제2항에 따른 건축물에너지관리시스템을 말한다) 또는 전자식 원격검침계량기 설치도서
3. 제로에너지건축물 예비인증서 사본(예비인증을 받은 경우만 해당한다)
4. 가목부터 다목까지의 서류 외에 제로에너지건축물 인증 평가를 위하여 제로에너지건축물 인증제 운영기관의 장이 필요하다고 정하여 공고하는 서류 | 수수료
없 음 |

처리절차

신청서 작성	→	접수	→	검토	→	결재	→	인증서 발급
신청인		인증기관 (인증처리 부서)		인증기관 (인증처리 부서)		인증기관 (인증처리 부서)		

210mm×297mm[백상지(80g/㎡) 또는 중질지(80g/㎡)]

요점 인증 신청 등

① "국토교통부와 산업통상자원부의 공동부령으로 정하는 기준 이상 건축물"이란, 건축물에너지 효율등급이 1++ 등급 이상인 건축물을 말한다.

② 건축물에너지 효율등급 인증 및 제로에너지 건축물 인증을 신청할 수 있는 자
1. 건축주
2. 건축물 소유자
3. 사업주체 또는 시공자(건축주나 건축물 소유자가 인증 신청에 동의하는 경우에만 해당한다)

③ 제출서류

제2항에 따라 인증을 신청하려는 건축주등은 제3조제3항제2호에 따른 인증관리시스템(이하 "인증관리시스템"이라 한다)을 통하여 다음 각 호의 구분에 따라 해당 인증기관의 장에게 신청서를 제출하여야 한다.〈개정 2017.1.20.〉
1. 건축물 에너지효율등급 인증을 신청하는 경우: 별지 제3호서식에 따른 신청서 및 다음 각 목의 서류
   가. 공사가 완료되어 이를 반영한 건축·기계·전기·신에너지 및 재생에너지(「신에너지 및 재생에너지 개발·이용·보급 촉진법」에 따른 신에너지 및 재생에너지를 말한다. 이하 같다) 관련 최종 설계도면
   나. 건축물 부위별 성능내역서
   다. 건물 전개도
   라. 장비용량 계산서
   마. 조명밀도 계산서
   바. 관련 자재·기기·설비 등의 성능을 증명할 수 있는 서류
   사. 설계변경 확인서 및 설명서
   아. 건축물 에너지효율등급 예비인증서 사본(예비인증을 받은 경우만 해당한다)
   자. 가목부터 아목까지의 서류 외에 건축물 에너지효율등급 평가를 위하여 건축물 에너지효율등급 인증제 운영기관의 장이 필요하다고 정하여 공고하는 서류
2. 제로에너지건축물 인증을 신청하는 경우 : 별지 제3호의2서식에 따른 신청서 및 다음 각 목의 서류
   가. 1++등급 이상의 건축물 에너지효율등급 인증서 사본
   나. 건축물에너지관리시스템(법 제6조의2제2항에 따른 건축물에너지관리시스템을 말한다. 이하 같다) 또는 전자식 원격검침계량기 설치도서
   다. 제로에너지건축물 예비인증서 사본(예비인증을 받은 경우만 해당한다)
   라. 가목부터 다목까지의 서류 외에 제로에너지건축물 인증 평가를 위하여 제로에너지건축물 인증제 운영기관의 장이 필요하다고 정하여 공고하는 서류

  3. 건축물 에너지효율등급 인증 및 제로에너지건축물 인증을 동시에 신청하는
     경우: 별지 제3호서식에 따른 신청서 및 다음 각 목의 서류
  가. 제1호 각 목의 서류
  나. 제2호나목부터 라목까지의 서류

④ 제3항에 따라 신청서에 첨부하여 제출하는 서류(인증서 사본 및 예비인증서
   사본은 제외한다)에는 설계자 및 「건축물의 설비기준 등에 관한 규칙」 제
   3조에 따른 관계전문기술자가 날인을 하여야 한다. 다만, 다음 각 호의 어
   느 하나에 해당하는 경우에는 그 사유서를 첨부하여 「건축법」 제25조에
   따른 감리자 또는 건축주의 날인으로 설계자 또는 관계전문기술자의 날인을
   대체할 수 있으며, 제2호의 경우 인증기관의 장은 변경내용을 영 제10조제2
   항에 따른 허가권자에게 통보하여야 한다.〈신설 2017.1.20.〉

  1. 「건축물의 설비기준 등에 관한 규칙」 제2조에 따라 관계전문기술자의 협
     력을 받아야 하는 건축물에 해당하지 아니하는 경우
  2. 첨부서류의 내용이 「건축법」 제22조제1항에 따른 사용승인 후 변경된 경우
  3. 제1호 및 제2호 외에 설계자 또는 관계전문기술자의 날인이 불가능한 사유
     가 있는 경우

⑤ 인증처리기간

인증기관의 장은 제3항에 따른 신청을 받은 날부터 다음 각 호의 구분에 따른
기간 내에 인증을 처리하여야 한다.〈개정 2017.1.20.〉

1. 건축물 에너지효율등급 인증의 경우: 50일(단독주택 및 공동주택의 경우에는
   40일)
2. 제로에너지건축물 인증의 경우: 30일(제3항제3호에 따라 신청한 경우에는
   1++등급 이상의 건축물 에너지효율등급 인증서가 발급된 날부터 기산한다)

⑥ 인증평가기간 연장

인증기관의 장은 제5항에 따른 기간 내에 부득이한 사유로 인증을 처리할 수
없는 경우에는 건축주등에게 그 사유를 통보하고 20일의 범위에서 인증 평가
기간을 한 차례만 연장할 수 있다.〈개정 2017.1.20.〉

⑦ 신청서류의 보완요청

인증기관의 장은 제3항에 따라 건축주등이 제출한 서류의 내용이 미흡하거나
사실과 다른 경우에는 건축주등에게 보완을 요청할 수 있다. 이 경우 건축주등
이 제출서류를 보완하는 기간은 제5항의 기간에 산입하지 아니한다.
〈개정 2015.11.18., 2017.1.20.〉

⑧ 인증기관의 장은 건축주등이 보완 요청 기간 안에 보완을 하지 아니한 경우 등에는 신청을 반려할 수 있다. 이 경우 반려 기준 및 절차 등 필요한 사항은 국토교통부장관과 산업통상자원부장관이 정하여 공동으로 고시한다. 〈신설 2015.11.18., 2017.1.20.〉

⑨ 제9조제1항에 따라 인증을 받은 건축물의 소유자는 필요한 경우 제9조제3항에 따른 유효기간이 만료되기 90일 전까지 같은 건축물에 대하여 재인증을 신청할 수 있다. 이 경우 평가 절차 등 필요한 사항은 국토교통부장관과 산업통상자원부장관이 정하여 공동으로 고시한다. 〈신설2015.11.18., 2017.1.20.〉

예제문제 16

"건축물 에너지효율등급 인증 및 제로에너지건축물 인증에 관한 규칙"에 따라 건축물 에너지효율등급 예비인증 및 제로에너지건축물 예비인증을 동시에 신청하는 경우에 필요한 서류로 가장 적절하지 않은 것은?　【2019년 5회 국가자격시험】

① 건축물 부위별 성능내역서
② 1++등급 이상의 건축물 에너지효율등급 인증서 또는 예비인증서 사본
③ 건물전개도
④ 조명밀도계산서

해설
에너지효율등급 예비인증 및 제로에너지 예비인증 동시 신청 필요한 서류
■ 에너지효율등급 인증서류(1++ 등급 이상의 건축물 에너지효율등급 인증서 사본은 필요한 서류에 해당하지 않는다.)
1. 관련 최종 설계도면〈공사가 완료되어 이를 반영한 건축·기계·전기·신에너지 및 재생에너지〉 관련 최종 설계도면
2. 건축물 부위별 성능내역서
3. 건물 전개도
4. 장비용량 계산서
5. 조명밀도 계산서
6. 관련 자재·기기·설비 등의 성능을 증명할 수 있는 서류
7. 설계변경 확인서 및 설명서
8. 건축물 에너지효율등급 예비인증서 사본(예비인증을 받은 경우만 해당)
9. 에너지효율등급 인증제 운영기관의 장이 필요하다고 정하여 공고하는 서류
■ 제로에너지 신청서류
1. 1++등급 이상의 건축물 에너지효율등급 인증서 사본(제외)
2. 건축물에너지관리시스템 또는 전자식 원격검침계량기 설치도서
3. 제로에너지 건축물 예비인증서 사본(예비인증을 받은 경우만 해당)
4. 제로에너지 건축물 평가를 위하여 제로에너지건축물 인증제 운영기관의 장이 필요하다고 정하여 공고하는 서류

답 : ②

예제문제 17

다음 중 건축물에너지 효율등급 인증 관련 규칙 및 기준의 내용에 대해 맞는 것은?

【13년 2급 출제유형】

① 인증기관의 소재지가 변경되었을 경우 인증기관의 장은 그 변경된 날로부터 20일 이내에 해당 증명서류를 운영기관의 장에게 제출하여야 한다.

② 인증기관이 장은 단독주택에 대해 인증신청서와 신청서류가 접수된 날로부터 40일 이내에 인증을 처리하여야 한다.

③ 인증기관의 장은 건축주가 제출한 인증신청서류의 내용이 미흡하거나 사실이 다를 경우 서류가 접수된 날로부터 20일 이내에 건축주에게 보완을 요청할 수 있다.

④ 인증을 신청한 건축주는 신청서를 제출한 날로부터 40일 이내에 인증기관의 장에게 수수료를 납부하여야 한다.

해설

① 인증기관의 소재지가 변경되었을 경우 인증기관의 장은 그 변경된 날로부터 30일 이내에 해당 증명서류를 운영기관의 장에게 제출하여야 한다.

③ 인증기관의 장은 건축주가 제출한 인증신청서류의 내용이 미흡하거나 사실이 다를 경우에는 건축주등에게 보완을 요청할 수 있다.

④ 인증을 신청한 건축주는 신청서를 제출한 날로부터 20일 이내에 인증기관의 장에게 수수료를 납부하여야 한다.

답 : ②

예제문제 18

다음 중 건축물에너지 효율등급 "인증신청자"로서 가장 부적합한 사람은?

① 건축주

② 건축물 소유자

③ 사업주체 또는 시공자(건축주나 건축물소유자가 인증신청에 동의하는 경우)

④ 건축물 관리자

해설

건축물에너지 효율등급 신청자로 건축물관리자는 해당되지 않는다.

답 : ④

예제문제 19

건축물 에너지효율등급 인증에 관한 설명 중 맞는 것은?　　　　【13년 1급 출제유형】

① 인증을 신청한 건축주는 신청서를 제출한 날로부터 20일 이내 인증기관의 장에게 수수료를 납부하여야 한다.

② 인증기관의 소재지가 변경되었을 경우 인증기관의 장은 서류를 접수한 날로부터 20일 이내에 해당 증명서류를 인증제 운영기관의 장에게 제출하여야 한다.

③ 인증기관의 장은 건축주가 제출한 인증신청서류의 내용 사실과 다른 경우 서류가 접수된 날로부터 15일 이내에 건축주에게 보완을 요청할 수 있다.

④ 인증기관의 장은 공동주택에 대해 인증신청서와 신청서류를 접수된 날로부터 60일 이내에 인증을 처리하여야 한다.

──────────────────────────────

해설

② 인증기관의 소재지가 변경되었을 경우 인증기관의 장은 세류를 접수한 날로부터 30일 이내에 해당 증명서류를 인증제 운영기관의 장에게 제출하여야 한다.

③ 인증기관의 장은 건축주가 제출한 인증신청서류의 내용이 미흡하거나 사실과 다른 경우에는 건축주등 에게 보완을 요청할 수 있다.

④ 인증기관의 장은 공동주택에 대해 인증신청서와 신청서류를 접수된 날로부터 40일 이내에 인증을 처리하여야 한다.

답 : ①

예제문제 20

다음 중 건축물에너지 효율등급 "인증신청"에 관련된 사항 중 틀린 것은?

① 인증을 받은 건축물의 소유자는 유효기간이 만료되기 60일 전 까지 같은 건축물에 대하여 재인증을 신청 할 수 있다.

② 제출서류에는 건축물 부위별 성능내역서, 조명밀도계산서, 장비용량 계산서 등이 있다.

③ 인증 처리기간은 40일 이내(단독주택 및 공동주택)이다.

④ 건축주는 인증을 신청 할 수 있는 자에 포함된다.

──────────────────────────────

해설 인증을 받은 건축물의 소유자는 유효기간이 만료되기 90일 전 까지 같은 건축물에 대하여 재인증을 신청 할 수 있다.

답 : ①

7 인증평가 등

필기 예상문제

• 인증기관의 장이 인증평가서를 작성해야 한다.
• 인증기관의 장이 사용검사를 받은 날부터 3년이 지난 건축물에 대해서 건축물 에너지 효율 개선방안을 제공하여야 한다.
• 도서평가와 현장실사를 하고, 인증평가서를 작성

규칙 제7조【인증평가 등】

① 인증기관의 장은 제6조에 따른 인증 신청을 받으면 인증 기준에 따라 도서평가와 현장실사(現場實査)를 하고, 인증 신청 건축물에 대한 인증 평가서를 작성하여야 한다. 〈개정 2015.11.18.〉
② 인증기관의 장은 제1항에 따른 인증 평가서 결과에 따라 인증 여부 및 인증 등급을 결정한다. 〈개정 2015.11.18.〉
③ 인증기관의 장은 사용승인 또는 사용검사를 받은 날부터 3년이 지난 건축물에 대해서 건축물 에너지효율등급 인증을 하려는 경우에는 건축주등에게 건축물 에너지효율 개선방안을 제공하여야 한다.

요점 인증 평가 등

① 인증평가서 작성

인증기관의 장은 인증 신청을 받으면 인증 기준에 따라 도서평가와 현장실사(現場實査)를 하고, 인증 신청 건축물에 대한 인증 평가서를 작성하여야 한다.

② 인증 여부 및 인증등급 결정

인증기관의 장은 인증 평가서 결과에 따라 인증 여부 및 인증 등급을 결정한다.

③ 3년이 지난 건축물에 대해서 건축물 에너지 효율등급 인증을 하려는 경우 건축주 등에게 에너지효율 개선방안 제공

인증기관의 장은 사용승인 또는 사용검사를 받은 날부터 3년이 지난 건축물에 대해서 건축물 에너지효율등급 인증을 하려는 경우에는 건축주등에게 건축물 에너지효율 개선방안을 제공하여야 한다.

예제문제 21

다음 중 인증기관의 장은 사용승인 또는 사용검사를 받은 날부터 몇년이 지난 건축물에 대해서 건축물 에너지효율등급 인증을 하려는 경우에는 건축주 등에게 건축물 에너지효율 개선방안을 제공하여야 하는가?

① 1년 　　　　　　　　② 2년
③ 3년 　　　　　　　　④ 5년

해설
인증기관의 장은 사용승인 또는 사용검사를 받은 날부터 3년이 지난 건축물에 대해서 건축물 에너지효율등급 인증을 하려는 경우에는 건축주 등에게 건축물 에너지효율 개선방안을 제공하여야 한다.

답 : ③

예제문제 22

다음 중 건축물에너지 효율등급 "인증평가서 작성"에 관련된 사항 중 틀린 것은?

① 인증기관의 장은 인증 신청을 받으면 인증 기준에 따라 도서평가와 면접심사를 한다.
② 인증기관의 장은 인증 신청 건축물에 대한 인증 평가서를 작성하여야 한다.
③ 인증기관의 장은 인증 평가서 결과에 따라 인증 여부 및 인증 등급을 결정한다.
④ 인증기관의 장은 사용승인 또는 사용검사를 받은 날부터 3년이 지난 건축물에 대해서 건축물 에너지효율등급 인증을 하려는 경우에는 건축주등에게 건축물 에너지효율 개선방안을 제공하여야 한다.

해설

인증기관의 장은 인증 신청을 받으면 인증 기준에 따라 도서평가와 현장실사를 한다.

답 : ①

8 인증기준 등

규칙 제8조【인증기준 등】

① 건축물 에너지효율등급 인증 및 제로에너지건축물 인증은 다음 각 호의 구분에 따른 사항을 기준으로 평가하여야 한다. 〈개정 2017.1.20.〉
  1. 건축물 에너지효율등급 인증: 난방, 냉방, 급탕(給湯), 조명 및 환기 등에 대한 1차 에너지 소요량
  2. 제로에너지건축물 인증: 다음 각 목의 사항
  가. 건축물 에너지효율등급 성능수준
  나. 신에너지 및 재생에너지를 활용한 에너지자립도
  다. 건축물에너지관리시스템 또는 전자식 원격검침계량기 설치 여부
② 건축물 에너지효율등급 인증 및 제로에너지건축물 인증의 등급은 다음 각 호의 구분에 따른다. 〈개정 2017.1.20.〉
  1. 건축물 에너지효율등급 인증: 1+++등급부터 7등급까지의 10개 등급
  2. 제로에너지건축물 인증: 1등급부터 5등급까지의 5개 등급
③ 제1항과 제2항에 따른 인증 기준 및 인증 등급의 세부 기준은 국토교통부장관과 산업통상자원부장관이 정하여 공동으로 고시한다.

요점 인증 기준 등

① 인증 기준

건축물 에너지효율등급 인증 및 제로에너지건축물 인증은 다음 각 호의 구분에 따른 사항을 기준으로 평가하여야 한다. 〈개정 2017.1.20.〉

1. 건축물 에너지효율등급 인증: 난방, 냉방, 급탕(給湯), 조명 및 환기 등에 대한 1차 에너지 소요량
2. 제로에너지건축물 인증: 다음 각 목의 사항
   가. 건축물 에너지효율등급 성능수준
   나. 신에너지 및 재생에너지를 활용한 에너지자립도
   다. 건축물에너지관리시스템 또는 전자식 원격검침계량기 설치 여부

② 인증 등급

건축물 에너지효율등급 인증 및 제로에너지건축물 인증의 등급은 다음 각 호의 구분에 따른다.〈개정 2017.1.20.〉
1. 건축물 에너지효율등급 인증: 1+++등급부터 7등급까지의 10개 등급
2. 제로에너지건축물 인증: 1등급부터 5등급까지의 5개 등급

③ 인증 기준 및 인증 등급의 세부 기준

인증 기준 및 인증 등급의 세부 기준은 국토교통부장관과 산업통상자원부장관이 정하여 공동으로 고시한다.

예제문제 23

다음 중 건축물에너지 효율등급 "인증기준"에 관련된 사항 중 틀린 것은?

① 건축물 에너지효율등급 인증은 난방, 냉방, 급탕(給湯), 조명 및 채광 등에 대한 1차 에너지 소요량을 기준으로 평가하여야 한다.
② 건축물 에너지효율 인증 등급은 1+++등급부터 7등급까지의 10개 등급으로 한다.
③ 인증 기준 및 인증 등급의 세부 기준은 국토교통부장관과 산업통상자원부장관이 정하여 공동으로 고시한다.
④ 인증 기관의 장은 인증평가서를 작성하여야 한다.

해설
건축물 에너지효율등급 인증은 난방, 냉방, 급탕(給湯), 조명 및 환기 등에 대한 1차 에너지 소요량을 기준으로 평가하여야 한다.

답 : ①

예제문제 24

"건축물 에너지효율등급 인증 및 제로에너지건축물 인증에 관한 규칙"[별지 제4호의2서식] 제로에너지 건축물 인증서의 표시사항이 아닌 것은?

【17년 3회 국가자격시험】

① 단위면적당 1차에너지소비량

② 단위면적당 1차에너지생산량

③ 단위면적당 CO_2배출량

④ 에너지자립률

해설

[별지 제4호2서식]제로에너지 건축물 인증서의 표시사항

제로에너지 건축물인증등급(표시사항)

① 단위면적당 1차 에너지 소비량

② 단위면적당 1차 에너지 생산량

④ 에너지 자립률

답 : ③

예제문제 25

다음 중 "건축물 에너지효율등급 인증 및 제로에너지건축물 인증 기준"에 따른 제로에너지건축물 인증 및 등급 판정에 고려되는 항목으로 가장 적절하지 않은 것은?

【2019년 5회 국가자격시험】

① 단위면적당 1차에너지소요량

② 단위면적당 1차에너지생산량

③ 단위면적당 1차에너지소비량

④ 단위면적당 CO_2배출량

해설

제로에너지 건축물 인증 및 등급 판정 고려항목

① 단위면적당 1차에너지소요량

② 단위면적당 1차에너지생산량 ── 단위면적당 1차에너지소비량

③ 단위면적당 1차에너지소비량

④ 단위면적당 CO_2 배출량은 관계없다.

답 : ④

9 인증서 발급 및 인증의 유효기간 등

 필기 예상문제

인증서 발급 및 인증기관의 유효기간
- 건축물 에너지효율등급 인증서를 발급한 날부터 10년으로 한다.
- 인증기관의 장은 인증대상, 인증날짜, 인증등급은 운영기관의 장에게 제출하여야 한다.
- 제로에너지 건축물 인증
  : 인증 받은 날로부터 해당 건축물에 대한 1++등급 이상의 건축물 에너지 효율등급 인증 유효기간 만료일까지의 기간

규칙 제9조【인증서 발급 및 인증의 유효기간 등】

① 건축물 에너지효율등급 인증기관의 장 또는 제로에너지건축물 인증기관의 장은 제7조 및 제8조에 따른 평가가 완료되어 인증을 할 때에는 별지 제4호서식 또는 별지 제4호의2서식의 인증서를 건축주등에게 발급하고, 제7조제1항에 따른 인증 평가서 등 평가 관련 서류와 함께 인증관리시스템에 인증 사실을 등록하여야 한다. 〈개정 2015.11.18., 2017.1.20.〉

② 건축주등은 인증명판이 필요하면 별표 1 또는 별표 1의2에 따라 제작하여 활용할 수 있으며, 법 제17조제5항 및 영 제12조제2항에 따른 건축물의 건축주등은 인증명판을 건축물 현관 또는 로비 등 공공이 볼 수 있는 장소에 게시하여야 한다. 〈신설 2015.11.18., 2017.1.20.〉

③ 건축물 에너지효율등급 인증 및 제로에너지건축물 인증의 유효기간은 다음 각 호의 구분에 따른 기간으로 한다. 〈개정 2017.1.20.〉
  1. 건축물 에너지효율등급 인증: 10년
  2. 제로에너지건축물 인증: 인증받은 날부터 해당 건축물에 대한 1++등급 이상의 건축물 에너지효율등급 인증 유효기간 만료일까지의 기간

④ 인증기관의 장은 제1항에 따라 인증서를 발급하였을 때에는 인증 대상, 인증 날짜, 인증 등급을 포함한 인증 결과를 해당 인증제 운영기관의 장에게 제출하여야 한다. 〈개정 2015.11.18., 2017.1.20.〉

⑤ 운영기관의 장은 에너지성능이 높은 건축물의 보급을 확대하기 위하여 제1항에 따른 인증평가 관련 정보를 분석하여 통계적으로 활용할 수 있으며, 법 제10조제5항에 따른 방법으로 인증 관련 정보를 공개할 수 있다. 〈신설 2015.11.18.〉

요점 인증서 발급 및 인증의 유효기간 등

① 인증서 발급

건축물 에너지효율등급 인증기관의 장 또는 제로에너지건축물 인증기관의 장은 제7조 및 제8조에 따른 평가가 완료되어 인증을 할 때에는 별지 제4호서식 또는 별지 제4호의2서식의 인증서를 건축주등에게 발급하고, 제7조제1항에 따른 인증 평가서 등 평가 관련 서류와 함께 인증관리시스템에 인증 사실을 등록하여야 한다. 〈개정 2015.11.18., 2017.1.20.〉

② 인증명판의 게시

건축주등은 인증명판이 필요하면 별표 1 또는 별표 1의2에 따라 제작하여 활용할 수 있으며, 법 제17조제5항 및 영 제12조제2항에 따른 건축물의 건축주등은 인증명판을 건축물 현관 또는 로비 등 공공이 볼 수 있는 장소에 게시하여야 한다. 〈신설 2015.11.18., 2017.1.20.〉

③ 인증의 유효기간

건축물 에너지효율등급 인증 및 제로에너지건축물 인증의 유효기간은 다음 각호의 구분에 따른 기간으로 한다.〈개정 2017.1.20.〉

1. 건축물 에너지효율등급 인증: 10년
2. 제로에너지건축물 인증: 인증받은 날부터 해당 건축물에 대한 1++등급 이상의 건축물 에너지효율등급 인증 유효기간 만료일까지의 기간

④ 인증 결과를 운영기관의 장에게 제출

인증기관의 장은 제1항에 따라 인증서를 발급하였을 때에는 인증 대상, 인증 날짜, 인증 등급을 포함한 인증 결과를 해당 인증제 운영기관의 장에게 제출하여야 한다.〈개정 2015.11.18., 2017.1.20.〉

⑤ 인증관련 정보 공개

운영기관의 장은 에너지성능이 높은 건축물의 보급을 확대하기 위하여 제1항에 따른 인증평가 관련 정보를 분석하여 통계적으로 활용할 수 있으며, 법 제10조제5항에 따른 방법으로 인증 관련 정보를 공개할 수 있다.〈신설 2015.11.18.〉

예제문제 26

다음 중 건축물에너지 효율등급 인증서를 발급하였을 때에는 인증 결과를 운영기관의 장에게 제출하여야 한다. 제출결과에 포함될 항목에 해당되지 않는 것은?

① 인증대상 　　　　　② 인증날짜
③ 인증등급 　　　　　④ 인증 신청자

해설

인증기관의 장은 인증서를 발급하였을 때에는 인증 대상, 인증 날짜, 인증 등급을 포함한 인증 결과를 운영기관의 장에게 제출하여야 한다.

답 : ④

예제문제 27

다음 중 건축물에너지 효율등급 인증평가, 기준, 유효기간 등에 관련된 사항 중 가장 부적합한 것은?

① 인증신청을 받으면 인증기준에 따라 도서평가와 현장실사를 하고 인증평가서를 작성해야함.

② 인증 등급은 1+++등급부터 7등급까지의 10개 등급이다.

③ 건축물 에너지효율등급 인증의 유효기간은 건축물 에너지효율등급 인증서를 발급한 날부터 5년이다.

④ 인증서를 발급하였을 때에는 인증 대상, 인증 날짜, 인증 등급을 포함한 인증 결과를 운영기관의 장에게 제출하여야 한다.

해설

건축물 에너지효율등급 인증의 유효기간은 건축물 에너지효율등급 인증서를 발급한 날부터 10년으로 한다. 건축물 에너지효율등급 인증은 난방, 냉방, 급탕(給湯), 조명 및 환기 등에 대한 1차 에너지 소요량을 기준으로 평가하여야 한다.

답 : ③

예제문제 28

다음 중 건축물에너지 효율등급 인증서의 유효기간으로 가장 적합한 것은?

① 인증서를 발급한 날부터 3년　　② 인증서를 발급한 날부터 5년

③ 인증서를 발급한 날부터 7년　　④ 인증서를 발급한 날부터 10년

해설

건축물 에너지효율등급 인증의 유효기간은 건축물 에너지효율등급 인증서를 발급한 날부터 10년으로 한다.

답 : ④

■ 건축물 에너지효율등급 인증 및 제로에너지건축물 인증에 관한 규칙별지 제4호서식] <개정 2017. 1. 20.>

건축물 에너지효율등급 인증서

건축물 개요		인증 개요	
건축물명	:	인증번호	:
준공연도	:	평 가 자	:
주　　소	:	인증기관	:
층　　수	:	운영기관	:
연 면 적	:	유효기간	: 　.　.　. 까지
건축물의 주된 용도	:		
설 계 자	:	**인증등급**	
공사시공자	:	인증등급	:
공사감리자	:		

건축물 에너지효율등급 평가 결과

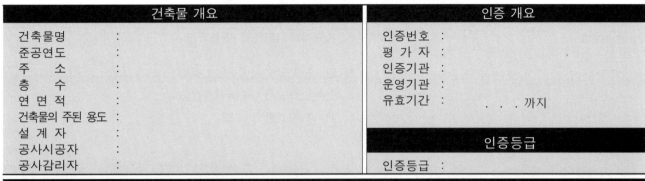

단위면적당 에너지요구량(kWh/m²·년)	요구량	단위면적당 1차에너지소요량 (kWh/m²·년)	인증등급	단위면적당 CO_2배출량(kg/m²·년)	배출량

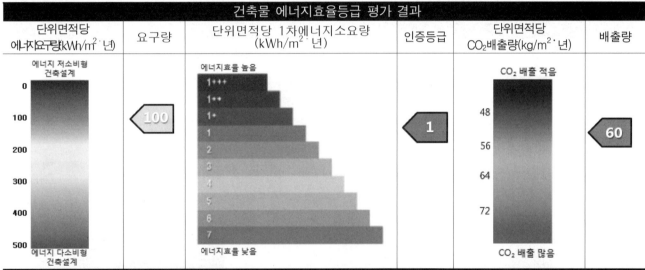

에너지 용도별 평가결과

구분	단위면적당 에너지요구량 (kWh/m²·년)	단위면적당 에너지소요량 (kWh/m²·년)	단위면적당 1차에너지소요량 (kWh/m²·년)	단위면적당 CO_2배출량 (kWh/m²·년)
냉방				
난방				
급탕				
조명				
환기				
합계				

- ▪ 단위면적당 에너지요구량　　　건축물이 냉방, 난방, 급탕, 조명 부문에서 요구되는 단위면적당 에너지량
- ▪ 단위면적당 에너지소요량　　　건축물에 설치된 냉방, 난방, 급탕, 조명, 환기 시스템에서 드는 단위면적당 에너지량
- ▪ 단위면적당 1차에너지소요량　　에너지소요량에 연료의 채취, 가공, 운송, 변환, 공급 과정 등의 손실을 포함한 단위면적당 에너지량
- ▪ 단위면적당 CO_2배출량　　　　에너지소요량에서 산출한 단위면적당 이산화탄소 배출량

※ 이 건물은 냉방설비가 ([ ]설치된[ ]설치되지 않은) 건축물입니다.

※ 단위면적당 1차에너지소요량은 용도 등에 따른 보정계수를 반영한 결과입니다.

　위 건축물은 「녹색건축물 조성 지원법」 제17조 및 「건축물 에너지효율등급 인증 및 제로에너지 건축물 인증에 관한 규칙」 제9조제1항에 따라 에너지효율등급(　 등급) 건축물로 인증되었기에 인증서를 발급합니다.

년　　　　월　　　　일

인증기관의 장　　[직인]

■ 건축물 에너지효율등급 인증 및 제로에너지건축물 인증에 관한 규칙[별지 제4호의2서식] <개정 2019. 5. 13.>

제로에너지건축물 인증서

건축물 개요		인증 등급	
건축물명	:	제로에너지건축물 인증등급	:
준공연도	:		
주 소	:	단위면적당 1차에너지소비량	:
층 수	:	단위면적당 1차에너지생산량	:
연 면 적	:	에너지자립률 합 계	:
건축물의 주된 용도	:	대지 내	:
건축물 대지 외 신에너지 및 재생에너지 설비 주소	:	대지 외	:
		건축물 에너지효율등급	:

제로에너지건축물 평가 결과

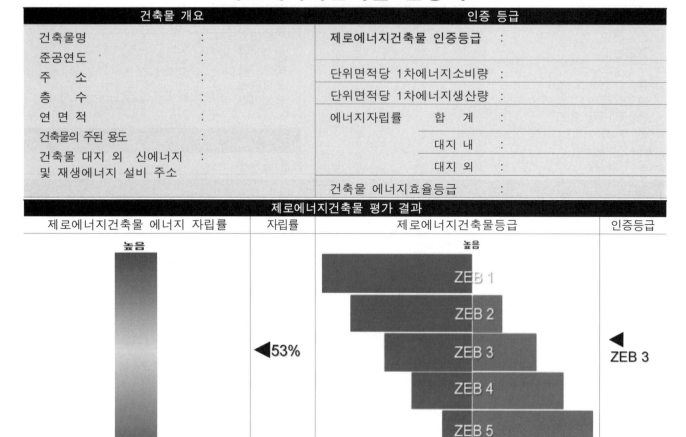

제로에너지건축물 에너지 자립률	자립률	제로에너지건축물등급	인증등급
높음 … 낮음	◀53%	ZEB 1 / ZEB 2 / ZEB 3 / ZEB 4 / ZEB 5	◀ ZEB 3

건축물에너지관리시스템 또는 전자식 원격검침계량기 설치 유무 [   ]

▪ 단위면적당 1차에너지소비량	$\sum$(에너지소비량 × 해당 1차 에너지 환산계수) / 평가면적
▪ 단위면적당 1차에너지생산량	$\sum${[대지 내 신재생에너지 순 생산량 + (대지 외 신재생에너지 순 생산량 × 보정계수)] × 해당 1차 에너지 환산계수} / 평가면적
▪ 에너지자립률	1차 에너지 소비량 대비 1차 에너지 생산량에 대한 백분율

※ 이 건물은 냉방설비가 [ ] 설치된 [ ] 설치되지 않은 건축물입니다.

위 건축물은 「녹색건축물 조성 지원법」 제17조 및 「건축물 에너지효율등급 인증 및 제로에너지건축물 인증에 관한 규칙」 제9조제1항에 따라 제로에너지건축물 (   )등급으로 인증되었기에 인증서를 발급합니다.

년   월   일

인증기관의 장   직인

210mm×297mm[백상지 (150g/㎡)]

┃별표 1┃ 〈신설 2015.11.18.〉

건축물 에너지효율등급 인증명판(제9조제2항 관련)

1. 인증명판 표준 규격

> 건축물 에너지효율등급 인증
>
> 건축물
> 에너지
> 효율등급
> 1+++
>
> 대상건축물의 명칭
>
> 인증번호:00-0-0-0-0000
> 유효기간:0000.00.00~0000.00.00

　가. 인증명판 표시사항: 인증명, 인증마크(등급표시), 대상건축물의 명
　　　칭, 인증번호, 유효기간

　나. 명판 비율: 3 : 4(가로 : 세로)

　다. 재질: 동판

　라. 글씨체: Asian Expo L, 나눔바른고딕

2. 비고

　가. 인증명판의 크기, 재질, 글씨체 및 표시사항의 배치 등은 명판이
　　　부착되는 건물의 외관, 마감재 등의 특성에 따라 변경할 수 있다.
　　　다만, 제1호가목에 따른 인증명판 표시사항은 준수하여야 하며, 인
　　　증마크는 임의로 변경할 수 없다.

　나. 등급별 인증마크의 규격(비율, 색상 등)은 운영기관의 장이 정하는
　　　바에 따른다.

| 별표 1의2 | 〈신설 2017.1.20.〉

제로에너지건축물 인증명판(제9조제2항 관련)

1. 인증명판 표준 규격

제로에너지건축물 인증

ZEB
0등급

대상건축물의 명칭
인증번호:00000000-0000-0000
유효기간:0000.00.00. ~ 0000.00.00.

  가. 인증명판 표시사항: 인증명, 인증마크(등급표시), 대상건축물의 명칭, 인증번호, 유효기간

  나. 명판 비율: 3 : 4(가로 : 세로)

  다. 재질: 동판

  라. 글씨체: Asian Expo L, 나눔바른고딕

2. 비고

  가. 인증명판의 크기, 재질, 글씨체 및 표시사항의 배치 등은 명판이 부착되는 건물의 외관, 마감재 등의 특성에 따라 변경할 수 있다. 다만, 제1호가목에 따른 인증명판 표시사항은 준수하여야 하며, 인증마크는 임의로 변경할 수 없다.

  나. 등급별 인증마크의 규격(비율, 색상 등)은 운영기관의 장이 정하는 바에 따른다.

10 재 평 가 요 청 등

> **규칙** 제10조 【재 평 가 요 청 등】
> ① 제7조에 따른 인증 평가 결과나 법 제20조제1항에 따른 인증 취소 결정에 이의가 있는 건축주등은 인증서 발급일 또는 인증 취소일부터 90일 이내에 인증기관의 장에게 재평가를 요청할 수 있다. 〈개정 2015.11.18.〉
> ② 재평가 결과 통보, 인증서 재발급 등 재평가에 따른 세부 절차에 관한 사항은 국토교통부장관과 산업통상자원부장관이 정하여 공동으로 고시한다.

  필기 예상문제

재평가요청, 인증취소 등과 관련하여 출제될 수 있다.
• 인증기관의 장에게 재평가 요청
• 인증취소사유를 암기해야 한다.

요점 재 평 가 요 청 등

① 재 평 가 요 청

제7조에 따른 인증 평가 결과나 법 제20조제1항에 따른 인증 취소 결정에 이의가 있는 건축주등은 인증서 발급일 또는 인증 취소일부터 90일 이내에 인증기관의 장에게 재평가를 요청할 수 있다.

② 재 평 가 에 따른 세부 절차에 관한 사항

재평가 결과 통보, 인증서 재발급 등 재평가에 따른 세부 절차에 관한 사항은 국토교통부장관과 산업통상자원부장관이 정하여 공동으로 고시한다.

│참고│ 녹색건축물 조성 지원법

> 제20조 【인증의 취소】
> ① 제16조제2항 및 제17조제2항에 따라 지정된 인증기관의 장은 인증을 받은 건축물이 다음 각 호의 어느 하나에 해당하면 그 인증을 취소할 수 있다.
> 1. 인증의 근거나 전제가 되는 주요한 사실이 변경된 경우
> 2. 인증 신청 및 심사 중 제공된 중요 정보나 문서가 거짓인 것으로 판명된 경우
> 3. 인증을 받은 건축물의 건축주 등이 인증서를 인증기관에 반납한 경우
> 4. 인증을 받은 건축물의 건축허가 등이 취소된 경우
> ② 인증기관의 장은 제1항에 따라 인증을 취소한 경우에는 그 내용을 국토교통부장관에게 보고하여야 한다.

예제문제 **29**

다음 중 건축물에너지 효율등급 재평가와 관련된 내용 중 인증취소사유에 해당되지 않는 것은?

① 인증의 근거나 전제가 되는 주요한 사실이 변경된 경우
② 인증 신청 및 심사 중 제공된 중요 정보나 문서가 거짓인 것으로 판명된 경우
③ 인증을 받은 건축물의 건축주 등이 인증서를 분실한 경우
④ 인증을 받은 건축물의 건축허가 등이 취소된 경우

해설

인증을 받은 건축물의 건축주 등이 인증서를 분실한 경우 인증취소 사유에 해당되지 않는다.

답 : ③

예제문제 **30**

다음 중 건축물에너지 효율등급 재평가 요청등과 관련된 사항 중 가장 부적합한 것은?

① 인증 평가 결과나 법 제20조제1항에 따른 인증 취소 결정에 이의가 있는 건축주등은 인증서 발급일 또는 인증 취소일부터 90일 이내에 인증기관의 장에게 재평가를 요청할 수 있다.
② 재평가 결과 통보 재평가에 따른 세부 절차에 관한 사항은 국토교통부장관과 산업통상자원부장관이 정하여 공동으로 고시한다.
③ 인증서 재발급 등 재평가에 따른 세부 절차에 관한 사항은 국토교통부장관과 산업통상자원부장관이 정하여 공동으로 고시한다.
④ 인증기관의 장은 인증을 취소한 경우에는 그 내용을 국토교통부장관과 산업통상자원부 장관에게 각각 보고하여야 한다.

해설

인증기관의 장은 제1항에 따라 인증을 취소한 경우에는 그 내용을 국토교통부장관에게 보고하여야 한다.

답 : ④

11 예비인증의 신청

규칙 제11조【예비인증의 신청 등】

① 건축주등은 제6조제2항에 따른 인증(이하 "본인증"이라 한다)에 앞서 설계도서에 반영된 내용만을 대상으로 예비인증을 신청할 수 있다.〈개정 2015.11.18., 2017.1.20.〉

② 제1항에 따라 예비인증을 신청하려는 건축주등은 인증관리시스템을 통하여 다음 각 호의 구분에 따라 해당 인증기관의 장에게 신청서를 제출하여야 한다.〈개정 2017.1.20.〉

　1. 건축물 에너지효율등급 예비인증을 신청하는 경우: 별지 제5호서식에 따른 신청서 및 다음 각 목의 서류

　가. 건축·기계·전기·신에너지 및 재생에너지 관련 설계도면

　나. 제6조제3항제1호나목부터 바목까지 및 자목의 서류

　2. 제로에너지건축물 예비인증을 신청하는 경우: 별지 제5호의2서식에 따른 신청서 및 다음 각 목의 서류

　가. 1++등급 이상의 건축물 에너지효율등급 인증서 또는 예비인증서 사본

　나. 제6조제3항제2호나목 및 라목의 서류

　3. 건축물 에너지효율등급 예비인증 및 제로에너지건축물 예비인증을 동시에 신청하는 경우: 별지 제5호서식의 신청서 및 다음 각 목의 서류

　가. 제1호 각 목의 서류

　나. 제2호나목의 서류

③ 인증기관의 장은 평가 결과 예비인증을 하는 경우 별지 제6호서식 또는 별지 제6호의2서식의 예비인증서를 건축주등에게 발급하여야 한다. 이 경우 건축주등이 예비인증을 받은 사실을 광고 등의 목적으로 사용하려면 본인증을 받을 경우 그 내용이 달라질 수 있음을 알려야 한다.〈개정 2015.11.18, 2017.1.20.〉

④ 예비인증을 받은 건축주등은 본인증을 받아야 한다. 이 경우 예비인증을 받아 제도적·재정적 지원을 받은 건축주등은 예비인증 등급 이상의 본인증을 받아야 한다.

⑤ 예비인증의 유효기간은 제3항에 따라 예비인증서를 발급한 날부터 사용승인일 또는 사용검사일까지로 한다.〈개정 2015.11.18.〉

⑥ 제1항부터 제5항까지에서 규정한 사항 외에 예비인증의 신청 및 평가 등에 관하여는 제6조제4항부터 제8항까지, 제7조제1항·제2항, 제8조, 제9조제4항, 제10조 및 법 제20조를 준용한다. 다만, 제7조제1항에 따른 현장실사는 실시하지 아니한다.〈개정 2015.11.18., 2017.1.20.〉

요점 예비인증의 신청

① 예비인증의 신청

건축주등은 제6조제2항에 따른 인증(이하 "본인증"이라 한다)에 앞서 설계도서에 반영된 내용만을 대상으로 예비인증을 신청할 수 있다.

〈개정 2015.11.18., 2017.1.20.〉

필기 **예상문제**

예비인증의 신청과 관련하여 예비인증신청시기, 제출서류, 예비인증의 유효기간 등이 출제될 수 있다.

실기 **예상문제**

예비인증신청서류 7가지를 쓰시오.

② 제출서류

제1항에 따라 예비인증을 신청하려는 건축주등은 인증관리시스템을 통하여 다음 각 호의 구분에 따라 해당 인증기관의 장에게 신청서를 제출하여야 한다. 〈개정 2017.1.20.〉

1. 건축물 에너지효율등급 예비인증을 신청하는 경우: 별지 제5호서식에 따른 신청서 및 다음 각 목의 서류

   가. 건축·기계·전기·신에너지 및 재생에너지 관련 설계도면

   나. 제6조제3항제1호나목부터 바목까지 및 자목의 서류

2. 제로에너지건축물 예비인증을 신청하는 경우: 별지 제5호의2서식에 따른 신청서 및 다음 각 목의 서류

   가. 1++등급 이상의 건축물 에너지효율등급 인증서 또는 예비인증서 사본

   나. 제6조제3항제2호나목 및 라목의 서류

3. 건축물 에너지효율등급 예비인증 및 제로에너지건축물 예비인증을 동시에 신청하는 경우: 별지 제5호서식의 신청서 및 다음 각 목의 서류

   가. 제1호 각 목의 서류

   나. 제2호나목의 서류

③ 예비인증서의 발급

인증기관의 장은 평가 결과 예비인증을 하는 경우 별지 제6호서식 또는 별지 제6호의2서식의 예비인증서를 건축주등에게 발급하여야 한다. 이 경우 건축주등이 예비인증을 받은 사실을 광고 등의 목적으로 사용하려면 본인증을 받을 경우 그 내용이 달라질 수 있음을 알려야 한다.〈개정 2015.11.18., 2017.1.20.〉

④ 본 인증 의무

예비인증을 받은 건축주 등은 본 인증을 받아야 한다. 이 경우 예비인증을 받아 제도적·재정적 지원을 받은 건축주등은 예비인증 등급 이상의 본 인증을 받아야 한다.

⑤ 예비인증의 유효기간

건축물 에너지효율등급 예비인증의 유효기간은 건축물 에너지효율등급 예비인증서를 발급한 날부터 사용승인일 또는 사용검사일까지로 한다.

⑥ 그 외 사항

제1항부터 제5항까지에서 규정한 사항 외에 예비인증의 신청 및 평가 등에 관

하여는 제6조제4항부터 제8항까지, 제7조제1항·제2항, 제8조, 제9조제4항, 제10조 및 법 제20조를 준용한다. 다만, 제7조제1항에 따른 현장실사는 실시하지 아니한다.〈개정 2015.11.18., 2017.1.20.〉

예제문제 31

다음 중 건축물에너지 효율등급 예비인증의 유효기간으로 가장 적합한 것은?

① 예비인증서를 발급한 날부터 본 인증 신청일 까지
② 예비인증서를 발급한 날부터 예비인증 갱신일 까지
③ 예비인증서를 발급한 날부터 사용승인일 또는 사용검사일 까지
④ 예비인증서를 발급한 날부터 사용승인 신청일 까지

해설

예비인증의 유효기간은 건축물 에너지효율등급 예비인증서를 발급한 날부터 사용승인일 또는 사용검사일까지로 한다.

답 : ③

예제문제 32

다음 중 건축물에너지 효율등급 예비인증 신청시 제출할 서류로서 가장 부적합한 것은?

① 적용예정확인서
② 조명밀도 계산서
③ 장비용량 계산서
④ 건물 전개도

해설

적용 예정확인서는 예비인증서류에 해당하지 않는다.
제출서류는 다음과 같다.
1. 건축·기계·전기·신재생에너지 관련 설계도면
2. 건축물 부위별 성능내역서
3. 건물 전개도
4. 장비용량 계산서
5. 조명밀도 계산서
6. 관련 자재·기기·설비 등의 성능을 증명할 수 있는 서류
7. 건축물에너지 효율등급 평가를 위하여 건축물에너지 효율등급 인증제 운영기관의 장이 필요하다고 공고하는 서류

답 : ①

■ 건축물 에너지효율등급 인증 및 제로에너지건축물 인증에 관한 규칙[별지 제5호서식] <개정 2019. 5. 13.>

건축물 에너지효율등급 예비인증 신청서

※ 색상이 어두운 난은 신청인이 작성하지 않으며, [ ]에는 해당하는 곳에 √표를 합니다.

접수번호		접수일		처리기간	단독 및 공동 주택 40일 이내 그 밖의 건축물 50일 이내	
신청인	성명(법인명)			생년월일(법인등록번호)		
	주소			대표자 성명		
	실무 책임자	성명		부서	직 위	
		전화번호		F A X	전자우편	
건축주	성명(법인명)			생년월일(사업자 또는 법인등록번호)		
	주소			(전화번호 :)		
설계자	사무소명			신고번호		
	성명			자격번호		
	사무소주소			(전화번호 :)		
신청 건축물	건축물명			착공예정일		
	소재지 주소			준공예정일		
	건축물의 주된 용도	[ ] 주거용 건축물 (주용도 : , 총전용면적 임대: m², 분양: m²) [ ] 주거용 외의 건축물 (주용도 : , 연면적: m², 층수: 층)				

제로에너지건축물 인증 신청 연계 동의 □
　신에너지 및 재생에너지 설비 용량 ( ) [건축물 대지 내 ( ), 건축물 대지 외 ( )]
　건축물 대지 외에 신에너지 및 재생에너지 설비가 있을 경우 해당 주소:

「녹색건축물 조성 지원법」 제17조제3항 및 「건축물 에너지효율등급 인증 및 제로에너지건축물 인증에 관한 규칙」 제11조제2항에 따라 건축물 에너지효율등급(제로에너지건축물) 예비인증을 신청합니다.

년 　 월 　 일

신 청 인 　　　　　　　　　　　　　　　　　　　(서명 또는 인)
(또는 대리인)　　　　　　　　　　(전화번호:)

신청서 접수기관

인증기관의 장 　　귀하

첨부서류	1. 건축물 에너지효율등급 예비인증을 신청하는 경우 　가. 건축·기계·전기·신에너지 및 재생에너지 관련 설계도면 　나. 건축물 부위별 성능내역서 　다. 건물 전개도 　라. 장비용량 계산서 　마. 조명밀도 계산서 　바. 관련 자재·기기·설비 등의 성능을 증명할 수 있는 서류 　사. 가목부터 마목까지의 서류 외에 건축물 에너지효율등급 평가를 위하여 건축물 에너지효율등급 인증 　　　제 운영기관의 장이 필요하다고 정하여 공고하는 서류 2. 건축물 에너지효율등급 예비인증과 제로에너지건축물 예비인증을 동시에 신청하는 경우 　가. 제1호 각 목의 서류 　나. 「녹색건축물 조성 지원법」 제6조의2제2항에 따른 건축물에너지관리시스템 또는 전자식 원격검침계 　　　량기 설치도서 　다. 가목 및 나목에 따른 서류 외에 제로에너지건축물 인증 평가를 위하여 제로에너지건축물 인증제 운 　　　영기관의 장이 필요하다고 정하여 공고하는 서류	수수료 국토교통부장과 산 업통상자원부장관 이 정하여 공동으 로 고시하는 금액

처리절차

신청서 작성	→	접수	→	검토	→	결재	→	인증서 발급
신청인		인증기관 (인증처리 부서)		인증기관 (인증처리 부서)		인증기관 (인증처리 부서)		

제로에너지건축물 예비인증 신청서

※ 색상이 어두운 난은 신청인이 작성하지 않으며, [　]에는 해당하는 곳에 √표를 합니다.

접수번호		접수일시		처리기간	30일 이내

신청인	성명(법인명)			생년월일(법인등록번호)		
	주소			대표자 성명		
	실 무 책임자	성명		부서		직 위
		전화번호		F A X		전자우편

건축주	성명(법인명)	생년월일(사업자 또는 법인등록번호)
	주소	(전화번호 :　　　　　　　)

설계자	사무소명	신고번호
	성명	자격번호
	사무소주소	(전화번호 :　　　　　　　)

신청 건축물	건축물명		착공예정일	
	소재지 주소		준공예정일	
	건축물의 주된 용도	[　] 주거용 건축물(주용도:　　　, 총전용면적 임대:　　　㎡, 분양:　　　㎡) [　] 주거용 외의 건축물(주용도:　　　, 연면적:　　　㎡, 층수:　　　층)		
	신에너지 및 재생에너지 설비	용량 (　　) [대지 내 (　　　), 대지 외 (　　　)] 건축물 대지 외에 신에너지 및 재생에너지 설비가 있을 경우 해당 주소:		
	인센티브	용적률 완화(　　%), 건축물 최대 높이 완화(　　%), 조경면적 기준 완화(　　%) 취득세 감면(　　%,　　　원), 소득세 감면(　　%,　　　원) 조달청 입찰참가자격 심사(PQ) 가점 여부(　　　)		

「녹색건축물 조성 지원법」 제17조제3항 및 「건축물 에너지효율등급 인증 및 제로에너지건축물 인증에 관한 규칙」 제11조제2항에 따라 제로에너지건축물 예비인증을 신청합니다.

년　　　　월　　　　일

신 청 인　　　　　　　　　　　　　　　　　　　　　　　　(서명 또는 인)

　(또는 대리인)　　　　　　　　　　　　　　(전화번호:　　　　　　　)

신청서 접수기관　　　　　　　　　　　　　　(접수부서명 및 접수자인)

인증기관의 장　　　귀하

첨부서류	1. 1++등급 이상의 건축물 에너지효율등급 인증서 사본 또는 예비인증서 사본 2. 「녹색건축물 조성 지원법」 제6조의2제2항에 따른 건축물에너지관리시스템 또는 전자식 원격검침계량기 설치도서 3. 제1호 및 제2호에 따른 서류 외에 제로에너지건축물 인증 평가를 위하여 제로에너지건축물 인증제 운영기관의 장이 필요하다고 정하여 공고하는 서류	수수료 없 음

처리절차								
신청서 작성	→	접수	→	검토	→	결재	→	인증서 발급
신청인		인증기관 (인증처리 부서)		인증기관 (인증처리 부서)		인증기관 (인증처리 부서)		

210mm×297mm[백상지(80g/㎡) 또는 중질지(80g/㎡)]

■ 건축물 에너지효율등급 인증 및 제로에너지건축물 인증에 관한 규칙[별지 제6호서식] <개정 2017. 1. 20.>

건축물 에너지효율등급 예비인증서

※ [ ]에는 해당하는 곳에 √표를 합니다.

건축물 개요		인증 개요	
건축물명	:	인증번호 :	
준공연도	:	평 가 자 :	
주 소	:	인증기관 :	
층 수	:	운영기관 :	
연 면 적	:	유효기간 : 사용승인 또는 사용검사 완료일	
건축물의 주된 용도	:		
설 계 자	:	인증등급	
		인증등급 :	

건축물 에너지효율등급 평가결과

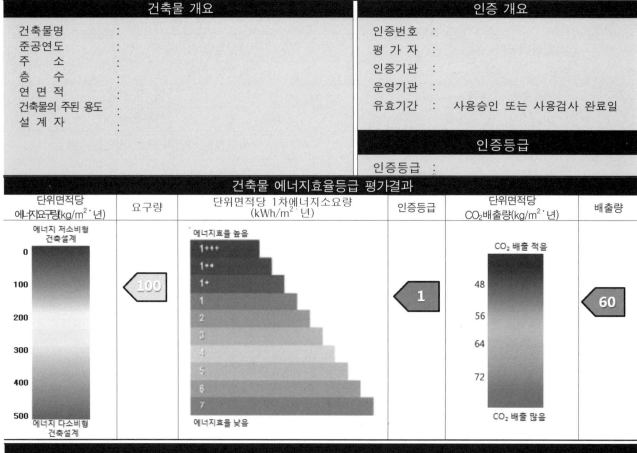

구분	단위면적당 에너지요구량 (kWh/m²·년)	단위면적당 에너지소요량 (kWh/m²·년)	단위면적당 1차에너지소요량 (kWh/m²·년)	단위면적당 CO_2배출량 (kWh/m²·년)
냉방				
난방				
급탕				
조명				
환기				
합계				

◥ 단위면적당 에너지요구량	건축물이 냉방, 난방, 급탕, 조명 부문에서 요구되는 단위면적당 에너지량
◥ 단위면적당 에너지소요량	건축물에 설치된 냉방, 난방, 급탕, 조명, 환기시스템에서 드는 단위면적당 에너지량
◥ 단위면적당 1차에너지소요량	에너지소요량에 연료의 채취, 가공, 운송, 변환, 공급 과정 등의 손실을 포함한 단위면적당 에너지량
◥ 단위면적당 CO_2배출량	에너지소요량에서 산출한 단위면적당 이산화탄소 배출량

※ 이 건물은 냉방설비가 ([ ]설치된[ ]설치되지 않은) 건물입니다.
※ 예비인증을 받은 건축물은 완공 후에 본인증을 받아야 하며, 설계변경에 따라 인증결과가 달라질 수 있습니다.
※ 단위면적당 1차에너지소요량은 용도 등에 따른 보정계수를 반영한 결과입니다.

위 건축물은 「녹색건축물 조성 지원법」 제17조 및 「건축물 에너지효율등급 인증 및 제로에너지건축물 인증에 관한 규칙」
제11조제3항에 따라 에너지효율등급(등급) 건축물로 인증되었기에 예비인증서를 발급합니다.

년   월   일

인증기관의 장 [직인]

210mm×297mm(보존용지(1종) 120g/㎡)

■ 건축물 에너지효율등급 인증 및 제로에너지건축물 인증에 관한 규칙[별지 제6호의2서식] <개정 2019. 5. 13.>

제로에너지건축물 예비인증서

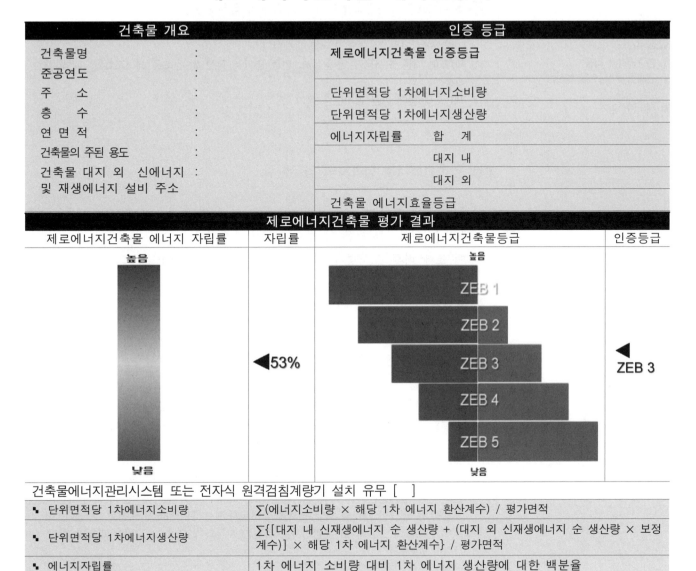

건축물 개요		인증 등급	
건축물명	:	제로에너지건축물 인증등급	
준공연도	:		
주 소	:	단위면적당 1차에너지소비량	
층 수	:	단위면적당 1차에너지생산량	
연 면 적	:	에너지자립률 합 계	
건축물의 주된 용도	:	대지 내	
건축물 대지 외 신에너지 및 재생에너지 설비 주소	:	대지 외	
		건축물 에너지효율등급	

건축물에너지관리시스템 또는 전자식 원격검침계량기 설치 유무 [ ]

↘ 단위면적당 1차에너지소비량	∑(에너지소비량 × 해당 1차 에너지 환산계수) / 평가면적
↘ 단위면적당 1차에너지생산량	∑{[대지 내 신재생에너지 순 생산량 + (대지 외 신재생에너지 순 생산량 × 보정계수)] × 해당 1차 에너지 환산계수} / 평가면적
↘ 에너지자립률	1차 에너지 소비량 대비 1차 에너지 생산량에 대한 백분율

※ 이 건물은 냉방설비가 [ ] 설치된 [ ] 설치되지 않은 건축물입니다.

위 건축물은 「녹색건축물조성지원법」 제17조 및 「건축물 에너지효율등급 인증 및 제로에너지 건축물 인증에 관한 규칙」 제11조제3항에 따라 제로에너지건축물 (   )등급으로 인증되었기에 예비인증서를 발급합니다.

년   월   일

인증기관의 장 | 직인 |

210mm×297mm[백상지(150g/㎡)]

11-2 건축물에너지 평가사의 업무범위

규칙 **제11조의 2【건축물에너지 평가사의 업무범위】**
「녹색건축물 조성 지원법 시행규칙」 제16조제5항에 따라 실무교육을 받은 건축물에너지평가사는 다음 각 호의 업무를 수행한다.
1. 제7조에 따른 도서평가, 현장실사, 인증 평가서 작성 및 건축물 에너지효율 개선방안 작성
2. 제11조제6항에 따른 예비인증 평가 [본조신설 2015.11.18.]

요점 건축물에너지 평가사의 업무범위

「녹색건축물 조성 지원법 시행규칙」 제16조제5항에 따라 실무교육을 받은 건축물에너지평가사는 다음 각 호의 업무를 수행한다.
1. 제7조에 따른 도서평가, 현장실사, 인증 평가서 작성 및 건축물 에너지효율 개선방안 작성
2. 제11조제6항에 따른 예비인증 평가

12 인증을 받은 건축물에 대한 점검 및 실태조사

규칙 **제12조【인증을 받은 건축물에 대한 점검 및 실태조사】**
① 건축물 에너지효율등급 인증 또는 제로에너지건축물 인증을 받은 건축물의 소유자 또는 관리자는 그 건축물을 인증받은 기준에 맞도록 유지·관리하여야 한다. 〈개정 2017.1.20.〉
② 건축물 에너지효율등급 인증제 운영기관의 장 또는 제로에너지건축물 인증제 운영기관의 장은 인증받은 건축물의 성능점검 또는 유지·관리 실태 파악을 위하여 에너지 사용량 등 필요한 자료를 해당 건축물의 소유자 또는 관리자에게 요청할 수 있다. 이 경우 건축물의 소유자 또는 관리자는 특별한 사유가 없으면 그 요청에 따라야 한다. 〈개정 2017.1.20.〉
③ 삭제〈2015.11.18.〉
[제목개정 2015.11.18.]

요점 인증을 받은 건축물에 대한 점검 및 실태조사

① 유지·관리

건축물 에너지효율등급 인증 또는 제로에너지 건축물인증을 받은 건축물의 소유자 또는 관리자는 그 건축물을 인증받은 기준에 맞도록 유지·관리하여야 한다.

② 인증제 운영기관의 장의 요청

건축물 에너지효율등급 인증제 운영기관의 장 또는 제로에너지건축물 인증제 운영기관의 장은 인증받은 건축물의 성능점검 또는 유지·관리 실태 파악을 위하여 에너지사용량 등 필요한 자료를 해당 건축물의 소유자 또는 관리자에게 요청할 수 있다. 이 경우 건축물의 소유자 또는 관리자는 특별한 사유가 없으면 그 요청에 따라야 한다.〈개정 2017.1.20.〉

③ 삭제〈2015.11.18.〉

[제목개정 2015.11.18.]

예제문제 33

다음중 건축물 에너지효율등급 인증을 받은 건축물의 성능 점검 또는 유지·관리 실태 파악을 위하여 에너지사용량 등 필요한 자료를 건축물 소유자 또는 관리자에게 요청할 수 있는 사람은?

① 국토교통부장관
② 허가권자
③ 인증기관의 장
④ 인증제 운영기관의 장

해설
인증제 운영기관의 장은 건축물 에너지효율등급 인증을 받은 건축물의 성능 점검 또는 유지·관리 실태 파악을 위하여 에너지사용량 등 필요한 자료를 건축물 소유자 또는 관리자에게 요청할 수 있다.

답 : ④

---

13 인증 수수료

규칙 제13조【인증수수료】

① 건축주등은 본인증, 예비인증 또는 제6조제7항에 따른 재인증을 신청하려는 경우에는 해당 인증기관의 장에게 별표 2의 범위에서 인증 대상 건축물의 면적을 고려하여 국토교통부장관과 산업통상자원부장관이 정하여 공동으로 고시하는 인증 수수료를 내야 한다. 〈개정 2015.11.18.〉

② 제10조제1항(제11조제6항에 따라 준용되는 경우를 포함한다)에 따라 재평가를 신청하는 건축주등은 국토교통부장관과 산업통상자원부장관이 정하여 공동으로 고시하는 인증 수수료를 내야 한다. 〈개정 2015.11.18.〉

③ 제1항 및 제2항에 따른 인증 수수료는 현금이나 정보통신망을 이용한 전자화폐·전자결제 등의 방법으로 납부하여야 한다.

 필기 예상문제

인증수수료의 경우에는 인증대상 건축물의 면적을 고려하여 국토교통부장관과 산업통상자원부장관이 정하여 공동으로 고시하는 인증 수수료를 내야 한다.

④ 인증기관의 장은 제1항 및 제2항에 따른 인증 수수료의 일부를 해당 인증제 운영기관이 제3조제3항에 따른 인증 관련 업무를 수행하는 데 드는 비용(이하 "운용비용"이라 한다)에 지원할 수 있다. 〈개정 2015.11.18, 2017.1.20〉

⑤ 제1항 및 제2항에 따른 인증 수수료의 환불 사유, 반환 범위, 납부 기간 및 그 밖에 인증 수수료의 납부와 운영비용 집행 등에 필요한 사항은 국토교통부장관과 산업통상자원부장관이 정하여 공동으로 고시한다. 〈개정 2015.11.18.〉

요점 인증 수수료

① 인증수수료의 범위

건축주등은 본인증, 예비인증 또는 제6조제7항에 따른 재인증을 신청하려는 경우에는 해당 인증기관의 장에게 별표 2의 범위에서 인증 대상 건축물의 면적을 고려하여 국토교통부장관과 산업통상자원부장관이 정하여 공동으로 고시하는 인증 수수료를 내야 한다. 〈개정 2015.11.18.〉

|별표| 건축물 에너지효율등급 인증 수수료의 범위(제13조제1항 관련)

1. 단독주택, 공동주택(기숙사는 제외)

전용면적의 합계	인증 수수료 금액
12만제곱미터 미만	1천1백90만원 이하
12만제곱미터 이상	1천3백20만원 이하

2. 공동주택(기숙사), 업무시설, 냉방 또는 난방면적 500m² 이상인 건축물

전용면적의 합계	인증 수수료 금액
6만제곱미터 미만	1천7백80만원 이하
6만제곱미터 이상	1천9백80만원 이하

■ 비고 : 인증 수수료 금액은 부가가치세가 포함되지 않은 금액으로 한다.

② 재평가 인증수수료

제10조제1항(제11조제6항에 따라 준용되는 경우를 포함한다)에 따라 재평가를 신청하는 건축주등은 국토교통부장관과 산업통상자원부장관이 정하여 공동으로 고시하는 인증 수수료를 내야 한다.

③ 결제방법

제1항 및 제2항에 따른 인증 수수료는 현금이나 정보통신망을 이용한 전자화폐 · 전자결제 등의 방법으로 납부하여야 한다.

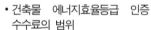

필기 예상문제

• 건축물 에너지효율등급 인증 수수료의 범위
1. 단독주택, 공동주택(기숙사는 제외)
 · 12만m² 미만 : 1,190만원 이하
 · 12만m² 이상 : 1,320만원 이하
2. 공동주택(기숙사), 업무시설 냉방 또는 난방면적 500m² 이상인 건축물
 · 6만m² 미만 : 1,780만원 이하
 · 6만m² 이상 : 1,980만원 이하

④ **인증제 운영기관지원**

인증기관의 장은 제1항 및 제2항에 따른 인증 수수료의 일부를 해당 인증제 운영기관이 제3조제3항에 따른 인증 관련 업무를 수행하는 데 드는 비용(이하 "운용비용"이라 한다)에 지원할 수 있다.

⑤ **인증수수료의 납부에 필요한 사항**

제1항 및 제2항에 따른 인증 수수료의 환불 사유, 반환 범위, 납부 기간 및 그 밖에 인증 수수료의 납부와 운영비용 집행 등에 필요한 사항은 국토교통부장관과 산업통상자원부장관이 정하여 공동으로 고시한다.

예제문제 34

다음 중 건축물에너지 효율등급 인증을 받은 건축물의 인증수수료의 기준 중 업무시설의 경우 최고금액으로 가장 적합한 것은? (단, 부가가치세가 포함되지 않는 경우)

① 1,190만원 ② 1,320만원
③ 1,780만원 ④ 1,980만원

해설
업무시설의 최고금액의 인증수수료는 1,980만원이다.

답 : ④

예제문제 35

다음 중 건축물에너지 효율등급 인증을 받은 건축물의 수수료의 기준이 되는 것은?

① 건축물의 등급 ② 건축물의 형태
③ 건축물의 면적 ④ 건축물의 용도

해설
① 인증수수료의 범위
건축주등은 본인증, 예비인증 또는 제6조제7항에 따른 재인증을 신청하려는 경우에는 해당 인증기관의 장에게 별표 2의 범위에서 인증 대상 건축물의 면적을 고려하여 국토교통부장관과 산업통상자원부장관이 정하여 공동으로 고시하는 인증 수수료를 내야 한다.

답 : ③

예제문제 36

다음 중 건축물에너지 효율등급 인증을 받은 건축물의 수수료의 기준이 되는 전용면적의 합계범위가 나머지와 다른 것은?

① 기숙사 ② 냉방 또는 난방면적 500m² 이상인 문화시설

③ 다가구주택 ④ 업무시설

해설

다가구주택의 경우 전용면적의 합계가 12만m² 미만과 이상으로 다른 항목과 다르게 적용된다.

답 : ③

---

14 인증운영위원회의 구성·운영 등

규칙 제14조【인증위원회의 구성·운영 등】

① 국토교통부장관과 산업통상자원부장관은 건축물 에너지효율등급 인증제 및 제로에너지 건축물 인증제를 효율적으로 운영하기 위하여 국토교통부장관이 산업통상자원부장관과 협의하여 정하는 기준에 따라 건축물 에너지등급 인증운영위원회(이하 "인증운영위원회" 라 한다)를 구성하여 운영할 수 있다. 〈개정 2017. 1. 20, 2021. 8. 23.〉

② 인증운영위원회는 다음 각 호의 사항을 심의한다. 〈개정 2021. 8. 23.〉

1. 건축물 에너지효율등급 인증기관 및 제로에너지건축물 인증기관의 지정과 지정의 유효기간 연장에 관한 사항

2. 건축물 에너지효율등급 인증기관 및 제로에너지건축물 인증기관 지정의 취소와 업무정지에 관한 사항

3. 건축물 에너지효율등급 인증 및 제로에너지건축물 인증 평가기준의 제정·개정에 관한 사항

4. 제1호부터 제3호까지의 사항 외에 건축물 에너지효율등급 인증제도 및 제로에너지 건축물 인증제도의 운영과 관련된 중요사항

③ 국토교통부장관과 산업통상자원부장관은 인증운영위원회의 운영을 인증제 운영기관에 위탁할 수 있다. 〈신설 2015. 11. 18, 2017. 1. 20, 2021. 8. 23.〉

④ 제1항 및 제2항에서 규정한 사항 외에 인증운영위원회의 세부 구성 및 운영 등에 관한 사항은 국토교통부장관과 산업통상자원부장관이 정하여 공동으로 고시한다. 〈개정 2015. 11. 18.〉

요점 인증 운영위원회의 구성·운영 등

① 인증위원회의 구성·운영 등

국토교통부장관과 산업통상자원부장관은 건축물 에너지효율등급 인증제 및 제로에너지건축물 인증제를 효율적으로 운영하기 위하여 국토교통부장관이 산업통상자원부장관과 협의하여 정하는 기준에 따라 건축물 에너지효율등급 인증운영위원회(이하 "인증운영위원회" 라 한다)를 구성하여 운영할 수 있다. 〈개정 2017.1.20, 2021.8.23.〉

② 인증운영 위원회의 심의사항

1. 건축물 에너지효율등급 인증기관 및 제로에너지건축물 인증기관의 지정과 지정의 유효기간 연장에 관한 사항
2. 건축물 에너지효율등급 인증기관 및 제로에너지건축물 인증기관 지정의 취소와 업무정지에 관한 사항
3. 건축물 에너지효율등급 인증 및 제로에너지건축물 인증 평가기준의 제정·개정에 관한 사항
4. 제1호부터 제3호까지의 사항 외에 건축물 에너지효율등급 인증제도 및 제로에너지건축물 인증제도의 운영과 관련된 중요사항

③ 국토교통부장관과 산업통상자원부장관은 인증운영위원회의 운영을 해당 인증제 운영기관에 위탁할 수 있다.〈신설 2015.11.18., 2017.1.20., 2021.8.23.〉

④ 제1항 및 제2항에서 규정한 사항 외에 인증운영위원회의 세부 구성 및 운영 등에 관한 사항은 국토교통부장관과 산업통상자원부장관이 정하여 공동으로 고시한다.〈개정 2015.11.18.〉

예제문제 37

다음 중 건축물에너지 효율등급 인증에 관한 규칙에 관련된 사항 중 틀린 것은?

① 인증제 운영기관의 장은 건축물 에너지효율등급 인증을 받은 건축물의 성능점검 또는 유지 · 관리 실태 파악을 위하여 에너지사용량 등 필요한 자료를 건축물 소유자 또는 관리자에게 요청할 수 있다.

② 재평가 신청 시 고시된 인증 수수료를 추가로 내야 한다.

③ 인증기관의 장은 인증 수수료의 일부를 운영기관이 인증 관련 업무를 수행하는데 드는 비용에 지원할 수 있다.

④ 인증기관의 지정 및 지정의 유효기간 연장에 관한 사항 등을 심의하는 위원회는 인증심사위원회이다.

해설

인증기관의 지정 및 지정의 유효기간 연장에 관한 사항 등을 심의하는 위원회는 인증심사위원회가 아니라 인증운영위원회의 심의사항이다.

답 : ④

예제문제 38

다음 중 건축물에너지 효율등급 인증운영위원회의 심의대상으로 가장 부적합한 것은?

① 인증기관의 지정 및 지정의 유효기간 연장에 관한 사항

② 인증기관 지정의 취소 및 업무정지에 관한 사항

③ 운영기관 지정의 취소 및 업무정지에 관한 사항

④ 인증 평가 기준의 제정 · 개정에 관한 사항

해설

운영기관지정의 취소 및 업무정지에 관한 사항은 해당하지 않는다.

답 : ③

01 종합예제문제

□□□ **목적**

1 건축물에너지 효율등급 인증 및 제로에너지 건축물 인증에 관한 규칙에서 목적에 해당하지 않는 것은?

① 건축물에너지 효율등급인증 및 제로에너지 건축물 인증 대상 건축물의 종류

② 인증기관 및 운영기관의 지정

③ 인증받은 건축물에 대한 점검

④ 에너지절약계획서 및 설계검토서 작성기준

에너지절약계획서 및 설계검토서 작성기준은 건축물에너지 절약 설계기준의 목적에 해당 된다.

① 건축물 에너지효율등급 인증 및 제로에너지 건축물 인증 대상 건축물의 종류 및 인증기준
② 인증기관 및 운영기관의 지정
③ 인증받은 건축물에 대한 점검
④ 건축물에너지평가사의 업무범위 등에 관한 사항과 그 시행에 필요한 사항을 규정함을 목적으로 한다.

2 녹색건축물 조성지원법에서 건축물 에너지 효율등급 인증 및 제로에너지 건축물 인증에에 관한 규칙에 위임된 사항이 아닌 것은?

① 건축물에너지평가사의 업무범위

② 인증받은 건축물에 대한 점검

③ 인증기관의 지정

④ 녹색건축물 조성 기본계획수립

녹색건축물 조성 기본계획수립은 건축물에너지 효율등급 인증 및 제로에너지 건축물 인증에 관한 규칙에 해당되지 않는다.

① 건축물 에너지효율등급 인증 및 제로에너지 건축물 인증 대상 건축물의 종류 및 인증기준
② 인증기관 및 운영기관의 지정
③ 인증받은 건축물에 대한 점검
④ 건축물에너지평가사의 업무범위 등에 관한 사항과 그 시행에 필요한 사항을 규정함을 목적으로 한다.

□□□ **적용대상**

3 다음 중 건축물에너지 효율등급 인증 및 제로에너지 건축물 인증 대상 건축물에 해당되지 않는 것은?
(단, 실내 냉방·난방 온도 설정 조건으로 인증평가가 불가능한 건축물에 해당되지 않는 것)

① 단독주택

② 공동주택

③ 업무시설

④ 운동시설로서 냉방 또는 난방면적이 $300m^2$ 이상인 건축물

적용대상
1. 단독주택
2. 공동주택
3. 업무시설은 해당

4 다음 중 건축물에너지 효율등급 인증 및 제로에너지 건축물 인증 대상 건축물에 해당되지 않는 것은?
(단, 실내 냉방·난방 온도 설정 조건으로 인증평가가 불가능한 건축물에 해당되지 않는 것)

① 난방면적이 $300m^2$인 다중주택

② 냉방면적이 $300m^2$인 다가구주택

③ 냉방면적이 $300m^2$인 집회장

④ 운동시설로서 냉방 또는 난방면적이 $500m^2$ 이상인 건축물

적용대상
1. 단독주택
2. 공동주택
3. 업무시설

정답 1. ④ 2. ④ 3. ④ 4. ③

□□□ 운영기관의 지정 등

5 다음 중 건축물에너지 효율등급 운영기관의 업무에 해당되지 않는 것은?

① 인증기관의 지정
② 인증업무를 수행하는 인력의 교육, 관리 및 감독에 관한 업무
③ 인증관리 시스템의 운영에 관한 업무
④ 인증기관의 평가·사후관리 및 감독에 관한업무

> 인증기관의 지정은 국토교통부장관이 한다. 따라서 운영기관의 업무에는 해당하지 않는다.

6 다음 중 운영기관의 업무가 아닌 것은?

① 인증신청건물에 대한 인증평가서를 작성
② 인증제도의 개선 및 활성화를 위한 업무
③ 인증관리 시스템의 운영에 관한 업무
④ 인증기관의 평가·사후관리 및 감독에 관한업무

> 인증 신청건축물에 대한 인증 평가서작성에 관한 업무는 인증기관의 장의 업무이다.
> • 운영기관의 업무
> 1. 인증업무를 수행하는 인력(이하 "인증업무인력"이라 한다)의 교육, 관리 및 감독에 관한 업무
> 2. 인증관리시스템의 운영에 관한 업무
> 3. 인증기관의 평가 · 사후관리 및 감독에 관한 업무
> 4. 인증제도의 홍보, 교육, 컨설팅, 조사 · 연구 및 개발 등에 관한 업무
> 5. 인증제도의 개선 및 활성화를 위한 업무
> 6. 인증절차 및 기준 관리 등 제도 운영에 관한 업무
> 7. 인증 관련 통계 분석 및 활용에 관한 업무
> 8. 인증제도의 운영과 관련하여 국토교통부장관 또는 산업통상자원부장관이 요청하는 업무

7 다음 중 운영기관의 지정과 관련된 내용 중 부적합한 것은?

① 국토교통부장관은 녹색건축센터로 지정된 기관 중에서 운영기관을 지정하여 관보에 고시하여야 한다.
② 국토교통부장관은 운영기관을 지정하려는 경우 산업통상자원부장관과 협의하여야 한다.
③ 운영기관의 업무에는 인증관리시스템의 운영에 관한 업무가 포함된다.
④ 운영기관의 장은 운영기관의 업무를 국토교통부장관에게만 보고하면 된다.

> 운영기관의 장은 다음 각 호의 구분에 따른 시기까지 운영기관의 사업내용을 국토교통부장관과 산업통상자원부장관에게 각각 보고하여야 한다.
> 1. 전년도 사업추진실적과 그 해의 사업계획 : 매년 1월31일까지
> 2. 분기말 인증현황 : 매분기 말일을 기준으로 다음달 15일까지

□□□ 인증기관의 지정

8 건축물에너지 효율등급 인증기관은 건축물의 에너지 효율등급 평가 및 에너지 관리에 관한 상근 인증업무 인력을 몇 명이상 보유 하여야 하는가?

① 상근자 2명 ② 상근자 3명
③ 상근자 4명 ④ 상근자 5명

> 건축물에너지 효율등급인증기관은 건축물의 에너지효율등급 평가 및 에너지 관리에 관한 상근 인증업무인력을 5명 이상 보유하여야 한다.
> 1. 「녹색건축물 조성 지원법 시행규칙」 제16조제5항에 따라 실무교육을 받은 건축물에너지평가사
> 2. 건축사자격을 취득한 후 3년 이상 해당업무를 수행한 사람
> 3. 건축, 설비, 에너지분야의 기술사 자격을 취득한 후 3년 이상 해당업무를 수행한 사람
> 4. 해당전문분야의 기사자격을 취득한 후 10년 이상 해당업무를 수행한 사람
> 5. 해당전문분야의 박사학위를 취득한 후 3년 이상 해당업무를 수행한 사람
> 6. 해당전문분야의 석사학위를 취득한 후 9년 이상 해당업무를 수행한 사람
> 7. 해당전문분야의 학사학위를 취득한 후 12년 이상 해당업무를 수행한 사람

정답 5. ① 6. ① 7. ④ 8. ④

9 건축물에너지 효율등급 인증기관은 건축물의 에너지 효율등급 평가 및 에너지 관리에 관한 상근인증업무인력을 5명 이상 보유하여야 한다, 상근 인증업무인력으로 가장 부적합한 것은?

① 「녹색건축물 조성 지원법 시행규칙」 제16조제5항에 따라 실무교육을 받은 건축물에너지평가사

② 해당전문분야의 박사학위를 취득한 후 3년 이상 해당업무를 수행한사람

③ 건축사자격을 취득한 후 3년 이상 해당업무를 수행한 사람

④ 건축, 설비, 에너지분야의 기술사 자격을 취득한 후 2년 이상 해당업무를 수행한 사람

> 건축, 설비, 에너지분야의 기술사 자격을 취득한 후 3년 이상 해당업무를 수행한 사람
> 건축물에너지 효율등급 인증기관은 건축물의 에너지효율등급 평가 및 에너지 관리에 관한 상근 인증업무인력을 5명 이상 보유하여야 한다.
> 1. 「녹색건축물 조성 지원법 시행규칙」 제16조제5항에 따라 실무교육을 받은 건축물에너지평가사
> 2. 건축사자격을 취득한 후 3년 이상 해당업무를 수행한 사람
> 3. 건축, 설비, 에너지분야의 기술사 자격을 취득한 후 3년 이상 해당업무를 수행한 사람
> 4. 해당전문분야의 기사자격을 취득한 후 10년 이상 해당업무를 수행한 사람
> 5. 해당전문분야의 박사학위를 취득한 후 3년 이상 해당업무를 수행한 사람
> 6. 해당전문분야의 석사학위를 취득한 후 9년 이상 해당업무를 수행한 사람
> 7. 해당전문분야의 학사학위를 취득한 후 12년 이상 해당업무를 수행한 사람

10 인증기관의 지정·고시에 관련된 내용 중 ( )안에 가장 적합한 것은?

> (㉠)은 건축물에너지 효율등급 인증기관신청서가 제출되면 해당 신청인이 인증기관으로 적합한지를 (㉡)과 협의하여 검토한 후 (㉢)의 심의를 거쳐 지정·고시한다.

① ㉠ 국토교통부장관 ㉡ 산업통상자원부장관 ㉢ 인증운영위원회

② ㉠ 국토교통부장관 ㉡ 환경부장관 ㉢ 인증운영위원회

③ ㉠ 산업통상자원부장관 ㉡ 국토교통부장관 ㉢ 건축위원회

④ ㉠ 산업통상자원부장관 ㉡ 국토교통부장관 ㉢ 녹색건축운영위원회

> 국토교통부장관은 건축물에너지 효율등급 인증기관신청서가 제출되면 해당 신청인이 인증기관으로 적합한지를 산업통상자원부장관과 협의하여 검토한 후 건축물에너지 효율등급 인증운영위원회심의를 거쳐 지정·고시한다.

11 다음 중 건축물에너지 효율등급 인증기관의 인증업무 처리규정에 포함되지 않는 것은?

① 건축물 에너지효율등급 인증 평가의 절차 및 방법에 관한 사항

② 건축물 에너지효율등급 인증 결과의 통보 및 재평가에 관한 사항

③ 건축물 에너지효율등급 인증을 받은 건축물의 인증 취소에 관한 사항

④ 건축물 에너지효율등급 인증평가의 기준수립에 관한 사항

> 인증기관의 인증업무 처리규정내용
> ⑤ 제2항제3호에 따른 인증업무 처리규정에는 다음 각 호의 사항이 포함되어야 한다.
> 1. 건축물 에너지효율등급 인증 평가의 절차 및 방법에 관한 사항
> 2. 건축물 에너지효율등급 인증 결과의 통보 및 재평가에 관한 사항
> 3. 건축물 에너지효율등급 인증을 받은 건축물의 인증 취소에 관한 사항
> 4. 건축물 에너지효율등급 인증 결과 등의 보고에 관한 사항
> 5. 건축물 에너지효율등급 인증 수수료 납부방법 및 납부기간에 관한 사항
> 6. 건축물 에너지효율등급 인증 결과의 검증방법에 관한 사항
> 7. 그 밖에 건축물 에너지효율등급 인증업무 수행에 필요한 사항

정답 9. ④   10. ①   11. ④

12 에너지 효율등급 인증기관은 건축물의 에너지 효율등급 평가 및 에너지 관리에 관한 상근인증업무인력을 5명이상 보유하여야 한다, 다음은 상근 인증업무인력을 나타낸 것이다. 빈칸에 들어가야 할 숫자들의 합계로 가장 적합한 것은?

1. 「녹색건축물 조성 지원법 시행규칙」 제16조제5항에 따라 실무교육을 받은 건축물에너지평가사
2. 건축사자격을 취득한 후 (㉡) 이상 해당업무를 수행한 사람
3. 건축, 설비, 에너지분야의 기술사 자격을 취득한 후 (㉢)이상 해당업무를 수행한 사람
4. 해당전문분야의 기사자격을 취득한 후 (㉣) 이상 해당업무를 수행한 사람
5. 해당전문분야의 박사학위를 취득한 후 (㉤) 이상 해당업무를 수행한 사람
6. 해당전문분야의 석사학위를 취득한 후(㉥) 이상 해당업무를 수행한 사람
7. 해당전문분야의 학사학위를 취득한 후 (㉦) 이상 해당업무를 수행한 사람

① 36년　　　　② 38년
③ 37년　　　　④ 40년

㉡+㉢+㉣+㉤+㉥+㉦ = 3 + 3 + 10 + 3 + 9 + 12 = 40
건축물에너지 효율등급 인증기관은 건축물의 에너지효율등급 평가 및 에너지 관리에 관한 상근 인증업무인력을 5명 이상 보유하여야 한다.
1. 건축물에너지 평가 관련 전문가로 인정받은 후 3년 이상 해당업무를 수행한사람
2. 건축사자격을 취득한 후 3년 이상 해당업무를 수행한 사람
3. 건축, 설비, 에너지분야의 기술사 자격을 취득한 후 3년 이상 해당업무를 수행한 사람
4. 해당전문분야의 기사자격을 취득한 후 10년 이상 해당업무를 수행한 사람
5. 해당전문분야의 박사학위를 취득한 후 3년 이상 해당업무를 수행한 사람
6. 해당전문분야의 석사학위를 취득한 후 9년 이상 해당업무를 수행한 사람
7. 해당전문분야의 학사학위를 취득한 후 12년 이상 해당업무를 수행한 사람

□□□ **인증기관 지정서의 발급 및 인증기관의 지정갱신 등**

13 인증기관지정서의 발급 및 인증기관지정의 갱신 등에 관련된 내용 중 가장 부적합한 것은?

① 국토교통부장관은 인증기관으로 지정 받은 자에게 건축물에너지효율등급 인증기관지정서를 발급하여야 한다.
② 인증기관 지정의 유효기간은 건축물에너지 효율등급 인증기관지정서를 발급한 날부터 10년으로 한다.
③ 국토교통부장관은 산업통상자원부장관과 협의한 후 인증운영위원회의 심의를 거쳐 지정의 유효기간을 5년마다 갱신할 수 있다.
④ 인증기관의 장은 기관명 및 기관의 대표자, 건축물의 소재지, 상근 인증업무인력 등이 변경되었을 때에는 그 변경된 날부터 30일 이내에 변경된 내용을 증명하는 서류를 운영기관의 장에게 제출하여야 한다.

인증기관 지정의 유효기간은 건축물에너지 효율등급 인증기관지정서를 발급한 날부터 5년으로 한다.

14 인증기관지정서의 발급 및 인증기관지정의 갱신 등에 관련된 내용 중 가장 부적합한 것은?

① 에너지 효율등급 인증기관은 건축물의 에너지 효율등급 평가 및 에너지 관리에 관한 비상근인증업무인력을 5명 이상 보유하여야 한다.
② 인증기관 지정의 유효기간은 건축물에너지 효율등급 인증기관지정서를 발급한 날부터 5년으로 한다.
③ 국토교통부장관은 산업통상자원부장관과 협의한 후 인증운영위원회의 심의를 거쳐 지정의 유효기간을 5년마다 갱신할 수 있다.
④ 건축물의 에너지 효율등급 인증기관 지정서를 발급받은 인증기관의 장은 기관명 및 기관의대표자, 건축물의 소재지, 상근인증업무인력에 관한 서류를 운영기관의 장에게 제출하여야 한다.

인증기관은 건축물의 에너지 효율등급 평가 및 에너지 관리에 관한 상근 인증업무인력을 5명 이상 보유하여야 한다.

정답　12. ④　13. ②　14. ①

15 인증기관의 장은 기관명 및 기관의대표자, 건축물의 소재지, 상근인증업무인력 등이 변경되었을 때에는 그 변경된 날부터 몇일 이내에 변경된 내용을 증명하는 서류를 운영기관의 장에게 제출하여야 하는가?

① 10일　　　　　② 15일
③ 20일　　　　　④ 30일

> 인증기관의 장은 기관명 및 기관의 대표자, 건축물의 소재지, 상근 인증업무인력 등이 변경되었을 때에는 그 변경된 날부터 30일 이내에 변경된 내용을 증명하는 서류를 운영기관의 장에게 제출하여야 한다.

16 다음 설명 중 (　) 안에 가장 적합한 것은?

> 1. 지정서발급
> 국토교통부장관은 제4조제6항 및 제7항에 따라 인증기관으로 지정받은 자에게 별지 제2호서식 또는 제2호의 2서식의 건축물 에너지효율등급 인증기관 지정서를 발급하여야 한다.
> 2. 유효기간
> 제4조제6항에 따른 인증기관 지정의 유효기간은 인증기관 지정서를 발급한 날부터(㉠)으로 한다.
> 3. 갱신
> 국토교통부장관은 산업통상자원부장관과의 협의를 거쳐 지정의 유효기간을(㉡)마다 5년의 범위에서 갱신할 수 있다.

① ㉠ 5년　㉡ 5년
② ㉠ 10년　㉡ 5년
③ ㉠ 5년　㉡ 10년
④ ㉠ 10년　㉡ 10년

> 1. 지정서발급
> 국토교통부장관은 제4조제6항에 따라 인증기관으로 지정받은 자에게 별지 제2호서식의 건축물 에너지효율등급 인증기관 지정서를 발급하여야 한다.
> 2. 유효기간
> 제4조제6항에 따른 인증기관 지정의 유효기간은 건축물 에너지효율등급 인증기관 지정서를 발급한 날부터 5년으로 한다.
> 3. 갱신
> 국토교통부장관은 산업통상자원부장관과 협의를 거쳐 제2항에 따른 지정의 유효기간을 5년 마다 5년의 범위에서 갱신할 수 있다.

□□□ **인증신청 등**

17 다음 중 건축물에너지효율등급 인증을 신청할 수 있는 사람이 아닌 것은?

① 설계자 및 감리자
② 건축주
③ 건축물소유자
④ 사업주체 또는 시공자

> 건축주, 건축물소유자, 사업주체 또는 시공자(건축주나 건축물소유자가 인증신청에 동의하는 경우에만 해당한다)는 건축물 에너지효율등급 인증을 신청할 수 있다.

18 다음 중 건축물 에너지효율등급 인증을 신청할 때 제출할 서류에 해당되지 않는 것은?

① 예비인증서 원본
② 건물전개도
③ 조명밀도계산서
④ 장비용량계산서

정답　15. ④　16. ①　17. ①　18. ①

제2항에 따라 인증을 신청하려는 건축주등은 제3조제3항제2호에 따른 인증관리시스템(이하 "인증관리시스템"이라 한다)을 통하여 별지 제3호서식의 건축물 에너지효율등급 인증 신청서에 다음 각 호의 서류를 첨부하여 인증기관의 장에게 제출하여야 한다.

1. 공사가 완료되어 이를 반영한 건축 · 기계 · 전기 · 신에너지 및 재생에너지 관련 최종 설계도면
2. 건축물 부위별 성능내역서
3. 건물 전개도
4. 장비용량 계산서
5. 조명밀도 계산서
6. 관련 자재 · 기기 · 설비 등의 성능을 증명할 수 있는 서류
7. 설계변경 확인서 및 설명서
8. 예비인증서 사본(해당 인증기관 및 다른 인증기관에서 예비인증을 받은 경우만 해당한다)
9. 제1호부터 제8호까지에서 규정한 서류 외에 건축물 에너지효율등급 평가를 위하여 인증제 운영기관의 장이 필요하다고 정하여 공고하는 서류

제2항에 따라 인증을 신청하려는 건축주등은 제3조제3항제2호에 따른 인증관리시스템(이하 "인증관리시스템"이라 한다)을 통하여 별지 제3호서식의 건축물 에너지효율등급 인증 신청서에 다음 각 호의 서류를 첨부하여 인증기관의 장에게 제출하여야 한다.

1. 공사가 완료되어 이를 반영한 건축 · 기계 · 전기 · 신에너지 및 재생에너지 관련 최종 설계도면
2. 건축물 부위별 성능내역서
3. 건물 전개도
4. 장비용량 계산서
5. 조명밀도 계산서
6. 관련 자재 · 기기 · 설비 등의 성능을 증명할 수 있는 서류
7. 설계변경 확인서 및 설명서
8. 예비인증서 사본(해당 인증기관 및 다른 인증기관에서 예비인증을 받은 경우만 해당한다)
9. 제1호부터 제8호까지에서 규정한 서류 외에 건축물 에너지효율등급 평가를 위하여 인증제 운영기관의 장이 필요하다고 정하여 공고하는 서류

19 건축물의 에너지효율등급 인증기관은 인증신청을 받은 후 몇 일 내에 이를 처리하여야 하는가? (단, 신청서와 신청서류가 접수가 된 날부터)

① 20일　　　　　　② 30일
③ 40일　　　　　　④ 50일

> 인증기관의 장은 신청서와 신청서류가 접수가 된 날부터 50일(단독주택 및 공동주택에 대해서는 40일) 이내에 인증을 처리하여야 한다.

인증 처리기간

신청서와 신청서류가 접수된 날 부터	50일 이내
단독주택 및 공동주택	40일 이내

20 다음 중 건축물 에너지효율등급 인증을 신청할 때 제출할 서류에 해당되지 않는 것은?

① 건축물부위별 성능내역서
② 전압강하 계산서
③ 조명밀도계산서
④ 장비용량계산서

21 다음 건축물에너지효율등급 인증신청과 관련된 내용 중 가장 부적합한 것은?

① 건축주와 건축물소유자, 사업주체 또는 시공자는 에너지 효율등급 인증을 신청할 수 있다.
② 조명밀도계산서, 장비용량계산서는 인증신청원본서류에 해당된다.
③ 인증기관의 장은 신청서와 신청서류가 접수가 된 날부터 50일(단독주택 및 공동주택에 대해서는 40일) 이내에 인증을 처리하여야 한다.
④ 인증기관의 장은 건축주 등이 제출한 서류가 미흡하거나 사실과 다른 경우에는 서류가 접수된 날 부터 40일 이내에 건축주등에게 보완을 요청할 수 있다.

> 인증기관의 장은 건축주 등이 제출한 서류가 미흡하거나 사실과 다른 경우에는 건축주등에게 보완을 요청할 수 있다.

정답　19. ④　20. ②　21. ④

22 다음 중 건축물 에너지효율등급 인증신청과 관련된 내용 중 가장 부적합한 것은?

① 인증처리기간은 50일 이내(단독주택 및 공동주택은 40일)이다.
② 조명밀도계산서, 장비용량계산서는 인증신청 원본서류에 해당된다.
③ 건축물의 소유자는 필요한 경우 유효기간이 만료되기 80일 전까지 같은 건축물에 대하여 재인증을 신청할수 있다.
④ 인증기관의 장은 건축주 등이 제출한 서류가 미흡하거나 사실과 다른 경우에는 건축주등에게 보완을 요청할 수 있다.

> 건축물의 소유자는 필요한 경우 유효기간이 만료되기 90일 전까지 같은 건축물에 대하여 재인증을 신청할수 있다.

□□□ **인증평가 등**

23 다음 중 인증평가서 작성에 관한 내용 중 가장 부적합한 것은?

① 인증기관의 장은 인증신청을 받으면 인증기준에 따라 도서평가와 현장실사를 한다.
② 인증기관의 장은 인증신청 건축물에 대한 인증 평가서를 작성하여야 한다.
③ 인증기관의 장은 사용승인 또는 사용검사를 받은 날부터 2년이 지난 건축물에 대해서 건축물에너지 효율등급 인증을 하려는 경우에는 건축주 등에게 건축물에너지효율 개선방안을 제공하여야 한다.
④ 인증기관의 장은 인증평가 보고서결과에 따라 인증여부 및 인증등급을 결정한다.

> 인증기관의 장은 사용승인 또는 사용검사를 받은 날부터 3년이 지난 건축물에 대해서 건축물에너지 효율등급 인증을 하려는 경우에는 건축주 등에게 건축물에너지효율 개선방안을 제공하여야 한다.

24 건축물에너지 효율등급 인증과 관련된 인증평가 등의 내용 중 ( )안에 가장 적합한 것은?

> (㉠)은 사용승인 또는 사용검사를 받은 날부터 (㉡)이 지난 건축물에 대해서 건축물에너지 효율등급 인증을 하려는 경우에는 건축주 등에게 건축물에너지효율 개선방안을 제공하여야 한다.

① ㉠ 인증기관의 장, ㉡ 3년
② ㉠ 인증기관의 장, ㉡ 2년
③ ㉠ 국토교통부장관, ㉡ 2년
④ ㉠ 국토교통부장관, ㉡ 3년

> 인증기관의 장은 사용승인 또는 사용검사를 받은 날부터 3년이 지난 건축물에 대해서 건축물에너지 효율등급 인증을 하려는 경우에는 건축주 등에게 건축물에너지효율 개선방안을 제공하여야 한다.

□□□ **인증 기준 등**

25 다음 중 건축물 에너지효율등급 인증기준과 관련된 내용 중 가장 부적합한 것은?

① 건축물에너지 효율등급 인증은 난방, 냉방, 급탕, 조명 및 채광 등에 대한 1차 에너지 소요량을 기준으로 평가하여야 한다.
② 건축물 에너지 효율등급 인증등급은 1+++ 등급부터 7등급까지의 10개 등급으로 한다.
③ 인증기준 및 인증등급의 세부기준은 국토교통부장관과 산업통상자원부장관이 공동으로 정하여 공동으로 고시한다.
④ 건축물의 단위면적당 1차 에너지 소요량이란 에너지소요량의 연료의 채취, 가공, 운송, 변환, 공급과정 등의 손실을 포함한 단위면적당 에너지량을 말한다.

> 건축물에너지 효율등급 인증은 난방, 냉방, 급탕, 조명 및 환기 등에 대한 1차 에너지 소요량을 기준으로 평가하여야 한다.

26 다음 중 건축물 에너지효율등급 인증기준의 내용으로 가장 부적합한 것은?

① 건축물의 단위면적당 1차 에너지 소요량이란 에너지소요량의 연료의 채취, 가공, 운송, 변환, 공급과정 등의 손실을 포함한 단위면적당 에너지량을 말한다.

② 하나의 대지에 둘 이상의 건축물이 있는 경우에 각각의 건축물에 대하여 별도로 인증을 받을 수 있다.

③ 건축물 에너지 효율등급 인증등급은 1++ 등급부터 8등급까지의 10개 등급으로 한다.

④ 건축물에너지 효율등급 인증은 난방, 냉방, 급탕, 조명 및 환기 등에 대한 1차 에너지 소요량을 기준으로 평가하여야 한다.

> 건축물 에너지 효율등급 인증등급은 1+++ 등급부터 7등급까지의 10개 등급으로 한다.

27 다음 중 건축물 에너지효율등급 인증평가의 기준항목이 아닌 것은?

① 냉방　　　　② 난방
③ 급탕　　　　④ 전기

> 건축물에너지 효율등급 인증은 난방, 냉방, 급탕, 조명 및 환기 등에 대한 1차 에너지 소요량을 기준으로 평가하여야 한다.

28 다음 중 건축물 에너지효율등급 인증등급으로 가장 적합한 것은?

① 건축물 에너지 효율등급 인증등급은 1++ 등급부터 8등급까지의 10개 등급으로 한다.

② 건축물 에너지 효율등급 인증등급은 1+++ 등급부터 6등급까지의 9개 등급으로 한다.

③ 건축물 에너지 효율등급 인증등급은 1++++ 등급부터 6등급까지의 10개 등급으로 한다.

④ 건축물 에너지 효율등급 인증등급은 1+++ 등급부터 7등급까지의 10개 등급으로 한다.

> 건축물 에너지 효율등급 인증등급은 1+++ 등급부터 7등급까지의 10개 등급으로 한다.

□□□ **인증서 발급 및 인증의 유효기간 등**

29 건축물에너지 효율등급 인증서 발급 및 인증의 유효기간 등과 관련된 내용 중 가장 부적합한 것은?

① 인증기관의 장은 건축물에너지효율등급 인증을 할 때에는 에너지 효율등급 인증서를 발급하여야 한다.

② 건축물에너지 효율등급 인증의 유효기간은 에너지 효율등급 인증서를 발급한 날부터 5년으로 한다.

③ 인증기관의 장은 인증서를 발급하였을 때에는 인증결과를 운영기관의 장에게 제출하여야 한다.

④ 인증결과에는 인증대상, 인증날짜, 인증등급이 포함된다.

> 건축물에너지 효율등급 인증의 유효기간은 에너지 효율등급 인증서를 발급한 날부터 10년으로 한다.

30 다음 중 건축물 에너지효율등급 인증의 유효기간으로 가장 적합한 것은?

① 건축물에너지 효율등급 인증의 유효기간은 에너지 효율등급 인증서를 발급한 날부터 5년으로 한다.

② 건축물에너지 효율등급 인증의 유효기간은 에너지 효율등급 인증서를 발급한 다음날부터 7년으로 한다.

③ 건축물에너지 효율등급 인증의 유효기간은 에너지 효율등급 인증서를 발급한 다음날부터 8년으로 한다.

④ 건축물에너지 효율등급 인증의 유효기간은 에너지 효율등급 인증서를 발급한 날부터 10년으로 한다.

> 건축물에너지 효율등급 인증의 유효기간은 에너지 효율등급 인증서를 발급한 날부터 10년으로 한다.

정답　26. ③　27. ④　28. ④　29. ②　30. ④

□□□ 재평가 요청 등

31 다음 중 건축물에너지 효율등급 재평가 요청 등과 관련된 사항 중 가장 부적합한 것은?

① 인증 평가 결과나 인증 취소 결정에 이의가 있는 건축주 등은 운영기관의 장에게 재평가를 요청할 수 있다.

② 재평가 결과 통보 재평가에 따른 세부 절차에 관한 사항은 국토교통부장관과 산업통상자원부장관이 정하여 공동으로 고시한다.

③ 인증서 재발급 등 재평가에 따른 세부 절차에 관한 사항은 국토교통부장관과 산업통상자원부장관이 정하여 공동으로 고시한다.

④ 인증기관의 장은 인증을 취소한 경우에는 그 내용을 국토교통부장관에게 보고하여야 한다.

> 인증 평가 결과나 인증 취소 결정에 이의가 있는 건축주 등은 인증서발급일 또는 인증취소일부터 90일 이내에 인증기관의 장에게 재평가를 요청할 수 있다.

32 다음 중 건축물에너지 효율등급 재평가와 관련된 내용 중 인증취소사유에 해당되지 않는 것은?

① 인증의 근거나 전제가 되는 주요한 사실이 변경된 경우

② 인증 신청 및 심사 중 제공된 중요 정보나 문서가 거짓인 것으로 판명된 경우

③ 인증을 받은 건축물의 건축주 등이 인증서를 인증기관에 반납한 경우

④ 인증을 받은 건축물의 인증이 취소된 경우

> ④ 인증을 받은 건축물의 건축허가 등이 취소된 경우

□□□ 예비인증의 신청 등

33 다음 중 건축물에너지 효율등급 예비인증에 관련된 사항 중 틀린 것은?

① 예비인증을 받은 시공자 등은 본 인증을 안 받아야 된다

② 인증 등급은 1+++등급부터 7등급까지의 10개 등급이다.

③ 예비인증의 유효기간은 건축물 에너지효율등급 예비인증서를 발급한 날부터 사용승인일 까지 이다.

④ 건축물 에너지효율등급 인증은 난방, 냉방, 급탕(給湯), 조명 및 환기 등에 대한 1차 에너지 소요량을 기준으로 평가한다.

> 예비인증을 받은 건축주 등은 본 인증을 받아야 된다.

34 다음 중 건축물에너지 효율등급 예비인증 신청시 제출할 서류로서 가장 부적합한 것은?

① 최종설계도면

② 건물전개도

③ 조명밀도 계산서

④ 건축물 부위별 성능 내역서

> 제출서류
> 제1항에 따라 예비인증을 신청하려는 건축주등은 인증관리시스템을 통하여 별지 제5호서식의 예비인증 신청서에 다음 각 호의 서류를 첨부하여 인증기관의 장에게 제출하여야 한다.
> 1. 건축 · 기계 · 전기 · 신재생에너지 관련 설계도면
> 2. 건축물 부위별 성능내역서   3. 건물 전개도
> 4. 장비용량 계산서   5. 조명밀도 계산서
> 6. 관련 자재 · 기기 · 설비 등의 성능을 증명할 수 있는 서류
> 7. 건축물에너지 효율등급 평가를 위하여 운영기관의 장이 필요하다고 공고하는 서류

35 다음 중 건축물에너지 효율등급 예비인증의 유효기간으로 가장 적합한 것은?

① 예비인증서를 발급한 날부터 본 인증 신청일 까지

② 예비인증서를 발급한 날부터 예비인증 갱신일 까지

③ 예비인증서를 발급한 날부터 사용승인일 또는 사용검사일 까지

④ 예비인증서를 발급한 날부터 사용승인 신청일 까지

> 건축물에너지 효율등급 예비인증의 유효기간은 예비인증서를 발급한 날부터 사용승인일 또는 사용검사일까지 이다.

정답   31. ①   32. ④   33. ①   34. ①   35. ③

36 다음 중 건축물에너지 효율등급 예비인증과 관련된 내용 중 가장 부적합한 것은?

① 예비인증을 받은 관리자 등은 본 인증을 받아야 한다.

② 이 경우 예비인증을 받아 제도적 · 재정적 지원을 받은 건축주등은 예비인증 등급 이상의 본 인증을 받아야 한다.

③ 건축물에너지 효율등급 예비인증의 유효기간은 예비인증서를 발급한 날부터 사용승인일 또는 사용검사일까지로 한다.

④ 인증기관의 장은 평가 결과 예비인증을 하는 경우 별지 제6호서식의 건축물 에너지효율등급 예비인증서를 신청인에게 발급하여야 한다.

> 예비인증을 받은 건축주 등은 본 인증을 받아야 한다.

□□□ **건축물에너지평가사의 업무범위 등**

37 다음 중 건축물에너지 평가사의 업무범위에 해당하지 않는 것은?

① 도서평가
② 현장실사
③ 건축물에너지효율 개선방안 작성
④ 면접심사

> 에너지평가사의 업무는 도서평가, 현장실사, 인증평가서 작성 및 건축물에너지 효율 개성방안작성, 예비인증평가이다.

□□□ **인증을 받은 건축물에 대한 점검 및 실태조사**

38 다음 중 건축물 에너지효율등급 인증을 받은 건축물의 성능 점검 또는 유지 · 관리 실태 파악을 위하여 에너지사용량 등 필요한 자료를 건축물 소유자 또는 관리자에게 요청할 수 있는 사람은?

① 산업통상장원부장관
② 인증제 인증기관의 장
③ 인증제 운영기관의 장
④ 국토교통부장관

> 인증제 운영기관의 장은 건축물 에너지효율등급 인증을 받은 건축물의 성능 유지 · 관리 실태 파악을 위하여 에너지사용량 등 필요한 자료를 건축물 소유자 또는 관리자에게 요청할 수 있다.

□□□ **인증수수료**

39 다음 중 인증수수료와 관련된 내용 중 가장 부적합한 것은?

① 건축주는 에너지효율등급 인증신청서 또는 건축물에너지 효율등급 예비인증신청서를 제출하려는 경우 인증대상 건축물의 면적을 고려하여 국토교통부장관과 산업통상자원부장관이 정하여 공동으로 고시하는 인증수수료를 내야 한다.

② 재평가를 신청하는 건축주 등은 국토교통부장관과 산업통상자원부장관이 정하여 공동으로 고시하는 인증수수료를 추가로 내야 한다.

③ 인증기관의 장은 수수료의 일부를 운영기관이 인증 관련업무를 수행하는데 드는 비용에 지원할 수 있다.

④ 인증수수료 금액은 부가가치세가 포함되는 금액으로 한다.

> 인증수수료 금액은 부가가치세가 포함되지 않은 금액으로 한다.

정답 36. ① 37. ④ 38. ③ 39. ④

40 다음 중 건축물에너지 효율등급 인증을 받은 건축물의 수수료와 관련된 내용으로 가장 부적합한 것은?

① 건축물 에너지효율등급 예비인증 신청서를 제출하려는 경우 해당 인증기관의 장에게 별표의 범위에서 인증대상 건축물의 용도를 고려하여 국토교통부장관과 산업통상자원부장관이 정하여 공동으로 고시하는 인증수수료를 내야 한다.

② 재평가를 신청하는 건축주등은 국토교통부장관과 산업통상자원부장관이 정하여 공동으로 고시하는 인증 수수료를 추가로 내야 한다.

③ 인증기관의 장은 인증 수수료의 일부를 운영기관이 인증 관련 업무를 수행하는 데 드는 비용에 지원할 수 있다.

④ 인증 수수료는 현금이나 정보통신망을 이용한 전자화폐·전자결제 등의 방법으로 납부하여야 한다.

> 건축주등은 건축물에너지 효율등급 인증신청시 또는 예비인증 신청서를 제출하려는 경우 인증대상 건축물의 면적을 고려하여 인증수수료를 내야 한다.

41 다음 중 건축물에너지 효율등급 인증수수료의 기준이 되는 인증수수료의 금액으로 가장 부적당한 것은?

① 단독주택 – 전용면적 120,000m² 미만 – 1천1백90만원 이하

② 공동주택(기숙사는 제외) – 전용면적 120,000m² 이상 – 1천3백20만원 이하

③ 업무시설 – 전용면적 60,000m² 미만 – 1천7백80만원 이하

④ 업무시설 – 전용면적 60,000m² 이상 – 1천8백80만원 이하

건축물에너지 효율등급 인증수수료의 범위

구분	전용면적의 합계	인증수수료 금액
1. 단독주택	120,000m² 미만	1천1백90만원 이하
2. 공동주택 (기숙사는 제외)	120,000m² 이상	1천3백 20만원 이하
1. 공동주택(기숙사) 2. 업무시설 3. 냉방 또는 난방 면적이 　500m² 이상인 건축물	60,000m² 미만	1천7백80만원 이하
	60,000m² 이상	1천9백80만원 이하

42 다음 중 건축물에너지 효율등급인증운영위원회의 심의사항이 아닌 것은?

① 건축물에너지 효율등급 인증제의 운영과 관련된 중요 사항

② 인증기관의 지정 및 지정의 유효기간 연장에 관한 사항

③ 인증기관 지정의 취소 및 업무정지에 관한 사항

④ 운영기관의 취소에 관한사항

> 운영기관의 취소에 관한 사항은 심의사항에 해당되지 않는다.

43 다음 중 건축물에너지 효율등급인증운영위원회의 심의사항이 아닌 것은?

① 인증운영위원회의 세부 구성 및 운영에 관한 사항

② 인증기관의 지정 및 지정의 유효기간 연장에 관한 사항

③ 인증기관 지정의 취소 및 업무정지에 관한 사항

④ 인증평가 기준의 제정·개정에 관한 사항

> 인증위원회의 세부구성 및 운영에 관한 사항은 심의사항에 해당되지 않는다.

정답 40. ①　41. ④　42. ④　43. ①

건축물 에너지효율등급 인증 및 제로에너지 건축물 인증기준

1 목 적

필기 예상문제

건축물 에너지효율등급 인증 및 제로에너지 건축물 인증 기준의 목적
• 적용대상
• 인증신청 등
• 인증기준 등
• 재평가요청 등
• 인증 수수료
• 인증운영위원회의 구성·운영 등

기준 제1조【목적】

이 규정은 「건축물 에너지효율등급 인증 및 제로에너지 건축물 인증에 관한 규칙」 제2조, 제6조제8항·제9항, 제8조제3항, 제10조제2항, 제13조제1항·제2항·제5항 및 제14조제4항에서 위임한 사항 등을 규정함을 목적으로 한다.

요점 목적

건축물에너지 효율등급 인증 규칙에서의 적용대상, 인증신청 등, 인증기준 등, 재평가요청 등, 인증수수료, 인증운영위원회의 구성·운영 등 에서 위임한 사항 등을 규정함을 목적으로 한다.

|참고|

규칙 제2조【적용대상】

제2조【적용대상】「녹색건축물 조성 지원법」(이하 "법"이라 한다) 제17조제5항 및 「녹색건축물 조성 지원법 시행령」(이하 "영"이라 한다) 제12조제1항에 따른 건축물 에너지효율등급 인증 및 제로에너지건축물 인증은 다음 각 호의 건축물을 대상으로 한다. 다만, 제3호 및 제5호에 따른 건축물 중 국토교통부장관과 산업통상자원부장관이 공동으로 고시하는 실내 냉방·난방 온도 설정조건으로 인증 평가가 불가능한 건축물 또는 이에 해당하는 공간이 전체 연면적의 100분의 50 이상을 차지하는 건축물은 제외한다. 〈개정 2015.11.18., 2017.1.20.〉

1. 「건축법 시행령」 별표 1 제1호에 따른 단독주택(이하 "단독주택"이라 한다)
2. 「건축법 시행령」 별표 1 제2호가목부터 다목까지의 공동주택(이하 "공동주택"이라 한다) 및 같은 호 라목에 따른 기숙사
3. 「건축법 시행령」 별표 1 제3호부터 제13호까지의 건축물로 냉방 또는 난방 면적이 500제곱미터 이상인 건축물
4. 「건축법 시행령」 별표 1 제14호에 따른 업무시설
5. 「건축법 시행령」 별표 1 제15호부터 제28호까지의 건축물로 냉방 또는 난방 면적이 500제곱미터 이상인 건축물

규칙 제6조 【인증신청 등】

⑧ 인증기관의 장은 건축주등이 보완 요청 기간 안에 보완을 하지 아니한 경우 등에는 신청을 반려할 수 있다. 이 경우 반려 기준 및 절차 등 필요한 사항은 국토교통부장관과 산업통상자원부장관이 정하여 공동으로 고시한다.〈신설 2015.11.18., 2017.1.20.〉

⑨ 제9조제1항에 따라 인증을 받은 건축물의 소유자는 필요한 경우 제9조제3항에 따른 유효기간이 만료되기 90일 전까지 같은 건축물에 대하여 재인증을 신청할 수 있다. 이 경우 평가 절차 등 필요한 사항은 국토교통부장관과 산업통상자원부장관이 정하여 공동으로 고시한다.〈신설2015.11.18., 2017.1.20.〉

규칙 제8조 【인증기준 등】

③ 제1항과 제2항에 따른 인증 기준 및 인증 등급의 세부 기준은 국토교통부장관과 산업통상자원부장관이 정하여 공동으로 고시한다.

규칙 제10조 【재평가요청 등】

② 재평가 결과 통보, 인증서 재발급 등 재평가에 따른 세부 절차에 관한 사항은 국토교통부장관과 산업통상자원부장관이 정하여 공동으로 고시한다.

규칙 제13조 【인증수수료】

① 건축주등은 본인증, 예비인증 또는 제6조제7항에 따른 재인증을 신청하려는 경우에는 해당 인증기관의 장에게 별표 2의 범위에서 인증 대상 건축물의 면적을 고려하여 국토교통부장관과 산업통상자원부장관이 정하여 공동으로 고시하는 인증 수수료를 내야 한다.〈개정 2015.11.18.〉

② 제10조제1항(제11조제6항에 따라 준용되는 경우를 포함한다)에 따라 재평가를 신청하는 건축주등은 국토교통부장관과 산업통상자원부장관이 정하여 공동으로 고시하는 인증 수수료를 내야 한다.〈개정 2015.11.18.〉

⑤ 제1항 및 제2항에 따른 인증 수수료의 환불 사유, 반환 범위, 납부 기간 및 그 밖에 인증 수수료의 납부와 운영비용 집행 등에 필요한 사항은 국토교통부장관과 산업통상자원부장관이 정하여 공동으로 고시한다.〈개정 2015.11.18.〉

규칙제 14조 【인증운영위원회의 구성·운영 등】

④ 제1항 및 제2항에서 규정한 사항 외에 인증운영위원회의 세부 구성 및 운영 등에 관한 사항은 국토교통부장관과 산업통상자원부장관이 정하여 공동으로 고시한다.〈개정 2015.11.18.〉

예제문제 01

다음 중 건축물에너지 효율등급 인증 및 제로에너지 건축물 인증기준의 목적에 포함되지 않는 것은?

① 설계검토서 작성기준

② 적용대상

③ 인증신청 등

④ 인증수수료

해설

건축물에너지 효율등급 및 제로에너지 건축물 인증에 관한 규칙에서의 적용대상, 인증신청 등, 인증기준 등, 재평가요청 등 인증수수료, 인증운영위원회의 구성 · 운영 등)에서 위임한 사항 등을 규정함을 목적으로 한다.

답 : ①

예제문제 02

다음 중 건축물에너지 효율등급인증 및 제로에너지 건축물 인증기준의 목적에 포함되지 않는 것은?

① 인증신청규정

② 재평가 요청 규정

③ 인증기준 규정

④ 에너지 절약계획서 작성기준

해설

에너지 절약계획서 작성기준은 건축물에너지효율등급 인증 및 제로에너지 건축물 인증기준의 인증기준의 목적에 해당하지 않는다.

답 : ④

2 인증신청 보완 등

기준 제2조 【인증신청 보완 등】

① 삭제

② 규칙 제6조제7항에 따라 보완을 요청받은 규칙 제6조제2항에 따른 건축주등(이하 "건축주등"이라 한다)은 보완 요청일로부터 30일 이내에 보완을 완료하여야 한다. 건축주등이 부득이한 사유로 기간 내 보완이 어려운 경우에는 10일의 범위에서 보완기간을 한 차례 연장할 수 있다.

③ 규칙 제6조제5항·제6항(규칙 제11조제6항에 따라 준용되는 경우를 포함한다) 및 기준 제2조제2항, 제6조제5항에 따른 인증 처리 기간 등에는 「관공서의 공휴일에 관한 규정」 제2조에 따른 공휴일은 제외한다.

요점 인증신청 보완 등

① 삭제

② 규칙 제6조제7항에 따라 보완을 요청받은 규칙 제6조제2항에 따른 건축주등(이하 "건축주등"이라 한다)은 보완 요청일로부터 **30일 이내에 보완을 완료**하여야 한다. 건축주등이 부득이한 사유로 기간 내 보완이 어려운 경우에는 **10일의 범위에서 보완기간을 한 차례 연장**할 수 있다.

③ 규칙 제6조제5항·제6항(규칙 제11조제6항에 따라 준용되는 경우를 포함한다) 및 기준 제2조제2항, 제6조제5항에 따른 인증 처리 기간 등에는 「관공서의 공휴일에 관한 규정」 제2조에 따른 **공휴일은 제외**한다.

예제문제 03

다음은 건축물에너지 효율등급 인증 및 제로에너지 건축물 인증기준에서 인증신청 보완등과 관련된 내용중 가장 부적합한 것은?

① 건축물 에너지효율등급 인증에 관한 규칙」에 따라 제출되는 서류에는 설계자 및 「건축물의 설비기준 등에 관한 규칙」 제3조에 따른 관계전문기술자의 날인(건축, 기계, 전기)이 포함되어야 한다는 삭제되었다.

② 규칙 제6조제7항에 따라 보완을 요청받은 규칙 제6조제2항에 따른 건축주등(이하 "건축주등"이라 한다)은 보완 요청일로부터 30일 이내에 보완을 완료하여야 한다.

③ 건축주등이 부득이한 사유로 기간 내 보완이 어려운 경우에는 10일의 범위에서 보완기간을 한 차례 연장할 수 있다.

④ 인증 처리 기간 등에는 「관공서의 공휴일에 관한 규정」 제2조에 따른 공휴일은 포함된다.

해설 규칙 제6조제5항·제6항(규칙 제11조제6항에 따라 준용되는 경우를 포함한다) 및 기준 제2조제2항, 제6조제5항에 따른 인증 처리 기간 등에는 「관공서의 공휴일에 관한 규정」 제2조에 따른 공휴일은 제외한다.

답 : ④

예제문제 04

다음은 건축물에너지 효율등급 인증 및 제로에너지 건축물 인증기준에서 인증 신청 등과 관련된 내용이다. ( ) 안에 가장 적합한 것은?

> 규칙 제6조제7항에 따라 보완을 요청받은 규칙 제6조제2항에 따른 건축주등(이하 "건축주등"이라 한다)은 보완 요청일로부터(㉠) 이내에 보완을 완료하여야 한다. 건축주등이 부득이한 사유로 기간 내 보완이 어려운 경우에는 (㉡)의 범위에서 보완기간을 한 차례 연장할 수 있다.

① ㉠ 30일 ㉡ 10일　　　　　　② ㉠ 40일 ㉡ 10일
③ ㉠ 30일 ㉡ 20일　　　　　　④ ㉠ 40일 ㉡ 20일

해설 규칙 제6조제7항에 따라 보완을 요청받은 규칙 제6조제2항에 따른 건축주등(이하 "건축주등"이라 한다)은 보완 요청일로부터 30일 이내에 보완을 완료하여야 한다. 건축주등이 부득이한 사유로 기간 내 보완이 어려운 경우에는 10일의 범위에서 보완기간을 한 차례 연장할 수 있다.

답 : ①

③ 인증신청의 반려

필기 **예상문제**

인증신청의 반려
· 적용 대상이 아닌 경우
· 서류를 제출하지 아니한 경우
· 보완기간내에 보완을 완료하지 아니한 경우
· 인증수수료를 신청일로부터 20일 이내에 납부하지 아니한 경우

기준 제3조【인증신청의 반려】

인증기관의 장은 규칙 제6조제8항에 따라 다음 각 호의 어느 하나에 해당하는 경우 그 사유를 명시하여 인증을 신청한 건축주등에게 인증 신청을 반려하여야 한다.
1. 규칙 제2조에 따른 적용대상이 아닌 경우
2. 규칙 제6조제3항 및 제11조제2항에 따른 서류를 제출하지 아니한 경우
3. 제2조제2항에 따른 보완기간 내에 보완을 완료하지 아니한 경우
4. 제6조제5항에 따라 인증 수수료를 신청일로부터 20일 이내에 납부하지 아니한 경우

요점 인증신청의 반려

인증기관의 장은 규칙 제6조제8항에 따라 다음 각 호의 어느 하나에 해당하는 경우 그 사유를 명시하여 인증을 신청한 건축주등에게 인증 신청을 반려하여야 한다.
1. 규칙 제2조에 따른 적용대상이 아닌 경우
2. 규칙 제6조제3항 및 제11조제2항에 따른 서류를 제출하지 아니한 경우
3. 제2조제2항에 따른 보완기간 내에 보완을 완료하지 아니한 경우
4. 제6조제5항에 따라 인증 수수료를 신청일로부터 20일 이내에 납부하지 아니한 경우

예제문제 05

다음 중 건축물에너지 효율등급 인증 및 제로에너지 건축물 인증기준의 인증신 청의 반려와 관련된 내용 중 인증신청반려의 조건으로 가장 부적합한 것은?

① 규칙 제2조에 따른 적용대상이 아닌 경우

② 규칙 제6조제3항 및 제11조제2항에 따른 서류를 제출하지 아니한 경우

③ 제2조제2항에 따른 보완기간 내에 보완을 완료하지 아니한 경우

④ 제6조제5항에 따라 인증 수수료를 신청일로부터 30일 이내에 납부하지 아니한 경우

해설 제6조제5항에 따라 인증 수수료를 신청일로부터 20일 이내에 납부하지 아니한 경우인 증신청의 반려가 된다.

답 : ④

예제문제 06

다음 중 인증기관의 장은 인증을 신청한 건축주가 인증수수료를 신청일로부터 몇일 이내에 납부하지 아니한 경우에 인증신청을 반려하여야 하는가?

① 10일　　　　　　　　　② 20일

③ 30일　　　　　　　　　④ 40일

해설 인증기관의 장은 인증을 신청한 건축주가 인증수수료를 신청일로부터 20일 이내에 납 부하지 아니한 경우에 인증신청을 반려하여야 한다.

답 : ②

4 인증기준 및 등급

기준 제4조【인증기준 및 등급】

① 규칙 제8조제3항에 따른 인증기준은 다음 각 호의 구분에 따른다. 〈전문개정〉

　1. 건축물 에너지효율등급 인증 : 별표 1, ISO 52016 등 국제규격에 따라 난방, 냉방 (냉방설비가 설치되지 않은 주거용 건물은 제외), 급탕, 조명, 환기 등에 대해 종합 적으로 평가하도록 제작된 프로그램으로 산출된 연간 단위면적당 1차 에너지소요량

　2. 제로에너지건축물 인증 : 별표 1의2

② 제1항에 따른 인증기준은 규칙 제6조제3항 및 제11조제2항에 따른 인증 신청 당시의 기준을 적용한다.

③ 규칙 제8조제3항에 따른 인증등급의 세부기준은 해당 인증의 종류에 따라 별표 2, 별표 2의2와 같다.

④ 하나의 대지에 둘 이상의 건축물이 있는 경우에 각각의 건축물에 대하여 별도로 인 증을 받을 수 있다.

⑤ 규칙 제2조에 따른 건축물 에너지효율등급 인증 평가에 적용되는 실내 냉방·난방 온도 설정조건은 별표 3과 같다.

 **필기 예상문제**

인증기준 및 등급(건축물에너지 효율등급 인증)

· ISO 52016국제규격준수

· 연간 단위면적당 1차 에너지 소요량에 난방, 냉방, 급탕, 조 명 환기 등에 대해 종합적으로 평가

요점 인증기준 및 등급

① 건축물 에너지효율등급 인증 기준

인증기준은 별표 1을 따르며, ISO 52016 등 국제규격에 따라 **난방, 냉방**(냉방설비가 설치되지 않은 주거용 건물은 제외), **급탕, 조명, 환기** 등에 대해 종합적으로 평가하도록 제작된 프로그램으로 산출된 연간 단위면적당 **1차 에너지소요량**으로 한다.

|별표 1| 건축물 에너지효율등급 인증 기준

실기 예상문제

1차 에너지 소요량을 계산하여 등급을 판단하는 문제
(계산문제)

실기 예상문제

1차 에너지 환산계수
· 연료 : 1.1
· 전력 : 2.75
· 지역난방 : 0.728
· 지역냉방 : 0.937

$$
\text{단위면적당 에너지 소요량} = \frac{\text{난방에너지소요량}}{\text{난방에너지가 요구되는 공간의 바닥면적}}
$$
$$
+ \frac{\text{냉방에너지소요량}}{\text{냉방에너지가 요구되는 공간의 바닥면적}}
$$
$$
+ \frac{\text{급탕에너지소요량}}{\text{급탕에너지가 요구되는 공간의 바닥면적}}
$$
$$
+ \frac{\text{조명에너지소요량}}{\text{조명에너지가 요구되는 공간의 바닥면적}}
$$
$$
+ \frac{\text{환기에너지소요량}}{\text{환기에너지가 요구되는 공간의 바닥면적}}
$$

※ 냉방설비가 없는 주거용 건축물(단독주택 및 기숙사를 제외한 공동주택)의 경우는 냉방 평가 항목을 제외
※ 단위면적당 1차 에너지소요량 = 단위면적당 에너지소요량 × 1차 에너지환산계수

건축물 에너지 효율등급 인증제도 운영규정
제3조【정의】이 규정에서 사용하는 용어의 정의는 다음과 같다.
3. "1차에너지 환산계수"라 함은 전력생산 및 연료의 운송 등에서 손실되는 손실분을 고려하기 위해 적용하는 계수를 말한다.

제7조【인증평가 세부기준】 2. 단위면적당 1차에너지 소요량은 산출된 단위면적당 에너지요구량 및 소요량에 [별표2]의 주거용과 주거용 이외 건축물의 용도별 가중치 및 [별표3] 의 1차에너지 환산계수를 곱하여 산출한다.

[별표 3] 1차 에너지환산계수

구분	1차 에너지환산계수
연료	1.1
전력	2.75
지역난방	0.728
지역냉방	0.937

※ 신재생에너지생산량은 에너지소요량에 반영되어 효율등급 평가에 포함

|별표 2| 건축물 에너지효율등급 인증등급

등급	주거용 건축물 연간 단위면적당 1차에너지소요량 (kWh/m²·년)	주거용 이외의 건축물 연간 단위면적당 1차에너지소요량 (kWh/m²·년)
1+++	60 미만	80 미만
1++	60 이상 90 미만	80 이상 140 미만
1+	90 이상 120 미만	140 이상 200 미만
1	120 이상 150 미만	200 이상 260 미만
2	150 이상 190 미만	260 이상 320 미만
3	190 이상 230 미만	320 이상 380 미만
4	230 이상 270 미만	380 이상 450 미만
5	270 이상 320 미만	450 이상 520 미만
6	320 이상 370 미만	520 이상 610 미만
7	370 이상 420 미만	610 이상 700 미만

※ 주거용 건축물 : 단독주택 및 공동주택(기숙사 제외)
※ 비주거용 건축물 : 주거용 건축물을 제외한 건축물
※ 등외 등급을 받은 건축물의 인증은 등외로 표기한다.
※ 등급산정의 기준이 되는 1차 에너지소요량은 용도 등에 따른 보정계수를 반영한 결과이다.

|별표 3| 건축물 에너지효율등급 평가 적용 실내 냉방·난방 온도 설정조건

구 분	실내온도
냉 방	26℃
난 방	20℃

 필기 예상문제

반드시 별표2의 건축물 에너지효율등급 인증등급을 암기해 두어야 한다.

 실기 예상문제

· 건축물 에너지효율등급 인증등급 계산문제로 출제될 수 있다.
· 건축물 에너지효율등급인증서 표기내용

"건축물 에너지 효율등급 인증에 관한 규칙" 별지 제4호 서식에 의한 에너지효율 등급 인증서에 표기되지 않는 내용은 무엇인가?
① 층수, 연면적 등 건축물 개요
② 평가자 및 인증기관 등에 대한 인증개요
③ 단위면적당 1차에너지소요량에 의한 인증등급
④ 가스, 전기 등 사용에너지에 대한 정보

해설 건축물에너지 효율등급 인증서 표기내용
1. 건축물개요 : 건축물명, 준공년도, 주소, 층수, 연면적, 건축물의 주된용도, 설계자, 공사시공자, 공사감리자
2. 인증개요 ; 인증번호, 평가자, 인증기관, 운영기관, 유효기간
3. 인증등급
4. 건축물에너지 효율등급 평가결과
5. 에너지용도별 평가결과

정답 : ④

다음은 냉방 부문에 대한 개선방안 적용 전후의 건축물 에너지효율등급 인증 평가 결과이다. 표와 같은 개선 효과를 나타낼 수 있는 개별기술을 보기에서 모두 고른 것은? (단, 개선 기술은 중복 적용하지 않음)

〈개선안 적용 전/후 건축물 에너지효율등급 평가 결과〉

(단위 : kWh/m²·년)

구분	개선여부	난방	냉방	급탕	조명	환기	합계
에너지 요구량	전	21.9	40.5	29.3	25.3	0.0	117
	후	25.5	30.1	29.3	25.3	0.0	110.2
에너지 소요량	전	11.4	18.7	31.9	25.3	4.9	92.2
	후	13.0	14.1	31.9	25.3	4.9	89.2
1차 에너지 소요량	전	31.4	51.3	87.8	69.5	13.6	253.6
	후	35.7	38.7	87.8	69.5	13.6	245.3

〈보 기〉

㉠ 거실의 투광부에 고정형 차양장치 설치
㉡ 고효율 냉방열원 설비로 교체
㉢ 건축물의 기밀성능 향상
㉣ 일사에너지투과율이 낮은 창호로 교체

① ㉠, ㉣
② ㉠, ㉢
③ ㉠, ㉢, ㉣
④ ㉠, ㉡, ㉢, ㉣

해설 표에서 보는 것처럼 냉방에너지 요구량이 줄어 든 것은 ㉠ 거실의 투광부에 고정형 차양 장치 설치 ㉣ 일사에너지 투과율이 낮은 창호로 교체했기 때문이며, 냉방에너지 소요량이 줄어든 것은 ㉡ 고효율 냉방 열원 설비로 교체했기 때문이다. 표와 같이 냉방에너지 요구량, 냉방에너지 소요량, 1차에너지 소요량이 감소한 이유는 ㉠, ㉡, ㉣이 해당된다.

정답 : ①

예제문제 07

다음은 1가지 요소의 설계항목을 변경하였을 경우, 건축물 에너지효율등급 인증 평가 결과이다. 변경된 설계항목으로 가장 적절한 것은? 【2016년도 2회 국가자격시험】

〈변경 전〉

(단위 : kWh/m²·년)

구분	신재생	난방	냉방	급탕	조명	환기	합계
에너지 요구량	0.0	25.1	10.6	18.9	18.2	0.0	72.8
에너지 소요량	0.0	32.5	9.8	18.3	14.2	6.9	81.7
1차에너지 소요량	0.0	51.2	12.0	50.2	39.2	19.0	171.6

〈변경 후〉

(단위 : kWh/m²·년)

구분	신재생	난방	냉방	급탕	조명	환기	합계
에너지 요구량	0.0	20.9	16.1	18.9	18.2	0.0	74.1
에너지 소요량	0.0	27.8	13.6	18.3	14.2	6.9	80.8
1차에너지 소요량	0.0	45.1	16.6	50.2	39.2	19.0	170.1

① 난방기기 효율
② 태양열취득률(SHGC)
③ 공조기기 효율
④ 조명밀도

정답
변경 후에 난방에너지 요구량은 줄고 냉방에너지 요구량은 는다. 즉, SHGC 값이 커질 때 실내 일사획득이 많아지므로 위와 같이 변한다.

답 : ②

예제문제 08

기존 건축물을 다음과 같이 개선조치 하였을 때 건축물 에너지효율등급 평가 결과가 변동 가능한 항목으로 적절한 것을 보기 중에서 모두 고른 것은?

【2018년 국가자격 4회 출제문제】

<개선조치>

- 조명밀도를 낮춤
- 태양광 발전설비 설치
- 전열교환기의 유효전열효율 향상

<보 기>

ㄱ 난방 에너지요구량
ㄴ 냉방 에너지요구량
ㄷ 급탕 에너지요구량
ㄹ 조명 에너지요구량
ㅁ 환기 에너지요구량

① ㄱ, ㄴ, ㄷ, ㄹ
② ㄱ, ㄴ, ㄹ
③ ㄹ, ㅁ
④ ㄱ, ㄴ, ㄹ, ㅁ

해설 조명밀도를 낮춤 : 난방·냉방 조명에너지 요구량
　　태양광 발전설비 설치 : 전력(조명, 환기) → 조명에너지 요구량
　　전열교환기의 유효전열효율향상 : 환기에너지 소요량

답 : ②

예제문제 09

다음 중 "건축물 에너지 효율등급 인증 및 제로에너지 건축물 인증에 관한 규칙" 별지 제4호 서식에 의한 에너지효율 등급 인증서에 표기되지 않는 내용으로 가장 적합한 것은?

① 층수, 연면적 등 건축물 개요

② 인증번호 평가자 및 인증기관 등에 대한 인증개요

③ 인증등급

④ 가스, 전기 등 사용에너지에 대한 정보

해설 건축물에너지 효율등급 인증서 표기내용

1. 건축물개요 : 건축물명, 준공년도, 주소, 층수, 연면적, 건축물의 주된용도, 설계자, 공사시공자, 공사감리자
2. 인증개요 : 인증번호, 평가자, 인증기관, 운영기관, 유효기간
3. 인증등급
4. 건축물에너지 효율등급 평가결과
5. 에너지용도별 평가결과

답 : ④

예제문제 10

건축물 에너지효율등급 및 제로에너지 건축물 인증기준 및 등급에 관한 설명으로 적절한 것은? 【2015년 국가자격 시험 1회 출제문제】

① 단위면적당 1차에너지 소요량은 냉방, 난방, 급탕, 조명, 환기 부문별 에너지 소요량을 건물의 연면적으로 나누어 산출한다.

② 최하위 등급 기준에 미달되는 건축물의 인증 등급은 최하위 등급으로 표기한다.

③ 1차에너지 소요량이 $140kWh/m^2 \cdot$ 년인 업무시설과 기숙사의 인증등급은 서로 다르다.

④ 등급 산정의 기준이 되는 1차에너지 소요량은 건축물 용도별 보정계수 및 1차에너지 환산 계수를 반영한 결과이다.

해설

① 단위면적당 1차에너지소요량
   = 단위면적당 에너지소요량 × 1차에너지환산계수
   단위면적당 1차에너지소요량은 냉방, 난방, 급탕, 조명, 환기부문별 에너지소요량을 실내연면적으로 나누어 산출한다. (실내연면적=옥내 주차장시설 면적을 제외한 건축연면적)

② 등외 등급을 받은 건축물의 인증은 등외로 표기한다.

③ 1차에너지 소요량이 $140Kwh/m^2 \cdot$ 년 인 업무시설과 기숙사의 인증등급은 1+등급으로 서로 같다.

답 : ④

■ 건축물 에너지효율등급 인증 및 제로에너지건축물 인증에 관한 규칙별지 제4호서식] <개정 2017. 1. 20.>

건축물 에너지효율등급 인증서

건축물 개요		인증 개요	
건축물명 :		인증번호 :	
준공연도 :		평 가 자 :	
주 소 :		인증기관 :	
층 수 :		운영기관 :	
연 면 적 :		유효기간 : . . . 까지	
건축물의 주된 용도 :		**인증등급**	
설 계 자 :			
공사시공자 :		인증등급 :	
공사감리자 :			

건축물 에너지효율등급 평가 결과

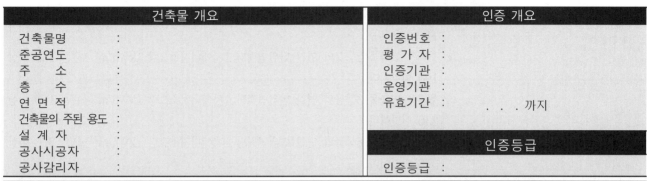

단위면적당 에너지요구량(kWh/㎡·년)	요구량	단위면적당 1차에너지소요량 (kWh/㎡·년)	인증등급	단위면적당 CO₂배출량(kg/㎡·년)	배출량

에너지 용도별 평가결과

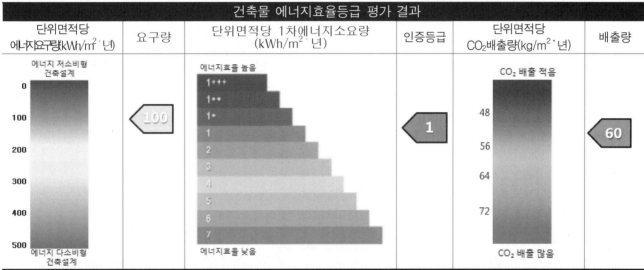

구분	단위면적당 에너지요구량 (kWh/m²·년)	단위면적당 에너지소요량 (kWh/m²·년)	단위면적당 1차에너지소요량 (kWh/m²·년)	단위면적당 CO₂배출량 (kWh/m²·년)
냉방				
난방				
급탕				
조명				
환기				
합계				

▪ 단위면적당 에너지요구량	건축물이 냉방, 난방, 급탕, 조명 부문에서 요구되는 단위면적당 에너지량
▪ 단위면적당 에너지소요량	건축물에 설치된 냉방, 난방, 급탕, 조명, 환기 시스템에서 드는 단위면적당 에너지량
▪ 단위면적당 1차에너지소요량	에너지소요량에 연료의 채취, 가공, 운송, 변환, 공급 과정 등의 손실을 포함한 단위면적당 에너지량
▪ 단위면적당 CO₂배출량	에너지소요량에서 산출한 단위면적당 이산화탄소 배출량

※ 이 건물은 냉방설비가 ([ ]설치된[ ]설치되지 않은) 건축물입니다.
※ 단위면적당 1차에너지소요량은 용도 등에 따른 보정계수를 반영한 결과입니다.

위 건축물은 「녹색건축물 조성 지원법」 제17조 및 「건축물 에너지효율등급 인증 및 제로에너지 건축물 인증에 관한 규칙」 제9조제1항에 따라 에너지효율등급(등급) 건축물로 인증되었기에 인증서를 발급합니다.

년   월   일

인증기관의 장 [직인]

210mm×297mm(보존용지(1종) 120g/㎡)

예제문제 11

다음 중 건축물 에너지효율등급 인증 기준에 대한 설명으로 가장 부적합한 것은?

① 주거용 건축물 1+++등급의 연간 단위면적당 1차에너지소요량(1kWh/m² · 년)은 80 미만이다.

② 주거용 건축물 2등급의 연간 단위면적당 1차에너지소요량(1kWh/m² · 년)은 150 이상 190 미만이다.

③ 주거용 건축물 3등급의 연간 단위면적당 1차에너지소요량(1kWh/m² · 년)은 190 이상 230 미만이다.

④ 주거용 건축물 6등급의 연간 단위면적당 1차에너지소요량(1kWh/m² · 년)은 320 이상 370 미만이다.

[해설] [별표 2] 건축물 에너지효율등급 인증등급

등급	주거용 건축물 연간 단위면적당 1차에너지소요량 (kWh/m² · 년)	주거용 이외의 건축물 연간 단위면적당 1차에너지소요량 (kWh/m² · 년)
1+++	60 미만	80 미만
1++	60 이상 90 미만	80 이상 140 미만
1+	90 이상 120 미만	140 이상 200 미만
1	120 이상 150 미만	200 이상 260 미만
2	150 이상 190 미만	260 이상 320 미만
3	190 이상 230 미만	320 이상 380 미만
4	230 이상 270 미만	380 이상 450 미만
5	270 이상 320 미만	450 이상 520 미만
6	320 이상 370 미만	520 이상 610 미만
7	370 이상 420 미만	610 이상 700 미만

답 : ①

예제문제 12

다음 중 건축물에너지 효율등급 인증 세부기준에 관련된 사항 중 틀린 것은?

① 등급은 1+++ ~ 7등급으로 구분된다.
② 주거용 건축물은 연립주택, 다세대주택, 기숙사 등이다.
③ 등급별 1차 에너지 소요량 수치는 주거용보다 주거용 이외의 건축물이 높다.
④ 등외 등급을 받은 건축물의 인증은 등외로 표기한다.

[해설]
기숙사의 경우는 비주거를 적용하여 건축물에너지 효율등급 인증을 적용한다.

답 : ②

예제문제 13

다음은 설계항목을 변경하였을 경우, 건축물 에너지 효율등급 인증 평가결과이다. 변경된 설계항목으로 가장 적합한 것은? 【17년 3회 국가자격시험】

(단위 : kWh/m²년)

구분	변경전 변경후	난방	냉방	급탕	조명	환기	합계
에너지 요구량	변경전	25.1	10.6	18.9	18.2	0.0	72.8
	변경후	25.1	10.6	18.9	18.2	0.0	72.8
에너지 소요량	변경전	32.5	9.8	18.3	14.2	6.9	81.7
	변경후	29.2	9.8	17.5	14.2	6.9	77.6
1차 에너지 소요량	변경전	51.2	12.0	50.2	39.2	19.0	171.6
	변경후	23.4	12.0	13.4	39.2	19.0	107.0

① 지역난방 방식으로 변경
② 외피의 단열성능 강화
③ 변풍량 방식으로 변경
④ 고효율 가스보일러로 변경

해설

구분	난방	급탕
에너지 소요량	29.2	17.5
1차 에너지 소요량	23.4	13.4

〈1차 에너지 환산계수 적용〉
전력 : 2.75   연료 : 1.1   지역냉방 : 0.937   지역난방 : 0.728
→ 숫자가 줄어듬
① 지역 난방방식으로 변경

답 : ①

예제문제 **14**

2014년 4월에 건축물 에너지효율등급 예비인증을 신청한 주거용 이외의 건축물의 인증평가 결과가 다음과 같을 때 해당 건축물의 등급은 무엇인가?

【13년 1급 출제유형】

<연간 단위면적당 평가결과표>

구 분	난방	냉방	급탕	조명	환기
에너지소요량(kWh/㎡·년)	30.5	19.2	20.1	13.7	14.5
1차에너지소요량(kWh/㎡·년)	32.4	28.5	12.9	34.4	35.8

① 1+++ 등급
② 1+ 등급
③ 2 등급
④ 3 등급

해설

1차에너지소요량(kWh/㎡·년) = 난방(32.4) + 냉방(28.5) + 급탕(12.9) + 조명(34.4) + 환기(35.8) = 144(kWh/㎡·년) 따라서 1+ 등급을 받게 된다.

답 : ②

② 제로에너지 건축물 인증 : 별표1의2

② 제1항에 따른 인증기준은 규칙 제6조의 제3항 및 제11조제2항에 따른 인증 신청 당시의 기준을 적용한다.

③ 제1항에 따른 인증등급의 세부기준은 해당 인증의 종류에 따라 별표 2, 별표 2의2와 같다.

④ 하나의 대지에 둘 이상의 건축물이 있는 경우에 각각의 건축물에 대하여 별도로 인증을 받을 수 있다.

⑤ 규칙 제2조에 따른 건축물 에너지효율등급 인증 평가에 적용되는 실내 냉방·난방 온도 설정조건은 별표 3과 같다.

|별표 1의 2| 제로에너지건축물 인증 기준

1. 건축물 에너지효율등급 : 인증등급 1++ 이상

2. 에너지자립률(%) $= \dfrac{\text{단위면적당 1차에너지생산량}}{\text{단위면적당 1차에너지소비량}} \times 100$

※ 「녹색건축물 조성 지원법」 제15조 및 시행령 제11조에 따른 용적률 완화 시 대지 내 에너지자립률을 기준으로 적용한다.

주1) 단위면적당 1차에너지생산량(kWh/㎡·년) = 대지 내 단위면적당 1차에너지 순 생산량* + 대지 외 단위면적당 1차에너지 순 생산량* × 보정계수**

* 단위면적당 1차에너지 순 생산량 = Σ[(신재생에너지 생산량 − 신·재생에너지 생산에 필요한 에너지소비량) × 해당 1차에너지 환산계수] / 평가면적

** 보정계수

대지 내 에너지자립률	~10% 미만	10% 이상~ 15% 미만	15% 이상~ 20% 미만	20% 이상~
대지 외 생산량 가중치	0.7	0.8	0.9	1.0

※ 대지 내 에너지자립률 산정 시 단위면적당 1차 에너지생산량은 대지 내 단위면적당 1차에너지 순 생산량만을 고려한다.

주2) 단위면적당 1차에너지 소비량(kWh/㎡·년)
  = Σ(에너지소비량 × 해당 1차에너지 환산계수) / 평가면적

※ 냉방설비가 없는 주거용 건축물(단독주택 및 기숙사를 제외한 공동주택)의 경우 냉방평가 항목을 제외

3. 건축물 에너지관리시스템 또는 원격 검침 전자식 계량기 설치 확인

– 「건축물의 에너지 절약 설계기준」의 [별지 제1호 서식] 2. 에너지 성능지표 중 전기설비부문 8. 건축물 에너지관리시스템(BEMS) 또는 건축물에 상시 공급 되는 모든 에너지원별 원격 검침 전자식 계량기 설치 여부

다음은 신축 업무시설의 제로에너지 건축물 인증을 위한 사전 분석결과이다. 에너지자립률 20% 이상을 만족하기 위해 1차에너지소비량을 최소 얼마 이상 줄여야 하는가?

〈보 기〉
- 적용된 신재생에너지 : 태양광발전 시스템
- 대지 내 신재생에너지생산량 : 800kWh/년
- 대지 내 신재생에너지 생산에 필요한 에너지량 : 80kWh/년
- 해당 1차 에너지환산계수 : 2.75
- 평가면적 : 100㎡
- 단위면적당 1차에너지소비량 : 150kWh/㎡·년
- 에너지자립률 : 13.2%

① 36kWh/㎡·년
② 48kWh/㎡·년
③ 51kWh/㎡·년
④ 55kWh/㎡·년

해설 1. 단위면적당 1차 에너지 순생산량
=Σ[신재생 에너지 생산량−신재생 에너지 생산에 필요한 에너지 소비량]×해당 1차 에너지 환산 계수]/평가면적
→ (800kwh/년−80)×2.75/100=19.8

2. 에너지 자립률
$= \dfrac{19.8}{150} \times 100\% = 13.2\%$

3. 에너지 자립률 20% 이상을 만족시키기 위해서 1차 에너지 소비량을 최소 얼마 이상 줄여야 하는가?
$= \dfrac{19.8}{\times} = \dfrac{20}{100} \times = \dfrac{1980}{20}$
$= 99\,kWh/㎡·년$

4. 150−99=51kWh/㎡·년이 된다.

정답 : ③

|별표 2의 2| 제로에너지건축물 인증 등급

ZEB 등급	에너지 자립률
1 등급	에너지자립률 100% 이상
2 등급	에너지자립률 80 이상 ~ 100% 미만
3 등급	에너지자립률 60 이상 ~ 80% 미만
4 등급	에너지자립률 40 이상 ~ 60% 미만
5 등급	에너지자립률 20 이상 ~ 40% 미만

예제문제 15

건축물에너지 효율등급 인증 및 제로에너지 건축물 인증기준에서 제로에너지 건축물 인증기준은 건축물에너지 효율등급 몇 등급 이상인가?

① 인증등급 1+++ 이상　　　　　　② 인증등급 1++ 이상

③ 인증등급 1+ 이상　　　　　　　④ 인증등급 1 이상

해설
제로에너지 건축물 인증기준은 건축물에너지 효율등급 1++ 이상이다.

답 : ②

예제문제 16

다음 보기와 같이 건축물에 신재생에너지 설비를 설치하였을 경우, "건축물 에너지 효율등급 인증 및 제로에너지건축물 인증 기준" 별표 1의2에 따른 대지 내 · 외의 신재생에너지생산량이 모두 반영된 에너지 자립률은?　【2019년 5회 국가자격시험】

<보 기>
- 대지 내 신재생에너지 생산량(kWh/년) : 600
- 대지 내 신재생에너지 생산에 필요한 에너지량(kWh/년) : 100
- 대지 외 단위면적당 1차에너지 순 생산량($kWh/m^3 \cdot$년) : 10
- 해당 1차 에너지환산계수 : 2.75
- 단위면적당 1차에너지소비량($kWh/m^3 \cdot$년) : 100
- 평가면적(m^2) : 100

<보정계수>

대지 내 에너지자립률	~10% 미만	10% 이상~15% 미만	15% 이상~20% 미만	20% 이상~
대지 외 생산량 가중치	0.7	0.8	0.9	1.0

① 16.63 %　　　　　　　　② 19.00 %

③ 20.75 %　　　　　　　　④ 21.75 %

해설 $에너지자립률(\%) = \dfrac{단위면적당\ 1차에너지생산량(Kwh/m^2 년)}{단위면적당\ 1차에너지소비량(Kwh/m^2 년)} \times 100$

1) 단위면적당 1차에너지생산량(Kwh/m^2 년)
　=대지내 단위면적당 1차에너지순생산량+대지의 단위면적당 1차에너지순생산량×보정계수
2) 단위면적당 1차에너지순생산량
　=$\sum$(신재생에너지생산량−신재생에너지 생산에 필요한 에너지소비량)×해당 에너지 환산계수 / 평가면적

<보정계수>

대지 내 에너지자립률	~10%미만	10% 이상~15% 미만	15% 이상~20% 미만	20% 이상~
대지 외 생산량 가중치	0.7	0.8	0.9	1.0

1) 대지내 단위면적당 1차에너지순생산량$= \dfrac{(600-100)\times 2.75}{100} = 13.75 Kwh/m^2$년

2) 대지 외 단위면적당 1차에너지순생산량$= 10 \times 0.8 = 8 Kwh/m^2$년

3) 단위면적당 1차에너지순생산량$= 13.75 + 8 = 21.75 Kwh/m^2$년

4) 에너지자립률(%)$= \dfrac{21.75}{100} \times 100 = 21.75\%$

답 : ④

예제문제 17

다음 표는 건축물 에너지효율등급 평가결과이다. "건축물 에너지효율등급 인증 및 제로에너지건축물 인증 기준" [별표1의2] 제로에너지건축물 인증기준에 따른 제로에너지건축물 인증등급(㉠) 및 건축물 에너지효율등급(㉡)을 설명한 것으로 옳은 것은?(단, 해당건물은 업무시설로서 건축물에너지관리 시스템이 설치된 경우이다.) 【17년 3회 국가자격시험】

(kWh/m²년)

단위면적당 에너지요구량	72.8
단위면적당 에너지소요량	83.5
단위면적당 1차에너지소요량	109.7
단위면적당 1차에너지생산량	45.0
단위면적당 1차에너지소비량	154.7

① ㉠ ZEB 5등급, ㉡ 1++등급
② ㉠ ZEB 4등급, ㉡ 1++등급
③ ㉠ ZEB 5등급, ㉡ 1+++등급
④ ㉠ ZEB 4등급, ㉡ 1+++등급

해설 ZEB 등급

• 에너지자립률(%)

$$= \dfrac{\text{단위면적당 1차에너지생산량}}{\text{단위면적당 1차에너지소비량}} \times 100 \quad \rightarrow \quad \dfrac{45}{154.7} \times 100\% = 29.08\%$$

• 단위면적당 1차에너지 소비량$(kwh/m^2 \cdot 년) = 154.7$

ZEB 등급	에너지자립률
1등급	에너지자립률 100% 이상
2등급	에너지자립률 80% 이상 100% 미만
3등급	에너지자립률 60% 이상 80% 미만
4등급	에너지자립률 40% 이상 60% 미만
5등급	에너지자립률 20% 이상 40% 미만

에너지효율등급 → 80 미만 → 1+++등급
→ 80~140 미만 → 1++등급 → 109.7 → 1++등급

답 : ①

예제문제 18

건축물 에너지효율등급 인증서("건축물 에너지효율 등급 인증 및 제로에너지 건축물 인증에 관한 규칙"이 별지 제4호)에 표기되는 내용으로 가장 적절하지 않은 것은? 【2015년 국가자격 시험 1회 출제문제】

① 건축물의 설계자, 공사시공자, 공사감리자
② 인증기관, 운영기관, 유효기간
③ 냉방, 난방, 급탕, 조명, 환기 부문에 대한 단위 면적당 에너지요구량
④ 대상 건축물의 냉방 설비 설치 여부

해설
③ 냉방, 난방, 급탕, 조명, 환기 부문에 대한 단위면적당 에너지요구량에서 단위면적당 에너지요구량에는 환기부문은 포함되지 않는다.

답 : ③

5 재인증 및 재평가

필기 예상문제

• 재평가요청을 하는 건축주등은 재평가 요청 사유서를 인증기관의 장에게 제출하여야 한다.
• 인증기관의 장은 재평가에 따른 인증서를 발급하여야 한다.
• 재평가를 수행한 인증기관의 장은 인증제 운영기관의 장에게 보고해야 한다.
• 인증기관의 장은 인증을 취소한 경우에는 국토교통부장관에게 보고하여야 한다.

기준 제5조【재인증 및 재평가】
① 규칙 제6조제9항에 따른 재인증 및 규칙 제10조제1항에 따른 재평가는 규칙 제6조제5항부터 제8항까지, 제7조제1항·제2항, 제8조 및 법 제20조를 준용하며, 재평가를 요청하는 건축주등은 재평가 요청 사유서를 인증기관의 장에게 제출하여야 한다.
② 인증기관의 장은 건축주등이 법 제20조제1항제3호에 따라 기존에 발급된 인증서를 반납하였는지 확인한 후 재인증 또는 재평가에 따른 인증서를 발급하여야 한다.
③ 재평가를 수행한 인증기관의 장은 재평가에 대한 전반적인 사항을 인증제 운영기관의 장에게 보고하여야 한다.

요점 재인증 및 재평가

① 재평가 요청을 하는 건축주등은 재평가 요청 사유서를 인증기관의 장에게 제출하여야 한다.
② 인증기관의 장은 건축주등이 법 제20조제1항제3호에 따라 기존에 발급된 인증서를 반납하였는지 확인한 후 재인증 또는 재평가에 따른 인증서를 발급하여야 한다.
③ 재평가의 보고
재평가를 수행한 인증기관의 장은 재평가에 대한 전반적인 사항을 인증제 운영기관의 장에게 보고하여야 한다.

예제문제 19

다음 중 건축물에너지 효율등급 인증 및 제로에너지 건축물 인증 기준에서 재인증 및 재평가와 관련된 사항 중 가장 부적합한 것은?

① 재평가 요청을 하는 건축주등은 재평가 요청 사유서를 인증기관의 장에게 제출하여야 한다.

② 인증기관의 장은 인증을 취소한 경우에는 운영기관의 장에게 보고하여야 한다.

③ 인증기관의 장은 건축주등이 법 제20조제1항제3호에 따라 기존에 발급된 인증서를 반납하였는지 확인한 후 재인증 또는 재평가에 따른 인증서를 발급하여야 한다.

④ 재평가를 수행한 인증기관의 장은 재평가에 대한 전반적인 사항을 인증제 운영기관의 장에게 보고하여야 한다.

해설

인증기관의 장은 인증을 취소한 경우에는 그 내용을 국토교통부장관에게 보고하여야 한다.

답 : ②

예제문제 20

건축물 에너지 효율등급 인증 및 제로에너지 건축물 인증 기준에서 재평가의 보고는 인증기관의 장이 누구에게 보고하여야 하는가?

① 인증제 운영기관의 장　　　　　② 허가권자

③ 국토교통부장관　　　　　　　　④ 산업통상자원부장관

해설

재평가를 수행한 인증기관의 장은 재평가에 대한 전반적인 사항을 인증제 운영기관의 장에게 보고하여야 한다.

답 : ①

6 인증 수수료

기준 제6조 【인증 수수료】

① 규칙 제13조제1항에 따른 인증 수수료는 별표 4와 같다

② 규칙 제13조제2항에 따라 재평가를 신청하는 건축주등은 제1항에 따른 인증 수수료의 100분의 50을 인증기관의 장에게 내야 한다. 단, 재평가 결과 당초 평가결과의 오류가 확인되어 인증 등급이 달라지거나 인증 취소 결정이 번복되는 경우에는 재평가에 소요된 인증 수수료를 환불받을 수 있다.

③ 규칙 제13조제5항에 따른 인증 수수료의 환불 사유 및 반환 범위는 다음 각 호와 같다.

  1. 수수료를 과오납(過誤納)한 경우 : 과오납한 금액의 전부

  2. 인증대상이 아닌 경우 : 납입한 수수료의 전부

  3. 인증기관의 장이 인증신청을 접수하기 전에 인증신청을 반려하거나 건축주등이 인증신청을 취소하는 경우 : 납입한 수수료의 전부

  4. 인증기관의 장이 인증신청을 접수한 후 평가를 완료하기 전에 인증신청을 반려하거나 건축주등이 인증신청을 취소하는 경우 : 납입한 수수료의 100분의 50

  5. 다음 각 목에 해당하는 건축물에 대해 인증을 신청하는 경우

    가. 공공주택특별법 제6조제1항에 따른 공공주택사업자가 공급하는 주택 중 공공주택특별법 시행령 제2조제1항의 주택 : 인증 수수료의 100분의 50

    나. 녹색건축물 조성 지원법 제17조제6항 및 지자체 녹색건축물 조성 지원 조례 등에서 정한 제로에너지건축물 인증 표시 의무대상이 아닌 건축물로서 다음 요건에 해당하는 제로에너지건축물 인증 등급을 취득한 건축물

      1) 제로에너지건축물 인증 1등급~3등급 : 납입한 인증 수수료의 전부

      2) 제로에너지건축물 인증 4등급 : 납입한 인증 수수료의 100분의 50

      3) 제로에너지건축물 인증 5등급 : 납입한 인증 수수료의 100분의 30

④ 인증 수수료의 반환절차 및 반환방법 등은 인증기관의 장이 별도로 정하는 바에 따른다.

⑤ 규칙 제13조제1항에 따라 건축물 에너지효율등급을 인증을 신청한 건축주등은 신청서를 제출한 날로부터 20일 이내에 인증기관의 장에게 수수료를 납부하여야 한다.

요점 인증 수수료

① 인증 수수료

인증 수수료는 별표 4와 같다.

② 재평가 인증 수수료

규칙 제13조제2항에 따라 재평가를 신청하는 건축주등은 제1항에 따른 인증 수수료의 100분의 50을 인증기관의 장에게 내야 한다. 단, 재평가 결과 당초 평가결과의 오류가 확인되어 인증 등급이 달라지거나 인증 취소 결정이 번복되는 경우에는 재평가에 소요된 인증 수수료를 환불받을 수 있다.

③ 인증 수수료의 환불사유 및 반환범위

규칙 제13조제5항에 따른 인증 수수료의 환불 사유 및 반환 범위는 다음 각 호와 같다.

1. 수수료를 과오납(過誤納)한 경우 : 과오납한 금액의 전부
2. 인증대상이 아닌 경우 : 납입한 수수료의 전부
3. 인증기관의 장이 인증신청을 접수하기 전에 인증신청을 반려하거나 건축주등이 인증신청을 취소하는 경우 : 납입한 수수료의 전부
4. 인증기관의 장이 인증신청을 접수한 후 평가를 완료하기 전에 인증신청을 반려하거나 건축주등이 인증신청을 취소하는 경우 : 납입한 수수료의 100분의 50
5. 다음 각 목에 해당하는 건축물에 대해 인증을 신청하는 경우
　가. 공공주택특별법 제6조제1항에 따른 공공주택사업자가 공급하는 주택 중 공공주택특별법 시행령 제2조제1항의 주택 : 인증 수수료의 100분의 50
　나. 녹색건축물 조성 지원법 제17조제6항 및 지자체 녹색건축물 조성 지원 조례 등에서 정한 제로에너지건축물 인증 표시 의무대상이 아닌 건축물로서 다음 요건에 해당하는 제로에너지건축물 인증 등급을 취득한 건축물
　　1) 제로에너지건축물 인증 1등급~3등급 : 납입한 인증 수수료의 전부
　　2) 제로에너지건축물 인증 4등급 : 납입한 인증 수수료의 100분의 50
　　3) 제로에너지건축물 인증 5등급 : 납입한 인증 수수료의 100분의 30

④ 인증 수수료의 반환절차 및 반환방법

인증 수수료의 반환절차 및 반환방법 등은 인증기관의 장이 별도로 정하는 바에 따른다.

⑤ 수수료 납부기한

건축물 에너지효율등급을 인증 신청한 **건축주등**은 신청서를 제출한 날로부터 **20일 이내에 인증기관의 장**에게 수수료를 납부하여야 한다.

| 별표 4 | **건축물에너지효율등급 인증 수수료**

1. 단독주택 및 공동주택(기숙사 제외)

전용면적의 합계	인증 수수료 금액
85제곱미터 미만	50만원
85제곱미터 이상 135제곱미터 미만	70만원
135제곱미터 이상 330제곱미터 미만	80만원
330제곱미터 이상 660제곱미터 미만	90만원
660제곱미터 이상 1천제곱미터 미만	1백10만원
1천제곱미터 이상 1만제곱미터 미만	3백90만원
1만제곱미터 이상 2만제곱미터 미만	5백30만원
2만제곱미터 이상 3만제곱미터 미만	6백60만원

3만제곱미터 이상 4만제곱미터 미만	7백90만원
4만제곱미터 이상 6만제곱미터 미만	9백20만원
6만제곱미터 이상 8만제곱미터 미만	1천60만원
8만제곱미터 이상 12만제곱미터 미만	1천1백90만원
12만제곱미터 이상	1천3백20만원

2. 단독주택 및 공동주택을 제외한 건축물(기숙사 포함)

전용면적주1) 의 합계	인증 수수료 금액
1천제곱미터 미만	1백90만원
1천제곱미터 이상 3천제곱미터 미만	3백90만원
3천제곱미터 이상 5천제곱미터 미만	5백90만원
5천제곱미터 이상 1만제곱미터 미만	7백90만원
1만제곱미터 이상 1만5천제곱미터 미만	9백90만원
1만5천제곱미터 이상 2만제곱미터 미만	1천1백90만원
2만제곱미터 이상 3만제곱미터 미만	1천3백90만원
3만제곱미터 이상 4만제곱미터 미만	1천5백90만원
4만제곱미터 미만 6만제곱미터 미만	1천7백80만원
6만제곱미터 이상	1천9백80만원

※ 비고 : 인증 수수료 금액은 부가가치세 별도
※ 공공기관에서 추진하는 저소득층을 위한 임대아파트(영구, 국민, 공공)의 경우 해당 전
   용면적에 대한 인증수수료의 50%를 감액할 수 있다.
주1) 규칙 및 고시의 전용면적 중 단독주택 및 공동주택을 제외한 건축물(기숙사 포함)의
     전용면적이란 인증 신청 건축물의 용적률 산정용 연면적을 의미한다. 다만 지하층
     바닥면적 합계(지하주차장 제외)가 전체 연면적의 50% 이상을 차지하는 경우 연면
     적(지하주차장 제외)을 기준으로 인증수수료를 산정할 수 있다.

예제문제 21

**다음 중 건축물에너지 효율등급 인증수수료의 환불 사유 및 반환범위로 가장
부적합한 것은?**

① 수수료를 과오납(過誤納)한 경우 : 과오납한 금액의 전부
② 인증대상이 아닌 경우 : 납입한 수수료의 100분의 80
③ 인증기관의 장이 인증신청을 접수하기 전까지 인증신청을 취소하는 경우 : 납입한
   수수료의 전부
④ 인증기관의 장이 인증신청을 접수한 후 평가를 완료하기 전에 인증신청을 취소하는
   경우 : 납입한 수수료의 100분의 50

해설
인증대상이 아닌 경우 : 납입한 수수료의 전부

답 : ②

건축물에너지 효율등급 인증기준상 단독주택 및 공동주택의 인증수수료 최고 금액으로 가장 적합한 것은? (단, 부가가치세는 별도로 한다.)

① 7백90만원   ② 1천60만원

③ 1천1백90만원   ④ 1천3백20만원

해설

건축물에너지 효율등급 인증기준상 단독주택 및 공동주택의 인증수수료 최고 금액은 12만m^2 이상일 때, 1,320만원이다.

답 : ④

다음 중 건축물에너지 효율등급 인증 중 공공 기관에서 추진하는 저소득층을 위한 임대아파트(영구, 국민, 공공)의 경우 해당 전용면적에 대한 인증수수료의 몇 %를 감액할 수 있는가 가장 적합한 것은?

① 20%   ② 30%

③ 40%   ④ 50%

해설

공공기관에서 추진하는 저소득층을 위한 임대아파트(영구, 국민, 공공)의 경우 해당 전용면적에 대한 인증수수료의 50%를 감액할 수 있다.

답 : ④

다음 중 건축물에너지 효율등급 인증등급에서 인증수수료에 관한 내용이다.
( )안에 가장 적합한 것은?

> 건축물 에너지효율등급 인증을 신청한 건축주는 신청서를 제출한 날로부터
> ( )일 이내에 인증기관의 장에게 수수료를 납부하여야 한다.

① 10일   ② 15일

③ 20일   ④ 30일

해설

건축물 에너지효율등급 인증을 신청한 건축주는 신청서를 제출한 날로부터 20일 이내에 인증기관의 장에게 수수료를 납부하여야 한다.

답 : ③

예제문제 25

"건축물 에너지효율등급 인증 및 제로에너지건축물 인증 기준"에 따른 인증수수료 설명 중 옳지 않은 것은? 【17년 3회 국가자격시험】

① 인증기관의 장이 인증신청을 접수한 후 평가를 완료하기 전에 인증신청을 반려한 경우 : 납입한 수수료의 100분의 50을 반환한다.

② 인증기관의 장이 인증신청을 접수하기 선에 인증신청을 반려한 경우 : 납입한 수수료의 전부를 반환한다.

③ 수수료를 과오납한 경우 : 과오납한 금액의 전부를 반환한다.

④ 인증서 발급일부터 90일 초과하여 재평가를 신청한 경우 : 인증수수료의 100분의 50을 인증기관의 장에게 내야한다.

해설

인증서 발급일로부터 90일 초과하여 재평가를 신청한 경우
: 인증 수수료의 100분의 50을 인증기관의 장에게 내야 한다는 해당 내용에 포함되지 않는다.

답 : ④

---

7 운영비용 활용

필기 예상문제

• 운영기관은 인증수수료의 100분의 8을 초과하지 않는 범위에서 인증관련 업무수행을 위하여 운영 비용을 활용할 수 있다.

기준 제7조【운영비용 활용】

① 규칙 제13조제4항에 따라 운영기관은 인증수수료의 100분의 8을 초과하지 않는 범위에서 규칙 제3조제3항에 따른 해당 인증제 관련 업무 수행을 위하여 운영비용(이하 "운영비용"이라 한다)을 활용할 수 있다.

② 운영기관은 제1항에 따른 운영비용의 운용 · 관리를 위한 별도 회계 및 계좌를 설치하여야 하며, 사업운용기간에 따라 산정된 운영비용의 총액으로 예산을 편성하여야 한다.

③ 운영기관은 회계가 종료된 경우 전문정산기관의 정산결과보고서와 차기 운영비용 운용계획안 등을 인증기관의 장에게 통보하고 규칙 제14조에 따른 인증운영위원회(이하 "인증운영위원회"라 한다)의 심의를 거쳐 국토교통부장관과 산업통상자원부장관에게 각각 보고하여야 하며, 사업운용기간 내 운영비용에 잔액이 발생한 경우 이월하여 차기 운영비용으로 활용하여야 한다.

④ 제1항부터 제3항까지 규정한 사항 외에 운영비용 산정기준, 수입 및 지출 절차 등 운영비용과 관련한 세부적인 사항은 운영세칙에서 정한다.

요점 운영비용 활용

① 운영비용활용

규칙 제13조제4항에 따라 운영기관은 인증수수료의 100분의 8을 초과하지 않는 범위에서 규칙 제3조제3항에 따른 해당 인증제 관련 업무 수행을 위하여 운영비용(이하 "운영비용"이라 한다)을 활용할 수 있다.

② 운영기관은 제1항에 따른 운영비용의 운용·관리를 위한 별도 회계 및 계좌를 설치하여야 하며, 사업운용기간에 따라 산정된 운영비용의 총액으로 예산을 편성하여야 한다.

③ 운영기관은 회계가 종료된 경우 전문정산기관의 정산결과보고서와 차기 운영비용 운용계획안 등을 인증기관의 장에게 통보하고 규칙 제14조에 따른 인증운영위원회(이하 "인증운영위원회"라 한다)의 심의를 거쳐 국토교통부장관과 산업통상자원부장관에게 각각 보고하여야 하며, 사업운용기간 내 운영비용에 잔액이 발생한 경우 이월하여 차기 운영비용으로 활용하여야 한다.

④ 제1항부터 제3항까지 규정한 사항 외에 운영비용 산정기준, 수입 및 지출 절차 등 운영비용과 관련한 세부적인 사항은 운영세칙에서 정한다.

예제문제 26

다음 중 운영기관은 인증수수료의 어느 범위를 초과하지 않는 범위에서 규칙 제3조제3항에 따른 인증 관련 업무 수행을 위하여 운영비용(이하 "운영비용"이라 한다)을 활용할 수 있는가?

① 100분의 3   ② 100분의 5

③ 100분의 8   ④ 100분의 10

해설

규칙 제13조제4항에 따라 운영기관은 인증수수료의 100분의 8을 초과하지 않는 범위에서 규칙 제3조제3항에 따른 해당 인증제 관련 업무 수행을 위하여 운영비용(이하 "운영비용"이라 한다)을 활용할 수 있다.

답 : ③

8 위원회의 구성

기준 제8조【위원회의 구성】

① 위원회는 위원장 1명을 포함한 20명 이내의 위원으로 구성한다.

② 위원장과 위원의 임기는 2년으로 한다. 다만, 공무원인 위원은 보직의 재임기간으로 한다.

③ 위원징은 2년마다 교대로 국토교통부장관과 산업통상자원부장관이 소속 고위공무원 중 지명한 사람으로 한다. 다만, 운영기관에 운영을 위탁한 경우에는 운영기관의 임원으로 할 수 있다.

④ 위원은 다음 각 호의 어느 하나에 해당하는 사람으로서, 국토교통부장관과 산업통상자원부장관이 추천한 전문가가 동수가 되도록 구성한다.

1. 관련분야의 직무를 담당하는 중앙행정기관의 소속 공무원
2. 7년 이상 건축물 에너지 관련 연구경력이 있는 대학부교수 이상인 사람
3. 7년 이상 건축물 에너지 관련 연구경력이 있는 책임연구원 이상인 사람
4. 기업에서 10년 이상 건축물 에너지 관련 분야에 근무한 부서장 이상인 사람
5. 그밖에 제1호부터 제4호까지와 동등 이상의 자격이 있다고 국토교통부장관 또는 산업통상자원부장관이 인정하는 사람

요점 위원회의 구성

① 위원회는 위원장 1명을 포함한 20명 이내의 위원으로 구성한다.

② 위원장과 위원의 임기는 2년으로 한다. 다만, 공무원인 위원은 보직의 재임기간으로 한다.

③ 위원장은 2년마다 교대로 국토교통부장관과 산업통상자원부장관이 소속 고위공무원중 지명한 사람으로 한다. 다만, 운영기관에 운영을 위탁한 경우에는 운영기관의 임원으로 할 수 있다.

④ 위원은 다음 각 호의 어느 하나에 해당하는 사람으로서, 국토교통부장관과 산업통상자원부장관이 추천한 전문가가 동수가 되도록 구성한다.

1. 관련분야의 직무를 담당하는 중앙행정기관의 소속 공무원
2. 7년 이상 건축물 에너지 관련 연구경력이 있는 대학부교수 이상인 사람
3. 7년 이상 건축물 에너지 관련 연구경력이 있는 책임연구원 이상인 사람
4. 기업에서 10년 이상 건축물 에너지 관련 분야에 근무한 부서장 이상인 사람
5. 그밖에 제1호부터 제4호까지와 동등 이상의 자격이 있다고 국토교통부장관 또는 산업통상자원부장관이 인정하는 사람

예제문제 27

다음 중 건축물에너지 효율등급 인증운영위원회에 관련된 사항 중 틀린 것은?

① 인증운영위원회는 인증기관의 지정 및 지정의 유효기간 연장에 관한 사항 등을 심의한다.

② 위원회는 위원장 1명을 포함한 20명 이내의 위원으로 구성한다.

③ 위원장과 위원의 임기는 5년으로 한다.

④ 위원장은 2년마다 교대로 국토교통부장관과 산업통상자원부장관이 소속 고위공무원 중 지명한 사람으로 한다.

―――――――――――――――――――――――――――――――――――――

해설

위원장과 위원의 임기는 2년으로 한다. 다만, 공무원인 위원은 보직의 재임기간으로 한다.

답 : ③

---

9 위원회의 운영

기준 제9조【위원회의 운영】

① 위원회의 회의는 재적위원 과반수의 출석으로 개최하고 출석위원 과반수의 찬성으로 의결하되, 가부 동수인 경우에는 부결된 것으로 본다.

② 심의안건과 이해관계가 있는 위원은 해당 위원회 참석대상에서 제외하며, 위원회에 참석한 위원에 대하여는 수당 및 여비를 지급할 수 있다.

③ 국토교통부장관과 산업통상자원부장관은 법 및 이 규정에서 정한 사항 외에 인증제도의 시행과 관련된 사항은 협의하여 수행한다.

요점 위원회의 운영

① 위원회의 회의는 재적위원 과반수의 출석으로 개최하고 출석위원 과반수의 찬성으로 의결하되, 가부 동수인 경우에는 부결된 것으로 본다.

② 심의안건과 이해관계가 있는 위원은 해당 위원회 참석대상에서 제외하며, 위원회에 참석한 위원에 대하여는 수당 및 여비를 지급할 수 있다.

③ 국토교통부장관과 산업통상자원부장관은 법 및 이 규정에서 정한 사항 외에 인증제도의 시행과 관련된 사항은 협의하여 수행한다.

10 운영세칙

> **기준** 제10조【운영세칙】
> 운영기관의 장은 인증제도 활성화를 위한 사업의 효율적 수행을 위하여 필요한 때에는 이 규정에 저촉되지 않는 범위 안에서 시행세칙을 제정하여 운영할 수 있다.

요점 운영 세칙

운영기관의 장은 인증제도 활성화를 위한 사업의 효율적 수행을 위하여 필요한 때에는 이 규정에 저촉되지 않는 범위 안에서 시행세칙을 제정하여 운영할 수 있다.

11 재검토기한

> **기준** 제11조【재검토기한】
> 「훈령 · 예규 등의 발령 및 관리에 관한 규정」에 따라 이 고시에 대하여 2018년 12월 31일 기준으로 매 3년이 되는 시점(매 3년째의 12월 30일까지를 말한다)마다 그 타당성을 검토하여 개선 등의 조치를 하여야 한다.

요점 재검토기한

「훈령 · 예규 등의 발령 및 관리에 관한 규정」에 따라 이 고시에 대하여 2018년 12월 31일 기준으로 매 3년이 되는 시점(매 3년째의 12월 30일까지를 말한다)마다 그 타당성을 검토하여 개선 등의 조치를 하여야 한다.

부　칙(제2020-133호, 2020.8.13)

제1조(시행일) 이 고시는 발령한 날부터 시행한다.

제2조(인증수수료에 관한 적용례) 제6조제3항 제5호 나목의 개정규정은 2024. 12. 31일까지 제로에너지건축물 인증을 신청한 건에 한하여 적용한다.

02 종합예제문제

□□□ **목적**

1 건축물에너지 효율등급 인증 및 제로에너지 건축물 인증기준의 목적과 관련이 없는 것은?

① 인증신청 등 위임한 사항을 규정함
② 인증기준 등 위임한 사항을 규정함
③ 인증위원회의 구성·운영 등에서 위임한 사항을 규정함
④ 에너지절약계획서 작성에서 위임한 사항을 규정함

> **목적**
> 건축물에너지 효율등급 인증 및 제로에너지 건축물 규칙에서의 적용대상, 인증신청 등, 인증기준 등, 재평가요청 등 인증수수료, 인증운영위원회의 구성·운영 등에서 위임한 사항 등을 규정함을 목적으로 한다.

2 건축물에너지 효율등급 인증 및 제로에너지 건축물 인증기준의 목적과 관련이 없는 것은?

① 적용대상을 규정함
② 인증수수료를 규정함
③ 재평가 요청을 규정함
④ 녹색건축물 조성 기본계획수립 규정

> **목적**
> 건축물에너지 효율등급 인증 및 제로에너지 건축물 인증 규칙에서의 적용대상, 인증신청 등, 인증기준 등, 재평가요청 등 인증수수료, 인증운영위원회의 구성·운영 등에서 위임한 사항 등을 규정함을 목적으로 한다.

□□□ **인증신청 등**

3 다음은 건축물에너지 효율등급인증 및 제로에너지 건축물의 인증기준에서 인증신청 등과 관련된 내용 중 가장 부적합한 것은?

① 건축물 에너지효율등급 인증에 관한 규칙」(이하 "규칙"이라 한다) 제6조제2항 및 규칙 제11조제2항에 따라 제출되는 서류에는 설계자 및 「건축물의 설비기준 등에 관한 규칙」 제3조에 따른 관계전문기술자의 날인 (건축, 기계, 전기)은 삭제되었다.
② 보완을 요청받은 건축주 등은 보완요청일 로부터 30일 이내에 보완을 완료하여야 한다.
③ 건축주 등이 부득이한 사유로 기간 내 보완이 어려운 경우에는 20일의 범위에서 보완기간을 한 차례 연장할 수 있다.
④ 인증 처리 기간 등에는 「관공서의 공휴일에 관한 규정」 제2조에 따른 공휴일은 제외한다.

> 건축주 등이 부득이한 사유로 기간 내 보완이 어려운 경우에는 10일의 범위에서 보완기간을 한 차례 연장할 수 있다.

□□□ **인증신청의 반려**

4 다음 중 인증기관의 장이 인증을 신청한 건축주 등에게 반려를 하여야 하는 경우로 가장 부적합한 것은?

① 규칙 제2조에 따른 적용대상 에 해당하는 경우
② 규칙 제6조제3항 및 제11조제2항에 따른 서류를 제출하지 아니한 경우
③ 제2조제2항에 따른 보완기간 내에 보완을 완료하지 아니한 경우
④ 제6조제5항에 따라 인증 수수료를 신청일로부터 20일 이내에 납부하지 아니한 경우

> 규칙 제2조에 따른 적용대상이 아닌 경우

정답 1. ④ 2. ④ 3. ③ 4. ①

□□□ **인증기준 및 등급**

5 건축물 에너지 효율등급 인증은 난방, 냉방, 급탕, 조명, 환기 등에 대해 종합적으로 평가한다. 다음 중 냉방설비가 없어 냉방평가 항목을 제외할 수 있는 건축물이 아닌 건축물은?

① 단독주택 ② 연립 주택
③ 다세대 주택 ④ 아파트

> 냉방설비가 없는 주거용 건축물(단독주택 및 기숙사를 제외한 공동주택)의 경우에는 냉방평가항목을 제외한다.

6 다음 중 건축물에너지 효율등급 인증 기준에 관련된 사항 중 틀린 것은?

① 하나의 대지에 둘이상의 건축물이 있는 경우에는 면적이 큰 건축물에 대하여 인증을 받을 수 있다.
② 인증 처리 기간 등에는 「관공서의 공휴일에 관한 규정」제2조에 따른 공휴일은 제외한다.
③ 인증기준은 난방, 냉방, 급탕, 조명, 환기 등에 대해 종합적으로 평가하도록 제작된 프로그램으로 산출된 연간 단위면적당 1차 에너지소요량으로 한다.
④ 인증기준은 규칙 제6조제3항 및 제11조제2항에 따른 인증 신청 당시의 기준을 적용한다.

> 하나의 대지에 둘 이상의 건축물이 있는 경우에 각각의 건축물에 대하여 별도로 인증을 받을 수 있다.

7 다음 중 건축물에너지 효율등급 인증 세부기준에 관련된 사항 중 틀린 것은?

① 등급은 1++ ~ 8등급으로 10개 등급으로 구분된다.
② 주거용 건축물은 아파트, 연립주택, 다세대주택 이다.
③ 등급별 1차 에너지 소요량 수치는 주거용보다 주거용 이외의 건축물이 높다.
④ 등외 등급을 받은 건축물의 인증은 등외로 표기한다.

> 등급은 1+++ ~ 7등급으로 10개 등급으로 구분된다.

8 다음 중 건축물에너지 효율등급 1+ 인증등급에 인증기준으로 적합한 것은?

등급	주거용 건축물	주거용 이외의 건축물
	연간 단위면적당 1차 에너지소요량(kWh/㎡·년)	연간 단위면적당 1차 에너지소요량(kWh/㎡·년)
①	60 미만	80 미만
②	60 이상 90 미만	80 이상 140 미만
③	90 이상 120 미만	140 이상 200 미만
④	120 이상 150 미만	200 이상 260 미만

등급	주거용 건축물	주거용 이외의 건축물
	연간 단위면적당 1차 에너지소요량(kWh/㎡·년)	연간 단위면적당 1차 에너지소요량(kWh/㎡·년)
1+++	60 미만	80 미만
1++	60 이상 90 미만	80 이상 140 미만
1+	90 이상 120 미만	140 이상 200 미만
1	120 이상 150 미만	200 이상 260 미만

9 다음 중 건축물에너지 효율등급 인증기준에 관련된 사항 중 가장 부적합한 것은?

① 하나의 대지에 둘 이상의 건축물이 있는 경우에 각각의 건축물에 대하여 별도로 인증을 받을 수 있다.
② 인증기준은 규칙 제6조제3항 및 제11조제2항에 따른 인증신청당시의 기준을 적용한다.
③ 인증기준은 난방, 냉방, 급탕, 조명, 환기, 전기 등에 대해 종합적으로 평가하도록 제작된 프로그램으로 산출된 연간 단위면적당 1차 에너지 소요량으로 한다.
④ 등급은 1+++ ~ 7등급으로 10개 등급으로 구분된다.

> 건축물에너지 효율등급 인증은 난방, 냉방, 급탕, 조명 및 환기 등에 대한 1차 에너지 소요량을 기준으로 평가하여야 한다. 따라서 전기는 평가항목에 포함되지 않는다.

정답 5. ① 6. ① 7. ① 8. ③ 9. ③

10 건축물의 에너지 효율등급 의 연간 단위면적당 1차 에너지 소요량(단위 kwh/m²년)의 범위는 다음 중 어느 것인가? (단, 주거용 건축물 (㉠), 주거용 이외의 건축물의 경우 (㉡) 1등급인 경우에 해당)

① ㉠ 60 이상 90 미만   ㉡ 120 이상 150 미만
② ㉠ 90 이상 120 미만   ㉡ 150 이상 190 미만
③ ㉠ 120 이상 150 미만 ㉡ 200 이상 260 미만
④ ㉠ 150 이상 190 미만 ㉡ 260 이상 260 미만

1. 건축물에너지 효율등급 인증은 냉방, 난방, 급탕, 조명 및 환기 등에 대한 1차 에너지 소요량을 기준으로 평가하여야 한다.
2. 건축물에너지 효율인증등급은 1+++ 등급부터 7등급까지의 10개 등급으로 한다.

등급	주거용 건축물	주거용 이외의 건축물
	연간단위면적당 1차 에너지소요량(kWh/m²·년)	연간단위면적당 1차 에너지소요량(kWh/m²·년)
1+++	60 미만	80 미만
1++	60 이상 90 미만	80 이상 140 미만
1+	90 이상 120 미만	140 이상 200 미만
1	120 이상 150 미만	200 이상 260 미만
2	150 이상 190 미만	260 이상 320 미만
3	190 이상 230 미만	320 이상 380 미만
4	230 이상 270 미만	380 이상 450 미만
5	270 이상 320 미만	450 이상 520 미만
6	320 이상 370 미만	520 이상 610 미만
7	370 이상 420 미만	610 이상 700 미만

1) 주거용 건축물 : 단독주택 및 공동주택(기숙사제외)
2) 비주거용건축물 : 주거용 건축물을 제외한 건축물
3) 등외 등급을 받은 건축물의 인증은 등외로 표기한다.
4) 등급산정의 기준이 되는 1차 에너지소요량은 용도 등에 따른 보정계수를 반영한 결과이다.

11 다음은 업무시설에 대한 건축물 에너지효율등급 인증 평가결과(에너지소요량)이다. 난방 열원의 60%는 전력, 40%는 지역난방이며, 냉방 열원의 40%는 전력, 60%는 지역냉방이다. 급탕 열원설비로 전기순간온수기를 채택할 경우, 해당 건축물의 등급으로 가장 적절한 것은? (단, 1차 에너지소요량과 등급용 1차 에너지소요량은 동일하다.)

〈단위 : kWh/m²·년〉

구분	난방	냉방	급탕	조명	환기	합계
에너지 소요량	65	71	13	20	15	184

① 1등급   ② 2등급
③ 3등급   ④ 4등급

① 난방 1차 E소요량 = 65×(0.6×2.75+0.4×0.728)
                    = 126.178kwh/m²·년
② 냉방 1차 E소요량 = 71×(0.4×2.75+0.6×0.937)
                    = 118.016kwh/m²·년
③ 급탕 1차 E소요량 = 13×2.75 = 35.75kwh/m²·년
④ 조명 1차 E소요량 = 20×2.75 = 55kwh/m²·년
⑤ 환기 1차 E소요량 = 15×2.75 = 41.25kwh/m²·년
①~⑤ 합 = 376.194kwh/m²·년
주거용 이외의 건축물 3등급 구간 320~380 미만

12 건축물에너지 효율등급 인증세부기준에 관련된 사항 중 가장 부적합한 것은?

① 등외 등급을 받은 건축물의 인증은 등외로 표기한다.
② 기숙사는 주거용 건축물로 분류된다.
③ 등급산정의 기준이 되는 1차 에너지 소요량은 용도별 보정계수를 반영한 결과이며, 실제 산출된 1차 에너지 소요량 결과와 다를 수 있다.
④ 인증등급은 모두 10단계로, 1+++~7등급으로 표시한다.

주거용 건축물 : 단독주택 및 공동주택(기숙사 제외)

정답 10. ③   11. ③   12. ②

13 건축물에너지 효율등급 인증등급표와 관련된 내용 중 ( )안에 올바른 것은?

등급	주거용건축물 연간단위면적당 1차 에너지소요량(kWh/m²·년)	주거용 이외의 건축물 연간단위면적당 1차 에너지소요량(kWh/m²·년)
1+++	(㉠) 미만	(㉡) 미만
1++	(㉠) 이상 90 미만	(㉡) 이상 140 미만
1+	90 이상 120 미만	140 이상 200 미만
1	120 이상 150 미만	200 이상 260 미만
2	150 이상 190 미만	260 이상 320 미만
3	190 이상 230 미만	320 이상 380 미만
4	230 이상 270 미만	380 이상 450 미만
5	270 이상 320 미만	450 이상 520 미만
6	320 이상 (㉢) 미만	520 이상 (㉣) 미만
7	(㉢) 이상 420 미만	(㉣) 이상 700 미만

(㉠)-(㉡)-(㉢)-(㉣)

① 70 - 80 - 360 - 600
② 70 - 90 - 360 - 600
③ 60 - 70 - 370 - 610
④ 60 - 80 - 370 - 610

1. 건축물에너지 효율등급 인증은 냉방, 난방, 급탕, 조명 및 환기 등에 대한 1차 에너지 소요량을 기준으로 평가하여야 한다.
2. 건축물에너지 효율인증등급은 1+++ 등급부터 10개등급으로 한다.

등급	주거용건축물 연간단위면적당 1차 에너지소요량(kWh/m²·년)	주거용 이외의 건축물 연간단위면적당 1차 에너지소요량(kWh/m²·년)
1+++	60 미만	80 미만
1++	60 이상 90 미만	80 이상 140 미만
1+	90 이상120 미만	140 이상 200 미만
1	120 이상 150 미만	200 이상 260 미만
2	150 이상 190 미만	260 이상 320 미만
3	190 이상 230 미만	320 이상 380 미만
4	230 이상 270 미만	380 이상 450 미만
5	270 이상 320 미만	450 이상 520 미만
6	320 이상 370 미만	520 이상 610 미만
7	370 이상 420 미만	610 이상 700 미만

1) 주거용 건축물 : 단독주택 및 공동주택(기숙사제외)
2) 비주거용건축물 : 주거용 건축물을 제외한 건축물
3) 등외 등급을 받은 건축물의 인증은 등외로 표기한다.
4) 등급산정의 기준이 되는 1차 에너지 소요량은 용도별 보정계수를 반영한 결과이다.

□□□ **재인증 및 재평가**

14 건축물 에너지 효율등급 인증 및 제로에너지 건축물 기준에서 재인증 및 재평가를 수행한 인증기관의 장은 재평가에 대한 전반적인 사항을 누구에게 보고하여야 하는가?

① 인증제 운영기관의 장
② 허가권자
③ 국토교통부장관
④ 산업통상자원부장관

재평가의 보고
재평가를 수행한 인증기관의 장은 재평가에 대한 전반적인 사항을 인증제 운영기관의 장에게 보고하여야 한다.

15 다음 중 건축물에너지 효율등급 인증 및 제로에너지 건축물인증 기준에서 재인증 및 재평가와 관련된 사항 중 가장 부적합한 것은?

① 재평가를 요청하는 건축주 등은 재평가 요청 사유서를 인증기관의 장에게 제출하여야 한다.
② 인증기관의 장은 인증을 취소한 경우에는 국토교통부장관에게 보고하여야 한다.
③ 건축주 등이 기존에 발급된 인증서를 반납하였는지의 확인은 인증기관의 장이 확인한다.
④ 재평가를 수행한 인증기관의 장은 재평가에 대한 전반적인 사항을 국토교통부장관에게 보고하여야 한다.

기준 제5조 【재인증 및 재평가】
① 규칙 제6조제9항에 따른 재인증 및 규칙 제10조제1항에 따른 재평가는 규칙 제6조제5항부터 제8항까지, 제7조제1항·제2항, 제8조 및 법 제20조를 준용하며, 재평가를 요청하는 건축주등은 재평가 요청 사유서를 인증기관의 장에게 제출하여야 한다.
② 인증기관의 장은 건축주등이 법 제20조제1항제3호에 따라 기존에 발급된 인증서를 반납하였는지 확인한 후 재인증 또는 재평가에 따른 인증서를 발급하여야 한다.
③ 재평가를 수행한 인증기관의 장은 재평가에 대한 전반적인 사항을 인증제 운영기관의 장에게 보고하여야 한다.

정답 13. ④ 14. ① 15. ④

16 건축물 에너지 효율등급 인증 및 제로에너지 건축물 인증기준에서 건축주 등이 법제 20조 제1항 3호에 따라 기존에 발급된 인증서를 반납하였는지 확인한 후 재인증 또는 재평가에 따른 인증서를 발급하는 자는?

① 인증기관의 장
② 국토교통부장관
③ 운영기관의 장
④ 산업통상자원부장관

인증기관의 장은 건축주등이 법 제20조제1항제3호에 따라 기존에 발급된 인증서를 반납하였는지 확인한 후 재인증 또는 재평가에 따른 인증서를 발급하여야 한다.

□□□ **수수료**

17 건축물 에너지 효율등급 인증기준상 공동주택의 경우 85제곱미터 이상 135제곱미터 미만인 경우 인증수수료의 금액으로 가장 적합한 것은?

① 50만원　　　　　② 70만원
③ 90만원　　　　　④ 100만원

단독주택 및 공동주택(기숙사 제외)

전용면적의 합계	인증 수수료 금액
85제곱미터 미만	50만원
85제곱미터 이상 135제곱미터 미만	70만원
135제곱미터 이상 330제곱미터 미만	80만원
330제곱미터 이상 660제곱미터 미만	90만원
660제곱미터 이상 1천제곱미터 미만	1백10만원
1천제곱미터 이상 1만제곱미터 미만	3백90만원
1만제곱미터 이상 2만제곱미터 미만	5백30만원
2만제곱미터 이상 3만제곱미터 미만	6백60만원
3만제곱미터 이상 4만제곱미터 미만	7백90만원
4만제곱미터 이상 6만제곱미터 미만	9백20만원
6만제곱미터 이상 8만제곱미터 미만	1천60만원
8만제곱미터 이상 12만제곱미터 미만	1천1백90만원
12만제곱미터 이상	1천3백20만원

18 건축물에너지 효율등급 인증기준상 단독주택 및 공동주택을 제외한(기숙사포함) 인증수수료 최고 금액으로 가장 적합한 것은? (단, 부가가치세는 별도로 한다.)

① 7백90만원　　　　② 1천60만원
③ 1천3백20만원　　　④ 1천9백80만원

단독주택 및 공동주택을 제외한 건축물(기숙사 포함) 인증수수료의 최고금액은 전용면적 6만제곱미터 이상을 경우 1천9백80만원의 수수료를 받게 된다.

19 다음 중 건축물에너지 효율등급 인증수수료의 환불사유 및 반환범위로 가장 부적합한 것은?

① 수수료를 과오납(過誤納)한 경우 : 과오납한 금액의 전부
② 인증대상이 아닌 경우 : 납입한 수수료의 전부
③ 인증기관의 장이 인증신청을 접수하기 전에 인증신청을 반려하거나 건축주 등이 인증신청을 취소하는 경우 : 납입한 수수료의 전부
④ 인증기관의 장이 인증신청을 접수한 후 평가를 완료하기 전에 인증신청을 반려하거나 건축주 등이 인증신청을 취소하는 경우 : 납입한 수수료의 100분의 60

인증수수료의 환불사유 및 반환범위
1. 수수료를 과오납(過誤納)한 경우 : 과오납한 금액의 전부
2. 인증대상이 아닌 경우 : 납입한 수수료의 전부
3. 인증기관의 장이 인증신청을 접수하기 전에 인증신청을 반려하거나 건축주 등이 인증신청을 취소하는 경우 : 납입한 수수료의 전부
4. 인증기관의 장이 인증신청을 접수한 후 평가를 완료하기 전에 인증신청을 반려하거나 인증신청을 취소하는 경우 : 납입한 수수료의 100분의 50

20 다음 중 건축물에너지 효율등급 인증의 재평가 인증 추가 수수료는 얼마인가 가장 적합한 것은?

① 인증수수료의 100분의 20
② 인증수수료의 100분의 30
③ 인증수수료의 100분의 40
④ 인증수수료의 100분의 50

재평가를 신청하는 경우 추가로 내야 하는 인증수수료는 인증수수료의 100분의 50으로 한다.

정답　16. ①　17. ②　18. ④　19. ④　20. ④

21 건축물에너지 효율등급 인증과 관련된 인증수수료와 관련된 내용 중 ( )안에 가장 적합한 것은?

> 건축물 에너지 효율등급인증을 신청한 건축주등은 신청서를 제출한 날부터 (㉠) 이내에 (㉡)에게 수수료를 납부하여야 한다.

① ㉠ 7일, ㉡ 인증기관의 장
② ㉠ 15일, ㉡ 국토교통부장관
③ ㉠ 20일, ㉡ 인증기관의 장
④ ㉠ 30일, ㉡ 국토교통부장관

> 건축물 에너지 효율등급인증을 신청한 건축주등은 신청서를 제출한 날 부터 20일 이내에 인증기관의 장에게 수수료를 납부하여야 한다.

22 다음 중 인증수수료와 관련된 내용 중 가장 부적합한 것은?

① 건축물 에너지 효율등급인증을 신청한 건축주등은 신청서를 제출한 날 부터 20일 이내에 인증기관의 장에게 수수료를 납부하여야 한다.
② 인증기관의 장은 건축주등이 법 제20조제1항제3호에 따라 기존에 발급된 인증서를 반납하였는지 확인한 후 재인증 또는 재평가에 따른 인증서를 발급하여야 한다.
③ 운영기관은 인증수수료의 100분의 10을 초과하지 않는 범위에서 인증관련 업무수행을 위하여 운영비용을 활용할 수 있다.
④ 재평가 인증 추가수수료는 인증수수료의 100분의 50으로 한다.

> 운영기관은 인증수수료의 100분의 8을 초과하지 않는 범위에서 인증관련 업무수행을 위하여 운영비용을 활용할 수 있다.

□□□ 운영비용 활용

23 규칙 제13조제4항에 따라 운영기관은 인증수수료의 얼마의 범위를 초과하지 않는 범위에서 규칙 제3조제3항에 따른 인증 관련 업무 수행을 위하여 운영비용(이하 "운영비용"이라 한다)을 활용할 수 있는가?

① 100분의 3
② 100분의 5
③ 100분의 8
④ 100분의 10

> 운영비용활용
> 규칙 제13조제4항에 따라 운영기관은 인증수수료의 100분의 8을 초과하지 않는 범위에서 규칙 제3조제3항에 따른 인증 관련 업무 수행을 위하여 운영비용(이하 "운영비용"이라 한다)을 활용할 수 있다.

□□□ 인증 운영위원회의 구성

24 다음 중 건축물에너지 효율등급 인증운영위원회에 관련된 사항 중 틀린 것은?

① 인증운영위원회는 인증기관의 지정 및 지정의 유효기간 연장에 관한 사항 등을 심의한다.
② 위원회는 위원장 1명을 포함한 20명 이내의 위원으로 구성한다.
③ 위원장과 위원의 임기는 4년으로 한다.
④ 위원장은 2년마다 교대로 국토교통부장관과 산업통상자원부장관이 소속 고위공무원중 지명한 사람으로 한다.

> 1. 위원회는 위원장 1명을 포함한 20명 이내의 위원으로 구성한다.
> 2. 위원장과 위원의 임기는 2년으로 한다. 다만, 공무원인 위원은 보직의 재임기간으로 한다.
> 3. 위원장은 2년마다 교대로 국토교통부장관과 산업통상자원부장관이 소속 고위공무원중 지명한 사람으로 한다. 다만, 운영기관에 운영을 위탁한 경우에는 운영기관의 임원으로 할 수 있다.
> 4. 위원은 다음 각 호의 어느 하나에 해당하는 사람으로서, 국토교통부장관과 산업통상자원부장관이 추천한 전문가가 동수가 되도록 구성한다.

정답 21. ③   22. ③   23. ③   24. ③

25 에너지효율등급 인증운영위원회에 관련된 사항 중 가장 부적합한 것은?

① 위원장과 위원의 임기는 2년으로 한다.
② 위원장은 2년마다 교대로 국토교통부장관과 산업통상자원부장관이 소속공무원중 지명한 사람으로 한다.
③ 위원회는 위원장 1명을 포함한 30명 이내의 위원으로 구성한다.
④ 인증기관의 지정의 취소 및 업무정지에 관한사항도 심의사항에 포함된다.

위원회는 위원장 1명을 포함한 20명 이내의 위원으로 구성한다.

26 다음 중 건축물에너지 효율등급 인증운영위원회의 위원이 될 수 없는 사람으로 가장 적합한 것은?

① 관련분야의 직무를 담당하는 중앙행정기관의 소속 공무원
② 7년 이상 건축물 에너지 관련 연구경력이 있는 대학부교수 이상인 사람
③ 5년 이상 건축물 에너지 관련 연구경력이 있는 책임연구원 이상인 사람
④ 기업에서 10년 이상 건축물 에너지 관련 분야에 근무한 부서장 이상인 사람

위원은 다음 각 호의 어느 하나에 해당하는 사람으로서, 국토교통부장관과 산업통상자원부장관이 추천한 전문가가 동수가 되도록 구성한다.
1. 관련분야의 직무를 담당하는 중앙행정기관의 소속 공무원
2. 7년 이상 건축물 에너지 관련 연구경력이 있는 대학부교수 이상인 사람
3. 7년 이상 건축물 에너지 관련 연구경력이 있는 책임연구원 이상인 사람
4. 기업에서 10년 이상 건축물 에너지 관련 분야에 근무한 부서장 이상인 사람
5. 그밖에 제1호부터 제4호까지와 동등 이상의 자격이 있다고 국토교통부장관 또는 산업통상자원부장

27 에너지 효율등급 인증위원회의 위원이 될 수 없는 사람은?

① 관련분야의 직무를 담당하는 중앙행정기관의 소속공무원
② 10년 이상 건축물 에너지 관련 연구경력이 있는 대학 조교수 이상인 사람
③ 7년 이상 건축물에너지 관련 연구경력이 있는 책임연구원 이상인 사람
④ 기업에서 10년 이상 건축물에너지 관련분야에 근무한 부서장 이상인 사람

7년 이상 건축물 에너지 관련 연구경력이 있는 대학 부교수 이상인 사람이 해당된다.
위원은 다음 각 호의 어느 하나에 해당하는 사람으로서, 국토교통부장관 또는 산업통산부장관이 추천한 전문가가 동수가 되도록 구성한다.
1. 관련분야의 직무를 담당하는 중앙행정기관의 소속공무원
2. 7년 이상 건축물 에너지 관련 연구경력이 있는 대학 부교수 이상인 사람
3. 7년 이상 건축물에너지 관련 연구경력이 있는 책임연구원 이상인 사람
4. 기업에서 10년 이상 건축물에너지 관련분야에 근무한 부서장 이상인 사람
5. 그밖에 제1호부터 4호까지와 동등 이상의 자격이 있다고 국토교통부장관 또는 산업통상자원부장관이 인정하는 사람

정답 25. ③ 26. ③ 27. ②

28 에너지 효율등급 인증위원회의 위원이 될 수 있는 위원을 나타낸 것이다. 괄호(㉠)~(㉢)에 들어갈 숫자의 합계로 가장 적합한 것은?

위원은 다음 각 호의 어느 하나에 해당하는 사람으로서, 국토교통부장관 또는 산업통산부장관이 추천한 전문가가 동수가 되도록 구성한다.
1. 관련분야의 직무를 담당하는 중앙행정기관의 소속공무원
2. (㉠) 이상 건축물 에너지 관련 연구경력이 있는 대학 부교수 이상인 사람
3. (㉡) 이상 건축물에너지 관련 연구경력이 있는 책임연구원 이상인 사람
4. 기업에서(㉢) 이상 건축물에너지 관련분야에 근무한 부서장 이상인 사람
5. 그밖에 제1호부터 4호까지와 동등 이상의 자격이 있다고 국토교통부장관 또는 산업통상자원부장관이 인정하는 사람

① 20 ② 21
③ 22 ④ 24

(㉠)+(㉡)+(㉢)=7+7+10 = 24
위원은 다음 각 호의 어느 하나에 해당하는 사람으로서, 국토교통부장관 또는 산업통산부장관이 추천한 전문가가 동수가 되도록 구성한다.
1. 관련분야의 직무를 담당하는 중앙행정기관의 소속공무원
2. 7년 이상 건축물 에너지 관련 연구경력이 있는 대학 부교수 이상인 사람
3. 7년 이상 건축물에너지 관련 연구경력이 있는 책임연구원 이상인 사람
4. 기업에서 10년 이상 건축물에너지 관련분야에 근무한 부서장 이상인 사람
5. 그밖에 제1호부터 4호까지와 동등 이상의 자격이 있다고 국토교통부장관 또는 산업통상자원부장관이 인정하는 사람

29 에너지효율등급 인증위원회의 심의대상에 해당되지 않는 것은?

① 운영기관의 지정에 관한 사항
② 인증기관의 지정 및 지정의 유효기간 연장에 관한 사항
③ 인증기관의 지정의 취소 및 업무정지에 관한 사항
④ 인증평가기준의 제정·개정에 관한 사항

운영기관의 지정에 관한 사항은 에너지효율등급 인증기준의 개정으로 인하여 삭제 되었다.
인증위원회는 다음 각 호의 사항을 심의한다.
1. 인증기관의 지정 및 지정의 유효기간 연장에 관한 사항
2. 인증기관의 지정의 취소 및 업무정지에 관한 사항
3. 인증평가기준의 제정·개정에 관한 사항
4. 그 밖에 에너지효율등급 인증제의 운영과 관련된 중요사항

30 에너지효율등급 인증운영위원회에 관련된 사항 중 가장 부적합한 것은?

① 위원장과 위원의 임기는 2년으로 한다.
② 관련분야의 직무를 담당하는 중앙행정기관의 소속공무원도 위원에 포함될 수 있다.
③ 위원회는 위원장 1명을 포함한 20명 이내의 위원으로 구성한다.
④ 운영기관의 지정에 관한 사항, 인증기관의 지정의 취소 및 업무정지에 관한사항도 심의사항에 포함된다.

운영기관의 지정에 관한 사항은 에너지효율등급인증기준의 개정으로 인하여 삭제 되었다.

정답 28. ④ 29. ① 30. ④

CHAPTER
03

건축물 에너지효율등급 인증 및 제로에너지건축물 인증 제도 운영규정

1 목 적

> **규정** 제1조 【목적】
> 이 규정은 한국에너지공단(이하 "공단"이라 한다)이 「녹색건축물 조성지원법 시행규칙」, 「건축물 에너지효율등급 인증 및 제로에너지건축물 인증에 관한 규칙」(이하 "규칙"이라 한다) 및 「건축물 에너지효율등급 인증 및 제로에너지건축물 인증 기준」(이하 "고시"라 한다)에 근거한 건축물 에너지효율등급 인증 및 제로에너지건축물 인증 제도의 효율적인 수행을 위하여 고시 제10조에서 정한 시행세칙으로 운영함을 목적으로 한다.

요점 목적

이 규정은 한국에너지공단(이하 "공단"이라 한다)이 「녹색건축물 조성지원법 시행규칙」, 「건축물 에너지효율등급 인증 및 제로에너지건축물 인증에 관한 규칙」 (이하 "규칙"이라 한다) 및 「건축물 에너지효율등급 인증 및 제로에너지건축물 인증 기준」 (이하 "고시"라 한다)에 근거한 건축물 에너지효율등급 인증 및 제로에너지건축물 인증 제도의 효율적인 수행을 위하여 고시 제10조에서 정한 시행세칙으로 운영함을 목적으로 한다.

예제문제 01

다음 중 건축물 에너지효율등급 인증 및 제로에너지건축물 인증 제도 운영규정에 목적으로 가장 적합한 것은?

① 한국에너지공단이 건축물 에너지효율등급 인증 및 제로에너지건축물 인증 제도의 효율적인 수행을 위하여 시행세칙으로 운영함을 목적으로 한다.
② 국토교통부가 건축물에너지효율등급 인증제도를 운영하는데 필요한 사항을 규정함을 목적으로 한다.
③ 산업통상자원부가 건축물에너지효율등급 인증제도를 운영하는데 필요한 사항을 규정함을 목적으로 한다.
④ 환경부가 건축물에너지효율등급 인증제도를 운영하는데 필요한 사항을 규정함을 목적으로 한다.

해설
한국에너지공단이 건축물 에너지효율등급 인증 및 제로에너지건축물 인증 제도의 효율적인 수행을 위하여 고시 제10조에서 정한 시행세칙으로 운영함을 목적으로 한다.

답 : ①

2 적용범위

> **규정** 제2조 【적용범위】
> 이 규정은 건축물 에너지효율등급 인증 및 제로에너지건축물 인증(이하 "인증"이라 한다)
> 업무의 효율적인 수행을 위한 시행세칙으로 관련 법령에 별도로 정하지 아니한 사항은
> 이 규정에 따른다.

요점 적용범위

이 규정은 건축물 에너지효율등급 인증 및 제로에너지건축물 인증(이하 "인증"
이라 한다) 업무의 효율적인 수행을 위한 시행세칙으로 관련 법령에 별도로 정
하지 아니한 사항은 이 규정에 따른다.

예제문제 02

건축물 에너지효율등급 인증 및 제로에너지건축물 인증 업무의 효율적인 시행
세칙으로 관련 법령에 별도로 정하지 아니한 사항은 어느 법을 따라야 하는가?

① 건축물에너지 절약계획서
② 건축물에너지 효율등급 인증 및 제로에너지건축물 인증 제도 운영 규정
③ 설계검토서
④ 건축법

해설 제2조
이 규정은 건축물 에너지효율등급 인증 및 제로에너지건축물 인증(이하 "인증"이라 한다)
업무의 효율적인 수행을 위한 시행세칙으로 관련 법령에 별도로 정하지 아니한 사항은 이
규정에 따른다.

답 : ②

---

3 정의

> **규정** 제3조【정의】
>
> 1. "1차에너지"라 함은 연료의 채취, 가공, 운송, 변환, 공급 등의 과정에서의 손실분을 포함한 에너지를 말한다.
> 2. "에너지요구량"이라 함은 건축물의 냉방, 난방, 급탕, 조명 부문에서 표준 설정 조건을 유지하기 위하여 해당 공간에서 필요로 하는 에너지량을 말한다.
> 3. "에너지소요량"이라 함은 에너지요구량을 만족시키기 위하여 건축물의 냉방, 난방, 급탕, 조명, 환기 부문의 설비기기에 사용되는 에너지량을 말한다.
> 4. "에너지소비량"이라 함은 에너지소요량에 건축물의 대지 내와 대지 외에서 공급되는 신·재생에너지 소비량과 신·재생에너지 생산에 필요한 화석에너지소비량을 더한 에너지량을 말한다.
> 5. "에너지생산량"이라 함은 건축물의 대지 내와 대지 외에서 공급되는 신·재생에너지 생산량에서 신·재생에너지 생산에 필요한 화석에너지소비량을 감한 에너지량을 말한다.
> 6. "에너지자립률"이라 함은 인증 대상 건축물의 단위면적당 1차에너지소비량 대비 신·재생에너지 설비를 활용하여 생산한 단위면적당 1차에너지생산량의 비율을 말한다.
> 7. "인증기관"이라 함은 「녹색건축물 조성 지원법」(이하 "법"이라 한다) 제17조제2항의 규정에 따라 건축물의 에너지효율등급 인증 및 제로에너지건축물 인증 제도를 시행하기 위하여 규칙 제4조제1항 및 제7항에 따라 국토교통부장관에 의하여 지정된 기관을 말한다.
> 8. "인증관리시스템"이라 함은 규칙 제3조제3항제2호에 의하여 인증신청, 수수료납부, 접수, 평가, 인증서 발급, 민원처리, 인증통계, 민원관리, 인증기관 관리 등 인증절차 전반을 관리하는 전산시스템을 말한다.

👉 **필기 예상문제** 🌐

용어의 정의와 관련된 내용을 암기하여야 한다.
① 1차에너지
② 에너지 요구량
③ 에너지 소요량
④ 에너지 소비량
⑤ 에너지 생산량
⑥ 에너지 자립률
⑦ 인증관리 시스템

요점 정의

이 규정에서 사용하는 용어의 정의는 다음과 같다.

1. "1차에너지"라 함은 연료의 채취, 가공, 운송, 변환, 공급 등의 과정에서의 손실분을 포함한 에너지를 말한다.
2. "에너지요구량"이라 함은 건축물의 냉방, 난방, 급탕, 조명 부문에서 표준 설정 조건을 유지하기 위하여 해당 공간에서 필요로 하는 에너지량을 말한다.
3. "에너지소요량"이라 함은 에너지요구량을 만족시키기 위하여 건축물의 냉방, 난방, 급탕, 조명, 환기 부문의 설비기기에 사용되는 에너지량을 말한다.
4. "에너지소비량"이라 함은 에너지소요량에 건축물의 대지 내와 대지 외에서 공급되는 신·재생에너지 소비량과 신·재생에너지 생산에 필요한 화석에너지소비량을 더한 에너지량을 말한다.
5. "에너지생산량"이라 함은 건축물의 대지 내와 대지 외에서 공급되는 신·재생에너지 생산량에서 신·재생에너지 생산에 필요한 화석에너지소비량을 감한 에너지량을 말한다.

6. "에너지자립률"이라 함은 인증 대상 건축물의 단위면적당 1차에너지소비량 대비 신·재생에너지 설비를 활용하여 생산한 단위면적당 1차에너지생산량의 비율을 말한다.

7. "인증기관"이라 함은 「녹색건축물 조성 지원법」 (이하 "법"이라 한다) 제17조 제2항의 규정에 따라 건축물의 에너지효율등급 인증 및 제로에너지건축물 인증 제도를 시행하기 위하여 규칙 제4조제1항 및 제7항에 따라 국토교통부장관에 의하여 지정된 기관을 말한다.

8. "인증관리시스템"이라 함은 규칙 제3조제3항제2호에 의하여 인증신청, 수수료 납부, 접수, 평가, 인증서 발급, 민원처리, 인증통계, 민원관리, 인증기관 관리 등 인증절차 전반을 관리하는 전산시스템을 말한다.

예제문제 03

다음 중 건축물에너지 효율등급 인증 및 제로에너지건축물 인증 제도 운영규정에서 정의와 관련된 내용으로 가장 부적합한 것은?

① "1차에너지"라 함은 연료의 채취, 가공, 운송, 변환, 공급 등의 과정에서의 손실분을 포함한 에너지를 말한다.

② "에너지요구량"이라 함은 건축물의 냉방, 난방, 급탕, 조명 부문에서 표준 설정 조건을 유지시키기 위하여 해당 공간에서 필요로 하는 에너지량을 말한다.

③ "인증기관"이라 함은 「녹색건축물 조성 지원법」 제17조제2항의 규정에 따라 건축물의 에너지효율등급 인증제를 시행하기 위하여 산업통상자원부장관에 의하여 지정된 기관을 말한다.

④ "인증관리시스템"이라 함은 규칙 제3조제3항제2호에 의하여 인증신청, 수수료납부, 접수, 평가, 인증서 발급, 민원처리, 인증통계, 민원관리, 인증기관 관리 등 인증절차 전반을 관리하는 전산시스템을 말한다.

[해설]
"인증기관"이라 함은 「녹색건축물 조성 지원법」 제17조제2항의 규정에 따라 건축물의 에너지효율등급 인증제를 시행하기 위하여 국토교통부장관에 의하여 지정된 기관을 말한다.

답 : ③

예제문제 **04**

다음 중 건축물에너지 효율등급 인증 및 제로에너지건축물 인증 제도 운영규정에서 에너지요구량에 포함되지 않는 것은?

① 냉방　　　　　　　　② 난방
③ 급탕　　　　　　　　④ 환기

해설

"에너지요구량"이라 함은 건축물의 냉방, 난방, 급탕, 조명 부문에서 표준 설정 조건을 유지시키기 위하여 해당 공간에서 필요로 하는 에너지량을 말한다.

답 : ④

4　신청기준

규정 **제4조【신청기준】**

① 규칙 제2조에 따른 인증 대상 건축물의 신청 기준은 다음 각 호와 같다.
　1.「건축법」제11조·제14조 및 제22조에 따른 건축허가·신고 및 사용승인 또는「주택법」제16조·제29조에 따른 사업계획승인·사용검사를 받은 단위로 신청함을 원칙으로 한다.
　2. 인증신청 시 허가용도와 사용용도가 다른 경우 실제 평가는 사용용도로 평가를 하며, 건축물명에 건축허가 용도를 표시하고 괄호로 사용용도를 표시하는 것을 원칙으로 한다.
　3. 건축물의 배치계획 및 전기, 열 등의 에너지 공급계획 등에 따라 신청 단위를 분리 또는 통합할 수 있으며, 신청인이 원하는 경우 각각의 건축물 단위(주거용 건축물의 경우 가구 또는 세대단위)로 인증을 신청할 수 있다.
② 인증기관은 건축물의 특성상 인증 신청 기준의 판단이 어려운 경우 공단과 협의하여 결정하여야 한다.

  필기 예상문제

신청기준과 관련하여 인증대상건축물을 판별하는 기준을 암기하여야 한다.

요점 **신청기준**

① 규칙 제2조에 따른 인증 대상 건축물의 신청 기준은 다음 각 호와 같다.
　1.「건축법」제11조·제14조 및 제22조에 따른 건축허가·신고 및 사용승인 또는「주택법」제16조·제29조에 따른 사업계획승인·사용검사를 받은 단위로 신청함을 원칙으로 한다.
　2. 인증신청 시 허가용도와 사용용도가 다른 경우 실제 평가는 사용용도로 평가를 하며, 건축물명에 건축허가 용도를 표시하고 괄호로 사용용도를 표시하는 것을 원칙으로 한다.
　3. 건축물의 배치계획 및 전기, 열 등의 에너지 공급계획 등에 따라 신청 단위를 분리 또는 통합할 수 있으며, 신청인이 원하는 경우 각각의 건축물 단위(주거용 건축물의 경우 가구 또는 세대단위)로 인증을 신청할 수 있다.
② 인증기관은 건축물의 특성상 인증 신청 기준의 판단이 어려운 경우 공단과 협의하여 결정하여야 한다.

예제문제 05

다음 중 건축물에너지 효율등급 인증 및 제로에너지건축물 인증제도 운영규정에서 인증기관은 건축물의 특성상 인증 신청 기준의 판단이 어려울 경우 어느 기관과 협의하여 결정하여야 하는가?

① 국토교통부
② 산업통상 자원부
③ 허가권자
④ 공단

해설

인증기관은 건축물의 특성상 인증 신청 기준의 판단이 어려운 경우 공단과 협의하여 결정할 수 있다.

답 : ④

예제문제 06

건축물의 에너지효율등급 인증 및 제로에너지건축물 신청 기준에 대한 다음 설명 중 가장 적절한 것은? 【2015년 국가자격 시험 1회 출제문제】

① 여러 동의 건축물을 인증 신청하는 경우, 전체건물 면적의 과반 비율(50%) 이상인 용도 시설로 인증을 신청한다.
② 건축법에 따른 건축 허가 · 신고 및 사용 승인 또는 주택법에 따른 사업계획 승인 · 사용검사를 받은 단위로 신청함을 원칙으로 한다.
③ 인증 신청 시 허가용도와 사용용도가 다른 경우 실제 평가는 허가용도로 한다.
④ 냉방 또는 난방 면적이 1,000 제곱미터 이하인 업무시설은 인증 대상에서 제외한다.

해설

① 건축물의 배치 계획 및 전기, 열 등의 에너지 공급 계획 등에 따라 신청 단위를 분리 또는 통합할 수 있으며, 신청인이 원하는 경우 각각의 건축물 단위(주거용 건축물의 경우 가구 또는 세대 단위)로 인증을 신청할 수 있다.
③ 인증신청시 허가용도와 사용용도가 다른 경우 실제평가는 사용용도로 평가를 하며, 건축물명에 건축허가 용도를 표시하고 괄호로 사용용도를 표시하는 것을 원칙으로 한다.
④ 냉방 또는 난방 면적이 1,000제곱미터 이하인 업무시설은 인증대상에 해당된다.

답 : ②

5 신청 및 인증절차

필기 예상문제

신청 및 인증절차
• 인증기관은 인증서 발급이 적합하지 아니하다고 판단하는 경우에는 공단과 신청인에게 해당 사유를 통보하고 인증신청을 반려하여야 한다.

규정 제5조【신청 및 인증절차】

① 인증 신청 및 평가 절차는 다음 각 호에 의한다.
  1. 인증을 신청하고자 하는 자는 공인인증서(법인 또는 사업자)를 사용하여 인증관리시스템을 통해 신청인 및 건축물 정보를 기재하고, 인증기관을 선택하여 인증을 신청할 수 있다.
  2. 인증기관은 규칙 제6조제3항 및 제11조제2항 각 호의 신청서류 제출 및 규칙 제13조에 따른 인증수수료 납부 여부를 확인한 후 인증 신청을 접수하여 평가 후 인증서를 교부하여야 한다.

3. 인증기관은 제2호에 따라 인증 신청 접수 시 고시 제4조제1항제2호에 따른 대지 외 신·재생에너지 생산량이 있는 경우 [별지 제13호서식] 발전 대지 및 건축물 사용동의서 및 [별지 제14호서식] 대지 외 신·재생에너지 설비 활용 동의서 제출 여부를 확인하여야 한다.

4. 추후 제3항에 따른 신·재생에너지 생산량과 관련된 사항이 변경된 경우 [별지 제15호서식] 발전 대지 및 건축물 변경 신청서와 [별지 제16호서식] 대지 외 신·재생에너지 설비 변경 신청서를 추가로 확인하여야 한다.

② 인증기관은 제1항에 따라 접수·평가하는 건축물(이하 "평가건축물"이라 한다)에 대하여 법 제17조제6항 및 「공공기관 에너지이용합리화 추진에 관한 규정」 제6조에 따른 인증 등급 기준과 「건축물의 에너지절약설계기준」(이하 "설계기준"이라 한다) 제6조제1호에 따른 단열조치 일반사항 및 「에너지절약형 친환경주택의 건설기준」 제7조제2항제1호·제2호에 따른 설계조건 준수여부를 검토하여 기준을 만족하지 아니하는 경우 다음 각 호에 해당하는 자에게 관련 사실을 통보하여야 한다.

1. 규칙 제6조제2항에 따른 인증 신청자

2. 「건축법」 제4조의4에 따른 허가권자 또는 「건축법」 제11조에 따른 건축허가와 동등한 행위의 허가 또는 승인권자

③ 삭 제

④ 인증기관은 평가건축물에 대한 인증서 발급이 적합하지 아니하다고 판단하는 경우 공단과 신청인에게 해당 사유를 통보하고 인증신청을 반려할 수 있다.

요점 신청 및 인증절차

① 인증 신청 및 평가 절차는 다음 각 호에 의한다.

1. 인증을 신청하고자 하는 자는 공인인증서(법인 또는 사업자)를 사용하여 인증관리시스템을 통해 신청인 및 건축물 정보를 기재하고, 인증기관을 선택하여 인증을 신청할 수 있다.

2. 인증기관은 규칙 제6조제2항 및 제11조제2항 각 호의 신청서류 제출 및 규칙 제13조에 따른 인증수수료 납부 여부를 확인한 후 인증 신청을 접수하여 평가 후 인증서를 교부하여야 한다.

3. 인증기관은 제2호에 따라 인증 신청 접수 시 고시 제4조제1항제2호에 따른 대지 외 신·재생에너지 생산량이 있는 경우 [별지 제13호서식] 발전 대지 및 건축물 사용동의서 및 [별지 제14호서식] 대지 외 신·재생에너지 설비 활용 동의서 제출 여부를 확인하여야 한다.

4. 추후 제3항에 따른 신·재생에너지 생산량과 관련된 사항이 변경된 경우 [별지 제15호서식] 발전 대지 및 건축물 변경 신청서와 [별지 제16호서식] 대지 외 신·재생에너지 설비 변경 신청서를 추가로 확인하여야 한다.

② 인증기관은 제1항에 따라 접수·평가하는 건축물(이하 "평가건축물"이라 한다)에 대하여 법 제17조제6항 및 「공공기관 에너지이용합리화 추진에 관한 규정」 제6조에 따른 인증 등급 기준과 「건축물의 에너지절약설계기준」(이하 "설계기준"이라 한다) 제6조제1호에 따른 단열조치 일반사항 및 「에너지절약형 친환경주택의 건설기준」 제7조제2항제1호·제2호에 따른 설계조건 준수 여부를 검토하여 기준을 만족하지 아니하는 경우 다음 각 호에 해당하는 자

에게 관련 사실을 통보하여야 한다.
1. 규칙 제6조제2항에 따른 인증 신청자
2. 「건축법」 제4조의4에 따른 허가권자 또는 「건축법」 제11조에 따른 건축 허가와 동등한 행위의 허가 또는 승인권자
③ 삭 제
④ 인증기관은 평가건축물에 대한 인증서 발급이 적합하지 아니하다고 판단하는 경우 공단과 신청인에게 해낭 사유를 통보하고 인증신청을 반려할 수 있다.

|참고| **공공기관 에너지이용합리화 추진에 관한 규정**

제6조 【신축건축물의 에너지이용 효율화 추진】

① 공공기관에서 「녹색건축물 조성 지원법」(국토교통부령) 제14조」 및 동법 시행령 제10조에 따른 에너지절약계획서 제출대상 중 연면적이 3,000㎡ 이상이고 「건축물 에너지효율등급 인증기준」(산업통상자원부 · 국토교통부 고시)에서 에너지효율등급 인증기준이 마련된 건축물을 신축하거나 별동으로 증축하는 경우에는 「건축물 에너지효율등급 인증기준」(산업통상자원부 · 국토교통부 고시)에 따른 건축물에너지효율 1등급 이상을 취득하여야 한다. 단, 건축법 제2조에 따른 공동주택(기숙사는 제외)을 신축하거나 별동으로 증축하는 경우에는 건축물에너지효율 2등급 이상을 의무적으로 취득하여야 한다.
② 공공기관에서 연면적 10,000㎡ 이상의 건축물을 신축하는 경우에는 건물에너지 이용 효율화를 위해 건물에너지관리시스템(BEMS)을 구축하여 운영하도록 노력하여야 한다.
③ 공공기관에서는 과대 청사의 건립을 방지하기 위해 「정부청사관리규정시행규칙(안전행정부령)」, 「공유재산 및 물품관리법 시행령」, 「이전공공기관 지방이전계획 수립지침(국토교통부 훈령)」 등 관련 규정의 적용여부를 확인하여 시설규모를 정하여야 한다.

예제문제 07

다음 중 건축물에너지 효율등급 인증 및 제로에너지건축물 인증 제도 운영규정에서 신청 및 인증절차와 관련된 내용 중 가장 부적합한 것은?

① 인증을 신청하고자 하는 자는 공인인증서(법인 또는 사업자)를 사용하여 인증관리시스템을 통해 신청인 및 건축물 정보를 기재하고, 인증기관을 선택하여 인증을 신청할 수 있다.
② 인증기관은 평가건축물에 대해 국토교통부 장관이 고시한 「건축물의 에너지절약설계기준」 제6조제1호에 따른 단열조치 일반사항 및 「에너지절약형 친환경 주택의 건설기준」 제7조 제2항제1호 · 제2호에 따른 설계조건 준수여부를 검토하여 기준을 만족하지 않은 경우 인증 신청자에게 통보하여야 한다.
③ 인증기관은 인증서 발급이 적합하지 아니하다고 판단하는 경우에는 허가권자와 건축주 등에게 해당사유를 통보하고 인증신청을 반려하여야 한다.
④ 인증기관은 접수 · 평가하는 건축물에 대해 "공공기관 에너지이용합리화 추진에 관한 규정" 기준을 만족한 경우에만 인증서를 교부하여야 한다.

[해설]

인증기관은 인증서 발급이 적합하지 아니하다고 판단하는 경우에는 공단과 신청인에게 해당 사유를 통보하고 인증신청을 반려하여야 한다.

답 : ③

6 인증수수료

규정 제6조【인증수수료】

인증기관은 고시 제6조제3항의 인증수수료의 환불 및 반환 사유를 확인하고 건축주 등에게 통지한 날로부터 20일 이내에 환불 및 반환을 완료하여야 한다.

요점 인증수수료

인증기관은 고시 제6조제3항의 인증수수료의 환불 및 반환 사유를 확인하고 건축주 등에게 통지한 날로부터 20일 이내에 환불 및 반환을 완료하여야 한다.

|참고|

기준 제6조【인증 수수료】

① 규칙 제13조제1항에 따른 인증 수수료는 별표 4와 같다

② 규칙 제13조제2항에 따라 재평가를 신청하는 경우 추가로 내야하는 인증 수수료는 제1항에 따른 인증 수수료의 100분의 50을 인증기관의 장에게 내야한다.

③ 규칙 제13조제5항에 따른 인증 수수료의 환불 사유 및 반환 범위는 다음 각 호와 같다.
  1. 수수료를 과오납(過誤納)한 경우 : 과오납한 금액의 전부
  2. 인증대상이 아닌 경우 : 납입한 수수료의 전부
  3. 인증기관의 장이 인증신청을 접수하기 전까지 인증신청을 취소하는 경우 : 납입한 수수료의 전부
  4. 인증기관의 장이 인증신청을 접수한 후 평가를 완료하기 전에 인증신청을 취소하는 경우 : 납입한 수수료의 100분의 50

④ 인증 수수료의 반환절차 및 반환방법 등은 인증기관의 장이 별도로 정하는 바에 따른다.

⑤ 규칙 제13조제1항에 따라 건축물 에너지효율등급을 인증을 신청한 건축주등은 신청서를 제출한 날로부터 20일 이내에 인증기관의 장에게 수수료를 납부하여야 한다.

예제문제 08

다음 중 건축물에너지 효율등급 인증 및 제로에너지건축물 인증 제도 운영규정에서 인증기관은 인증수수료의 환불 및 반환사유를 확인하고 건축주 등에게 통지한 날로부터 몇일 이내에 환불 및 반환을 완료하여야 하는가?

① 10일 ② 15일
③ 20일 ④ 40일

해설
인증기관은 고시 제7조제3항의 인증수수료의 환불 및 반환 사유를 확인하고 건축주 등에게 통지한 날로부터 20일 이내에 환불 및 반환을 완료하여야 한다.

답 : ③

7 인증 평가세부기준

  필기 예상문제

용도프로필에 포함되는 내용을
암기해 두어야 한다.
· 용도프로필 규정내용
1. 사용시간과 운전시간
2. 설정요구량
3. 열발열원
4. 실내공기온도(난방설정온도,
   냉방설정온도)
5. 월간 사용 일수
6. 용도별 보정계수 등을 규정

규정 제7조【인증평가 세부기준】

① 건축물의 단위면적당 에너지소요량 및 에너지소비량계산에 필요한 용도프로필과 기상
   데이터는 각각 [별표2], [별표6]과 같으며, 등급 및 에너지자립률 산정을 위한 단위면
   적당 1차에너지소요량, 1차에너지소비량 및 1차에너지생산량은 단위면적당 에너지소
   요량, 에너지소비량 및 에너지생산량에 [별표3]의 1차에너지 환산계수와 [별표2]의
   용도별 보정계수, 제7조의2에 따른 신기술을 반영하여 산출한다.

② 벽 · 바닥 · 지붕 등의 열관류율은 구성재료의 열전도율 값으로 계산하며, 창 및 문의
   열관류율은 설계기준 별표4를 따른다. 단, KS F 2277 및 KS F 2278에 따른 시험성
   적서의 값을 인정받으려 할 경우 KOLAS 공인시험기관의 KOLAS 인정마크가 표시된
   시험성적서를 제출하여야 한다.

③ 제2항에도 불구하고, 창호에 대해서는 「효율관리기자재 운용규정」 제4조제1항제25호
   의 창세트에 대한 [효율관리기자재 신고확인서]를 제출하는 경우 제2항에 따른 KOLAS
   인정마크가 표시된 시험성적서로 인정하여 해당 열관류율을 적용할 수 있다.

④ 고시 제4조제1항제2호에 따른 대지 외 단위면적당 1차에너지 순 생산량은 인접지역에
   신 · 재생에너지 설비를 설치하고 생산된 에너지 중 인증평가 대상 건축물에 직접 공급
   이 되는 경우에 한정한다.

요점 인증 평가 세부기준

① 건축물의 단위면적당 에너지소요량 및 에너지소비량계산에 필요한 용도프로필
   과 기상데이터는 각각 [별표2], [별표6]과 같으며, 등급 및 에너지자립률 산정
   을 위한 단위면적당 1차에너지소요량, 1차에너지소비량 및 1차에너지생산량
   은 단위면적당 에너지소요량, 에너지소비량 및 에너지생산량에 [별표3]의
   1차에너지 환산계수와 [별표2]의 용도별 보정계수, 제7조의2에 따른 신기술
   을 반영하여 산출한다.

② 벽 · 바닥 · 지붕 등의 열관류율은 구성재료의 열전도율 값으로 계산하며, 창
   및 문의 열관류율은 설계기준 별표4를 따른다. 단, KS F 2277 및 KS F
   2278에 따른 시험성적서의 값을 인정받으려 할 경우 KOLAS 공인시험기관
   의 KOLAS 인정마크가 표시된 시험성적서를 제출하여야 한다.

③ 제2항에도 불구하고, 창호에 대해서는 「효율관리기자재 운용규정」 제4조제1
   항제25호의 창세트에 대한 [효율관리기자재 신고확인서]를 제출하는 경우
   제2항에 따른 KOLAS 인정마크가 표시된 시험성적서로 인정하여 해당 열관
   류율을 적용할 수 있다.

④ 고시 제4조제1항제2호에 따른 대지 외 단위면적당 1차에너지 순 생산량은
   인접지역에 신 · 재생에너지 설비를 설치하고 생산된 에너지 중 인증평가 대상
   건축물에 직접 공급이 되는 경우에 한정한다.

| 참고 |

[별표 6] 기상데이터

1. 전국 적용데이터

월	1월	2월	3월	4월	5월	6월	7월	8월	9월	10월	11월	12월
광역 온수온도 [℃]	5.6	5.1	7.8	11.5	15.7	19.2	21.0	22.9	21.5	18.9	14.2	8.6

2. 지역별 적용 데이터
1) 강릉

월	평균 외기 온도 [℃]	수평면/수직면 월평균 전일사량 [W/m²]									하천수온도 [℃]	풍속 [m/s]
		수평면	남	남서	서	북서	북	북동	동	남동		
1월	2.2	99.1	158.0	116.6	53.5	17.4	16.1	18.2	56.2	119.7	4.8	2.9
2월	2.5	121.6	137.8	108.5	60.9	25.6	20.6	25.5	60.7	108.3	5.6	2.2
3월	7.1	163.7	129.8	107.3	75.0	39.8	27.5	44.9	89.1	122.2	9.2	2.4
4월	11.7	192.2	99.7	99.0	83.7	51.9	30.7	56.1	92.1	106.6	14.5	3.0
5월	18.3	230.9	77.6	97.3	101.8	74.7	41.9	70.1	98.9	97.8	18.1	2.3
6월	21.0	213.0	62.1	79.5	85.2	66.1	42.5	65.4	84.8	79.6	21.0	1.9
7월	25.3	198.9	63.3	77.7	80.9	61.8	40.0	63.5	84.0	80.4	21.1	1.9
8월	25.3	170.1	73.8	76.9	70.1	50.6	36.3	56.7	78.9	83.3	23.4	1.8
9월	20.9	164.3	102.8	90.8	69.2	41.7	28.7	43.2	76.1	99.0	20.0	2.0
10월	15.7	157.0	158.0	128.7	79.5	32.6	23.0	36.0	83.4	130.8	15.0	2.6
11월	10.3	107.6	155.3	110.2	55.3	20.0	17.2	22.3	69.2	127.5	9.5	2.5
12월	1.5	96.7	170.1	122.5	53.8	16.5	15.4	17.3	59.6	130.0	6.1	3.1

2) 강화

| 월 | 평균
외기
온도
[℃] | 수평면/수직면 월평균 전일사량 [W/m²] | | | | | | | | | 하천수온도
[℃] | 풍속
[m/s] |
		수평면	남	남서	서	북서	북	북동	동	남동		
1월	-3.8	86.5	109.5	84.8	45.8	22.3	21.0	22.6	46.3	85.2	2.5	1.8
2월	-0.7	121.9	127.2	101.2	62.8	31.4	26.1	31.8	65.8	105.0	3.3	2.2
3월	5.5	158.5	116.7	104.5	77.0	44.8	33.8	42.8	72.6	100.4	6.8	2.4
4월	11.9	179.1	89.4	95.0	84.4	57.8	38.9	53.3	76.0	87.5	13.3	2.7
5월	16.9	207.2	71.2	91.3	94.6	71.0	43.3	64.4	84.6	83.7	18.8	2.5
6월	21.0	231.0	65.4	92.6	103.3	79.8	47.5	68.2	86.8	80.9	23.1	2.4
7월	24.4	179.4	57.5	77.1	83.9	66.6	43.3	57.7	70.8	67.4	24.6	2.0
8월	24.4	142.7	63.7	74.3	70.0	50.8	34.5	42.7	54.6	60.6	25.4	1.9
9월	20.2	174.0	112.7	104.9	82.7	48.9	32.0	46.9	81.4	105.0	23.1	1.7
10월	14.5	152.6	149.9	124.4	80.2	37.9	27.1	36.7	79.1	124.0	18.2	1.8
11월	6.3	101.7	132.1	103.5	55.6	22.8	19.7	22.0	52.9	100.3	13.9	1.8
12월	-2.8	76.4	97.9	77.0	40.5	20.7	19.8	20.5	38.8	74.7	5.3	1.6

3) 거제

| 월 | 평균
외기
온도
[℃] | 수평면/수직면 월평균 전일사량 [W/m²] | | | | | | | | | 하천수온도
[℃] | 풍속
[m/s] |
		수평면	남	남서	서	북서	북	북동	동	남동		
1월	2.8	116.3	166.9	126.4	62.5	22.0	19.3	22.2	62.7	126.5	6.6	1.9
2월	5.1	161.3	183.0	143.1	83.5	32.3	23.3	34.9	90.2	150.0	7.0	2.1
3월	9.1	160.5	115.9	97.8	71.7	40.5	29.4	45.8	84.6	110.8	8.8	1.9
4월	13.4	200.2	96.1	100.8	89.4	58.4	36.5	62.0	94.3	104.0	14.7	2.2
5월	19.1	254.2	78.5	104.2	110.5	80.2	44.9	79.3	108.9	102.9	20.0	2.0
6월	22.2	217.4	56.8	84.2	97.2	77.5	46.6	68.0	84.5	75.8	22.9	1.8
7월	25.8	191.8	60.7	76.9	82.1	66.0	45.1	63.3	78.5	74.5	23.2	2.0
8월	27.4	191.0	74.7	87.2	85.5	62.4	40.2	63.7	86.8	87.7	25.7	1.9
9월	23.1	172.4	101.2	93.0	74.9	46.0	31.3	52.9	88.0	104.7	23.7	1.5
10월	17.0	145.1	131.8	106.8	71.4	35.2	25.4	35.7	77.2	114.6	19.2	1.6
11월	11.1	129.1	173.8	130.8	68.6	24.0	19.3	25.1	73.6	137.0	13.8	1.4
12월	3.2	109.1	173.5	129.9	61.7	19.5	17.4	19.5	61.6	129.8	9.6	1.8

4) 거창 ~ 66) 홍천 (내용 생략)

[별표 2] 주거 및 주거용 이외 건축물 용도프로필

> • hh : mm : 시간
> • m³/(m²h) : 단위시간(h)당, 단위면적(m²)당 외기도입풍량(m³)
> • Wh/(m²d) : 일일(d) 단위면적(m²)당 발생열량(Wh)
> • d/mth : 월간(mth) 일수(d)

■ 주거공간

구분	단위	값
사용시간과 운전시간		
사용시작시간	[hh : mm]	0:00
사용종료시간	[hh : mm]	24:00
운전시작시간	[hh : mm]	0:00
운전종료시간	[hh : mm]	24:00
설정 요구량		
최소도입외기량	[m³/(m²h)]	1.1
급탕요구량	[Wh/(m²d)]	84
조명시간	[h]	5
열발열원		
사람	[Wh/(m²d)]	53
작업보조기기	[Wh/(m²d)]	52
실내공기온도		
난방설정온도	[℃]	20
냉방설정온도	[℃]	26
월간 사용일수		
1월 사용일수	[d/mth]	31
2월 사용일수	[d/mth]	28
3월 사용일수	[d/mth]	31
4월 사용일수	[d/mth]	30
5월 사용일수	[d/mth]	31
6월 사용일수	[d/mth]	30
7월 사용일수	[d/mth]	31
8월 사용일수	[d/mth]	31
9월 사용일수	[d/mth]	30
10월 사용일수	[d/mth]	31
11월 사용일수	[d/mth]	30
12월 사용일수	[d/mth]	31
용도별 보정계수		
난방	–	1
냉방	–	1
급탕	–	1
조명	–	1
환기	–	1

[별표 3] 1차에너지 환산계수

구분	1차 에너지환산계수
연료	1.1
전력	2.75
지역난방	0.728
지역냉방	0.937

다음 표는 에너지효율등급 인증 평가 대상 건축물의 실별 설계 현황이다. "건축물 에너지효율등급 인증 및 제로에너지건축물 인증 기준"에 따른 '급탕, 조명 에너지가 요구되는 공간의 바닥면적(급탕 면적, 조명 면적)'으로 적절한 것은?

〈실별 설계 현황〉

실 구분	면적(㎡)	조명밀도(W/㎡)
창고	100	4
계단실	100	4
화장실	100	5
사무실	1,200	12
회의실	300	15

	급탕 면적	조명 면적
①	1,500㎡	1,800㎡
②	1,600㎡	1,600㎡
③	1,700㎡	1,800㎡
④	100㎡	1,800㎡

해설 1. 급탕 면적 산정 시 창고, 계단실, 화장실은 급탕요구량은 0이 되므로 급탕 면적에는 포함이 안된다. 따라서 사무실과 회의실은 급탕 면적에 포함되므로 1,200+300=1,500㎡

2. 조명밀도 계산 시 조명밀도가 다 주어져 있으므로 창고, 계단실, 화장실, 사무실, 회의실 모두 조명 면적에 포함된다. 100+100+100+1,200+300=1,800㎡

정답 : ①

예제문제 09

다음 중 "건축물 에너지효율등급 인증 및 제로에너지건축물 인증 제도 운영규정" [별표2] 주거 및 주거용 이외 건축물 용도프로필에 규정되어 있지 않는 것은?

【13년 2급 출제유형】

① 사용시간과 운전시간   ② 열발열원
③ 용도별 보정계수   ④ 열원기기용량

해설
주거 및 주거용 이외 건축물 용도프로필에는 1. 사용시간과 운전시간 2. 설정요구량 3. 열발열원 4. 실내공기온도(난방설정온도, 냉방설정온도) 5. 월간사용일수 6. 용도별 보정계수 등을 규정하고 있다.

답 : ④

예제문제 10

노후된 초등학교 건축물의 에너지성능을 개선하려고 한다. 개선조치에 의해 건축물 에너지효율등급 인증 평가 결과가 변동되는 항목을 보기에서 모두 고른 것은? 【2019년 5회 국가자격시험】

<보 기>

㉠ 난방에너지요구량　　　　㉡ 냉방에너지요구량
㉢ 급탕에너지요구량　　　　㉣ 조명에너지요구량
㉤ 환기에너지요구량

<개선조치>		<변동항목>
① 구조체(벽체) 단열성능 개선	→	㉠
② 창호의 일사에너지투과율 변경	→	㉡
③ 침기율 개선	→	㉠, ㉤
④ 조명 밀도 개선	→	㉠, ㉡, ㉣

해설 ① 구조체(벽체) 단열성능 개선→ ㉠ 난방에너지요구량, ㉡ 냉방에너지요구량
② 창호의 일사에너지투과율 변경→ ㉠ 난방에너지요구량, ㉡ 냉방에너지요구량
③ 침기율 개선→ ㉠ 난방에너지요구량, ㉡ 냉방에너지요구량
④ 조명 밀도 개선 → ㉠ 난방에너지요구량, ㉡ 냉방에너지요구량, ㉣ 조명에너지요구량
　　→ 조명전력감소 → 난방에너지요구량 수치증가
　　　　냉방에너지요구량 수치감소
　　　　조명에너지요구량 수치감소

답 : ④

예제문제 11

"건축물 에너지효율등급 인증 및 제로에너지건축물 인증 제도 운영규정" [별표 2]의 건축물 용도프로필(20개 용도)과 관련한 다음 설명 중 가장 적절한 것은 【2015년 국가자격 시험 1회 출제문제】

① 열발열원과 관련하여 인체 및 작업 보조기기, 조명기기에 의한 발열량이 제시되어 있다.
② 월간 사용일수는 용도에 관계없이 모두 동일하다.
③ 실내공기 설정온도는 용도에 관계없이 냉방 시 26℃, 난방 시 20℃로 모두 동일하다.
④ 사용시간 및 운전시간은 용도에 관계없이 모두 동일하다.

해설
① 열발열원과 관련하여 사람, 작업보조기기에 의한 발열량이 제시되어 있다.
② 월간 사용일 수는 용도에 따라 값이 다르다.
④ 사용시간 및 운전시간은 용도에 따라 값이 다르다.

답 : ③

예제문제 12

건축물 에너지효율등급 인증 및 제로에너지건축물 인증 제도 운영규정과 관련된 내용 중 [별표 6] 기상데이터는 국내 몇 개 지역에 대한 정보를 제공하는가?

① 13개 지역　　　　　　　　　　② 23개 지역

③ 50개 지역　　　　　　　　　　④ 66개 지역

해설

[별표 6] 기상데이터에서는 1) 강릉 ~ 66) 홍천까지 국내 66개 지역에 대한 정보를 제공한다.

답 : ④

예제문제 13

"건축물 에너지효율등급 인증 및 제로에너지건축물 인증 제도 운영규정" [별표 2] 건축물 용도프로필에서 사용시간 및 운전시간이 24시간으로 설정된 것은?

【2016년 2회 국가자격시험】

가. 대규모 사무실	나. 주거공간
다. 회의실 및 세미나실	라. 화장실
마. 전산실	바. 병실
사. 객실	

① 가, 다, 라　　　　　　　　　② 나, 마, 바

③ 나, 마, 사　　　　　　　　　④ 마, 바, 사

해설

답 : ②

예제문제 14

"건축물 에너지효율등급 인증 및 제로에너지건축물 인증 제도 운영규정" [별표 2] 건축물 용도프로필에서 대규모사무실과 소규모사무실을 구분 짓는 특징으로 적절하지 않은 것은? 【2016년 2회 국가자격시험】

① 소규모사무실은 대규모사무실에 비해 조명 시간이 짧다.
② 소규모사무실은 대규모사무실에 비해 단위 면적당 급탕요구량이 적다.
③ 소규모사무실과 대규모사무실의 운전시간은 동일하다.
④ 소규모사무실은 대규모사무실에 비해 단위면적당 작업보조기기 발열량이 적다.

해설
소규모사무실은 대규모사무실에 비해 단위 면적당 급탕요구량이 동일하다.

답 : ②

예제문제 15

"건축물 에너지효율등급 인증 및 제로에너지건축물 인증 제도 운영규정" [별표 6] 기상데이터에 대한 설명으로 적절하지 않은 것은? 【2016년 2회 국가자격시험】

① 국내 66개 지역에 대한 기상데이터 정보를 제공한다.
② 8개 방위에 대한 수직면 월평균 전일사량(W/m^2) 정보를 제공한다.
③ 월별 평균 외기온도(℃) 정보를 제공한다.
④ 월별 평균 외기상대습도(%) 정보를 제공한다.

해설
외기상대습도 정보는 별표1 기상데이터에 미포함 됨

답 : ④

7-2 신기술의 인증평가 세부기준 적용

규정 제7조의2 【신기술의 인증평가 세부기준 적용】

① 제7조의 인증평가 세부기준에 건축물에너지효율화 신기술의 적용을 요청하고자 하는 자는[별지 제11호 서식]에 따른 신청서와 [별지 제12호서식]에 따른 설명서, 관련 증빙자료를 제출하여야 한다.

② 공단은 매 6월말, 12월말을 기준으로 제1항에 의해 접수된 신청건에 대해 반기별로 1회(연간 2회), [별표4]의 절차에 따라 검토를 실시한다.

③ 공단은 신청인에게 검토에 필요한 추가자료 제출 및 자료 보완 등을 요청할 수 있으며, 신청인은 요청일로부터 20일 이내에 자료제출 및 보완을 완료하여야 한다.

④ 공단은 제2항 따른 검토를 위해 관련 연구기관을 지정·활용할 수 있다.

⑤ 공단은 제2항에 따라 검토가 완료되면 그 결과를 신청인에게 통보하고 인증평가 프로그램 개선, 인증평가 적용 등 필요한 조치를 하여야 한다.

요점 신기술의 인증평가 세부기준 적용

① 제7조의 인증평가 세부기준에 건축물에너지효율화 신기술의 적용을 요청하고자 하는 자는[별지 제11호 서식]에 따른 신청서와 [별지 제12호서식]에 따른 설명서, 관련 증빙자료를 제출하여야 한다.

② 공단은 매 6월말, 12월말을 기준으로 제1항에 의해 접수된 신청건에 대해 반기별로 1회(연간 2회), [별표4]의 절차에 따라 검토를 실시한다.

③ 공단은 신청인에게 검토에 필요한 추가자료 제출 및 자료 보완 등을 요청할 수 있으며, 신청인은 요청일로부터 20일 이내에 자료제출 및 보완을 완료하여야 한다.

④ 공단은 제2항 따른 검토를 위해 관련 연구기관을 지정·활용할 수 있다.

⑤ 공단은 제2항에 따라 검토가 완료되면 그 결과를 신청인에게 통보하고 인증평가 프로그램 개선, 인증평가 적용 등 필요한 조치를 하여야 한다.

예제문제 16

건축물 에너지효율등급 인증 및 제로에너지건축물 인증 제도 운영규정에서 신기술의 인증평가 세부기준 적용과 관련된 내용 중 공단은 신청인에게 검토에 필요한 추가자료 제출 및 자료 보완 등을 요청할 수 있으며, 신청인은 요청일로부터 몇 일 이내에 자료 제출 및 보완을 완료하여야 하는가?

① 10일   ② 15일   ③ 20일   ④ 30일

해설

공단은 신청인에게 검토에 필요한 추가자료 제출 및 자료 보완 등을 요청할 수 있으며, 신청인은 요청일로부터 20일이내에 자료제출 및 보완을 완료하여야 한다.

답 : ③

7-3 신청대상 신기술의 범위

> **규정** 제7조의3【신청대상 신기술의 범위】
>
> 제7조 및 제7조의2에 따른 "신기술"이란 다양한 최신기술 및 공법 등을 적용하여 생산·판매되는 완전한 제품(설비 등)으로서 건물에 적용이 가능한 것을 말하며, 제7조의2제1항에 따라 인증평가 세부기준 적용 요청이 가능한 신기술은 다음 각 호 중 어느 하나에 해당하여야 한다.
> 1. 「산업기술혁신 촉진법」에 따른 산업신기술 적용 제품
> 2. 「환경기술 및 환경산업 지원법」에 따른 환경신기술 적용 제품
> 3. 「건설기술진흥법」에 따른 건설신기술 적용 제품
> 4. 「신에너지 및 재생에너지 개발·이용·보급 촉진법」 시행규칙 제2조에 따른 신·재생에너지설비
> 5. 「에너지이용 합리화법」에 따른 효율관리기자재 또는 고효율에너지기자재 인증 제품

요점 신청대상 신기술의 범위

제7조 및 제7조의2에 따른 "신기술"이란 다양한 최신기술 및 공법 등을 적용하여 생산·판매되는 완전한 제품(설비 등)으로서 건물에 적용이 가능한 것을 말하며, 제7조의2제1항에 따라 인증평가 세부기준 적용 요청이 가능한 신기술은 다음 각 호 중 어느 하나에 해당하여야 한다.

1. 「산업기술혁신 촉진법」에 따른 산업신기술 적용 제품
2. 「환경기술 및 환경산업 지원법」에 따른 환경신기술 적용 제품
3. 「건설기술진흥법」에 따른 건설신기술 적용 제품
4. 「신에너지 및 재생에너지 개발·이용·보급 촉진법」 시행규칙 제2조에 따른 신·재생에너지설비
5. 「에너지이용 합리화법」에 따른 효율관리기자재 또는 고효율에너지기자재 인증 제품

예제문제 17

"건축물 에너지효율등급 인증 및 제로에너지건축물 인증 제도 운영규정" 에서 인증 평가 세부기준 적용요청이 가능한 신기술에 해당하지 않는 것은?

① 산업 신기술 적용 제품   ② 환경 신기술 적용 제품

③ 건설 신기술 적용 제품   ④ 대기전력 저감 우수 제품

해설

1. 「산업기술혁신 촉진법」에 따른 산업신기술 적용 제품
2. 「환경기술 및 환경산업 지원법」에 따른 환경신기술 적용 제품
3. 「건설기술진흥법」에 따른 건설신기술 적용 제품
4. 「신에너지 및 재생에너지 개발·이용·보급 촉진법」 시행규칙 제2조에 따른 신·재생에너지 설비
5. 「에너지이용 합리화법」에 따른 효율관리기자재 또는 고효율에너지기자재 인증 제품

답 : ④

[별지 제11호 서식]

신기술의 인증평가 세부기준 적용 신청서

업체명		대표자	
주소		사업자등록번호	
신청자	직위		성명	
	e-mail		전화(핸드폰)	

신기술 개요	신기술(설비)명	
	기술 개요	
	에너지절감 적용 분야	☐ 냉방 ☐ 난방 ☐ 급탕 ☐ 환기 ☐ 조명 ☐ 신재생

건축물 에너지효율등급 인증제도 운영규정 제7조의2에 따라 건축물 에너지효율화 신기술 인증평가 세부기준 적용을 위해 위와 같이 검토를 요청합니다.

년   월   일

신청인   (서명 또는 인)

한국에너지공단 이사장 귀하

첨 부 : 1. [별지 제12호 서식]에 따른 신기술 설명서 1부.
　　　　2. 신기술 적용 제품의 생산 또는 판매실적 자료 1부.
　　　　3. 시방서 및 유지관리 지침서 1부.
　　　　4. 제품의 성능 관련 시험성적서 1부.
　　　　5. 그 밖의 검토에 필요한 서류 1부.

[별지 제12호 서식]

신기술 설명서

1. 신기술 핵심 내용

(기술원리를 설명하는 그림이나 사진을 포함하며, 증빙자료가 있는 경우 첨부)

　　가. 신기술 주요내용 및 특징

　　나. 관련 국내외 기술 동향

　　다. 신청 기술의 지식재산권 및 인증실적 등 현황

　　　　(규정 제7조의3에 따른 신기술 인증분야 및 증빙자료 포함)

2. 신기술 적용제품의 개요

　　가. 제품의 사진 또는 개략도, 구성도

　　나. 제품의 용도 및 건축물 적용 방법

　　다. 제품의 국내외 건축물 적용현황 및 시장 규모

　　라. 제품의 에너지성능 (구체적 데이터 제시)

　　마. 제품의 건축물 에너지성능 평가적용 현황

　　　　(관련 규격, 해외 평가기준, 시뮬레이션 툴 등 성능평가 방법론 정립 현황)

3. 기타 사항

|참고|

[별표 4] 신기술의 인증평가 세부기준 적용 처리절차

처리절차	소요일수	비고
신기술 적용 신청	상시	한국에너지공단
↓		
신청서 접수 마감	연2회 (상·하반기)	한국에너지공단
↓		
1차 검토 및 보완요청 (인증평가 적용 방법론, 소요량 검토·산출 등)		전문연구기관
↓		
2차 검토 (신기술의 인증평가 적용 여부 및 평가 방법론의 적정성 검토)	90일 이내	한국에너지공단 (인증운영위원회)
↓		
신기술의 적용여부 등 결정		
↓		
인증평가프로그램 반영 (에너지소요량산출 계산식, 평가항목 입력란 등 프로그램 수정)	30일 이내	한국에너지공단, 한국건설기술연구원
↓		
평가프로그램 배포 및 신기술 인증평가 적용	연1회 (12월말)	한국에너지공단, 인증기관

8 인증업무 운영비용

규정 제8조 【인증업무 운영비용】

① 공단은 고시 제7조제1항에 따라 당해년도 1월 1일부터 12월 31일까지 인증서가 발급된 건축물에 대한 인증수수료의 8%를 차년도 운영비용으로 활용한다.
② 인증기관은 제1항에 따라 산출된 운영비용을 공단이 요청하는 기한까지 납부하여야 한다.
③ 공단은 운영비용을 고시 제7조제3항에 따른 운용계획에 따라 사용할 수 있다.
④ 인증기관은 기 납부한 운영비용 중 수수료를 환불한 건이 포함되는 경우, 차년도 운영비용 산출시 해당내용을 반영하여 공제할 수 있다.

요점 인증업무 운영비용

① 공단은 고시 제7조제1항에 따라 당해년도 1월 1일부터 12월 31일까지 인증서가 발급된 건축물에 대한 인증수수료의 8%를 차년도 운영비용으로 활용한다.
② 인증기관은 제1항에 따라 산출된 운영비용을 공단이 요청하는 기한까지 납부하여야 한다.
③ 공단은 운영비용을 고시 제7조제3항에 따른 운용계획에 따라 사용할 수 있다.
④ 인증기관은 기 납부한 운영비용 중 수수료를 환불한 건이 포함되는 경우, 차년도 운영비용 산출시 해당내용을 반영하여 공제할 수 있다.

예제문제 18

건축물 에너지효율등급 인증 및 제로에너지건축물 인증 제도 운영규정에서 인증업무 운영비용과 관련된 내용으로 가장 부적합한 것은?

① 공단은 고시 제7조제1항에 따라 당해년도 1월 1일부터 12월 31일까지 인증서가 발급된 건축물에 대한 인증수수료의 10%를 차년도 운영비용으로 활용한다.
② 인증기관은 제1항에 따라 산출된 운영비용을 공단이 요청하는 기한까지 납부하여야 한다.
③ 공단은 운영비용을 고시 제7조제3항에 따른 운용계획에 따라 사용할 수 있다.
④ 인증기관은 기 납부한 운영비용 중 수수료를 환불한 건이 포함되는 경우, 차년도 운영비용 산출시 해당내용을 반영하여 공제할 수 있다.

해설
공단은 고시 제7조제1항에 따라 당해년도 1월 1일부터 12월 31일까지 인증서가 발급된 건축물에 대한 인증수수료의 8%를 차년도 운영비용으로 활용한다.

답 : ①

9 인증기관 및 인증결과 사후관리 등

규정 **제9조【인증기관 및 인증결과 사후관리 등】**

① 공단은 규칙 제3조제3항제3호에 따른 인증기관 및 인증결과에 대한 사후관리(이하 "사후관리"라 한다)를 실시하려는 경우 연간 사후관리 일정, 범위, 방법, 예산 등의 상세계획을 수립하여 국토교통부장관 및 산업통상자원부장관에게 보고하여야 한다.

② 공단은 연간 1회 이상 사후관리를 실시하며, 사후관리는 다음 각 호의 2단계로 실시한다.

　1. 표본 검사

　2. 상관성 검사

③ 표본 검사는 사후관리 대상 기간 내 인증기관이 수행한 인증물량의 5% 내외의 범위에서 표본을 정하여 인증결과를 검사한다.

④ 상관성 검사는 제3항에서 선정된 표본 중 인증기관별 대표 표본을 1개 이상 선정하여 인증기관 간 교차 평가하도록 하여 인증결과를 비교·검사한다.

⑤ 공단은 제3항 및 제4항에 따른 검사 결과 인증 등급이 달라지거나 인증결과에 중대한 영향을 미치는 오류 등이 발견된 경우 다음 차수의 사후관리 시 표본을 5% 할증하여 실시한다.

⑥ 공단은 사후관리의 효율적인 수행을 위해 제3항 및 제4항에 따른 인증결과의 검사 업무를 인증기관을 대상으로 공모·평가하여 선정된 인증기관(이하 "위탁기관"이라 한다)에 위탁할 수 있으며, 이 경우 검사에 소요되는 비용을 지원하여야 한다.

⑦ 인증기관이 제6항에 따른 위탁기관으로 선정된 경우 위탁기관은 업무 위탁을 받은 날부터 규칙 제6조 및 제11조에 따른 인증 업무를 수행할 수 없으며, 위탁기관의 인증결과에 대하여 공단이 별도 지정한 기관 또는 전문가가 검사한다. 다만, 법 제24조에 따른 시범사업 등 공단이 인정하는 특수한 경우에 한하여 인증 업무를 수행할 수 있다.

인증기관 및 인증결과사후관리
- 공단은 사후관리를 매년 1회 이상 실시, 2단계로 실시한다.
　- 표본검사
　- 상관성 검사

요점 **인증기관 및 인증결과 사후관리 등**

① 공단은 규칙 제3조제3항제3호(인증기관의 평가·사후관리 및 감독에 관한 업무)에 따른 인증기관 및 인증결과에 대한 사후관리(이하 "사후관리"라 한다)를 실시하려는 경우 연간 사후관리 일정, 범위, 방법, 예산 등의 상세계획을 수립하여 국토교통부장관 및 산업통상자원부장관에게 보고하여야 한다.

② 공단은 연간 1회 이상 사후관리를 실시하며, 사후관리는 다음 각 호의 2단계로 실시한다.

　1. 표본 검사

　2. 상관성 검사

③ 표본 검사는 사후관리 대상 기간 내 인증기관이 수행한 인증물량의 5% 내외의 범위에서 표본을 정하여 인증결과를 검사한다.

④ 상관성 검사는 제3항에서 선정된 표본 중 인증기관별 대표 표본을 1개 이상 선정하여 인증기관 간 교차 평가하도록 하여 인증결과를 비교·검사한다.

⑤ 공단은 제3항 및 제4항에 따른 검사 결과 인증 등급이 달라지거나 인증결과에 중대한 영향을 미치는 오류 등이 발견된 경우 다음 차수의 사후관리 시 표본을 5% 할증하여 실시한다.

⑥ 공단은 사후관리의 효율적인 수행을 위해 제3항 및 제4항에 따른 인증결과의 검사 업무를 인증기관을 대상으로 공모 · 평가하여 선정된 인증기관(이하 "위탁기관"이라 한다)에 위탁할 수 있으며, 이 경우 검사에 소요되는 비용을 지원하여야 한다.

⑦ 인증기관이 제6항에 따른 위탁기관으로 선정된 경우 위탁기관은 업무 위탁을 받은 날부터 규칙 제6조 및 제11조에 따른 인증 업무를 수행할 수 없으며, 위탁기관의 인증결과에 대하여 공단이 별도 지정한 기관 또는 전문가가 검사한다. 다만, 법 제24조에 따른 시범사업 등 공단이 인정하는 특수한 경우에 한하여 인증 업무를 수행할 수 있다.

예제문제 19

건축물 에너지효율등급 인증 및 제로에너지건축물 인증 제도 운영규정에서 인증기관 및 인증결과 사후관리 등에서 공단은 사후관리 연수와 회수로 가장 적합한 것은?

① 매년 1회 이상　　　　　② 2년 1회 이상
③ 3년 1회 이상　　　　　④ 5년 2회 이상

해설
공단은 사후관리를 매년 1회 이상 실시하며, 매회 사후관리는 다음 각 호의 2단계로 실시한다.
1. 표본 검사
2. 상관성 검사

답 : ①

10 인증기관 감독 등

규정 제10조【인증기관 감독 등】
① 인증기관이 사업주체이거나 관련용역에 참여하는 등 이해관계가 있는 건축물에 대하여 해당 인증기관은 인증 업무를 수행할 수 없다. 이를 위반할 경우 공단은 해당 인증 결과에 대한 검사를 실시하여야 하며, 검사 결과 법 제20조제1항제1호 및 제2호에 해당하는 경우 국토교통부장관과 산업통상자원부장관에게 보고하여 인증의 취소를 건의하여야 한다.
② 공단은 인증관리시스템 등을 활용하여 인증기관의 인증 업무 현황을 관리·감독하여야 한다.
③ 공단은 인증기관이 관계법령 및 고시 규정에 따른 기준을 위반하거나, 제1항 등과 같이 부적절한 인증 업무 처리가 인정되는 경우 인증기관 의견수렴(소명) 절차를 거쳐 국토교통부장관과 산업통상자원부장관에 보고하고 [별표 5]의 기준에 따른 조치요구(처분)를 취하여야 한다.
④ 제3항 및 제9조제5항에 따라 인증기관에 통보된 처분의 유효기간은 발부된 날로부터 인증기관의 지정유효기간 만료일까지로 한다.
⑤ 공단은 제3항에 따른 조치요구(처분) 중 경고가 3회 이상 누적된 인증기관 또는 법 제19조제1호부터 제5호까지의 규정에 해당하는 인증기관에 대하여 국토교통부장관과 산업통상자원부장관 에게 보고하여 인증기관 지정 취소 및 업무 정지 등을 건의하여야 한다.

 필기 예상문제

인증기관에 발부된 경고장의 유효기간은 발부된 날로부터 5년으로 한다.

요점 인증기관 감독 등

① 인증기관이 사업주체이거나 관련용역에 참여하는 등 이해관계가 있는 건축물에 대하여 해당 인증기관은 인증 업무를 수행할 수 없다. 이를 위반할 경우 공단은 해당 인증 결과에 대한 검사를 실시하여야 하며, 검사 결과 법 제20조제1항제1호 및 제2호에 해당하는 경우 국토교통부장관과 산업통상자원부장관에게 보고하여 인증의 취소를 건의하여야 한다.

② **공단은** 인증관리시스템 등을 활용하여 인증기관의 인증 업무 현황을 관리·감독하여야 한다.

③ **공단은** 인증기관이 관계법령 및 고시 규정에 따른 기준을 위반하거나, 제1항 등과 같이 부적절한 인증 업무 처리가 인정되는 경우 인증기관 의견수렴(소명) 절차를 거쳐 국토교통부장관과 산업통상자원부장관에 보고하고 [별표 5]의 기준에 따른 조치요구(처분)를 취하여야 한다.

④ 제3항 및 제9조제5항에 따라 인증기관에 통보된 처분의 유효기간은 발부된 날로부터 인증기관의 지정유효기간 만료일까지로 한다.

⑤ 공단은 제3항에 따른 조치요구(처분) 중 경고가 3회 이상 누적된 인증기관 또는 법 제19조제1호부터 제5호까지의 규정에 해당하는 인증기관에 대하여 국토교통부장관과 산업통상자원부장관에게 보고하여 인증기관 지정 취소 및 업무 정지 등을 건의하여야 한다.

|참고|

[별표 5] 조치요구(처분)의 종류

○ 점검결과 지적사항에 대해 통보, 개선, 권고 및 경고로 처분

조치요구 (처분)	내 용
통보	○ 인증업무 처리 등에 있어 부당하다고 인정되는 사실이 있으나, 그 사항이 경미하고 다른 처분요구를 하기에 부적합하여 인증기관에서 자율적으로 처리할 필요가 있다고 인정되는 사항
개선	○ 인증업무 처리 관련 법령상, 제도상 또는 행정상의 모순 등이 있어 개선할 필요가 있다고 인정되는 사항
권고	○ 인증업무 관련 효율화, 투명성 제고 등을 위해 보다 발전적 대안을 제시하고 인증기관으로 하여금 개선방향을 마련하도록 하여 처리할 필요가 있다고 인정되는 사항
경고	○ 규정 제9조제5항에 해당하는 경우와 관련 법령, 기준상의 위법 또는 부당한 경우로서 그 사항이 중대하여 향후 재발방지 및 인증기관에 대한 제재가 필요한 사항 ○ 인증기관 점검(1회)결과 5건 이상의 '통보' 처분을 받은 경우 ○ 인증기관 점검(1회)결과 3건 이상의 '개선' 처분을 받은 경우

예제문제 20

공단은 인증관리시스템 등을 활용하여 인증기관의 인증 업무 현황을 관리·감독 하여야 한다. 인증기관에 발부된 경고장의 유효기간은 발부된 날로부터 언제 까지인가?

① 발부된 날로부터 5년

② 발부된 날로부터 7년

③ 발부된 날로부터 10년

④ 발부된 날로부터 인증기관의 지정유효기간 만료일까지

해설

공단은 인증관리시스템 등을 활용하여 인증기관의 인증 업무 현황을 관리·감독하여야 한다. 인증기관에 발부된 경고장의 유효기간은 발부된 날로부터 인증기관의 지정유효기간 만료일까지로 한다.

답 : ④

11 실무교육의 시행

규정 제11조【실무교육의 시행】

① 공단은 「녹색건축물 조성 지원법 시행규칙」 제16조제5항에 따라 건축물에너지평가사 (이하 "평가사"라 한다)의 인증평가 업무수행에 요구되는 실무적인 지식, 기법 등의 습득을 위한 실무교육을 인증기관별로 실시한다.

② 실무교육 기간은 3개월 이상으로 실무교육 개시일부터 차월 기산일까지를 1개월로 하며, 실무교육 중에 있는 평가사(이하 "교육평가사"라 한다)의 근무시간은 실무교육을 받는 인증기관(이하 "실무교육기관"이라 한다)의 근무시간을 따른다. 그 밖의 기간 산정방법은 「민법」 제160조 및 제161조를 준용한다.

③ 실무교육기관은 소속 또는 등록 평가사에 대한 실무교육을 실시하려는 경우 다음 각 호의 서류를 첨부하여 공단에 보고하여야 한다. 이 경우 실무교육기관은 규칙 제4조제4항에 따른 전문인력 중 1인을 실무교육지도관으로 지정하여야 한다.

1. 실무교육 개시 보고서(별지 제2호 서식)

2. 평가사 자격증 사본

3. 실무교육 보안 각서(별지 제3호 서식)

④ 교육평가사가 실무교육기간 중 질병, 법령상 의무이행 및 기타 부득이한 사유로 실무교육을 이수하지 못할 사유가 발생한 경우에는 별지 제4호 서식의 실무교육 중지 신청서와 그 사유를 증명하는 서류 등을 첨부하여 실무교육기관의 승인을 받아야 한다.

⑤ 실무교육기관은 교육평가사가 제4항에 따른 실무교육 중지 신청 전까지 1개월 이상 실무교육을 받은 경우 실무교육 중지 신청 전까지의 기간을 실무교육 기간으로 인정하며, 월 단위를 초과하는 기간에 대해서는 해당 월에 따라 일할 계산한다.

⑥ 실무교육기관은 제4항에 따른 실무교육의 중지 및 재개시 등 평가사 실무교육과 관련한 변경사항을 공단에 보고하여야 한다.

요점 **실무교육의 시행**

① 공단은 「녹색건축물 조성 지원법 시행규칙」 제16조제5항에 따라 건축물에너지평가사(이하 "평가사"라 한다)의 인증평가 업무수행에 요구되는 실무적인 지식, 기법 등의 습득을 위한 실무교육을 인증기관별로 실시한다.

② 실무교육 기간은 **3개월 이상**으로 실무교육 **개시일부터 차월 기산일까지를 1개월**로 하며, 실무교육 중에 있는 평가사(이하 "교육평가사"라 한나)의 근무시간은 실무교육을 받는 인증기관(이하 "실무교육기관"이라 한다)의 근무시간을 따른다. 그 밖의 기간 산정방법은 「민법」 제160조 및 제161조를 준용한다.

③ 실무교육기관은 소속 또는 등록 평가사에 대한 실무교육을 실시하려는 경우 다음 각 호의 서류를 첨부하여 공단에 보고하여야 한다. 이 경우 실무교육기관은 규칙 제4조제4항에 따른 **전문인력 중 1인을 실무교육지도관으로 지정**하여야 한다.

　1. 실무교육 개시 보고서(별지 제2호 서식)

　2. 평가사 자격증 사본

　3. 실무교육 보안 각서(별지 제3호 서식)

④ 교육평가사가 실무교육기간 중 질병, 법령상 의무이행 및 기타 부득이한 사유로 실무교육을 이수하지 못할 사유가 발생한 경우에는 별지 제4호 서식의 실무교육 중지 신청서와 그 사유를 증명하는 서류 등을 첨부하여 실무교육기관의 승인을 받아야 한다.

⑤ 실무교육기관은 교육평가사가 제4항에 따른 실무교육 중지 신청 전까지 1개월 이상 실무교육을 받은 경우 실무교육 중지 신청 전까지의 기간을 실무교육 기간으로 인정하며, 월 단위를 초과하는 기간에 대해서는 해당 월에 따라 일할 계산한다.

⑥ 실무교육기관은 제4항에 따른 실무교육의 중지 및 재개시 등 평가사 실무교육과 관련한 변경사항을 공단에 보고하여야 한다.

예제문제 **21**

공단은 「녹색건축물 조성 지원법 시행규칙」 제16조제5항에 따라 건축물에너지평가사의 인증평가 업무수행에 요구되는 실무적인 지식, 기법 등의 습득을 위한 실무교육을 인증 기관별로 실시한다. 건축물에너지 평가사의 실무 교육기간은 몇 개월 이상인가?

① 1개월　　　　　　　　　② 2개월

③ 3개월　　　　　　　　　④ 4개월

해설

공단은 「녹색건축물 조성 지원법 시행규칙」 제16조제5항에 따라 건축물에너지평가사의 인증평가 업무수행에 요구되는 실무적인 지식, 기법 등의 습득을 위한 실무교육을 인증기관별로 실시한다. 건축물에너지 평가사의 실무 교육기간은 3개월 이상으로 한다.

답 : ③

[별지 제2호 서식] 실무교육 (재)개시 보고서

실무교육 (재)개시 보고서

교육평가사	성 명		생년월일	
	주 소			
	휴대폰		이메일	
	평가사 자격번호		자격취득일	년 월 일
교육기관	기관명			
	(재)개시일		교육지도관	

개인정보수집 및 이용동의

○ 개인정보보호법 시행에 따라 건축물에너지평가사 실무교육 신청자의 개인정보 처리(수집·이용)시 정보주체의 '개인정보 및 고유식별정보 수집·이용 동의'를 요청하오니 확인하여 주시기 바랍니다.
  – 수집목적 : 건축물에너지평가사 실무교육 운영 및 관리
  – 수집항목 : 본 신청서에 기재한 주소, 연락처 등 신청자의 정보
  – 보유 및 이용기간 : 건축물에너지평가사 실무교육 신청부터 수료까지

○ 실무교육 대상자는 상기의 개인정보 수집 및 이용에 대한 동의를 거부할 권리가 있으나, 미동의시 실무교육 신청 접수가 거부될 수 있습니다.

  □ 동 의   □ 미동의

「녹색건축물 조성 지원법 시행규칙」 제16조제5항에 따라 위와 같이 건축물에너지평가사에 대한 실무교육 (재)개시를 보고합니다.

년   월   일

인증기관 :   (직인)

한국에너지공단 이사장 귀하

첨부 1. 건축물에너지평가사 자격증 사본
    2. 실무교육 보안 각서

[별지 제3호 서식] 실무교육 보안 각서

실무교육 보안 각서

성　　명 :

생년월일 :

평가사 자격번호 :

　본인은 「녹색건축물 조성 지원법」 제31조제5항 및 같은 법 시행규칙 제16조 제5항 및 건축물 에너지효율등급 인증제도 운영규정에 따른 실무교육을 이수함에 있어 다음 사항들을 준수하고, 만일 이를 위반하였을 경우 민 · 형사상 어떠한 처벌도 감수할 것을 서약합니다.

- 다　음 -

1. 본인은 규정에 따른 인증기관의 실무교육을 성실히 이수한다.
2. 본인은 실무교육 중 본인과 이해관계에 있는 건축물에 대한 인증에 관여하지 아니한다.
3. 본인은 실무교육 과정에서 취득한 인증기관 및 신청인에 관한 제반사항을 외부에 누설하거나 공개하지 아니한다.

년　　월　　일

한국에너지공단 이사장 귀하

[별지 제4호 서식] 실무교육 중지 신청서

실무교육 중지 신청서

교육평가사	성 명		생년월일	
자격정보	평가사 자격번호		자격취득일	년 월 일
실무교육 개시일	년 월 일			
실무교육 중지 희망기간	년 월 일 ~ 년 월 일 (년 개월)			
실무교육 중지 신청사유				

본인은 「건축물 에너지효율등급 인증제도 운영규정」 제12조에 따라 위와 같은 사유로 건축물에너지평가사 실무교육 중지를 신청합니다.

년 월 일

신청인 : (인)

인증기관의 장 귀하

12 실무교육의 평가

규정 제12조 【실무교육의 평가】
① 실무교육기관은 교육평가사가 실질적인 평가 업무를 습득할 수 있도록 실무교육기간 중 4건 이상(주거용 2건, 주거용 이외 2건)의 건축물 에너지효율등급 모의평가를 실시한다.
② 실무교육지도관은 교육평가사의 모의평가 과정 및 결과에 대하여 검토하여 별지 제5호 서식의 모의평가 결과 보고서를 작성하여야 한다.
③ 교육평가사는 별지 제6호 서식의 교육평가사 출근부를 작성하여야 하며, 매월 말일에 실무교육지도관의 확인을 받은 후 실무교육기관에 제출하여야 한다.
④ 실무교육기관은 제1항에 따른 모의평가 결과에 따라 교육평가사의 실무교육기간을 연장할 수 있으며, 이 경우 실무교육 연장기간 및 평가계획을 공단에 보고하여야 한다.

요점 실무교육의 평가

① 실무교육기관은 교육평가사가 실질적인 평가 업무를 습득할 수 있도록 실무교육기간 중 4건 이상(주거용 2건, 주거용 이외 2건)의 건축물 에너지효율등급 모의평가를 실시한다.

② 실무교육지도관은 교육평가사의 모의평가 과정 및 결과에 대하여 검토하여 별지 제5호 서식의 모의평가 결과 보고서를 작성하여야 한다.

③ 교육평가사는 별지 제6호 서식의 교육평가사 출근부를 작성하여야 하며, 매월 말일에 실무교육지도관의 확인을 받은 후 실무교육기관에 제출하여야 한다.

④ 실무교육기관은 제1항에 따른 모의평가 결과에 따라 교육평가사의 실무교육기간을 연장할 수 있으며, 이 경우 실무교육 연장기간 및 평가계획을 공단에 보고하여야 한다.

예제문제 22

건축물에너지 평가사의 실무교육기간 중 모의평가실시에 따른 건수로 가장 적합한 것은?

① 2건 이상(주거용1건, 주거용이외1건)   ② 3건 이상(주거용2건, 주거용이외1건)
③ 4건 이상(주거용2건, 주거용이외2건)   ④ 5건 이상(주거용3건, 주거용이외2건)

해설
실무교육기관은 교육평가사가 실질적인 평가 업무를 습득할 수 있도록 실무교육기간 중 4건 이상(주거용 2건, 주거용 이외 2건)의 건축물 에너지효율등급 모의평가를 실시한다.

답 : ③

[별지 제5호 서식] 모의평가 결과 보고서

모의평가 결과 보고서

교육평가사	성 명		생년월일	
	평가사 자격번호		자격취득일	년 월 일

모의평가 대상 건축물	건축물명	용 도	평가번호
			/ 4

	구 분	검토내용	평가결과
모의평가 결과	1차		
	2차		
	3차		

교육지도관	소 속		성 명	(인)

[별지 제6호 서식] 실무교육 평가사 출근부

교육평가사 (   )월 출근부

성 명		평가사 자격번호				
출근 현황						
일	1	2	3	4	5	6	7
날인							
일	8	9	10	11	12	13	14
날인							
일	15	16	17	18	19	20	21
날인							
일	22	23	24	25	26	27	28
날인							
일	29	30	31				
날인							

위와 같이 실무교육을 이수하였음을 보고합니다.

년   월   일

교육평가사 :   (인)

교육지도관 :   (인)

인증기관의 장 귀하

※ 일요일, 공휴일, 토요일은 각각 "일", "공", "토"로 표시. 공가일은 "공가"로 표시
※ 근무일에는 교육평가사가 날인하고, 결근·휴가 등 비근무일은 해당내용을 기재

13 실무교육 종료

필기 예상문제

• 실무교육기관은 서류를 첨부하여 공단에 보고하여야 한다.

첨부서류
1. 실무교육 종료 보고서
2. 실무교육 평가사 출근부
3. 모의평가 결과 보고서 모의평가서

• 공단은 모의평가 결과와 근태사항을 확인하여 적합한 경우 실무교육을 이수한 평가사에게 실수교육수료증을 교부한다.

규정 제13조 【실무교육 종료】
실무교육기관은 교육평가사의 실무교육이 종료되면 다음 각 호의 서류를 첨부하여 공단에 보고하여야 하며, 공단은 모의평가 결과와 근태사항을 확인하여 적합한 경우 실무교육을 이수한 평가사에게 별지 제7호 서식의 실무교육 수료증을 교부한다.
1. 실무교육 종료 보고서(별지 제8호 서식)
2. 실무교육 평가사 출근부(별지 제6호 서식)
3. 모의평가 결과 보고서(별지 제5호 서식) 모의평가서

요점 실무교육 종료

실무교육기관은 교육평가사의 실무교육이 종료되면 다음 각 호의 서류를 첨부하여 공단에 보고하여야 하며, 공단은 모의평가 결과와 근태사항을 확인하여 적합한 경우 실무교육을 이수한 평가사에게 별지 제7호 서식의 실무교육 수료증을 교부한다.
1. 실무교육 종료 보고서(별지 제8호 서식)
2. 실무교육 평가사 출근부(별지 제6호 서식)
3. 모의평가 결과 보고서(별지 제5호 서식) 모의평가서

예제문제 23

실무교육기관은 교육평가사의 실무교육이 종료되면 서류를 첨부하여 공단에 보고하여야 한다. 다음 중 첨부서류에 해당하지 않는 것은?

① 실무교육 종료 보고서　　② 실무교육 평가사 출근부
③ 모의평가 결과 보고서 모의평가서　　④ 실무교육 수료증

해설
공단은 모의평가 결과와 근태사항을 확인하여 적합한 경우 실무교육을 이수한 평가사에게 실수교육수료증을 교부한다.

답 : ④

14 인증업무인력 관리

규정 제14조【인증업무인력 관리】

① 법 제17조제3항에 따라 평가사를 소속 또는 등록하려는 인증기관은 다음 각 호의 서류를 첨부하여 공단에 보고하여야 한다.

1. 평가사 소속·등록신청서(별지 제9호 서식)
2. 평가사 자격증 사본
3. 재직증명서, 4대보험 가입증명서(소속의 경우)
4. 실무교육 수료증(실무교육을 이수한 경우)

②「녹색건축물 조성 지원법 시행규칙」부칙 제2조(국토교통부령 제251호 2015.11.18)에 따른 경과조치의 적용을 받는 평가사를 소속 또는 등록하려는 인증기관은 해당 평가사에게 다음 각 호의 서류를 제출받아 사실여부를 확인한 후 제1항에 따른 평가사 소속 또는 등록 보고 시 제1항제4호의 실무교육 수료증을 대신하여 제출하여야 한다.

1. 평가사 자격 취득 전 인증 평가 업무를 수행한 인증기관이 작성한 인증 평가 경력 확인서(별지 제10호 서식)
2. 인증 평가 경력 확인서의 인증 평가 기간 동안의 경력증명서 및 4대보험 가입증명서

③ 평가사는 복수의 인증기관에 소속 또는 등록할 수 없으며, 인증기관은 소속 또는 등록 평가사와 관련한 변경사항이 발생한 날로부터 20일 이내에 공단에 보고하여야 한다.

요점 인증업무인력 관리

① 법 제17조제3항에 따라 평가사를 소속 또는 등록하려는 인증기관은 다음 각 호의 서류를 첨부하여 공단에 보고하여야 한다.

1. 평가사 소속·등록신청서(별지 제9호 서식)
2. 평가사 자격증 사본
3. 재직증명서, 4대보험 가입증명서(소속의 경우)
4. 실무교육 수료증(실무교육을 이수한 경우)

②「녹색건축물 조성 지원법 시행규칙」부칙 제2조(국토교통부령 제251호 2015.11.18)에 따른 경과조치의 적용을 받는 평가사를 소속 또는 등록하려는 인증기관은 해당 평가사에게 다음 각 호의 서류를 제출받아 사실여부를 확인한 후 제1항에 따른 평가사 소속 또는 등록 보고 시 제1항제4호의 실무교육 수료증을 대신하여 제출하여야 한다.

1. 평가사 자격 취득 전 인증 평가 업무를 수행한 인증기관이 작성한 인증 평가 경력 확인서(별지 제10호 서식)
2. 인증 평가 경력 확인서의 인증 평가 기간 동안의 경력증명서 및 4대보험 가입증명서

③ 평가사는 복수의 인증기관에 소속 또는 등록할 수 없으며, 인증기관은 소속 또는 등록 평가사와 관련한 변경사항이 발생한 날로부터 20일 이내에 공단에 보고하여야 한다.

15 인증인력 교육

규정 제15조 【인증인력 교육】
공단은 규칙 제3조제3항에 따라 인증 품질 제고 및 역량 강화를 위해 인증업무인력을
대상으로 연간 1회 이상 직무교육을 실시한다.

요점 인증인력 교육

공단은 규칙 제3조제3항에 따라 인증 품질 제고 및 역량 강화를 위해 인증업무
인력을 대상으로 연간 1회 이상 직무교육을 실시한다.

예제문제 24

인증기관은 소속 또는 등록 평가사와 관련한 변경사항이 발생한 날로부터 몇
일 이내에 공단에 보고하여야 하는가?

① 5일　　　　　　　　　　② 7일
③ 10일　　　　　　　　　　④ 20일

해설
평가사는 복수의 인증기관에 소속 또는 등록할 수 없으며, 인증기관은 소속 또는 등록 평
가사와 관련한 변경사항이 발생한 날로부터 20일 이내에 공단에 보고하여야 한다.

답 : ④

예제문제 25

공단은 규칙 제3조제3항에 따라 인증 품질 제고 및 역량 강화를 위해 인증업무
인력을 대상으로 연간 몇 회 이상 직무교육을 실시하는가?

① 1회　　　　　　　　　　② 2회
③ 3회　　　　　　　　　　④ 4회

해설
공단은 규칙 제3조제3항에 따라 인증 품질 제고 및 역량 강화를 위해 인증업무인력을 대상
으로 연간 1회 이상 직무교육을 실시한다.

답 : ①

[별지 제7호 서식] 실무교육 수료증

제 0000-00 호

실무교육 수료증

성   명 :

평가사 자격번호 :

실무교육기관 :

실무교육기간 :   년   월   일 ~   년   월   일

　위 사람은 「녹색건축물 조성 지원법」 제31조제5항 및 같은 법 시행규칙 제16조제5항에 따라 건축물 에너지효율등급 인증평가 실무교육을 수료하였기에 이 증서를 수여합니다.

년   월   일

한국에너지공단 이사장 [직 인]

[별지 제8호 서식] 실무교육 종료 보고서

실무교육 종료 보고서

교육평가사	성 명		생년월일	
	평가사 자격번호		자격취득일	년 월 일
실무교육 기간		년 월 일 ~ 년 월 일 (총 이수일 : 일)		

모의평가 결과	건축물명	용 도	평가결과

「녹색건축물 조성 지원법 시행규칙」 제16조제5항에 따라 위와 같이 건축물에너지평가사에 대한 실무교육 종료를 보고합니다.

년   월   일

교육지도관 :   (인)

교육기관 :   (직인)

한국에너지공단 이사장 귀하

첨부 1. 출근부
　　 2. 모의평가 결과 보고서

[별지 제9호 서식] 건축물에너지평가사 소속 · 등록 신청서

건축물에너지평가사 소속 · 등록 신청서

건축물 에너지 평가사	성 명		생년월일	
	주 소			
	휴대폰		이메일	
	자격번호		자격취득일	년 월 일
실무교육 정보	이수여부	□ 이수　　□ 미이수　　□ 면제		
	실무교육기관			
개인정보수집 및 이용동의	○ 개인정보보호법 시행에 따라 건축물에너지평가사 실무교육 신청자의 개인정보 처리(수집 · 이용)시 정보주체의 '개인정보 및 고유식별정보 수집 · 이용 동의'를 요청하오니 확인하여 주시기 바랍니다. 　– 수집목적 : 평가사의 건축물 에너지효율등급 인증평가 업무 관리 　– 수집항목 : 본 신청서에 기재한 주소, 연락처 등 평가사의 정보 　– 보유 및 이용기간 : 인증기관 퇴직 또는 등록해지 시까지 ○ 실무교육 대상자는 상기의 개인정보 수집 및 이용에 대한 동의를 거부할 권리가 있으나, 미동의시 실무교육 신청 접수가 거부될 수 있습니다. 　　□ 동 의　□ 미동의			

　「녹색건축물 조성 지원법」 제17조제3항에 따라 위와 같이 건축물에너지평가사의 (소속 · 등록)을 신청합니다.

년　　월　　일

인증기관 :　　　　　　　　(직인)

한국에너지공단 이사장 귀하

첨부 1. 건축물에너지평가사 자격증 사본
　　 2. 재직증명서(소속)
　　 3. 4대보험 가입증명서(소속)
　　 4. 실무교육 수료증(실무교육을 이수한 경우)

[별지 제10호 서식] 건축물에너지효율등급 인증 평가 경력 확인서

건축물 에너지효율등급 인증 평가 경력 확인서

건축물 에너지 평가사	성 명			생년월일	
	자격번호			자격취득일	년 월 일

인증 평가 기간	소속부서	기 간	
		년 월 일 ~	년 월 일
		년 월 일 ~	년 월 일
		년 월 일 ~	년 월 일

인증 평가 이력	건축물명	용 도	인증일

건축물 에너지효율등급 인증제도 운영규정 제14조제3항에 따라 위와 같이 건축물에너지평가사가 본 기관에서 인증 평가 업무를 수행하였음을 확인합니다.

년   월   일

인증기관의 장   직 인

16 공단과 인증기관의 상호협력 및 지원

> **규정** 제16조【공단과 인증기관의 상호협력 및 지원】
> ① 공단은 규칙 제3조제3항의 업무를 원활히 수행하기 위하여 필요한 경우 인증기관에 인력 지원 및 관련 정보 제출을 요청할 수 있으며, 인증기관은 불가피한 사유가 없으면 공단의 요청에 협력하여야 한다.
> ② 인증기관은 인증평가 세부지침 개발, 인증제도 홍보 등 건축물 에너지효율등급 인증제도 발전을 위하여 적극 노력한다.
> ③ 공단은 인증기관의 질의에 대하여 7일 이내에 회신하여야 한다. 단, 부득이한 경우 7일의 범위에서 기간을 한차례 연장할 수 있다.

요점 공단과 인증기관의 상호협력 및 지원

① 공단은 규칙 제3조제3항의 업무를 원활히 수행하기 위하여 필요한 경우 인증기관에 인력 지원 및 관련 정보 제출을 요청할 수 있으며, 인증기관은 불가피한 사유가 없으면 공단의 요청에 협력하여야 한다.

② 인증기관은 인증평가 세부지침 개발, 인증제도 홍보 등 건축물 에너지효율등급 인증제도 발전을 위하여 적극 노력한다.

③ 공단은 인증기관의 질의에 대하여 7일 이내 회신하여야 한다. 단, 부득이한 경우 7일의 범위에서 기간을 한차례 연장할 수 있다.

17 인증운영위원회 구성 및 운영

> **규정** 제17조【인증운영위원회 구성 및 운영】
> ① 규칙 제14조에 의한 인증운영위원회 위원장은 규칙 제4조제6항의 사항에 대하여 심의할 경우 기인증기관에게 의견을 진술하게 할 수 있으며, 심의를 통하여 새로 지정된 인증기관의 장은 인증업무 수행에 관한 사항에 대하여 공단과 협의를 마친 후 인증업무에 착수하여야 한다.
> ② 위원장은 필요한 경우 관계자를 출석시켜 운영위원회에 부의된 안건을 설명하게 하거나 의견을 들을 수 있다.
> ③ 기타 위원회의 구성과 운영 등에 관하여 이 규정에서 정한 사항을 제외하고는 공단 심의 · 의결위원회 운영규정에 따른다.

요점 인증운영위원회 구성 및 운영

① 규칙 제14조에 의한 인증운영위원회 위원장은 규칙 제4조제6항의 사항에 대하여 심의할 경우 기인증기관에게 의견을 진술하게 할 수 있으며, 심의를 통하여 새로 지정된 인증기관의 장은 인증업무 수행에 관한 사항에 대하여 공단과 협의를 마친 후 인증업무에 착수하여야 한다.

② 위원장은 필요한 경우 관계자를 출석시켜 운영위원회에 부의된 안건을 설명하게 하거나 의견을 들을 수 있다.

③ 기타 위원회의 구성과 운영 등에 관하여 이 규정에서 정한 사항을 제외하고는 공단 심의·의결위원회 운영규정에 따른다.

18 기술위원회 운영

규정 **제18조【기술위원회 운영】**
① 공단은 인증 업무의 효율적 수행을 위하여 다음 각 호에 해당하는 전문가로 구성된 기술위원회를 운영할 수 있다.
　1. 평가사 또는 건축사 자격을 취득한 사람
　2. 건축, 설비, 에너지 분야(이하 "해당 전문분야"라 한다)의 기술사 자격을 취득한 사람
　3. 해당 전문분야의 기사 자격을 취득한 후 7년 이상 해당 업무를 수행한 사람
　4. 해당 전문분야의 박사학위를 취득한 사람
　5. 해당 전문분야의 석사학위를 취득한 후 5년 이상 해당 업무를 수행한 사람
　6. 해당 전문분야의 학사학위를 취득한 후 7년 이상 해당 업무를 수행한 사람
　7. 기타 해당 분야 전문가로서 공단 이사장이 인정하는 사람
② 제1항에 따른 기술위원회는 다음 각 호의 내용에 대하여 논의한다.
　1. 건축물 에너지성능 평가 방법
　2. 건축물 에너지효율화 신기술 적용 및 평가 방법의 적합성
　3. 그 밖에 인증기준 개선에 관한 사항
③ 삭제
④ 삭제
⑤ 제2항에 따른 안건과 이해관계가 있는 위원은 참석대상에서 제외하며, 위원회에 참석한 위원에 대해서는 수당 및 여비를 지급할 수 있다.

요점 **인증운영위원회 구성 및 운영**

① 공단은 인증 업무의 효율적 수행을 위하여 다음 각 호에 해당하는 전문가로 구성된 기술위원회를 운영할 수 있다.
　1. 평가사 또는 건축사 자격을 취득한 사람
　2. 건축, 설비, 에너지 분야(이하 "해당 전문분야"라 한다)의 기술사 자격을 취득한 사람
　3. 해당 전문분야의 기사 자격을 취득한 후 7년 이상 해당 업무를 수행한 사람
　4. 해당 전문분야의 박사학위를 취득한 사람
　5. 해당 전문분야의 석사학위를 취득한 후 5년 이상 해당 업무를 수행한 사람
　6. 해당 전문분야의 학사학위를 취득한 후 7년 이상 해당 업무를 수행한 사람
　7. 기타 해당 분야 전문가로서 공단 이사장이 인정하는 사람
② 제1항에 따른 기술위원회는 다음 각 호의 내용에 대하여 논의한다.
　1. 건축물 에너지성능 평가 방법

2. 건축물 에너지효율화 신기술 적용 평가 방법의 적합성

3. 그 밖에 인증기준 개선에 관한 사항

③ 삭제

④ 삭제

⑤ 제2항에 따른 안건과 이해관계가 있는 위원은 참석대상에서 제외하며, 위원회에 참석한 위원에 대해서는 수당 및 여비를 지급할 수 있다.

19 보칙

> **규정** 제19조【보칙】
> 이 규정에서 정하지 아니한 사항은 이사장이 따로 정하는 바에 따른다.

요점 보칙

이 규정에서 정하지 아니한 사항은 이사장이 따로 정하는 바에 따른다.

예제문제 26

다음 중 "건축물 에너지효율등급 인증 및 제로에너지건축물 인증 제도 운영규정"에 대한 설명으로 가장 부적합한 것은?

① 공단은 규칙 제3조제3항에 따라 인증 품질 제고 및 역량 강화를 위해 인증업무인력을 대상으로 연간 1회 이상 직무교육을 실시한다.

② 위원장은 필요한 경우 관계자를 출석시켜 운영위원회에 부의된 안건을 설명하게 하거나 의견을 들을 수 있다.

③ 인증은 건축물 동별로 신청함을 원칙으로 한다. 단, 부득이한 경우 건축허가를 받은 단위로 인증을 신청할 수 있다.

④ 평가사는 복수의 인증기관에 소속 또는 등록할 수 있으며, 인증기관은 소속 또는 등록 평가사와 관련한 변경사항이 발생한 날로부터 30일 이내에 공단에 보고하여야 한다.

해설

평가사는 복수의 인증기관에 소속 또는 등록할 수 없으며, 인증기관은 소속 또는 등록 평가사와 관련한 변경사항이 발생한 날로부터 20일 이내에 공단에 보고하여야 한다.

답 : ④

예제문제 27

"건축물 에너지효율등급 인증 및 제로에너지건축물 인증 제도 운영규정"에서 (   ) 안에 가장 적합한 것은?

이 규정에서 정하지 아니한 사항은 (   )이 따로 정하는 바에 따른다.

① 시설안전관리공단이사장   ② 한국에너지공단이사장
③ 한국 에너지 기술연구원장   ④ 한국 건설기술연구원장

해설

이 규정에서 정하지 아니한 사항은 한국에너지공단이사장이 따로 정하는 바에 따른다.

답 : ②

03 종합예제문제

□□□ **목적**

1 다음 중 건축물 에너지효율등급 인증 및 제로에너지 건축물 인증 제도 운영규정에 목적으로 가장 적합한 것은?

① 인증제도의 효율적인 수행을 위하여 시행세칙으로 운영함을 목적으로 한다.
② 건축물의 완화규정을 정함을 목적으로 한다.
③ 공공복리의 증진을 도모함을 목적으로 한다.
④ 공중의 편의를 도모함을 목적으로 한다.

한국에너지공단이 건축물 에너지효율등급 인증 및 제로에너지건축물 인증 제도의 효율적인 수행을 위하여 시행세칙으로 운영함을 목적으로 한다.

□□□ **적용범위**

2 다음 중 건축물 에너지효율등급 인증 업무에 관하여 시행세칙으로 관련 법령에 별도로 정하지 아니한 사항은 어느 법을 따라야 하는가?

① 녹색건축물 조성법
② 건축물에너지 효율등급 인증 및 제로에너지건축물 인증 제도 운영규정
③ 에너지이용합리화법
④ 에너지법

건축물 에너지효율등급 인증 업무에 관하여 규칙, 고시 등 관련 법령에 별도로 정하지 아니한 사항은 건축물 에너지효율등급 운영규정에 따른다.

□□□ **정의**

3 다음 중 건축물 에너지효율등급 인증 및 제로에너지 건축물 인증 제도 운영규정에서 정의와 관련된 내용으로 가장 부적합한 것은?

① "인증관리시스템" 이라 함은 인증규칙제 3조제3항제2호에 의하여 인증신청, 수수료납부, 접수, 평가, 인증서발급, 민원처리, 인증통계, 민원관리, 인증기관관리 등 인증절차 전반을 관리하는 전산시스템을 말한다.
② "에너지요구량" 이라 함은 건축물의 냉방, 난방, 급탕, 조명, 환기 부문에서 표준 설정 조건을 유지시키기 위하여 해당 공간에서 필요로 하는 에너지량을 말한다.
③ "인증기관" 이라 함은 「녹색건축물 조성 지원법」 제17조제2항의 규정에 따라 건축물의 에너지효율등급 인증제를 시행하기 위하여 국토교통부장관에 의하여 지정된 기관을 말한다.
④ "1차에너지" 라 함은 연료의 채취, 가공, 운용, 변환, 공급 등의 과정에서의 손실분을 포함한 에너지를 말한다.

"에너지요구량" 이라 함은 건축물의 냉방, 난방, 급탕, 조명부문에서표준설정조건을 유지하기위하여 해당공간에서 필요로 하는 에너지량을 말한다.

4 다음 중 건축물 에너지효율등급 인증 및 제로에너지 건축물 인증 제도 운영규정에서 에너지소요량에 포함되지 않는 것은?

① 냉방
② 난방
③ 급탕
④ 전기

"에너지소요량" 이라 함은 에너지요구량을 만족시키기 위하여 건축물의 냉방, 난방, 급탕, 조명, 환기 부문의 설비기기에 사용되는 에너지량을 말한다.

정답 1. ① 2. ② 3. ② 4. ④

5 건축물 에너지효율등급 인증 및 제로에너지건축물 인증 제도 운영규정의 용어의 정의를 설명한 것이다. (   )안에 가장 적합한 용어는?

> (   )라 함은 연료의 채취, 가공, 운송, 변환, 공급 등의 과정에서의 손실분을 포함한 에너지를 말한다.

① 2차 에너지   ② 1차 에너지
③ 2차 에너지 순환계수   ④ 1차 에너지 순환계수

"1차에너지"라 함은 연료의 채취, 가공, 운송, 변환, 공급 등의 과정에서의 손실분을 포함한 에너지를 말한다.

6 다음 중 건축물 에너지효율등급 인증 및 제로에너지 건축물 인증 제도 운영규정에서 에너지요구량에 포함되지 않는 것은?

① 냉방   ② 조명
③ 급탕   ④ 환기

"에너지요구량"이라 함은 건축물의 냉방, 난방, 급탕, 조명 부문에서 표준 설정 조건을 유지하기위하여 해당 공간에서 필요로 하는 에너지량을 말한다.

□□□ 인증대상

7 다음 중 건축물 에너지효율등급 인증 및 제로에너지 건축물 인증 제도 운영규정에서 인증대상 판별하는 기준으로 가장 부적합한 것은?

① 건축법에 따른 건축허가 · 신고 및 사용승인 또는 주택법에 따른 사업계획 승인 · 사용검사를 받은 단위로 신청함을 원칙으로 한다.
② 인증 대상 용도의 시설과 인증 대상이 아닌 용도의 시설이 포함된 복합용도의 건축물은 인증 대상 용도의 면적과 공용부위 면적의 합이 전체 건물 면적의 과반비율(50%) 이상일 경우에만 전체 건물 명의로 인증 신청할 수 있다.
③ 인증신청 시 허가용도와 사용용도가 다른 경우 실제 평가는 사용용도로 평가를 하며, 건축물명에 건축허가

용도를 표시하고 괄호로 사용용도를 표시하는 것을 원칙으로 한다.
④ 인증기관은 건축물의 특성상 인증대상 여부 판단이 어려운 경우 공단과 협의하여 결정하여야 한다.

건축물의 배치계획 및 전기, 열 등의 에너지 공급 계획 등에 따라 신청단위를 분리 또는 통합할 수 있으며, 신청인이 원하는 경우 각각의 건축물 단위(주거용 건축물의 경우 가구 또는 세대 단위)로 인증을 신청할 수 있다.

8 다음 중 건축물에너지 효율등급의 인증제도 운영규정에서 인증기관은 건축물의 특성상 인증대상 판단이 어려운 경우 어디와 협의하여 결정하여야 하는가?

① 허가권자   ② 국토교통부장관
③ 건축주   ④ 한국에너지공단

인증기관은 건축물의 특성상 인증대상 여부 판단이 어려운 경우 공단과 협의하여 결정하여야 한다.

□□□ 신청 및 인증 절차

9 다음 중 건축물에너지 효율등급의 인증제도 운영규정에서 신청 및 인증절차와 관련된 내용 중 가장 부적합한 것은?

① 인증을 신청하고자 하는 자는 공인인증서를 사용하여 인증관리시스템을 통해 신청인 및 건축물정보를 기재하고, 인증기관을 선택하여 인증을 신청할 수 있다.
② 사업주체는 종합건설사 등을 의미한다.
③ 인증기관은 평가건축물에 대한 인증서 발급이 적합하지 아니하다고 판단하는 경우 인증 신청자에게 통보하여야 한다.
④ 인증기관은 인증 신청자의 신청서류 제출 및 인증수수료 납부여부를 확인한 후 인증신청을 접수하여 평가 후 인증서를 교부하여야 한다.

사업주체는 시행사 등을 의미하는데 운용규정의 개정으로 시행사라는 단어는 삭제되었다.

10 인증기관은 고시 제6조제3항의 인증수수료의 환불 및 반환사유를 확인하고 건축주 등에게 통지한 날로부터 몇 일 이내에 환불 및 반환을 완료하여야 하는가?

① 7일

② 10일

③ 15일

④ 20일

인증기관은 고시 제6조제3항의 인증수수료의 환불 및 반환 사유를 확인하고 건축주 등에게 통지한 날로부터 20일 이내에 환불 및 반환을 완료하여야 한다.

11 다음 중 건축물 에너지효율등급 인증 및 제로에너지 건축물 인증 제도 운영규정에서 어떤 기관은 인증수수료의 환불 및 반환사유를 확인하고 건축주 등에게 통지한 날로부터 20일 이내에 환불 및 반환을 완료하여야 하는가?

① 운영기관

② 국토교통부

③ 인증기관

④ 녹색건축센터

인증기관은 고시 제7조제3항의 인증수수료의 환불 및 반환 사유를 확인하고 건축주 등에게 통지한 날로부터 20일 이내에 환불 및 반환을 완료하여야 한다.

12 "건축물 에너지효율등급 인증 및 제로에너지건축물 인증 제도 운영규정" [별표2] 주거 및 주거용 이외 건축물 용도프로필에 규정되어 있지 않는 것은?

① 사용시간과 운전시간

② 열발열원

③ 용도별 보정계수

④ 열원기기용량

주거 및 주거용 이외 건축물 용도프로필에는
1. 사용시간과 운전시간
2. 설정요구량
3. 열발열원
4. 실내공기온도 (난방설정온도, 냉방설정온도)
5. 월간사용일수
6. 용도별 보정계수 등을 규정하고 있다.

13 단위면적당 1차 에너지 소요량은 산출된 단위면적당 에너지 소요량에 1차 에너지 환산계수를 곱하여 산출한다. 1차 에너지 환산계수의 환산계수로 부적합한 것은?

① 지역난방 : 0.614   ② 지역냉방 : 0.937

③ 연료   : 1.1   ④ 전력   : 2.75

[별표 3] 1차에너지 환산계수

구분	1차 에너지환산계수
연료	1.1
전력	2.75
지역난방	0.028
지역냉방	0.937

14 다음 중 1차에너지 환산계수가 가장 높은 것은?

① 전력   ② 연료

③ 지역냉방   ④ 지역난방

15 다음 중 1차 에너지 환산계수가 가장 낮은 에너지 원은 무엇인가?

① 연료   ② 전력

③ 지역난방   ④ 지역냉방

전력의 경우 1차 에너지 환산계수가 2.75로써 가장 높다.
지역난방의 경우 1차 에너지 환산계수가 0.728로써 가장 낮다

정답 10. ④   11. ③   12. ④   13. ①   14. ①   15. ③

☐☐☐ **인증업무 운영비용**

16 건축물 에너지효율등급 인증 및 제로에너지건축물 인증 제도 운영규정과 관련 된 내용 중 인증업무운영비용과 관련된 내용 중 (   )안에 가장 적합한 것은?

> 공단은 고시 제7조제 1항에 따라 당해연도 1월1일부터 12월31일까지 인증서가 발급된 건축물에 대해 인증수수료의 (   )를 차년도 운영비용으로 활용한다.

① 5%

② 8%

③ 10%

④ 15%

> 공단은 고시 제7조제 1항에 따라 당해연도 1월1일부터 12월31일까지 인증서가 발급된 건축물에 대해 인증수수료의 8%를 차년도 운영비용으로 활용한다.

☐☐☐ **인증기관 및 인증결과 사후관리 등**

17 다음 중 인증업무 운용비용, 인증관리사후관리 등과 관련된 내용으로 가장 부적합한 것은?

① 공단은 고시제 7조 제1항에 따라 당해연도 1월1일부터 12월31일까지 인증서가 발급된 건축물에 대한 인증수수료의 8%를 차년도 운영비용으로 활용한다.

② 공단은 사후관리를 연간 2회 이상 실시하며, 사후관리는 표본검사, 상관성검사 각호의 2단계로 실시한다.

③ 표본검사는 사후관리대상 기간 내 인증기관이 수행한 인증물량의 5%내외의 범위에서 표본을 정하여 인증결과를 검사한다.

④ 상관성 검사는 제 3항에서 선정된 표본중 인증기관별 대표표본을 1개 이상 선정하여 인증기관 간 교차 평가 하도록 하여 인증결과를 비교 · 검사한다.

> 공단은 사후관리를 연간 1회 이상 실시하며, 사후관리는 다음 각 호의 2단계로 실시한다.
> 1. 표본 검사
> 2. 상관성 검사

18 다음 중 건축물 에너지효율등급 인증 및 제로에너지건축물 인증 제도 운영규정에서 인증기관 및 인증결과 사후관리 등에서 공단은 사후관리 연간 1회 이상 실시한다. 사후관리는 각호의 2단계로 실시한다. 검사의 종류로 가장 적합한 것은?

① 표본 검사, 상관성 검사

② 전수검사, 실태조사

③ 실태조사, 상관성검사

④ 표본검사, 실태조사

> 공단은 사후관리를 연간 1회 이상 실시하며, 사후관리는 다음 각 호의 2단계로 실시한다.
> 1. 표본 검사
> 2. 상관성 검사

☐☐☐ **인증기관 감독, 실무교육의 시행 등**

19 "건축물 에너지효율등급 인증 및 제로에너지건축물 인증 제도 운영규정"에 대한 설명으로 맞지 않는 것은?

① 국토교통부장관은 인증관리시스템을 활용하여 인증기관의 인증업무현황을 관리 · 감독하여야 한다.

② 공단은 규칙제3조 제3항에 따라 인증품질제고 및 역량 강화를 위해 인증 업무인력을 대상으로 연간1회 이상 직무교육을 실시한다.

③ 공단이 인증기관에 발부된 경고장의 유효기간은 발부된 날로부터 인증기관의 지정유효기간 만료일까지로 한다.

④ 에너지평가사의 실무교육기간은 3개월 이상으로 실무교육 개시일부터 차월기산일까지를 1개월로 한다.

> 공단은 인증관리시스템을 활용하여 인증기관의 인증업무현황을 관리 · 감독하여야 한다.

정답   16. ②   17. ②   18. ①   19. ①

20 "건축물 에너지효율등급 인증 및 제로에너지건축물 인증 제도 운영규정"에서 공단은 인증 품질 제고 및 역량강화를 위해 인증업무 인력을 대상으로 연간 몇 회 이상 직무교육을 실시하여야 하는가 가장 적합한 것은?

① 1회   ② 2회

③ 3회   ④ 4회

> 제15조 【인증인력 교육】
> ① 공단은 규칙제3조 제3항에 따라 인증품질제고 및 역량강화를
> 위해 인증업무 인력을 대상으로 연간 1회 이상 직무교육을
> 실시한다.

21 "건축물 에너지효율등급 인증 및 제로에너지건축물 인증 제도 운영규정"에서 실무교육과 인증인력교육 및 인증업무인력관리 등과 관련된 내용으로 가장 부적합한 것은?

① 공단은 규칙제3조 제3항에 따라 인증품질제고 및 역량강화를 위해 인증업무 인력을 대상으로 연간 1회이상 직무교육을 실시한다.

② 실무교육기간은 소속 또는 등록평가사에 대한 실무교육을 실시 서류를 첨부하여 공단에 보고하여야 한다. 이 경우 실무교육기간은 규칙제 4조4항에 따른 전문인력 중 1인을 실무교육지도관으로 지정하여야 한다.

③ 평가사는 복수의 인증기관에 소속 또는 등록할 수 있으며, 인증기관은 소속 또는 등록 평가사와 관련한 변경사항이 발생한 날로부터 30일내에 공단에 보고하여야 한다.

④ 실무교육기관은 교육평가사가 실질적인 평가업무를 습득할 수 있도록 실무교육기간중 4건 이상 (주거용 2건, 주거용외 2건)의 건축물에너지효율등급 모의평가를 실시한다.

> 평가사는 복수의 인증기관에 소속 또는 등록할 수 없으며, 인증기관은 소속 또는 등록 평가사와 관련한 변경사항이 발생한 날로부터 20일 이내에 공단에 보고하여야 한다.

정답   20. ①   21. ③

제2편

건물 에너지효율설계 이해 및 응용

CHAPTER 01 에너지 절약설계기준 일반(기준, 용어정의) (1)

1 목 적

 필기 예상문제

에너지절약설계기준의 목적

고시 제1조 【목적】
이 기준은 「녹색건축물 조성 지원법」(이하 "법"이라 한다) 제12조, 제14조, 제14조의2, 제15조, 같은 법 시행령(이하 "영"이라 한다) 제9조, 제10조, 제10조의2, 제11조 및 같은 법 시행규칙(이하 "규칙"이라 한다) 제7조, 제7조의2의 규정에 의한 건축물의 효율적인 에너지 관리를 위하여 열손실 방지 등 에너지절약 설계에 관한 기준, 에너지절약계획서 및 설계 검토서 작성기준, 녹색건축물의 건축을 활성화하기 위한 건축기준 완화에 관한 사항 등을 정함을 목적으로 한다.

요점 목 적

① 건축물의 효율적인 에너지관리를 위하여 열손실 방지 등 에너지절약 설계에 관한 기준
② 에너지절약계획서 및 설계검토서 작성기준
③ 녹색건축물의 건축을 활성화하기 위한 건축기준 완화에 관한 사항 등을 정함을 목적으로 한다.

 실기 예상문제

에너지절약설계기준 목적 3가지?

• 에너지절약설계기준의 목적
  ① 에너지절약설계에 관한 기준
  ② 에너지절약계획서 및 설계검토서 작성기준
  ③ 건축기준완화에 관한 사항

|참고|

법 녹색건축물 조성 지원법 제14조(에너지 절약계획서 제출)
① 대통령령으로 정하는 건축물의 건축주가 다음 각 호의 어느 하나에 해당하는 신청을 하는 경우에는 대통령령으로 정하는 바에 따라 에너지 절약계획서를 제출하여야 한다. 〈개정 2016.1.19.〉
  1. 「건축법」 제11조에 따른 건축허가(대수선은 제외한다)
  2. 「건축법」 제19조제2항에 따른 용도변경 허가 또는 신고
  3. 「건축법」 제19조제3항에 따른 건축물대장 기재내용 변경
② 제1항에 따라 허가신청 등을 받은 행정기관의 장은 에너지 절약계획서의 적절성 등을 검토하여야 한다. 이 경우 건축주에게 국토교통부령으로 정하는 에너지 관련 전문기관에 에너지 절약계획서의 검토 및 보완을 거치도록 할 수 있다. 〈개정 2014.5.28.〉
③ 제2항에도 불구하고 국토교통부장관이 고시하는 바에 따라 사전확인이 이루어진 에너지 절약계획서를 제출하는 경우에는 에너지 절약계획서의 적절성 등을 검토하지 아니할 수 있다. 〈신설 2016.1.19.〉
④ 국토교통부장관은 제2항에 따른 에너지 절약계획서 검토업무의 원활한 운영을 위하여

국토교통부령으로 정하는 에너지 관련 전문기관 중에서 운영기관을 지정하고 운영 관련 업무를 위임할 수 있다. 〈신설 2016.1.19.〉

⑤ 제2항에 따른 에너지 절약계획서의 검토절차, 제4항에 따른 운영기관의 지정 기준 · 절차와 업무범위 및 그 밖에 검토업무의 운영에 필요한 사항은 국토교통부령으로 정한다. 〈신설 2016.1.19.〉

⑥ 에너지 관련 전문기관은 제2항에 따라 에너지 절약계획서의 검토 및 보완을 하는 경우 건축주로부터 국토교통부령으로 정하는 금액과 절차에 따라 수수료를 받을 수 있다. 〈신설 2016.1.19.〉

법 녹색건축물 조성 지원법 제14조의2(건축물의 에너지 소비 절감을 위한 차양 등의 설치)

① 대통령령으로 정하는 건축물을 건축 또는 리모델링하는 경우로서 외벽에 창을 설치하거나 외벽을 유리 등 국토교통부령으로 정하는 재료로 하는 경우 건축주는 에너지효율을 높이기 위하여 국토교통부장관이 고시하는 기준에 따라 일사(日射)의 차단을 위한 차양 등 일사조절장치를 설치하여야 한다.

② 대통령령으로 정하는 건축물을 건축 또는 리모델링하려는 건축주는 에너지 소비 절감 및 효율적인 관리를 위하여 열의 손실을 방지하는 단열재 및 방습층(防濕層), 지능형 계량기, 고효율의 냉방 · 난방 장치 및 조명기구 등 건축설비를 설치하여야 한다. 이 경우 건축설비의 종류, 설치 기준 등은 국토교통부장관이 고시한다.〈신설 2014.5.28, 시행 2015.5.29〉

법 녹색건축물 조성 지원법 제15조(건축물에 대한 효율적인 에너지 관리와 녹색건축물 조성의 활성화)

① 국토교통부장관은 건축물에 대한 효율적인 에너지 관리와 녹색건축물 건축의 활성화를 위하여 필요한 설계 · 시공 · 감리 및 유지 · 관리에 관한 기준을 정하여 고시할 수 있다. 〈개정 2013.3.23〉

② 「건축법」 제5조제1항에 따른 허가권자(이하 "허가권자"라 한다)는 녹색건축물의 조성을 활성화하기 위하여 대통령령으로 정하는 기준에 적합한 건축물에 대하여 제14조제1항 또는 제14조의2를 적용하지 아니하거나 다음 각 호의 구분에 따른 범위에서 그 요건을 완화하여 적용할 수 있다. 〈개정 2014.5.28.〉
  1. 「건축법」 제56조에 따른 건축물의 용적률: 100분의 115 이하
  2. 「건축법」 제60조 및 제61조에 따른 건축물의 높이: 100분의 115 이하

③ 지방자치단체는 제1항에 따른 고시의 범위에서 건축기준 완화 기준 및 재정지원에 관한 사항을 조례로 정할 수 있다.

영 녹색건축물 조성 지원법 시행령 제10조(에너지 절약계획서 제출 대상 등)

① 법 제14조제1항에서 "대통령령으로 정하는 건축물"이란 연면적의 합계가 500제곱미터 이상인 건축물을 말한다. 다만, 다음 각 호의 어느 하나에 해당하는 건축물을 건축하려는 건축주는 에너지 절약계획서를 제출하지 아니한다. 〈개정 2016.12.30.〉
  1. 「건축법 시행령」 별표1 제1호에 따른 단독주택
  2. 문화 및 집회시설 중 동 · 식물원
  3. 「건축법 시행령」 별표1 제17호부터 제26호까지의 건축물 중 냉방 또는 난방 설비를 설치하지 아니하는 건축물
  4. 그 밖에 국토교통부장관이 에너지 절약계획서를 첨부할 필요가 없다고 정하여 고시하는 건축물

② 제1항 각 호 외의 부분 본문에 해당하는 건축물을 건축하려는 건축주는 건축허가를 신청하거나 용도변경의 허가신청 또는 신고, 건축물대장 기재내용의 변경 시 국토교통부령으로 정하는 에너지 절약계획서(전자문서로 된 서류를 포함한다)를 「건축법」 제5조제1항에 따른 허가권자(「건축법」 외의 다른 법령에 따라 허가·신고 권한이 다른 행정기관의 장에게 속하는 경우에는 해당 행정기관의 장을 말하며, 이하 "허가권자"라 한다)에게 제출하여야 한다. 〈개정 2016.12.30.〉

영 녹색건축물 조성 지원법 시행령 제10조의2(에너지 소비 절감을 위한 차양 등의 설치 대상 건축물)

법 제14조의2제1항 및 같은 조 제2항 전단에서 "대통령령으로 정하는 건축물"이란 각각 다음 각 호의 기준에 모두 해당하는 건축물을 말한다.

1. 제9조제2항 각 호의 기관이 소유 또는 관리하는 건축물일 것
2. 연면적이 3천제곱미터 이상일 것
3. 용도가 업무시설 또는 「건축법 시행령」 별표 1 제10호에 따른 교육연구시설일 것
[본조신설 2015.5.28.]

영 녹색건축물 조성 지원법 시행령 제11조(녹색건축물 조성의 활성화 대상 건축물 및 완화기준)

① 법 제15조제2항에서 "대통령령으로 정하는 기준에 적합한 건축물"이란 다음 각 호의 어느 하나에 해당하는 건축물을 말한다. 〈개정 2016.12.30.〉

1. 법 제15조제1항에 따라 국토교통부장관이 정하여 고시하는 설계·시공·감리 및 유지·관리에 관한 기준에 맞게 설계된 건축물
2. 법 제16조에 따라 녹색건축의 인증을 받은 건축물
3. 법 제17조에 따라 건축물의 에너지효율등급 인증을 받은 건축물
3의2. 법 제17조에 따라 제로에너지건축물 인증을 받은 건축물
4. 법 제24조제1항에 따른 녹색건축물 조성 시범사업 대상으로 지정된 건축물
5. 건축물의 신축공사를 위한 골조공사에 국토교통부장관이 고시하는 재활용 건축자재를 100분의 15 이상 사용한 건축물

② 국토교통부장관은 제1항 각 호의 어느 하나에 해당하는 건축물에 대하여 허가권자가 법 제15조제2항에 따라 법 제14조제1항 또는 제14조의2를 적용하지 아니하거나 건축물의 용적률 및 높이 등을 완화하여 적용하기 위한 세부기준을 정하여 고시할 수 있다. 〈개정 2015.5.28.〉 [제목개정 2015.5.28.]

규 녹색건축물 조성 지원법 시행규칙 제7조(에너지 절약계획서 등)

① 영 제10조제2항에서 "국토교통부령으로 정하는 에너지 절약계획서"란 다음 각 호의 서류를 첨부한 별지 제1호서식의 에너지 절약계획서를 말한다. 〈개정 2013.3.23〉

1. 국토교통부장관이 고시하는 건축물의 에너지 절약 설계기준에 따른 에너지 절약 설계 검토서
2. 설계도면, 설계설명서 및 계산서 등 건축물의 에너지 절약계획서의 내용을 증명할 수 있는 서류(건축, 기계설비, 전기설비 및 신·재생에너지 설비 부문과 관련된 것으로 한정한다)

② 법 제14조제2항 후단에서 "국토교통부령으로 정하는 에너지 관련 전문기관"이란 다음 각호의 기관(이하 "에너지 절약계획서 검토기관"이라 한다)을 말한다. 〈개정 2017.1.20.〉

1. 「에너지이용 합리화법」 제45조에 따른 한국에너지공단(이하 "한국에너지공단"이라 한다)

2. 「시설물의 안전관리에 관한 특별법」 제25조에 따른 한국시설안전공단

3. 「한국감정원법」에 따른 한국감정원(이하 "한국감정원"이라 한다)

4. 그 밖에 국토교통부장관이 에너지 절약계획서의 검토업무를 수행할 인력, 조직, 예산 및 시설 등을 갖추었다고 인정하여 고시하는 기관 또는 단체

③ 에너지 절약계획서 검토기관은 법 제14조제2항 후단에 따라 허가권자(「건축법」 제5조제1항에 따른 건축허가권자를 말하며, 「건축법」 외의 다른 법령에 따라 허가 · 신고 권한이 다른 행정기관의 장에게 속하는 경우에는 해당 행정기관의 장을 말한다. 이하 같다)로부터 에너지 절약계획서의 검토 요청을 받은 경우에는 제7항에 따른 수수료가 납부된 날부터 10일 이내에 검토를 완료하고 그 결과를 지체 없이 허가권자에게 제출하여야 한다. 이 경우 건축주가 보완하는 기간 및 공휴일 · 토요일은 검토기간에서 제외한다. 〈개정 2017.1.20.〉

④ 법 제14조제4항에서 "국토교통부령으로 정하는 에너지 관련 전문기관"이란 법 제23조에 따른 녹색건축센터인 에너지 절약계획서 검토기관을 말한다. 〈신설 2017.1.20.〉

⑤ 국토교통부장관은 법 제14조제4항에 따라 에너지 절약계획서 검토업무 운영기관(이하 "에너지 절약계획서 검토업무 운영기관"이라 한다)을 지정하거나 그 지정을 취소한 경우에는 그 사실을 관보에 고시하여야 한다. 〈신설 2017.1.20.〉

⑥ 에너지 절약계획서 검토업무 운영기관은 다음 각 호의 업무를 수행한다. 〈신설 2017.1.20.〉

1. 법 제15조제1항에 따른 건축물의 에너지절약 설계기준 관련 조사 · 연구 및 개발에 관한 업무

2. 법 제15조제1항에 따른 건축물의 에너지절약 설계기준 관련 홍보 · 교육 및 컨설팅에 관한 업무

3. 에너지 절약계획서 작성 · 검토 · 이행 등 제도 운영 및 개선에 관한 업무

4. 에너지 절약계획서 검토 관련 프로그램 개발 및 관리에 관한 업무

5. 에너지 절약계획서 검토 관련 통계자료 활용 및 분석에 관한 업무

6. 에너지 절약계획서 검토기관별 검토현황 관리 및 보고에 관한 업무

7. 에너지 절약계획서 검토기관 점검 등 제1호부터 제6호까지에서 규정한 사항 외에 국토교통부장관이 요청하는 업무

⑦ 법 제14조제6항에 따른 에너지 절약계획서 검토 수수료는 별표 1과 같다. 〈신설 2017.1.20.〉

⑧ 제3항 및 제7항에 따른 에너지 절약계획서의 검토 및 보완 기간과 검토 수수료에 관한 세부적인 사항은 국토교통부장관이 정하여 고시한다. 〈신설 2017.1.20.〉

규 녹색건축물 조성 지원법 시행규칙 제7조의2(차양 등의 설치가 필요한 외벽 등의 재료)

법 제14조의2제1항에서 "국토교통부령으로 정하는 재료"란 채광(採光)을 위한 유리 또는 플라스틱을 말한다.

* 건축물 에너지절약 계획서 검토기관 지정·고시(국토교통부고시 제2013-533호, 2013.9.3)에 의해 한국감정원, 한국교육녹색환경연구원을 건축물 에너지절약 계획서 검토기관으로 지정하여 검토를 수행(2013.9.16일~)하고 있으며,

* 건축물 에너지절약 계획서 검토기관 지정·고시(국토교통부고시 제2014-538호, 2014.9.5)에 의해 한국환경건축연구원, 한국생산성본부인증원을 건축물 에너지절약 계획서 검토기관으로 지정하여 검토를 수행(2015.2.1일~)하고 있음

예제문제 01

건축물의 에너지 절약설계기준의 목적에 해당하지 않는 것은?

① 건축물의 효율적인 에너지 관리를 위하여 열손실방지 등 에너지 절약 설계에 관한 기준을 정함

② 에너지절약계획서 및 설계검토서 작성기준을 정함

③ 녹색건축물의 건축을 활성화 하기위한 건축기준의 완화에 관한 사항을 정함

④ 건축물 에너지효율등급인증을 위한 세부기준을 정함

───────────

해설 **목적**

1. 건축물의 효율적인 에너지 관리를 위하여 열손실방지 등 에너지 절약 설계에 관한 기준
2. 에너지절약계획서 및 설계검토서 작성기준
3. 녹색건축물의 건축을 활성화하기 위한 건축기준의 완화에 관한 사항

답 : ④

예제문제 02

녹색건축물 건축의 활성화 대상 건축물 및 완화기준에 해당하지 않는 것은?

① 건축물에너지 효율등급을 받은 건축물

② 녹색건축물 조성시범사업 대상으로 지정된 건축물

③ 골조공사에 국토교통부장관이 고시하는 재활용건축자재를 100분의 20 이상 사용한 건축물

④ 녹색건축인증을 받은 건축물

───────────

해설 **녹색건축물 건축의 활성화대상**

1. 국토교통부장관이 정하여 고시하는 설계·시공·감리 및 유지·관리에 관한 기준에 맞게 설계된 건축물
2. 녹색 건축인증을 받은 건축물
3. 건축물에너지 효율등급을 받은 건축물
4. 제로에너지건축물 인증을 받은 건축물
5. 녹색건축물 조성시범사업 대상으로 지정된 건축물
6. 골조공사에 국토교통부장관이 고시하는 재활용건축자재를 100분의 15 이상 사용한 건축물

답 : ③

필기 예상문제

1. 건축물의 열손실방지 조치대상
2. 건축물의 열손실 방지 부위

예제문제 03

다음 중 건축물에너지절약설계기준에서 다루는 내용이 아닌 것은?

① 열손실 방지 기준
② 분야별 에너지절약 설계기준
③ 에너지절약 설계에 따른 건축 완화기준
④ 건축물에너지효율등급 인증을 위한 세부기준

[해설]
건축물에너지효율등급 인증에 관한 사항은 별도 규칙과 기준으로 정하고 있다.

답 : ④

예제문제 04

"건축물의 에너지절약설계기준"에 따라 보기 ㉠~㉣ 중 열손실방지조치를 하지 않을 수 있는 부위를 모두 고른 것은?   【2018년 국가자격 4회 출제문제】

<보 기>
㉠ 창고로서 거실의 용도로 사용하지 않고, 냉·난방 설비를 설치하지 않는 공간의 외벽
㉡ 공동주택의 층간바닥(최하층 제외) 중 바닥 난방을 하는 현관 및 욕실의 바닥부위
㉢ 외기 간접에 면하는 부위로서 당해 부위가 면한 비난방공간의 외피를 별표1 (지역별 건축물 부위에 열관류율표)에 준하여 단열 조치하는 경우
㉣ 기계실로서 거실의 용도로 사용하지 않고, 냉·난방 설비를 설치하는 공간의 외벽

① ㉠, ㉡
② ㉠, ㉢
③ ㉠, ㉢, ㉣
④ ㉡, ㉢, ㉣

[해설]
㉡ 공동주택의 층간바닥(최하층 제외) 중 바닥 난방을 하는 현관 및 욕실의 바닥부위
㉣ 기계실로서 거실의 용도로 사용하지 않고, 냉·난방 설비를 설치하는 공간의 외벽의 경우에는 열손실방지조치를 하여야 한다.

답 : ②

2 건축물의 열손실방지 등

> **고시** 제2조【건축물의 열손실방지 등】
> ① 건축물을 건축하거나 대수선, 용도변경 및 건축물대장의 기재내용을 변경하는 경우에는 다음 각 호의 기준에 의한 열손실방지 등의 에너지이용합리화를 위한 조치를 하여야 한다.
> 　1. 거실의 외벽, 최상층에 있는 거실의 반자 또는 지붕, 최하층에 있는 거실의 바닥, 바닥난방을 하는 층간 바닥, 거실의 창 및 문 등은 별표1의 열관류율 기준 또는 별표3의 단열재 두께 기준을 준수하여야 하고, 단열조치 일반사항 등은 제6조의 건축부문 의무사항을 따른다.
> 　2. 건축물의 배치·구조 및 설비 등의 설계를 하는 경우에는 에너지가 합리적으로 이용될 수 있도록 한다.
> ② 제1항에도 불구하고 열손실의 변동이 없는 증축, 대수선, 용도변경, 건축물대장의 기재내용 변경의 경우에는 관련 조치를 하지 아니할 수 있다. 다만 종전에 제3항에 따른 열손실방지 등의 조치 예외대상이었으나 조치대상으로 용도변경 또는 건축물대장 기재내용의 변경의 경우에는 관련 조치를 하여야 한다.
> ③ 다음 각 호의 어느 하나에 해당하는 건축물 또는 공간에 대해서는 제1항제1호를 적용하지 아니할 수 있다. 다만, <u>제1호 및 제2호의 경우</u> 냉방 또는 난방 설비를 설치할 계획이 있는 건축물 또는 공간에 대해서는 제1항제1호를 적용하여야 한다.
> 　1. 창고·차고·기계실 등으로서 거실의 용도로 사용하지 아니하고, 냉방 또는 난방 설비를 설치하지 아니하는 건축물 또는 공간
> 　2. 냉방 또는 난방 설비를 설치하지 아니하고 용도 특성상 건축물 내부를 외기에 개방시켜 사용하는 등 열손실 방지조치를 하여도 에너지절약의 효과가 없는 건축물 또는 공간
> 　3. <u>「건축법 시행령」 별표1 제25호에 해당하는 건축물 중 「원자력 안전법」 제10조 및 제20조에 따라 허가를 받는 건축물</u>

요점 건축물의 열손실방지 등

1. 조치 대상

① 건축물을 건축하거나 대수선, 용도변경 및 건축물대장의 기재내용을 변경하는 경우

② 다음 각 호의 기준에 의한 열손실방지 등의 에너지이용합리화를 위한 조치를 하여야 한다.

- 거실의 외벽, 최상층에 있는 거실의 반자 또는 지붕, 최하층에 있는 거실의 바닥, 바닥 난방을 하는 층간 바닥, 거실의 창 및 문 등은 별표1의 열관류율 기준 또는 별표3의 단열재 두께 기준을 준수하여야 하고, 단열조치 일반사항 등은 제6조의 건축부문 의무사항을 따른다.

- 건축물의 배치·구조 및 설비 등의 설계를 하는 경우에는 에너지가 합리적으로 이용될 수 있도록 한다.

필기 예상문제

건축물의 열손실 방지
적용예외대상

실기 예상문제

건축물의 열손실방지 조치대상과
적용예외대상을 설명하시오.

• 건축물의 열손실방지 조치대상
 ① 거실의 외벽
 ② 최상층에 있는 거실의 반자
  또는 지붕
 ③ 최하층에 있는 거실의 바닥
 ④ 바닥난방을 위한 층간 바닥
 ⑤ 거실의 창 및 문

2. 적용 예외 대상

다음 각 호의 어느 하나에 해당하는 건축물 또는 공간에 대해서는 제1항제1호를 적용하지 아니할 수 있다. 다만, 제1호 및 제2호의 경우 냉방 또는 난방 설비를 설치할 계획이 있는 건축물 또는 공간에 대해서는 제1항제1호를 적용하여야 한다.

① 창고 · 차고 · 기계실 등으로서 거실의 용도로 사용하지 아니하고, 냉방 또는 난방 설비를 설치하지 아니하는 건축물 또는 공간

② 냉방 또는 난방 설비를 설치하지 아니하고 용도 특성상 건축물 내부를 외기에 개방시켜 사용하는 등 열손실 방지조치를 하여도 에너지절약의 효과가 없는 건축물 또는 공간

③ 「건축법 시행령」 별표1 제25호에 해당하는 건축물 중 「원자력 안전법」 제10조 및 제20조에 따라 허가를 받는 건축물

해설

> 모든 건축물은 신축 · 증축 · 재축(再築), 이전, 용도변경, 대수선, 건축물대장의 기재내용을 변경하는 경우 열손실방지 등의 에너지이용합리화를 위한 조치를 하여야 한다.

1. 건축법 제2조 【용어 정의】

① "건축물"이란 토지에 정착(定着)하는 공작물 중 지붕과 기둥 또는 벽이 있는 것과 이에 딸린 시설물, 지하나 고가(高架)의 공작물에 설치하는 사무소 · 공연장 · 점포 · 차고 · 창고, 그 밖에 대통령령으로 정하는 것을 말한다.

② "건축물의 용도"란 건축물의 종류를 유사한 구조, 이용 목적 및 형태별로 묶어 분류한 것을 말한다.

③ "건축"이란 건축물을 신축 · 증축 · 개축 · 재축(再築)하거나 건축물을 이전하는 것을 말한다.

④ "대수선"이란 건축물의 기둥, 보, 내력벽, 주계단 등의 구조나 외부 형태를 수선 · 변경하거나 증설하는 것으로서 대통령령으로 정하는 것을 말한다.

2. 건축법 시행령 제2조 【용어 정의】

① **"신축"**이란 건축물이 없는 대지(기존 건축물이 철거되거나 멸실된 대지를 포함한다)에 새로 건축물을 축조(築造)하는 것[부속건축물만 있는 대지에 새로 주된 건축물을 축조하는 것을 포함하되, 개축(改築) 또는 재축(再築)하는 것은 제외한다]을 말한다.

② **"증축"**이란 기존 건축물이 있는 대지에서 건축물의 건축면적, 연면적, 층수 또는 높이를 늘리는 것을 말한다.

③ **"개축"**이란 기존 건축물의 전부 또는 일부[내력벽·기둥·보·지붕틀(제16호에 따른 한옥의 경우에는 지붕틀의 범위에서 서까래는 제외한다) 중 셋 이상이 포함되는 경우를 말한다]를 철거하고 그 대지에 종전과 같은 규모의 범위에서 건축물을 다시 축조하는 것을 말한다.

④ **"재축"**이란 건축물이 천재지변이나 그 밖의 재해(災害)로 멸실된 경우 그 대지에 종전과 같은 규모의 범위에서 다시 축조하는 것을 말한다.

⑤ **"이전"**이란 건축물의 주요구조부를 해체하지 아니하고 같은 대지의 다른 위치로 옮기는 것을 말한다.

3. 열손실방지 등의 에너지이용합리화를 위한 조치

① 거실의 외벽, 최상층에 있는 거실의 반자 또는 지붕, 최하층에 있는 거실의 바닥, 바닥난방을 하는 층간 바닥, 창 및 문 등은 **[별표1]의 열관류율 기준** 또는 **[별표3]의 단열재 두께 기준**을 준수

② 「건축물의 에너지절약설계기준」 제6조 건축부문 의무사항 준수
  • 단열조치 일반사항
  • 에너지절약계획서 및 설계 검토서 제출대상 건축물은 별지 제1호 서식의 에너지 성능지표의 건축부문 1번 항목 배점을 0.6점 이상 획득
  • 바닥난방에서 단열재의 설치
  • 기밀 및 결로방지 등을 위한 조치

🌐 필기 예상문제 ☞

1. 지역별 건축물 부위의 열관류 율표
2. 단열재의 등급분류
3. 지역분류

4. [별표1] 지역별 건축물 부위의 열관류율표

(단위 : W/㎡·K)

건축물의 부위			지역	중부1지역[1]	중부2지역[2]	남부지역[3]	제주도
거실의 외벽	외기에 직접 면하는 경우	공동주택		0.150 이하	0.170 이하	0.220 이하	0.290 이하
		공동주택 외		0.170 이하	0.240 이하	0.320 이하	0.410 이하
	외기에 간접 면하는 경우	공동주택		0.210 이하	0.240 이하	0.310 이하	0.410 이하
		공동주택 외		0.240 이하	0.340 이하	0.450 이하	0.560 이하
최상층에 있는 거실의 반자 또는 지붕	외기에 직접 면하는 경우			0.150 이하		0.180 이하	0.250 이하
	외기에 간접 면하는 경우			0.210 이하		0.260 이하	0.350 이하
최하층에 있는 거실의 바닥	외기에 직접 면하는 경우	바닥난방인 경우		0.150 이하	0.170 이하	0.220 이하	0.290 이하
		바닥난방이 아닌 경우		0.170 이하	0.200 이하	0.250 이하	0.330 이하
	외기에 간접 면하는 경우	바닥난방인 경우		0.210 이하	0.240 이하	0.310 이하	0.410 이하
		바닥난방이 아닌 경우		0.240 이하	0.290 이하	0.350 이하	0.470 이하
바닥난방인 층간바닥				0.810 이하			
창 및 문	외기에 직접 면하는 경우	공동주택		0.900 이하	1.000 이하	1.200 이하	1.600 이하
		공동주택 외	창	1.300 이하	1.500 이하	1.800 이하	2.200 이하
			문	1.500 이하			
	외기에 간접 면하는 경우	공동주택		1.300 이하	1.500 이하	1.700 이하	2.000 이하
		공동주택 외	창	1.600 이하	1.900 이하	2.200 이하	2.800 이하
			문	1.900 이하			
공동주택 세대현관문 및 방화문	외기에 직접 면하는 경우 및 거실 내 방화문			1.400 이하			
	외기에 간접 면하는 경우			1.800 이하			

■비고
1) 중부1지역 : 강원도(고성, 속초, 양양, 강릉, 동해, 삼척 제외), 경기도(연천, 포천, 가평, 남양주, 의정부, 양주, 동두천, 파주), 충청북도(제천), 경상북도(봉화, 청송)
2) 중부2지역 : 서울특별시, 대전광역시, 세종특별자치시, 인천광역시, 강원도(고성, 속초, 양양, 강릉, 동해, 삼척), 경기도(연천, 포천, 가평, 남양주, 의정부, 양주, 동두천, 파주 제외), 충청북도(제천 제외), 충청남도, 경상북도(봉화, 청송, 울진, 영덕, 포항, 경주, 청도, 경산 제외), 전라북도, 경상남도(거창, 함양)
3) 남부지역 : 부산광역시, 대구광역시, 울산광역시, 광주광역시, 전라남도, 경상북도(울진, 영덕, 포항, 경주, 청도, 경산), 경상남도(거창, 함양 제외)

🌐 필기 출제경향[13년1급] ☞

다음 중 "건축물의 에너지절약설계기준"에서 제시하는 단열재의 등급분류에서 나 등급 단열재의 열전도율 범위로서 가장 적합한 것은? (단, KS L 9016에 의한 20℃ 시험조건)

① 0.034W/m·K 이하
② 0.034~0.035W/m·K
③ 0.035~0.040W/m·K
④ 0.041~0.046W/m·K

답 : ③

5. [별표2] 단열재의 등급 분류

등급 분류	열전도율의 범위(KS L 9016에 의한 20±5℃ 시험조건에서 열전도율)		관련 표준	단열재 종류
	W/mK	kcal/mh℃		
가	0.034 이하	0.029 이하	KS M 3808	• 압출법보온판 특호, 1호, 2호, 3호 • 비드법보온판 2종 1호, 2호, 3호, 4호
			KS M 3809	• 경질우레탄폼보온판 1종 1호, 2호, 3호 및 2종 1호,

등급 분류	열전도율의 범위(KS L 9016에 의한 20±5℃ 시험조건에서 열전도율)		관련 표준	단열재 종류
	W/mK	kcal/mh℃		
				2호, 3호
			KS L 9102	• 그라스울 보온판 48K, 64K, 80K, 96K, 120K
			KS M ISO 4898	• 페놀 폼 Ⅰ종A, Ⅱ종A
			KS M 3871-1	• 분무식 중밀도 폴리우레탄 폼 1종(A, B), 2종(A, B)
			KS F 5660	• 폴리에스테르 흡음 단열재 1급
				기타 단열재로서 열전도율이 0.034 W/mK (0.029 kcal/mh℃)이하인 경우
나	0.035~0.040	0.030~0.034	KS M 3808	• 비드법보온판 1종 1호, 2호, 3호
			KS L 9102	• 미네랄울 보온판 1호, 2호, 3호 • 그라스울 보온판 24K, 32K, 40K
			KS M ISO 4898	• 페놀 폼 Ⅰ종B, Ⅱ종B, Ⅲ종A
			KS M 3871-1	• 분무식 중밀도 폴리우레탄 폼 1종(C)
			KS F 5660	• 폴리에스테르 흡음 단열재 2급
				기타 단열재로서 열전도율이 0.035~0.040 W/mK (0.030~ 0.034 kcal/mh℃) 이하인 경우
다	0.041~0.046	0.035~0.039	KS M 3808	• 비드법보온판 1종 4호
			KS F 5660	• 폴리에스테르 흡음 단열재 3급
				기타 단열재로서 열전도율이 0.041~0.046 W/mK (0.035~0.039 kcal/mh℃) 이하인 경우
라	0.047~0.051	0.040~0.044		기타 단열재로서 열전도율이 0.047~0.051 W/mK (0.040~0.044 kcal/mh℃) 이하인 경우

※ 단열재의 등급분류는 단열재의 열전도율의 범위에 따라 등급을 분류한다.

6. [별표3] 단열재의 두께

(1) 중부1지역 [1]

(단위 : mm)

건축물의 부위		단열재의 등급	단열재 등급별 허용 두께			
			가	나	다	라
거실의 외벽	외기에 직접 면하는 경우	공동주택	220	255	295	325
		공동주택 외	190	225	260	285
	외기에 간접 면하는 경우	공동주택	150	180	205	225
		공동주택 외	130	155	175	195
최상층에 있는 거실의 반자 또는 지붕	외기에 직접 면하는 경우		220	260	295	330
	외기에 간접 면하는 경우		155	180	205	230
최하층에 있는 거실의 바닥	외기에 직접 면하는 경우	바닥난방인 경우	215	250	290	320
		바닥난방이 아닌 경우	195	230	265	290
	외기에 간접 면하는 경우	바닥난방인 경우	145	170	195	220
		바닥난방이 아닌 경우	135	155	180	200
바닥난방인 층간바닥			30	35	45	50

(2) 중부2지역 [1]

(단위 : mm)

건축물의 부위		단열재의 등급	단열재 등급별 허용 두께			
			가	나	다	라
거실의 외벽	외기에 직접 면하는 경우	공동주택	190	225	260	285
		공동주택 외	135	155	180	200
	외기에 간접 면하는 경우	공동주택	130	155	175	195
		공동주택 외	90	105	120	135
최상층에 있는 거실의 반자 또는 지붕	외기에 직접 면하는 경우		220	260	295	330
	외기에 간접 면하는 경우		155	180	205	230
최하층에 있는 거실의 바닥	외기에 직접 면하는 경우	바닥난방인 경우	190	220	255	280
		바닥난방이 아닌 경우	165	195	220	245
	외기에 간접 면하는 경우	바닥난방인 경우	125	150	170	185
		바닥난방이 아닌 경우	110	125	145	160
바닥난방인 층간바닥			30	35	45	50

(3) 남부지역 [2]

(단위 : mm)

건축물의 부위		단열재의 등급	단열재 등급별 허용 두께			
			가	나	다	라
거실의 외벽	외기에 직접 면하는 경우	공동주택	145	170	200	220
		공동주택 외	100	115	130	145
	외기에 간접 면하는 경우	공동주택	100	115	135	150
		공동주택 외	65	75	90	95
최상층에 있는 거실의 반자 또는 지붕	외기에 직접 면하는 경우		180	215	245	270
	외기에 간접 면하는 경우		120	145	165	180
최하층에 있는 거실의 바닥	외기에 직접 면하는 경우	바닥난방인 경우	140	165	190	210
		바닥난방이 아닌 경우	130	155	175	195
	외기에 간접 면하는 경우	바닥난방인 경우	95	110	125	140
		바닥난방이 아닌 경우	90	105	120	130
바닥난방인 층간바닥			30	35	45	50

(4) 제주도

(단위 : mm)

건축물의 부위		단열재의 등급	단열재 등급별 허용 두께			
			가	나	다	라
거실의 외벽	외기에 직접 면하는 경우	공동주택	110	130	145	165
		공동주택 외	75	90	100	110
	외기에 간접 면하는 경우	공동주택	75	85	100	110
		공동주택 외	50	60	70	75
최상층에 있는 거실의 반자 또는 지붕	외기에 직접 면하는 경우		130	150	175	190
	외기에 간접 면하는 경우		90	105	120	130
최하층에 있는 거실의 바닥	외기에 직접 면하는 경우	바닥난방인 경우	105	125	140	155
		바닥난방이 아닌 경우	100	115	130	145
	외기에 간접 면하는 경우	바닥난방인 경우	65	80	90	100
		바닥난방이 아닌 경우	65	75	85	95
바닥난방인 층간바닥			30	35	45	50

필기 예상문제

단열재 두께에 따른 허용두께가 가장 두꺼워야할 해당부위

실기 예상문제

EPI기준적용시 중부지역과 남부지역을 분류하여 배점부여

■ 비고

1) 중부1지역 : 강원도(고성, 속초, 양양, 강릉, 동해, 삼척 제외), 경기도(연천, 포천, 가평, 남양주, 의정부, 양주, 동두천, 파주), 충청북도(제천), 경상북도(봉화, 청송)

2) 중부2지역 : 서울특별시, 대전광역시, 세종특별자치시, 인천광역시, 강원도(고성, 속초, 양양, 강릉, 동해, 삼척), 경기도(연천, 포천, 가평, 남양주, 의정부, 양주, 동두천, 파주 제외), 충청북도(제천 제외), 충청남도, 경상북도(봉화, 청송, 울진, 영덕, 포항, 경주, 청도, 경산 제외), 전라북도, 경상남도(거창, 함양)

3) 남부지역 : 부산광역시, 대구광역시, 울산광역시, 광주광역시, 전라남도, 경상북도(울진, 영덕, 포항, 경주, 청도, 경산), 경상남도(거창, 함양 제외)

예제문제 05

다음 중 건축물의 열손실방지를 하지 않아도 되는 경우로 가장 적합한 것은?

【13년 2급 출제유형】

① 증축　　　　　　　　　　　② 용도변경
③ 신축　　　　　　　　　　　④ 수선

[해설] 법 제2조【건축물의 열손실방지 등】

건축물을 건축하거나 대수선, 용도변경 및 건축물대장의 기재내용을 변경하는 경우에는 다음 각 호의 기준에 의한 열손실방지 등의 에너지이용합리화를 위한 조치를 하여야 한다.

답 : ④

예제문제 06

건축물의 에너지절약설계기준에서 지역구분 중 중부2지역에 해당하지 않는 지역은?

① 강원도(강릉시, 동해시, 속초시, 삼척시, 고성군, 양양군)
② 충청북도(제천 제외)
③ 충청남도(천안시)
④ 경상북도(청송)

[해설] 경상북도(봉화, 청송)은 중부1지역에 해당한다.

답 : ④

예제문제 07

건축물을 건축하거나 용도변경, 대수선하는 경우 열손실방지 등 조치를 하지 않아도 되는 부위는?

① 거실의 외벽　　　　　　　② 최상층에 있는 거실의 반자 또는 지붕
③ 최하층에 있는 거실의 바닥　④ 단독주택세대간의 경계벽

[해설]

열손실 방지조치대상부위는 열관류율표(단위 : w/m²·k)에 따라 중부지역, 남부지역, 제주도로 나눈다.

■ 열손실 방지조치 대상부위

1. 거실의 외벽　　　　　　　　2. 최상층에 있는 거실의 반자 또는 지붕
3. 최하층에 있는 거실의 바닥　　4. 바닥난방인 층간바닥
5. 거실의 창 및 문

답 : ④

예제문제 08

다음 중 "건축물의 에너지절약 설계기준" 별표 1에서 정하는 건축물 부위의 열관류율에 대한 설명으로 가장 부적합한 것은?　　　**【13년 2급 출제유형】**

① 열관류율의 수치가 가장 작은 값을 요구하는 부위는 중부지역에 위치한 최상층의 거실의 외기에 직접 면한 반자 또는 지붕이다.

② 바닥난방을 하는 층간바닥 부위의 열관류율기준은 남부지역과 중부지역은 동일하다.

③ 최하층 거실의 바닥은 바닥난방인 경우와 바닥난방이 아닌 경우로 구분되어 열관류율이 제시되어 있다.

④ 단열재 두께 기준에서 지역별 구분시 강원도 양양군은 중부2지역에 속하며 세종특별자치시는 남부지역에 속한다.

해설

단열재 두께 기준에서 지역별 구분시 강원도 양양군, 세종특별자치시는 중부2지역에 속한다.

답 : ④

3 에너지절약계획서 제출 예외대상 등

고시 **제3조【에너지절약계획서 제출 예외대상 등】**

① 영 제10조제1항에 따라 에너지절약계획서를 첨부할 필요가 없는 건축물은 다음 각 호와 같다.

1. 「건축법 시행령」 별표1 제3호 아목에 따른 <u>시설 중 냉방 또는 난방 설비를 설치하지 아니하는 건축물</u>

2. 「건축법 시행령」 별표1 제13호에 따른 운동시설 중 <u>냉방 또는 난방</u> 설비를 설치하지 아니하는 건축물

3. 「건축법 시행령」 별표1 제16호에 따른 위락시설 중 <u>냉방 또는 난방</u> 설비를 설치하지 아니하는 건축물

4. 「건축법 시행령」 별표1 제27호에 따른 관광 휴게시설 중 <u>냉방 또는 난방</u> 설비를 설치하지 아니하는 건축물

5. 「주택법」 제15조 1항에 따라 사업계획승인을 받아 건설하는 주택으로서 「주택건설 기준 등에 관한 규정」 제64조 3항에 따라 「에너지절약형 친환경 주택의 건설기준」에 적합한 건축물

② 영 제10조제1항에서 "연면적의 합계"는 다음 각호에 따라 계산한다.

1. 같은 대지에 모든 바닥면적을 합하여 계산한다.

2. 주거와 비주거는 구분하여 계산한다.

3. 증축이나 용도변경, 건축물대장의 기재내용을 변경하는 경우 이 기준을 해당 부분에만 적용할 수 있다.

4. 연면적의 합계 500제곱미터 미만으로 허가를 받거나 신고한 후 「건축법」 제16조에 따라 허가와 신고사항을 변경하는 경우에는 당초 허가 또는 신고 면적에 변경되는 면적을 합하여 계산한다.

5. 제2조제3항에 따라 열손실방지 등의 에너지이용합리화를 위한 조치를 하지 않아도 되는 건축물 또는 공간, 주차장, 기계실 면적은 제외한다.

③ 제1항 및 영 제10조제1항제3호의 건축물 중 <u>냉방 또는 난방</u> 설비를 설치하고 <u>냉방 또는 난방</u> 열원을 공급하는 대상의 연면적 합계가 500제곱미터 미만인 경우에는 에너지절약계획서를 제출하지 아니한다.

필기 예상문제

에너지절약계획서 제출대상과
제출예외대상

용도별 건축물의 종류 중 "녹색
건축물 조성 지원법" 및 "건축물
의 에너지절약설계기준"에 따른
에너지 절약계획서 제출 예외대상
으로 볼 수 없는 것은? (단, 연면
적의 합계가 5백제곱미터 이상이
며, 냉난방(냉방 또는 난방) 설비
를 설치하지 않는 건축물이다.)

【2018년 국가자격 4회 출제문제】

① 정비공장(자동차 관련 시설)
② 관람장(문화 및 집회시설)
③ 양수장(제1종 근린생활시설)
④ 공관(단독주택)

해설
관람장(문화 및 집회시설)은 에너지절약
계획서 제출대상이다.

정답 : ②

요점 **에너지절약계획서제출예외 대상 등**

1. 에너지절약계획서 제출 대상

건축물을 건축하려는 건축주는 건축허가를 신청하거나 용도변경의 허가신청 또는 신고, 건축물대장 기재내용의 변경 시 **연면적 500m² 이상**인 건축물

2. 에너지절약계획서 제출 예외 대상 1 (녹색건축물 조성지원법 시행령 제10조)

① 단독주택
② 문화 및 집회시설 중 동 · 식물원
③ 공장 중 냉방 또는 난방 설비를 설치하지 아니하는 건축물
④ 창고시설 중 냉방 또는 난방 설비를 설치하지 아니하는 건축물
⑤ 위험물 저장 및 처리시설 중 냉방 또는 난방 설비를 설치하지 아니하는 건축물
⑥ 자동차 관련시설 중 냉방 또는 난방 설비를 설치하지 아니하는 건축물
⑦ 동물 및 식물 관련시설 중 냉방 또는 난방 설비를 설치하지 아니하는 건축물
⑧ 자원순환관련시설 냉방 또는 난방 설비를 설치하지 아니하는 건축물
⑨ 교정 및 군사시설(제1종 근린생활시설에 해당하는 것은 제외) 중 냉방 또는 난방 설비를 설치하지 아니하는 건축물
⑩ 방송통신시설(제1종 근린생활시설에 해당하는 것은 제외) 중 냉방 또는 난방 설비를 설치하지 아니하는 건축물
⑪ 발전시설 중 냉방 또는 난방 설비를 설치하지 아니하는 건축물
⑫ 묘지 관련 시설 중 냉방 또는 난방 설비를 설치하지 아니하는 건축물
⑬ 국토교통부장관이 에너지절약계획서를 첨부할 필요가 없다고 고시하는 건축물

3. 예외 대상 2 (건축물에너지절약설계기준 제3조)

① 「건축법 시행령」 별표1 제3호 아목에 따른 냉방 또는 난방 설비를 설치하지 아니하는 건축물
② 운동시설 중 냉방 또는 난방 설비를 설치하지 아니하는 건축물
③ 위락시설 중 냉방 또는 난방 설비를 설치하지 아니하는 건축물
④ 관광 휴게시설 중 냉방 또는 난방 설비를 설치하지 아니하는 건축물
⑤ 「주택법」 제15조 제1항에 따라 사업계획 승인을 받아 건설하는 주택으로서 「주택건설 기준 등에 관한 규정」 제64조 제3항에 따라 「에너지절약형 친환경주택의 건설기준」 에 적합한 건축물
⑥ 제1항 및 영 제10조제1항제3호 의 건축물 중 냉방 또는 난방 설비를 설치하고 냉방 또는 난방 열원을 공급하는 대상의 연면적 합계가 500제곱미터 미만인 경우에는 에너지절약계획서를 제출하지 아니한다.

4. 연면적 합계 계산하는 방법

① 같은 대지에 모든 바닥면적을 합하여 계산한다.

② 주거와 비 주거는 구분하여 계산한다.

③ 증축이나 용도 변경, 건축물대장의 기재내용을 변경하는 경우 이 기준을 해당 부분에만 적용할 수 있다.

④ 연면적의 합계 500제곱미터 미만으로 허가를 받거나 신고한 후「건축법」제16조에 따라 허가와 신고사항을 변경하는 경우에는 당초 허가 또는 신고 면적에 변경되는 면적을 합하여 계산한다.

⑤ 제2조제3항에 따라 열손실방지 등의 에너지이용합리화를 위한 조치를 하지 않아도 되는 건축물 또는 공간, 주차장, 기계실 면적은 제외한다.

|참고| 설계기준 해설

영 건축법 시행령 제119조【면적 등의 산정방법】

3. 바닥면적 : 건축물의 각 층 또는 그 일부로서 벽, 기둥, 그 밖에 이와 비슷한 구획의 중심선으로 둘러싸인 부분의 수평투영면적으로 한다. 다만, 다음 각 목의 어느 하나에 해당하는 경우에는 각 목에서 정하는 바에 따른다.

가. 벽·기둥의 구획이 없는 건축물은 그 지붕 끝부분으로부터 수평거리 1m를 후퇴한 선으로 둘러싸인 수평투영면적으로 한다.

나. 주택의 발코니 등 건축물의 노대나 그 밖에 이와 비슷한 것(이하 "노대등"이라 한다)의 바닥은 난간 등의 설치 여부에 관계없이 노대등의 면적(외벽의 중심선으로부터 노대등의 끝부분까지의 면적을 말한다)에서 노대등이 접한 가장 긴 외벽에 접한 길이에 1.5m를 곱한 값을 뺀 면적을 바닥면적에 산입한다.

다. 필로티나 그 밖에 이와 비슷한 구조(벽면적의 2분의 1 이상이 그 층의 바닥면에서 위층 바닥 아래면까지 공간으로 된 것만 해당한다)의 부분은 그 부분이 공중의 통행이나 차량의 통행 또는 주차에 전용되는 경우와 공동주택의 경우에는 바닥면적에 산입하지 아니한다.

라. 승강기탑, 계단탑, 장식탑, 다락[층고(層高)가 1.5m(경사진 형태의 지붕인 경우에는 1.8m) 이하인 것만 해당한다], 건축물의 외부 또는 내부에 설치하는 굴뚝, 더스트슈트, 설비덕트, 그 밖에 이와 비슷한 것과 옥상·옥외 또는 지하에 설치하는 물탱크, 기름탱크, 냉각탑, 정화조, 도시가스 정압기, 그 밖에 이와 비슷한 것을 설치하기 위한 구조물은 바닥면적에 산입하지 아니한다.

마. 공동주택으로서 지상층에 설치한 기계실, 전기실, 어린이놀이터, 조경시설 및 생활폐기물 보관함의 면적은 바닥면적에 산입하지 아니한다.

바. 「다중이용업소의 안전관리에 관한 특별법 시행령」제9조에 따라 기존의 다중이용업소(2004년 5월 29일 이전의 것만 해당한다)의 비상구에 연결하여 설치하는 폭 1.5m 이하의 옥외 피난계단(기존 건축물에 옥외 피난계단을 설치함으로써 법 제56조에 따른 용적률에 적합하지 아니하게 된 경우만 해당한다)은 바닥면적에 산입하지 아니한다.

사. 제6조제1항제6호에 따른 건축물을 리모델링하는 경우로서 미관 향상, 열의 손실 방지 등을 위하여 외벽에 부가하여 마감재 등을 설치하는 부분은 바닥면적에 산입하지 아니한다.

아. 제1항제2호나목3)의 건축물의 경우에는 단열재가 설치된 외벽 중 내측 내력벽의 중심선을 기준으로 산정한 면적을 바닥면적으로 한다.

  필기 예상문제

연면적 합계 계산하는 방법 5가지?

단독주택의 증축을 검토시 "건축물의 에너지절약 설계기준" 및 "건축물 에너지효율등급 인증제도" 관련 내용으로 가장 적절한 것은?

① 냉난방 면적의 합계에 따라 에너지절약계획서 제출 대상 여부를 판단한다.

② 열손실의 변동이 있는 증축을 하는 경우 증축 하지 않는 부위에도 현재의 열관류율 기준(또는 단열재의 두께 기준)을 적용하여야 한다.

③ 최상층 거실 반자(또는 지붕)에 대해 같은 지역의 공동주택과 동일한 열관류율 기준(또는 단열재의 두께 기준)을 적용하여야 한다.

④ 건축물 에너지효율등급 인증을 신청하면 인증 기관은 신청을 받은 날로부터 30일 이내에 인증을 처리하여야 한다.

해설 ① 냉난방면적의 합계에 따라 에너지절약계획서 제출 대상 여부를 판단한다. → 연면적의 합계 500㎡ 이상인 건축물로서 건축허가를 신청하거나 용도변경의 허가 신청 또는 신고, 건축물대장의 기재 내용 변경시 제출대상 여부를 판단한다.

② 열손실의 변동이 있는 증축을 하는 경우 증축하지 않는 부위에도 현재의 열관류율 기준(또는 단열재의 두께 기준)을 적용하여야 한다. → 증축을 하는 경우에만 적용한다.

④ 건축물 에너지 효율등급 인증을 신청하면 인증기관은 신청을 받은 날로부터 30일 이내에 인증을 신청하여야한다. → 단독주택의 경우 40일 이내에 인증을 처리하여야 한다.

정답 : ③

자. 「영유아보육법」 제15조에 따른 어린이집(2005년 1월 29일 이전에 설치된 것만 해당한다)의 비상구에 연결하여 설치하는 폭 2m 이하의 영유아용 대피용 미끄럼대 또는 비상계단의 면적은 바닥면적(기존 건축물에 영유아용 대피용 미끄럼대 또는 비상계단을 설치함으로써 법 제56조에 따른 용적률 기준에 적합하지 아니하게 된 경우만 해당한다)에 산입하지 아니한다.

4. 연면적 : 하나의 건축물 각 층의 바닥면적합계로 하되, 용적률을 산정할 때에는 다음 각목에 해당하는 면적은 제외한다.

   가. 지하층의 면적

   나. 지상층의 주차용(해당건축물의 부속 용도인 경우만 해당한다.)으로 쓰는 면적

   다. 삭제

   라. 삭제

   마. 제34조 제3항 및 제4항에 따라 초고층건축물과 준초고층 건축물에 설치하는 피난안전구역의 면적

   바. 제40조 제3항 제2호에 따라 건축물의 경사지붕아래에 설치하는 대피공간의 면적

예제문제 09

에너지절약계획서 제출 예외대상이 아닌 것은?

① 위락시설 중 냉방 또는 난방설비를 설치하지 아니하는 건축물

② 운수시설 중 냉방 또는 난방설비를 설치하지 아니하는 건축물

③ 관광휴게 시설 중 냉방 또는 난방설비를 설치하지 아니하는 건축물

④ 국토교통부장관이 에너지절약계획서를 첨부할 필요가 없다고 고시하는 건축물

해설

운수시설이 아니라 운동시설 중 냉방 또는 난방설비를 설치하지 아니하는 건축물이 해당한다.

• 에너지 절약계획서 제출예외대상

1. 「건축법 시행령」 별표1 제3호 아목에 따른 냉방 또는 난방설비 설비를 설치하지 아니하는 건축물

2. 운동시설 중 냉방 또는 난방설비 설비를 설치하지 아니하는 건축물

3. 위락시설 중 냉방 또는 난방설비 설비를 설치하지 아니하는 건축물

4. 관광휴게 시설 중 냉방 또는 난방설비 설비를 설치하지 아니하는 건축물

5. 「주택법」 제15조 제1항에 따라 사업계획 승인을 받아 건설하는 주택으로서 「주택건설기준 등에 관한 규정」 제64조 제3항에 따라 「에너지절약형 친환경주택의 건설기준」에 적합한 건축물

6. 제1항 및 영 제10조제1항제3호의 건축물 중 냉방 또는 난방설비 설비를 설치하고 냉방 또는 난방설비 열원을 공급하는 대상의 연면적 합계가 500제곱미터 미만인 경우에는 에너지절약계획서를제출하지 아니한다.

답 : ②

예제문제 10

건축물의 에너지절약설계기준에서 말하는 "연면적의 합계" 계산 방법이 아닌 것은?

① 같은 대지에 모든 바닥면적을 합하여 계산한다.
② 주거와 비주거는 구분하여 계산한다.
③ 증축 또는 용도변경하는 부분에만 적용한다.
④ 해당 용도의 주차장, 기계실 면적을 포함하여 계산한다.

[해설] 해당 용도의 주차장, 기계실 면적은 제외한다.

답 : ④

예제문제 11

에너지 절약계획서를 제출하지 않아도 되는 건축물을 보기 중에서 모두 고른 것으로 가장 적절한 것은? (단, 모두 연면적의 합계가 $500m^2$ 이상인 신축 건축물이며, 제시된 건축물의 용도는 "건축법 시행령" 별표 1에 따른 용도이다.) 【2019년 5회 국가자격시험】

<보 기>
㉠ 냉방 또는 난방 설비를 설치하지 않는 제2종 근린생활시설
㉡ 냉방 또는 난방 열원을 공급하는 대상의 연면적의 합계가 $450m^2$인 위락시설
㉢ 건축물 에너지소요량 평가서 제출 대상으로 단위면적당 1차 에너지소요량의 합계가 $120\,kWh/m^2 \cdot$ 년으로 평가된 교육연구시설
㉣ 제로에너지건축물 인증을 취득한 업무시설

① ㉠
② ㉠, ㉢
③ ㉡
④ ㉡, ㉣

[해설] ㉡ 냉방 또는 난방 열원을 공급하는 대상의 연면적의 합계가 $450m^2$인 위락시설 (제출)×

답 : ③

3-2 에너지절약계획서 사전확인 등

[고시] 제3조의2 【에너지절약계획서 사전확인 등】
① 법 제14조제1항에 따라 에너지절약계획서를 제출하여야 하는 자는 그 신청을 하기 전에 영 제10조제2항의 허가권자(이하 "허가권자"라 한다)에게 에너지절약계획서 사전확인을 신청할 수 있다.
② 제1항에 따른 사전확인을 신청하는 자(이하 "사전확인신청자"라 한다)는 규칙 별지 제1호 서식에 따른 에너지절약계획서를 신청구분 사전확인란에 표시하여 제출하여야 한다.
③ 허가권자는 제1항과 제2항에 따른 사전확인 신청을 받으면 에너지절약계획서 관련 도서 등을 검토한 후 사전확인 결과를 사전확인신청자에게 알려야 한다.

④ 허가권자는 제3항에 따라 사전확인신청자로부터 제출된 에너지절약계획서를 검토하는 경우 규칙 제7조제2항에 따른 에너지 관련 전문기관에 에너지절약계획서의 검토 및 보완을 거치도록 할 수 있으며, 이 경우 에너지절약계획서 검토 수수료는 규칙 별표 1과 같다.

⑤ 제1항부터 제4항에 따른 처리절차는 규칙 별지 제1호서식의 처리절차와 같으며, 효율적인 업무 처리를 위하여 건축법 제32조제1항에 따른 전자정보처리 시스템을 이용할 수 있다.

⑥ 제3항에 따른 사전확인 결과가 제14조 및 제15조 또는 제14조 및 제21조에 따른 판정기준에 적합한 경우 사전확인이 이루어진 것으로 보며, 법 제14조제3항에 따라 에너지절약계획서의 적절성 등을 검토하지 아니할 수 있다. 다만, 사전확인 결과 중 별지 제1호 서식 에너지절약계획 설계 검토서의 항목별 평가결과에 변동이 있을 경우에는 그러하지 아니하다.

⑦ 사전확인의 유효기간은 제3항에 따른 사전확인 결과를 통지받은 날로부터 1개월이며, 이 유효기간이 경과된 경우 법 제14조제3항의 적용을 받지 아니한다.

요점 (에너지절약계획서 사전확인 등)

① 법 제14조제1항에 따라 에너지절약계획서를 제출하여야 하는 자는 그 신청을 하기 전에 영 제10조제2항의 허가권자(이하 "허가권자"라 한다)에게 에너지절약계획서 사전확인을 신청할 수 있다.

② 제1항에 따른 사전확인을 신청하는 자(이하 "사전확인신청자"라 한다)는 규칙 별지 제1호 서식에 따른 에너지절약계획서를 신청구분 사전확인란에 표시하여 제출하여야 한다.

③ 허가권자는 제1항과 제2항에 따른 사전확인 신청을 받으면 에너지절약계획서 관련 도서 등을 검토한 후 사전확인 결과를 사전확인신청자에게 알려야 한다.

④ 허가권자는 제3항에 따라 사전확인신청자로부터 제출된 에너지절약계획서를 검토하는 경우 규칙 제7조제2항에 따른 에너지 관련 전문기관에 에너지절약계획서의 검토 및 보완을 거치도록 할 수 있으며, 이 경우 에너지절약계획서 검토 수수료는 규칙 별표 1과 같다.

⑤ 제1항부터 제4항에 따른 처리절차는 규칙 별지 제1호서식의 처리절차와 같으며, 효율적인 업무 처리를 위하여 건축법 제32조제1항에 따른 전자정보처리 시스템을 이용할 수 있다.

⑥ 제3항에 따른 사전확인 결과가 제14조 및 제15조 또는 제14조 및 제21조에 따른 판정기준에 적합한 경우 사전확인이 이루어진 것으로 보며, 법 제14조제3항에 따라 에너지절약계획서의 적절성 등을 검토하지 아니할 수 있다. 다만, 사전확인 결과 중 별지 제1호 서식 에너지절약계획 설계 검토서의 항목별 평가결과에 변동이 있을 경우에는 그러하지 아니하다.

⑦ 사전확인의 유효기간은 제3항에 따른 사전확인 결과를 통지받은 날로부터 1개월 이며, 이 유효기간이 경과된 경우 법 제14조제3항의 적용을 받지 아니한다.

4 적용예외

고시 제4조【적용예외】

다음 각 호에 해당하는 경우 이 기준의 전체 또는 일부를 적용하지 않을 수 있다.

1. 삭제

2. 건축물 에너지효율 1+등급 이상(단, 공공기관의 경우 1++등급 이상)을 취득한 경우에는 제15조 및 제21조를 적용하지 아니할 수 있으며, 제로에너지건축물 인증을 취득한 경우에는 별지 제1호서식 에너지절약계획 설계 검토서를 제출하지 아니할 수 있다.

3. 건축물의 기능·설계조건 또는 시공 여건상의 특수성 등으로 인하여 이 기준의 적용이 불합리한 것으로 지방건축위원회가 심의를 거쳐 인정하는 경우에는 이 기준의 해당 규정을 적용하지 아니할 수 있다. 다만, 지방건축위원회 심의 시에는 「건축물 에너지 효율등급 및 제로에너지건축물 인증에 관한 규칙」 제4조제4항 각 호의 어느 하나에 해당하는 건축물 에너지 관련 전문인력 1인 이상을 참여시켜 의견을 들어야 한다.

4. 건축물을 증축하거나 용도변경, 건축물대장의 기재내용을 변경하는 경우에는 제15조를 적용하지 아니할 수 있다. 다만, 별동으로 건축물을 증축하는 경우와 기존 건축물 연면적의 100분의 50 이상을 증축하면서 해당 증축 연면적이 2,000제곱미터 이상인 경우에는 그러하지 아니한다.

5. 허가 또는 신고대상의 같은 대지 내 주거 또는 비주거를 구분한 제3조제2항 및 3항에 따른 연면적의 합계가 500제곱미터 이상이고 2천제곱미터 미만인 건축물 중 연면적의 합계가 500제곱미터 미만인 개별동의 경우에는 제15조 및 제21조를 적용하지 아니할 수 있다.

6. 열손실의 변동이 없는 증축, 용도변경 및 건축물대장의 기재내용을 변경하는 경우에는 별지 제1호 서식 에너지절약 설계 검토서를 제출하지 아니할 수 있다. 다만, 종전에 제2조제3항에 따른 열손실방지 등의 조치 예외대상이었으나 조치대상으로 용도변경 또는 건축물대장 기재내용의 변경의 경우에는 그러하지 아니한다.

7. 「건축법」 제16조에 따라 허가와 신고사항을 변경하는 경우에는 변경하는 부분에 대해서만 규칙 제7조에 따른 에너지절약계획서 및 별지 제1호 서식에 따른 에너지절약 설계 검토서(이하 "에너지절약계획서 및 설계 검토서"라 한다)를 제출할 수 있다.

8. 제21조제2항에서 제시하는 건축물 에너지소요량 평가서 판정기준을 만족하는 경우에는 제15조를 적용하지 아니할 수 있다.

요점 **적용예외**

① 삭제

② 건축물 에너지효율 1+등급 이상(단, 공공기관의 경우 1++등급 이상)을 취득한 경우에는 제15조 및 제21조를 적용하지 아니할 수 있으며, 제로에너지건축물 인증을 취득한 경우에는 별지 제1호서식 에너지절약계획 설계 검토서를 제출하지 아니할 수 있다.

③ 건축물의 기능 · 설계조건 또는 시공 여건상의 특수성 등으로 인하여 이 기준의 적용이 불합리한 것으로 지방건축위원회가 심의를 거쳐 인정하는 경우에는 이 기준의 해당 규정을 적용하지 아니할 수 있다. 다만, 지방건축위원회 심의 시에는 「건축물 에너지효율등급 및 제로에너지건축물 인증에 관한 규칙」 제4조제4항 각 호의 어느 하나에 해당하는 건축물 에너지 관련 전문인력 1인 이상을 참여시켜 의견을 들어야 한다.

④ 건축물을 증축하거나 용도변경, 건축물대장의 기재내용을 변경하는 경우에는 제15조를 적용하지 아니할 수 있다. 다만, 별동으로 건축물을 증축하는 경우와 기존 건축물 연면적의 100분의 50 이상을 증축하면서 해당 증축 연면적이 2,000제곱미터 이상인 경우에는 그러하지 아니한다.

⑤ 허가 또는 신고대상의 같은 대지 내 주거 또는 비주거를 구분한 제3조제2항 및 3항에 따른 연면적의 합계가 500제곱미터 이상이고 2천제곱미터 미만인 건축물 중 연면적의 합계가 500제곱미터 미만인 개별동의 경우에는 제15조 및 제21조를 적용하지 아니할 수 있다.

⑥ 열손실의 변동이 없는 증축, 용도변경 및 건축물대장의 기재내용을 변경하는 경우에는 별지 제1호 서식 에너지절약 설계 검토서를 제출하지 아니할 수 있다. 다만, 종전에 제2조제3항에 따른 열손실방지 등의 조치 예외대상이었으나 조치 대상으로 용도변경 또는 건축물대장 기재내용의 변경의 경우에는 그러하지 아니한다.

⑦ 「건축법」 제16조에 따라 허가와 신고사항을 변경하는 경우에는 변경하는 부분에 대해서만 규칙 제7조에 따른 에너지절약계획서 및 별지 제1호 서식에 따른 에너지절약 설계 검토서(이하 "에너지절약계획서 및 설계 검토서"라 한다)를 제출할 수 있다.

⑧ 제21조제2항에서 제시하는 건축물 에너지소요량 평가서 판정기준을 만족하는 경우에는 제15조를 적용하지 아니할 수 있다.

필기 예상문제

제로에너지건축물 인증을 취득한 경우 "건축물의 에너지절약설계기준"에서 적용하지 않을 수 있는 항목을 보기에서 바르게 고른 것은?

〈보 기〉
㉠ 에너지성능지표 판정
㉡ 열손실방지 조치
㉢ 에너지소요량 평가서 판정
㉣ 냉방부하 저감을 위한 거실외 피면적당 평균 태양열 취득
㉤ 전력수요관리시설 냉방방식 설치 의무

① ㉠, ㉡, ㉢   　② ㉡, ㉢, ㉣
③ ㉠, ㉢, ㉣   　④ ㉡, ㉣, ㉤

해설 제로에너지 건축물 인증을 취득한 경우 "건축물의 에너지 절약 설비 기준"에서
㉠ 에너지성능지표 판정
㉢ 에너지 소요량 평가서 작성
㉣ 냉방부하 저감을 위한 거실외피면적당 평균 태양열 취득은 적용하지 않을 수 있다.
정답 : ③

해설

1. 고시 제15조 【에너지성능지표의 판정】
   ① 에너지성능지표는 평점합계가 65점 이상일 경우 적합한 것으로 본다. 다만, 공공기관이 신축하는 건축물(별동으로 증축하는 건축물을 포함한다)은 74점 이상일 경우 적합한 것으로 본다.
   ② 에너지성능지표의 각 항목에 대한 배점의 판단은 에너지절약계획서 제출자가 제시한 설계도면 및 자료에 의하여 판정하며, 판정 자료가 제시되지 않을 경우에는 적용되지 않은 것으로 간주한다.

2. 건축물 에너지 효율등급 1+등급 이상 또는 제로에너지 건축물 인증을 취득한 건축물은 에너지절약 설계검토서 중 2. 에너지 성능지표는 제출할 필요 없음(단, 공공기관 건축물은 건축물 에너지 효율 1++등급 이상 또는 제로에너지 건축물 인증을 취득한 경우 제출 예외 적용)

3. 건축물의 기능·설계조건 또는 시공 여건상의 특수성 등으로 인하여 이 기준의 적용이 불합리한 것으로 지방건축위원회의 심의를 거쳐 이 기준의 해당 규정을 적용하지 아니 할 수 있다.

4. 건축물을 증축하거나 용도변경, 건축물대장의 기재내용을 변경하는 경우
   • 증축이나, 용도변경, 건축물대장의 기재내용을 변경하는 부분이 500㎡ 이상일 때, 증축이나 용도변경, 건축물대장의 기재내용을 변경하는 부분만 기준을 적용하여 에너지절약계획서를 제출해야 하나 EPI 점수 65점 이상, 공공기관은 74점 이상은 적용하지 아니할 수 있다.
   다만, 같은 대지위에 별동으로 건축물을 증축하는 경우와 기존건축물 연면적의 100분의 50 이상을 증축하면서 해당 증축 연면적이 2,000㎡ 이상인 경우 EPI 점수 65점 이상, 공공기관은 74점 이상을 적용해야 한다.

5. 허가 또는 신고대상의 같은 대지 내 주거 또는 비주거를 구분한 제3조제2항에 따른 연면적의 합계가 500제곱미터 이상이고 전체 연면적의 합계가 2천제곱미터 미만인 건축물 중 개별 동의 연면적이 500제곱미터 미만인 경우에는 에너지 성능 지표를 제출하지 아니할 수 있다.

6. 열손실의 변동이 없는 증축, 용도변경 및 건축물대장의 기재내용을 변경하는 경우에는 별지 제1호 서식 에너지절약 설계 검토서를 제출하지 아니할 수 있다.

7. 당초 에너지절약계획서 및 에너지절약 설계 검토서를 제출하여 허가 또는 신고 후, 허가 또는 신고 사항을 변경하는 경우 변경하는 부분에 대해서만 에너지절약계획서 및 에너지절약 설계 검토서를 제출할 수 있으며, 당초 허가와 신고시에는 에너지절약계획서 제출대상이 아니었으나 변경 후 합계면적이 제출대상이 되는 경우에는 당초 대상이 아니었던 부분까지 합하여 작성하여야 한다.

8. 제21조 ② 건축물의 에너지 소요량 평가서는 단위면적당 1차 에너지 소요량의 합계가 200kwh/㎡년 미만일 경우 적합한 것으로 본다. 다만, 공공 건축물은 140kwh/㎡년 미만일 경우 적합한 것으로 본다.

건축물 신축 시 "건축물의 에너지절약설계기준" 제15조(에너지성능지표의 판정)를 적용받지 않아도 되는 대상을 보기 중에서 모두 고른 것은?

〈보 기〉
㉠ 연면적의 합계 3천 m²인 공공업무시설로 에너지소비총량제에 따른 1차에너지소요량이 200kWh /m²·년인 건축물
㉡ 연면적의 합계 4천 m²인 민간 교육연구시설로 에너지소비 총량제에 따른 1차에너지소요량이 180kWh/m²·년인 건축물
㉢ 연면적의 합계 1천 m²인 민간 업무시설로 건축물 에너지효율 등급 1+등급 인증을 취득한 건축물
㉣ 같은 대지에 제2종근린생활시설(개별동의 연면적의 합계 450m²) 5개동을 신축하는 경우

① ㉠, ㉡   ② ㉡, ㉢
③ ㉡, ㉣   ④ ㉠, ㉣

해설 ㉠ 연면적의 합계 3천㎡인 공공 업무시설로 에너지소비총량제에 다른 1차에너지 소요량이 200kWh/m²·년인 건축물 → 1차에너지 소요량이 200kWh/m²·년 공공업무시설은 140kWh/m²·년 미만인 경우에 해당되지 않으므로 제15조(에너지성능지표의 판정)를 적용한다.
㉣ 같은 대지에 제2종 근린생활시설(개별동의 연면적의 합계 450㎡) 5개동을 신축하는 경우 → 허가 또는 신고대상의 같은 대지 내 주거 또는 비주거를 구분한 연면적의 합계가 50㎡ 이상이고 전체 연면적의 합계가 2천 제곱미터 미만인 건축물 중 개별동의 연면적이 500제곱미터 미만인 경우에는 에너지성능지표를 제출하지 아니할 수 있다. 즉 연면적이 450×5=2,250㎡이 되므로 제15조(에너지성능지표의 판정)를 적용한다.

정답 : ②

예제문제 12

에너지절약계획서 제출 대상인 민간건축물에 대해 건축물의 에너지절약설계기준의 일부 또는 전부를 적용하지 않을 수 있는 것으로 보기 중 적절한 것을 모두 고른 것은?
【2018년 국가자격 4회 출제문제】

㉠ 기존 건축물 연면적의 1/2 이상을 수평 증축하면서 해당 증축 연면적의 합계가 2천 제곱미터 미만인 경우 에너지싱능지표 평점 합계 적합기준을 적용하지 않을 수 있다.
㉡ 제2조제3항 열손실방지 등의 조치 예외 대상이었으나 조치 대상의 열손실의 변동이 없는 용도변경을 하는 경우 별지 제1호 서식 에너지절약 설계 검토서를 제출 하지 않을 수 있다.
㉢ 연면적의 합계가 3천 제곱미터인 업무시설의 건축물 에너지소요량 평가서 상 단위면적당 1차 에너지소요량의 합계가 380kWh/m²·년 인 경우 에너지 성능지표 평점합계 적합기준을 적용하지 않을 수 있다.
㉣ 연면적의 합계가 1,500제곱미터인 비주거 건축물 중 연면적의 합계가 400제곱미터인 동은 에너지성능지표 평점합계 적합기준과 건축물 에너지소요량 평가서 제출 및 적합 기준을 적용하지 않을 수 있다.

① ㉠, ㉡   ② ㉢, ㉣
③ ㉠, ㉢   ④ ㉠, ㉣

해설
㉡ 제2조제3항 열손실방지 등의 조치 예외 대상이었으나 조치 대상의 열손실의 변동이 없는 용도변경을 하는 경우 별지 제1호 서식 에너지절약 설계 검토서를 제출 하지 않을 수 있다.
  – 열손실 방지 조치대상의 경우에는 에너지절약설계검토서를 제출하여야 한다.
㉢ 연면적의 합계가 3천 제곱미터인 업무시설의 건축물 에너지소요량 평가서 상 단위면적당 1차 에너지소요량의 합계가 380kWh/m²·년 인 경우 에너지 성능지표 평점합계 적합기준을 적용하지 않을 수 있다.
  – 건축물의 에너지소요량 평가서는 단위면적당 1차에너지소요량의 합계가 200kWh/m²·년 미만일 경우 에너지 성능지표 평점합계 적합기준을 적용하지 않을 수 있다. 다만, 공공기관 건축물은 140kWh/m²·년 미만일 경우 에너지 성능지표 평점합계 적합기준을 적용하지 않을 수 있다.

답 : ④

예제문제 13

"건축물의 에너지절약설계기준"에 따라 보기 ㉠~㉣ 중 에너지성능지표를 제출해야 할 대상을 모두 고른 것은? 【17년 3회 국가자격시험】

㉠ 같은 대지에 A동(비주거) 연면적의 합계 400제곱미터와 B동(비주거) 연면적의 합계 200제곱미터를 신축할 경우
㉡ 업무시설을 별동으로 연면적의 합계 500제곱미터 이상 증축한 경우
㉢ 신축 공공업무시설이 건축물 에너지 효율등급 1등급을 취득한 경우
㉣ 제로에너지 건축물 인증을 취득한 건축물

① ㉠, ㉡   ② ㉡, ㉣
③ ㉡, ㉢   ④ ㉠, ㉡, ㉢, ㉣

해설 에너지성능지표 제출대상

㉠ 같은 대지에 A동(B주거) 연면적의 합계 400m² 와 B동(비주거) 연면적의 합계 200m² 를 신축할 경우
  → 허가 or 신고 대상의 같은 대지 내 주거 or 비주거를 구분한 연면적의 합계 500m² 이상 – 2,000m² 미만인 건축물 중 개별동의 연면적이 500m² 미만인 경우에는 EPI 15번 적용하지 아니한다.
㉡ 업무시설을 별동으로 연면적의 합계 500m² 이상 증축하는 경우
  → 별동으로 증축하는 경우 ○
㉢ 공공기관이 신축하는 건축물(별동으로 증축하는 건축물을 포함한다.)은 1++등급 이상 또는 제로에너지 건축물을 취득한 경우에 에너지 성능지표 및 건축물 에너지 소요량 평가서를 적용하지 아니할 수 있다.
㉣ 제로에너지 건축물 인증을 취득한 건축물은 에너지 성능지표를 제출하지 아니한다.

답 : ③

필기 예상문제

용어의 정의와 관련하여 적합, 부적합을 판단하는 문제가 출제될 수 있다.

실기 예상문제

완화기준적용 2가지?
· 건축물의 용적률
· 건축물의 높이

5 용어의 정의

고시 제5조 【용어의 정의】 이 기준에서 사용하는 용어의 뜻은 다음 각 호와 같다.

1. "의무사항"이라 함은 건축물을 건축하는 건축주와 설계자 등이 건축물의 설계 시 필수적으로 적용해야 하는 사항을 말한다.

2. "권장사항"이라 함은 건축물을 건축하는 건축주와 설계자 등이 건축물의 설계 시 선택적으로 적용이 가능한 사항을 말한다.

3. "건축물에너지 효율등급 인증"이라 함은 국토교통부와 산업통상자원부의 공동부령인 「건축물 에너지효율등급 및 제로에너지건축물 인증에 관한 규칙」에 따라 인증을 받는 것을 말한다.

4. "제로에너지건축물 인증"이라 함은 국토교통부와 산업통상자원부의 공동부령인 「건축물 에너지효율등급 및 제로에너지건축물 인증에 관한 규칙」에 따라 제로에너지건축물 인증을 받는 것을 말한다.

5. "녹색건축인증"이라 함은 국토교통부와 환경부의 공동부령인 「녹색건축의 인증에 관한 규칙」에 따라 인증을 받는 것을 말한다.

6. "고효율제품"이라 함은 산업통상자원부 고시 「고효율에너지기자재 보급촉진에 관한 규정」에 따라 인증서를 교부받은 제품과 산업통상자원부 고시 「효율관리기자재 운용규정」에 따른 에너지소비효율 1등급 제품 또는 동 고시에서 고효율로 정한 제품을 말한다.

7. "완화기준"이라 함은 「건축법」, 「국토의 계획 및 이용에 관한 법률」 및 「지방자치단체조례」 등에서 정하는 건축물의 용적률 및 높이제한 기준을 적용함에 있어 완화 적용할 수 있는 비율을 정한 기준을 말한다.

8. "예비인증"이라 함은 건축물의 완공 전에 설계도서 등으로 인증기관에서 건축물 에너지효율 등급 인증, 제로에너지건축물 인증, 녹색건축인증을 받는 것을 말한다.

9. "본인증"이라 함은 신청건물의 완공 후에 최종설계도서 및 현장 확인을 거쳐 최종적으로 인증기관에서 건축물 에너지효율등급 인증, 제로에너지건축물 인증, 녹색건축인증을 받는 것을 말한다.

14. "공공기관"이라 함은 산업통상자원부고시 「공공기관 에너지이용합리화 추진에 관한 규정」에서 정한 기관을 말한다.

15. "전자식 원격검침계량기"란 에너지사용량을 전자식으로 계측하여 에너지 관리자가 실시간으로 모니터링하고 기록할 수 있도록 하는 장치이다.

16. "건축물에너지관리시스템(BEMS)"이란 「녹색건축물 조성 지원법」 제6조의2제2항에서 규정하는 것을 말한다.

17. "에너지요구량"이란 건축물의 냉방, 난방, 급탕, 조명부문에서 표준 설정 조건을 유지하기 위하여 해당 건축물에서 필요로 하는 에너지량을 말한다.

18. "에너지소요량"이란 에너지요구량을 만족시키기 위하여 건축물의 냉방, 난방, 급탕, 조명, 환기 부문의 설비기기에 사용되는 에너지량을 말한다.

19. "1차에너지"란 연료의 채취, 가공, 운송, 변환, 공급 등의 과정에서의 손실분을 포함한 에너지를 말하며, 에너지원별 1차에너지 환산계수는 "건축물 에너지효율등급 인증 및 제로에너지건축물 인증 제도 운영규정"에 따른다.

20. "시험성적서"란 「적합성평가 관리 등에 관한 법률」 제2조제10호다목에 해당하는 성적서로 동법에 따라 발급·관리되는 것을 말한다.

요점 용어의 정의

이 기준에서 사용하는 용어의 뜻은 다음 각 호와 같다.

① "**의무사항**"이라 함은 건축물을 건축하는 건축주와 설계자 등이 건축물의 설계 시 필수적으로 적용해야 하는 사항을 말한다.

② "**권장사항**"이라 함은 건축물을 건축하는 건축주와 설계자 등이 건축물의 설계 시 선택적으로 적용이 가능한 사항을 말한다.

③ "**건축물에너지 효율등급 인증**"이라 함은 국토교통부와 산업통상자원부의 공동 부령인 「건축물 에너지효율등급 및 제로에너지건축물인증에 관한 규칙」에 따라 인증을 받는 것을 말한다.

④ "**제로에너지건축물 인증**"이라 함은 국토교통부와 산업통상자원부의 공동부령 인 「건축물 에너지효율등급 및 제로에너지건축물 인증에 관한 규칙」에 따라 제로에너지건축물 인증을 받는 것을 말한다.

⑤ "**녹색건축인증**"이라 함은 국토교통부와 환경부의 공동부령인 「녹색건축의 인증에 관한 규칙」에 따라 인증을 받는 것을 말한다.

⑥ "**고효율제품**"이라 함은 산업통상자원부 고시 「고효율에너지기자재 보급촉진 에 관한 규정」에 따라 인증서를 교부받은 제품과 산업통상자원부 고시 「효 율관리기자재 운용규정」에 따른 에너지소비효율 1등급 제품 또는 동 고시 에서 고효율로 정한 제품을 말한다.

⑦ "**완화기준**"이라 함은 「건축법」, 「국토의 계획 및 이용에 관한 법률」 및 「지방 자치단체 조례」 등에서 정하는 건축물의 용적률 및 높이제한 기준을 적용함 에 있어 완화 적용할 수 있는 비율을 정한 기준을 말한다.

  필기 **예상문제**

예비인증과 본인증 비교 설명

|참고| **건축법에 따른 용어 관련 규정**

법 제56조 【건축물의 용적률】

대지면적에 대한 연면적(대지에 건축물이 둘 이상 있는 경우에는 이들 연면적의 합계로 한다)의 비율(이하 "용적률"이라 한다)의 최대한도는 「국토의 계획 및 이용에 관한 법률」 제78조에 따른 용적률의 기준에 따른다. 다만, 이 법에서 기준을 완화하거나 강화하여 적용하도록 규정한 경우에는 그에 따른다.

법 제60조 【건축물의 높이 제한】

① 허가권자는 가로구역[(街路區域) : 도로로 둘러싸인 일단(一團)의 지역을 말한다. 이하 같다]을 단위로 하여 대통령령으로 정하는 기준과 절차에 따라 건축물의 최고 높이를 지정·공고할 수 있다. 다만, 특별자치도지사 또는 시장·군수·구청장은 가로구역의 최고 높이를 완화하여 적용할 필요가 있다고 판단되는 대지에 대하여는 대통령령으로 정하는 바에 따라 건축위원회의 심의를 거쳐 최고 높이를 완화하여 적용할 수 있다.

② 특별시장이나 광역시장은 도시의 관리를 위하여 필요하면 제1항에 따른 가로구역별 건축물의 최고 높이를 특별시나 광역시의 조례로 정할 수 있다.

③ 삭제(2015. 5. 18)

⑧ **"예비인증"**이라 함은 건축물의 완공 전에 설계도서 등으로 인증기관에서 건축물 에너지 효율등급 인증, 제로에너지 건축물 인증, 녹색건축인증을 받는 것을 말한다.

> 건축허가 및 시공단계에서 설계도서로 평가

⑨ **"본인증"**이라 함은 신청건물의 완공 후에 최종설계도서 및 현장 확인을 거쳐 최종적으로 인증기관에서 건축물 에너지 효율등급 인증, 제로에너지 건축물 인증, 녹색건축인증을 받는 것을 말한다.

> 건물의 준공단계에서 최종설계도서 및 현장실사를 통하여 평가

⑭ **"공공기관"**이라 함은 산업통상자원부고시 「공공기관 에너지이용합리화 추진에 관한 규정」에서 정한 기관을 말한다.

⑮ **"전자식 원격검침계량기"**란 에너지사용량을 전자식으로 계측하여 에너지 관리자가 실시간으로 모니터링하고 기록할 수 있도록 하는 장치이다.

⑯ <u>**"건축물에너지관리시스템(BEMS)"**</u>이란 「녹색건축물 조성 지원법」 제6조의2제2항에서 규정하는 것을 말한다.

⑰ <u>**"에너지요구량"**</u>이란 건축물의 냉방, 난방, 급탕, 조명부문에서 표준 설정 조건을 유지하기 위하여 해당 건축물에서 필요로 하는 에너지량을 말한다.

⑱ <u>**"에너지소요량"**</u>이란 에너지요구량을 만족시키기 위하여 건축물의 냉방, 난방, 급탕, 조명, 환기 부문의 설비기기에 사용되는 에너지량을 말한다.

⑲ <u>**"1차에너지"**</u>란 연료의 채취, 가공, 운송, 변환, 공급 등의 과정에서의 손실분을 포함한 에너지를 말하며, 에너지원별 1차에너지 환산계수는 "건축물 에너지효율등급 인증 및 제로에너지건축물 인증 제도 운영규정"에 따른다.

⑳ <u>**"시험성적서"**</u>란 「적합성평가 관리 등에 관한 법률」 제2조제10호다목에 해당하는 성적서로 동법에 따라 발급·관리되는 것을 말한다.

예제문제 14

에너지절약설계기준에 대한 다음 용어 중 옳지 않은 것은?

① "의무사항"이라 함은 건축물을 건축하는 건축주와 설계자 등이 건축물의 설계 시 필수적으로 적용해야 하는 사항을 말한다.
② "권장사항"이라 함은 건축물을 건축하는 건축주와 설계자 등이 건축물의 설계 시 선택적으로 적용이 가능한 사항을 말한다.
③ "완화기준"이라 함은 「건축법」, 「국토의 계획 및 이용에 관한 법률」 및 「지방자치단체 조례」 등에서 정하는 조경설치면적, 건축물의 건폐율 및 높이제한 기준을 적용함에 있어 완화 적용할 수 있는 비율을 정한 기준을 말한다.
④ "본인증"이라 함은 신청건물의 완공 후에 최종설계도서 및 현장 확인을 거쳐 최종적으로 인증기관에서 건축물에너지 효율등급인증, 제로에너지 건축물 인증, 녹색건축인증을 받는 것을 말한다.

[해설] "완화기준"이라 함은 「건축법」, 「국토의 계획 및 이용에 관한 법률」 및 「지방자치단체 조례」 등에서 정하는 건축물의 용적률 및 높이제한 기준을 적용함에 있어 완화 적용할 수 있는 비율을 정한 기준을 말한다.

답 : ③

예제문제 15

다음 중 에너지절약설계기준에서 말하는 완화기준에 해당하는 것은?

① 조경설치면적
② 건축물의 건폐율
③ 건축물의 용적률
④ 대지안의 공지

[해설] 완화기준은 건축물의 용적률, 높이제한이 적용된다.

답 : ③

예제문제 16

에너지절약설계기준에 대한 다음 용어 중 옳지 않은 것은?

① "녹색건축인증"이라 함은 국토교통부와 환경부의 공동부령인 녹색건축의 인증에 관한규칙에 따라 인증을 받는 것을 말한다.
② "의무사항"이라 함은 건축물을 건축하는 건축주와 설계자 등이 건축물의 설계시 필수적으로 적용해야 하는 사항을 말한다.
③ "예비인증"이라 함은 건축물의 완공 전에 설계도서 등으로 인증기관에서 건축물에너지 효율등급인증, 제로에너지건축물 인증, 녹색건축인증을 받는 것을 말한다.
④ "본인증"이라 함은 신청건물의 완공 후에 최종설계도서 및 현장확인을 거쳐 최종적으로 허가권자가 건축물에너지 효율등급인증, 제로에너지건축물 인증, 녹색건축인증을 받는 것을 말한다.

[해설] 허가권자가 아니라 인증기관에서 인증을 받는 것을 말한다. "본인증"이라 함은 신청건물의 완공 후에 최종설계도서 및 현장확인을 거쳐 최종적으로 인증기관에서 건축물에너지 효율등급인증, 제로에너지건축물 인증, 녹색건축인증을 받는 것을 말한다.

답 : ④

6 건축부문 용어의 정의

(1) 제5조의10. 건축부문 용어의 정의

> **고시 제5조 10.건축부문**
> 가. "거실"이라 함은 건축물 안에서 거주(단위 세대 내 욕실·화장실·현관을 포함한다)·
> 집무·작업·집회·오락 기타 이와 유사한 목적을 위하여 사용되는 방을 말하나,
> 특별히 이 기준에서는 거실이 아닌 냉방 또는 난방공간 또한 거실에 포함한다.

해설

건축법에서는 "거실이란 건축물 안에서 거주, 집무, 작업, 집회, 오락, 그 밖에 이와 유사한 목적을 위하여 사용되는 방을 말한다."라고 규정하고 있으며, 거실에는 단열조치를 하도록 하고 있다. 본 설계기준에서는 '냉방 또는 난방을 하는 공간'도 거실의 정의에 포함시켜 기준에 따라 단열조치를 해야 하는 공간으로 정의하고 있다.

> **고시 제5조 10.건축부문**
> 나. "외피"라 함은 거실 또는 거실 외 공간을 둘러싸고 있는 벽·지붕·바닥·창 및 문
> 등으로서 외기에 직접 면하는 부위를 말한다.

해설

외피라 함은 건물의 외부를 둘러싸고 있는 벽, 지붕, 바닥, 창 및 문 등으로서 외기에 직접 면하고 있는 것들을 말한다.

> **고시 제5조 10.건축부문**
> 다. "거실의 외벽"이라 함은 거실의 벽 중 외기에 직접 또는 간접 면하는 부위를 말한다.
> 다만, 복합용도의 건축물인 경우에는 해당 용도로 사용하는 공간이 다른 용도로
> 사용하는 공간과 접하는 부위를 외벽으로 볼 수 있다.

해설

"거실의 외벽"은 「건축물의 에너지절약설계기준」 제2조 열손실조치 등에 따른 단열조치를 하는 부위이다. 복합용도의 건축물에서 "외벽의 평균 열관류율"을 산출할 때 다른 용도로 사용되는 공간과 면하는 부위를 "거실의 외벽"으로 간주할 수 있다.
• 복합용도 건축물의 평균 열관류율 계산 시 주거의 거실과 비주거의 거실이 면한 외벽의 열관류율은 0을 적용함.

고시 제5조 10.건축부문

라. "최하층에 있는 거실의 바닥"이라 함은 최하층(지하층을 포함한다)으로서 거실인 경우의 바닥과 기타 층으로서 거실의 바닥 부위가 외기에 직접 또는 간접적으로 면한 부위를 말한다. 다만, 복합용도의 건축물인 경우에는 다른 용도로 사용하는 공간과 접하는 부위를 최하층에 있는 거실의 바닥으로 볼 수 있다.

해설

"최하층에 있는 거실의 바닥"은 「건축물의 에너지 절약설계기준」 제2조 열손실방지조치 등에 따른 단열조치를 해야 하는 부위이다. 복합용도의 건축물에서 "최하층 거실 바닥의 평균 열관류율"을 산출할 때 해당용도로 사용되는 층의 최하층 바닥이 다른 용도의 층과 면할 경우 그 면을 "최하층에 있는 거실의 바닥"으로 간주할 수 있다.
- 복합용도 건축물의 평균 열관류율 계산 시 주거의 거실과 비주거의 거실이 면한 바닥의 열관류율은 0을 적용함.
- 바닥난방을 하는 공간의 하부가 바닥난방을 하지 않는 난방공간이거나 비난방공간일 경우 당해 바닥난방을 하는 부위는 별표1의 최하층에 있는 거실의 바닥 기준 중 외기에 간접 면하는 경우에 해당하는 열관류율 기준을 만족하여야 한다.

고시 제5조 10.건축부문

마. "최상층에 있는 거실의 반자 또는 지붕"이라 함은 최상층으로서 거실인 경우의 반자 또는 지붕을 말하며, 기타 층으로서 거실의 반자 또는 지붕 부위가 외기에 직접 또는 간접적으로 면한 부위를 포함한다. 다만, 복합용도의 건축물인 경우에는 다른 용도로 사용하는 공간과 접하는 부위를 최상층에 있는 거실의 반자 또는 지붕으로 볼 수 있다.

해설

"최상층에 있는 거실의 반자 또는 지붕"은 「건축물의 에너지절약설계기준」 제2조 열손실방지조치 등에 따른 단열조치를 해야 하는 부위이다. 복합용도의 건축물에서 "지붕의 평균열관류율"을 산출할 때 해당용도로 사용되는 층의 최상층 천정이 다른 용도의 층과 면할 경우 그 면을 "최상층에 있는 거실의 반자 또는 지붕"으로 간주할 수 있다.
- 복합용도 건축물의 평균 열관류율 계산 시 주거의 거실과 비주거의 거실이 면한 천장의 열관류율은 0을 적용함.

고시 제5조 10.건축부문

바. "외기에 직접 면하는 부위"라 함은 바깥쪽이 외기이거나 외기가 직접 통하는 공간에 면한 부위를 말한다.

해설

건축물에서 외기에 직접 면하는 부위라 함은 벽, 지붕, 바닥, 창 및 그리고 문 등이 직접 외기에 면하여 있는 경우를 말하며 외기가 직접 통하는 공간에 면한 부위라 함은 다음과 같은 경우를 말한다.
① 창 또는 문이 설치되지 않아 외부 공기의 출입이 가능한 공간에 면한 부위
② 외부공기 유입을 목적으로 설치된 통로 또는 공간에 면한 부위
③ 외기가 통하는 지붕 내부의 아래쪽에 설치된 천장 또는 반자
④ 램프식 지하주차장에 면하는 거실부위 등

 필기 예상문제

외기에 직접 면하는 부위가 아닌 것은?

 실기 예상문제

외기에 직접 면하는 부위 4가지를 쓰시오.

 필기 예상문제

다음 중 "건축물의 에너지절약설계기준"에서 제시된 용어의 정의로서 가장 적합한 것은?
① 외단열 설치비율은 전체 외벽 면적(창호포함)에 대한 외단열 시공면적비율을 말한다.
② 지면 또는 토양에 면한 부위는 외기에 직접 면하는 부위에 해당된다.
③ 외기가 직접 통하는 구조이면서 실내 공기의 배기를 목적으로 설치하는 샤프트에 면한 부위는 외기에 직접 면하는 부위에 해당된다.
④ 공동주택의 바닥이 업무시설과 직접 면하는 경우 이를 최하층에 있는 거실의 바닥으로 볼 수 있다.

답 : ④

필기 예상문제

외기에 간접 면하는 부위가 아닌 것은?

실기 예상문제

외기에 간접 면하는 부위 4가지를 쓰시오.

고시 제5조 10.건축부문

사. "외기에 간접 면하는 부위"라 함은 외기가 직접 통하지 아니하는 비난방 공간(지붕 또는 반자, 벽체, 바닥 구조의 일부로 구성되는 내부 공기층은 제외한다)에 접한 부위, 외기가 직접 통하는 구조나 실내공기의 배기를 목적으로 설치하는 샤프트 등에 면한 부위, 지면 또는 토양에 면한 부위를 말한다.

해설

■ 건축물에서 외기에 간접 면하는 부위라 함은 다음과 같은 부위를 말한다.
① 외기가 차단될 수 있는 구조로 된 비난방 공간에 면한 부위(외기를 차단 할 수 없는 구조의 비난방공간에 면한 경우는 외기에 직접 면하는 부위로 본다.)
　• 비난방공간이란 난방을 하지 않고 창고, 복도, 계단실, 다락방, 차고, 기계실, 샤프트(AD/PD)등의 공간을 말한다. 한편, 지붕 또는 반자, 벽체, 바닥구조 내부에 단열, 방수, 환기 등의 목적으로 설치되는 공기층 또는 공기통로는 구조체의 일부로 보아야 하며 별도로 비난방공간으로 판단하지 않음
② 실내공기의 배기를 목적으로 설치된 샤프트(AD)나 배관설치공간 등에 면한 부위(에어덕트 AD) 또는 배관덕트(PD)가 실내에 위치하고, 덕트의 외기에 면한 최상층 또는 하부가 외기 직접기준에 준하는 단열조치가 되어 있는 경우 그 덕트에 면한 거실 부위에 단열조치를 하지 않을 수 있음
③ 지면 또는 지면의 토양에 면한 부위
④ 공동주택의 창이 설치된 발코니나 다용도실에 면한 부위

■ 외기에 직접 면하는 부위와 간접적으로 면하는 부위의 판단 예시
건축물의 외피 중 단열조치를 하여야 하는 부위는 거실의 외기에 직접 면하는 부위 및 외기에 간접 면하는 부위로 구분된다. 외기에 직접 면하는 부위와 간접적으로 면하는 부위에 대한 예시도는 다음과 같다.

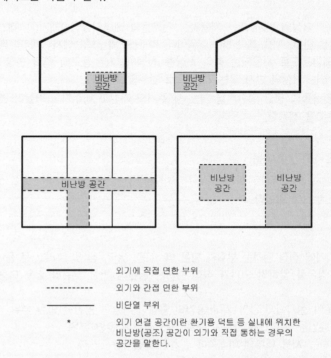

└──── 외기에 직접 면한 부위

----- 외기와 간접 면한 부위

　　 비단열 부위

*　　 외기 연결 공간이란 환기용 덕트 등 실내에 위치한 비난방(공조) 공간이 외기와 직접 통하는 경우의 공간을 말한다.

해설

■ 건축물 부위별 단열기준 적용 예시

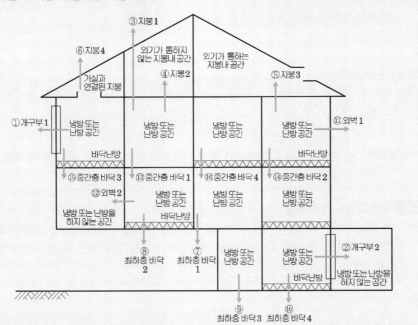

① 개구부 1	외기에 직접 면하는 개구부(창 또는 문)
② 개구부 2	외기에 간접 면하는 개구부(창 또는 문)
③ 지붕 1	박공지붕이 다락방(비냉난방)을 가지며 그 다락방이 외기가 통하지 않는 구조일 경우, 천장(반자)부터 다락방 공간을 포함한 지붕 구조 전체의 열관류율이 외기에 직접 면하는 경우의 열관류율을 만족하게 설계할 수 있음
④ 지붕 2	지붕 1과 같은 경우이나 다락방을 비냉난방공간으로 간주하여, 천장(반자)부위에 대해 외기에 간접 면하는 경우의 열관류율을 적용할 수 있음
⑤ 지붕 3	박공지붕이 다락방을 가지나 그 다락방이 외기가 상시 통하는 구조일 경우, 천장(반자)부위에 단열조치를 하여야 하며 이 경우는 외기에 직접 면하는 경우의 열관류율을 적용하여야 함
⑥ 지붕 4	최상층 거실과 다락이 계단 등으로 개방되어 구조일 경우, 다락의 천장이 지붕으로써 외기 직접 면하는 경우의 열관류율을 만족하여야 함
⑦ 최하층 바닥 1 (바닥난방이 아닌 경우)	최하층이 아니더라도 바닥이 외기에 직접 면하는 경우는, 최하층 바닥의 외기에 직접 면하는 경우의 열관류율을 적용하여야 함
⑧ 최하층 바닥 2 (바닥난방인 경우)	최하층이 아니더라도 바닥이 외기에 직접 면하는 경우는, 최하층 바닥의 외기에 직접 면하는 경우의 열관류율을 적용하여야 함
⑨ 최하층 바닥 3 (바닥난방이 아닌 경우)	최하층 바닥이 지면에 접하는 경우, 외기에 간접 면하는 경우의 열관류율을 적용
⑩ 최하층 바닥 4 (바닥난방인 경우)	최하층 바닥이 지면에 접하는 경우, 외기에 간접 면하는 경우의 열관류율을 적용
⑪ 외벽 1	외기에 직접 면하는 경우
⑫ 외벽 2	외기에 간접 면하는 경우
⑬ 중간층 바닥 1	바닥난방 구조가 아닌 경우 층간바닥은 단열조치 하지 않음
⑭ 중간층 바닥 2	바닥난방 구조일 경우 바닥난방의 층간바닥 열관류율을 적용
⑮ 중간층 바닥 3	바닥난방 구조인 바닥이 비냉난방공간 또는 바닥난방 구조가 아닌 냉난방공간과 접하는 경우 외기에 간접 면하는 경우의 열관류율을 적용하여야 함
⑯ 중간층 바닥 4	

> **고시** 제5조 10.건축부문
>
> 아. "방풍구조"라 함은 출입구에서 실내외 공기 교환에 의한 열출입을 방지할 목적으로 설치하는 방풍실 또는 회전문 등을 설치한 방식을 말한다.

해설

■ 방풍구조의 종류

방풍구조는 출입문을 통한 공기의 빈번한 출입을 방지하기 위하여 설치되는 실 또는 공간을 말하며 다음과 같이 구분

① 방풍실 : 실내외 공기교환에 의한 열출입 방지를 목적으로 설계에 계획 · 반영된 이중문 · 회전문 등의 방풍구조

② 방풍공간 : 별도의 방풍실을 계획하지 않고 건축물의 평면구조(홀, 복도 등)에 따라 구성되는 방풍구조

> **고시** 제5조 10.건축부문
>
> 자. "기밀성 창", "기밀성 문"이라 함은 창 및 문으로서 한국산업규격(KS) F2292 규정에 의하여 기밀성 등급에 따른 기밀성이 1~5등급(통기량 5m³/h·m² 미만)인 것을 말한다.

해설

■ 기밀성 창 및 문의 성능

1. 건축물에 적용되는 창 및 문이 한국산업규격(KS) F2292에서 따른 1~5등급을 만족할 때 '기밀성 창 및 문'이라 할 수 있음

2. 「효율관리기자재 운용규정」에 따른 창의 에너지소비효율등급 부여기준

열관류율(R)	기밀성	에너지소비효율 등급
R ≤ 0.9	1등급	1
0.9 〈 R ≤ 1.2	1등급	2
1.2 〈 R ≤ 1.8	2등급 이상 (1등급 또는 2등급)	3
1.8 〈 R ≤ 2.3	묻지 않음	4
2.3 〈 R ≤ 2.8	묻지 않음	5

– 「효율관리기자재 운용규정」에서는 열관류율과 기밀성에 따라 소비효율등급을 구분

– 여기서 기밀성이란 한국산업규격(KS) F2292에 따른 방법으로 측정된 등급을 말하며 「건축물의 에너지절약설계기준」의 기밀성 창호는 「효율관리기자재 운용규정」과 동일한 한국산업규격(KS) F2292를 사용하기 때문에 「효율관리기자재 운용규정」의 소비효율등급에 따라서도 「건축물의 에너지절약설계기준」의 기밀성 창을 판정할 수 있음

– 에너지소비효율 1~3등급 창의 경우 KS F2292에 따라 기밀성이 1~5등급을 만족하므로 기밀성 창으로 판정 가능

효율관리기자재 운용규정〈산업통상자원부고시 제2023-170호, 2023. 8. 21. 시행〉

○제4조(효율관리기자재의 지정 및 범위와 측정방법 등) ① 동법 제15조제1항 및 동법 시행규칙 제7조제1항에 따라 산업통상자원부장관이 지정하는 효율관리기자재와 그 구체적인 범위, 측정밥법 및 측정기준 등은 다음 각 호([별표 1]을 포함한다)와 같다.

25. 창 세트 : KS F 3117 규정에 의한 창 세트로서 건축물 중 외기와 접하는 곳에서 사용되면서 창 면적이 1m² 이상이고 프레임 및 유리가 결합되어 판매되는 창 세트, 측정방법은 KS F 2278 규정에 의하여 측정하거나 ISO 15099 규정에 의한 열관류율 및 KS F 2292 규정에 의한 기밀성(여기서 열관류율은 W(m² · K)로 표시한다.)

> **고시** 제5조 10.건축부문
>
> 차. "외단열"이라 함은 건축물 각 부위의 단열에서 단열재를 구조체의 외기측에 설치하는 단열방법으로서 모서리 부위를 포함하여 시공하는 등 열교를 차단한 경우를 말한다.

 필기 예상문제

외단열의 정의

 실기 예상문제

외벽면적(창호제외)에 대한 외단열 시공 면적비율

> **고시** 제5조 10.건축부문
>
> 카. "방습층"이라 함은 습한 공기가 구조체에 침투하여 결로발생의 위험이 높아지는 것을 방지하기 위해 설치하는 투습도가 24시간당 30g/㎡ 이하 또는 투습계수 0.28g/㎡·h·mmHg 이하의 투습저항을 가진 층을 말한다.(시험방법은 한국산업규격 KS T 1305 방습포장재료의 투습도 시험방법 또는 KS F 2607 건축 재료의 투습성 측정 방법에서 정하는 바에 따른다) 다만, 단열재 또는 단열재의 내측에 사용되는 마감재가 방습층으로서 요구되는 성능을 가지는 경우에는 그 재료를 방습층으로 볼 수 있다.

 필기 예상문제

방습층의 정의

해설

■ 방습층으로 인정될 수 있는 재료 또는 구조

"방습층"이라 함은 투습도가 24시간당 30g/㎡ 이하 또는 투습계수 0.28g/㎡·h·mmHg 이하의 투습저항을 가진 층을 말한다. 다음에서 제시되는 재료는 동등이상의 방습성을 가진 것을 사용하여야 하며, 각 재료는 면의 형태로 구성되어 해당 부위의 전면을 차단하도록 하여야 한다.

① 두께 0.1mm 이상의 폴리에틸렌 필름(KS M 3509(포장용 폴리에틸렌 필름)에서 정하는 것을 말한다.)

② 투습방수 시트

③ 현장발포 플라스틱계(경질우레탄 등) 단열재

④ 플라스틱계 단열재(발포폴리스티렌 보온재)로서 이음새가 투습방지 성능이 있도록 처리 될 경우

⑤ 내수합판 등 투습방지 처리가 된 합판으로서 이음새가 투습방지가 될 수 있도록 시공될 경우

⑥ 금속재(알루미늄 박 등)

⑦ 콘크리트 벽이나 바닥 또는 지붕

⑧ 타일마감

⑨ 모르타르 마감이 된 조적벽

 실기 예상문제

방습층의 정의와 방습층으로 인정될 수 있는 재료와 구조 5가지를 쓰시오.

필기 예상문제 👉

평균열관류율 정의

 실기 예상문제 👉

평균열관류율을 구하는 문제

필기 기출문제[16년2회] 👉

"건축물의 에너지절약설계기준"에 따라 외벽 평균 열관류율을 계산할 때 기준이 되는 치수로 적절한 것은?
① 비주거 건축물-중심선치수
　주거용 건축물-안목치수
② 비주거 건축물-중심선치수
　주거용 건축물-중심선치수
③ 비주거 건축물-안목치수
　주거용 건축물-중심선치수
④ 비주거 건축물-안목치수
　주거용 건축물-안목치수

해설 제5조(용어의 정의)

9. 건축부문 파
단, 평균열관류율은 중심선 치수를 기준으로 계산한다.

답 : ②

고시 제5조 10.건축부문

타. "평균 열관류율"이라 함은 지붕(천창 등 투명 외피부위를 포함하지 않는다), 바닥, 외벽(창 및 문을 포함한다) 등의 열관류율 계산에 있어 세부 부위별로 열관류율 값이 다를 경우 이를 면적으로 가중평균하여 나타낸 것을 말한다. 단, 평균열관류율은 **중심선 치수를 기준**으로 계산한다.

해설

에너지성능지표에서의 평균 열관류율의 계산법

건축물의 구분	계 산 법
거실의 외벽(창포함) (Ue)	Ue = [Σ(방위별 외벽의 열관류율 × 방위별 외벽 면적) + Σ(방위별 창 및 문의 열관류율 × 방위별 창 및 문의 면적)] / (Σ방위별 외벽 면적 + Σ방위별 창 및 문의 면적)
최상층에 있는 거실의 반자 또는 지붕 (Ur)	Ur = Σ(지붕 부위별 열관류율 × 부위별 면적) / (Σ지붕 부위별 면적) ※ 천창 등 투명 외피부위는 포함하지 않음
최하층에 있는 거실의 바닥 (Uf)	Uf = Σ(최하층 거실의 바닥 부위별 열관류율 × 부위별 면적) / (Σ최하층 거실의 바닥 부위별 면적)

※ 외벽, 지붕 및 최하층 거실 바닥의 평균열관류율이란 거실 또는 난방 공간의 외기에 직접 또는 간접으로 면하는 각 부위들의 열관류율을 면적가중 평균하여 산출한 값을 말한다.
※ 평균 열관류율 계산은 제2조 제1항 제1호에 따른 부위를 기준으로 산정하며, 외기에 간접적으로 면한 부위에 대해서는 적용된 열관류율 값에 외벽, 지붕, 바닥부위는 0.7을 곱하고, 창 및 문 부위는 0.8을 곱하여 평균 열관류율의 계산에 사용한다. 또한 이 기준 제6조 제1호에 의하여 단열조치를 아니하여도 되는 부위와 공동주택의 이웃세대와 면하는 세대간벽(거실의 외벽으로 계산 가능)의 열관류율은 [별표1]의 해당 부위의 외기에 직접 면하는 경우의 열관류율 기준값을 적용한다.
※ 평균 열관류율 계산에 있어서 복합용도의 건축물 등이 수직 또는 수평적으로 용도가 분리되어 당해 용도 건축물의 최상층 거실 상부 또는 최하층 거실 바닥부위 및 다른 용도의 공간과 면한 벽체 부위가 외기에 직접 또는 간접으로 면하지 않는 부위일 경우의 열관류율은 0으로 적용한다. (단, 해당부위가 외기에 직접 또는 간접 면하는 경우 부위별 열관류율 기준을 만족하여야 하며, 평균 열관류율 계산에도 포함)
※ 수직 또는 수평 증축하는 공간과 증축하는 공간이 면한 기존 건축물의 공간이 모두 거실일 경우 두 공간이 면한 부위(벽, 바닥 지붕 등)는 평균 열관류율 계산에서 제외함
※ 천창등 투명외피부분은 창으로 인정되기 때문에 지붕의 평균열관류율계산에 포함되지 않고 외벽의 평균 열관류율 계산에 포함된다.
※ 기준에서 중심선이란 전체구조체(단열재, 마감재 등 모든 구성재를 포함)의 중심을 말함

고시 제5조 10.건축부문

파. 별표1의 창 및 문의 열관류율 값은 유리와 창틀(또는 문틀)을 포함한 평균 열관류율을 말한다.

해설

이 기준에서 [별표1]의 지역별 건축물 부위의 열관류율표 및 [별표4]의 창 및 문의 단열성능에서 제시하고 있는 열관류율은 유리와 창틀을 포함한 창 전체의 열관류율을 사용하여야 한다. 문의 경우 역시 유리 및 문틀부위를 포함한 문 전체의 열관류율을 사용하여야 한다.

고시 **제5조 10. 건축부문**

하. "투광부"라 함은 창, 문면적의 50% 이상이 투과체로 구성된 문, 유리블럭, 플라스틱 패널 등과 같이 투과재료로 구성되며, 외기에 접하여 채광이 가능한 부위를 말한다.

거. "태양열취득률(SHGC)"이라 함은 입사된 태양열에 대하여 실내로 유입된 태양열취득의 비율을 말한다.

너. "일사조절장치"라 함은 태양열의 실내 유입을 조절하기 위한 차양, 구조체 또는 태양열취득률이 낮은 유리를 말한다. 이 경우 차양은 설치위치에 따라 외부 차양과 내부 차양 그리고 유리간 차양으로 구분하며, 가동여부에 따라 고정형과 가동형으로 나눌 수 있다.

해설

- ■ 일사조절 장치의 범위
  1. 태양열 실내 유입 저감을 위한 차양장치 뿐만 아니라 동일한 효과를 가지는 구조체도 일사조절장치로 인정
  2. 구조체 차양의 인정범위 : 발코니, 돌출구조물, 처마부위등 음영효과가 있는 구조체

예제문제 17

다음은 건축물의 에너지절약설계기준의 건축부문 용어의 정의에 관한 것이다. 다음 중 옳지 않은 것은 어느 것인가?

① "기밀성 창", "기밀성 문"이라 함은 창 및 문으로서 한국산업규격(KS F 2292 규정에 의하여 기밀성 등급에 따른 기밀성이 1~5등급(통기량 $5m^3/h \cdot m^2$ 이하)인 것을 말한다.

② "방습층"이라 함은 습한 공기가 구조체에 침투하여 결로발생의 위험이 높아지는 것을 방지하기 위해 설치하는 투습도가 24시간당 $30g/m^2$ 이하 또는 투습계수 0.28g/$m^2 \cdot h \cdot mmHg$ 이하의 투습저항을 가진 층을 말한다.

③ "방풍구조"라 함은 출입구에서 실내외 공기 교환에 의한 열출입을 방지할 목적으로 설치하는 방풍실 또는 회전문 등을 설치한 방식을 말한다.

④ "외피"라 함은 거실 또는 거실 외 공간을 둘러싸고 있는 벽·지붕·바닥·창 및 문 등으로서 외기에 직접 면하는 부위를 말한다.

해설
"기밀성 창", "기밀성 문"이라 함은 창 및 문으로서 한국산업규격(KS F 2292 규정에 의하여 기밀성 등급에 따른 기밀성이 1 ~ 5등급(통기량 $5m^3/h \cdot m^2$ 미만)인 것을 말한다.

답 : ①

예제문제 18

다음은 건축물의 에너지절약설계기준의 용어의 정의에 관한 것이다 방습층과 관련된 내용 중 ( ) 안에 가장 적합한 것은?

"방습층"이라 함은 습한 공기가 구조체에 침투하여 결로발생의 위험이 높아지는 것을 방지하기 위해 설치하는 투습도가 (㉠)시간당 (㉡) 이하 또는 투습계수 (㉢) 이하의 투습저항을 가진 층을 말한다.

① ㉠ 24, ㉡ $30g/m^2$, ㉢ $0.28g/m^2 \cdot h \cdot mmHg$
② ㉠ 24, ㉡ $40g/m^2$, ㉢ $0.28g/m^2 \cdot h \cdot mmHg$
③ ㉠ 12, ㉡ $30g/m^2$, ㉢ $0.38g/m^2 \cdot h \cdot mmHg$
④ ㉠ 12, ㉡ $40g/m^2$, ㉢ $0.38g/m^2 \cdot h \cdot mmHg$

해설
"방습층"이라 함은 습한 공기가 구조체에 침투하여 결로발생의 위험이 높아지는 것을 방지하기 위해 설치하는 투습도가 24시간당 $30g/m^2$ 이하 또는 투습계수 $0.28g/m^2 \cdot h \cdot mmHg$ 이하의 투습저항을 가진 층을 말한다.

답 : ①

예제문제 19

다음은 건축물의 에너지절약설계기준의 건축부문 용어의 정의에 관한 것이다. 다음 중 "평균 열관류율"에 대한 설명 중 가장 부적합한 것은?

① 지붕, 바닥, 외벽 등의 열관류율 계산에 있어 세부 부위별로 열관류율 값이 다를 경우 이를 면적으로 가중 평균하여 나타낸 것을 말한다.
② 지붕의 경우 천창 등 투명 외피부위를 포함 하지 않는다.
③ 바닥, 외벽(창 및 문을 포함 한다)
④ 평균 열관류율은 안목 치수를 기준으로 계산한다.

해설
평균열관류율은 중심선치수를 기준으로 계산한다.

답 : ④

예제문제 20

다음은 건축물의 에너지절약설계기준의 건축부문 용어의 정의에 관한 것이다. 다음 중 "거실"에 대한 설명 중 가장 부적합한 것은?

① 건축물 안에서 거주, 집무, 작업, 집회, 오락 기타 이와 유사한 목적을 위하여 사용되는 방을 말한다.
② 단위세대 내 욕실, 화장실, 현관을 포함하지 않는다.
③ 거실이 아닌 냉·난방 공간 또한 거실에 포함한다.
④ 거실에는 단열조치를 하여야 한다.

해설
단위세대 내 욕실, 화장실, 현관은 거실에 포함된다.

답 : ②

예제문제 21

다음은 건축물의 에너지절약설계기준의 건축부문 용어의 정의에 관한 것이다. 다음 중 "거실의 외벽"에 대한 설명 중 가장 부적합한 것은?

① 복합 용도의 건축물인 경우에는 해당 용도로 사용하는 공간이 다른 용도로 사용하는 공간과 접하는 부위를 내벽으로 볼 수 있다.
② 거실의 벽 중 외기에 직접 면하는 부위를 말한다.
③ 거실의 벽 중 외기에 간접 면하는 부위를 말한다.
④ 거실의 외벽은 단열조치를 하여야 한다.

해설
복합 용도의 건축물인 경우에는 해당 용도로 사용하는 공간이 다른 용도로 사용하는 공간과 접하는 부위를 외벽으로 볼 수 있다.

답 : ①

예제문제 22

다음은 건축물의 에너지절약설계기준의 건축부문 용어의 정의에 관한 것이다. 다음 중 외기가 직접 통하는 공간에 면한 부위에 대한 설명 중 가장 부적합한 것은?

① 램프식 지하주차장에 면하는 거실 부위 등
② 지면 또는 토양에 면한 부위
③ 외부공기 유입을 목적으로 설치된 통로 또는 공간에 면한 부위
④ 창 또는 문이 설치되었으나 난방이 되는 주된 사용 시간대에 통상적으로 열려 있어 외부공기가 통하는 공간에 면한 부위

해설

지면 또는 토양에 면한 부위는 외기에 간접 면하는 부위에 해당된다.

답 : ②

예제문제 23

다음은 건축물의 에너지절약설계기준의 건축부문 용어의 정의에 관한 것이다. 다음 중 옳지 않은 것은 어느 것인가?

① "거실의 외벽"이라 함은 거실의 벽 중 외기에 직접 또는 간접 면하는 부위를 말한다. 다만, 복합용도의 건축물인 경우에는 해당 용도로 사용하는 공간이 다른 용도로 사용하는 공간과 접하는 부위를 외벽으로 볼 수 있다.
② 단열덧문으로서 총열관류저항(열관류율의 역수)이 $0.3m^2 \cdot K/W$ 이상인 것을 말한다.
③ "방습층"이라 함은 습한 공기가 구조체에 침투하여 결로발생의 위험이 높아지는 것을 방지하기 위해 설치하는 투습도가 24시간당 $30g/m^2$ 이하 또는 투습계수 $0.28g/m^2 \cdot h \cdot mmHg$ 이하의 투습저항을 가진 층을 말한다.
④ "외단열"이라 함은 건축물 각 부위의 단열에서 단열재를 구조체의 외기 측에 설치하는 단열방법으로서 모서리 부위를 포함하여 시공하는 등 열교를 차단한 경우를 말한다.

해설

"야간단열장치"라 함은 창의 야간 열손실을 방지할 목적으로 설치하는 단열셔터, 단열덧문으로서 총열관류저항(열관류율의 역수)이 $0.4m^2 \cdot K/W$ 이상인 것을 말한다. 는 법의 개정으로 삭제되었다.

답 : ②

다음은 건축물의 에너지절약설계기준의 건축부문 용어의 정의에 관한 것이다. 다음 중 외기가 간접으로 면하는 부위에 대한 설명 중 가장 부적합한 것은?

① 공동주택의 창이 설치된 발코니나 다용도실에 면한 부위

② 램프식 지하주차장에 면하는 거실 부위 등

③ 실내면의 배기를 목적으로 설치된 샤프트(AD)나 배관 설치공간(PD)등에 면한 부위

④ 지면 또는 토양에 면한 부위

해설
램프식 지하주차장에 면하는 거실부위 등은 외기에 직접 면하는 부위에 해당한다.

답 : ②

다음은 건축물의 에너지절약설계기준의 건축부문 용어의 정의에 관한 것이다. 다음 중 옳지 않은 것은 어느 것인가?

① "거실의 외벽"이라 함은 거실의 벽 중 외기에 직접 또는 간접 면하는 부위를 말한다. 다만, 복합용도의 건축물인 경우에는 해당 용도로 사용하는 공간이 다른 용도로 사용하는 공간과 접하는 부위를 외벽으로 볼 수 있다.

② "평균 열관류율"이라 함은 지붕(천창 등 투명 외피부위를 포함한다.) 바닥, 외벽(창 및 문을 포함한다) 등의 열관류율 계산에 있어 세부 부위별로 열관류율값이 다를 경우 이를 면적으로 가중평균하여 나타낸 것을 말한다. 단, 평균열관류율은 중심선 치수를 기준으로 계산한다.

③ "최하층에 있는 거실의 바닥"이라 함은 최하층(지하층을 포함한다)으로서 거실인 경우의 바닥과 기타 층으로서 거실의 바닥 부위가 외기에 직접 또는 간접적으로 면한 부위를 말한다. 다만, 복합용도의 건축물인 경우에는 다른 용도로 사용하는 공간과 접하는 부위를 최하층에 있는 거실의 바닥으로 볼 수 있다.

④ "외피"라 함은 거실 또는 거실 외 공간을 둘러싸고 있는 벽·지붕·바닥·창 및 문 등으로서 외기에 직접 면하는 부위를 말한다.

해설
"평균 열관류율"이라 함은 지붕(천창 등 투명 외피부위를 포함하지 아니한다.)

답 : ②

예제문제 26

다음 중 "건축물의 에너지절약설계기준"에서 규정된 용어의 정의로 가장 부적합한 것은? 【13년 2급 출제유형】

① 외피라 함은 거실 또는 거실 외 공간을 둘러싸고 있는 벽·지붕·바닥·창 및 문 등으로서 외기에 직접 면하는 부위를 말한다.

② 기밀성 창, 기밀성 문이라 함은 창 및 문으로서 한국산업규격(KS) F 2292 규정에 의하여 기밀성 등급에 따른 기밀성이 1~5등급(통기량 $5m^3/h \cdot m^2$ 미만)인 것을 말한다.

③ "방풍구조"라 함은 출입구에서 실내외 공기 교환에 의한 열출입을 방지할 목적으로 설치하는 방풍실 또는 회전문 등을 설치한 방식을 말한다.

④ 외부 차양장치는 하절기 방위별 실내 유입 일사량이 최대로 되는 직달 일사량의 60% 이상을 차단할 수 있는 것에 한한다.

―――――――――――――――――――――――――――――――――

해설

④ 외부 차양장치는 하절기 방위별 실내 유입 일사량이 최대로 되는 직달 일사량의 70% 이상을 차단할 수 있는 것에 한한다. 는 법의 개정으로 인하여 직달 일사량의 70% 이상 문구가 삭제되었다.

답 : ④

예제문제 27

"건축물의 에너지절약 설계기준"에서 제시하는 용어의 설명으로 옳지 않은 것은? 【2015년 국가자격 시험 1회 출제문제】

① "외피"라 함은 거실 또는 거실 외 공간을 둘러싸고 있는 벽·지붕·바닥·창 및 문 등으로서 외기에 직접 또는 간접 면하는 부위를 말한다.

② "방풍구조"라 함은 출입구에서 실내외 공기 교환에 의한 열출입을 방지할 목적으로 설치하는 방풍실 또는 회전문 등을 설치한 방식을 말한다.

③ "건축물 에너지효율등급 인증"이라 함은 국토교통부와 산업통상자원부의 공동부령인 「건축물에너지효율등급 인증에 관한 규칙」에 따라 인증을 받는 것을 말한다.

④ "완화기준"이라 함은 「건축법」, 「국토의 계획 및 이용에 관한 법률」 및 「지방자치단체 조례」 등에서 정하는 건축물의 용적률 및 높이제한 기준을 적용함에 있어 완화 적용할 수 있는 비율을 정한 기준을 말한다.

―――――――――――――――――――――――――――――――――

해설

① "외피"라 함은 거실 또는 거실 외 공간을 둘러 싸고 있는 벽·지붕·바닥·창 및 문 등으로서 외기에 직접 면하는 부위를 말한다.

답 : ①

7 기계설비부문 용어의 정의

(1) 제5조의 11. 기계설비부문 용어의 정의

> **고시** 제5조 11. 기계설비부문
>
> 가. "위험률"이라 함은 냉(난)방기간 동안 또는 연간 총시간에 대한 온도출현분포중에서 가장 높은(낮은) 온도쪽으로부터 총시간의 일정 비율에 해당하는 온도를 제외시키는 비율을 말한다.

해설

열원설비의 용량을 산정하기 위해서는 냉방 및 난방 부하계산을 하여야 하며 이를 위해서는 설계용 외기온도가 필요하다. 연중 가장 더운 시간 또는 추운 시간의 외기온도를 부하계산에 적용하면 설비용량이 과대해질 우려가 있음에 따라 부하계산에서는 최고 또는 최저 온도의 피크 값을 일정 비율 제거한 외기온도를 사용하게 되는데 피크 값을 제외시키는 비율을 위험률이라고 한다.

> **고시** 제5조 11. 기계설비부문
>
> 나. "효율"이라 함은 설비기기에 공급된 에너지에 대하여 출력된 유효에너지의 비를 말한다.

해설

각 기기의 효율 산정방법은 기기마다 다르기 때문에 해당 기기의 효율은 관련 한국 산업규격 또는 산업통상자원부 고시 등에서 정하는 시험방법에 의하여 측정된 값을 사용하여야 한다.

> **고시** 제5조 11. 기계설비부문
>
> 다. "열원설비"라 함은 에너지를 이용하여 열을 발생시키는 설비를 말한다.

> **고시** 제5조 11. 기계설비부문
>
> 라. "대수분할운전"이라 함은 기기를 여러 대 설치하여 부하상태에 따라 최적 운전상태를 유지할 수 있도록 기기를 조합하여 운전하는 방식을 말한다.

 필기 예상문제

기계부문의 용어정의는 용어정의에 대한 적합, 부적합으로 판단하는 문제로 출제될 수 있다.

 실기 예상문제

기계부문의 용어 중 특정용어에 대한 설명과 종류를 쓰시오.
• 위험률
• 효율
• 열원설비
• 대수분할운전

필기 예상문제

용어의 정의를 암기하여 두어야
한다.
• 비례제어운전
• 고효율가스보일러
• 고효율원심식냉동기

고시 제5조 11. 기계설비부문
마. "비례제어운전"이라 함은 기기의 출력값과 목표값의 편차에 비례하여 입력량을
조절하여 최적운전상태를 유지할 수 있도록 운전하는 방식을 말한다.

해설

비례제어(Propotional Control)란 조절 값과 설정 값의 편차의 크기에 비례하여 조작부가 최소
에서 최대까지 변화하는 제어방식을 말한다. 통상 설정 값을 중심으로 전후에 동작폭(이것을
비례대라 한다)이 있으며, 이 범위 내에서 제어량을 0에서 100% 까지 변화시킨다.

 필기 예상문제

용어의 정의를 암기하여 둔다.
• 심야전기를 이용한 축열·축냉
시스템
• 폐열회수형 환기장치
• 이코노마이저 시스템
• 중앙집중식 냉방 또는 난방설비

고시 제5조 11. 기계설비부문
바. "심야전기를 이용한 축열 · 축냉시스템"이라 함은 심야시간에 전기를 이용하여
열을 저장하였다가 이를 난방, 온수, 냉방 등의 용도로 이용하는 설비로서 한국전력
공사에서 심야전력기기로 인정한 것을 말한다.

해설

우리나라의 심야전력 적용시간은 23:00~09:00이며, 축열, 축냉 기능을 가진 심야전력기기를
사용할 경우 해당기기의 사용전력량에 대해 일반 전기요금보다 저렴한 요금을 적용하는 제도다.
심야전력을 사용하려면 한전에서 인정하는 심야전력기기를 구입하여, 별도로 심야전기 사용신청
을 하여야 한다.

고시 제5조 11. 기계설비부문
사. "열회수형환기장치"라 함은 난방 또는 냉방을 하는 장소의 환기장치로 실내의 공기
를 배출할 때 급기되는 공기와 열교환하는 구조를 가진 것으로서 KS B 6879(열회
수형 환기 장치) 부속서 B에서 정하는 시험방법에 따른 열교환효율과 에너지계수의
최소 기준 이상의 성능을 가진 것을 말한다.

고시 제5조 11. 기계설비부문
아. "이코노마이저시스템"이라 함은 중간기 또는 동계에 발생하는 냉방부하를 실내
엔탈피 보다 낮은 도입 외기에 의하여 제거 또는 감소시키는 시스템을 말한다.

해설

온도와 습도 모두를 고려한 실내 엔탈피가 기준이 됨

고시 제5조 11. 기계설비부문

자. **"중앙집중식 냉·난방설비"라 함은 건축물의 전부 또는 냉난방 면적의 60%** **이상**을 냉방 또는 난방함에 있어 해당 공간에 순환펌프, 증기난방설비 등을 이용하여 열원 등을 공급하는 설비를 말한다. 단, 산업통상자원부 고시「효율관리기자재 운용규정」에서 정한 가정용 가스보일러는 개별 난방설비로 간주한다.

차. "**TAB**"라 함은 Testing(시험), Adjusting(조정), Balancing(평가)의 약어로 건물내의 모든 설비시스템이 설계에서 의도한 기능을 발휘하도록 점검 및 조정하는 것을 말한다.

카. "**커미셔닝**"이라 함은 효율적인 건축 기계설비 시스템의 성능 확보를 위해 설계 단계부터 공사완료에 이르기까지 전 과정에 걸쳐 건축주의 요구에 부합되도록 모든 시스템의 계획, 설계, 시공, 성능시험 등을 확인하고 최종 유지 관리자에게 제공하여 입주 후 건축주의 요구를 충족할 수 있도록 운전성능 유지 여부를 검증하고 문서화하는 과정을 말한다.

해설

중앙집중식 냉·난방설비란 순환펌프, 증기난방설비 등을 이용하여 냉·난방 면적 60% 이상에 열원 등을 공급하여 냉·난방을 하는 설비를 말하며 단, 가정용 가스보일러는 개별난방설비로 간주한다.

예제문제 28

다음은 "건축물의 에너지절약설계기준"에 따른 "열회수형환기장치"의 용어정의이다. 빈 칸 (㉠), (㉡)에 들어갈 내용으로 가장 적절하게 나열된 것은?

【2019년 5회 국가자격시험】

> 난방 또는 냉방을 하는 장소의 환기장치로 실내의 공기를 배출할 때 급기되는 공기와 열교환하는 구조를 가진 것으로서 KS B 6879(열회수형 환기 장치) 부속서 B에서 정하는 시험 방법에 따른 (㉠), (㉡)의 최소 기준 이상의 성능을 가진 것을 말한다.

① ㉠-열교환효율, ㉡-에너지계수
② ㉠-온도교환효율, ㉡-유효전열교환효율
③ ㉠-유효전열교환효율, ㉡-온도교환효율
④ ㉠-에너지계수 값, ㉡-온도교환효율

해설

(㉠ 열교환효율)과 (㉡ 에너지계수)의 최소 기준 이상의 성능을 가진 것을 말한다.

답 : ①

예제문제 29

다음은 건축물의 에너지절약설계기준의 기계부문 용어의 정의에 관한 것이다. 다음 중 가장 부적합한 것은?

① "고효율원심식냉동기"라 함은 원심식냉동기 중 고효율인증제품 또는 동등 이상의 성능을 가진 것을 말한다.

② "열회수형환기장치"라 함은 난방 또는 냉방을 하는 장소의 환기장치로 실내의 공기를 배출할 때 급기 되는 공기와 열교환하는 구조를 가진 것을 말한다.

③ "고효율가스보일러"라 함은 가스를 열원으로 이용하는 보일러로서 고효율인증제품을 말한다.

④ "이코노마이저시스템"이라 함은 중간기 또는 동계에 발생하는 냉방부하를 실내 온도 보다 낮은 도입 외기에 의하여 제거 또는 감소시키는 시스템을 말한다.

해설

"이코노마이저시스템"이라 함은 중간기 또는 동계에 발생하는 냉방부하를 실내 엔탈피보다 낮은 도입 외기에 의하여 제거 또는 감소시키는 시스템을 말한다.

답 : ④

예제문제 30

다음은 "건축물의 에너지절약설계기준"에 사용되고 있는 용어의 정의에 관한 것이다. 그 설명으로 가장 적합한 것은? 【13년 1급 출제유형】

① 효율은 설비기기에 공급된 에너지에 대하여 출력된 유효에너지의 비를 말한다.

② 고효율에너지기자재인증제품은 한국에너지공단이 인정하는 시험기관에서 인증서를 교부받은 제품을 말한다.

③ 완화기준이라 함은 건축법, 국토의 계획 및 이용에 관한 법률 등에서 정하는 건축물의 건폐율 및 높이제한 기준, 창면적비를 적용함에 있어 완화 적용할 수 있는 비율을 말한다.

④ 평균열관류율은 지붕, 바닥, 외벽 등의 세부 부위별로 열관류율 값이 다를 경우 각 부위의 열관류율 값을 산술평균하여 나열한 것이다.

해설

② 고효율에너지기기자재인증제품은 법의 개정으로 고효율제품으로 에너지소비효율 1등급 제품 또는 동 고시에서 고효율로 정한 제품을 말한다.

③ 완화기준이라 함은 건축법, 국토의 계획 및 이용에 관한 법률 등에서 정하는 건축물의 용적율 및 높이제한 기준을 적용함에 있어 완화 적용할 수 있는 비율을 정한 기준을 말한다.

④ 평균열관류율은 지붕, 바닥, 외벽 등의 세부 부위별로 열관류율 값이 다를 경우 각 부위의 열관류율 값을 가중평균하여 나타낸 것을 말한다.

답 : ①

예제문제 31

다음은 건축물의 에너지절약설계기준의 기계부문 용어의 정의에 관한 것이다. 다음 중 가장 부적합한 것은?

① "효율"이라 함은 설비기기에 공급된 에너지에 대하여 출력된 유효에너지의 비를 말한다.

② "심야전기를 이용한 축열·축냉시스템"이라 함은 심야 시간에 전기를 이용하여 열을 저장하였다가 이를 난방, 온수, 냉방 등의 용도로 이용하는 설비로서 한국전력공사에서 심야전력기기로 인정한 것을 말한다.

③ "대수분할운전"이라 함은 기기를 여러대 설치하여 부하상태에 따라 최적 운전상태를 유지할 수 있도록 기기를 조합하여 운전하는 방식을 말한다.

④ "고효율가스보일러"라 함은 가스를 열원으로 이용하는 보일러로서 고효율인증제품과 산업통상자원부 고시 「효율관리기자재 운용규정」에 따른 에너지소비효율 1등급 제품 또는 동등 이상의 성능을 가진 것을 말한다.

해설

고효율가스보일러는 법의 개정으로 삭제되었다.

답 : ④

예제문제 32

다음은 건축물의 에너지절약설계기준의 기계부문 용어의 정의에 관한 것이다. 관련된 내용 중 ( ) 안에 가장 적합한 것은?

중앙집중식 냉·난방설비"라 함은 건축물의 전부 또는 냉난방 면적의( ) 이상을 냉방 또는 난방함에 있어 해당 공간에 순환펌프, 증기난방설비 등을 이용하여 열원 등을 공급하는 설비를 말한다.

① 60%   ② 70%
③ 80%   ④ 90%

해설

"중앙집중식 냉·난방설비"라 함은 건축물의 전부 또는 냉·난방 면적의 60% 이상을 냉방 또는 난방함에 있어 해당 공간에 순환펌프, 증기난방설비 등을 이용하여 열원 등을 공급하는 설비를 말한다.

답 : ①

예제문제 **33**

다음은 건축물의 에너지절약설계기준의 기계부문 용어의 정의에 관한 것이다. "대수분할운전"에 대한 설명 중 가장 적합한 것은?

① 한 번의 제어에 의한 출력이 다음 번 제어의 기준이 되는 제어 방식을 말한다.
② 기기의 출력값과 목표값의 편차에 비례하여 입력량을 조절하여 최적운전 상태를 유지할 수 있도록 운전하는 방식을 말한다.
③ 기기를 여러 대 설치하여 부하상태에 따라 최적 운전상태를 유지할 수 있도록 기기를 조합하여 운전하는 방식을 말한다.
④ 실내 엔탈피 및 외기 엔탈피에 의한 외기 댐퍼를 비례 제어하는 방식을 말한다.

해설
"대수분할 운전"이라 함은 기기를 여러 대 설치하여 부하상태에 따라 최적 운전상태를 유지할 수 있도록 기기를 조합하여 운전하는 방식을 말한다.

답 : ③

예제문제 **34**

"건축물의 에너지절약설계기준"에 따른 중앙집중식 난방방식을 모두 고른 것은?　　　　　　　　　　　　　　　　　　　【17년 3회 국가자격시험】

　㉠ 난방면적의 60%에 EHP설비(공기 대 공기)방식으로 설치
　㉡ 난방면적의 100%에 증기보일러를 이용한 방열기 설치
　㉢ 난방면적의 60%에 지역난방을 이용한 열교환기 및 온수순환펌프 설치
　㉣ 난방면적의 50%에 지열히트펌프(물 대 물)방식으로 설치 + 난방면적의 50%에 가스 히트펌프(공기 대 공기) 설치

① ㉠, ㉢　　　　　　　　　　　　② ㉡, ㉢
③ ㉢　　　　　　　　　　　　　　④ ㉢, ㉣

해설
"중앙 집중식, 냉·난방 설비"라 함은 건축물의 전부 또는 냉난방면적의 60% 이상을 냉방 또는 난방 함에 있어 해당 공간에 순환펌프, 증기난방설비 등을 이용하여 열원 등을 공급하는 설비를 말한다. 단, 산업 통상 자원부 고시 「효율관리기자재 운용규정」에서 정한 가정용 가스보일러는 개별 난방 설비로 간수한다.

답 : ②

예제문제 35

다음은 건축물의 에너지절약설계기준의 기계부문 용어의 정의에 관한 것이다. "이코노마이저시스템"에 대한 설명 중 가장 적합한 것은?

① 한 번의 제어에 의한 출력이 다음 번 제어의 기준이 되는 제어 방식을 말한다.

② 중간기 또는 동계에 발생하는 냉방부하를 실내 엔탈피 보다 낮은 도입 외기에 의하여 제거 또는 감소시키는 시스템을 말한다.

③ 기기를 여러 대 설치하여 부하상태에 따라 최적 운전상태를 유지할 수 있도록 기기를 조합하여 운전하는 방식을 말한다.

④ 실내 엔탈피 및 외기 엔탈피에 의한 외기 댐퍼를 비례 제어하는 방식을 말한다.

해설
"이코노마이저시스템"이라 함은 중간기 또는 동계에 발생하는 냉방부하를 실내 엔탈피 보다 낮은 도입 외기에 의하여 제거 또는 감소시키는 시스템을 말한다.

답 : ②

8 전기부문 용어의 정의

(1) 제5조의 12. 전기부문 용어의 정의

 필기 예상문제

전기부문의 용어정의는 용어정의에 대한 적합, 부적합으로 판단하는 문제로 출제될 수 있다.

  실기 예상문제

전기부문의 용어 중 특정용어에 대한 설명과 종류를 쓰시오.
로 출제될 수 있다.
• 역률개선용커패시터(콘덴서)
• 전압강하

> **고시** 제5조의 12. 전기부문
> 가. "역률개선용커패시터(콘덴서)"라 함은 역률을 개선하기 위하여 변압기 또는 전동기 등에 병렬로 설치하는 커패시터를 말한다.

> **고시** 제5조의 12. 전기부문
> 나. "전압강하"라 함은 인입전압(또는 변압기 2차전압)과 부하측전압과의 차를 말하며 저항이나 인덕턴스에 흐르는 전류에 의하여 강하하는 전압을 말한다.

 필기 예상문제

용어의 정의를 암기해 두어야 한다.
• 조도 자동 조절조명기구
• 수용률
• 최대수요전력
• 가변속제어(인버터)
• 변압기 대수제어

> **고시** 제5조의 12. 전기부문
> 다. "조도자동조절조명기구"라 함은 인체 또는 주위 밝기를 감지하여 자동으로 조명등을 점멸하거나 조도를 자동 조절할 수 있는 센서장치 또는 그 센서를 부착한 등기구를 말한다.

> **고시** 제5조의 12. 전기부문
> 라. "수용률"이라 함은 부하설비 용량 합계에 대한 최대 수용전력의 백분율을 말한다.

  실기 예상문제

최대수요전력제어기기의 도입효과 4가지를 쓰시오.
1) 전력의 유효이용
2) 전기요금의 절약
3) 계약전력의 상승방지
4) 부하향상에 따른 수변전설비의 여유율 확보

> **고시** 제5조의 12. 전기부문
> 마. "최대수요전력"이라 함은 수용가에서 일정 기간 중 사용한 전력의 최대치를 말하며, "최대수요전력제어설비"라 함은 수용가에서 피크전력의 억제, 전력 부하의 평준화 등을 위하여 최대수요전력을 자동제어할 수 있는 설비를 말한다.

해설

■ 최대수요전력제어기기의 도입효과
  1. 전력의 유효이용   2. 전기요금의 절약
  3. 계약전력의 상승방지   4. 부하율향상에 따른 수변전설비의 여유율 확보

> **고시** 제5조의 12. 전기부문
>
> 바. "가변속제어기(인버터)"라 함은 정지형 전력변환기로서 전동기의 가변속운전을 위하여 설치하는 설비를 말한다.

> **고시** 제5조의 12. 전기부문
>
> 사. "변압기 대수제어"라 함은 변압기를 여러 대 설치하여 부하상태에 따라 필요한 운전대수를 자동 또는 수동으로 제어하는 방식을 말한다.

> **고시** 제5조의 12. 전기부문
>
> 아. "대기전력자동차단장치"라 함은 산업통상자원부고시 「대기전력저감프로그램운용규정」에 의하여 대기전력저감우수제품으로 등록된 대기전력자동차단콘센트, 대기전력자동차단스위치를 말한다.

> **고시** 제5조의 12. 전기부문
>
> 자. "자동절전멀티탭"이라 함은 산업통상자원부고시 「대기전력저감프로그램운용규정」에 의하여 대기전력저감우수제품으로 등록된 자동절전멀티탭을 말한다.

> **고시** 제5조의 12. 전기부문
>
> 차. "일괄소등스위치"라 함은 층 또는 구역단위(세대단위)로 설치되어 조명등(센서등 및 비상등 제외 가능)을 일괄적으로 끌 수 있는 스위치를 말한다.
> 카. "회생제동장치"라 함은 승강기가 균형추보다 무거운 상태로 하강(또는 반대의 경우)할 때 모터는 순간적으로 발전기로 동작하게 되며, 이 때 생산되는 전력을 다른 회로에서 전원으로 활용하는 방식으로 전력소비를 절감하는 장치를 말한다.
> 타. 삭제
> 파. 삭제
> 하. "간선"이라 함은 인입구에서 분기과전류차단기에 이르는 배선으로서 분기회로의 분기점에서 전원측의 부분을 말한다.

해설

일괄소등스위치는 「전기용품 및 생활용품 안전관리법」제 5조에 의한 안전인증을 취득한 제품이어야함.

예제문제 36

"건축물의 에너지절약설계기준"에 따른 전기설비 부문 용어정의로 가장 적절하지 않은 것은?　【2019년 5회 국가자격시험】

① 수용률 : 부하설비 용량 합계에 대한 최대수용전력의 백분율
② 최대수요전력 : 수용가에서 일정기간 중 사용한 전력의 최대치
③ 역률개선용 콘덴서 : 역률을 개선하기 위하여 변압기 또는 전동기 등에 직렬로 설치하는 콘덴서
④ 대기전력자동차단장치 : 산업통상자원부 고시 "대기전력저감프로그램운용규정"에 의하여 대기전력저감우수제품으로 등록된 대기전력 자동차단콘센트, 대기전력차단스위치

해설 용어정의

역률개선용커패시터(콘덴서) → 역률을 개선하기 위하여 변압기 또는 전동기 등에 병렬로 설치하는 커패시터를 말한다.

답 : ③

예제문제 37

다음은 에너지절약설계기준의 전기부문용어에 관한 설명이다. 다음 중 가장 적합한 것은?

① "역률개선용콘덴서"라 함은 역률을 개선하기 위하여 변압기 또는 전동기 등에 직렬로 설치하는 커패시터를 말한다.
② "조도자동조절 조명기구"라 함은 인체 또는 주위 밝기를 감지하여 자동으로 조명등을 점멸하거나 조도를 자동 조절할 수 있는 센서장치 또는 그 센서를 부착한 등기구로서 고효율인증제품(LED 센서 등 기구 포함) 또는 동등 이상의 성능을 가진 것을 말한다. 또한, 백열전구를 사용하는 조도자동조절조명기구도 포함한다.
③ "변압기 대수제어"라 함은 변압기를 여러 대 설치하여 부하상태에 따라 필요한 운전대수를 자동 또는 수동으로 제어하는 방식을 말한다.
④ "대기전력 저감형 도어폰"이라 함은 세대내의 실내기기와 실외기기간의 호출 또는 통화를 하는 기기를 말한다.

해설

① "역률개선용커패시터(콘덴서)"라 함은 역률을 개선하기 위하여 변압기 또는 전동기 등에 병렬로 설치하는 커패시터를 말한다.
② "조도자동조절 조명기구"라 함은 인체 또는 주위 밝기를 감지하여 자동으로 조명등을 점멸하거나 조도를 자동 조절할 수 있는 센서장치 또는 그 센서를 부착한 등기구를 말한다.
④ 법의 개정으로 삭제되었다.

답 : ③

예제문제 38

다음은 에너지절약설계기준의 전기부문용어에 관한 설명이다. 다음 중 가장 부적합한 것은?

① "변압기 대수제어"라 함은 변압기를 여러 대 설치하여 부하상태에 따라 필요한 운전대수를 자동 또는 수동으로 제어하는 방식을 말한다.

② "가변속제어기(인버터)"라 함은 정지형 전력변환기로서 전동기의 가변속운전을 위하여 설치하는 설비로서 고효율인증제품 또는 동등 이상의 성능을 가진 것을 말한다.

③ "수용률"이라 함은 부하설비 용량 합계에 대한 최대 수용전력의 백분율을 말한다.

④ "일괄소등스위치"라 함은 층 또는 구역 단위 또는 세대 단위로 설치되어 층별 또는 세대 내의 조명등(센서등 및 비상등제외가능)을 일괄적으로 켜고 끌 수 있는 스위치를 말한다.

해설

"일괄소등스위치"라 함은 층 또는 구역단위(세대단위)로 설치되어 조명등(센서 등 및 비상등제외가능)을 일괄적으로 끌 수 있는 스위치를 말한다.

답 : ④

예제문제 39

"건축물의 에너지절약 설계기준" 중 전기설비부문의 용어에 대한 설명으로 옳지 않은 것은?　　　　【2015년 국가자격 시험 1회 출제문제】

① "대기전력 저감형 도어폰"이라 함은 세대내의 실내기들 간에 호출 및 통화를 하는 기기를 말한다.

② "전압강하"라 함은 인입전압(또는 변압기 2차 전압)과 부하측 전압과의 차이를 말하며 저항이나 인덕턴스에 흐르는 전류에 의하여 강하하는 전압을 말한다.

③ "수용률"이라 함은 부하설비 용량 합계에 대한 최대 수용전력의 백분율을 말한다.

④ "최대수요전력"이라 함은 수용가에서 일정 기간 중 사용한 전력의 최대치를 말한다.

해설

① "대기전력 저감형 도어폰"이라 함은 세대내의 실내기기와 실외기기간의 호출 및 통화를 하는 기기로서 산업통상자원부 고시 「대기전력저감프로그램운용규정」에 의하여 대기전력우수제품으로 등록된 제품을 말한다. 는 법의 개정으로 삭제되었다.

답 : ①

예제문제 **40**

다음은 에너지절약설계기준의 전기부문용어에 관한 설명이다. 다음 중 가장 부적합한 것은?

① "대기전력자동차단장치"라 함은 산업통상자원부고시「대기전력저감프로그램운용규정」에 의하여 대기전력저감우수제품으로 등록된 대기전력자동차단콘센트, 대기전력자동차단 밸브를 말한다.

② "수용률"이라 함은 부하설비 용량 합계에 대한 최대 수용전력의 백분율을 말한다.

③ "자동절전멀티탭"이라 함은 산업통상자원부고시「대기전력저감프로그램운용규정」에 의하여 대기전력저감우수제품으로 등록된 자동절전멀티탭을 말한다.

④ "역률개선용커패시터(콘덴서)"라 함은 역률을 개선하기 위하여 변압기 또는 전동기 등에 병렬로 설치하는 커패시터를 말한다.

해설
"대기전력자동차단장치"라 함은 산업통상자원부고시「대기전력저감프로그램운용규정」에 의하여 대기전력저감우수제품으로 등록된 대기전력자동차단콘센트, 대기전력자동차단 스위치를 말한다.

답 : ①

예제문제 **41**

"건축물의 에너지절약설계기준" 제5조(용어의 정의)에 대한 설명으로 가장 적절한 것은?　【2018년 국가자격 4회 출제문제】

① "고효율조명기기"라 함은 광원, 안정기, 기타 조명기기로서 최저소비효율기준을 만족하는 제품을 말한다.

② "원격검침전자식계량기"란 에너지사용량을 자기식으로 계측하여 에너지관리자가 실시간으로 모니터링하고 기록할 수 있도록 하는 장치이다.

③ "자동절전멀티탭"이라 함은 산업통상자원부고시「대기전력저감프로그램운용규정」에 의하여 최저소비효율 인증을 받은 제품으로 등록된 자동절전멀티탭을 말한다.

④ "일괄소등스위치"라 함은 층 또는 구역단위(세대단위)로 설치되어 조명등(센서등 및 비상등 제외 가능)을 일괄적으로 끌 수 있는 스위치를 말한다.

해설
① "고효율조명기기"라 함은 광원, 안정기, 기타 조명기기로서 고효율인증제품을 말한다. 는 법의 개정으로 삭제되었다.

② "전자식원격검침계량기"란 에너지사용량을 전자식으로 계측하여 에너지관리자가 실시간으로 모니터링하고 기록할 수 있도록 하는 장치이다.

③ "자동절전멀티탭"이라 함은 산업통상자원부고시 의하여 대기전력우수제품 인증을 받은 제품으로 등록된 자동절전멀티탭을 말한다.

답 : ④

9 신재생부문 용어

> **고시** 제5조 13. 신재생부문
> 가. "신·재생에너지"라 함은 「신에너지 및 재생에너지 개발·이용 촉진법」에서 규정하는 것을 말한다.

■ **신에너지 및 재생에너지 개발·이용·보급촉진법**〈법률 제14670호, 2017. 9. 22. 시행〉

제2조 (정의) 이 법에서 사용하는 용어의 뜻은 다음과 같다. 〈개정 2014. 1. 21〉

1. "신에너지"란 기존의 화석연료를 변환시켜 이용하거나 수소·산소 등의 화학 반응을 통하여 전기 또는 열을 이용하는 에너지로서 다음 각 목의 어느 하나에 해당하는 것을 말한다.
   가. 수소에너지
   나. 연료전지
   다. 석탄을 액화·가스화한 에너지 및 중질잔사유를 가스화한 에너지로서 대통령령으로 정하는 기준 및 범위에 해당하는 에너지
   라. 그 밖에 석유·석탄·원자력 또는 천연가스가 아닌 에너지로서 대통령령으로 정하는 에너지
2. "재생에너지설비"란 햇빛·물·지열·강수·생물유기체 등을 포함하는 재생 가능한 에너지를 변환시켜 이용하는 에너지로서 다음 각 목의 어느 하나에 해당하는 것을 말한다.
   가. 태양에너지   나. 풍력
   다. 수력   라. 해양에너지
   마. 지열에너지
   바. 생물자원을 변환시켜 이용하는 바이오에너지로서 대통령령으로 정하는 기준 및 범위에 해당하는 에너지
   사. 폐기물에너지로서 대통령령으로 정하는 기준 및 범위에 해당하는 에너지
   아. 그 밖에 석유·석탄·원자력 또는 천연가스가 아닌 에너지로서 대통령령으로 정하는 에너지
3. "신에너지 및 재생에너지 설비"(이하 "신·재생에너지 설비"라 한다)란 신·재생에너지의 전력계통 연계조건을 개선하기 위한 설비로서 산업통상자원부령으로 정하는 것을 말한다.
4. "신·재생에너지 발전"이란 신·재생에너지를 이용하여 전기를 생산하는 것을 말한다.
5. "신·재생에너지 발전사업자"란 「전기사업법」 제2조제4호에 따른 발전사업자 또는 같은 조 제19호에 따른 자가용전기설비를 설치한 자로서 신·재생에너지 발전을 하는 사업자를 말한다.

■ **신에너지 및 재생에너지 개발·이용·보급 촉진법 시행규칙**〈산업통상자원부령 제227호, 2016. 12. 8. 시행〉

제2조 (신·재생에너지 설비) 「신에너지 및 재생에너지 개발·이용·보급 촉진법」 (이하 "법"이라 한다) 제2조제3호에서 "산업통상자원부령으로 정하는 것"이란 다음 각 호의 설비 및 그 부대설비 (이하 "신·재생에너지설비"라 한다)를 말한다. 〈개정 2015. 4. 23.〉

1. 수소에너지 설비 : 물이나 그 밖에 연료를 변환시켜 수소를 생산하거나 이용하는 설비
2. 연료전지 설비 : 수소와 산소의 전기화학 반응을 통하여 전기 또는 열을 생산하는 설비
3. 석탄을 액화·가스화한 에너지 및 중질잔사유를 가스화 한 에너지 설비 : 석탄 및 중질잔사유의 저급 연료를 액화 또는 가스화시켜 전기 또는 열을 생산하는 설비
4. 태양에너지 설비
   가. 태양열 설비 : 태양의 열에너지를 변환시켜 전기를 생산하거나 에너지원으로 이용하는 설비
   나. 태양광 설비 : 태양의 빛에너지를 변환시켜 전기를 생산하거나 채광에 이용하는 설비

■ **신에너지와 재생에너지의 분류**

1. 신에너지 – 연료전지, 수소에너지, 석탄을 액화·가스화한 에너지 및 중질잔사유 가스화한 에너지
2. 재생에너지 – 태양광, 태양열, 바이오, 폐기물, 해양, 풍력, 수력, 지열 등

 실기 **기출문제**[13년2급]

신재생에너지 및 재생에너지개발 이용촉진법에서 규정하는 신에너지, 재생에너지 설비를 각각 3개씩 쓰시오.

5. 풍력설비 : 바람의 에너지를 변환시켜 전기를 생산하는 설비
6. 수력설비 : 물의 유동에너지를 변환시켜 전기를 생산하는 설비
7. 해양에너지 설비 : 해양의 조수, 파도, 해류, 온도차 등을 변환시켜 전기 또는 열을 생산하는 설비
8. 지열에너지 설비 : 물, 지하수 및 지하의 열 등의 온도차를 변환시켜 에너지를 생산하는 설비
9. 바이오 에너지 설비 : 「신에너지 및 재생에너지 개발·이용·보급 촉진법시행령」(이하 "영"이라 한다) 별표1의 바이오에너지를 생산하거나 이를 에너지원으로 이용하는 설비
10. 폐기물 에너지 설비 : 폐기물을 변환시켜 연료 및 에너지를 생산하는 설비
11. 수열에너지 설비 : 물의 표층의 열을 변환시켜 에너지를 생산하는 설비
12. 전력저장 설비 : 신에너지 및 재생에너지(이하 "신·재생에너지"라 한다)를 이용하여 전기를 생산하는 설비와 연계된 전력저장 설비

예제문제 42

신에너지 및 재생에너지 개발·이용·보급촉진법에서 정하는 신에너지가 아닌 것은 어느 것인가?

① 연료전지　　　　② 바이오에너지
③ 수소에너지　　　　④ 석탄의 액화, 가스화

해설
바이오에너지는 재생에너지에 포함된다.

답 : ②

예제문제 43

신에너지 및 재생에너지 개발·이용·보급촉진법에서 정하는 재생에너지가 아닌 것은 어느 것인가?

① 연료전지　　　　② 태양광
③ 해양에너지　　　　④ 폐기물에너지

해설
연료전지는 신에너지에 포함된다.

답 : ①

01 종합예제문제

□□□ **목적**

1 건축물의 에너지 절약설계기준의 목적에 해당하지 않는 것은?

① 에너지 절약설계에 관한 기준을 정함
② 에너지 절약계획서 작성기준을 정함
③ 설계검토서 작성기준을 정함
④ 시방서 작성기준을 정함

> 1. 건축물의 효율적인 에너지 관리를 위하여 열손실방지 등 에너지 절약 설계에 관한기준
> 2. 에너지절약계획서 및 설계검토서 작성기준
> 3. 녹색건축물의 건축을 활성화 하기위한 건축기준의 완화에 관한 사항

2 건축물의 에너지 절약설계기준의 목적에 해당하지 않는 것은?

① 건축물의 효율적인 에너지 관리를 위하여 열손실방지 등 에너지 절약 설계에 관한기준
② 에너지절약계획서 및 설계검토서 작성기준
③ 녹색건축물의 건축을 활성화 하기위한 건축기준의 완화에 관한사항
④ 안전, 기능, 환경을 향상시킴으로서 공공복리증진을 도모하여 국민의 삶의 질을 향상시킨다.

> 안전, 기능, 환경을 향상시킴으로서 공공복리증진을 도모하여 국민의 삶의 질을 향상시킨다는 건축법의 목적이다.

□□□ **건축물의 열손실 방지 등**

3 건축물을 건축하거나 용도변경, 대수선하는 경우 열손실방지 등 조치를 하지 않아도 되는 부위는?

① 거실의 외벽
② 최상층에 있는 거실의 반자 또는 지붕
③ 최하층에 있는 거실의 바닥
④ 공동주택세대간의 측벽

> **열손실 방지 등 조치**
> 거실의 외벽, 최상층에 있는 거실의 반자 또는 지붕, 최하층에 있는 거실의 바닥, 바닥 난방을 하는 층간 바닥, 거실의 창 및 문 등은 별표1의 열관류율 기준 또는 별표3의 단열재 두께 기준을 준수하여야 한다.

4 건축물을 건축하거나 용도변경, 대수선하는 경우 열손실방지 등 조치를 하지 않아도 되는 부위는?

① 층 간 바닥
② 최상층에 있는 거실의 반자 또는 지붕
③ 거실의 창 및 문
④ 최하층에 있는 거실의 바닥

> **열손실 방지 등 조치**
> 거실의 외벽, 최상층에 있는 거실의 반자 또는 지붕, 최하층에 있는 거실의 바닥, 바닥 난방을 하는 층간 바닥, 거실의 창 및 문 등은 별표1의 열관류율 기준 또는 별표3의 단열재 두께 기준을 준수하여야 한다.

5 건축물 에너지절약계획서 설계기준에서 건축물열손실 방지조치의 준수사항으로 가장 부적합한 것은?

① 열관류율 기준   ② 단열조치 일반사항
③ 단열두께 기준   ④ 건축물의 설비

> 별표1의 열관류율 기준 또는 별표3의 단열재 두께 기준을 준수하여야 하고, 단열조치 일반사항 등은 제6조의 건축부문 의무사항을 따른다.

정답   1. ④   2. ④   3. ④   4. ①   5. ④

6 다음 중 건축물 에너지절약계획서 설계기준에서 열손실 방지조치 대상에 해당되는 곳은?

① 창고 ② 차고
③ 기계실 ④ 거실

> 창고, 차고, 기계실 등으로 서 거실의 용도로 사용하지 아니하고 냉·난방설비를 설치하지 아니하는 건축물 또는 공간

□□□ **지역별 건축물 부위의 열관류율 기준**

7 건축물의 에너지절약설계기준에서 지역구분 중 중부2지역에 해당하지 않는 지역은?

① 경상북도(청송) ② 세종특별자치시
③ 충청남도 ④ 인천광역시

> 경상북도(봉화, 청송)은 중부1지역에 해당한다.

8 다음 에너지절약 설계에 관한 기준 중 현재 적용되는 건축물의 부위에 따른 지역별 연관류율 값에서 거실의 외벽이 외기에 직접면하는 경우에 열관류율 기준값으로 가장 부적합한 것은? (단위 : w/m²·k) (단, 공동주택외의 경우)

① 0.170 이하 ② 0.240 이하
③ 0.320 이하 ④ 0.640 이하

[별표 1] 지역별 건축물 부위의 열관류율표

(단위 : W/m²·K)

건축물의 부위		지역	중부1지역1)	중부2지역2)	남부지역2)	제주도
거실의 외벽	외기에 직접 면하는 경우	공동주택	0.150 이하	0.170 이하	0.220 이하	0.290 이하
		공동주택 외	0.170 이하	0.240 이하	0.320 이하	0.410 이하
	외기에 간접 면하는 경우	공동주택	0.210 이하	0.240 이하	0.310 이하	0.410 이하
		공동주택 외	0.240 이하	0.340 이하	0.450 이하	0.560 이하

9 건축물의 열손실 방지를 위한 조치 중 열관류율 (단위 : w/m²·k)기준으로 가장 부적합한 것은 다음 중 어느 것인가? (단, 남부지역임, 공동주택외의 경우)

① 외기에 직접 면하는 거실의 외벽 : 0.320 이하
② 외기에 직접 면하는 최상층에 있는 거실의 반자 또는 지붕 : 0.180 이하
③ 외기에 직접 면하는 최하층에 있는 거실의 바닥(바닥난방인 경우) : 0.220 이하
④ 바닥난방인 층간바닥 : 0.80 이하

> 바닥 난방인 층간 바닥 : 0.810 이하

10 다음 에너지절약 설계에 관한 기준 중 현재 적용되는 건축물의 부위에 따른 지역별 열관류율 값에서 창 및 문의 열관류율 값으로 가장 부적합한 것은? (단위 : w/m²·k)

① 외기에 직접 면하는 경우 공동주택으로서 남부지역의 열관류율은 1.200 이하이다.
② 외기에 직접 면하는 경우 공동주택 외로서 남부지역의 열관류율은 1.800 이하이다.
③ 외기에 간접 면하는 경우 공동주택으로서 남부지역의 열관류율은 1.700 이하이다.
④ 외기에 간접 면하는 경우 공동주택 외로서 남부지역의 열관류율은 2.500 이하이다.

[별표 1] 지역별 건축물 부위의 열관류율표

(단위 : W/m²·K)

건축물의 부위			중부1지역1)	중부2지역2)	남부지역2)	제주도
창 및 문	외기에 직접 면하는 경우	공동주택	0.900 이하	1.000 이하	1.200 이하	1.600 이하
		공동주택 외 창	1.300 이하	1.500 이하	1.800 이하	2.200 이하
		문	1.500 이하			
	외기에 간접 면하는 경우	공동주택	1.300 이하	1.500 이하	1.700 이하	2.000 이하
		공동주택 외 창	1.600 이하	1.900 이하	2.200 이하	2.800 이하
		문	1.900 이하			
공동주택 세대현관문 및 방화문	외기에 직접 면하는 경우 및 거실 내 방화문		1.400 이하			
	외기에 간접 면하는 경우		1.800 이하			

정답 6. ④ 7. ① 8. ④ 9. ④ 10. ④

11 남부지역에서 수평면과 이루는 각이 70°를 초과하는 경사지붕이 외기에 직접 면하는 경우 열관류율 값은 얼마를 적용하는 것이 적정한가? (단위 : w/m²·k) (단, 공동주택의 경우)

① 0.260 이하

② 0.220 이하

③ 0.310 이하

④ 0.810 이하

> 수평면과 이루는 각이 70도를 초과하는 경사지붕이 외기에 직접 면하는 경우 거실의 외벽으로 보고 열관류율을 적용하므로 거실의 외벽이 외기에 직접 면하는 경우인 열관류율은 0.220w/m²·k에 해당된다. (공동주택의 경우)

□□□ **단열재의 두께**

12 건축물의 열손실 방지를 위한 조치 중 단열재 두께가 가장 얇은 건축물의 부위는? (단, 중부1지역, 단열재 두께는 가 등급의 경우이다. 단위 mm)

① 거실의 외벽 중 외기에 직접 면하는 경우

② 바닥난방인 층간바닥

③ 최상층의 거실의 지붕 중 외기에 간접 면하는 경우

④ 최하층의 거실의 바닥 중 외기에 직접 면하며 바닥난방이 아닌 경우

[중부1지역]

(단위 : mm)

건축물의 부위		단열재의 등급	가	나	다	라
거실의 외벽	외기에 직접 면하는 경우	공동주택	220	255	295	325
		공동주택 외	190	225	260	285
	외기에 간접 면하는 경우	공동주택	150	180	205	225
		공동주택 외	130	155	175	195
최상층에 있는 거실의 반자 또는 지붕	외기에 직접 면하는 경우		220	260	295	330
	외기에 간접 면하는 경우		155	180	205	230
최하층에 있는 거실의 바닥	외기에 직접 면하는 경우	바닥난방인 경우	215	250	290	320
		바닥난방이 아닌 경우	195	230	265	290
	외기에 간접 면하는 경우	바닥난방인 경우	145	170	195	220
		바닥난방이 아닌 경우	135	155	180	200
바닥난방인 층간바닥			30	35	45	50

□□□ **단열재의 등급 분류**

13 "건축물의 에너지절약설계기준" 제시하는 KSL 9016에 의한 시험성적서 (20±5℃ 시험조건)상의 열전도율이 0.039W/m·K일 때 단열재의 등급분류로 가장 적합한 것은? 【13년 1급 출제유형】

① ㉮등급

② ㉯등급

③ ㉰등급

④ ㉱등급

[별표 2] 단열재의 등급 분류

등급 분류	열전도율의 범위 (KS L 9016에 의한 20±5℃ 시험조건에 의한 열전도율)		관련 표준	단열재 종류
	W/mK	Kcal/mh℃		
가	0.034 이하	0.029 이하	KS M 3808	– 압출법보온판 특호, 1호, 2호, 3호 – 비드법보온판 2종 1호, 2호, 3호, 4호
			KS M 3809	– 경질우레탄폼보온판 1종 1호, 2호, 3호 및 2종 1호, 2호, 3호
			KS L 9102	– 그라스울 보온판 48K, 64K, 80K, 96K, 120K
			KS M ISO 4898	– 페놀 폼 Ⅰ종A, Ⅱ종A
			KS M 3871-1	– 분무식 중밀도 폴리우레탄 폼 1종(A, B), 2종(A, B)
			KS F 5660	– 폴리에스테르 흡음 단열재 1급
			기타 단열재로서 열전도율이 0.034 W/mK (0.029 ㎉/mh℃)이하인 경우	
나	0.035 ~ 0.040	0.030 ~ 0.034	KS M 3808	– 비드법보온판 1종 1호, 2호, 3호
			KS L 9102	– 미네랄울 보온판 1호, 2호, 3호 – 그라스울 보온판 24K, 32K, 40K
			KS M ISO 4898	– 페놀 폼 Ⅰ종B, Ⅱ종B, Ⅲ종A
			KS M 3871-1	– 분무식 중밀도 폴리우레탄 폼 1종(C)
			KS F 5660	– 폴리에스테르 흡음 단열재 2급
			기타 단열재로서 열전도율이 0.035~0.040 W/mK (0.030~0.034 ㎉/mh℃)이하인 경우	
다	0.041 ~ 0.046	0.035 ~ 0.039	KS M 3808	– 비드법보온판 1종 4호
			KS F 5660	– 폴리에스테르 흡음 단열재 3급
			기타 단열재로서 열전도율이 0.041~0.046 W/mK (0.035~0.039 ㎉/mh℃)이하인 경우	
라	0.047 ~ 0.051	0.040 ~ 0.044	기타 단열재로서 열전도율이 0.047~0.051 W/mK (0.040~0.044 ㎉/mh℃)이하인 경우	

※ 단열재의 등급분류는 단열재의 열전도율의 범위에 따라 등급을 분류한다.

14 에너지 절약계획서에서 단열재의 열전도율 시험을 위한 시료의 평균온도는 몇 ℃로 하여야 하는가 가장 적합한 것은?

① 20±3℃   ② 20±5℃
③ 23±3℃   ④ 23±5℃

> 열전도율의 범위(KS L 9016 20±5℃ 시험조건에 의한 열전도율)

15 에너지 절약계획서에서 단열재의 등급분류에 대한 설명 중 가장 부적합한 것은 다음 중 어느 것인가?

① '가' 등급 – 열전도율 0.034W/mK 이하인 경우로서 비드법보온판 2종 1호, 2호, 3호, 4호는 '가' 등급이다.
② '나' 등급 – 열전도율 0.035 ~ 0.040W/mK 이하인 경우로서 비드법보온판 1종 1호, 2호, 3호는 '나' 등급이다.
③ '다' 등급 – 열전도율 0.041 ~ 0.046W/mK 이하인 경우로서 비드법보온판 1종 4호는 '다' 등급이다.
④ '라' 등급 – 열전도율 0.047 ~ 0.052W/mK 이하인 경우로서 기타단열재 이다.

> '라' 등급 – 열전도율 0.047 ~ 0.051W/mK 이하인 경우로서 기타 단열재 이다.

16 에너지 절약계획서에서 단열재의 등급분류 중 '가' 등급에 포함되는 것으로 가장 부적합한 것은?

① 그라스울 보온판 48K, 64K, 80K, 96K, 120K
② 비드법보온판 2종 1호, 2호, 3호, 4호
③ 기타 단열재로서 열전도율이 0.037W/mK 이하인 경우
④ 경질우레탄폼보온판 1종 1호, 2호, 3호 및 2종 1호, 2호, 3호

> 기타 단열재로서 열전도율이 0.034W/mK(0.029kcal/mh℃) 이하인 경우

□□□ 에너지절약계획서 제출예외 대상

17 에너지 절약계획서 제출대상에 해당되지 않는 것은?

① 건축허가를 신청할 때 연면적 500m² 이상인 건축물
② 용도변경의 하가신청 또는 신고 시 연면적 500m² 이상인 건축물
③ 건축물대장 기재내용의 변경시 연면적 500m² 이상인 건축물
④ 문화 및 집회시설중 동·식물원

> 문화 및 집회시설 중 동·식물원은 에너지 절약계획서를 제출하지 아니한다.

18 에너지 절약계획서 제출대상에 해당되지 않는 것은?

① 건축물대장 기재내용의 변경시 연면적 500m² 이상인 건축물
② 용도변경의 허가신청 또는 신고시 연면적 500m² 이상인 건축물
③ 다가구주택
④ 건축허가를 신청할 때 연면적 500m² 이상인 건축물

> 단독주택인 다가구 주택은 에너지절약계획서를 제출하지 아니한다.

19 에너지 절약계획서를 제출해야 하는 제출대상에 해당되는 것은?

① 다중주택   ② 다가구주택
③ 공관   ④ 아파트

> 다중주택, 다가구주택, 공관 등은 단독주택에 해당되므로 에너지 절약계획서를 제출하지 아니한다.

정답 14. ②   15. ④   16. ③   17. ④   18. ③   19. ④

20 에너지 절약계획서 제출시 연면적의 합계에 관한 설명 중 가장 적합한 것은?

① 같은 대지에 모든 건축면적을 합하여 계산한다.
② 주거와 비 주거는 구분하여 계산한다.
③ 증축 또는 용도변경 하는 경우 이 기준은 증축이나 용도변경하는 부분에만 적용하지 않고 주 건물과의 합계로 적용한다.
④ 주차장, 기계실면적은 포함한다.

1. 같은 대지에 모든 바닥면적을 합하여 계산한다.
2. 주거와 비 주거는 구분하여 계산한다.
3. 증축이나 용도 변경 , 건축물대장의 기재내용을 변경하는 경우 이 기준을 해당 부분에만 적용할 수 있다.
4. 연면적의 합계 500제곱미터 미만으로 허가를 받거나 신고한 후 「건축법」 제16조에 따라 허가와 신고사항을 변경하는 경우에는 당초 허가 또는 신고 면적에 변경되는 면적을 합하여 계산한다.
5. 주차장, 기계실 면적은 제외한다.

□□□ **적용예외**

21 건축물 에너지절약계획서 설계기준에서 적용예외 되는 경우로서 가장 부적합한 것은?

① 건축물을 신축하거나 용도 변경하는 경우
② 제로에너지건축물 인증을 취득한 경우에 적합한 경우
③ 건축물 에너지 효율등급 인증 1등급 이상을 취득하는 경우
④ 제21조 제2항에서 제시하는 건축물에너지 소요량 평가서 판정기준을 만족하는 경우

건축물을 증축하거나 용도변경 하는 경우 적용예외 된다.

□□□ **용어의 정의**

22 에너지절약설계기준에 대한 다음 용어 중 가장 적합한 것은 다음 중 어느 것인가?

① "건축물에너지효율등급 인증"이라 함은 국토교통부와 환경부의 공동부령인 건축물의 에너지 효율등급인증에 관한 규칙에 따라 인증을 받는 것을 말한다.
② "완화기준"이라 함은 건축법, 국토의 계획 및 이용에 관한 법률 및 지방자치단체조례 등에서 정하는 건축물의 용적률 및 높이제한기준을 적용함에 있어 완화 적용 할 수 있는 비율을 정한기준을 말한다.
③ "예비인증"이라 함은 건축물의 완공 후에 설계도서 등으로 인증기관에서 건축물에너지 효율등급인증, 제로에너지건축물 인증, 녹색건축인증을 받는 것을 말한다.
④ "본인증"이라 함은 신청건물의 완공 후에 최종설계도서 및 현장 확인을 거쳐 허가권자에게 건축물에너지 효율등급인증, 제로에너지건축물 인증, 녹색건축인증을 받는 것을 말한다.

① "건축물에너지효율등급 인증"이라 함은 국토교통부와 산업통상자원부의 공동부령인 건축물의 에너지 효율등급인증에 관한 규칙에 따라 인증을 받는 것을 말한다.
③ "예비인증"이라 함은 건축물의 완공전에 설계도서 등으로 인증기관에서 건축물에너지 효율등급인증, 제로에너지건축물 인증, 녹색건축인증을 받는 것을 말한다.
④ "본인증"이라 함은 신청건물의 완공후에 최종설계도서 및 현장 확인을 거쳐 인증기관에서 건축물에너지 효율등급인증, 제로에너지건축물 인증, 녹색건축인증을 받는 것을 말한다.

23 에너지절약설계기준에 대한 다음 용어 중 옳지 않은 것은?

① "의무사항"이라 함은 건축물을 건축하는 건축주와 설계자 등이 건축물의 설계 시 필수적으로 적용해야 하는 사항을 말한다.

② "권장사항"이라 함은 건축물을 건축하는 건축주와 설계자 등이 건축물의 설계 시 선택적으로 적용이 가능한 사항을 말한다.

③ "완화기준"이라 함은 「건축법」, 「국토의 계획 및 이용에 관한 법률」 및 「지방자치단체 조례」 등에서 정하는 건축물의 용적률 및 높이제한 기준을 적용함에 있어 완화 적용할 수 있는 비율을 정한 기준을 말한다.

④ "건축물에너지효율등급 인증"이라 함은 국토교통부와 환경부의 공동부령인 건축물의 에너지 효율등급인증에 관한 규칙에 따라 인증을 받는 것을 말한다.

> "건축물에너지효율등급 인증"이라 함은 국토교통부와 산업통상자원부의 공동부령인 건축물의 에너지 효율등급인증에 관한 규칙에 따라 인증을 받는 것을 말한다.

24 다음 중 에너지절약설계기준에서 말하는 "녹색건축인증"에 관한 내용이다. (   )안에 들어갈 내용으로 가장 적합한 것은?

> "녹색건축인증"이라 함은(㉠)와 환경부의 공동부령인 「녹색건축의 인증에 관한 규칙」에 따라 인증을 받는 것을 말하며, "건축물에너지효율등급인증"이라 함은 국토교통부와(㉡)의 공동부령인 「건축물에너지효율등급인증에 관한 규칙」에 따라 인증을 받는 것을 말한다.

① ㉠ 국토교통부   ㉡ 산업통상자원부
② ㉠ 산업통상자원부   ㉡ 환경부
③ ㉠ 국토교통부   ㉡ 환경부
④ ㉠ 산업통상자원부   ㉡ 해양수산부

> "녹색건축인증"이라 함은 국토교통부와 환경부의 공동부령인 「녹색건축의 인증에 관한 규칙」에 따라 인증을 받는 것을 말하며, "건축물에너지효율등급인증"이라 함은 국토교통부와 산업통상자원부의 공동부령인 「건축물에너지효율등급인증에 관한 규칙」에 따라 인증을 받는 것을 말한다.

□□□ **건축부문의 용어의 정의**

25 다음은 건축물의 에너지절약설계기준의 건축부문 용어의 정의에 관한 것이다. 다음 중 옳지 않은 것은 어느 것인가?

① "기밀성 창", "기밀성 문"이라 함은 창 및 문으로서 한국산업규격(KS F 2292 규정에 의하여 기밀성 등급에 따른 기밀성이 1~5등급(통기량 $5m^3/h \cdot m^2$ 미만)인 것을 말한다.

② "방습층"이라 함은 습한 공기가 구조체에 침투하여 결로 발생의 위험이 높아지는 것을 방지하기 위해 설치하는 투습도가 24시간당 $30g/m^2$ 이하 또는 투습계수 $0.28g/m^2 \cdot h \cdot mmHg$ 이하의 투습저항을 가진 층을 말한다.

③ "방풍구조"라 함은 출입구에서 실내외 공기 교환에 의한 열 출입을 방지할 목적으로 설치하는 방풍실 또는 회전문 등을 설치한 방식을 말한다.

④ "외피"라 함은 거실 또는 거실 외 공간을 둘러싸고 있는 벽·지붕·바닥·창 및 문 등으로서 외기에 간접 면하는 부위를 말한다.

> "외피"라 함은 거실 또는 거실 외 공간을 둘러싸고 있는 벽·지붕·바닥·창 및 문 등으로서 외기에 직접 면하는 부위를 말한다.

26 다음의 중부지방 업무시설 외벽 평균열관류율 계산표를 보고 틀린 것을 고르시오.

벽체 및 창호	열관류율 (W/m²K)	외기보정 계수	면적(m²)	열관류율× 계수×면적
W1 (외기직접)	0.21	① 1.0	1,000	210.0
W2 (외기간접)	0.35	② 0.7	500	122.5
G1 (외기직접)	1.80	③ 1.0	300	540
G2 (외기간접)	2.30	④ 0.7	100	161

평균 열관류율 계산에 있어서 외기에 간접적으로 면한 부위에 대해서는 적용된 열관류율 값에 외벽, 지붕, 바닥부위는 0.7을 곱하고, 창 및 문부위는 0.8을 곱하여 평균 열관류율의 계산에 사용한다.

27 다음은 건축물의 에너지절약설계기준의 건축부문 용어의 정의에 관한 것이다. 다음 중 "평균 열관류율"에 대한 설명 중 가장 부적합한 것은?

① 지붕, 바닥, 외벽 등의 열관류율 계산에 있어 세부 부위별로 열관류율 값이 다를 경우 이를 면적으로 가중 평균하여 나타낸 것을 말한다.
② 지붕의 경우 천창 등 투명 외피부위를 포함하지 않는다.
③ 바닥, 외벽(창 및 문)을 포함한다.
④ 평균 열관류율은 안목 치수를 기준으로 계산한다.

"평균 열관류율"이라 함은 지붕(천창 등 투명 외피부위를 포함하지 않는다), 바닥, 외벽(창 및 문을 포함한다) 등의 열관류율 계산에 있어 세부 부위별로 열관류율 값이 다를 경우 이를 면적으로 가중 평균하여 나타낸 것을 말한다. 단, 평균열관류율은 중심선 치수를 기준으로 계산한다.

28 다음은 건축물의 에너지절약설계기준의 건축부문 용어의 정의에 관한 것이다. 다음 중 외기가 간접 통하는 공간에 면한 부위에 대한 설명 중 가장 부적합한 것은?

① 램프식 주차장에 면하는 거실부위
② 지면 또는 토양에 면한 부위
③ 실내 공기의 배기를 목적으로 설치된 샤프트(AD)나 배관 설치공간(PD) 등에 면한 부위
④ 공동주택의 창이 설치 된 발코니나 다용도실에 면한 부위

램프식 주차장에 면하는 거실부위 는 외기에 직접 면하는 부위에 해당한다.

29 다음은 건축물의 에너지절약설계기준의 건축부문 용어의 정의에 관한 것이다. 다음 중 옳지 않은 것은 어느 것인가?

① "거실의 외벽"이라 함은 거실의 벽 중 외기에 직접 또는 간접 면하는 부위를 말한다. 다만, 복합용도의 건축물인 경우에는 해당 용도로 사용하는 공간이 다른 용도로 사용하는 공간과 접하는 부위를 외벽으로 볼 수 있다.
② "야간단열장치"라 함은 창의 야간 열손실을 방지할 목적으로 설치하는 단열셔터, 단열덧문으로서 열관류율이 $0.4m^2 \cdot K/W$ 이상인 것을 말한다.
③ "방습층"이라 함은 습한 공기가 구조체에 침투하여 결로 발생의 위험이 높아지는 것을 방지하기 위해 설치하는 투습도가 24시간당 $30g/m^2$ 이하 또는 투습계수 $0.28g/m^2 \cdot h \cdot mmHg$ 이하의 투습저항을 가진 층을 말한다.
④ "외단열"이라 함은 건축물 각 부위의 단열에서 단열재를 구조체의 외기측에 설치하는 단열방법으로서 모서리 부위를 포함하여 시공하는 등 열교를 차단한 경우를 말한다.

"야간단열장치"라 함은 창의 야간 열손실을 방지할 목적으로 설치하는 단열셔터, 단열덧문으로서 총열관류저항(열관류율의 역수)이 $0.4m^2 \cdot K/W$ 이상인 것을 말한다.

30 단열조치를 하여야 하는 부위에 대하여 단열기준에 적합한지 판단해야 한다. 이 기준에 적합하지 않은 것은?

① 열전도율 시험을 위한 시료의 온도는 20±5℃로 한다.
② 열관류율 또는 열관류저항의 계산결과는 소수점 3자리로 맺음을 하여 적합여부를 판정한다.(소숫점 넷째자리에서 반올림)
③ 바닥난방을 하는 공간의 하부가 바닥난방을 하지 않는 난방공간일 경우에는 당해 바닥난방을 하는 바닥부위는 별표1의 최하층에 있는 거실의 바닥으로 보며 외기에 간접 면하는 경우의 열관류율기준을 만족하여야 한다.
④ 수평면과 이루는 각이 70도 이상인 경우 경사지붕은 별표1에 따른 외벽의 열관류율을 적용할 수 있다.

수평면과 이루는 각이 70도를 초과하는 경사지붕은 별표1에 따른 외벽의 열관류율을 적용할 수 있다.

31 다음은 건축물의 에너지절약설계기준의 건축부문 용어의 정의에 관한 것이다. 다음 중 외기가 직접 통하는 공간에 면한 부위에 대한 설명 중 가장 부적합한 것은?

① 창 또는 문이 설치되지 않아 외부공기의 출입이 가능한 공간에 면한 부위
② 램프식 주차장에 면하는 거실 부위 등
③ 외부공기 유입을 목적으로 설치된 통로 또는 공간에 면한 부위
④ 실내 공기의 배기를 목적으로 설치된 샤프트(AD)나 배관 설치공간(PD) 등에 면한 부위

실내 공기의 배기를 목적으로 설치된 샤프트(AD)나 배관 설치공간(PD) 등에 면한 부위는 외기에 간접면하는 부위에 해당한다.

32 건축물의 에너지절약설계기준에서 단열조치를 하여야 하는 부위에 대하여는 다음 각 호에서 정하는 방법에 따라 단열기준에 적합한지를 판단할 수 있다. 적합하지 않은 것은 어느 것인가?

① 열관류율 또는 열관류저항의 계산결과는 소수점 3자리로 맺음을 하여 적합 여부를 판정한다.(소수점 4째 자리에서 반올림)
② 단열재의 열전도율 값은 한국산업규격 KS L 9016 보온재의 열전도율 측정방법에 따른 시험성적서에 의한 값을 사용하되 열전도율 시험을 위한 시료의 평균온도는 25±1℃로 한다.
③ 건축물의 에너지절약설계기준에서 정하는 지역별·부위별·단열재 등급별 허용 두께 이상으로 설치하는 경우 적합한 것으로 본다.
④ 창 및 문의 경우 KS F 2278(창호의 단열성 시험 방법)에 의한 시험성적서에 따른 창 세트의 열관류율 표시값이 건축물의 에너지절약설계기준에서 정하는 열관류율에 만족하는 경우 적합한 것으로 본다.

시험을 위한 시료의 평균온도는 20±5℃로 한다.

33 다음은 건축물의 에너지절약설계기준의 건축부문 용어의 정의에 관한 것이다. 다음 중 방풍구조의 종류에 해당되지 않는 것은?

① 회전문　　　　② 자동문
③ 이중문 구조　　④ 방풍공간

방풍구조라 함은 출입구에서 실내외 공기교환에 의한 열출입을 방지할 목적으로 설치하는 방풍실 또는 회전문 등을 설치한 방식을 말한다.
1. 이중문구조
2. 회전문
3. 방풍공간

정답 30. ④　31. ④　32. ②　33. ②

34 다음은 건축물의 에너지절약설계기준의 건축부문 용어의 정의에 관한 것이다. 다음 중 기밀성 창호의 [효율관리기자재 운용규정]에 따른 소비효율 등급 부여기준이 적합한 것은?

열관류율(R)	기밀성	소비효율 등급	
R≤ 1.0	1등급	1	①
1.0 〈 R ≤1.4	1등급	2	②
1.4 〈 R ≤2.1	2등급 이상 (1등급 또는 2등급)	3	③
1.8 〈 R ≤ 2.3	묻지 않음	4	④

1. 기밀성 창 및 문의 등급 판정기준은 창 및 문이 한국 산업규격(KS) F2292에서 제시한 1~5등급을 만족할 때, 기밀성 창호 및 문이라 할 수 있다.
2. 「효율관리기자재 운용규정」에 따른 소비효율 등급 부여기준

열관류율(R)	기밀성	소비효율 등급
R ≤ 0.9	1등급	1
0.9 〈 R ≤1.2	1등급	2
1.2 〈 R ≤ 1.8	2등급이상 (1등급 또는2등급)	3
1.8 〈 R ≤ 2.3	묻지 않음	4
2.3 〈 R ≤ 2.8	묻지 않음	5

35 다음은 건축물의 에너지절약설계기준의 건축부문 용어의 정의에 관한 것이다. 다음 중 방습층으로 인정될 수 있는 재료 또는 구조로서 가장 부적합한 것은?

① 금속재 (구리 등)
② 투습방수시트
③ 두께 0.1mm 이상의 폴리에틸렌 필름
④ 모르타르 마감이 된 조적벽

■ 방습층으로 인정될 수 있는 재료 또는 구조
　"방습층" 이라 함은 투습도가 24시간당 30g/m² 이하 또는 투습계수 0.28g/m²·h·mmHg 이하의 투습저항을 가진 층을 말한다. 다음에서 제시되는 재료는 동등이상의 방습성을 가진 것을 사용하여야 하며, 각 재료는 면의 형태로 구성되어 해당 부위의 전면을 차단하도록 하여야 한다.
① 두께 0.1mm 이상의 폴리에틸렌 필름(KS M 3509(포장용 폴리에틸렌 필름)에서 정하는 것을 말한다.)
② 투습방수 시트
③ 현장발포 플라스틱계(경질우레탄 등) 단열재
④ 플라스틱계 단열재(발포폴리스티렌 보온재)로서 이음새가 투습방지 성능이 있도록 처리될 경우
⑤ 내수합판 등 투습방지 처리가 된 합판으로서 이음새가 투습방지가 될 수 있도록 시공될 경우
⑥ 금속재(알루미늄 박 등)
⑦ 콘크리트 벽이나 바닥 또는 지붕
⑧ 타일마감
⑨ 모르타르 마감이 된 조적벽

36 다음은 건축물의 에너지절약설계기준의 건축부문 용어의 정의에 관한 것이다. 다음 중 "일사조절장치"와 관련된 내용 중 가장 부적합한 것은?

① 차양의 설치위치에 따른 구분에는 외부차양과 내부차양 그리고 유리간사이 차양이 있다.

② 차양은 가동 유무에 따라 고정식과 가변식으로 구분한다.

③ 남향 및 서향 투광부면적에 대한 차양장치 설치비율이 80% 이상일 때 배점 1점을 부여한다.

④ 태양열 취득율이 낮은 유리를 말한다.

③번의 경우 법의 개정으로 삭제되었다.

□□□ **기계부문의 용어의 정의**

37 다음은 건축물의 에너지절약설계기준의 기계부문 용어의 정의에 관한 것이다. 다음 중 가장 적합한 것은?

① "고효율원심식냉동기"라 함은 원심식냉동기 중 고효율인증제품 또는 동등 이상의 성능을 가진 것을 말한다.

② "폐열회수형환기장치"라 함은 난방 또는 냉방을 하는 장소의 환기장치로 실내의 공기를 배출할 때 급기 되는 공기와 열 교환하는 구조를 가진 것으로서 고효율인증제품을 말한다.

③ "고효율가스보일러"라 함은 가스를 열원으로 이용하는 보일러로서 고효율인증제품을 말한다.

④ "이코노마이저시스템"이라 함은 중간기 또는 동계에 발생하는 냉방부하를 실내 엔탈피보다 낮은 도입 외기에 의하여 제거 또는 감소시키는 시스템을 말한다.

"이코노마이저시스템"이라 함은 중간기 또는 동계에 발생하는 냉방부하를 실내 엔탈피 보다 낮은 도입 외기에 의하여 제거 또는 감소시키는 시스템을 말한다. 는 옳은 내용이다.
①, ③번은 법의 개정으로 삭제되었다.

38 다음은 건축물의 에너지절약설계기준의 기계부문 용어의 정의에 관한 것이다. "대수분할운전"에 대한 설명 중 가장 적합한 것은?

① 한 번의 제어에 의한 출력이 다음 번 제어의 기준이 되는 제어 방식을 말한다.

② 기기의 출력 값과 목표 값의 편차에 비례하여 입력 량을 조절하여 최적운전 상태를 유지할 수 있도록 운전하는 방식을 말한다.

③ 기기를 여러 대 설치하여 부하상태에 따라 최적 운전상태를 유지할 수 있도록 기기를 조합하여 운전하는 방식을 말한다.

④ 실내 엔탈피 및 외기 엔탈피에 의한 외기 댐퍼를 비례 제어하는 방식을 말한다.

① 한 번의 제어에 의한 출력이 다음 번 제어의 기준이 되는 제어 방식을 말한다. : 다단제어 운전
② 기기의 출력 값과 목표 값의 편차에 비례하여 입력 량을 조절하여 최적운전 상태를 유지할 수 있도록 운전하는 방식을 말한다. : 비례제어운전
④ 실내 엔탈피 및 외기 엔탈피에 의한 외기 댐퍼를 비례 제어하는 방식을 말한다. : 엔탈피 제어 운전

39 다음은 건축물의 에너지절약설계기준의 기계부문 용어의 정의에 관한 것이다. 다음 중 가장 부적합한 것은?

① "효율"이라 함은 설비기기에 공급된 에너지에 대하여 출력된 유효에너지의 비를 말한다.

② "심야전기를 이용한 축열·축냉 시스템"이라 함은 심야시간에 전기를 이용하여 열을 저장하였다가 이를 난방, 온수, 냉방 등의 용도로 이용하는 설비로서 산업통상자원부에서 심야전력기기로 인정한 것을 말한다.

③ "대수분할운전"이라 함은 기기를 여러 대 설치하여 부하상태에 따라 최적 운전상태를 유지할 수 있도록 기기를 조합하여 운전하는 방식을 말한다.

④ "비례제어운전"이라 함은 기기의 출력 값과 목표 값의 편차에 비례하여 입력 량을 조절하여 최적운전상태를 유지할 수 있도록 운전하는 방식을 말한다.

정답 36. ③ 37. ④ 38. ③ 39. ②

"심야전기를 이용한 축열·축냉 시스템"이라 함은 심야시간에 전기를 이용하여 열을 저장하였다가 이를 난방, 온수, 냉방 등의 용도로 이용하는 설비로서 한국 전력공사에서 심야전력기기로 인정한 것을 말한다.

41 건축물의 에너지절약설계기준의 기계부분 용어의 정의 중 운전성능 유지 여부를 검증하고 문서화하는 과정과 관련된 용어는?

① 비례제어운전　　　　② 다단제어운전
③ TAB　　　　　　　　④ 커미셔닝

"커미셔닝"이라 함은 효율적인 건축 기계설비 시스템의 성능 확보를 위해 설계 단계부터 공사완료에 이르기까지 전 과정에 걸쳐 건축주의 요구에 부합되도록 모든 시스템의 계획, 설계, 시공, 성능시험 등을 확인하고 최종 유지 관리자에게 제공하여 입주 후 건축주의 요구를 충족할 수 있도록 운전성능 유지 여부를 검증하고 문서화하는 과정을 말한다.

40 다음은 건축물의 에너지절약설계기준의 기계부문 용어의 정의에 관한 것이다. 관련된 내용 중 (　) 안에 가장 적합한 것은?

"중앙집중식 냉·난방설비"라 함은 건축물의 (㉠)또는 냉난방 면적의(㉡) 이상을 냉방 또는 난방 함에 있어 해당 공간에 순환펌프, 증기난방설비 등을 이용하여 열원 등을 공급하는 설비를 말한다.

① ㉠ 전부　㉡ 60%　　② ㉠ 90%　㉡ 70%
③ ㉠ 80%　㉡ 60%　　④ ㉠ 일부　㉡ 70%

중앙집중식 냉·난방설비
건축물의 전부 또는 냉난방 면적의 60% 이상을 냉방 또는 난방 함에 있어 해당 공간에 순환펌프, 증기난방설비 등을 이용하여 열원 등을 공급하는 설비를 말한다.

42 다음은 건축물의 에너지절약설계기준의 기계부문 용어의 정의에 관한 것이다. 다음 중 가장 부적합한 것은?

① "위험률"이라 함은 냉(난)방 기간 동안 또는 연간 총 시간에 대한 온도출현분포 중에서 가장 높은(낮은) 온도쪽으로부터 총 시간의 일정 비율에 해당하는 온도를 제외시키는 비율을 말한다.
② "고효율가스보일러"라 함은 가스를 열원으로 이용하는 보일러로서 고효율인증제품과 산업통상자원부 고시 「효율관리기자재 운용규정」에 따른 에너지소비효율 1등급 제품 또는 동등 이상의 성능을 가 진 것을 말한다.
③ "열회수형 환기장치"라 함은 난방 또는 냉방을 하는 장소의 환기장치로 실내의 공기를 배출할 때 급기 되는 공기와 열 교환하는 구조를 가진 것으로서 고효율인증제품을 말한다.
④ "비례제어운전"이라 함은 기기의 출력 값과 목표 값의 편차에 비례하여 입력 량을 조절하여 최적운전 상태를 유지할 수 있도록 운전하는 방식을 말한다.

법의 개정으로 고효율가스보일러는 삭제되었다.

□□□ **전기설비부문 관련용어**

43 전등설비 250[W], 전열설비 800[W], 전동기설비 200[W], 기타 150[W]인 수용가가 있다. 이 수용가의 최대수요전력이 910[W]이면 수용률은?

① 65%   ② 70%

③ 75%   ④ 80%

$$수용률 = \frac{최대수요전력}{부하설비용량합계} \times 100[\%]$$
$$= \frac{910}{250+800+200+150} \times 100[\%]$$
$$= \frac{910}{1,400} \times 100 = 65[\%]$$

44 다음은 에너지절약설계기준의 전기부문용어에 관한 설명이다. 대기전력자동차단장치 등록표기는 무엇인가?

① 탄소성적
② 친환경 건축자재
③ 대기전력저감 우수제품
④ 한국산업규격표시

대기전력자동차단장치는 대기전력저감우수제품으로 등록된 대기전력자동차단콘센트, 대기전력자동차단스위치를 말한다.

45 다음은 에너지절약설계기준의 전기부문용어에 관한 설명이다. 다음 중 가장 부적합한 것은?

① "역률개선용커패시터" 라 함은 역률을 개선하기 위하여 변압기 또는 전동기 등에 직렬로 설치하는 콘덴서를 말한다.
② "조도자동조절 조명기구" 라 함은 인체 또는 주위 밝기를 감지하여 자동으로 조명등을 점멸하거나 조도를 자동 조절할 수 있는 센서장치 또는 그 센서를 부착한 등기구로서 고효율인증제품(LED 센서 등 기구 포함) 또는 동등 이상의 성능을 가진 것을 말한다. 한다. 단, 백열전구를 사용하는 조도자동조절조명기구는 제외한다.
③ "변압기 대수제어" 라 함은 변압기를 여러 대 설치하여 부하상태에 따라 필요한 운전대수를 자동 또는 수동으로 제어하는 방식을 말한다.
④ "수용률" 이라 함은 부하설비용량 합계에 대한 최대수용전력의 백분율을 말한다.

"역률개선용커패시터" 라 함은 역률을 개선하기 위하여 변압기 또는 전동기 등에 병렬로 설치하는 커패시터를 말한다.

46 조도자동조절 조명기구의 설명으로 옳은 것은?

① 조도자동조절 조명기구 채택시 백열전구도 포함된다.
② 조도자동조절 조명기구 기술수준은 KS규정에 따른다.
③ 조도자동조절 조명기구에는 LED센서등도 포함된다.
④ 조도자동조절 조명기구의 설치위치는 거실에 설치한다.

"조도자동조절조명기구" 라 함은 인체 또는 주위 밝기를 감지하여 자동으로 조명등을 점멸하거나 조도를 자동 조절할 수 있는 센서장치 또는 그 센서를 부착한 등기구로서 고효율인증제품(LED 센서 등 기구 포함) 또는 동등 이상의 성능을 가진 것을 말한다. 단, 백열전구를 사용하는 조도자동조절조명기구는 제외한다.
조도자동조절 조명장치의 기술수준은 고효율에너지기자재보급촉진에 관한 규정에 따른다.

47 다음은 에너지절약설계기준의 전기부문용어에 관한 설명이다. 역률자동조절장치에 대한 설명 중 옳은 것은?

① 역률자동 콘덴서를 설치할 경우 역률자동조절장치를 설치한다.
② 회로내의 유효전력을 연속적으로 감시한다.
③ 콘덴서 뱅크의 차단기를 제어하기 위한 ON/OFF 신호를 수동으로 주도록 설계되어 진상 또는 지상부하의 상황에 맞게 콘덴서를 투입·차단시킴으로써 역률을 제어한다.
④ 지상 또는 진상 전류를 조정함으로써 역률을 일정하게 유지시키기 위해 설계된 기기이다

APFR(Automatic Power Factor Regulator)
APFR은 지상(lagging) 또는 진상(leading)전류를 조정함으로써 역률을 일정하게 유지시키기 설계된 기기이며, 회로내의 무효전력을 연속적으로 감시하고, 콘덴서 뱅크의 차단기를 제어하기 위한 ON/OFF 신호를 자동적으로 주도록 설계되어 진상 또는 지상 부하의 상황에 맞게 콘덴서를 투입·차단시킴으로써 역률을 제어한다.

정답   43. ①   44. ③   45. ①   46. ③   47. ④

48 다음은 에너지절약설계기준의 전기부문용어에 관한 설명이다. 다음 중 가장 부적합한 것은?

① "변압기 대수제어" 라 함은 변압기를 여러 대 설치하여 부하상태에 따라 필요한 운전대수를 자동 또는 수동으로 제어하는 방식을 말한다.

② "가변속제어기(인버터)" 라 함은 정지형 전력변환기로서 전동기의 가변속운전을 위하여 설치하는 설비로서 고효율인 증제품 또는 동등 이상의 성능을 가진 것을 말한다.

③ "수용률" 이라 함은 부하설비 용량 합계에 대한 최대 수용전력의 백분율을 말한다.

④ "일괄소등스위치" 라 함은 층 또는 구역 단위 또는 세대 단위로 설치되어 층별 또는 세대 내의 조명등(센서등 및 비상등제외가능)을 일괄적으로 켜고 끌 수 있는 스위치를 말한다.

> "일괄소등스위치" 라 함은 층 또는 구역단위(세대단위)로 설치되어 조명등(센서등 및 비상등 제외 가능)을 일괄적으로 끌 수 있는 스위치를 말한다.

49 다음은 에너지절약설계기준의 전기부문용어에 관한 설명이다. 다음 중 가장 부적합한 것은?

① "전압강하" 라 함은 인입전압(또는 변압기 2차전압)과 부하측전압과의 차를 말하며 저항이나 인덕턴스에 흐르는 전류에 의하여 강하하는 전압을 말한다.

② "가변속제어기(인버터)" 라 함은 정지형 전력변환기로서 전동기의 가변속 운전을 위하여 설치하는 설비로서 고효율인증제품 또는 동등 이상의 성능을 가진 것을 말한다.

③ "수용률" 이라 함은 부하설비 용량 합계에 대한 최대 수용전력의 백분율을 말한다.

④ "변압기 대수제어" 라 함은 변압기를 여러 대 설치하여 부하상태에 따라 필요한 운전대수를 자동으로만 제어하는 방식을 말한다.

> "변압기 대수제어" 라 함은 변압기를 여러 대 설치하여 부하상태에 따라 필요한 운전대수를 자동 또는 수동으로 제어하는 방식을 말한다.

50 다음은 에너지절약설계기준의 전기부문용어에 관한 설명이다. 일괄소등스위치를 의무적으로 적용해야할 대상 건축물은 무엇인가?

① 학교시설
② 공동주택
③ 숙박시설
④ 복합건축물

> 공동주택의 효율적인 조명에너지관리를 위하여 서대별로 일괄적인 소등이 가능한 일괄소등스위치를 설치하여야 한다. 다만, 전용면적 60제곱미터 이하인 경우에는 그러하지 않을 수 있다.

51 인입전압(또는 변압기 2차전압)과 부하측 전압과의 차를 말하며 저항이나 인덕턴스에 흐르는 전류에 의하여 강하하는 전압을 무엇이라고 하는가?

① 수용률
② 인버터
③ 전압강하
④ 역률 개선형 콘덴서

> "전압강하" 라 함은 인입전압(또는 변압기 2차전압)과 부하측 전압과의 차를 말하며 저항이나 인덕턴스에 흐르는 전류에 의하여 강하하는 전압을 말한다.

□□□ **신에너지 및 재생에너지 관련용어**

52 신에너지 및 재생에너지 개발·이용·보급촉진법에서 정하는 신에너지가 아닌 것은 어느 것인가?

① 연료전지
② 해양에너지
③ 수소에너지
④ 석탄의 액화, 가스화

> 해양에너지는 재생에너지에 해당한다.

53 신에너지 및 재생에너지 개발·이용·보급촉진법에서 정하는 재생에너지의 종류에 해당되지 않는 것은 어느 것인가?

① 바이오에너지
② 폐기물에너지
③ 지열에너지
④ 연료전지

> 연료전지는 신에너지에 해당한다.

정답 48. ④ 49. ④ 50. ② 51. ③ 52. ② 53. ④

54 신에너지 및 재생에너지 개발·이용·보급촉진법에서 정하는 신에너지 및 재생에너지관련 용어의 정으로서 가장 부적합한 것은?

① 해양에너지 설비는 해양의 조수, 파도, 해류, 온도차 등을 변환시켜 전기 또는 열을 생산하는 설비를 말한다.

② 수력설비 는 물의 유동에너지를 변환시켜 전기를 생산하는 설비를 말한다.

③ 석탄을 액화·가스화한 에너지 및 중질잔사유를 가스화 한 에너지 설비는 석탄 및 중질잔 사유의 고급연료를 액화 또는 가스화시켜 전기 또는 열을 생산하는 설비를 말한다.

④ 지열에너지 설비 는 물, 지하수 및 지하의 열 등의 온도차를 변환시켜 에너지를 생산하는 설비를 말한다.

> 석탄을 액화·가스화한 에너지 및 중질잔사유를 가스화 한 에너지 설비 : 석탄 및 중질잔 사유의 저급연료를 액화 또는 가스화시켜 전기 또는 열을 생산하는 설비

정답 54. ③

에너지절약계획서 및 설계검토서 작성기준 (2)

1 에너지절약계획서 및 설계 검토서 작성

> **고시 제13조【에너지절약계획서 및 설계 검토서 작성】**
> 에너지절약 설계 검토서는 별지 제1호 서식에 따라 에너지절약설계기준 의무사항 및 에너지성능지표, 건축물 에너지소요량 평가서로 구분된다. 에너지절약계획서를 제출하는 자는 에너지절약계획서 및 설계 검토서(에너지절약설계기준 의무사항 및 에너지성능지표, 건축물 에너지소요량 평가서)의 판정자료를 제시(전자문서로 제출하는 경우를 포함한다)하여야 한다. 다만, 자료를 제시할 수 없는 경우에는 부득이 당해 건축사 및 설계에 협력하는 해당분야 기술사(기계 및 전기)가 서명·날인한 설치예정확인서로 대체할 수 있다.

필기 예상문제

• 설계 검토서의 내용
• 설치예정확인서

요점 에너지절약계획서 및 설계 검토서 작성

① 에너지절약 설계 검토서는 별지 제1호 서식에 따라 에너지절약설계기준 의무사항 및 에너지성능지표, 건축물 에너지소요량 평가서로 구분된다.

② 에너지절약계획서를 제출하는 자는 에너지절약계획서 및 설계 검토서(에너지절약설계기준 의무사항 및 에너지성능지표, 건축물 에너지소요량 평가서)의 판정자료를 제시(전자문서로 제출하는 경우를 포함한다)하여야 한다.

③ 다만, 자료를 제시할 수 없는 경우에는 부득이 당해 건축사 및 설계에 협력하는 해당분야 기술사(기계 및 전기)가 서명·날인한 설치예정확인서로 대체할 수 있다.

실기 출제유형[13년급]

에너지절약 설계 검토서 3가지
• 에너지절약 설계기준 의무사항
• 에너지 성능지표
• 에너지 소요량 평가서

해설

1. 에너지절약계획서를 제출해야 하는 자는
   ① 에너지절약계획서 (필수) : 「녹색건축물 조성지원법 시행규칙」[별지 제1호서식]
   ② 에너지절약 설계 검토서 : 「건축물의 에너지절약설계기준」[별지 제1호서식]
   • 에너지절약설계기준 의무사항(필수)
   • 에너지 성능지표(제4조에 따른 에너지성능지표 제출예외대상 외 건축물)
   • 에너지소요량 평가서(바닥면적 합계 3천제곱미터 이상인 업무시설 및 교육연구시설,
2. 에너지절약계획서 및 설계검토서의 의무 또는 권장 항목의 판정을 위해서 해당 항목이 반영된 설계도서에 첨부하여야 한다. 다만, 허가단계에서 제출하는 설계도서에 명시하기 어려운 항목등에 대해서는 불가피한 경우에 한해 설치예정확인서를 작성하여 허가권자에게 제출하고, 이를 실시설계도서에 반영할 수 있도록 하여야 한다.
3. 설치예정확인서는 설계도서에 작성하는 건축사 및 설계에 협력하는 해당분야 관계 전문기술자(기계 및 전기)가 설명 날인하여 허가권자에게 제출하여야 한다.

예제문제 01

다음 중 에너지절약 설계 검토서의 내용이 아닌 것은?

① 에너지성능지표

② 건축물 에너지소요량 평가서

③ 에너지절약설계기준 의무사항

④ 에너지효율 등급

해설

에너지절약 설계 검토서는 별지 제1호 서식에 따라 에너지절약설계기준 의무사항 및 에너지성능지표, 건축물 에너지소요량 평가서로 구분된다.

답 : ④

② 에너지 절약설계기준 의무사항의 판정

고시 14조【에너지절약설계기준 의무사항의 판정】

에너지절약설계기준 의무사항은 전 항목 채택 시 적합한 것으로 본다.

③ 에너지 성능지표의 판정

필기 예상문제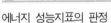

에너지 성능지표의 판정

고시 제15조【에너지성능지표의 판정】

① 에너지성능지표는 평점합계가 65점 이상일 경우 적합한 것으로 본다. 다만, 공공기관이 신축하는 건축물(별동으로 증축하는 건축물을 포함한다)은 74점 이상일 경우 적합한 것으로 본다.

② 에너지성능지표의 각 항목에 대한 배점의 판단은 에너지절약계획서 제출자가 제시한 설계도면 및 자료에 의하여 판정하며, 판정 자료가 제시되지 않을 경우에는 적용되지 않은 것으로 간주한다.

요점 에너지절약설계기준 의무사항의 판정, 에너지성능지표의 판정

1. 에너지 절약설계기준 의무사항의 판정

에너지절약설계기준 의무사항은 전 항목 채택 시 적합한 것으로 본다.

2. 에너지 성능지표의 판정(제15조)

① 에너지성능지표는 평점합계가 65점 이상일 경우 적합한 것으로 본다. 다만, 공공기관이 신축하는 건축물(별동으로 증축하는 건축물을 포함한다)은 74점 이상일 경우 적합한 것으로 본다.

② 에너지성능지표의 각 항목에 대한 배점의 판단은 에너지절약계획서 제출자가 제시한 설계도면 및 자료에 의하여 판정하며, 판정 자료가 제시되지 않을 경우에는 적용되지 않은 것으로 간주한다.

해설

에너지성능지표 판정기준

1. 판정자료가 제시되지 않을 경우 배점을 적용하지 않는 것을 원칙으로 한다.
2. 적용예외 기준(제4조) : 에너지성능지표 제출하지 아니하여도 되는 건축물
   - 지방건축위원회 또는 관련 전문 연구기관 등에서 심의를 거친 결과 이 기준에서 정하는 수준 이상으로 에너지절약성능이 있는 것으로 인정되는 경우
   - 건축물 에너지효율 1+등급 이상 인증 또는 제로에너지건축물 인증을 취득한 경우(단, 공공기관은 건축물 에너지효율 1++등급 이상 또는 제로에너지건축물 인증 취득한 경우)
   - 증축, 용도변경, 건축물대장의 기재 내용 변경의 경우(단, 별동 증축 및 제4조제4호에 따른 증축의 경우 제출해야 함)
   - 연면적의 합계 3천㎡ 이상 업무시설 및 교육연구시설 중 제21조에 따른 1차 에너지소요량 평가 결과가 200kWh/㎡ 미만(공공기관의 경우 140kWh/㎡ 미만)인 경우
3. 공공기관이 한 대지 내 여러 동의 건축물을 신축할 때 에너지성능지표 평점 합계의 평균이 74점 이상을 만족해야 함.

예제문제 02

다음은 "건축물의 에너지절약설계기준"에서 정하는 에너지절약계획서 및 설계 검토서의 작성에 관한 사항이다. (   )에 가장 올바른 용어로 적합한 것은?

> 에너지절약 설계 검토서는 별지 제1호 서식에 따라 에너지절약 설계기준 의무 사항 및 에너지성능지표 (㉠)로 구분된다. 에너지절약계획서를 제출하는 자는 에너지절약계획서 및 설계 검토서의 판정자료를 제시하여야 한다. 다만, 자료를 제시할 수 없는 경우에는 부득이 당해 건축사 및 설계에 협력하는 해당분야 기술사(기계 및 전기)가 서명, 날인한 (㉡)로 대체할 수 있다.

	㉠	㉡
①	에너지 소요량 평가서	설치예정확인서
②	에너지 소요량 평가서	건축물 부위별 성능내역서
③	에너지 소요량 평가서	에너지절약계획 이행검토서
④	에너지 절약계획 이행검토서	설치예정확인서

해설

에너지절약 설계 검토서는 별지 제1호 서식에 따라 에너지절약 설계기준 의무사항 및 에너지성능지표 (㉠ 에너지소요량 평가서)로 구분된다. 에너지절약계획서를 제출하는 자는 에너지절약계획서 및 설계 검토서의 판정자료를 제시하여야 한다. 다만, 자료를 제시할 수 없는 경우에는 부득이 당해 건축사 및 설계에 협력하는 해당분야 기술사(기계 및 전기)가 서명, 날인한 (㉡ 설치예정확인서)로 대체할 수 있다.

답 : ①

예제문제 03

건축물의 에너지절약설계기준 에너지성능지표의 판정에서 (   ) 안에 가장 적합한 것은?

주체	에너지 성능지표의(EPI)기준
민간건축물	(㉠)점 이상
공공건축물 신축(별동 증축건축물 포함)	(㉡)점 이상

① ㉠ 65 , ㉡ 74　　　　　　② ㉠ 70 , ㉡ 84

③ ㉠ 65 , ㉡ 80　　　　　　④ ㉠ 70 , ㉡ 74

해설

에너지성능지표는 평점합계가 65점 이상일 경우 적합한 것으로 본다. 다만, 공공기관이 신축하는 건축물(별동으로 증축하는 건축물을 포함한다)은 74점 이상일 경우 적합한 것으로 본다.

답 : ①

4 건축기준의 완화 적용

필기 예상문제

녹색건축물 건축의 활성화 대상

고시 제16조【완화기준】
영 제11조제2항에 따라 건축물에 적용할 수 있는 세부 완화기준은 별표9에 따르며, 건축주가 건축기준의 완화적용을 신청하는 경우에 한해서 적용한다.

요점

1. 완화기준

(1) 완화신청

실기 예상문제

인증등급에 따른 완화기준비율과 완화기준 적용방법

　　　영 제11조에 따라 건축물에 적용할 수 있는 완화기준은 별표9에 따르며, 건축주가 건축기준의 완화적용을 신청하는 경우에 한해서 적용한다.

(2) 완화대상 영제 11조【녹색건축물 건축의 활성화 대상건축물 및 완화기준】

　■ 녹색건축물 건축의 활성화 대상

　　① 국토교통부장관이 정하여 고시하는 설계·시공·감리 및 유지·관리에 관한 기준에 맞게 설계된 건축물

　　② 녹색건축인증을 받은 건축물

　　③ 건축물에너지효율등급인증을 받은 건축물

　　④ 제로에너지건축물 인증을 받은 건축물

⑤ 녹색건축물 조성 시범사업 대상으로 지정된 건축물

⑥ 골조공사에 국토교통부장관이 고시하는 재활용 건축자재를 100분의 15 이상 사
용한 건축물

예제문제 04

녹색건축물 건축의 활성화 대상 건축물 및 완화기준에 해당하지 않는 것은?

① 건축물에너지 효율등급을 받은 건축물

② 녹색건축물 조성시범사업 대상으로 지정된 건축물

③ 신·재생에너지 효율등급을 인증받은 건축물

④ 녹색건축인증을 받은 건축물

해설

①, ②, ④ 외에 골조공사에 국토교통부장관이 고시하는 재활용건축자재를 100분의 15이상
사용한 건축물, 국토교통부장관이 정하여 고시하는 설계·시공·감리 및 유지·관리에 관한
기준에 맞게 설계된 건축물, 제로에너지건축물 인증을 받은 건축물이 완화 기준에 해당
된다.

답 : ③

|별표 9| 세부완화기준

1) 녹색건축 인증에 따른 건축기준 완화비율(영 제11조제1항제2호 관련)

최대완화비율	완화조건	비고
6%	녹색건축 최우수 등급	
3%	녹색건축 우수 등급	

2) 건축물 에너지효율등급 및 제로에너지건축물 인증에 따른 건축기준 완화비율 (영 제11조제1항제3호 및 제3의2호 관련)

최대완화비율	완화조건	비고
15%	제로에너지건축물 1등급	
14%	제로에너지건축물 2등급	
13%	제로에너지건축물 3등급	
12%	제로에너지건축물 4등급	
11%	제로에너지건축물 5등급	
6%	건축물 에너지효율 1++등급	
3%	건축물 에너지효율 1+등급	

3) 녹색건축물 조성 시범사업 대상으로 지정된 건축물(영 제11조제1항제4호 관련)

최대완화비율	완화조건	비고
10%	녹색건축물 조성 시범사업	

4) 신축공사를 위한 골조공사에 재활용 건축자재를 사용한 건축물(영 제11조제1항 제5호 관련)
   – 이 경우 「재활용 건축자재의 활용기준」 제4조제2항에 따른다.

※ 비고
  1) 완화기준을 중첩 적용받고자 하는 건축물의 신청인은 법 제15조제2항에 따른 범위를 초과하여 신청할 수 없다.
  2) 이 외 중첩 적용 최대한도와 관련된 사항은 「국토의 계획 및 이용에 관한 법률」 제78조제7항 및 「건축법」 제60조제4항에 따른다.

> **고시** 제17조【완화기준의 적용방법】
> ① 완화기준의 적용은 당해 용도구역 및 용도지역에 지방자치단체 조례에서 정한 최대 용적률의 제한기준, 건축물 최대높이의 제한 기준에 대하여 다음 각 호의 방법에 따라 적용한다.
>   1. 용적률 적용방법
>   「법 및 조례에서 정하는 기준 용적률」× [1 + 완화기준]
>   2. 건축물 높이제한 적용방법
>   「법 및 조례에서 정하는 건축물의 최고높이」× [1 + 완화기준]
> ② 삭제

2. 완화기준의 적용방법

(1) 완화기준

완화기준의 적용은 당해 용도구역 및 용도지역에 지방자치단체 조례에서 정한 최대 용적률의 제한기준, 건축물 최대높이의 제한 기준에 대하여 다음 각 호의 방법에 따라 적용한다.

1. 용적률 적용방법(100분의 115의 범위 내)
 「법 및 조례에서 정하는 기준 용적률」× [1 + 완화기준]

2. 건축물 높이제한 적용방법 (100분의 115의 범위 내)
 「법 및 조례에서 정하는 건축물의 최고높이」× [1 + 완화기준]

(2) 완화기준 적용방법

■ **건축기준 최대완화비율 계산 기준**
- 설계기준 별표9 "세부 완화기준"에 따라 완화기준을 중첩 적용받고자 하는 건축물의 신청인은「녹색건축물 조성 지원법」제15조제2항에 따른 범위를 초과하여 신청할 수 없다.
- 단, 「국토의 계획 및 이용에 관한 법률」 제78조제7항 및 「건축법」 제60조제4항에 따른 조건을 만족하는 경우 완화기준을 중첩적용할 수 있으며, 관련 법규에 따라 지방건축위원회 등의 심의를 받아야 한다.

■ **건축기준 최대완화비율 계산예시**
- 녹색건축 최우수 등급 인증 및 건축물 에너지효율 1+등급 인증 취득 : 6% + 3% = 9%
 - 녹색건축 최우수 등급 6% + 건축물 에너지효율 1+등급 3% → <u>최대완화비율 9%</u>
- 녹색건축 최우수 등급 인증 및 제로에너지건축물 3등급 인증 취득 : 13%
 - 녹색건축 최우수 등급 6% + 제로에너지건축물 3등급 13% → <u>최대완화비율 15%</u>
 - 법 제15조제2항 각 호에 따른 완화비율의 합산이 15%를 초과하므로 최대완화비율인 15% 완화 가능
 - 단,「국토의 계획 및 이용에 관한 법률」제78조제7항 및 「건축법」제60조제4항에 해당하는 건축물로서 지방건축위원회 심의를 받은 경우 중첩적용이 가능

실기 **예상문제**

- 완화기준 2가지
- 완화기준 적용 방법 사례를 보기로 주어지고 완화 기준 적용
- 계산문제로도 출제될 수 있다.

■ 완화기준 계산방법 예시
• 해당 용도지역 용적률이 200%이고, 녹색건축 최우수 등급 인증, 건축물 에너지효율 1+등급 인증을 받은 경우
  - 최대완화비율 : 녹색건축 최우수 등급 6% + 건축물 에너지효율 1+등급 3% = 9%
  - 해당 건축물 완화 용적률 : 200 × (1+0.09) = 218%
  * 계산방법은 최대치를 산정한 것이며, 해당용도의 지구특성 및 사업특성에 따라 달리 적용될 수 있음

고시 제18조 【완화기준의 신청 등】
① 완화기준을 적용받고자 하는 자(이하 "신청인"이라 한다)는 건축허가 또는 사업계획승인 신청 시 허가권자에게 별지 제2호 서식의 완화기준 적용 신청서 및 관계 서류를 첨부하여 제출하여야 한다.
② 이미 건축허가를 받은 건축물의 건축주 또는 사업주체도 허가변경을 통하여 완화기준 적용 신청을 할 수 있다.
③ 신청인의 자격은 건축주 또는 사업주체로 한다.
④ 완화기준의 신청을 받은 허가권자는 신청내용의 적합성을 <u>지방건축위원회 심의를 통해</u> 검토하고, 신청자가 신청내용을 이행하도록 허가조건에 명시하여 허가하여야 한다.

필기 예상문제

완화기준의 신청 등과 관련된 내용을 숙지하여 둔다.

3. 완화기준의 신청 등

① 완화기준을 적용받고자 하는 자(이하 "신청인"이라 한다)는 건축허가 또는 사업계획승인 신청 시 허가권자에게 별지 제2호 서식의 완화기준 적용 신청서 및 관계 서류를 첨부하여 제출하여야 한다.

② 이미 건축허가를 받은 건축물의 건축주 또는 사업주체도 허가변경을 통하여 완화기준 적용 신청을 할 수 있다.

③ 신청인의 자격은 건축주 또는 사업주체로 한다.

④ 완화기준의 신청을 받은 허가권자는 신청내용의 적합성을 <u>지방건축위원회 심의</u>를 통해 검토하고, 신청자가 신청내용을 이행하도록 허가조건에 명시하여 허가하여야 한다.

고시 제19조 【인증의 취득】
① 신청인이 인증에 의해 완화기준을 적용받고자 하는 경우에는 인증기관으로부터 예비인증을 받아야 한다.
② 완화기준을 적용받은 건축주 또는 사업주체는 건축물의 사용승인 신청 이전에 본인증을 취득하여 사용승인 신청 시 허가권자에게 인증서 사본을 제출하여야 한다. 단, 본인증의 등급은 예비인증 등급 이상으로 취득하여야 한다.

---

4. 인증의 취득

(1) 예비인증

신청인이 인증에 의해 완화기준을 적용받고자 하는 경우에는 인증기관으로부터 예비인증을 받아야 한다.

(2) 본인증

완화기준을 적용받은 건축주 또는 사업주체는 건축물의 사용승인 신청 이전에 본인증을 취득하여 사용승인 신청 시 허가권자에게 인증서 사본을 제출하여야 한다. 단, 본 인증의 등급은 예비인증 등급 이상으로 취득하여야 한다.

필기 예상문제

- 예비인증과 본인증의 취득
- 이행여부확인시 본인증서를 제출하는 것으로 이행하는 것으로 본다.

■ **완화기준 적용을 위한 인증 취득**
- 건축주 또는 사업주체는 건축기준 완화 신청 시 허가권자가 완화기준 적용 여부를 판단할 수 있도록 완화기준 신청서와 함께 해당 예비인증서 사본 각 1부를 제출해야 함
- 건축허가 또는 사업계획승인 시 인증 취득으로 건축기준을 완화받은 건축물의 본인증 등급은 예비인증 등급 이상으로 취득함
  - 완화기준을 적용받은 건축주 또는 사업주체는 건축물의 사용승인 신청 시 해당 본인증서 사본을 허가권자에게 제출하여야 함
  - 예비인증을 1등급으로 받았을 경우 본인증은 1등급, 1+, 1++, 1+++ 중 하나로 받아야 함

■ **인증별 운영기관 및 인증기관**
- 건축물 에너지효율등급 인증 (「건축물 에너지효율등급 인증 및 제로에너지건축물 인증에 관한 규칙」 제3조, 제4조)
  - 운영기관 : 한국에너지공단
  - 인증기관 : 한국에너지기술연구원, 한국건설기술연구원, 국토안전관리원, 한국부동산원, 한국교육녹색환경연구원, 한국환경건축연구원, 한국건물에너지기술원, 한국생산성본부인증원
- 제로에너지건축물 인증 (「건축물 에너지효율등급 인증 및 제로에너지건축물 인증에 관한 규칙」 제3조, 제4조)
  - 운영기관 : 한국에너지공단
  - 인증기관 : 한국에너지공단, 한국에너지기술연구원, 한국건설기술연구원, 국토안전관리원, 한국부동산원, 한국교육녹색환경연구원, 한국환경건축연구원, 한국건물에너지기술원, 한국생산성본부인증원
- 녹색건축 인증 (「녹색건축 인증에 관한 규칙」) 제3조, 제4조)
  - 운영기관 : 한국건설기술연구원
  - 인증기관 : 한국에너지기술연구원, 한국교육녹색환경연구원, 크레비즈인증원, 국토안전관리원, 한국부동산원, 한국그린빌딩협의회, 한국생산성본부인증원, 한국환경건축연구원, 한국환경산업기술원

> **고시** 제20조【이행여부 확인】
> ① 인증취득을 통해 완화기준을 적용받은 경우에는 본인증서를 제출하는 것으로 이행한 것으로 본다.
> ② 이행여부 확인결과 건축주가 본인증서를 제출하지 않은 경우 허가권자는 사용승인을 거부할 수 있으며, 완화적용을 받기 이전의 해당 기준에 맞게 건축하도록 명할 수 있다.

5. 이행여부 확인

① 인증취득을 통해 완화기준을 적용받은 경우에는 본인증서를 제출하는 것으로 이행한 것으로 본다.

② 이행여부 확인결과 건축주가 본인증서를 제출하지 않은 경우 허가권자는 사용승인을 거부할 수 있으며, 완화적용을 받기 이전의 해당 기준에 맞게 건축하도록 명할 수 있다.

> 1. 예비인증은 건축 계획 및 허가 단계의 기본·실시설계 도서를 바탕으로 평가하여 기준에 따라 인증서를 발급하는 것
>   - 예비인증의 유효기간은 해당 건축물의 사용승인일까지로 예비인증만으로 실제 준공되는 건축물에 허가 단계의 설계조건을 반영하고 있는지 판단할 수 없음
> 2. 본인증은 사용승인 단계에 최종설계(준공)도서 및 현장 평가를 통해 기준에 따라 인증서를 발급하는 것
>   - 건축주 또는 사업주체가 건축물의 사용승인 신청 시 허가권자에게 본인증서를 제출할 경우 완화기준 적용에 따른 의무를 이행한 것으로 봄

[완화기준 적용 신청서 작성예시]

완화기준 적용 신청서			허가번호(연도-기관코드-업무구분-허가일련번호) □ □ □ □ − □ □ □ □ □ □ □ − □ □ □ □ − □ □ □ □ □		
건 축 주	성 명		생년월일 (법인등록번호)		
	주 소				
설 계 자	성 명		면허번호		
	사무소명		등록번호		
	사무소 주소				
대지조건	대지위치				
	지 번		관련지번		
	지 목		용도지역	/	
	용도지구	/	용도구역	/	
대지면적(㎡)			건축면적(㎡)		
건폐율(%)			연면적(㎡)		
용적률산정용 연면적(㎡)			용적률(%)		

완화신청의 근 거	해당 항목에 ✓하시기 바랍니다.			
	□ 건축물 에너지효율 등급 인증 ( )등급	□ 녹색건축 인증 ( )등급	□ 제로에너지건축물 인증 ( )	최대 완화 비율 합계
				%

완화 받고자 하는 제한기준	완화기준의 완화비율 범위 내에서 나눠서 적용할 수 있습니다.		
	□ 건축물 용적률 ( )%	□ 건축물 높이 ( )%	신청 완화 비율 합계

완화적용 후 변경기준	적용 전 : %	적용 전 : m	%
	적용 후 : %	적용 후 : m	

「녹색건축물조성지원법」 제15조, 동법 시행령 제11조 및 건축물의
에너지절약 설계기준 제18조제1항에 따라 위와 같이 완화기준 적용을 신청합니다.

년   월   일

건축주   건 축 주   (서명 또는 인)

특별자치도지사 또는 시장·군수·구청장 귀하

구비서류 : 해당 예비인증서 사본 1부.

예제문제 05

건축물에너지효율등급인증 1+등급 건축물이 최대로 건축기준 완화적용을 받고자 신청할 수 있는 내용으로 가장 적합한 것은?

【13년 1급 출제유형】

① 용적률 8%, 높이제한 3%　　　　② 용적률 3%

③ 용적률 5%, 높이제한 3%　　　　④ 용적률 4%, 조경면적 4%

해설

1. 건축물에너지효율등급 1++등급 = 6% 완화적용
2. 건축물에너지효율등급 1+등급 = 3% 완화적용

답 : ②

예제문제 06

다음 중 에너지절약설계기준에서 말하는 완화기준에 해당하는 것은?

① 조경설치면적　　　　　　　　② 건축물의 공지

③ 높이제한 기준　　　　　　　　④ 건축물의 건폐율

해설

건축물의 용적률, 건축물의 높이를 115/100까지 완화하여 적용할 수 있다.

답 : ③

예제문제 07

허가권자는 녹색건축물의 건축을 활성화 하기위해 그 기준을 완화하여 적용할 수 있다. 완화기준에 관하여 가장 적합한 것은?

① 용적률 적용방법 「법 및 조례에서 정하는 기준 용적률」×[1 + 완화기준]
② 건폐율 적용방법 「법 및 조례에서 정하는 기준 건폐율」×[1 + 완화기준]
③ 건축물 공지 적용방법 「법 및 조례에서 정하는 기준 공지」×[1 + 완화기준]
④ 조경면적 적용방법 「법 및 조례에서 정하는 기준 조경면적」×[1 − 완화기준]

해설

건축물의 용적률과 건축물의 높이에 완화기준을 적용한다.

답 : ①

예제문제 08

제로에너지건축물 인증 등급 1등급을 취득하였을 경우, "건축물의 에너지절약 설계기준"에 따라 최대로 받을 수 있는 건축기준 완화비율은?

【2015년 국가자격 시험 1회 출제문제】

① 8% ② 9%
③ 12% ④ 15%

해설

제로에너지건축물 인증 등급 1등급을 취득하였을 경우 건축기준완화비율 15% 이하를 적용하여 신청 할 수 있다.

답 : ④

예제문제 09

건축물의 에너지절약 설계기준의 완화기준의 신청 등과 관련하여 가장 부적합한 것은?

① 완화기준을 적용받고자 하는 자(이하 "신청인"이라 한다)는 건축허가 또는 사업계획 승인 신청 시 허가권자에게 별지 제2호 서식의 완화기준 적용 신청서 및 관계 서류를 첨부하여 제출하여야 한다.
② 이미 건축허가를 받은 건축물의 건축주 또는 사업주체도 허가변경을 통하여 완화기준 적용 신청을 할 수 없다.
③ 신청인의 자격은 건축주 또는 사업주체로 한다.
④ 완화기준의 신청을 받은 허가권자는 신청내용의 적합성을 검토하고, 신청자가 신청내용을 이행하도록 허가조건에 명시하여 허가하여야 한다.

해설

이미 건축허가를 받은 건축물의 건축주 또는 사업주체도 허가변경을 통하여 완화기준 적용 신청을 할 수 있다.

답 : ②

예제문제 10

에너지 절약계획서의 완화규정과 관련된 내용 중 다음 (   ) 안에 들어갈 용어로 가장 적합한 것은?

"건축허가 시기에 용적률, 건축높이 등의 완화적용을 받은 건축물에 대해서 사용승인 신청시 (   )를 제출한 것으로 이행한 것으로 본다.

① 이행확인서 ② 이행검토서
③ 예비인증서 ④ 본 인증서

해설

본 인증서 제출 : 건축물의 사용승인시 허가권자에게 제출할 경우 완화기준을 이행한 것으로 봄

답 : ④

필기 기출문제[16년2회]

"건축물의 에너지절약설계기준"에 따라 건축물에너지 소요량 평가서를 제출해야 하는 건축물을 모두 고른 것은?

ㄱ. 연면적의 합계가 3,000㎡인 신축 업무시설(민간건축물)
ㄴ. 연면적의 합계가 3,000㎡인 신축 교육연구시설(민간건축물)
ㄷ. 연면적의 합계가 2,500㎡인 별동 증축 업무시설(공공건축물)
ㄹ. 연면적의 합계가 1,000㎡인 신축 교육연구시설(공공건축물)

① ㄱ, ㄴ
② ㄴ, ㄹ
③ ㄱ, ㄴ, ㄹ
④ ㄱ, ㄴ, ㄷ, ㄹ

해설
업무시설, 교육연구시설의 연면적의 합계가 3,000㎡ 이상인 건축물, 공공기관 건축물을 포함한다.

답 : ①

5 건축물 에너지 소비 총량제

고시 제21조【건축물의 에너지소요량의 평가대상 및 에너지소요량 평가서의 판정】

① 신축 또는 별동으로 증축하는 경우로서 다음 각 호의 어느 하나에 해당하는 건축물은 1차 에너지소요량 등을 평가하여 별지 제1호 서식에 따른 건축물 에너지소요량 평가서를 제출하여야 한다.

1. 「건축법 시행령」 별표1에 따른 업무시설 중 연면적의 합계가 3천 제곱미터 이상인 건축물
2. 「건축법 시행령」 별표1에 따른 교육연구시설 중 연면적의 합계가 3천 제곱미터 이상인 건축물
3. 삭제

② 건축물의 에너지소요량 평가서는 단위면적당 1차 에너지소요량의 합계가 200 kWh/㎡년 미만일 경우 적합한 것으로 본다. 다만, 공공기관 건축물은 140 kWh/㎡년 미만일 경우 적합한 것으로 본다.

요점 에너지소요량의 평가대상 및 에너지소요량 평가서의 작성

① 신축 또는 별동으로 증축하는 경우로서 다음 각 호의 어느 하나에 해당하는 건축물은 1차 에너지소요량 등을 평가하여 별지 제1호 서식에 따른 건축물 에너지소요량 평가서를 제출하여야 한다.

1. 「건축법 시행령」 별표1에 따른 업무시설 중 연면적의 합계가 3천 제곱미터 이상인 건축물
2. 「건축법 시행령」 별표1에 따른 교육연구시설 중 연면적의 합계가 3천 제곱미터 이상인 건축물
3. 삭제

② 건축물의 에너지소요량 평가서는 단위면적당 1차 에너지소요량의 합계가 200 kWh/㎡년 미만일 경우 적합한 것으로 본다. 다만, 공공기관 건축물은 140 kWh/㎡년 미만일 경우 적합한 것으로 본다.

│참고│ 제1호 서식에 따른 건축물 에너지 소요량 평가서

3. 건축물 에너지소요량 평가서(신축 또는 별동 증축으로서 연면적의 합계가 3천 제곱미터 이상인 업무시설, 교육연구시설 중 공공기관 건축물에 한하여 작성)

건축물 에너지소요량 평가 분야별 정보

<table>
<tr><td rowspan="2" colspan="2">구분</td><td colspan="8">평가 분야별 정보</td></tr>
<tr><td>냉·난방면적
(m²)</td><td>지상층연면적
(m²)</td><td>지하층연면적
(m²)</td><td>층고
(m)</td><td>천장고
(m)</td><td colspan="2">지상층수
(층)</td><td>지하층수
(층)</td></tr>
<tr><td rowspan="5">건축</td><td>일반 개요</td><td colspan="3"></td><td></td><td></td><td colspan="2"></td><td></td></tr>
<tr><td>외벽</td><td colspan="3">면적의 합 : (m²)</td><td colspan="5">평균 열관류율 : (W/m²K)</td></tr>
<tr><td>창 및 문</td><td colspan="3">면적의 합 : (m²)</td><td colspan="5">평균 열관류율 : (W/m²K)</td></tr>
<tr><td>최상층지붕</td><td colspan="3">면적의 합 : (m²)</td><td colspan="5">평균 열관류율 : (W/m²K)</td></tr>
<tr><td>최하층바닥</td><td colspan="3">면적의 합 : (m²)</td><td colspan="5">평균 열관류율 : (W/m²K)</td></tr>
<tr><td rowspan="8">기계</td><td rowspan="2">난방</td><td>난방설비방식</td><td colspan="2">전체설비용량</td><td colspan="2">용량가중효율</td><td colspan="2">순환펌프동력</td><td>전력난방 설비
용량비율</td></tr>
<tr><td></td><td colspan="2">(kW)</td><td colspan="2">(%)
(COP)</td><td colspan="2">(kW)</td><td>(%)</td></tr>
<tr><td rowspan="2">급탕</td><td>급탕설비방식</td><td colspan="2">전체설비용량</td><td colspan="2">용량가중효율</td><td colspan="2">순환펌프동력</td><td>전력급탕
설비 용량비율</td></tr>
<tr><td></td><td colspan="2">(kW)</td><td colspan="2">(%)
(COP)</td><td colspan="2">(kW)</td><td>(%)</td></tr>
<tr><td rowspan="2">냉방</td><td>냉방설비방식</td><td colspan="2">전체설비용량</td><td colspan="2">용량가중효율</td><td>냉수순환
펌프동력</td><td>냉각수순환
펌프동력</td><td>전력냉방
설비 용량비율</td></tr>
<tr><td></td><td colspan="2">(kW)</td><td colspan="2">(COP)</td><td>(kW)</td><td>(kW)</td><td>(%)</td></tr>
<tr><td rowspan="2">공조</td><td>공조설비방식</td><td colspan="2">급·배기풍량</td><td colspan="2">용량가중효율</td><td colspan="2">급·배기팬동력</td><td>열회수율</td></tr>
<tr><td></td><td colspan="2">급기 : (CMH)
배기 : (CMH)</td><td colspan="2">급기 : (%)
배기 : (%)</td><td colspan="2">급기 : (kW)
배기 : (kW)</td><td>난방 : (%)
냉방 : (%)</td></tr>
<tr><td>전기</td><td>조명설비</td><td>조명기기종류</td><td colspan="2">LED 조명전력</td><td colspan="2">거실 조명전력</td><td colspan="2">거실 면적</td><td>거실 조명밀도</td></tr>
<tr><td></td><td></td><td></td><td colspan="2">(kW)</td><td colspan="2">(kW)</td><td colspan="2">(m²)</td><td>(W/m²)</td></tr>
<tr><td rowspan="6">신재생</td><td rowspan="2">태양열</td><td>종류</td><td colspan="2">집열판면적</td><td colspan="2">집열판기울기</td><td colspan="2">집열판방위</td><td>집열효율</td></tr>
<tr><td></td><td colspan="2">(m²)</td><td colspan="2">(°)</td><td colspan="2"></td><td>(%)</td></tr>
<tr><td rowspan="2">태양광</td><td>종류</td><td colspan="2">모듈면적</td><td colspan="2">모듈기울기</td><td colspan="2">모듈방위</td><td>모듈효율</td></tr>
<tr><td></td><td colspan="2">(m²)</td><td colspan="2">(°)</td><td colspan="2"></td><td>(%)</td></tr>
<tr><td rowspan="2">지열</td><td>종류</td><td colspan="2">난방용량·효율</td><td colspan="2">냉방용량·효율</td><td colspan="2">급탕용량·효율</td><td>순환펌프동력</td></tr>
<tr><td></td><td colspan="2">용량 : (kW)
효율 : (COP)</td><td colspan="2">용량 : (kW)
효율 : (COP)</td><td colspan="2">용량 : (kW)
효율 : (COP)</td><td>(kW)</td></tr>
</table>

건축물 에너지소요량 평가 최종 결과

구분	단위면적당 에너지요구량(kWh/m²년)	단위면적당 에너지소요량(kWh/m²년)	단위면적당 1차 에너지소요량(kWh/m²년)
난방			
급탕			
냉방			
조명			
환기			
합계			

※ 단위면적당 에너지요구량 : 해당 건축물의 난방, 냉방, 급탕, 조명 부분에서 요구되는 단위면적당 에너지량

※ 단위면적당 에너지소요량 : 해당 건축물에 설치된 난방, 냉방, 급탕, 조명, 환기 시스템에서 소요되는 단위면적당 에너지량

※ 단위면적당 1차 에너지소요량 : 에너지소요량에 연료의 채취, 가공, 운송, 변환, 공급과정 등의 손실을 포함한 단위면적당 에너지량

고시 제22조【건축물의 에너지 소요량의 평가방법】

건축물 에너지소요량은 ISO <u>52016</u> 등 국제규격에 따라 난방, 냉방, 급탕, 조명, 환기 등에 대해 종합적으로 평가하도록 제작된 프로그램에 따라 산출된 연간 단위면적당 1차 에너지 소요량 등으로 평가하며, 별표10의 평가기준과 같이 한다.

요점 건축물의 에너지소요량의 평가방법

건축물 에너지소요량은 ISO <u>52016</u> 등 국제규격에 따라 난방, 냉방, 급탕, 조명, 환기 등에 대해 종합적으로 평가하도록 제작된 프로그램에 따라 산출된 연간 단위면적당 1차 에너지소요량 등으로 평가하며, 별표10의 평가기준과 같이 한다.

|참고|

[별표 10] 연간 1차 에너지 소요량 평가기준

$$
\text{단위면적당 에너지 요구량} = \frac{\text{난방에너지 요구량}}{\text{난방에너지가 요구되는 공간의 바닥면적}}
$$

$$
+ \frac{\text{냉방에너지 요구량}}{\text{냉방에너지가 요구되는 공간의 바닥면적}}
$$

$$
+ \frac{\text{급탕에너지 요구량}}{\text{급탕에너지가 요구되는 공간의 바닥면적}}
$$

$$
+ \frac{\text{조명에너지 요구량}}{\text{조명에너지가 요구되는 공간의 바닥면적}}
$$

$$
\text{단위면적당 에너지 소요량} = \frac{\text{난방에너지 소요량}}{\text{난방에너지가 요구되는 공간의 바닥면적}}
$$

$$
+ \frac{\text{냉방에너지 소요량}}{\text{냉방에너지가 요구되는 공간의 바닥면적}}
$$

$$
+ \frac{\text{급탕에너지 소요량}}{\text{급탕에너지가 요구되는 공간의 바닥면적}}
$$

$$
+ \frac{\text{조명에너지 소요량}}{\text{조명에너지가 요구되는 공간의 바닥면적}}
$$

$$
+ \frac{\text{환기에너지 소요량}}{\text{환기에너지가 요구되는 공간의 바닥면적}}
$$

※ 에너지 소비 총량제 판정 기준이 되는 1차 에너지소요량은 용도 등에 따른 보정계수를 반영한 결과

예제문제 11

"에너지절약계획 설계 검토서 3. 건축물 에너지 소요량 평가서"(건축물의 에너지절약설계기준 별지 1호 서식)의 표시 항목이 아닌 것은? 【2018년 국가자격 4회 출제문제】

① 외벽의 평균 열관류율

② 전력냉방설비 용량비율

③ LED 조명전력

④ 단위면적당 CO_2 배출량

해설
단위면적당 CO_2 배출량은 건축물에너지소요량 평가서에 포함되지 않는다.

답 : ④

예제문제 12

에너지절약설계기준에 의한 건축물의 에너지 소요량에 대한 설명 중 틀린 것은?

① 바닥면적 $1,000m^2$ 이상인 업무시설에 한하여 작성한다.

② 단위면적당 에너지요구량, 소요량, 1차 에너지소요량을 표기한다.

③ 건축물 에너지소요량은 ISO 52016 등 국제규격에 따른 프로그램으로 평가한다.

④ 에너지소요량은 난방, 냉방, 급탕, 조명, 환기시스템에서 소요되는 에너지량의 합이다.

해설
바닥면적 $3,000m^2$ 이상인 업무시설, 교육연구시설 중 공공기관이 신축하는 연면적의 합계가 500제곱미터 이상인 모든 용도의 공공기관 건축물 신축 또는 별동으로 증축하는 경우 건축물에너지 소요량 평가서를 제출하여야 한다.

답 : ①

예제문제 13

"건축물의 에너지절약 설계기준"의 건축물 에너지 소비 총량제 평가 프로그램의 사용자 입력사항으로 적절하지 않은 것은? 【2019년 5회 국가자격시험】

① 허가용도별 면적

② 실별 용도프로필

③ 냉각탑 종류

④ 태양광발전시스템 용량

해설 에너지소비 총량제 평가프로그램 사용자 입력사항
1) 입력요소 – 건축주, 설계사 기본정보
    – 지역정보(17개 시,도 중 택일)
    – 공공, 민간 건축물 구분
2) 건축부문–허가용도별면적, 형별 성능관계내역, 외피면적, 차양정보, 층고 및 천정고
3) 기계부문 – 난방열원기기종류
    – 냉방열원기기종류 – 냉각탑 사양(종류)
        → 증발식(개방형), 폐쇄형(증발식) 건식으로 분류
4) 태양광 발전시스템용량–모듈면적, 방위, 종류, 효율 등
②번 실별 용도프로필은 관계없다.

답 : ②

다음 보기 중 에너지소비총량제에서 평가할 수 있는 항목을 모두 고른 것은?

〈보 기〉
㉠ 대기전력차단장치
㉡ 현열교환환기장치
㉢ 냉온수순환펌프
㉣ 급수용 부스터펌프
㉤ 급탕용 순환펌프
㉥ LED 옥외등

① ㉠, ㉡, ㉢, ㉤

② ㉡, ㉢, ㉣, ㉤

③ ㉡, ㉢, ㉤

④ ㉢, ㉤, ㉥

해설 대기전력차단장치, 급수용 부스터펌프, LED 옥외 등은 에너지소비 총량제 평가항목에 해당되지 않는다.

정답 : ③

다음 중 에너지소비총량제에 대한 설명으로 가장 적절하지 않은 것은?

① 건축물 에너지소요량 평가서에는 태양광 설비의 종류, 모듈의 면적, 방위, 효율, 기울기를 모두 입력해야 한다.

② 건축물 에너지소요량 산정시 외벽, 창, 문의 열관류율과 면적 입력 방식은 에너지성능지표 건축부문 1. 외벽의 평균 열관류율(창 및 문을 포함) 계산시 입력 방식과 동일하다.

③ 연면적의 합계 5백제곱미터 이상인 공공기관 건축물은 신축 또는 별동으로 증축할 때에만 에너지소요량 평가서를 의무적으로 제출한다.

④ 건축물 에너지소요량 평가서 작성 시 멀티존 모델링을 하는 건축물 에너지효율등급 인증과 달리 난방, 냉방, 급탕 등 용도별 면적을 구분 입력할 필요가 없다.

해설 외벽의 평균 열관류율 산정시 에너지소비 총량서에 반영 시 창호의 경우는 추가적으로 수평, 수직 차양 장치의 차양각을 입력 즉, 일사조절을 결과에 반영하여야 하므로 에너지 성능지표 1. 외벽의 평균 열관류율 입력방식과는 다르다.

정답 : ②

"에너지절약계획 설계 검토서 3. 건축물 에너지 소요량 평가서"(건축물의 에너지절약설계기준 별지 제1호 서식)의 지열 관련 표시 항목이 <u>아닌</u> 것은?

① 난방용량·효율
② 냉방용량·효율
③ 순환펌프동력
④ 지열 천공 수

[해설] 건축물에너지소요량평가서 지열 관련 표시 항목으로는 ① 종류 ② 난방용량효율 ③ 냉방용량효율 ④ 급탕용량효율 ⑤ 순환 펌프 동력이 포함된다. 따라서 지열 천공수는 포함되지 않는다.

정답 : ④

예제문제 14

다음 중 건축물 에너지 소비 총량제에 관한 설명으로 가장 적합한 것은?

【13년 1급 출제유형】

① 에너지소요량 평가서의 단위면적당 에너지요구량은 난방, 냉방, 급탕, 조명, 채광 시스템에서 소요되는 단위면적당 에너지량을 의미한다.
② 에너지소요량 평가서의 단위면적당 2차에너지 소요량은 에너지 요구량에 연료의 채취 가공, 운송, 변환, 공급과정 등의 손실을 포함한 단위면적당 에너지량을 의미한다.
③ 건축물에너지 소비 총량제 대상 건축물은 에너지 절약계획서를 제출하지 않을 수 있다.
④ 건축법 시행령 제3조의 4에 따른 업무시설 기타 에너지 소비특성 및 이용상황 등이 이와 유사한 건축물로서 연면적의 합계가 3,000㎡ 이상인 건축물은 에너지 소요량 평가서를 제출하여야 한다.

[해설]
① 에너지소요량 평가서의 단위면적당 에너지요구량은 난방, 냉방, 급탕, 조명, 시스템에서 소요되는 단위면적당 에너지량을 의미한다.
② 에너지소요량 평가서의 단위면적당 1차에너지 소요량은 에너지 소요량에 연료의 채취 가공, 운송, 변환, 공급과정 등의 손실을 포함한 단위면적당 에너지량을 의미한다.
③ 건축물에너지 소비 총량제 대상 건축물은 에너지 절약 계획서를 제출하여야 한다.

답 : ④

예제문제 15

건축물 에너지 소비 총량제에 대한 다음 설명 중 가장 적절하지 않은 것은?

【2015년 국가자격 시험 1회 출제문제】

① 연면적 3천 제곱미터 이상인 문화 및 집회시설은 건축물 에너지 소요량 평가서를 제출하여야 한다.
② 건축물 에너지효율등급 예비인증서로 건축물 에너지 소요량 평가서를 대체할 수 있다.
③ 건축물의 에너지 소요량은 ISO 13790 등 국제 규격에 따라 난방, 냉방, 급탕, 조명, 환기 부문에 대해 종합적으로 평가한다.
④ 건축물 에너지 소요량 평가서에는 단위면적당 에너지요구량, 단위면적당 에너지소요량, 단위면적당 1차 에너지소요량이 표기된다.

[해설]
① 건축물에너지 소요량평가서는 연면적합계가 3천제곱미터 이상인 업무시설, 교육연구시설 중 경우에 작성하므로 문화 및 집회시설은 해당되지 않으므로 건축물에너지 소요량 평가서를 제출하지 않아도 된다.

답 : ①

6 보 칙

필기 예상문제

> **고시** 제23조【복합용도 건축물의 에너지절약계획서 및 설계 검토서 작성방법 등】
> ① 에너지절약계획서 및 설계 검토서를 제출하여야 하는 건축물 중 비주거와 주거용도가 복합되는 건축물의 경우에는 해당 용도별로 에너지절약계획서 및 설계 검토서를 제출하여야 한다.
> ② 다수의 동이 있는 경우에는 동별로 에너지절약계획서 및 설계 검토서를 제출하는 것을 원칙으로 한다.(다만, 공동주택의 주거용도는 하나의 단지로 작성)
> ③ 설비 및 기기, 장치, 제품 등의 효율·성능 등의 판정 방법에 있어 본 기준에서 별도로 제시되지 않는 것은 해당 항목에 대한 한국산업규격(KS)을 따르도록 한다.
> ④ 기숙사, 오피스텔은 별표1 및 별표3의 공동주택 외의 단열기준을 준수할 수 있으며, 별지 제1호서식의 에너지성능지표 작성 시, 기본배점에서 비주거를 적용한다.

복합용도 건축물의 에너지절약계획서 및 설계검토서 작성방법을 숙지하여야 한다.

요점 보 칙

1. 복합용도 건축물의 에너지절약계획서 및 설계 검토서 작성방법 등

① 에너지절약계획서 및 설계 검토서를 제출하여야 하는 건축물 중 **비주거와 주거용도가 복합**되는 건축물의 경우에는 해당 **용도별로** 에너지절약계획서 및 설계 검토서를 제출하여야 한다.

② 다수의 동이 있는 경우에는 동별로 에너지절약계획서 및 설계 검토서를 제출하는 것을 원칙으로 한다.(다만, **공동주택의 주거용도**는 하나의 **단지로** 작성)

③ 설비 및 기기, 장치, 제품 등의 효율·성능 등의 판정 방법에 있어 본 기준에서 별도로 제시되지 않는 것은 해당 항목에 대한 **한국산업규격(KS)**을 따르도록 한다.

④ 기숙사, 오피스텔은 별표1 및 별표3의 공동주택 외의 단열기준을 준수할 수 있으며, 별지 제1호서식의 에너지성능지표 작성 시, **기본배점에서 비주거를 적용**한다.

■ **복합용도 건축물의 에너지절약계획서 제출 기준**
- 에너지절약계획서의 제출대상은 주거 및 비주거 용도별로 제3조제2항에 따른 연면적의 합계를 각각 산정하여 500m² 이상인 경우 용도별로 에너지절약계획서 작성·제출
  - 복합용도 건축물에 공용면적이 있을 경우 공용면적은 주거와 비주거 용도별 면적 비율에 따라 나누어 연면적의 합계에 합산
- 복합용도의 에너지절약계획서 제출 판단 예시
  - 같은 대지 내 주거와 비주거 또는 건축법상 복합용도가 함께 있을 경우(공용면적을 포함)

	예시 1		예시 2		예시 3
2층	공동주택 450m²	2층	공동주택 950m²	2층	업무시설 400m²
1층	제1종 근린생활시설 550m²	1층	제1종 근린생활시설 580m²	1층	문화 및 집회시설 450m²
	비주거 용도만 500m² 이상이므로 비주거만 제출대상		주거와 비주거 용도별 연면적의 합계가 각각 500m² 이상이므로 주거와 비주거 각각의 에너지절약계획서 제출		비주거 용도 연면적 합계가 500m² 이상이므로 제출대상임 (1개의 절약계획서로 제출)

※ 공동주택은 주거, 근린생활시설 · 문화 및 집회시설 · 업무시설은 비주거

■ 에너지절약계획서 작성방법
- 기숙사는 「건축법 시행령」 별표 1에 따라 공동주택으로 용도가 분류되지만, 에너지소비 및 이용특성이 숙박시설과 유사하므로 에너지절약계획 설계 검토서 작성 시 비주거로 용도 구분
- 오피스텔은 주거 또는 비주거로 혼용될 수 있으나, 「건축법 시행령」 별표 1에 따라 업무시설로 구분되므로 에너지절약계획 설계 검토서 작성 시 비주거로 용도 구분
- 동일 건축 허가 또는 신고대상이 다수의 동으로 구성된 경우 동별로 에너지절약계획서를 작성하는 것이 원칙이나 전체 동을 면적 및 용량 가중평균방식에 따라 하나의 에너지절약계획서로 작성할 수 있음

예제문제 **16**

복합용도의 건축물에너지 절약계획서 및 설계검토서 작성방법으로 가장 부적합한 것은 다음 중 어느 것인가?

① 비주거와 주거 용도가 복합되는 건축물의 경우에는 해당 용도별로 에너지절약계획서 및 설계검토서를 제출하여야 한다.
② 다수의 동이 있는 경우에는 동별로 에너지절약계획서 및 설계검토서를 제출하는 것을 원칙으로 한다.(다만, 공동주택의 주거용도는 하나의 단지로 구성)
③ 기숙사, 오피스텔은 공동주택외의 단열기준을 준수할 수 있으며, 에너지성능지표 작성시 기본배점에서 비주거를 적용한다.
④ 설비 및 기기, 장치, 제품 등의 효율 · 성능 등의 판정방법에 있어 본 기준에서 별도로 제시 되지 않은 해당 항목에 대한 표준시방서를 따르도록 한다.

해설
설비 및 기기, 장치, 제품 등의 효율 · 성능 등의 판정방법에 있어 본 기준에서 별도로 제시 되지 않은 해당 항목에 대한 한국산업규격을 따르도록 한다.

답 : ④

예제문제 17

다음 중 에너지절약 설계에 관한 기준의 설명으로 맞지 않는 것은?

① 에너지성능지표의 평점 합계의 최소점수는 65점이다.

② 복합용도 건축물은 해당 용도별로 에너지절약계획서 및 설계 검토서를 제출한다.

③ 다수의 동이 있는 경우는 동별로 에너지절약계획서를 제출하는 것이 원칙이다.

④ 기숙사와 오피스텔은 에너지성능지표 작성시 기본배점에서 주거를 적용한다.

――――――――――――――――――――――――――――

해설

기숙사와 오피스텔은 에너지성능 지표 작성 시 기본배점에서 비주거를 적용한다.

답 : ④

고시 **제24조【에너지절약계획서 및 설계 검토서의 이행】**

① 허가권자는 건축주가 에너지절약계획서 및 설계 검토서의 작성내용을 이행하도록 허가조건에 포함하여 허가한다.

② 작성책임자 (건축주 또는 감리자)는 건축물의 사용승인을 신청하는 경우 별지 제3호 서식 에너지절약계획 이행 검토서를 첨부하여 신청하여야 한다.

 필기 **예상문제**

에너지 소요량 평가 세부기준은 「건축물에너지효율등급인증기준」을 준용한다. 를 반드시 암기하여 둔다.

2. 에너지절약계획서 및 설계검토서의 이행

① 허가권자는 건축주가 에너지절약계획서 및 설계 검토서의 작성내용을 이행하도록 허가조건에 포함하여 허가한다.

② 작성책임자(건축주 또는 감리자)는 건축물의 사용승인을 신청하는 경우 별지 제3호 서식 에너지절약계획 이행 검토서를 첨부하여 신청하여야 한다.

> 건축 허가 시, 에너지절약계획서를 제출한 건축물은 사용승인 신청시에, 별지 제3호 서식인 에너지절약계획서 이행 검토서를 작성책임자(건축주 또는 감리자)가 작성하여 허가권자에게 제출

> **고시** 제25조 【에너지절약계획설계 검토서 항목추가】
>
> 국토교통부장관은 에너지절약계획 설계 검토서의 건축, 기계, 전기, 신재생부분의 항목 추가를 위하여 수요조사를 실시하고, 자문위원회의 심의를 거쳐 반영 여부를 결정할 수 있다.

3. 에너지절약계획서 설계검토서 항목 추가

국토교통부장관은 에너지절약계획 설계 검토서의 건축, 기계, 전기, 신재생부분의 항목 추가를 위하여 수요조사를 실시하고, 자문위원회의 심의를 거쳐 반영 여부를 결정할 수 있다.

> **고시** 제26조 【운영규정】
>
> 규칙 제7조제8항에 따른 운영기관의 장은 에너지절약계획서 및 에너지절약계획 설계 검토서의 작성 · 검토 업무의 효율화를 위하여 필요한 때에는 이 기준에 저촉되지 않는 범위 안에서 운영규정을 제정하여 운영할 수 있다.

요점 운영규정

규칙 제7조제8항에 따른 운영기관의 장은 에너지절약계획서 및 에너지절약계획 설계 검토서의 작성 · 검토 업무의 효율화를 위하여 필요한 때에는 이 기준에 저촉되지 않는 범위 안에서 운영규정을 제정하여 운영할 수 있다.

> **고시** 제27조【재검토기한】
>
> 국토교통부 장관은「훈령·예규 등의 발령 및 관리에 관한 규정」에 따라 이 고시에 대하여 2022년 1월 1일 기준으로 매 3년이 되는 시점(매 3년째의 12월 31일까지를 말한다) 마다 그 타당성을 검토하여 개선 등의 조치를 하여야 한다.

7. 재검토 기한

국토교통부 장관은「훈령·예규 등의 발령 및 관리에 관한 규정」에 따라 이 고시에 대하여 2017년 1월 1일 기준으로 매 3년이 되는 시점(매 3년째의 12월 31일까지를 말한다) 마다 그 타당성을 검토하여 개선 등의 조치를 하여야 한다.

7 부 칙

고시 제1조【시행일】
이 고시는 발령한 날부터 시행한다.

고시 제2조【경과 조치】
이 고시 시행 당시 다음 각 호의 어느 하나에 해당하는 경우에는 종전의 규정에 따를 수 있다.
1. 「건축법」 제11조에 따른 건축허가(건축허가가 의제되는 다른 법률에 따른 허가·인가·승인 등을 포함한다. 이하 같다)를 받았거나 신청한 건축물
2. 「건축법」 제4조의2제1항에 따라 건축허가를 받기 위하여 건축위원회에 심의를 신청한 건축물
3. 제1호에 해당하는 건축물로서 이 고시 시행 이후 변경허가를 신청하거나 변경신고를 하는 건축물

요점 부 칙

1. 제1조【시행일】 이 고시는 발령한 날부터 시행한다.
2. 제2조【경과조치】

이 고시 시행 당시 다음 각 호의 어느 하나에 해당하는 경우에는 종전의 규정에 따를 수 있다.
① 「건축법」 제11조에 따른 건축허가(건축허가가 의제되는 다른 법률에 따른 허가·인가·승인 등을 포함한다. 이하 같다)를 받았거나 신청한 건축물
② 「건축법」 제4조의2제1항에 따라 건축허가를 받기 위하여 건축위원회에 심의를 신청한 건축물
③ 제1호에 해당하는 건축물로서 이 고시 시행 이후 변경허가를 신청하거나 변경신고를 하는 건축물

01 종합예제문제

□□□ **에너지 절약계획서 작성 및 검토**

1 다음 중 에너지 절약 설계검토서의 내용이 아닌 것은?

① 에너지성능지표
② 에너지소요량 평가서
③ 에너지절약설계기준 의무사항
④ 에너지 효율등급

> 에너지절약 설계 검토서는 별지 제1호 서식에 따라 에너지절약 설계기준 의무사항 및 에너지성능지표, 에너지소요량 평가서로 구분된다.

2 에너지 절약계획서 설계검토서 내용에 대한 설명 중 부적합한 것은?

① 에너지절약 설계 검토서에 에너지효율등급 인증기준이 포함된다.
② 에너지성능지표는 평점합계가 65점 이상일 경우 적합한 것으로 본다.
③ 판정자료가 제시되지 않았을 경우 최저점(기본점수)을 부여하지 않는다.
④ 자료제시가 부득이한 경우에는 당해 건축사 및 설계에 협력하는 해당분야 (기계 및 전기)기술사가 서명 날인한 설치예정확인서로 대체할 수 있다.

> 에너지 절약설계검토서에 에너지효율등급 인증기준은 포함되지 않는다.

3 에너지 절약계획서 설계검토서 내용에 대한 설명 중 부적합한 것은?

① 에너지절약설계 검토서에 에너지성능지표가 포함된다.
② 에너지성능지표는 평점합계가 공공건축물일 경우 65점 이상일 경우 적합한 것으로 본다.

③ 판정자료가 제시되지 않을 경우 최저점(기본점수)은 적용하지 않는 것을 원칙으로 한다.
④ 자료제시가 부득이한 경우에는 당해 건축사 및 설계에 협력하는 해당분야(기계 및 전기) 기술사가 서명 날인한 설치예정확인서로 대체할 수 있다.

> 에너지성능지표는 평점합계가 65점 이상일 경우 적합한 것으로 본다. 다만, 공공기관이 신축하는 건축물(별동으로 증축하는 건축물을 포함한다.)은 74점 이상일 경우 적합한 것으로 본다.

건축물의 에너지 절약설계기준 제15조 【에너지성능지표의 판정】

주체	에너지 성능지표의(EPI) 기준
민간건축물	65점 이상
공공건축물 신축 (별동 증축건축물 포함)	74점 이상

□□□ **건축기준의 완화적용**

4 녹색건축물 건축의 활성화 대상 건축물 및 완화기준에 해당하지 않는 건축물로서 가장 부적합한 것은?

① 건축물에너지 절약계획서를 제출하는 건축물
② 녹색건축물 조성시범사업 대상으로 지정된 건축물
③ 골조공사에 국토교통부장관이 고시하는 재활용건축자재를 100분의 15이상 사용한 건축물
④ 녹색건축인증을 받은 건축물

> 녹색건축물 건축의 활성화 대상 건축물 및 완화기준
> 1. 국토교통부장관이 정하여 고시하는 설계·시공·감리 및 유지·관리에 관한 기준에 맞게 설계된 건축물
> 2. 녹색건축인증을 받은 건축물
> 3. 제로에너지건축물 인증을 받은 건축물
> 4. 건축물에너지효율등급인증을 받은 건축물
> 5. 녹색건축물 조성 시범사업 대상으로 지정된 건축물
> 6. 골조공사에 국토교통부장관이 고시하는 재활용 건축자재를 100분의 15 이상 사용한 건축물

정답 1. ④ 2. ① 3. ② 4. ①

5 에너지효율인증 1등급과 녹색건축인증 최우수등급을 별도로 획득한 경우 최대로 적용할 수 있는 건축기준완화비율은?

① 12% 이하　② 10% 이하
③ 8% 이하　④ 6% 이하

> 녹색건축최우수등급 = 최대 6% 완화
> 녹색건축우수등급 = 최대 3% 완화

□□□ **완화기준의 신청 등**

6 건축물의 에너지절약 설계기준의 완화기준의 신청 등과 관련하여 가장 적합한 것은?

① 완화기준을 적용받고자 하는 자(이하 “신청인”이라 한다)는 건축허가 또는 사업계획승인 신청 시 허가권자에게 별지 제2호 서식의 완화기준 적용 신청서 및 관계 서류를 첨부하여 제출하여야 한다.
② 이미 건축허가를 받은 건축물의 건축주 또는 사업주체도 허가변경을 통하여 완화기준 적용 신청을 할 수 없다.
③ 신청인의 자격은 건축사 또는 사업주체로 한다.
④ 완화기준의 신청을 받은 인증기관의 장은 신청내용의 적합성을 검토하고, 신청자가 신청내용을 이행하도록 허가조건에 명시하여 허가하여야 한다.

> ② 이미 건축허가를 받은 건축물의 건축주 또는 사업주체도 허가변경을 통하여 완화기준 적용 신청을 할 수 있다.
> ③ 신청인의 자격은 건축주 또는 사업주체로 한다.
> ④ 완화기준의 신청을 받은 허가권자는 신청내용의 적합성을 검토하고, 신청자가 신청내용을 이행하도록 허가조건에 명시하여 허가하여야 한다.

7 건축물의 에너지절약 설계기준의 완화기준의 신청 등과 관련하여 가장 부적합한 것은?

① 완화기준을 적용받고자 하는 자(이하 “신청인”이라 한다)는 건축허가 또는 사업계획승인 신청 시 허가권자에게 별지 제2호 서식의 완화기준 적용 신청서 및 관계 서류를 첨부하여 제출하여야 한다.
② 이미 건축허가를 받은 건축물의 건축주 또는 사업주체도 허가변경을 통하여 완화기준 적용 신청을 할 수 있다.
③ 신청인의 자격은 건축주 또는 사업주체로 한다.
④ 완화기준의 신청을 받은 인증기관의 장은 신청내용의 적합성을 검토하고, 신청자가 신청내용을 이행하도록 허가조건에 명시하여 허가하여야 한다.

> 완화기준의 신청을 받은 허가권자는 신청내용의 적합성을 검토하고, 신청자가 신청내용을 이행하도록 허가조건에 명시하여 허가하여야 한다.

□□□ **건축물의 에너지 소요량의 평가**

8 에너지절약설계기준에 의한 건축물의 에너지 소요량에 대한 설명 중 틀린 것은?

① 바닥면적 3,000m^2 이상인 업무시설은 에너지소요량 평가서를 작성한다.
② 단위면적당 에너지요구량, 단위면적당 에너지 소요량, 2차에너지 소요량을 표기한다.
③ 건축물 에너지소요량은 ISO 52016 등 국제규격에 따른 프로그램으로 평가한다.
④ 에너지소요량은 난방, 냉방, 급탕, 조명, 환기시스템에서 소요되는 에너지량의 합이다.

> 단위면적당 에너지요구량, 단위면적당 에너지 소요량, 1차에너지 소요량을 표기한다.

정답 5. ④　6. ①　7. ④　8. ②

9 건축물 에너지 소요량 평가대상으로 가장 적합한 것은?

① 업무시설연면적 3,000m² 이상
② 업무시설연면적 5,000m² 이상
③ 업무시설연면적 7,000m² 이상
④ 업무시설연면적 10,000m² 이상

1. 건축법 시행열 별표1에 따른 업무시설, 교육연구시설 중 연면적의 합계가 3,000㎡ 이상인 건축물

10 건축물의 에너지 소요량의 평가에서 바닥면적 3천제곱미터 이상 업무시설에서 작성한 단위면적당 에너지소요량에 포함되는 내용이 아닌 것은?

① 환기
② 조명
③ 냉방에너지
④ 채광

단위면적당 에너지소요량 : 해당 건축물에 설치된 난방, 냉방, 급탕, 조명, 환기시스템에서 소요되는 단위면적당 에너지량

11 건축물의 에너지 소요량의 평가에서 바닥면적 3천제곱미터 이상 업무시설에 작성한 단위면적당 에너지소요량에 포함되는 내용이 아닌 것은?

① 냉·난방에너지
② 급탕에너지
③ 조명에너지
④ 급수에너지

단위면적당 에너지소요량 : 해당 건축물에 설치된 난방, 냉방, 급탕, 조명, 환기시스템에서 소요되는 단위면적당 에너지량

12 건축물의 에너지 소요량 평가에서 단위면적당 1차 에너지 소요량의 설명으로 가장 적합한 것은?

① 에너지소요량에 연료의 채취, 가공, 운송, 변환, 공급 과정 등의 손실을 포함한 단위면적당 에너지량
② 해당 건축물의 난방, 냉방, 급탕, 조명 부문에서 1차적으로 소요되는 단위면적당 에너지량
③ 해당 건축물에 설치된 난방, 냉방, 급탕, 조명, 환기시스템에서 소요되는 단위면적당 에너지량
④ 해당 건축물의 난방, 냉방, 급탕, 조명 부문에서 단위면적당 에너지량

1. 단위면적당 에너지요구량 : 해당 건축물의 난방, 냉방, 급탕, 조명 부문에서 요구되는 단위면적당 에너지량
2. 단위면적당 에너지소요량 : 해당 건축물에 설치된 난방, 냉방, 급탕, 조명, 환기시스템에서 소요되는 단위면적당 에너지량
3. 단위면적당 1차에너지 소요량 : 에너지소요량에 연료의 채취, 가공, 운송, 변환, 공급 과정 등의 손실을 포함한 단위면적당 에너지량

□□□ **복합용도 건축물의 에너지 절약계획서 및 설계검토서 작성 방법 등**

13 복합용도의 건축물에너지 절약계획서 및 설계검토서 작성방법으로 가장 적합한 것은 다음 중 어느 것인가?

① 비주거와 주거 용도가 복합되는 건축물의 경우에는 해당 면적을 비교하여 많은 면적을 기준으로 에너지절약계획서 및 설계검토서를 제출하여야 한다.
② 다수의 동이 있는 경우에는 동별로 에너지절약계획서 및 설계검토서를 제출하는 것을 원칙으로 한다.(다만, 공동주택 외의 주거용도는 하나의 단지로 구성)
③ 기숙사, 오피스텔은 공동주택 의 단열기준을 준수할 수 있으며, 에너지성능지표 작성시 기본배점에서 비주거를 적용한다.
④ 설비 및 기기, 장치, 제품 등의 효율·성능 등의 판정방법에 있어 본 기준에서 별도로 제시 되지 않은 해당 항목에 대한 한국산업규격(KS)을 따르도록 한다.

① 비주거와 주거 용도가 복합되는 건축물의 경우에는 해당 용도별로 에너지절약계획서 및 설계검토서를 제출하여야 한다.

14 다음 중 에너지절약 설계에 관한 기준의 설명으로 맞지 않는 것은?

① 에너지성능지표의 평점 합계의 최소점수는 60점이다.
② 복합용도 건축물은 해당 용도별로 에너지절약계획서 및 설계 검토서를 제출한다.
③ 다수의 동이 있는 경우는 동별로 에너지절약계획서를 제출하는 것이 원칙이다.
④ 기숙사와 오피스텔은 에너지성능지표 작성시 기본배점에서 비주거를 적용한다.

> 에너지성능지표의 평점 합계의 최소점수는 65점이다.

15 복합용도의 건축물에너지 절약계획서 및 설계검토서 작성방법에서 다음 중 ( ) 안에 들어갈 내용으로 가장 적합한 것은?

> 1. 다수의 동이 있는 경우에는 (㉠)로 에너지절약계획서 및 설계검토서를 제출하는 것을 원칙으로 한다.(다만, 공동주택의 주거용도는 하나의 (㉡)로 구성)
> 2. 기숙사, 오피스텔은 공동주택외 의 단열기준을 준수할 수 있으며, 에너지성능지표 작성시 기본배점에서 (㉢)를 적용한다.

① ㉠ 동별 ㉡ 단지 ㉢ 비주거
② ㉠ 동별 ㉡ 단지 ㉢ 주거
③ ㉠ 단지 ㉡ 동별 ㉢ 비주거
④ ㉠ 단지 ㉡ 동별 ㉢ 주거

> 1. 다수의 동이 있는 경우에는 동별로 에너지절약계획서 및 설계검토서를 제출하는 것을 원칙으로 한다.(다만, 공동주택의 주거용도는 하나의 단지로 구성)
> 2. 기숙사, 오피스텔은 공동주택외의 단열기준을 준수할 수 있으며, 에너지성능지표 작성시 기본배점에서 비주거를 적용한다.

□□□ 에너지절약계획서 및 설계검토서의 이행

16 에너지 절약계획서 및 설계검토서의 이행에 관련된 내용 중 ( ) 안에 들어갈 내용으로 가장 적합한 것은?

> 1. (㉠)는 건축주가 에너지절약계획서 및 설계 검토서의 작성내용을 이행하도록 허가조건에 포함하여 허가할 수 있다.
> 2. 작성책임자((㉡) 또는 (㉢))는 건축물의 사용승인을 신청하는 경우 별지 제3호 서식 에너지절약계획 이행 검토서를 첨부하여 신청하여야 한다.

① ㉠ 허가권자 ㉡ 건축주 ㉢ 감리자
② ㉠ 허가권자 ㉡ 건축주 ㉢ 시공자
③ ㉠ 도지사 ㉡ 건축주 ㉢ 감리자
④ ㉠ 도지사 ㉡ 감리자 ㉢ 시공자

> 1. 허가권자는 건축주가 에너지절약계획서 및 설계 검토서의 작성내용을 이행하도록 허가조건에 포함하여 허가할 수 있다.
> 2. 작성책임자 (건축주 또는 감리자)는 건축물의 사용승인을 신청하는 경우 별지 제3호 서식 에너지절약계획 이행 검토서를 첨부하여 신청하여야 한다.

□□□ 에너지 소요량 평가 세부기준

17 다음 중 에너지 절약설계에 관한 기준의 설명으로 맞지 않는 것은?

① 에너지절약계획서 및 설계검토서를 제출하여야하는 건축물 중 비주거와 주거용도가 복합되는 건축물의 경우에는 해당 용도별로 에너지 절약계획서 및 설계검토서를 제출하여야 한다.
② 허가권자는 건축주가 에너지절약계획서 및 설계검토서의 작성내용을 이행하도록 허가조건에 포함하여 허가 할 수 있다.
③ 작성책임자 (건축주 또는 감리자)는 건축물의 사용승인을 선정하는 경우 별지 제3호서식 에너지 절약계획서 이행 검토서를 첨부하여 신청하여야 한다.
④ 국토교통부장관은 건축주가 에너지절약계획서 및 설계검토서의 작성내용을 이행하도록 허가조건에 포함하여 허가한다.

> 허가권자는 건축주가 에너지절약계획서 및 설계검토서의 작성내용을 이행하도록 허가조건에 포함하여 허가한다.

정답 14. ① 15. ① 16. ① 17. ④

□□□ **에너지절약계획 설계검토서 항목 추가**

18 (   )은 에너지절약계획 설계 검토서의 건축, 기계, 전기, 신재생부분의 항목 추가를 위하여 수요조사를 실시하고, 자문위원회의 심의를 거쳐 반영 여부를 결정할 수 있다.에서 (   )안에 가장 적합한 것은?

① 국토교통부장관　　　② 산업통상자원부장관
③ 인증기관　　　　　　④ 운영기관

국토교통부장관은 에너지절약계획 설계 검토서의 건축, 기계, 전기, 신재생부분의 항목 추가를 위하여 수요조사를 실시하고, 자문위원회의 심의를 거쳐 반영 여부를 결정할 수 있다.

정답 18. ①

memo

건축, 기계, 전기부문 의무사항

1 건축부문(의무사항, 권장사항)

제6조(건축부문의 의무사항)	제7조(건축부문의 권장사항)

1. 단열조치 일반사항

가. 외기에 직접 또는 간접 면하는 거실의 각 부위에는 제2조에 따라 건축물의 열손실방지 조치를 하여야 한다. 다만, 다음 부위에 대해서는 그러하지 아니 할 수 있다.

  1) 지표면 아래 2m를 초과하여 위치한 지하 부위(공동주택의 거실 부위는 제외)로서 이중벽의 설치 등 하계 표면결로 방지 조치를 한 경우

  2) 지면 및 토양에 접한 바닥 부위로서 난방공간의 외벽 내 표면까지의 모든 수평거리가 10m를 초과하는 바닥부위

  3) 외기에 간접 면하는 부위로서 당해 부위가 면한 비난방 공간의 외기에 직접 또는 간접 면하는 부위를 별표1에 준하여 단열조치하는 경우

  4) 공동주택의 층간바닥(최하층 제외) 중 바닥난방을 하지 않는 현관 및 욕실의 바닥부위

  5) 방풍구조 (외벽제외)또는 바닥 면적 150㎡ 이하의 개별 점포의 출입문

  6) 「건축법 시행령」 별표1 제21호에 따른 동물 및 식물 관련 시설 중 작물재배사 또는 온실 등 지표면을 바닥으로 사용하는 공간의 바닥부위

  7) 「건축법」 제49조제3항에 따른 소방관진입창(단, 「건축물의 피난·방화구조 등의 기준에 관한 규칙」 제18조의2제1호를 만족하는 최소 설치 개소로 한정한다.)

나. 단열조치를 하여야 하는 부위의 열관류율이 위치 또는 구조상의 특성에 의하여 일정하지 않는 경우에는 해당 부위의 평균 열관류율값을 면적가중 계산에 의하여 구한다.

다. 단열조치를 하여야 하는 부위에 대하여는 다음 각 호에서 정하는 방법에 따라 단열기준에 적합한지를 판단할 수 있다.

  1) 이 기준 별표3의 지역별·부위별·단열재 등급별 허용 두께 이상으로 설치하는 경우(단열재의 등급 분류는 별표2에 따름) 적합한 것으로 본다.

  2) 해당 벽·바닥·지붕 등의 부위별 전체 구성재료와 동일한 시료에 대하여 KS F2277(건축용 구성재의 단열성 측정방법)에 의한 열저항 또는 열관류율 측정값

1. 배치계획

가. 건축물은 대지의 향, 일조 및 주풍향 등을 고려하여 배치하며, 남향 또는 남동향 배치를 한다.

나. 공동주택은 인동간격을 넓게 하여 저층부의 태양열 취득을 최대한 증대시킨다.

(시험성적서의 값)이 별표1의 부위별 열관류율에 만족하는 경우에는 적합한 것으로 보며, 시료의 공기층 (단열재 내부의 공기층 포함) 두께와 동일하면서 기타 구성재료의 두께가 시료보다 증가한 경우와 공기층을 제외한 시료에 대한 측정값이 기준에 만족하고 시료 내부에 공기층을 추가하는 경우에도 적합한 것으로 본다. 단, 공기층이 포함된 경우에는 시공 시에 공기층 두께를 동일하게 유지하여야 한다.

3) 구성재료의 열전도율 값으로 열관류율을 계산한 결과가 별표1의 부위별 열관류율 기준을 만족하는 경우 적합한 것으로 본다.(단, 각 재료의 열전도율 값은 한국 산업 규격 또는 시험성적서의 값을 사용하고, 표면열전달 저항 및 중공층의 열저항은 이 기준 별표5 및 별표6 에서 제시하는 값을 사용)

4) 창 및 문의 경우 KS F 2278(창호의 단열성 시험 방법) 에 의한 시험성적서 또는 별표4에 의한 열관류율 값 또는 산업통상자원부고시「효율관리기자재 운용규정」 에 따른 창 세트의 열관류율 표시값 또는 ISO 15099 에 따라 계산된 창 및 문의 열관류율 값이 별표1의 열관류율 기준을 만족하는 경우 적합한 것으로 본다.

5) 열관류율 또는 열관류저항의 계산결과는 소수점 3자리로 맺음을 하여 적합 여부를 판정한다.(소수점 4째 자리 에서 반올림)

라. 별표1 건축물부위의 열관류율 산정을 위한 단열재의 열전도율 값은 한국산업규격 KS L 9016 보온재의 열전도율 측정방법에 따른 시험성적서에 의한 값을 사용하되 열전도율 시험을 위한 시료의 평균온도는 20±5℃로 한다.

마. 수평면과 이루는 각이 70도를 초과하는 경사지붕은 별표1 에 따른 외벽의 열관류율을 적용할 수 있다.

바. 바닥 난방을 하는 공간의 하부가 바닥 난방을 하지 않는 난방공간일 경우에는 당해 바닥 난방을 하는 바닥부위는 별표1의 최하층에 있는 거실의 바닥으로 보며 외기에 간접 면하는 경우의 열관류율기준을 만족하여야 한다.

2. 에너지절약계획서 및 설계 검토서 제출대상 건축물은 별지 제1호 서식 에너지 절약 설계 검토서 중 에너지 성능지표(이하 "에너지 성능지표")라 한다. 건축부문 1번 항목 배점을 0.6점 이상 획득하 여야 한다.

2. 평면계획

가. 거실의 층고 및 반자 높이는 실의 용도와 기능에 지장을 주지 않는 범위 내에서 가능한 낮게 한다.

나. 건축물의 체적에 대한 외피면적의 비 또는 연면적 에 대한 외피면적의 비는 가능한 작게 한다.

다. 실의 냉난방 설정온도, 사용스케줄 등을 고려하여 에너지절약적 조닝계획을 한다.

3. 바닥난방에서 단열재의 설치

가. 바닥난방 부위에 설치되는 단열재는 바닥난방의 열이 슬래브 하부로 손실되는 것을 막을 수 있도록 온수배관(전기난방인 경우는 발열선)하부와 슬래브 사이에 설치하고, 온수배관(전기난방인 경우는 발열선) 하부와 슬래브 사이에 설치되는 구성 재료의 열저항의 합계는 해당 바닥에 요구되는 총열관류저항(별표1에서 제시되는 열관류율의 역수)의 60% 이상이 되어야 한다. 다만, 바닥난방을 하는 욕실 및 현관부위와 슬래브의 축열을 직접 이용하는 심야전기이용 온돌 등(한국전력의 심야전력이용기기 승인을 받은 것에 한한다)의 경우에는 단열재의 위치가 그러하지 않을 수 있다.

4. 기밀 및 결로방지 등을 위한 조치

가. 벽체 내표면 및 내부에서의 결로를 방지하고 단열재의 성능 저하를 방지하기 위하여 제2조에 의하여 단열조치를 하여야 하는 부위(창 및 문과 난방공간 사이의 충간바닥 제외)에는 방습층을 단열재의 실내측에 설치하여야 한다.

나. 방습층 및 단열재가 이어지는 부위 및 단부는 이음 및 단부를 통한 투습을 방지할 수 있도록 다음과 같이 조치하여야 한다.

3. 단열계획

가. 건축물 용도 및 규모를 고려하여 건축물 외벽, 천장 및 바닥으로의 열손실이 최소화되도록 설계한다.

나. 외벽 부위는 외단열로 시공한다.

다. 외피의 모서리 부분은 열교가 발생하지 않도록 단열재를 연속적으로 설치하고, 기타 열교부위는 별표11의 외피 열교부위별 선형 열관류율 기준에 따라 충분히 단열되도록 한다.

라. 건물의 창 및 문은 가능한 작게 설계하고, 특히 열손실이 많은 북측 거실의 창 및 문의면적은 최소화한다.

마. 발코니 확장을 하는 공동주택이나 창 및 문의 면적이 큰 건물에는 단열성이 우수한 로이(Low-E) 복층창이나 삼중창 이상의 단열성능을 갖는 창을 설치한다.

바. 태양열 유입에 의한 냉·난방부하를 저감 할 수 있도록 일사조절장치, 태양열취득률(SHGC), 창 및 문의 면적비 등을 고려한 설계를 한다. 건축물 외부에 일사조절장치를 설치하는 경우에는 비, 바람, 눈, 고드름 등의 낙하 및 화재 등의 사고에 대비하여 안전성을 검토하고 주변 건축물에 빛반사에 의한 피해 영향을 고려하여야 한다.

사. 건물 옥상에는 조경을 하여 최상층 지붕의 열저항을 높이고, 옥상면에 직접 도달하는 일사를 차단하여 냉방부하를 감소시킨다.

4. 기밀계획

가. 틈새바람에 의한 열손실을 방지하기 위하여 외기에 직접 또는 간접으로 면하는 거실 부위에는 기밀성 창 및 문을 사용 한다.

나. 공동주택의 외기에 접하는 주동의 출입구와 각 세대의 현관은 방풍구조로 한다.

다. 기밀성을 높이기 위하여 외기에 직접 면한 거실의 창 및 문 등 개구부 둘레를 기밀테이프 등을 활용하여 외기가 침입하지 못하도록 기밀하게 처리한다.

1) 단열재의 이음부는 최대한 밀착하여 시공하거나, 2장을 엇갈리게 시공하여 이음부를 통한 단열성능 저하가 최소화될 수 있도록 조치할 것

2) 방습층으로 알루미늄박 또는 플라스틱계 필름 등을 사용할 경우의 이음부는 100mm 이상 중첩하고 내습성 테이프, 접착제 등으로 기밀하게 마감할 것

3) 단열부위가 만나는 모서리 부위는 방습층 및 단열재가 이어짐이 없이 시공하거나 이어질 경우 이음부를 통한 단열성능 저하가 최소화되도록 하며, 알루미늄박 또는 플라스틱계 필름 등을 사용할 경우의 모서리 이음부는 150mm 이상 중첩되게 시공하고 내습성 테이프, 접착제 등으로 기밀하게 마감할 것

4) 방습층의 단부는 단부를 통한 투습이 발생하지 않도록 내습성 테이프, 접착제 등으로 기밀하게 마감할 것

다. 건축물 외피 단열부위의 접합부, 틈 등은 밀폐될 수 있도록 코킹과 가스켓 등을 사용하여 기밀하게 처리하여야 한다.

라. 외기에 직접 면하고 1층 또는 지상으로 연결된 출입문은 방풍구조로 하여야 한다. 다만, 다음 각 호에 해당하는 경우에는 그러하지 않을 수 있다.

1) 바닥면적 300m² 이하의 개별 점포의 출입문

2) 주택의 출입문(단, 기숙사는 제외)

3) 사람의 통행을 주목적으로 하지 않는 출입문

4) 너비 1.2m 이하의 출입문

마. 방풍구조를 설치하여야 하는 출입문에서 회전문과 일반문이 같이 설치되어진 경우, 일반문 부위는 방풍실 구조의 이중문을 설치하여야 한다.

바. 건축물의 거실의 창이 외기에 직접 면하는 부위인 경우에는 기밀성 창을 설치하여야 한다.

5. 영 제10조의 2에 해당하는 공공건축물을 건축 또는 리모델링하는 경우 법 제14조의 2 제1항에 따라 에너지 성능지표 건축부문 7번 항목 배점을 0.6점 이상 획득하여야 한다. 다만, 건축물 에너지효율 1++등급 이상 또는 제로에너지건축물인증을 취득한 경우 또는 제21조제2항에 따라 단위면적당 1차에너지 소요량의 합계가 적합할 경우에는 그러하지 아니할 수 있다.

5. 자연채광계획

가. 자연채광을 적극적으로 이용할 수 있도록 계획한다. 특히 학교의 교실, 문화 및 집회시설의 공용부분 (복도, 화장실, 휴게실, 로비 등)은 1면 이상 자연채광이 가능하도록 한다.

나. 삭제

다. 삭제

라. 삭제

6. 삭제

예제문제 01

다음 중 "건축물의 에너지절약설계기준"에서 정하는 건축물의 열손실방지를 위한 단열조치의 예외사항에 해당하는 것 중 적합한 것으로 나열된 것은?

【13년 1급】

> ㉠ 지표면 아래 3m를 초과하여 위치한 지하 부위(공동주택의 거실 부위 제외)로서 이중벽의 설치등 하계 표면결로 방지 조치를 할 경우
> ㉡ 지면 및 토양에 접한 바닥 부위로서 난방공간의 주변 외벽 내표면까지의 모든 수평거리가 10m를 초과하는 바닥부위
> ㉢ 방풍구조(외벽제외) 또는 바닥면적 150m² 이하의 개별 점포의 출입문
> ㉣ 공동주택의 층간바닥(최하층 포함) 중 바닥난방을 하지 않는 현관 및 욕실의 바닥부위
> ㉤ 외기에 간접 면하는 부위로서 당해부위가 면한 비난방공간의 외피를 기준 "[별표1] 지역별 건축물 부위의 열관류율표"에 준하여 단열조치하는 경우

① ㉡, ㉢, ㉣
② ㉠, ㉡, ㉢
③ ㉠, ㉢, ㉤
④ ㉡, ㉢, ㉤

해설 건축물의 열손실방지를 위한 단열조치 예외사항

제6조【건축부문의 의무사항】제2조에 따른 열손실방지 조치대상 건축물의 건축주와 설계자 등은 다음 각 호에서 정하는 건축부문의 설계기준을 따라야 한다.

1. 단열조치 일반사항

가. 외기에 직접 또는 간접 면하는 거실의 각 부위에는 제2조에 따라 건축물의 열손실방지 조치를 하여야 한다. 다만, 다음 부위에 대해서는 그러하지 아니할 수 있다.

1) 지표면 아래 2m를 초과하여 위치한 지하 부위(공동주택의 거실 부위는 제외)로서 이중벽의 설치 등 하계 표면결로 방지 조치를 한 경우
2) 지면 및 토양에 접한 바닥 부위로서 난방공간의 외벽 내표면까지의 모든 수평거리가 10m를 초과하는 바닥부위
3) 외기에 간접 면하는 부위로서 당해 부위가 면한 비난방공간의 외기에 직접 또는 간접 면하는 부위를 별표1에 준하여 단열조치하는 경우
4) 공동주택의 층간바닥(최하층 제외) 중 바닥 난방을 하지 않는 현관 및 욕실의 바닥부위
5) 방풍구조(외벽제외) 또는 바닥면적 150㎡ 이하의 개별 점포의 출입문
6) 「건축법 시행령」별표1 제21호에 따른 동물 및 식물 관련 시설 중 작물재배사 또는 온실 등 지표면을 바닥으로 사용하는 공간의 바닥부위
7) 「건축법」제49조제3항에 따른 소방관진입창(단, 「건축물의 피난·방화구조 등의 기준에 관한 규칙」제18조의2제1호를 만족하는 최소 설치 개소로 한정한다.)

답 : ④

예제문제 02

건축물의 에너지절약설계기준에서 단열조치를 하여야 하는 부위에 대하여는 다음 각 호에서 정하는 방법에 따라 단열기준에 적합한지를 판단할 수 있다. 적합하지 않은 것은 어느 것인가?

① 열관류율 또는 열관류저항의 계산결과는 소수점 3자리로 맺음을 하여 적합 여부를 판정한다.(소수점 4째 자리에서 반올림)
② 단열재의 열선도율 값은 한국산입규격 KS L 9016 보온제의 열전도율 측정방법에 따른 시험성적서에 의한 값을 사용하되 열전도율 시험을 위한 시료의 평균온도는 25±1℃로 한다.
③ 건축물의 에너지절약설계기준에서 정하는 지역별·부위별·단열재 등급별 허용두께 이상으로 설치하는 경우 적합한 것으로 본다.
④ 창 및 문의 경우 KS F 2278(창호의 단열성 시험 방법)에 의한 시험성적서에 따른 창 세트의 열관류율 표시값이 별표1의 열관류율기준을 만족하는 경우 적합한 것으로 본다.

해설
시험을 위한 시료의 평균온도는 20±5℃로 한다.

답 : ②

예제문제 03

다음 중 건축물의 에너지절약설계기준의 의무사항에서 에너지 성능지표의 0.6점 이상 점수를 획득하여야 하는 항목으로 가장 적합한 것은 다음 중 어느 것인가?

① 외벽의 평균열관류율
② 최상층지붕의 평균열관류율
③ 최하층 거실바닥의 평균열관류율
④ 기밀성창호 설치

해설
이 기준 제6조제2호에 의한 에너지성능지표의 건축부문 1번 항목인 외벽의 평균열관류율을 0.6점 이상 획득하였다.

답 : ①

예제문제 04

다음의 열관류율 계산표의 괄호에 알맞은 값은?

벽체	재 료 명	열전도율(W/mK)	두께(m)	열전도저항(m²K/W)
W1	실내표면열전달저항	–	–	0.110
	벽지(종이계)	0.17	0.0005	0.003
	시멘트몰탈	1.4	0.01	0.007
	콘크리트	1.6	0.15	0.094
	글라스울 24k	0.035	0.14	4.000
	지정금속판마감	44	0.0012	0.000
	실외표면열전달저항	–	–	0.043
소 계				(㉠)
열관류율(W/m²K)				(㉡)

① ㉠ 4.276, ㉡ 0.234   ② ㉠ 4.257, ㉡ 0.235

③ ㉠ 4.104, ㉡ 0.234   ④ ㉠ 4.104, ㉡ 0.243

해설

열관류율 값은 해당 구조체의 재료별 열전도저항 값을 모두 합한 뒤 역수를 취하여 구한다.

답 : ②

예제문제 05

에너지성능지표검토서 검토시 평균열관류율 산정시 ( ) 안에 가장 적합한 것은?

> 평균열관류율산정시 외기에 간접면한부위는 해당 열관류율값에 외벽, 지붕,
> 바닥부위는 (㉠), 창 및 문부위는 (㉡)을 곱하여 적용한다.

① ㉠ 0.5, ㉡ 0.6   ② ㉠ 0.6, ㉡ 0.7

③ ㉠ 0.7, ㉡ 0.8   ④ ㉠ 0.8, ㉡ 0.9

해설

평균 열관류율산정 시 외기에 간접 면한 부위는 해당 열관류율 값에 외벽, 지붕, 바닥부위는 0.7, 창 및 문 부위는 0.8을 곱하여 적용한다.

답 : ③

예제문제 06

에너지절약설계에 관한 기준 "건축부문의무사항" 중 바닥난방 에서 단열재의 설치방법과 관련된 내용 중 ( ) 안에 가장 적합한 것은?

> 바닥 난방 부위에 설치되는 단열재는 바닥 난방의 열이 슬래부 하부로 손실되는 것을 막을 수 있도록 온수배관(전기난방인 경우는 발열선) 하부와 슬래브 사이에 설치되는 구성재료의 열저항의 합계는 해당 바닥에 요구되는 (㉠)의 (㉡) 이상이 되어야 한다. 다만, 바닥 난방을 하는 욕실 및 현관부위와 슬래브의 축열을 직접 이용하는 심야전기이용 온돌 등(한국전력의 심야전력이용기기 승인을 받은 것에 한한다)의 경우에는 단열재의 위치가 그러하지 않을 수 있다.

① ㉠ 총열관류저항 ㉡ 60%　　② ㉠ 총열관류저항 ㉡ 70%
③ ㉠ 총열관류율 ㉡ 80%　　④ ㉠ 총열관류율 ㉡ 90%

해설 바닥난방에서 단열재의 설치

바닥난방 부위에 설치되는 단열재는 바닥난방의 열이 슬래브 하부로 손실되는 것을 막을 수 있도록 온수배관(전기난방인 경우는 발열선) 하부와 슬래브 사이에 설치하고, 온수배관(전기난방인 경우는 발열선) 하부와 슬래브 사이에 설치되는 구성 재료의 열저항의 합계는 해당 바닥에 요구되는 총열관류저항(별표1에서 제시되는 열관류율의 역수)의 60% 이상이 되어야 한다. 다만, 바닥난방을 하는 욕실 및 현관부위와 슬래브의 축열을 직접 이용하는 심야전기이용 온돌 등(한국전력의 심야전력이용기기 승인을 받은 것에 한한다)의 경우에는 단열재의 위치가 그러하지 않을 수 있다.

답 : ①

예제문제 07

에너지절약계획 설계검토서와 관련된 "에너지절약 설계기준의무사항" 중 외기에 직접 면한 창의 기밀성능은 모두 몇 등급 이하로 설계하여야 하는가?

① 1등급　　② 2등급
③ 4등급　　④ 5등급

해설

외기에 직접 면한 창의 기밀성능은 모두 5등급 이하(통기량 5m³/hm² 미만)로 설계
· 관련도면에 '기밀성능은 5등급 이하(통기량 5m³/hm² 미만) 제품적용' 명기(의무사항)

답 : ④

예제문제 08

다음 그림에서 제시된 외기에 직접 면한 벽체의 열관류율 값으로 가장 적합한 것은?

【13년 2급】

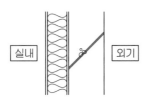

구분	재료명	두께(mm)	열전도율(W/m·K)
㉠	콘크리트	200	1.6
㉡	비드법보온판 2종2호	80	0.032
㉢	석고보드	9.5	0.17

*실내표면열전달저항 : $0.11m^2 \cdot K/W$

실외표면열전달저항 : $0.034m^2 \cdot K/W$

① $0.333W/m^2 \cdot K$

② $0.340W/m^2 \cdot K$

③ $0.354W/m^2 \cdot K$

④ $0.360W/m^2 \cdot K$

[해설]

$0.11 + 0.034 + 0.2/1.6 + 0.08/0.032 + 0.0095/0.17 = 2.825m^2 \cdot K/W$

따라서 열관류율은 $1/2.825 = 0.354W/m^2 \cdot K$

답 : ③

예제문제 09

에너지절약계획 설계검토서와 관련된 "에너지절약 설계기준의무사항" 중 방풍구조와 관련된 내용 중 출입문을 방풍구조로 하지 아니하여도 되는 것으로 가장 부적합한 것은?

① 바닥면적 $300m^2$ 이하의 개별점포의 출입문

② 기숙사의 출입문

③ 사람의 통행을 주목적으로 하지 않는 출입문

④ 너비 1.2m 이하의 출입문

[해설]

외기에 직접 면하고 1층 또는 지상으로 연결된 출입문은 제5조제10호 아목에 따른 방풍구조로 하여야 한다. 다만, 다음 각 호에 해당되는 경우에는 그러하지 않을 수 있다.

① 바닥면적 $300m^2$ 이하의 개별점포의 출입문

② 주택의 출입문(단, 기숙사는 제외)

③ 사람의 통행을 주목적으로 하지 않는 출입문

④ 너비 1.2m 이하의 출입문

답 : ②

예제문제 **10**

"에너지절약 설계기준의무사항" 중 방습층의 위치는 단열재를 기준으로 실내 측에 설치하게 되어 있다. 다음 중 방습층으로 인정되는 구조로 볼 수 없는 것은?

① 두께 0.01mm 이상의 폴리에틸렌 필름

② 금속재 (알루미늄 박 등)

③ 모르타르 마감이 된 조적벽

④ 타일마감

해설 **방습층으로 인정되는 구조**

• 두께 0.1mm 이상의 폴리에틸렌 필름(KS M 3509(포장용폴리에틸렌 필름)에서 정하는 것을 말한다.
• 투습방수 시트
• 현장발포 플라스틱계(경질 우레탄 등) 단열재
• 플라스틱계 단열재(발포폴리스티렌 보온재)로서 투습방지 성능이 있도록 처리될 경우
• 내수합판 등 투습방지처리가 된 합판으로서 이음새가 투습방지가 될 수 있도록 시공될 경우
• 금속재(알루미늄 박 등)
• 콘크리트 벽이나 바닥 또는 지붕
• 타일마감
• 모르타르 마감이 된 조적벽

답 : ①

예제문제 **11**

"에너지절약 설계기준 의무사항" 중 방습층과 관련된 내용 중 ( ) 안에 가장 적합한 것은?

"방습층" 이라 함은 습한 공기가 구조체에 침투하여 결로발생의 위험이 높아지는 것을 방지하기 위해 설치하는 투습도가 (㉠)시간당 (㉡) 이하 또는 투습계수 (㉢) 이하의 투습저항을 가진 층을 말한다.

① ㉠ 24, ㉡ 30g/m², ㉢ 0.28g/m²·h·mmHg

② ㉠ 24, ㉡ 40g/m², ㉢ 0.28g/m²·h·mmHg

③ ㉠ 12, ㉡ 30g/m², ㉢ 0.38g/m²·h·mmHg

④ ㉠ 12, ㉡ 40g/m², ㉢ 0.38g/m²·h·mmHg

해설

"방습층" 이라 함은 습한 공기가 구조체에 침투하여 결로발생의 위험이 높아지는 것을 방지하기 위해 설치하는 투습도가 24시간당 30g/m² 이하 또는 투습계수 0.28g/m²·h·mmHg 이하의 투습저항을 가진 층을 말한다.

답 : ①

"건축물의 에너지절약설계기준" 건축부문의 권장 사항에 규정된 계획 구분과 그 내용의 연결이 맞는 것은?　【2018년 국가자격 시험 4회 출제문제】

① 자연채광계획 – 자연채광을 적극적으로 이용할 수 있도록 계획한다. 특히 학교의 교실, 문화 및 집회시설의 공용부분(복도, 화장실, 휴게실, 로비 등)은 1면 이상 자연채광이 가능하도록 한다.
② 단열계획 – 공동주택의 외기에 접하는 주동의 출입구와 각 세대의 현관은 방풍구조로 한다.
③ 기밀계획 – 개폐 가능한 창부위 면적의 합계는 거실 외주부 바닥면적의 10분의 1이상으로 한다.
④ 평면계획 – 외기에 직접 면한 거실의 창 및 문 등 개구부 둘레를 기밀테이프 등을 활용하여 외기가 침입하지 못하도록 기밀하게 처리한다.

해설
② 기밀계획 – 공동주택의 외기에 접하는 주동의 출입구와 각 세대의 현관은 방풍구조로 한다.
③ 환기계획 – 법의 개정으로 삭제
④ 기밀계획 – 외기에 직접 면한 거실의 창 및 문 등 개구부 둘레를 기밀테이프 등을 활용하여 외기가 침입하지 못하도록 기밀하게 처리한다.

답 : ①

에너지절약설계에 관한 기준 "건축부문권장사항" 중 계획과 관련이 없는 항목은?

① 환기계획　　　　② 배치계획
③ 자연채광계획　　④ 기밀계획

해설
건축부문의 권장사항은
1. 배치계획
2. 평면계획
3. 단열계획
4. 기밀계획
5. 자연채광계획이 있고
환기계획은 삭제되었다.

답 : ①

예제문제 14

에너지절약설계에 관한 기준 "건축부문권장사항" 중 배치계획, 평면계획에 관한 사항 중 가장 부적합한 것은?

① 건축물은 대지의 향, 일조 및 주풍향 등을 고려하여 배치하며, 남향 또는 남동향 배치를 한다.

② 공동주택은 인동간격을 넓게 하여 저층부의 태양열취득률을 증대시킨다.

③ 거실의 층고 및 반자 높이는 실의 용도와 기능에 지장을 주지 않는 범위 내에서 가능한 높게 한다.

④ 건축물의 체적에 대한 외피면적의 비 또는 연면적에 대한 외피면적의 비는 가능한 작게 한다.

해설

거실의 층고 및 반자 높이는 실의 용도와 기능에 지장을 주지 않는 범위 내에서 가능한 낮게 한다.

답 : ③

예제문제 15

"건축물의 에너지절약 설계기준"의 권장사항에 규정된 내용으로 알맞은 것은?

【2015년 국가자격 시험 1회 출제문제】

① 수평면과 이루는 각이 70도를 초과하는 경사 지붕은 [별표 1]에 따른 외벽의 열관류율을 적용한다.

② 열관류율 또는 열관류저항의 계산결과는 소수점 3자리로 맺음을 하여 적합여부를 판정한다.

③ 외피의 모서리 부분은 열교가 발생하지 않도록 단열재를 연속적으로 설치한다.

④ 방습층의 단부는 단부를 통한 투습이 발생하지 않도록 내습성 테이프, 접착제 등으로 기밀하게 마감한다.

해설

①, ②, ④번은 건축부문 의무사항에 해당하는 내용이다.

③ "외피의 모서리 부분은 열교가 발생하지 않도록 단열재를 연속적으로 설치한다" 는 단열계획과 관련된 권장시항에 해당한다.

답 : ③

2 기계부문(의무사항, 권장사항)

제8조(기계부문의 의무사항)	제9조(기계부문의 권장사항)
1. 설계용 외기조건 난방 및 냉방설비의 용량계산을 위한 외기조건은 지역별로 위험율 2.5%(냉방기 및 난방기를 분리한 온도출현분포를 사용할 경우) 또는 1%(연간 총시간에 대한 온도출현 분포를 사용할 경우)로 하거나 별표7에서 정한 외기 온·습도를 사용한다. 별표7 이외의 지역인 경우에는 상기 위험율을 기준으로 하여 가장 유사한 기후조건을 갖는 지역의 값을 사용한다. 다만, 지역난방 공급방식을 채택할 경우에는 산업통상자원부고시 집단에너지시설의 기술기준」에 의하여 용량계산을 할 수 있다.	**1. 설계용 실내온도 조건** 난방 및 냉방설비의 용량계산을 위한 설계기준 실내온도는 난방의 경우 20℃, 냉방의 경우 28℃를 기준으로 하되(목욕장 및 수영장은 제외) 각 건축물 용도 및 개별실의 특성에 따라 별표8에서 제시된 범위를 참고하여 설비의 용량이 과다해지지 않도록 한다.
2. 열원 및 반송설비 가. 공동주택에 중앙집중식 난방설비(집단에너지사업법에 의한 지역난방공급방식을 포함한다)를 설치하는 경우에는 「주택건설기준 등에 관한규정」 제37조의 규정에 적합한 조치를 하여야 한다. 나. 펌프는 한국산업규격(KS B 6318, 7501, 7505등) 표시 인증제품 또는 KS규격에서 정해진 효율 이상의 제품을 설치하여야 한다. 다. 기기배관 및 덕트는 국토교통부에서 정하는 「국가건설기준 기계설비공사 표준시방서」 의 보온두께 이상 또는 그 이상의 열 저항을 갖도록 단열조치를 하여야 한다. 다만, 건축물내의 벽체 또는 바닥에 매립되는 배관 등은 그러하지 아니할 수 있다.	**2. 열원설비** 가. 열원설비는 부분부하 및 전부하 운전효율이 좋은 것을 선정한다. 나. 난방기기, 냉방기기, 냉동기, 송풍기, 펌프 등은 부하조건에 따라 최고의 성능을 유지할 수 있도록 대수분할 또는 비례제어운전이 되도록 한다. 다. 난방기기, 냉방기기, 급탕기기는 고효율제품 또는 이와 동등 이상의 효율을 가진 제품을 설치한다. 라. 보일러의 배출수·폐열·응축수 및 공조기의 폐열, 생활배수 등의 폐열을 회수하기 위한 열회수 설비를 설치한다. 폐열회수를 위한 열회수설비를 설치할 때에는 중간기에 대비한 바이패스(by-pass)설비를 설치한다. 마. 냉방기기는 전력피크 부하를 줄일 수 있도록 하여야 하며, 상황에 따라 심야전기를 이용한 축열·축냉시스템, 가스 및 유류를 이용한 냉방설비, 집단에너지를 이용한 지역냉방방식, 소형열병합발전을 이용한 냉방방식, 신·재생에너지를 이용한 냉방방식을 채택한다.
3. 「공공기관 에너지 이용합리화 추진에 관한 규정」 제10조의 규정을 적용받는 건축물의 경우에는 에너지 성능지표 기계부문 10번 항목 배점을 0.6점 이상 획득하여야 한다.	

4. 영 제10조의2에 해당하는 공공건축물을 건축 또는 리모델링하는 경우 법 제14조의2 제2항에 따라 에너지성능지표의 기계부문 1번 및 2번 항목 배점을 0.9점 이상 획득하여야 한다.

예제문제 16

"건축물의 에너지절약설계기준"에서 기계환기설비에 사용되는 에너지절약적 제어방식에 해당되지 않는 것은? 【17년 3회 국가자격시험】

① 대수제어
② 일산화탄소의 농도에 의한 자동제어
③ 가변속도제어
④ 흡입베인제어

해설

풍량조절(가변익, 가변속도)는 에너지절약적 방법으로 인정되지만, 흡입베인제어는 인정되지 않는다.

답 : ④

---

3. 공조설비

가. 중간기 등에 외기도입에 의하여 냉방부하를 감소시키는 경우에는 실내 공기질을 저하시키지 않는 범위 내에서 이코노마이저시스템 등 외기냉방시스템을 적용한다. 다만, 외기냉방시스템의 적용이 건축물의 총에너지비용을 감소시킬 수 없는 경우에는 그러하지 아니한다.

나. 공기조화기 팬은 부하변동에 따른 풍량세어가 가능하도록 가변익축류방식, 흡입베인제어방식, 가변속제어 방식 등 에너지절약적 제어방식을 채택한다.

4. 반송설비

가. 냉방 또는 난방 순환수 펌프, 냉각수 순환 펌프는 운전 효율을 증대시키기 위해 가능한 한 대수제어 또는 가변속제어방식을 채택하여 부하상태에 따라 최적 운전상태가 유지될 수 있도록 한다.

나. 급수용 펌프 또는 급수가압펌프의 전동기에는 가변속제어방식 등 에너지절약적 제어방식을 채택한다.

다. 공조용 송풍기, 펌프는 효율이 높은 것을 채택한다.

5. 환기 및 제어설비

가. 환기를 통한 에너지손실 저감을 위해 성능이 우수한 열회수형환기장치를 설치한다.

나. 기계환기설비를 사용하여야 하는 지하주차장의 환기용 팬은 대수제어 또는 풍량조절(가변익, 가변속도), 일산화탄소(CO)의 농도에 의한 자동(on-off)제어 등의 에너지절약적 제어방식을 도입한다.

다. 건축물의 효율적인 기계설비 운영을 위해 TAB 또는 커미셔닝을 실시한다.

라. 에너지 사용설비는 에너지절약 및 에너지이용 효율의 향상을 위하여 컴퓨터에 의한 자동제어시스템 또는 네트워킹이 가능한 현장제어장치 등을 사용한 에너지제어시스템을 채택하거나, 분산제어 시스템으로서 각 설비별 에너지제어 시스템에 개방형 통신기술을 채택하여 설비별 제어 시스템간 에너지관리 데이터의 호환과 집중제어가 가능하도록 한다.

6. 삭제

예제문제 17

다음중 "건축물의 에너지절약 설계기준" 에서 규정하는 설계용 외기조건에 대해 (㉠)과 (㉡)에 들어갈 말로 가장 적합한 것은? 【13년 2급】

> 난방 및 냉방 설비 장치의 용량계산을 위한 외기조건은 각 지역별로 위험율 (㉠)(냉방기 및 난방기를 분리한 온도 출현분포를 사용할 경우) 또는 (㉡) (연간 총시간에 대한 온도출현분포를 사용할 경우)로 하거나 별표 7에서 정한 외기 온·습도를 사용한다.

	㉠	㉡		㉠	㉡
①	1%	2%	②	2%	3%
③	2.5%	1%	④	3%	2%

해설

난방 및 냉방 설비 장치의 용량계산을 위한 외기조건은 각 지역별로 위험율 (㉠ 2.5%) (냉방기 및 난방기를 분리한 온도 출현분포를 사용할 경우) 또는 (㉡ 1%) (연간 총시간에 대한 온도출현분포를 사용할 경우)로 하거나 별표 7에서 정한 외기 온·습도를 사용한다.

답 : ③

예제문제 18

기계설비부문 의무사항과 권장사항 중 설계용 외기조건에 대한 설명 중 가장 부적합한 것은?

① 설계기준 실내온도는 난방의 경우 28℃, 냉방의 경우 20℃를 기준으로 한다.
② 외기조건은 각 지역별로 위험율 2.5%(냉방기 및 난방기를 분리한 온도출현분포를 사용할 경우) 또는 1%(연간 총시간에 대한 온도출현 분포를 사용할 경우)로 하거나 별표7에서 정한 외기온습도를 사용한다.
③ 목욕장 및 수영장은 실내온도 기준이 다르다.
④ 지역난방 방식 건축물은 '집단에너지시설의 기술기준' 을 적용한다.

해설

설계기준 실내온도는 난방의 경우 20℃, 냉방의 경우 28℃를 기준으로 한다.

답 : ①

예제문제 19

기계설비 부문 의무사항 중 펌프 적용시 다음 설명 중 가장 부적합한 것은?

① 'KS제품 또는 KS규격효율이상 제품 사용' 표기

② 선정펌프의 용량, A·B 효율값을 장비일람표에 표기한다.

③ 고효율 펌프 채택시 소음감소 및 전력 절감도 가능하다.

④ 한국산업규격 및 기타 국제 규격 제품의 경우 사용가능하다.

해설

펌프는 한국산업규격 KS B 6318, 7501, 7505 등 표시인증제품 또는 KS규격에서 정해진 효율 이상의 제품을 설치하여야 한다.

답 : ④

예제문제 20

기계설비 부문 의무사항 중 기기배관 및 덕트 단열에 대한 설명 중 가장 적합한 것은?

① 기기, 덕트 및 배관은 단열재 피복시 선택 사항이다.

② 관내 수온에 따른 단열 피복두께는 일정하다.

③ 「국가건설기준 기계설비공사」 표준시방서의 보온두께 이상 또는 그 이상의 열 저항을 갖도록 단열조치를 하여야 한다

④ 표준시방서의 재료 또는 두께와 다르게 작성하는 경우 확인서로 대체 가능하다.

해설

「국가건설기준 기계설비공사」 표준시방서의 보온두께 이상 또는 그 이상의 열저항을 갖도록 단열조치를 하여야 한다(다만, 건축물내의 벽체 또는 바닥에 매립되는 배관 등은 그러하지 아니할 수 있다.)

답 : ③

예제문제 21

다음 중 "건축물의 에너지절약설계기준" 에서 냉·난방설비의 용량계산을 위한 실내온도 조건 중 가장 부적합한 것은?

① 사무소 : 난방 20℃, 냉방 28℃

② 병원(병실) : 난방 21℃, 냉방 28℃

③ 수영장 : 난방 20℃, 냉방 28℃

④ 교실 : 난방 20℃, 냉방 28℃

해설

수영장 : 난방 27℃, 냉방 30℃

답 : ③

예제문제 22

기계부문의 의무사항 중 소형열병합 발전에 대한 설명으로 가장 적합한 것은?

① 심야시간에 전기를 이용하여 축냉재에 냉열을 저장하였다가 이를 심야시간 이외의 시간에 냉방에 이용하는 설비

② LNG와 LPG(유류포함)를 열원으로 가스 엔진의 동력으로 구동되는 압축기에 의해 냉매를 실내기와 실외기 사이의 냉매배관으로 흐르게 하여 액화와 기화를 반복시켜 여름에는 냉방장치로, 겨울에는 난방장치로 이용하는 가스 냉난방 멀티공조 시스템

③ 수송관을 통해 공급된 온수(증기)가 건물에 설치된 흡수식냉동기 또는 제습냉방기를 거치면서 냉수 또는 냉기를 만들고 이를 통해 냉방

④ 주로 천연가스(LNG)를 연료로 발전용량이 1만kW 이하인 가스엔진 또는 가스터빈을 이용하여 열과 전기를 동시에 생산·이용하는 고효율 종합에너지시스템

해설

① 축냉식 전기냉방설비
② 가스이용냉방(GHP)
③ 지역냉방

답 : ④

예제문제 23

"건축물의 에너지절약설계기준" 기계설비부문의 의무사항이 아닌 것은?

【2016년 2회 국가자격시험】

① 급수용 펌프의 전동기에 에너지절약적 제어방식 적용

② 냉난방설비의 용량계산을 위하여 지역별 설계용 외기조건 준수

③ 펌프는 KS인증제품 또는 KS규격에서 정해진 효율이상의 제품 채택

④ 공동주택에 중앙집중식 난방설비 설치시 "주택건설기준 등에 관한 규정"에 적합한 조치

해설

①은 권장사항이다.

답 : ①

예제문제 24

에너지절약설계에 관한 기준 "기계부문권장사항" 중 전력 피크부하를 줄일 수 있도록 하는 냉방기기 방식으로 가장 부적합한 것은?

① 심야전기를 이용한 축열·축냉시스템
② 가스 및 유류를 이용한 냉방설비
③ 소형열병합발전을 이용한 냉방방식
④ 개별 에너지를 이용한 지역냉방방식

해설

냉방기기는 전력피크 부하를 줄일 수 있도록 하여야 하며, 상황에 따라 심야전기를 이용한 축열·축냉시스템, 가스 및 유류를 이용한 냉방설비, 집단에너지를 이용한 지역냉방방식, 소형열병합발전을 이용한 냉방방식, 신·재생에너지를 이용한 냉방방식을 채택한다.

답 : ④

예제문제 25

에너지절약설계에 관한 기준 "기계부문권장사항" 중 가장 부적합한 것은?

① 환기시 열회수가 가능한 열회수형 환기장치 등을 설치한다.
② 급수용 펌프 또는 급수가압펌프의 전동기에는 가변속제어방식 등 에너지절약적 제어방식을 채택한다.
③ 열원설비는 부분부하 및 전부하 운전효율이 좋은 것을 선정한다.
④ 위생설비 급탕용 저탕조의 설계온도는 65℃ 이하로 하고 필요한 경우에는 부스터히터 등으로 승온하여 사용한다.

해설

위생설비 급탕용 저탕조의 설계온도는 55℃ 이하로 하고 필요한 경우에는 부스터히터 등으로 승온하여 사용한다.는 법의 개정으로 삭제되었다.

답 : ④

예제문제 26

기계설비 부문 의무사항 중 펌프 규격 중 한국산업규격 KS 인증제품에 해당하지 않는 것은?

① KS B 6318　　　　　　② KS B 7501
③ KS B 7505　　　　　　④ KS B 7508

해설

한국산업규격 KS B 6318은 양쪽 흡입 벌루트 펌프에 관한 규정이며, KS B 7501은 소형 벌루트 펌프, KS B 7505는 소형 다단 원심펌프에 관한 규정이다.

답 : ④

예제문제 27

에너지절약설계에 관한 기준 "기계부문권장사항" 중 기계환기설비를 사용하여야 하는 지하주차장 환기용 팬에 에너지 절약적 제어방식 설비 채택에 대한 설명 중 가장 적합한 것은?

① 환기용 팬은 대수제어 또는 풍량조절(가변익, 가변속도), 일산화 탄소(CO)의 농도에 의한 자동(on-off)제어 등의 에너지 절약적 제어방식을 도입한다.

② 배기되는 공기로부터 활용할 수 있는 열을 회수하여 이용함으로써 에너지를 효율적으로 사용할 수 있도록 한다.

③ 실내 오염정도에 따라 CO_2 농도를 감지하여 외기량을 가변적으로 제어하는 방식을 통해 에너지절감을 할 수 있도록 한다.

④ 지하주차장 팬 전체동력의 50% 이상 적용되어야 한다.

해설
환기용 팬은 대수제어 또는 풍량조절(가변익, 가변속도), 일산화탄소(CO)의 농도에 의한 자동(on-off)제어 등의 에너지 절약적 제어방식을 도입한다.

답 : ①

예제문제 28

에너지절약설계에 관한 기준 "기계부문권장사항" 중 "공기조화기 팬의 에너지절약적 제어"에 해당되는 방식들의 조합으로 가장 적합한 것은?

① 가변속 제어방식, 가변익 축류방식, 다단제어방식

② 가변익 축류방식, 흡입베인에 의한 제어방식, ON/OFF제어방식

③ 가변속 제어방식, 가변익 축류방식, ON/OFF제어방식

④ 가변속 제어방식, 가변익 축류방식, 흡입베인에 의한 제어방식

해설
공기조화기 팬은 부하변동에 따라 풍량제어가 가능하도록 가변속 제어방식, 가변익 축류방식, 흡입베인에 의한 제어등 에너지절약적 제어방식을 채택한다.

답 : ④

3 전기부문(의무사항, 권장사항)

제10조(전기부문의 의무사항)	제11조(전기부문의 권장사항)
1. 수변전설비 가. 변압기를 신설 또는 교체하는 경우에는 고효율제품으로 설치하여야 한다. **2. 간선 및 동력설비** 가. 전동기에는 기본공급약관 시행세칙 별표6에 따른 역률개선용커패시터(콘덴서)를 전동기별로 설치하여야 한다. 다만, 소방설비용 전동기 및 인버터 설치 전동기에는 그러하지 아니할 수 있다. 나. 간선의 전압강하는 한국전기설비규정을 따라야 한다. **3. 조명설비** 가. 조명기기 중 안정기내장형램프, 형광램프를 채택할 때에는 산업통상자원부 고시 「효율관리 기자재 운용규정」에 따른 최저소비효율 기준을 만족하는 제품을 사용하고, 유도등 및 주차장 조명기기는 고효율제품에 해당하는 LED 조명을 설치하여야한다. 나. 공동주택 각 세대내의 현관 및 숙박시설의 객실 내부 입구, 계단실의 조명기구는 인체감지점멸형 또는 일정시간 후에 자동 소등되는 조도자동조절조명기구를 채택하여야 한다. 다. 조명기구는 필요에 따라 부분조명이 가능하도록 점멸회로를 구분하여 설치하여야 하며, 일사광이 들어오는 창측의 전등군은 부분점멸이 가능하도록 설치한다. 다만, 공동주택은 그러하지 않을 수 있다. 라. 공동주택의 효율적인 조명에너지 관리를 위하여 세대별로 일괄적 소등이 가능한 일괄소등스위치를 설치하여야 한다. 다만, 전용면적 60제곱미터 이하인 주택의 경우에는 그러하지 않을 수 있다. **4.** 영 제10조의2에 해당하는 공공건축물을 건축 또는 리모델링 하는 경우 법 제14조의2 제2항에 따라 에너지성능지표 전기설비부문 8번 항목 배점을 0.6점 이상 획득하여야 한다.	**1. 수변전설비** 가. 변전설비는 부하의 특성, 수용율, 장래의 부하증가에 따른 여유율, 운전조건, 배전방식을 고려하여 용량을 산정한다. 나. 부하특성, 부하종류, 계절부하 등을 고려하여 변압기의 운전대수제어가 가능하도록 뱅크를 구성한다. 다. 수전전압 25kV이하의 수전설비에서는 변압기의 무부하손실을 줄이기 위하여 충분한 안전성이 확보된다면 직접강압방식을 채택하며 건축물의 규모, 부하특성, 부하용량, 간선손실, 전압강하 등을 고려하여 손실을 최소화할 수 있는 변압방식을 채택한다. 라. 전력을 효율적으로 이용하고 최대수용전력을 합리적으로 관리하기 위하여 최대 수요전력 제어설비를 채택한다. 마. 역률개선용커패시터(콘덴서)를 집합 설치하는 경우에는 역률자동조절장치를 설치한다. 바. 건축물의 사용자가 합리적으로 전력을 절감할 수 있도록 층별 및 임대 구획별로 전력량계를 설치한다. **2. 조명설비** 가. 옥외등은 고효율제품인 LED 조명을 사용하고, 옥외등의 조명회로는 격등 점등(또는 조도조절 기능) 및 자동점멸기에 의한 점멸이 가능하도록 한다. 나. 공동주택의 지하주차장에 자연채광용 개구부가 설치되는 경우에는 주위 밝기를 감지하여 전등군별로 자동점멸되거나 스케줄제어가 가능하도록 하여 조명전력이 효과적으로 절감될 수 있도록 한다. 다. LED 조명기구는 고효율제품을 설치한다. 라. KS A 3011에 의한 작업면 표준조도를 확보하고 효율적인 조명설계에 의한 전력에너지를 절약한다. 마. 효율적인 조명에너지 관리를 위하여 층별 또는 구역별로 일괄 소등이 가능한 일괄소등스위치를 설치한다.

5. 「공공기관 에너지 이용 합리화 추진에 관한 규정」 제6조 제3항의 규정을 적용 받는 건축물의 경우에는 에너지 성능지표 전기설비부문 8번 항목 배점을 1점 획득하여야 한다.

3. 제어설비

가. 여러 대의 승강기가 설치되는 경우에는 군관리 운행방식을 채택한다.

나. 팬코일유닛이 설치되는 경우에는 전원의 방위별, 실의 용도별 통합제어가 가능하도록 한다.

다. 수변전설비는 종합감시제어 및 기록이 가능한 자동제어설비를 채택한다.

라. 실내 조명설비는 군별 또는 회로별로 자동제어가 가능하도록 한다.

마. 승강기에 회생제동장치를 설치한다.

바. 사용하지 않는 기기에서 소비하는 대기전력을 저감하기 위해 대기전력자동차단장치를 설치한다.

4. 건축물에너지관리시스템(BEMS)이 설치되는 경우에는 별표12의 설치기준에 따라 센서·계측장비, 분석 소프트웨어 등이 포함되도록 한다.

5. 삭제

6. 삭제

4 신·재생에너지 설비부문(의무사항)

제12조(신·재생에너지 설비부문의 의무사항)

에너지절약계획서 제출대상 건축물에 신·재생에너지설비를 설치하는 경우 「신에너지 및 재생에너지 개발·이용·보급 촉진법」에 따른 산업통상자원부고시 「신·재생에너지 설비의 지원 등에 관한 규정」을 따라야 한다.

제12조의2(신·재생에너지 설비부문의 권장사항)

에너지절약계획서 제출대상 건축물의 건축주와 설계자 등은 난방, 냉방, 급탕 및 조명에너지 공급 설계 시 신·재생에너지를 제15조의 규정에 적합하도록 선택적으로 채택할 수 있다.

"건축물의 에너지절약설계기준"에 따른 건축물의 전기설비부문 에너지절약설계 방안으로 가장 적절하지 않은 것은?

① 승강기 구동용전동기의 제어방식은 VVVF(인버터) 제어방식을 채택한다.
② 유도등 및 주차장 조명기기는 고효율에너지 기자재 인증 LED조명을 설치한다.
③ 건축물의 사용자가 합리적으로 전력을 절감할 수 있도록 층별 및 임대구역별로 전력량계를 설치한다.
④ 수전전압 25KV 이하의 수전설비에서는 변압기의 무부하손실을 줄이기 위하여 2단 강압방식을 채택한다.

해설 ④ 수전전압 25kv 이하의 수전설비에서는 변압기의 무부하 손실을 줄이기 위하여 직접 강압 방식을 채택한다.
정답 : ④

예제문제 29

에너지절약계획서 제출 대상으로 연면적이 5천 제곱미터인 공공기관 교육연구시설의 건축 설계를 진행중이다. 보기 중 "건축물의 에너지절약설계기준"에 따라 반드시 준수해야 할 사항을 모두 고른 것은? 【2018년도 국가자격 4회 출제문제】

㉠ 에너지성능지표 기계설비부문 10번 항목(축냉식전기냉방, 가스이용 냉방 등 전력수요 관리시설 냉방용량담당비율) 배점을 0.6점 획득
㉡ 에너지성능지표 건축부문 1번 항목(외벽의 평균 열관류율) 배점을 0.6점 획득
㉢ 에너지성능지표 전기설비부문 12번 항목(대기전력자동차단장치 콘센트 비율) 배점을 0.6점 획득
㉣ 에너지성능지표 전기설비부문 8번 항목(건물에너지관리시스템 또는 에너지원별 원격 검침전자식계량기 설치) 배점을 1점 획득

① ㉠, ㉡
② ㉡, ㉢
③ ㉠, ㉡, ㉣
④ ㉠, ㉢, ㉣

해설
㉢ 에너지성능지표 전기설비부문 12번 항목(대기전력자동차단장치 콘센트 비율) 배점을 0.6점 획득: 공동주택의 경우와 공동주택외로 의무사항을 적용하므로 반드시는 아니다.
㉣ 에너지성능지표 전기설비부문 8번 항목(건물에너지관리시스템 또는 에너지원별 원격 검침전자식계량기 설치) 배점을 1점 획득: 공공기관에너지이용합리화추진에 관한 규정 제6조4항의 규정을 적용받는 건축물의 경우에만 해당된다.
답 : ①

예제문제 30

"건축물의 에너지절약설계기준"에서 전기설비부문 의무사항 8가지 항목으로 가장 부적합한 것은? 【13년 1급】

① 간선의 전압강하 규정 준수

② 역률개선용커패시터(콘덴서) 설치

③ 대기전력 자동제어 기능설치

④ 변압기의 신설 또는 교체시 고효율제품설치

해설

대기전력 자동제어 기능설치는 전기설비부문 의무사항에 해당되지 않는다.

답 : ③

예제문제 31

"건축물의 에너지절약설계기준" 전기설비부문의 의무사항 중 공동주택에 해당되는 내용으로 가장 적합하지 않은 것은? 【17년 3회 국가자격시험】

① 각 세대내 현관에 조도자동조절 조명기구 채택

② 거실의 조명기구는 부분조명이 가능하도록 점멸회로 구성

③ 주차장 조명기기 및 유도등은 고효율제품에 해당되는 LED 조명설치

④ 세대별로 일괄소등스위치 설치(전용면적 60제곱미터 이하인 경우 제외)

해설

거실의 조명기구는 부분조명이 가능하도록 점멸회로 구성(공동주택×)

답 : ②

예제문제 32

에너지절약설계에 관한 기준 "전기부문의무사항"과 관련된 내용 중 ( ) 안에 가장 적합한 것은?

> 전동기에는 기본공급약관 시행세칙 별표6에 따른 역률개선용커패시터(콘덴서)를 전동기별로 설치하였다. ((㉠)전동기 (㉡)전동기는 제외하며, 신설 또는 교체전동기만 해당)

① ㉠ 소방설비용 ㉡ 인버터설치   ② ㉠ 급수설비용 ㉡ 인버터설치
③ ㉠ 배수설비용 ㉡ 인버터설치   ④ ㉠ 급탕설비용 ㉡ 인버터설치

해설
신설 또는 교체전동기에서 소방설비용 전동기와 인버터설치 전동기는 제외된다.

답 : ①

예제문제 33

에너지절약설계에 관한 기준 "전기부문의무사항"에 대한 설명 중 가장 부적합한 것은?

① 변압기를 신설 또는 교체하는 경우에는 고효율제품으로 설치하여야 한다.
② 전동기에는 대한전기협회가 정한 내선규정의 콘덴서부설용량 기준표에 따른 역률개선용콘덴서를 전동기별로 설치하여야 한다. 소방설비용 전동기 및 인버터설치 전동기에도 역률개선용 콘덴서를 설치하여야 한다.
③ 거실의 조명기구는 부분조명이 가능하도록 점멸회로를 구성하였다.(공동주택 제외)
④ 공동주택 각 세대내의 현관 및 숙박시설의 객실 내부입구, 계단실의 조명기구는 인체감지점멸형 또는 일정시간 후에 자동 소등되는 조도자동조절조명기구를 채택하여야 한다.

해설
전동기에는 기본공급약관 시행세칙 별표6에 따른 역률개선용커패시터(콘덴서)를 전동기별로 설치하여야 한다. 소방설비용 전동기 및 인버터 설치 전동기에는 역률개선용 콘덴서를 설치하지 않는다.

답 : ②

에너지절약설계에 관한 기준 "전기부문 의무사항" 과 관련된 내용중 ( ) 안에 가장 적합한 것은?

> 공동주택세대별로 일괄소등스위치를 설치하였다. 전용면적 ( )m² 이하의 주택은 제외

① 60m²
② 65m²
③ 80m²
④ 85m²

해설

공동주택세대별로 일괄소등스위치를 설치하였다. 전용면적 60m² 이하의 주택은 제외

답 : ①

에너지절약 설계기준 중 전기설비부문 의무사항관련 5번항목인 "공동주택의 각 세대내의 현관, 숙박시설의 객실 내부입구 및 계단실의 조명기구" 설치에 관련된 내용 중 가장 부적합한 것은?

① 인체 또는 주위 밝기를 감지하여 자동적으로 점멸되거나 조도를 자동 조절 할 수 있는 조명등으로 고효율 인증제품을 사용한다.
② 전체 타입의 세대도면을 제출하여야 한다.
③ 조도자동조절 조명기구, 비상시 부하에 백열전구 사용을 금한다.
④ 조도자동조절조명기구에는 LED센서 등을 포함하지 않는다.

해설

조도자동조절 조명기구에는 LED 센서 등을 포함한다.

답 : ④

예제문제 36

전기부문 의무사항 중 전압강하 계산식 중 가장 적합한 것은?

① (17.6 × 전선길이 × 부하기기의 정격전류)/(1000 × 전선의 단면적) – 3상3선식
② (17.8 × 전선길이 × 부하기기의 정격전류)/(1000 × 전선의 단면적) – 3상3선식
③ (30.8 × 전선길이 × 부하기기의 정격전류)/(1000 × 전선의 단면적) – 3상3선식
④ (35.6 × 전선길이 × 부하기기의 정격전류)/(1000 × 전선의 단면적) – 3상3선식

해설
(30.8 × 전선길이 × 부하기기의 정격전류)/(1000 × 전선의 단면적) – 3상3선식

답 : ③

예제문제 37

변압기 또는 전동기 등에 역률을 개선시키기 위해 병렬로 접속하는 설비는 무엇인가 가장 적합한 것은?

① 병렬리액터
② 직렬리액터
③ 직렬콘덴서
④ 진상콘덴서

해설
전동기 개별로 역률(유효전력과 피상전력의 비)을 개선하기 위하여 수전단 2차측 및 전동기와 병렬로 시설하는 진상콘덴서를 설치한다.

답 : ④

예제문제 38

에너지절약설계에 관한 기준 "전기부문권장사항" 중 가장 부적합한 것은?

① 팬코일유닛이 설치되는 경우에는 전원의 방위별, 실의 용도별 통합제어가 가능하도록 한다.
② LED 조명기구는 고효율인증제품을 설치한다.
③ 승강기에 회생제동장치를 설치한다.
④ 여러 대의 승강기가 설치되는 경우에는 효율적인 관리를 위해 개별관리 운행방식을 채택한다.

해설
여러 대의 승강기가 설치되는 경우에는 효율적인 관리를 위해 군관리 운행방식을 채택한다.

답 : ④

예제문제 39

"건축물의 에너지절약설계기준" 전기설비부문의 권장사항(수변전설비)으로 적절하지 않은 것은? 【2016년 2회 국가자격시험】

① 변전설비는 부하의 특성, 수용율, 장래의 부하증가에 따른 여유율, 운전조건, 배전방식을 고려하여 용량을 산정한다.

② 부하특성, 부하종류, 계절부하 등을 고려하여 변압기의 운전대수제어가 가능하도록 뱅크를 구성한다.

③ 역률개선용커패시터(콘덴서)를 집합 설치하는 경우에는 역률자동조절장치를 설치한다.

④ 건축물의 사용자가 합리적으로 전력을 절감할 수 있도록 2개층 및 임대 구획별로 분전반을 설치한다.

> **해설**
> 건축물의 사용자가 합리적으로 전력을 절감할 수 있도록 층별 및 임대구획별로 분전반을 설치한다.
>
> **답 : ④**

예제문제 40

"건축물의 에너지절약설계기준"의 및 제어설비와 관련된 내용으로 가장 적합하지 않은 것은? 【17년 3회 국가자격시험】

① 승강기에는 회생제동장치를 설치한다.

② 실내조명설비는 군별 또는 회로별로 자동제어가 가능하도록 한다.

③ 여러 대의 승강기가 설치되는 경우에는 개별 관리 운행방식 채택

④ 팬코일유닛이 설치되는 경우에는 전원의 방위별, 실의 용도별 통합제어 채택

> **해설**
> 여러대의 승강기가 설치되는 경우에는 개별 관리 운행방식 채택 : 군관리 운행방식을 채택한다.
>
> **답 : ③**

예제문제 41

「신에너지 및 재생에너지 개발·이용·보급촉진법」 제2조의 규정에 의한 신에너지에 해당되지 않는 것은?

① 지열에너지 ② 연료전지

③ 수소에너지 ④ 석탄액화가스화

> **해설**
> 지열에너지는 재생에너지에 해당된다.
>
> **답 : ①**

02 종합예제문제

□□□ **건축부문의 의무사항**

1 외기에 직접 또는 간접 면하는 거실의 각 부위에는 건축물의 열손실방지조치를 하여야 한다. 건축물의 단열조치 예외사항에 해당되지 않은 것은?

① 지표면아래 2m를 초과하여 위치한 지하부위(공동주택 거실제외)로서 이중벽의 설치 등 하계 표면결로 방지 조치한 경우
② 지표 및 토양에 접한 9m 내주부 바닥
③ 공동주택의 층간바닥(최하층제외) 중 바닥 난방을 하지 않는 현관 및 욕실의 바닥부위
④ 방풍구조(외벽제외) 또는 바닥면적 150m² 이하의 개별 점포의 출입문

> 지표 및 토양에 접한 바닥부위로서 난방공간의 외벽 내표면 까지의 모든 수평거리가 10m를 초과하는 바닥부위

2 에너지절약설계에 관한 기준 "건축부문의무사항" 중 단열재의 일반사항 중 가장 부적합한 것은?

① 수평면과 이루는 각이 70도를 초과하는 경사지붕은 외벽의 열관류율을 적용할 수 있다.
② 열관류율 또는 열관류저항의 계산결과는 소수점 3 자리로 맺음을 하여 적합 여부를 판정한다.(소수점 4째 자리에서 반올림)
③ 창 및 문의 경우 KS F 2277(창호의 단열성 시험 방법)에 의한 시험성적서에 따른 창 세트의 열관류율 표시값이 별표1의 열관류율기준에 만족하는 경우 적합한 것으로 본다.
④ 열전도율 시험을 위한 시료의 평균온도는 20±5℃로 한다.

> 창및 문의 경우 KS F 2278(창호의 단열성 시험 방법)에 의한 시험성적서에 따른 창 세트의 열관류율 표시값이 별표1의 열관류율기준에 만족하는 경우 적합한 것으로 본다.

3 에너지절약설계에 관한 기준 "건축부문의무사항" 중 단열재의 일반사항 중 가장 부적합한 것은?

① 지역별·부위별·단열재 등급 별 허용 두께 이상으로 설치하는 경우 적합한 것으로 본다.
② 열전도율 시험을 위한 시료의 평균온도는 20±5℃로 한다.
③ 수평면과 이루는 각이 70도를 초과하는 경사지붕은 외벽의 열관류율을 적용할 수 있다.
④ 바닥 난방을 하는 공간의 하부가 바닥 난방을 하지 않는 난방공간일 경우에는 당해 바닥 난방을 하는 바닥부위는 최하층에 있는 거실의 바닥으로 보며 외기에 직접 면하는 경우의 열관류율기준을 만족하여야 한다.

> ④ 바닥 난방을 하는 공간의 하부가 바닥 난방을 하지 않는 난방공간일 경우에는 당해 바닥 난방을 하는 바닥부위는 최하층에 있는 거실의 바닥으로 보며 외기에 간접 면하는 경우의 열관류율기준을 만족하여야 한다.

4 에너지절약계획 설계검토서와 관련된 "에너지절약 설계기준의무사항" 중 방풍구조와 관련된 내용 중 출입문을 방풍구조로 하지 아니하여도 되는 것에 포함되지 않는 것은?

① 바닥면적 300m² 이하의 개별점포의 출입문
② 기숙사의 출입문
③ 사람의 통행을 주목적으로 하지 않는 출입문
④ 너비 1.2m 이하의 출입문

> 외기에 직접 면하고 1층 또는 지상으로 연결된 출입문은 제5조 제9호 아목에 따른 방풍구조로 하여야 한다. 다만, 다음 각 호에 해당되는 경우에는 그러하지 않을 수 있다.
> 1. 바닥면적 300m² 이하의 개별점포의 출입문
> 2. 주택의 출입문(단, 기숙사는 제외)
> 3. 사람의 통행을 주목적으로 하지 않는 출입문
> 4. 너비 1.2m 이하의 출입문

정답 1. ② 2. ③ 3. ④ 4. ②

5 에너지절약계획 설계검토서와 관련된 "에너지절약 설계 기준의무사항" 중 단열조치 준수항목의 근거 서류 또는 도서가 아닌 것은?

① 공인기관시험성적서
② 부위별 열관류율 계산서
③ 창호도
④ 적용비율계산서

> 단열조치 준수항목의 근거서류
> 1. 건축물 단열성능관계도면(부위별 단열(단면) 상세도 포함시킬 것)
> 2. 부위별 열관류율 계산서(건축물 단열 성능관계 도면에 포함시킬 것)
> 3. 평면도, 주단면도, 창호도, 입면도, 창호일람표, 창호평면도, 외피전개도 등
> 4. 시험성적서

방습층 및 단열재가 이어지는 부위 및 투습 단부투습 이음 및 단부를 통한 투습을 방지할 수 있도록 다음과 같이 조치하여야 한다.
① 단열재의 이음부는 최대한 밀착하여 시공하거나, 2장을 엇갈리게 시공하여 이음부를 통한 단열성능 저하가 최소화될 수 있도록 조치할 것
② 방습층으로 알루미늄박 또는 플라스틱계 필름 등을 사용할 경우 이음부는 100mm 이상 중첩하고, 내습성 테이프, 접착제 등으로 기밀하게 마감할 것
③ 단열부위가 만나는 모서리 부위는 방습층 및 단열재가 이어짐이 없이 시공되거나 이어질 경우 이음부를 통한 단열성능 저하가 최소화되도록 하며, 알루미늄박 또는 플라스틱계 필름 등을 사용할 경우의 모서리 이음부는 150mm 이상 중첩되게 시공하고 내습성 테이프, 접착제 등으로 기밀하게 마감할 것
④ 방습층의 단부는 단부를 통한 투습이 발생하지 않도록 내습성테이프, 접착제 등으로 기밀하게 마감할 것

6 에너지절약계획 설계검토서와 관련된 "에너지절약 설계 기준의무사항" 중 방습층설치에 관한 사항 중 가장 부적합한 것은?

① 단열재의 이음부는 최대한 밀착하여 시공하거나, 2장을 엇갈리게 시공하여 이음부를 통한 단열성능 저하가 최소화될 수 있도록 조치할 것
② 방습층으로 알루미늄박 또는 플라스틱계 필름 등을 사용할 경우 이음부는 100mm 이상 중첩하고, 내습성 테이프, 접착제 등으로 기밀하게 마감할 것
③ 단열부위가 만나는 모서리 부위는 방습층 및 단열재가 이어짐이 없이 시공되거나 이어질 경우 이음부를 통한 단열성능 저하가 최소화되도록 하며, 알루미늄박 또는 플라스틱계 필름 등을 사용할 경우의 모서리 이음부는 150mm 이상 중첩되게 시공하고 내습성 테이프, 접착제 등으로 기밀하게 마감할 것
④ 방습층의 단부는 단부를 통한 투습이 발생하지 않도록 내수성테이프, 접착제 등으로 기밀하게 마감할 것

7 에너지절약설계에 관한 기준 "건축부문의무사항" 중 바닥 난방 에서 단열재의 설치방법과 관련된 내용 중 ( ) 안에 가장 적합한 것은?

> 바닥 난방 부위에 설치되는 단열재는 바닥 난방의 열이 슬래브 하부로 손실되는 것을 막을 수 있도록 온수배관(전기난방인 경우는 발열선) 하부와 슬래브 사이에 설치되는 구성재료의 열저항의 합계는 해당 바닥에 요구되는 총열관류율저항의 (㉠) 이상이 되어야 한다.
> 다만, 바닥 난방을 하는 욕실 및 현관부위와 슬래브의 (㉡)을 직접 이용하는 심야전기이용 온돌 등(한국전력의 심야전력이용기기 승인을 받은 것에 한한다)의 경우에는 단열재의 위치가 그러하지 않을 수 있다.

① ㉠ 60% ㉡ 축열
② ㉠ 70% ㉡ 잠열
③ ㉠ 80% ㉡ 현열
④ ㉠ 90% ㉡ 축열

바닥 난방 부위에 설치되는 단열재는 바닥 난방의 열이 슬래브 하부로 손실되는 것을 막을 수 있도록 온수배관(전기난방인 경우는 발열선) 하부와 슬래브 사이에 설치되는 구성재료의 열저항의 합계는 층간바닥인 경우에는 해당 바닥에 요구되는 총열관류율 저항의 60% 이상이 되어야 한다. 다만, 바닥 난방을 하는 욕실 및 현관부위와 슬래브의 축열을 직접 이용하는 심야전기이용 온돌 등(한국전력의 심야전력이용기기 승인을 받은 것에 한한다.)의 경우에는 단열재의 위치가 그러하지 않을 수 있다.

9 에너지절약계획 설계검토서와 관련된 "에너지절약 설계 기준의무사항" 중 방습층의 위치는 단열재를 기준으로 실내 측에 설치하게 되어 있다. 다음 중 방습층으로 인정되는 구조로 볼 수 없는 것은?

① 두께 0.1mm 이상의 드라이비트 마감
② 모르타르 마감이 된 조적벽
③ 타일마감
④ 현장발포 플라스틱계 (경질 우레탄 등)단열재

> **방습층으로 인정되는 구조**
> 1. 두께 0.1mm 이상의 폴리에틸렌 필름
> 2. 투습방수 시트
> 3. 현장발포 플라스틱계(경질 우레탄 등) 단열재
> 4. 플라스틱계 단열재(발포폴리스티렌 보온재)로서 투습방지 성능이 있도록 처리될 경우
> 5. 내수합판 등 투습방지처리가 된 합판으로서 이음새가 투습방지가 될 수 있도록 시공될 경우
> 6. 금속재(알루미늄 박 등)
> 7. 콘크리트 벽이나 바닥 또는 지붕
> 8. 타일마감
> 9. 모르타르 마감이 된 조적벽

8 건축물의 에너지절약설계기준에서 기밀 및 결로방지 등을 위한 조치를 설명한 것이다. 적합하지 않은 것은 어느 것인가?

① 단열재의 이음부는 최대한 밀착하여 시공하거나, 3장을 엇갈리게 시공하여 이음부를 통한 단열성능 저하가 최소화될 수 있도록 조치할 것
② 벽체 내표면 및 내부에서의 결로를 방지하고 단열재의 성능 저하를 방지하기 위하여 단열조치를 하여야 하는 부위(창 및 문의 난방공간 사이의 층간 바닥 제외)에는 빗물 등의 침투를 방지하기 위해 방습층을 단열재의 실내측에 설치하여야 한다.
③ 방습층으로 알루미늄박 또는 플라스틱계 필름 등을 사용할 경우의 이음부는 100mm이상 중첩하고 내습성 테이프, 접착제 등으로 기밀하게 마감할 것
④ 방습층의 단부는 단부를 통한 투습이 발생하지 않도록 내습성 테이프, 접착제 등으로 기밀하게 마감할 것

> 단열재의 이음부는 최대한 밀착하여 시공하거나, 2장을 엇갈리게 시공하여 이음부를 통한 단열성능 저하가 최소화될 수 있도록 조치할 것

□□□ **건축부문의 권장사항**

10 에너지절약설계에 관한 기준 "건축부문권장사항" 중 자연채광 계획에 관한 사항 중 가장 적합한 것은?

① 자연채광을 적극적으로 이용할 수 있도록 계획한다. 특히 학교의 교실, 문화 및 집회시설의 공용부분(복도, 화장실, 휴게실, 로비 등)은 1면 이상 자연채광이 가능하도록 한다.
② 공동주택의 지하주차장은 $300m^2$ 이내마다 2개소 이상의 외기와 직접 면하는 $1m^2$ 이상의 개폐가 가능한 천창 또는 측창을 설치하여 자연환기 및 자연채광을 유도한다.
③ 수영장에는 자연채광을 위한 개구부를 설치하되, 그 면적의 합계는 수영장 바닥면적의 5분의 1 이상으로 한다.
④ 창에 직접 도달하는 일사를 조절할 수 있도록 차양장치를 설치한다.

> ②, ③, ④는 법의 개정으로 삭제되었다.

정답 8. ① 9. ① 10. ①

11 에너지절약설계에 관한 기준 "건축부문권장사항" 중 배치계획, 평면계획에 관한 사항 중 가장 부적합한 것은?

① 건축물은 대지의 향, 일조 및 주풍향 등을 고려하여 배치하며, 남향 또는 남동향 배치를 한다.
② 공동주택은 인동간격을 넓게 하여 저층부의 태양열 취득을 증대시킨다.
③ 거실의 층고 및 반자 높이는 실의 용도와 기능에 지장을 주지 않는 범위 내에서 가능한 낮게 한다.
④ 건축물의 체적에 대한 외피면적의 비 또는 연면적에 대한 외피면적의 비는 가능한 크게 한다.

건축물의 체적에 대한 외피면적의 비 또는 연면적에 대한 외피면적의 비는 가능한 작게 한다.

12 에너지절약설계에 관한 기준 "기계부문의무사항과 권장사항" 중 설계용 외기조건과 설계용 실내조건에 대한 설명 중 가장 부적합한 것은?

☐☐☐ **기계부문의 의무사항**

① 설계기준 실내온도는 난방의 경우 20℃, 냉방의 경우 28℃를 기준으로 한다.
② 설비의 용량이 과다해지지 않도록 한다.
③ 목욕장 및 수영장은 실내온도 기준이 다르다.
④ 지역난방 방식 건축물은 "에너지효율 등급의 기술기준"을 적용한다.

지역난방 방식 건축물은 "집단에너지시설의 기술기준"을 적용한다.

13 에너지절약설계에 관한 기준 "기계부문의무사항" 중 냉난방을 고려할 때, 어느 지역의 냉방기간이 3,000시간이라면 이 이기간의 위험률 ㉠ 과 냉방설계외기조건이 ㉡ 몇 시간을 초과하는 것을 의미하는가?

① ㉠ 2.5%　㉡ 75시간
② ㉠ 2.0%　㉡ 60시간
③ ㉠ 1.5%　㉡ 45시간
④ ㉠ 1.0%　㉡ 30시간

난방 및 냉방설비 장치의 용량계산을 위한 외기조건은 지역별로 위험율 2.5%(냉방기 및 난방기를 분리한 온도출현분포를 사용할 경우) 또는 1%(연간 총 시간에 대한 온도출현 분포를 사용할 경우)로 하거나 별표7에서 정한 외기 온·습도를 사용한다.
3,000시간×(2.5/100)=75시간

14 에너지절약설계에 관한 기준 "기계부문의무사항" 중 기기배관 및 덕트 단열에 대한 설명 중 가장 적합한 것은?

① 「국가건설기준 기계설비공사 표준시방서」의 보온두께 이상 또는 그 이상의 열 저항을 갖도록 단열조치를 하여야 한다.
② 기기, 덕트 및 배관은 단열재 피복시 선택사항이다.
③ 관 내 수온에 따른 단열피복두께는 일정하다.
④ 표준시방서의 재료 또는 두께와 다르게 작성하는 경우 확인서로 대체가능하다.

기기배관 및 덕트는 국토교통부에서 정하는 「국가건설기준 기계설비공사 표준시방서」의 보온두께 이상 또는 그 이상의 열 저항을 갖도록 단열조치를 하여야 한다. 다만, 건축물내의 벽체 또는 바닥에 매립되는 배관 등은 그러하지 아니할 수 있다.

정답　11. ④　12. ④　13. ①　14. ①

15 에너지절약설계에 관한 기준 "기계부문의무사항" 에 해당되지 않는 것은?

① 설계용 외기조건 준수
② 기기배관 및 덕트에 관한 사항
③ 펌프에 관한 사항
④ 민간건물에서 에너지성능지표의 기계부문 10번 항목을 0.6 점 획득 여부

「공공 기관 에너지이용합리화 추진에 관한 규정」 제 10조의 규정 을 적용하는 건축물의 경우에는 별지 제 1호서식의 에너지성능 지표의 기계부문 10번 항목 배점을 0.6점 이상 획득하여야 한다.

17 에너지절약설계에 관한 기준 "기계부문권장사항" 중 전력 피크부하를 줄일 수 있도록 하는 냉방기기 방식으로 가장 부적합한 것은?

① 신·재생에너지를 이용한 냉방방식
② 집단에너지를 이용한 지역냉방방식
③ 소형열병합발전을 이용한 냉방방식
④ 개별 에너지를 이용한 지역냉방방식

냉방기기는 전력피크 부하를 줄일 수 있도록 하여야 하며, 상황 에 따라 심야전기를 이용한 축열·축냉시스템, 가스 및 유류를 이용한 냉방설비, 집단에너지를 이용한 지역냉방방식, 소형열병 합발전을 이용한 냉방방식, 신·재생에너지를 이용한 냉방방식을 채택한다.

□□□ **기계부문의 권장사항**

16 에너지절약설계에 관한 기준 "기계부문권장사항" 중 공기조화기 팬의 에너지절약적 제어" 에 해당되는 방식들 의 조합으로 가장 적합한 것은?

① 가변속 제어방식, 가변익 축류방식, 다단제어방식
② 가변익 축류방식, 흡입베인에 의한 제어방식, ON /OFF제어방식
③ 가변속 제어방식, 가변익 축류방식, ON/OFF제어방식
④ 가변속 제어방식, 가변익 축류방식, 흡입베인에 의한 제어방식

에너지절약적 제어방식표기 가변속 제어방식(인버터), 가변익 축류 방식, 흡입베인에 의한 제어방식 등

18 에너지절약설계에 관한 기준 "기계부문권장사항" 중 가장 부적합한 것은?

① 환기시 열회수가 가능한 열회수형 환기장치 등을 설치 한다.
② 급수용 펌프 또는 급수가압펌프의 전동기에는 가변속제 어방식 등 에너지절약적 제어방식을 채택한다.
③ 열원설비는 부분부하 및 전 부하 운전효율이 좋은 것을 선정한다.
④ 위생설비 급탕용 저탕조의 설계온도는 65℃ 이하로 하 고 필요한 경우에는 부스터히터 등으로 승온하여 사용 한다.

위생설비 급탕용 저탕조의 설계온도는 55℃ 이하로 하고 필요한 경우에는 부스터히터 등으로 승온하여 사용 한다.는 법의 개정 으로 삭제되었다.

정답 15. ④ 16. ④ 17. ④ 18. ④

19 에너지절약설계에 관한 기준 "기계부문권장사항" 중 설계용 실내온도 조건 중 다음 중 가장 부적합한 것은?

① 공동주택 – 난방 : 20℃, 냉방 : 28℃
② 학　　교 – 난방 : 20℃, 냉방 : 28℃
③ 목 욕 장 – 난방 : 20℃, 냉방 : 28℃
④ 사 무 소 – 난방 : 20℃, 냉방 : 28℃

난방 및 냉방설비의 용량계산을 위한 설계기준 실내온도는 난방의 경우 20℃, 냉방의 경우 28℃를 기준으로 하되(목욕장 및 수영장은 제외) 각 건축물 용도 및 개별 실의 특성에 따라 별표8에서 제시된 범위를 참고하여 설비의 용량이 과다해지지 않도록 한다.
목욕장 – 난방 : 26℃　냉방 : 29℃
수영장 – 난방 : 27℃　냉방 : 30℃

20 에너지절약설계에 관한 기준 "기계부문권장사항" 중 환기 및 제어설비와 (　) 안에 가장 적합한 것은?

건축물의 효율적인 기계설비 운영을 위해 (㉠) 또는 (㉡)을 실시한다.

① ㉠ TAB ㉡ 커미셔닝
② ㉠ 가변축류방식 ㉡ 가변속도방식
③ ㉠ 흡입베인 ㉡ 가변속도
④ ㉠ TAB ㉡ 흡입베인

건축물의 효율적인 기계설비 운영을 위해 TAB 또는 커미셔닝을 실시한다.

21 에너지절약설계에 관한 기준 "기계부문권장사항" 중 (　) 안에 가장 적합한 것은?

난방 및 냉방설비의 용량계산을 위한 설계기준 실내온도는 난방의 경우 (㉠) ℃, 냉방의 경우 (㉡) ℃를 기준으로 하되(목욕장 및 수영장은 제외) 각 건축물 용도 및 개별 실의 특성에 따라 별표8에서 제시된 범위를 참고하여 설비의 용량이 과다해지지 않도록 한다.

① ㉠ 20 ㉡ 28　　　　　② ㉠ 28 ㉡ 20
③ ㉠ 20 ㉡ 28　　　　　④ ㉠ 20 ㉡ 28

난방 및 냉방설비의 용량계산을 위한 설계기준 실내온도는 난방의 경우 20℃, 냉방의 경우 28℃를 기준으로 하되(목욕장 및 수영장은 제외) 각 건축물 용도 및 개별 실의 특성에 따라 별표8에서 제시된 범위를 참고하여 설비의 용량이 과다해지지 않도록 한다.

□□□ **전기부문의 의무사항**

22 에너지절약설계에 관한 기준 "전기부문의무사항"에 대한 설명 중 가장 부적합한 것은?

① 변압기를 신설 또는 교체하는 경우에는 고효율제품으로 설치하여야 한다.
② 전동기에는 기본공급약관 시행세칙 별표6에 따른 역률개선용커패시터(콘덴서)를 전동기별로 설치하여야 한다. 소방설비용 전동기 및 인버터 설치 전동기에 는 그러하지 아니할 수 있다.
③ 간선의 전압강하는 한국전기설비규정을 따라야한다.
④ 조명기구는 필요에 따라 부분조명이 가능하도록 점멸회로를 구분하여 설치하여야 하며, 일사광이 들어오는 창측의 전등군은 부분점멸이 가능하도록 설치한다. 공동주택도 부분점멸이 가능하여야 한다.

조명기구는 필요에 따라 부분조명이 가능하도록 점멸회로를 구분하여 설치하여야 하며, 일사광이 들어오는 창측의 전등군은 부분점멸이 가능하도록 설치한다. 다만, 공동주택은 그러하지 않을 수 있다.

정답　19. ③　20. ①　21. ①　22. ④

23 에너지절약설계에 관한 기준 "전기부문의무사항" 중 가장 부적합한 것은?

① 조명기구는 필요에 따라 부분조명이 가능하도록 점멸회로를 구분하여 설치하여야 하며, 일사광이 들어오는 창측의 전등군은 부분점멸이 가능하도록 설치한다. 다만, 공동주택은 그러하지 않을 수 있다.
② 간선의 전압강하는 한국전기설비규정을 따라야 한다.
③ 안정기는 해당 형광램프 전용안정기를 사용하여야 한다.
④ 소방설비용 전동기 및 인버터 설치 전동기에는 역률개선용 콘덴서를 설치하여야 한다.

> 소방설비용 전동기 및 인버터 설치 전동기에는 역률개선용 콘덴서를 설치하지 않는다.

24 에너지절약 설계기준 중 전기설비부문 관련 의무사항 "간선의 전압강하"와 관련된 내용 중 ( )안에 가장 적합한 것은?

> 간선의 전압강하는 ( )을 따라야 한다.

① 한국전기설비규정   ② KS규정
③ 고효율인증제도   ④ 고효율제품

> 간선의 전압강하는 한국설비규정을 따라야 한다.

25 에너지절약 설계기준 중 전기설비부문 관련 의무사항 항목인 "수변전설비"와 관련된 내용 중 ( ) 안에 가장 적합한 것은?

> 변압기를 신설 또는 교체하는 경우에는 ( )으로 설치하여야 한다.

① 고효율기자재 인증제품   ② 대기전력우수제품
③ 고효율제품   ④ 안전인증제품

> 변압기를 신설 또는 교체하는 경우에는 고효율제품으로 설치하여야 한다.

26 에너지절약설계에 관한 기준 "전기부문의무사항" 과 관련된 내용 중 ( ) 안에 가장 적합한 것은?

> 효율적인 조명에너지 관리를 위하여 세대별로 (㉠)적 소등이 가능한 (㉠)소등스위치를 설치하여야 한다. 다만, 전용면적 (㉡)이하인 주택의 경우에는 그러하지 않을 수 있다.

① ㉠ 일괄 ㉡ $85m^2$ ② ㉠ 부분 ㉡ $85m^2$
③ ㉠ 일괄 ㉡ $70m^2$ ④ ㉠ 일괄 ㉡ $60m^2$

> 효율적인 조명에너지 관리를 위하여 세대별로 일괄적 소등이 가능한 일괄소등스위치를 설치하여야 한다. 다만, 전용면적 $60m^2$ 이하인 주택의 경우에는 그러하지 않을 수 있다.

27 에너지절약 설계기준 중 전기설비부문 의무사항과 관련된 내용으로 항목별 근거서류의 연결이 가장 부적합한 것은?

① 변압기설치 – 수변전설비 단선결선도
② 거실의 조명기구는 부분조명이 가능하도록 점멸회로를 구성 – 전등설비평면도
③ 간선의 전압강하는 한국전기설비규정준수 – 전압강하계산서
④ 조명기기 중 안정기내장형램프, 형광램프 채택 – 전등설비평면도

> 조명기기 중 안정기내장형램프, 형광램프 채택 – 조명기구 상세도

정답   23. ④   24. ①   25. ③   26. ④   27. ④

28 에너지절약 설계기준 중 전기설비부문 관련 의무사항에 해당되지 않는 것은?

① 대기전력자동차단장치 설치
② 고효율제품 변압기 설치
③ 간선의 전압강하 준수
④ 역률개선용커패시터(콘덴서) 설치

① 대기전력자동차단징치 설치는 법의 개정으로 전기설기부문 의무사항에서 삭제되었다.

29 에너지절약 설계기준 중 전기설비부문 의무사항과 관련된 내용으로 항목별 근거서류 중 "전등설비평면도"를 근거서류로 하는 항목으로 가장 부적합한 것은?

① 거실의 조명기구는 부분조명이 가능하도록 점멸회로를 구성하였다.
② 공동주택의 각 세대 내의 현관 및 숙박시설의 객실 내부 입구 조명기구는 일정시간 후 자동 소등되는 조도자동조절 조명기구를 채택하였다.
③ 세대별로 일괄소등 스위치를 설치하였다.
④ 조명기기 중 안정기내장형램프, 형광램프를 채택할 때에는 산업통상자원부 고시「효율관리 기자재 운용 규정」에 따른 최저 소비효율을 만족하는 제품을 사용하고, 유도등 및 주차장 조명기기는 고효율에너지기자재 인증제품에 해당되는 LED 조명을 설치하여야 한다.

조명기기 중 안정기내장형램프, 형광램프형광램프를 채택할 때에는 산업통상자원부 고시「효율관리 기자재 운용 규정」에 따른 최저 소비효율을 만족하는 제품을 사용하고, 유도등 및 주차장 조명기기는 고효율에너지기자재 인증제품에 해당되는 LED 조명을 설치하여야 한다. – 조명기구 상세도

□□□ **전기부문의 권장사항**

30 에너지절약설계에 관한 기준 "전기부문권장사항" 중 가장 부적합한 것은?

① 역률개선용커패시터(콘덴서)를 집합 설치하는 경우에는 역률자동조절장치를 설치한다.
② 건축물의 사용자가 합리적으로 전력을 절감할 수 있도록 층별 및 임대 구획별로 전력량계를 설치한다.
③ 실내 조명설비는 군별 또는 회로별로 자동제어가 가능하도록 한다.
④ 여러대의 승강기가 설치되는 경우에는 분산 배치하여 계획한다.

여러대의 승강기가 설치되는 경우에는 군관리 운행방식을 채택한다.

31 에너지절약설계에 관한 기준 "전기부문권장사항" 중 가장 부적합한 것은?

① 팬코일유닛이 설치되는 경우에는 전원의 방위별, 실의 용도별 통합제어가 가능하도록 한다.
② LED 조명기구는 고효율제품을 설치한다.
③ 조명기기 중 백열전구를 사용한다.
④ 여러 대의 승강기가 설치되는 경우에는 효율적인 관리를 위해 군 관리 운행방식을 채택한다.

조명기기 중 백열전구는 사용하지 아니한다.

□□□ **신재생 부분의 의무사항**

32 신에너지 및 재생에너지 개발·이용·보급촉진법」제2조의 규정에 의한 재생에너지가 아닌 것은?

① 중질잔 사유가스화　　② 태양광
③ 바이오　　　　　　　　④ 폐기물

> 1. 재생에너지 : 태양에너지, 바이오, 풍력, 수력, 해양, 폐기물, 지열
> 2. 신에너지 : 연료전지, 석탄액화가스화 및 중질잔사유 가스화, 수소에너지(3개 분야)

33 신에너지 및 재생에너지 개발·이용·보급촉진법」제2조의 규정에 의한 신에너지가 아닌 것은?

① 중질잔 사유가스화　　② 연료전지
③ 수소에너지　　　　　　④ 바이오에너지

> 1. 재생에너지 : 태양에너지, 바이오, 풍력, 수력, 해양, 폐기물, 지열
> 2. 신에너지 : 연료전지, 석탄액화가스화 및 중질잔사유 가스화, 수소에너지(3개 분야)

정답　32. ①　33. ④

CHAPTER 03 단열재의 등급 분류 및 이해

1 단열재의 등급 분류

(1) 단열재의 등급 분류

[별표2] 단열재의 등급 분류

등급 분류	열전도율의 범위 (KS L 9016에 의한 20±5℃ 시험조건에서 열전도율)		관련 표준	단열재 종류
	W/mK	kcal/mh℃		
가	0.034 이하	0.029 이하	KS M 3808	– 압출법보온판 특호, 1호, 2호, 3호 – 비드법보온판 2종 1호, 2호, 3호, 4호
			KS M 3809	– 경질우레탄폼보온판 1종 1호, 2호, 3호 및 2종 1호, 2호, 3호
			KS L 9102	– 그라스울 보온판 48K, 64K, 80K, 96K, 120K
			KS M ISO 4898	– 페놀 폼 Ⅰ종A, Ⅱ종A
			KS M 3871-1	– 분무식 중밀도 폴리우레탄 폼 1종(A, B), 2종(A, B)
			KS F 5660	– 폴리에스테르 흡음 단열재 1급
			기타 단열재로서 열전도율이 0.034 W/mK (0.029 kcal/mh℃)이하인 경우	
나	0.035~0.040	0.030~0.034	KS M 3808	– 비드법보온판 1종 1호, 2호, 3호
			KS L 9102	– 미네랄울 보온판 1호, 2호, 3호 – 그라스울 보온판 24K, 32K, 40K
			KS M ISO 4898	– 페놀 폼 Ⅰ종B, Ⅱ종B, Ⅲ종A
			KS M 3871-1	– 분무식 중밀도 폴리우레탄 폼 1종(C)
			KS F 5660	– 폴리에스테르 흡음 단열재 2급
			기타 단열재로서 열전도율이 0.035~0.040 W/mK (0.030~ 0.034 kcal/mh℃)이하인 경우	
다	0.041~0.046	0.035~0.039	KS M 3808	– 비드법보온판 1종 4호
			KS F 5660	– 폴리에스테르 흡음 단열재 3급
			기타 단열재로서 열전도율이 0.041~0.046 W/mK (0.035~0.039 kcal/mh℃)이하인 경우	
라	0.047~0.051	0.040~0.044	기타 단열재로서 열전도율이 0.047~0.051 W/mK (0.040~0.044 kcal/mh℃)이하인 경우	

※ 단열재의 등급분류는 단열재의 열전도율의 범위에 따라 등급을 분류한다.

예제문제 01

"건축물의 에너지 절약설계기준"에서 제시하는 KS L 9016에 의한 시험성적서 (20±5℃ 시험조건)상의 열전도율이 0.039W/m·K 일 때 단열재의 등급분류로 가장 적합한 것은?

① 가 등급   ② 나 등급

③ 다 등급   ④ 라 등급

──────────

해설

나 등급의 경우열전도율은 0.035~0.040W/m·K 이다.

답 : ②

예제문제 02

에너지 절약설계기준에서 단열재의 등급분류에 대한 설명 중 가장 부적합한 것은 다음 중 어느 것인가?

① 가 등급 – 열전도율 0.034W/mK

② 나 등급 – 열전도율 0.035 ~ 0.040W/mK

③ 다 등급 – 열전도율 0.041 ~ 0.046W/mK

④ 라 등급 – 열전도율 0.047 ~ 0.052W/mK

──────────

해설

라 등급의 경우열전도율은 0.047~0.051W/m·K 이다.

답 : ④

예제문제 03

에너지절약설계기준에서 단열재의 열전도율 시험을 위한 시료의 평균온도는 몇℃로 하여야 하는지 가장 적합한 것은?

① 20±3℃   ② 20±5℃

③ 23±3℃   ④ 23±5℃

──────────

해설

열전도율의 범위: (KS L 9016에 의한 20±5℃ 시험조건에서 열전도율)

답 : ②

예제문제 04

에너지절약설계기준에서 단열재의 등급분류에 대한 설명 중 가장 부적합한 것은 다음 중 어느 것인가?

① 가 등급 – 열전도율 0.034W/mK 이하인 경우로서 압출법보온판 특호, 1호, 2호, 3호는 가 등급이다.

② 나 등급 – 열전도율 0.035 ~ 0.040W/mK 이하인 경우로서 비드법보온판 2종 1호, 2호, 3호, 4호는 나 등급이다.

③ 다 등급 – 열전도율 0.041 ~ 0.046W/mK 이하인 경우로서 비드법보온판 1종 4호는 다 등급이다.

④ 라 등급 – 열전도율 0.047 ~ 0.051W/mK 이하인 경우로서 기타단열재 이다.

해설
나 등급 – 열전도율 0.035 ~ 0.040W/mK 이하인 경우로서 비드법보온판 1종 1호, 2호, 3호는 나 등급이다.

답 : ②

예제문제 05

에너지절약설계기준에서 단열재의 등급분류 중 가 등급에 포함되는 것으로 가장 부적합한 것은?

① 그라스울 보온판 48K, 64K, 80K, 96K, 120K

② 비드법보온판 2종 1호, 2호, 3호, 4호

③ 비드법보온판 1종 1호, 2호, 3호

④ 경질우레탄폼보온판 1종 1호, 2호, 3호 및 2종 1호, 2호, 3호

해설
비드법 보온판 1종 1호, 2호, 3호는 나등급이다.

답 : ③

03 종합예제문제

□□□ 단열재의 등급 분류

1 에너지절약설계기준에서 단열재의 등급분류에 대한 설명 중 가장 부적합한 것은 다음 중 어느 것인가?

① 가 등급 - 열전도율 0.035W/mK

② 나 등급 - 열전도율 0.035 ~ 0.040W/mK

③ 다 등급 - 열전도율 0.041 ~ 0.046W/mK

④ 라 등급 - 열전도율 0.047 ~ 0.051W/mK

단열재의 등급 분류는 단열재의 열전도율의 범위에 따라 등급을 분류한다.

■ [별표 2] 단열재의 등급 분류

등급 분류	열전도율의 범위(KS L 9016에 의한 20±5℃ 시험조건에서 열전도율)		관련 표준	단열재 종류
	W/mK	kcal/mh℃		
가	0.034 이하	0.029 이하	KS M 3808	- 압출법보온판 특호, 1호, 2호, 3호 - 비드법보온판 2종 1호, 2호, 3호, 4호
			KS M 3809	- 경질우레탄폼보온판 1종 1호, 2호, 3호 및 2종 1호, 2호, 3호
			KS L 9102	- 그라스울 보온판 48K, 64K, 80K, 96K, 120K
			KS M ISO 4898	- 페놀 폼 Ⅰ종A, Ⅱ종A
			KS M 3871-1	- 분무식 중밀도 폴리우레탄 폼 1종 (A, B), 2종(A, B)
			KS F 5660	- 폴리에스테르 흡음 단열재 1급
			기타 단열재로서 열전도율이 0.034 W/mK (0.029 kcal/mh℃)이하인 경우	
나	0.035~ 0.040	0.030~ 0.034	KS M 3808	- 비드법보온판 1종 1호, 2호, 3호
			KS L 9102	- 미네랄울 보온판 1호, 2호, 3호 - 그라스울 보온판 24K, 32K, 40K
			KS M ISO 4898	- 페놀 폼 Ⅰ종B, Ⅱ종B, Ⅲ종A
			KS M 3871-1	- 분무식 중밀도 폴리우레탄 폼 1종 (C)
			KS F 5660	- 폴리에스테르 흡음 단열재 2급
			기타 단열재로서 열전도율이 0.035~0.040 W/mK (0.030~ 0.034 kcal/mh℃)이하인 경우	
다	0.041~ 0.046	0.035~ 0.039	KS M 3808	- 비드법보온판 1종 4호
			KS F 5660	- 폴리에스테르 흡음 단열재 3급
			기타 단열재로서 열전도율이 0.041~0.046 W/mK (0.035~0.039 kcal/mh℃)이하인 경우	
라	0.047~ 0.051	0.040~ 0.044	기타 단열재로서 열전도율이 0.047~0.051 W/mK (0.040~0.044 kcal/mh℃)이하인 경우	

2 다음 중 "건축물의 에너지 절약설계기준"에서 제시하는 단열재의 등급분류에서 가등급 단열재의 열전도율 범위로서 가장 적합한 것은? (단, KS L 9016에 의한 20±5℃ 시험조건)

① 0.034W/m·K 이하

② 0.034~0.035W/m·K

③ 0.035~0.040W/m·K

④ 0.041~0.046W/m·K

가 등급의 경우 열전도율은 0.034W/m·K이다.

3 "건축물의 에너지 절약설계기준"에서 제시하는 KS L9016에 의한 시험성적서 (20±5℃시험조건)상의 열전도율이 0.041W/m·K 일 때 단열재의 등급분류로 가장 적합한 것은?

① 가 등급   ② 나 등급

③ 다 등급   ④ 라 등급

다등급의 경우 열전도율은 0.041W/m·K~0.046W/m·K이다.

4 에너지절약설계기준에서 단열재의 열전도율 시험을 위한 시료의 평균온도는 몇 ℃로 하여야 하는가 가장 적합한 것은?

① 20±3℃   ② 20±5℃

③ 23±3℃   ④ 23±5℃

열전도율의 범위(KS L 9016 또는 KS F 2277에 의한 20 ± 5℃ 시험조건에 의한 열전도율)

정답 1. ①   2. ①   3. ③   4. ②

5 에너지절약설계기준에서 단열재의 등급분류에 대한 설명 중 가장 부적합한 것은 다음 중 어느 것인가?

① 가 등급 – 열전도율 0.034W/m K 이하인 경우로서 비드법 보온판 2종 1호, 2호, 3호, 4호는 가 등급이다.

② 나 등급 – 열전도율 0.035 ~ 0.040W/mK 이하인 경우로서 비드법보온판 1종 1호, 2호, 3호는 나 등급이다.

③ 다 등급 – 열전도율 0.041 ~ 0.046W/mK 이하인 경우로서 비드법보온판 1종 4호는 다 등급이다.

④ 라 등급 – 열전도율 0.047 ~ 0.052W/mK 이하인 경우로서 기타단열재이다.

> 라 등급 – 열전도율 0.047 ~ 0.051W/mK 이하인 경우로서 기타 단열재 이다.

7 에너지절약설계기준에서 단열재의 등급분류 중 나 등급에 포함되는 것으로 가장 부적합한 것은?

① 그라스울 보온판 24K, 32K, 40K

② 비드법보온판 1종 1호, 2호, 3호

③ 기타 단열재로서 열전도율이 0.034W/mK 이하인 경우

④ 미네랄울 보오판 1호, 2호, 3호

> 기타 단열재로서 열전도율이 0.035 ~ 0.040W/mK(0.030 ~ 0.034kcal/ mh℃)이하인 경우

6 에너지절약설계기준에서 단열재의 등급분류 중 가 등급에 포함되는 것으로 가장 부적합한 것은?

① 그라스울 보온판 48K, 64K, 80K, 96K, 120K

② 비드법보온판 2종 1호, 2호, 3호, 4호

③ 기타 단열재로서 열전도율이 0.037W/mK 이하인 경우

④ 경질우레탄폼보온판 1종 1호, 2호, 3호 및 2종 1호, 2호, 3호

> 기타 단열재로서 열전도율이 0.034W/mK(0.029kcal/mh℃) 이하인 경우

8 에너지절약설계기준에서 단열재의 등급분류 중 서로의 관계가 가장 부적합한 것은?

① 가 등급 – 비드법 보온판 2종 1호, 2호, 3호, 4호

② 나 등급 – 비드법보온판 1종 1호, 2호, 3호

③ 다 등급 – 비드법 보온판 1종4호, 5호, 6호

④ 라 등급 – 기타 단열재로서 열전도율이 0.047 ~ 0.051W/mK(0.040 ~ 0.044kcal/mh℃) 이하인 경우

> 다 등급-비드법 보온판 1종 4호

정답 5. ④ 6. ③ 7. ③ 8. ③

memo

지역별 열관류율 기준

1 건축물의 열손실 방지(제2조)

(1) 조치 대상

① 건축물을 건축하거나 대수선, 용도변경 및 건축물대장의 기재내용을 변경 하는 경우에는 다음 각 호의 기준에 의한 열손실방지 등의 에너지이용합 리화를 위한 조치를 하여야 한다.

　1. 거실의 외벽, 최상층에 있는 거실의 반자 또는 지붕, 최하층에 있는 거실의 바닥, 바닥 난방을 하는 층간 바닥, 거실의 창 및 문 등은 별표1의 열관류율 기준 또는 별표3의 단열재 두께 기준을 준수하여야 하고, 단열조치 일반사항 등은 제6조의 건축부문 의무사항을 따른다.

　2. 건축물의 배치·구조 및 설비 등의 설계를 하는 경우에는 에너지가 합 리적으로 이용될 수 있도록 한다.

② 제1항에도 불구하고 열손실의 변동이 없는 증축, 대수선, 용도변경, 건축물 대장의 기재내용 변경의 경우에는 관련 조치를 하지 아니할 수 있다. 다만 종전에 제3항에 따른 열손실방지 등의 조치 예외대상이었으나 조치 대상으로 용도변경 또는 건축물대장 기재내용의 변경의 경우에는 관련 조치를 하여야 한다.

(2) 적용 예외 대상

③ 다음 각 호의 어느 하나에 해당하는 건축물 또는 공간에 대해서는 제1항제1호 를 적용하지 아니할 수 있다. 다만, 냉방 또는 난방 설비를 설치할 계획이 있는 건축물 또는 공간에 대해서는 제1항제1호를 적용하여야 한다.

　① 창고·차고·기계실 등으로서 거실의 용도로 사용하지 아니하고, 냉방 또는 난방 설비를 설치하지 아니하는 건축물 또는 공간

　② 냉방 또는 난방 설비를 설치하지 아니하고 용도 특성상 건축물 내부를 외기에 개방시켜 사용하는 등 열손실 방지조치를 하여도 에너지절약 의 효과가 없는 건축물 또는 공간

　③ 「건축법시행령」 별표1 제25호에 해당하는 건축물 중 「원자력안전법」 제10조 및 제20조에 따라 허가를 받는 건축물

예제문제 01

다음 중 건축물의 열손실방지를 하지 않아도 되는 경우로 가장 적합한 것은?

【13년 2급】

① 증축   ② 용도변경
③ 신축   ④ 수선

해설 고시 제2조【건축물의 열손실방지 등】
건축물을 건축하거나 대수선, 용도변경 및 건축물대장의 기재내용을 변경하는 경우에는 다음
각 호의 기준에 의한 열손실방지 등의 에너지이용합리화를 위한 조치를 하여야 한다.

답 : ④

예제문제 02

다음 중 건축물을 건축하거나 용도변경, 대수선하는 경우 열손실방지 등 조치를 하지 않아도 되는 부위는?

① 거실의 외벽   ② 거실의 창 및 문
③ 단독주택 세대간의 경계벽   ④ 바닥난방인 층간바닥

해설
열손실 방지조치대상부위는 열관류율표(단위 : w/m² · k)에 따라 중부지역, 남부지역, 제
주도로 나눈다.
■ 열손실 방지조치 대상부위
 1. 거실의 외벽   2. 최상층에 있는 거실의 반자 또는 지붕
 3. 최하층에 있는 거실의 바닥 4. 바닥난방 인 층간바닥
 5. 거실의 창 및 문

답 : ③

예제문제 03

건축물을 건축하거나 용도변경, 대수선하는 경우 열손실방지 조치의 준수 사항으로 부적합한 것은?

① 열관류율기준   ② 단열재 두께기준
③ 단열조치 일반사항   ④ 건축물의 배치, 구조 및 설비 등의 설계

해설 고시 제2조【건축물의 열손실방지 등】
① 건축물을 건축하거나 대수선, 용도변경 및 건축물대장의 기재내용을 변경하는 경우에는 다음
  각 호의 기준에 의한 열손실방지 등의 에너지이용합리화를 위한 조치를 하여야 한다.
  1. 거실의 외벽, 최상층에 있는 거실의 반자 또는 지붕, 최하층에 있는 거실의 바닥,
    바닥 난방을 하는 층간 바닥, 거실의 창 및 문 등은 별표1의 열관류율 기준 또는
    별표3의 단열재 두께 기준을 준수하여야하고, 단열조치 일반사항 등은 제6조의 건
    축부문 의무사항을 따른다.
  2. 건축물의 배치·구조 및 설비 등의 설계를 하는 경우에는 에너지가 합리적으로 이용
    될 수 있도록 한다.

답 : ④

2 지역별 건축물 부위의 열관류율 기준(별표1)

[별표1] 지역별 건축물 부위의 열관류율표

(단위 : W/m²·K)

건축물의 부위		지역	중부1지역[1]	중부2지역[2]	남부지역[3]	제주도
거실의 외벽	외기에 직접 면하는 경우	공동주택	0.150 이하	0.170 이하	0.220 이하	0.290 이하
		공동주택 외	0.170 이하	0.240 이하	0.320 이하	0.410 이하
	외기에 간접 면하는 경우	공동주택	0.210 이하	0.240 이하	0.310 이하	0.410 이하
		공동주택 외	0.240 이하	0.340 이하	0.450 이하	0.560 이하
최상층에 있는 거실의 반자 또는 지붕	외기에 직접 면하는 경우		0.150 이하		0.180 이하	0.250 이하
	외기에 간접 면하는 경우		0.210 이하		0.260 이하	0.350 이하
최하층에 있는 거실의 바닥	외기에 직접 면하는 경우	바닥난방인 경우	0.150 이하	0.170 이하	0.220 이하	0.290 이하
		바닥난방이 아닌 경우	0.170 이하	0.200 이하	0.250 이하	0.330 이하
	외기에 간접 면하는 경우	바닥난방인 경우	0.210 이하	0.240 이하	0.310 이하	0.410 이하
		바닥난방이 아닌 경우	0.240 이하	0.290 이하	0.350 이하	0.470 이하
바닥난방인 층간바닥			0.810 이하			
창 및 문	외기에 직접 면하는 경우	공동주택	0.900 이하	1.000 이하	1.200 이하	1.600 이하
		공동주택 외 창	1.300 이하	1.500 이하	1.800 이하	2.200 이하
		공동주택 외 문	1.500 이하			
	외기에 간접 면하는 경우	공동주택	1.300 이하	1.500 이하	1.700 이하	2.000 이하
		공동주택 외 창	1.600 이하	1.900 이하	2.200 이하	2.800 이하
		공동주택 외 문	1.900 이하			
공동주택 세대현관문 및 방화문	외기에 직접 면하는 경우 및 거실 내 방화문		1.400 이하			
	외기에 간접 면하는 경우		1.800 이하			

■비고

1) 중부1지역 : 강원도(고성, 속초, 양양, 강릉, 동해, 삼척 제외), 경기도(연천, 포천, 가평, 남양주, 의정부, 양주, 동두천, 파주), 충청북도(제천), 경상북도(봉화, 청송)

2) 중부2지역 : 서울특별시, 대전광역시, 세종특별자치시, 인천광역시, 강원도(고성, 속초, 양양, 강릉, 동해, 삼척), 경기도(연천, 포천, 가평, 남양주, 의정부, 양주, 동두천, 파주 제외), 충청북도(제천 제외), 충청남도, 경상북도(봉화, 청송, 울진, 영덕, 포항, 경주, 청도, 경산 제외), 전라북도, 경상남도(거창, 함양)

3) 남부지역 : 부산광역시, 대구광역시, 울산광역시, 광주광역시, 전라남도, 경상북도(울진, 영덕, 포항, 경주, 청도, 경산), 경상남도(거창, 함양 제외)

예제문제 **04**

"건축물의 에너지절약 설계기준" [별표1] 지역별 건축물 부위의 열관류율표에 따른 기준값을 비교한 것으로 적절하지 않은 것은?　　　【2016년도 2회 국가자격시험】

① 중부1지역 : 외기에 간접 면한 최상층 지붕 = 외기에 간접 면한 최하층 바닥(바닥난방인 경우)

② 남부지역 : 외기에 직접 면한 외벽(공동주택 외) 〉 외기에 직접 면한 최하층 바닥 (바닥난방 아닌 경우)

③ 남부지역 : 외기에 간접 면한 외벽(공동주택 외) 〉 외기에 간접 면한 최하층 바닥 (바닥난방 아닌 경우)

④ 제주지방 : 외기에 간접 면한 최상층 지붕 〈 외기에 직접 면한 최하층 바닥 (바닥난방 아닌 경우)

──────────

해설
제주지역 : 열관류율 = 0.350 〉 0.330

답 : ④

예제문제 **05**

건축물의 에너지절약설계기준에서 지역구분 중 중부2지역에 해당하지 않는 지역은?

① 강원도(강릉시, 동해시, 속초시, 삼척시, 고성군, 양양군)
② 충청북도(제천 제외)
③ 충청남도
④ 경상북도(봉화, 청송)

──────────

해설
경상북도(봉화, 청송)은 중부1지역에 해당된다.

답 : ①

예제문제 **06**

건축물의 에너지절약설계기준에서 지역구분 중 남부지역에 해당하지 않는 지역은?

① 부산광역시　　　　　　　　② 대구광역시
③ 광주광역시　　　　　　　　④ 경상북도(청송)

──────────

해설
경상북도(봉화, 청송)은 중부1지역에 해당된다.

답 : ④

예제문제 07

건축물의 열손실 방지를 위한 조치 중 열관류율 (단위 : w/m²·k)기준으로 가장 부적합한 것은 다음 중 어느 것인가? (단, 중부2지역임)

① 외기에 직접 면하는 거실의 외벽 : (공동주택 외) 0.240 이하

② 외기에 직접 면하는 최상층에 있는 거실의 반자 또는 지붕 : 0.150 이하

③ 외기에 직접 면하는 최하층에 있는 거실의 바닥(바닥 난방인 경우) : 0.170 이하

④ 바닥난방인 층간바닥 : 0.790 이하

해설

바닥난방인 층간바닥 : 0.810 이하

답 : ④

예제문제 08

중부지역에서 수평면과 이루는 각이 70도를 초과하는 경사지붕이 외기에 직접 면하는 경우 열관류율 값은 얼마를 적용하는 것이 적정한가? (단위 : w/m²·k, 지역은 중부2지역임, 단 공동주택 외인 경우)

① 0.240 이하   ② 0.180 이하

③ 0.230 이하   ④ 0.810 이하

해설

수평면과 이루는 각이 70도를 초과하는 경사지붕이 외기에 직접면하는 경우 외벽의 평균 열관류율 값을 적용하므로 중부2지방의 경우 0.240 이하를 적용한다.

답 : ①

예제문제 09

남부지역에서 수평면과 이루는 각이 70도를 초과하는 경사지붕이 외기에 직접 면하는 경우 열관류율 값은 얼마를 적용하는 것이 적정한가? (단위 : w/m²·k, 지역은 남부지역임, 단 공동주택 외인 경우)

① 0.270 이하   ② 0.180 이하

③ 0.230 이하   ④ 0.320 이하

해설

수평면과 이루는 각이 70도를 초과하는 경사지붕이 외기에 직접면하는 경우 외벽의 평균 열관류율 값을 적용하므로 남부지방의 경우 0.320 이하를 적용한다.

답 : ④

예제문제 10

다음 에너지절약 설계에 관한 기준 중 현재 적용되는 건축물의 부위에 따른 지역별 연관류율 값에서 창 및 문의 열관류율 값으로 가장 부적합한 것은?
(단위 : $w/m^2 \cdot k$)

① 외기에 직접 면하는 경우 공동주택으로서 중부2지역의 열관류율은 1.000이하 이다.
② 외기에 직접 면하는 경우 공동주택 외로서 중부2지역의 열관류율은 1.500이하 이다.
③ 외기에 간접 면하는 경우 공동주택으로서 중부2지역의 열관류율은 1.500이하 이다.
④ 외기에 간접 면하는 경우 공동주택 외로서 중부2지역의 열관류율은 2.700이다.

해설
외기에 간접 면하는 경우 공동주택 외로서 중부2지역의 열관류율은 1.900 이하 이다.

답 : ④

예제문제 11

충청북도 보은군에 위치한 바닥 난방을 실시하는 공동주택에 대하여, 다음의 건축 부위에 대한 법적 열관류율 허용치가 큰 것부터 순서대로 나열한 것은?

【2015년 국가자격 시험 1회 출제문제】

> ㉠ 외기에 직접 면하는 최하층 거실의 바닥
> ㉡ 외기에 간접 면하는 최하층 거실의 바닥
> ㉢ 외기에 직접 면하는 거실의 외벽
> ㉣ 외기에 간접 면하는 최상층 거실의 지붕

① ㉠ 〉 ㉡ 〉 ㉢ 〉 ㉣   ② ㉡ 〉 ㉣ 〉 ㉢ = ㉠
③ ㉢ 〉 ㉠ 〉 ㉣ 〉 ㉡   ④ ㉣ 〉 ㉢ 〉 ㉠ 〉 ㉡

해설
충청북도 보은군은 중부2지역의 열관류율을 부위별로 적용한다.
  ㉠ 외기에 직접면하는 최하층 거실의 바닥 : (0.170W/㎡ · K 이하)
  ㉡ 외기에 간접면하는 최하층 거실의 바닥 : (0.240W/㎡ · K 이하)
  ㉢ 외기에 직접 면하는 거실의 외벽 : (0.170W/㎡ · K 이하)
  ㉣ 외기에 간접면하는 최상층 거실의 지붕 : (0.210W/㎡ · K 이하)

답 : ②

[별표2] 단열재의 등급 분류

등급 분류	열전도율의 범위 (KS L 9016에 의한 20±5℃ 시험조건에서 열전도율)		관련 표준	단열재 종류
	W/mK	kcal/mh℃		
가	0.034 이하	0.029 이하	KS M 3808	– 압출법보온판 특호, 1호, 2호, 3호 – 비드법보온판 2종 1호, 2호, 3호, 4호
			KS M 3809	– 경질우레탄폼보온판 1종 1호, 2호, 3호 및 2종 1호, 2호, 3호
			KS L 9102	– 그라스울 보온판 48K, 64K, 80K, 96K, 120K
			KS M ISO 4898	– 페놀 폼 Ⅰ종A, Ⅱ종A
			KS M 3871-1	– 분무식 중밀도 폴리우레탄 폼 1종(A, B), 2종(A, B)
			KS F 5660	– 폴리에스테르 흡음 단열재 1급
			기타 단열재로서 열전도율이 0.034 W/mK (0.029 kcal/mh℃)이하인 경우	
나	0.035~0.040	0.030~0.034	KS M 3808	– 비드법보온판 1종 1호, 2호, 3호
			KS L 9102	– 미네랄울 보온판 1호, 2호, 3호 – 그라스울 보온판 24K, 32K, 40K
			KS M ISO 4898	– 페놀 폼 Ⅰ종B, Ⅱ종B, Ⅲ종A
			KS M 3871-1	– 분무식 중밀도 폴리우레탄 폼 1종(C)
			KS F 5660	– 폴리에스테르 흡음 단열재 2급
			기타 단열재로서 열전도율이 0.035~0.040 W/mK (0.030~ 0.034 kcal/mh℃)이하인 경우	
다	0.041~0.046	0.035~0.039	KS M 3808	– 비드법보온판 1종 4호
			KS F 5660	– 폴리에스테르 흡음 단열재 3급
			기타 단열재로서 열전도율이 0.041~0.046 W/mK (0.035~0.039 kcal/mh℃)이하인 경우	
라	0.047~0.051	0.040~0.044	기타 단열재로서 열전도율이 0.047~0.051 W/mK (0.040~0.044 kcal/mh℃)이하인 경우	

※ 단열재의 등급분류는 단열재의 열전도율의 범위에 따라 등급을 분류한다.

[별표3] 단열재의 두께

[중부1지역] [1]

(단위 : mm)

건축물의 부위		단열재의 등급	단열재 등급별 허용 두께			
			가	나	다	라
거실의 외벽	외기에 직접 면하는 경우	공동주택	220	255	295	325
		공동주택 외	190	225	260	285
	외기에 간접 면하는 경우	공동주택	150	180	205	225
		공동주택 외	130	155	175	195
최상층에 있는 거실의 반자 또는 지붕	외기에 직접 면하는 경우		220	260	295	330
	외기에 간접 면하는 경우		155	180	205	230
최하층에 있는 거실의 바닥	외기에 직접 면하는 경우	바닥난방인 경우	215	250	290	320
		바닥난방이 아닌 경우	195	230	265	290
	외기에 간접 면하는 경우	바닥난방인 경우	145	170	195	220
		바닥난방이 아닌 경우	135	155	180	200
바닥난방인 층간바닥			30	35	45	50

[중부2지역] [1]

(단위 : mm)

건축물의 부위		단열재의 등급	단열재 등급별 허용 두께			
			가	나	다	라
거실의 외벽	외기에 직접 면하는 경우	공동주택	190	225	260	285
		공동주택 외	135	155	180	200
	외기에 간접 면하는 경우	공동주택	130	155	175	195
		공동주택 외	90	105	120	135
최상층에 있는 거실의 반자 또는 지붕	외기에 직접 면하는 경우		220	260	295	330
	외기에 간접 면하는 경우		155	180	205	230
최하층에 있는 거실의 바닥	외기에 직접 면하는 경우	바닥난방인 경우	190	220	255	280
		바닥난방이 아닌 경우	165	195	220	245
	외기에 간접 면하는 경우	바닥난방인 경우	125	150	170	185
		바닥난방이 아닌 경우	110	125	145	160
바닥난방인 층간바닥			30	35	45	50

[남부지역] [2]

(단위 : mm)

건축물의 부위		단열재의 등급	단열재 등급별 허용 두께			
			가	나	다	라
거실의 외벽	외기에 직접 면하는 경우	공동주택	145	170	200	220
		공동주택 외	100	115	130	145
	외기에 간접 면하는 경우	공동주택	100	115	135	150
		공동주택 외	65	75	90	95
최상층에 있는 거실의 반자 또는 지붕	외기에 직접 면하는 경우		180	215	245	270
	외기에 간접 면하는 경우		120	145	165	180
최하층에 있는 거실의 바닥	외기에 직접 면하는 경우	바닥난방인 경우	140	165	190	210
		바닥난방이 아닌 경우	130	155	175	195
	외기에 간접 면하는 경우	바닥난방인 경우	95	110	125	140
		바닥난방이 아닌 경우	90	105	120	130
바닥난방인 층간바닥			30	35	45	50

[제주도]

(단위 : mm)

건축물의 부위		단열재의 등급	단열재 등급별 허용 두께			
			가	나	다	라
거실의 외벽	외기에 직접 면하는 경우	공동주택	110	130	145	165
		공동주택 외	75	90	100	110
	외기에 간접 면하는 경우	공동주택	75	85	100	110
		공동주택 외	50	60	70	75
최상층에 있는 거실의 반자 또는 지붕	외기에 직접 면하는 경우		130	150	175	190
	외기에 간접 면하는 경우		90	105	120	130
최하층에 있는 거실의 바닥	외기에 직접 면하는 경우	바닥난방인 경우	105	125	140	155
		바닥난방이 아닌 경우	100	115	130	145
	외기에 간접 면하는 경우	바닥난방인 경우	65	80	90	100
		바닥난방이 아닌 경우	65	75	85	95
바닥난방인 층간바닥			30	35	45	50

■ 비고

1) 중부1지역 : 강원도(고성, 속초, 양양, 강릉, 동해, 삼척 제외), 경기도(연천, 포천, 가평, 남양주, 의정부, 양주, 동두천, 파주), 충청북도(제천), 경상북도(봉화, 청송)

2) 중부2지역 : 서울특별시, 대전광역시, 세종특별자치시, 인천광역시, 강원도(고성, 속초, 양양, 강릉, 동해, 삼척), 경기도(연천, 포천, 가평, 남양주, 의정부, 양주, 동두천, 파주 제외), 충청북도(제천 제외), 충청남도, 경상북도(봉화, 청송, 울진, 영덕, 포항, 경주, 청도, 경산 제외), 전라북도, 경상남도(거창, 함양)

3) 남부지역 : 부산광역시, 대구광역시, 울산광역시, 광주광역시, 전라남도, 경상북도(울진, 영덕, 포항, 경주, 청도, 경산), 경상남도(거창, 함양 제외)

예제문제 **12**

다음 건축 부위 중 동일등급의 단열재 사용시 허용 두께가 가장 두꺼워야 하는 부위는?

① 최상층에 있는 거실의 반자 또는 지붕(외기에 직접 면하는 경우)

② 최하층에 있는 거실의 바닥(외기에 직접 면하는 경우, 바닥난방)

③ 최하층에 있는 거실의 바닥(외기에 직접 면하는 경우, 바닥난방이 아닌 경우)

④ 거실의 외벽(외기에 직접 면하는 경우)

해설

최상층에 있는 거실의 반자 또는 지붕 (외기에 직접 면하는 경우) 의 단열재 사용시 허용 두께가 가장 두꺼워야할 부위이다.

답 : ①

예제문제 **13**

건축물의 열손실 방지를 위한 조치 중 단열재 두께가 가장 얇은 건축물의 부위는? (단, 중부1지역, 단열재 두께가 가 등급의 경우이다.)

① 거실의 외벽 중 외기에 간접 면하는 경우(단, 공동주택 외 인 경우)

② 최하층의 거실의 바닥 중 외기에 간접 면하며 바닥 난방인 경우

③ 최상층의 거실의 지붕 중 외기에 간접 면하는 경우

④ 최하층의 거실의 바닥 중 외기에 직접 면하며 바닥 난방이 아닌 경우

해설

① 거실의 외벽 중 외기에 간접 면하는 경우 : (단, 공동주택 외 인 경우) 130mm

② 최하층의 거실의 바닥 중 외기에 간접 면하며 바닥 난방인 경우 : 145mm

③ 최상층의 거실의 지붕 중 외기에 간접 면하는 경우 : 155mm

④ 최하층의 거실의 바닥 중 외기에 직접 면하며 바닥 난방이 아닌 경우 : 195mm

답 : ①

예제문제 14

다음 그림은 경기도 안양시에 신축 중인 공동주택의 단면도를 나타낸다. 바닥난 방을 실시하는 ㉠ 또는 ㉡ 부분에 적용할 단열재의 종류 및 두께로 적절하지 않은 것은? (단, 단열기준 적합여부는 건축물의 에너지 절약 설계기준 [별표 3]의 지역별·부위별·단열재 등급별 허용두께 적합여부로 판단함)

【2015년 국가자격 시험 1회 출제문제】

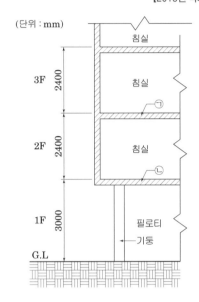

① ㉠ : 비드법보온판 2종 1호, 두께 35mm

② ㉠ : 비드법보온판 1종 2호, 두께 35mm

③ ㉡ : 비드법보온판 2종 1호, 두께 190mm

④ ㉡ : 비드법보온판 1종 2호, 두께 190mm

해설

㉡ : 비드법 보온판 1종2호는 나등급에 해당되므로 외기에 직접면하는 최하층에 있는 거실의 바닥난방인 경우에는 220mm 이상이 되어야 한다.

[중부2지역]   (단위 : mm)

건축물의 부위		단열재의 등급	단열재 등급별 허용 두께			
			가	나	다	라
거실의 외벽	외기에 직접 면하는 경우	공동주택	190	225	260	285
		공동주택 외	135	155	180	200
	외기에 간접 면하는 경우	공동주택	130	155	175	195
		공동주택 외	90	105	120	135
최상층에 있는 거실의 반자 또는 지붕	외기에 직접 면하는 경우		220	260	295	330
	외기에 간접 면하는 경우		155	180	205	230
최하층에 있는 거실의 바닥	외기에 직접 면하는 경우	바닥난방인 경우	190	220	255	280
		바닥난방이 아닌 경우	165	195	220	245
	외기에 간접 면하는 경우	바닥난방인 경우	125	150	170	185
		바닥난방이 아닌 경우	110	125	145	160
바닥난방인 층간바닥			30	35	45	50

답 : ④

[별표4] 창 및 문의 단열성능

(단위 : W/㎡·K)

창 및 문의 종류			창틀 및 문틀의 종류별 열관류율								
			금속재						플라스틱 또는 목재		
			열교차단재[1) 미적용			열교차단재 적용					
유리의 공기층 두께[mm]			6	12	16 이상	6	12	16 이상	6	12	16 이상
창	복층창	일반복층창[2)]	4.0	3.7	3.6	3.7	3.4	3.3	3.1	2.8	2.7
		로이유리(하드코팅)	3.6	3.1	2.9	3.3	2.8	2.6	2.7	2.3	2.1
		로이유리(소프트코팅)	3.5	2.9	2.7	3.2	2.6	2.4	2.6	2.1	1.9
		아르곤 주입	3.8	3.6	3.5	3.5	3.3	3.2	2.9	2.7	2.6
		아르곤 주입+로이유리(하드코팅)	3.3	2.9	2.8	3.0	2.6	2.5	2.5	2.1	2.0
		아르곤 주입+로이유리(소프트코팅)	3.2	2.7	2.6	2.9	2.4	2.3	2.3	1.9	1.8
	삼중창	일반삼중창[2)]	3.2	2.9	2.8	2.9	2.6	2.5	2.4	2.1	2.0
		로이유리(하드코팅)	2.9	2.4	2.3	2.6	2.1	2.0	2.1	1.7	1.6
		로이유리(소프트코팅)	2.8	2.3	2.2	2.5	2.0	1.9	2.0	1.6	1.5
		아르곤 주입	3.1	2.8	2.7	2.8	2.5	2.4	2.2	2.0	1.9
		아르곤 주입+로이유리(하드코팅)	2.6	2.3	2.2	2.3	2.0	1.9	1.9	1.6	1.5
		아르곤 주입+로이유리(소프트코팅)	2.5	2.2	2.1	2.2	1.9	1.8	1.8	1.5	1.4
	사중창	일반사중창[2)]	2.8	2.5	2.4	2.5	2.2	2.1	2.1	1.8	1.7
		로이유리(하드코팅)	2.5	2.1	2.0	2.2	1.8	1.7	1.8	1.5	1.4
		로이유리(소프트코팅)	2.4	2.0	1.9	2.1	1.7	1.6	1.7	1.4	1.3
		아르곤 주입	2.7	2.5	2.4	2.4	2.2	2.1	1.9	1.7	1.6
		아르곤 주입+로이유리(하드코팅)	2.3	2.0	1.9	2.0	1.7	1.6	1.6	1.4	1.3
		아르곤 주입+로이유리(소프트코팅)	2.2	1.9	1.8	1.9	1.6	1.5	1.5	1.3	1.2
	단창		6.6			6.10			5.30		
문	일반문	단열 두께 20mm 미만	2.70			2.60			2.40		
		단열 두께 20mm 이상	1.80			1.70			1.60		
	유리문	단창문 유리비율[3)] 50% 미만	4.20			4.00			3.70		
		단창문 유리비율 50% 이상	5.50			5.20			4.70		
		복층창문 유리비율 50% 미만	3.20	3.10	3.00	3.00	2.90	2.80	2.70	2.60	2.50
		복층창문 유리비율 50% 이상	3.80	3.50	3.40	3.30	3.10	3.00	3.00	2.80	2.70

주1) 열교차단재 : 열교 차단재라 함은 창 및 문의 금속프레임 외부 및 내부 사이에 설치되는 폴리염화비닐 등 단열성을 가진 재료로서 외부로의 열흐름을 차단할 수 있는 재료를 말한다.

주2) 복층창은 단창+단창, 삼중창은 단창+복층창, 사중창은 복층창+복층창을 포함한다.

주3) 문의 유리비율은 문 및 문틀을 포함한 면적에 대한 유리면적의 비율을 말한다.

주4) 창 및 문을 구성하는 각 유리의 공기층 두께가 서로 다를 경우 그 중 최소 공기층 두께를 해당 창 및 문의 공기층 두께로 인정하며, 단창+단창, 단창+복층창의 공기층 두께는 6mm로 인정한다.

주5) 창 및 문을 구성하는 각 유리의 창틀 및 문틀이 서로 다를 경우에는 열관류율이 높은 값을 인정한다.

주6) 복층창, 삼중창, 사중창의 경우 한면만 로이유리를 사용한 경우, 로이유리를 적용한 것으로 인정한다.

주7) 삼중창, 사중창의 경우 하나의 창 및 문에 아르곤을 주입한 경우, 아르곤을 적용한 것으로 인정한다.

예제문제 15

다음 중 그림에서 제시된 삼중창에 대해 "건축물의 에너지절약설계기준" 별표4
창 및 문의 단열성능에서 요구되는 방법에 따라 창의 종류와 유리의 공기층 두께
를 판정하였을 경우 가장 적합하게 적용한 것은?

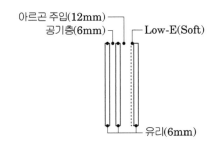

아르곤 주입(12mm)
공기층(6mm) ─ Low-E(Soft)

유리(6mm)

① 아르곤 주입+로이유리(소프트코팅), 유리의 공기층 두께 = 6mm
② 아르곤 주입+로이유리(소프트코팅), 유리의 공기층 두께 = 12mm
③ 아르곤 주입+로이유리(소프트코팅), 유리의 공기층 두께 = 15mm
③ 아르곤 주입+로이유리(소프트코팅), 유리의 공기층 두께 = 21mm

해설

창호를 구성하는 각 유리의 공기층 두께가 서로 다를 경우 그 중 최소 공기층 두께를 해당
창호의 공기층 두께로 인정하며, 단창+단창, 단창+복측창의 공기층 두께는 6mm로 인정
한다.

답 : ①

예제문제 16

창 및 문을 구성하는 각 유리의 공기층 두께가 서로 다를 경우 그 중 최소 공기층
두께를 해당 창 및 문의 공기층 두께로 인정하며, 단창+단창, 단창+복측창의
공기층 두께는 몇 mm로 인정하는가?

① 6mm   ② 9mm
③ 12mm   ④ 15mm

해설

창 및 문을 구성하는 각 유리의 공기층 두께가 서로 다를 경우 그 중 최소 공기층 두께
를 해당 창 및 문 의 공기층 두께로 인정하며, 단창+단창, 단창+복측창의 공기층 두께는
6mm로 인정한다.

답 : ①

예제문제 17

창 틀의 플라스틱 유리의 공기층 두께가 6mm인 경우, 건축물에너지 절약설계기준에 근거하여 다음 중 단열성능이 가장 우수한 것은? 【13년 2급】

① 일반삼중창　　　　　　　　　② 로이유리(소프트 코팅) 복층창
③ 로이유리(하드코팅) 복층창　　④ 아르곤주입 복층창

해설

① 일반삼중창 : 2.4　　　　　　　② 로이유리(소프트 코팅) 복층창 : 2.6
③ 로이유리(하드코팅) 복층창 : 2.7　④ 아르곤주입 복층창 : 2.9

답 : ①

예제문제 18

창 및 문의 단열성능과 관련된 내용중 가장 부적합한 것은 다음 중 어느 것인가?

① 열교차단재라 함은 창 및 문의 금속프레임 외부 및 내부사이에 설치되는 폴리염화비닐 등 단열성을 가진 재료로서 외부로의 열흐름을 차단할 수 있는 재료를 말한다.
② 문의 유리비율은 문 및 문틀을 포함한 면적에 대한 유리면적의 비율을 말한다.
③ 창 및 문을 구성하는 각 유리의 공기층 두께가 서로 다를 경우 그 중 최소 공기층 두께를 해당 창 및 문 의 공기층 두께로 인정하며, 단창+단창, 단창+복측창의 공기층 두께는 6mm로 인정한다.
④ 창 및 문을 구성하는 각 유리의 창틀, 및 문틀이 서로 다를 경우에는 열관류율이 낮은 값을 인정한다.

해설

1) 열교차단재 : 열교차단재라 함은 창 및 문의 금속프레임 외부 및 내부사이에 설치되는 폴리염화비닐 등 단열성을 가진재료로서 외부로의 열흐름을 차단할 수 있는 재료를 말한다.
2) 복층창은 단창+단창을 포함하며, 사중창은 복층창+복층창을 포함한다.
3) 문의 유리비율은 문 및 문틀을 포함한 면적에 대한 유리면적의 비율을 말한다.
4) 창 및 문을 구성하는 각 유리의 공기층 두께가 서로 다를 경우 그 중 최소 공기층 두께를 해당 창 및 문 의 공기층 두께로 인정하며, 단창+단창, 단창+복측창의 공기층 두께는 6mm로 인정한다.
5) 창 및 문을 구성하는 각 유리의 창틀, 및 문틀이 서로 다를 경우에는 열관류율이 높은 값을 인정한다.
6) 복층창, 삼중창, 사중창의 경우, 한면만 로이유리를 사용할 경우, 로이유리를 적용한 것으로 인정한다.
7) 삼중창, 사중창의 경우 하나의 창 및 문에 아르곤을 주입할 경우, 아르곤을 적용한 것으로 인정한다.

답 : ④

[별표5] 열관류율 계산 시 적용되는 실내 및 실외측 표면 열전달저항

건물부위 \ 열전달저항	실내표면열전달저항Ri [단위 : m²·K/W] (괄호 안은 m²·h·℃/kcal)	실외표면열전달저항Ro [단위 : m²·K/W] (괄호 안은 m²·h·℃/kcal)	
		외기에 간접 면하는 경우	외기에 직접 면하는 경우
거실의 외벽 (측벽 및 창, 문 포함)	0.11(0.13)	0.11 (0.13)	0.043 (0.050)
최하층에 있는 거실 바닥	0.086(0.10)	0.15 (0.17)	0.043 (0.050)
최상층에 있는 거실의 반자 또는 지붕	0.086(0.10)	0.086 (0.10)	0.043 (0.050)
공동주택의 층간 바닥	0.086(0.10)	–	–

[별표6] 열관류율 계산시 적용되는 중공층의 열저항

공기층의 종류	공기층의 두께 da(cm)	공기층의 열저항 Ra [단위 : m²·K/W] (괄호 안은 m²·h·℃/kcal)
(1) 공장생산된 기밀제품	2 cm 이하	$0.086 \times da(cm)$ $(0.10 \times da(cm))$
	2 cm 초과	0.17 (0.20)
(2) 현장시공 등	1 cm 이하	$0.086 \times da(cm)$ $(0.10 \times da(cm))$
	1 cm 초과	0.086 (0.10)
(3) 중공층 내부에 반사형 단열재가 설치된 경우	방사율 0.5 이하 : (1) 또는 (2)에서 계산된 열저항의 1.5배 방사율 0.1 이하 : (1) 또는 (2)에서 계산된 열저항의 2.0배	

예제문제 19

열관류율 계산 시 적용되는 실내 및 실외측 표면 열전달저항의 상수로 가장 부적합한 것은?

① 거실의 외벽 실내표면 열전달저항 : 0.11

② 거실의 외벽 실외표면 열전달저항 (외기에 간접 면하는 경우) : 0.11

③ 거실의 외벽 실외표면 열전달저항 (외기에 직접 면하는 경우) : 0.043

④ 최하층에 있는 거실바닥의 실내표면 열전달저항 : 0.043

해설

최하층에 있는 거실바닥의 실내표면 열전달저항 : 0.086

답 : ④

04 종합예제문제

□□□ **건축물의 열손실방지**

1 다음 중 건축물을 건축하거나 대수선, 용도변경 및 건축물대장의 기재내용을 변경하는 경우 열손실방지 등 조치를 하지 않아도 되는 부위는?

① 거실의 창 및 문
② 바닥난방을 하는 층간바닥
③ 최하층에 있는 거실의 바닥
④ 공동주택세대간의 경계벽

조치 대상
① 건축물을 건축하거나 대수선, 용도변경 및 건축물대장의 기재내용을 변경
② 다음 각 호의 기준에 의한 열손실방지 등의 에너지이용합리화를 위한 조치를 하여야 한다.
- 거실의 외벽, 최상층에 있는 거실의 반자 또는 지붕, 최하층에 있는 거실의 바닥, 바닥 난방을 하는 층간 바닥, 거실의 창 및 문 등은 별표1의 열관류율 기준 또는 별표3의 단열재 두께 기준을 준수하여야 하고, 단열조치 일반사항 등은 제6조의 건축부문 의무사항을 따른다. 다만, 열손실의 변동이 없는 증축, 대수선, 용도변경 및 건축물대장의 기재내용을 변경하는 경우에는 관련 조치를 하지 아니할 수 있다.
- 건축물의 배치·구조 및 설비 등의 설계를 하는 경우에는 에너지가 합리적으로 이용될 수 있도록 한다.

적용 예외 대상
다음 각 호의 어느 하나에 해당하는 건축물 또는 공간에 대해서는 제1항제1호를 적용하지 아니할 수 있다. 다만, 냉방 또는 난방 설비를 설치할 계획이 있는 건축물 또는 공간에 대해서는 제1항제1호를 적용하여야 한다.
① 창고·차고·기계실 등으로서 거실의 용도로 사용하지 아니하고, 냉방 또는 난방 설비를 설치하지 아니하는 건축물 또는 공간
② 냉방 또는 난방 설비를 설치하지 아니하고 용도 특성상 건축물 내부를 외기에 개방시켜 사용하는 등 열손실 방지조치를 하여도 에너지절약의 효과가 없는 건축물 또는 공간
③ 「건축법시행령」 별표1 제25호에 해당하는 건축물 중 「원자력안전법」 제10조 및 제20조에 따라 허가를 받는 건축물

3 건축물을 건축하거나 대수선, 용도변경 및 건축물대장의 기재내용을 변경하는 경우 열손실방지 등 조치를 하지 않아도 되는 부위는?

① 거실의 외벽
② 최상층에 있는 거실의 반자 또는 지붕
③ 최하층에 있는 거실의 바닥
④ 층간바닥

바닥난방을 하는 층간바닥인 경우에 열손실방지 조치를 하여야 한다.

□□□ **지역별 건축물 부위의 열관류율 기준**

4 건축물의 에너지절약설계기준에서 지역구분 중 중부2지역에 해당하지 않는 지역은?

① 경상북도(봉화) ② 세종특별자치시
③ 충청남도(천안시) ④ 인천광역시

경상북도(봉화, 청송)은 중부1지역에 해당된다.

2 건축물을 건축하거나 대수선, 용도변경 및 건축물대장의 기재내용을 변경하는 경우 열손실방지 대상이 되는 곳은?

① 차고 ② 거실
③ 기계실 ④ 창고

5 건축물의 에너지절약설계기준에서 지역구분 중 남부지역에 해당하지 않는 지역은?

① 강원도(강릉시, 동해시, 속초시, 삼척시, 고성군, 양양군)
② 부산광역시
③ 대구광역시
④ 경상남도(거창, 함양 제외)

> 강원도(강릉시, 동해시, 속초시, 삼척시, 고성군, 양양군)은 중부2지역에 포함된다.

6 남부지역에서 수평면과 이루는 각이 70도를 초과하는 경사지붕이 외기에 직접 면하는 경우 열관류율 값은 얼마를 적용하는 것이 적정한가? (단위 : W/m² · k) (단, 공동주택 외의 경우)　(2016.7.1 시행)

① 0.320 이하
② 0.220 이하
③ 0.310 이하
④ 0.810 이하

> 수평면과 이루는 각이 70도를 초과하는 경사지붕이 외기에 직접 면하는 경우 거실의 외벽으로 보고 열관류율을 적용하므로 거실의 외벽이 외기에 직접 면하는 경우인 열관류율은 0.320W/m² · k에 해당된다.

7 건축물의 열손실 방지를 위한 조치 중 열관류율 (단위 : W/m² · k)기준으로 가장 부적합한 것은 다음 중 어느 것인가? (단, 남부지역임, 공동주택 외의 경우)　(2016.7.1 시행)

① 외기에 직접 면하는 거실의 외벽 : 0.320 이하
② 외기에 직접 면하는 최상층에 있는 거실의 반자 또는 지붕 : 0.180 이하
③ 외기에 직접 면하는 최하층에 있는 거실의 바닥 (바닥난방인 경우) : 0.220 이하
④ 바닥난방인 층간바닥 : 0.80 이하

[별표 1] 지역별 건축물 부위의 열관류율표

(단위 : W/m²·K)

건축물의 부위		지역	중부1지역[1]	중부2지역[2]	남부지역[3]	제주도
거실의 외벽	외기에 직접 면하는 경우	공동주택	0.150 이하	0.170 이하	0.220 이하	0.290 이하
		공동주택 외	0.170 이하	0.240 이하	0.320 이하	0.410 이하
	외기에 간접 면하는 경우	공동주택	0.210 이하	0.240 이하	0.310 이하	0.410 이하
		공동주택 외	0.240 이하	0.340 이하	0.450 이하	0.560 이하
최상층에 있는 거실의 반자 또는 지붕	외기에 직접 면하는 경우		0.150 이하		0.180 이하	0.250 이하
	외기에 간접 면하는 경우		0.210 이하		0.260 이하	0.350 이하
최하층에 있는 거실의 바닥	외기에 직접 면하는 경우	바닥난방인 경우	0.150 이하	0.170 이하	0.220 이하	0.290 이하
		바닥난방이 아닌 경우	0.170 이하	0.200 이하	0.250 이하	0.330 이하
	외기에 간접 면하는 경우	바닥난방인 경우	0.210 이하	0.240 이하	0.310 이하	0.410 이하
		바닥난방이 아닌 경우	0.240 이하	0.290 이하	0.350 이하	0.470 이하
바닥난방인 층간바닥			0.810 이하			
창 및 문	외기에 직접 면하는 경우	공동주택	0.900 이하	1.000 이하	1.200 이하	1.600 이하
		공동주택 외 창	1.300 이하	1.500 이하	1.800 이하	2.200 이하
		공동주택 외 문	1.500 이하			
	외기에 간접 면하는 경우	공동주택	1.300 이하	1.500 이하	1.700 이하	2.000 이하
		공동주택 외 창	1.600 이하	1.900 이하	2.200 이하	2.800 이하
		공동주택 외 문	1.900 이하			
공동주택 세대현관문 및 방화문	외기에 직접 면하는 경우 및 거실 내 방화문		1.400 이하			
	외기에 간접 면하는 경우		1.800 이하			

■비고
1) 중부1지역 : 강원도(고성, 속초, 양양, 강릉, 동해, 삼척 제외), 경기도(연천, 포천, 가평, 남양주, 의정부, 양주, 동두천 파주), 충청북도(제천), 경상북도(봉화, 청송)
2) 중부2지역 : 서울특별시, 대전광역시, 세종특별자치시, 인천광역시, 강원도(고성, 속초, 양양, 강릉, 동해, 삼척, 경기도(연천, 포천, 가평, 남양주, 의정부, 양주, 동두천 파주 제외), 충청북도(제천 제외), 충청남도, 경상북도(봉화, 청송, 울진, 영덕, 포항, 경주, 청도, 경산 제외), 전라북도, 경상남도(거창, 함양)
3) 남부지역 : 부산광역시, 대구광역시, 울산광역시, 광주광역시, 전라남도, 경상북도(울진, 영덕, 포항, 경주, 청도, 경산), 경상남도(거창, 함양 제외)

정답 5. ④　6. ①　7. ④

8 다음은 에너지절약 설계에 관한 기준 중 현재 적용되는 건축물의 부위에 따른 지역별 연관류율 값으로 가장 부적합한 것은? (단위 : W/m²·k)　(2016.7.1 시행)

① 거실의 외벽으로 외기에 직접 면하는 경우 중부2지역의 공동주택 외의 열관류율은 0.240이다.
② 거실의 외벽으로 외기에 간접 면하는 경우 중부2지역의 공동주택 외의 열관류율은 0.340이다.
③ 바닥난방인 층간바닥의 경우 중부지역의 열관류율은 0.810 이하이다.
④ 최상층에 있는 거실의 반자 또는 지붕은 외기에 직접 면하는 경우 중부2지역의 열관류율은 0.220이다.

> 최상층에 있는 거실의 반자 또는 지붕은 외기에 직접 면하는 경우 중부지역의 열관류율은 0.150이다.

9 다음 에너지절약 설계에 관한 기준 중 현재 적용되는 건축물의 부위에 따른 지역별 연관류율 값에서 창 및 문의 열관류율 값으로 가장 부적합한 것은?
(단위 : W/m²·k)　(2016.7.1 시행)

① 외기에 직접 면하는 경우 공동주택으로서 남부지역의 열관류율은 1.200이다.
② 외기에 직접 면하는 경우 공동주택 외로서 남부지역의 열관류율은 1.800이다.
③ 외기에 간접 면하는 경우 공동주택으로서 남부지역의 열관류율은 1.700이다.
④ 외기에 간접 면하는 경우 공동주택 외로서 남부지역의 열관류율은 2.500이다.

건축물의 부위			지역 중부1지역[1]	중부2지역[2]	남부지역[3]	제주도
창 및 문	외기에 직접 면하는 경우	공동주택	0.900 이하	1.000 이하	1.200 이하	1.600 이하
		공동주택 외 창	1.300 이하	1.500 이하	1.800 이하	2.200 이하
		공동주택 외 문	1.500 이하			
	외기에 간접 면하는 경우	공동주택	1.300 이하	1.500 이하	1.700 이하	2.000 이하
		공동주택 외 창	1.600 이하	1.900 이하	2.200 이하	2.800 이하
		공동주택 외 문	1.900 이하			
공동주택 세대현관문 및 방화문	외기에 직접 면하는 경우 및 거실 내 방화문		1.400 이하			
	외기에 간접 면하는 경우		1.800 이하			

10 다음 에너지절약 설계에 관한 기준 중 현재 적용되는 건축물의 부위에 따른 지역별 연관류율 값에서 거실의 외벽이 외기에 직접면하는 경우에 열관류율 기준 값으로 가장 부적합한 것은? (단위 : W/m²·k) (단, 공동주택외의 경우)　(2016.7.1 시행)

① 0.170 이하　② 0.240 이하
③ 0.320 이하　④ 0.640 이하

건축물의 부위		지역	중부1지역[1]	중부2지역	남부지역[3]	제주도
거실의 외벽	외기에 직접 면하는 경우	공동주택	0.150 이하	0.170 이하	0.220 이하	0.290 이하
		공동주택 외	0.170 이하	0.240 이하	0.320 이하	0.410 이하
	외기에 간접 면하는 경우	공동주택	0.210 이하	0.240 이하	0.310 이하	0.410 이하
		공동주택 외	0.240 이하	0.340 이하	0.450 이하	0.560 이하

11 다음 에너지절약 설계에 관한 기준 중 현재 적용되는 건축물의 부위에 따른 지역별 연관류율 값에서 최하층에 있는 거실의 바닥이 외기에 직접 면하는 경우 (바닥난방인 경우)에 열관류율 기준 값으로 가장 부적합한 것은?
(단위 : W/m²·k)　(2016.7.1 시행)

① 0.150 이하　② 0.170 이하
③ 0.220 이하　④ 0.290 이하

건축물의 부위		지역	중부1지역[1]	중부2지역[2]	남부지역[3]	제주도
최하층에 있는 거실의 바닥	외기에 직접 면하는 경우	바닥난방인 경우	0.150 이하	0.170 이하	0.220 이하	0.290 이하
		바닥난방이 아닌 경우	0.170 이하	0.200 이하	0.250 이하	0.330 이하
	외기에 간접 면하는 경우	바닥난방인 경우	0.210 이하	0.240 이하	0.310 이하	0.410 이하
		바닥난방이 아닌 경우	0.240 이하	0.290 이하	0.350 이하	0.470 이하

정답　8. ④　9. ④　10. ④　11. ④

12 다음은 에너지절약 설계기준 중 현재 적용되는 건축물의 부위에 따른 지역별 열관류율 값으로 가장 부적합한 것은? (단위 : W/m²·k) (2016.7.1 시행)

① 거실의 외벽으로 외기에 간접 면하는 경우 중부2지역의 열관류율은 0.340이다.(공동주택 외인 경우)

② 최상층에 있는 거실의 반자 또는 지붕으로 외기에 간접면하는 경우 중부2지역의 열관류율은 0.210이다.

③ 바닥난방인 층간바닥의 경우 중부2지역의 열관류율은 0.810 이하이다.

④ 최하층에 있는 거실의 바닥으로 외기에 간접면하는 경우로서 바닥난방인 중부2지역의 열관류율은 0.350이다.

> 최하층에 있는 거실의 바닥으로 외기에 간접 면하는 경우 중부2지역의 열관류율은 0.210이하이다.

□□□ **단열재의 두께**

13 다음 건축 부위 중 동일등급의 단열재 사용시 허용 두께가 가장 두꺼워야 하는 부위는? (단, 중부1지역임, 단위 mm)

① 최상층에 있는 거실의 반자 또는 지붕(외기에 직접 면하는 경우

② 바닥난방인 층간바닥

③ 최하층에 있는 거실의 바닥으로서 외기에 직접 면하는 바닥난방인 경우

④ 거실의 외벽(외기에 직접 면하는 경우)

[중부1지역] [1] (단위 : mm)

건축물의 부위		단열재의 등급	단열재 등급별 허용 두께			
			가	나	다	라
거실의 외벽	외기에 직접 면하는 경우	공동주택	220	255	295	325
		공동주택 외	190	225	260	285
	외기에 간접 면하는 경우	공동주택	150	180	205	225
		공동주택 외	130	155	175	195
최상층에 있는 거실의 반자 또는 지붕	외기에 직접 면하는 경우		220	260	295	330
	외기에 간접 면하는 경우		155	180	205	230
최하층에 있는 거실의 바닥	외기에 직접 면하는 경우	바닥난방인 경우	215	250	290	320
		바닥난방이 아닌 경우	195	230	265	290
	외기에 간접 면하는 경우	바닥난방인 경우	145	170	195	220
		바닥난방이 아닌 경우	135	155	180	200
바닥난방인 층간바닥			30	35	45	50

14 건축물의 열손실 방지를 위한 조치 중 단열재 두께가 가장 얇은 건축물의 부위는? (단, 중부2지역, 단열재 두께가 가 등급의 경우이다. 단위 : mm)

① 거실의 외벽 중 외기에 직접 면하는 경우(공동주택 외)

② 바닥난방인 층간바닥

③ 최상층의 거실의 지붕 중 외기에 간접 면하는 경우

④ 최하층의 거실의 바닥 중 외기에 직접 면하며 바닥난방이 아닌 경우

[중부2지역] [1] (단위 : mm)

건축물의 부위		단열재의 등급	단열재 등급별 허용 두께			
			가	나	다	라
거실의 외벽	외기에 직접 면하는 경우	공동주택	190	225	260	285
		공동주택 외	135	155	180	200
	외기에 간접 면하는 경우	공동주택	130	155	175	195
		공동주택 외	90	105	120	135
최상층에 있는 거실의 반자 또는 지붕	외기에 직접 면하는 경우		220	260	295	330
	외기에 간접 면하는 경우		155	180	205	230
최하층에 있는 거실의 바닥	외기에 직접 면하는 경우	바닥난방인 경우	190	220	255	280
		바닥난방이 아닌 경우	165	195	220	245
	외기에 간접 면하는 경우	바닥난방인 경우	125	150	170	185
		바닥난방이 아닌 경우	110	125	145	160
바닥난방인 층간바닥			30	35	45	50

□□□ **창 및 문의 단열성능**

15 창틀의 플라스틱 유리의 공기층 두께가 6mm인 경우, 건축물에너지 절약설계기준에 근거하여 다음 중 단열성능이 가장 불리한 것은?

① 일반삼중창

② 로이유리 (소프트 코팅) 복층창

③ 로이유리 (하드코팅) 복층창

④ 아르곤주입 복층창

> ① 일반삼중창 : 2.4
> ② 로이유리 (소프트 코팅) 복층창 : 2.6
> ③ 로이유리 (하드코팅) 복층창 : 2.7
> ④ 아르곤주입 복층창 : 2.9

정답 12. ④ 13. ① 14. ② 15. ④

16 창 및 문의 단열성능과 관련된 내용 중 가장 부적합한 것은 다음 중 어느 것인가?

① 열교차단재라 함은 창 및 문의 금속프레임 외부 및 내부사이에 설치되는 폴리염화비닐 등 단열성을 가진재료로서 외부로의 열흐름을 차단할 수 있는 재료를 말한다.

② 문의 유리비율은 문 및 문틀을 포함한 면적에 대한 유리면적의 비율을 말한다.

③ 창 및 문을 구성하는 각 유리의 공기층 두께가 서로 다를 경우 그 중 최소 공기층 두께를 해당 창 및 문의 공기층 두께로 인정하며, 단창+단창, 단창+복층창의 공기층 두께는 12mm로 인정한다.

④ 창 및 문을 구성하는 각 유리의 창틀, 및 문틀이 서로 다를 경우에는 열관류율이 높은 값을 인정한다.

> 1) 열교차단재 : 열교차단재라 함은 창 및 문의 금속프레임 외부 및 내부사이에 설치되는 폴리염화비닐 등 단열성을 가진재료로서 외부로의 열흐름을 차단할 수 있는 재료를 말한다.
> 2) 복층창은 단창+단창을 포함하며, 사중창은 복층창+복층창을 포함한다.
> 3) 문의 유리비율은 문 및 문틀을 포함한 면적에 대한 유리면적의 비율을 말한다.
> 4) 창 및 문을 구성하는 각 유리의 공기층 두께가 서로 다를 경우 그 중 최소 공기층 두께를 해당 창 및 문의 공기층 두께로 인정하며, 단창+단창, 단창+복층창의 공기층 두께는 6mm로 인정한다.
> 5) 창 및 문을 구성하는 각 유리의 창틀, 및 문틀이 서로 다를 경우에는 열관류율이 높은 값을 인정한다.
> 6) 복층창, 삼중창, 사중창의 경우, 한면만 로이유리를 사용할 경우, 로이유리를 적용한 것으로 인정한다.
> 7) 삼중창, 사중창의 경우 하나의 창 및 문에 아르곤을 주입할 경우, 아르곤을 적용한 것으로 인정한다.

17 창 및 문의 단열성능과 관련된 내용 중 가장 부적합한 것은 다음 중 어느 것인가?

① 열교차단재라 함은 창 및 문의 금속프레임 외부 및 내부사이에 설치되는 폴리염화비닐 등 단열성을 가진재료로서 외부로의 열흐름을 차단할 수 있는 재료를 말한다.

② 문의 유리비율은 문 및 문틀을 제외한 면적에 대한 유리면적의 비율을 말한다.

③ 창 및 문을 구성하는 각 유리의 공기층 두께가 서로 다를 경우 그 중 최소 공기층 두께를 해당 창 및 문의 공기층 두께로 인정하며, 단창+단창, 단창+복층창의 공기층 두께는 6mm로 인정한다.

④ 창 및 문을 구성하는 각 유리의 창틀, 및 문틀이 서로 다를 경우에는 열관류율이 높은 값을 인정한다.

> ② 문의 유리비율은 문 및 문틀을 포함한 면적에 대한 유리면적의 비율을 말한다.

□□□ **창 및 문의 단열성능**

18 열관류율 계산 시 적용되는 실내 및 실외측 표면 열전달저항의 상수로 가장 부적합한 것은?

① 거실의 외벽 실내표면 열전달저항 : 0.11

② 거실의 외벽 실외표면 열전달저항(외기에 간접 면하는 경우) : 0.043

③ 거실의 외벽 실외표면 열전달저항(외기에 직접 면하는 경우) : 0.043

④ 최하층에 있는 거실바닥의 실내표면 열전달저항 : 0.086

> 거실의 외벽 실외표면 열전달저항 (외기에 간접 면하는 경우) : 0.11

정답 16. ③ 17. ② 18. ②

19 열관류율 계산 시 적용되는 실내 및 실외측 표면 열전달저항의 상수로 가장 부적합한 것은?

① 거실의 외벽 실내표면 열전달저항 : 0.11
② 최하층에 있는 거실바닥 실내표면 열전달 저항 : 0.043
③ 최하층에 있는 거실바닥 실외표면 열전달저항 (외기에 간접면하는 경우) : 0.15
④ 최하층에 있는 거실바닥 실외표면 열전달저항 (외기에 직접 면하는 경우) : 0.043

[별표5] 열관류율 계산 시 적용되는 실내 및 실외측 표면 열전달저항

열전달저항 건물부위	실내표면열전달저항Ri [단위 : $m^2 \cdot K/W$] (괄호 안은 $m^2 \cdot h \cdot ℃/kcal$)	실외표면열전달저항Ro [단위 : $m^2 \cdot K/W$] (괄호 안은 $m^2 \cdot h \cdot ℃/kcal$)	
		외기에 간접 면하는 경우	외기에 직접 면하는 경우
거실의 외벽(측벽 및 창, 문 포함)	0.11(0.13)	0.11 (0.13)	0.043 (0.050)
최하층에 있는 거실 바닥	0.086(0.10)	0.15 (0.17)	0.043 (0.050)
최상층에 있는 거실의 반자 또 는 지붕	0.086(0.10)	0.086 (0.10)	0.043 (0.050)
공동주택의 층간 바닥	0.086(0.10)	–	–

정답 19. ②

CHAPTER 05 열관류율 계산 및 응용

1 목적(제1조)

(1) 의미

열이 관류(통과) 되는 정도를 열관류율(K)이라 하며, 이 값이 작을수록 열성 능상 유리하다. 또한 열관류율의 역수(1/K)를 열관류저항(기호 : R, 단위 : $m^2 \cdot K/W$)이라 한다.

제6조(건축부문의 의무사항) 제2조에 따른 열손실방지 조치 대상 건축물의 건축주와 설계자 등은 다음 각 호에서 정하는 건축부문의 설계기준을 따라야 한다.
1. 단열조치 일반사항
  가. 외기에 직접 또는 간접 면하는 거실의 각 부위에는 제2조에 따라 건축물의 열손실방지 조치를 하여야 한다. 다만, 다음 부위에 대해서는 그러하지 아니할 수 있다.
    1) 지표면 아래 2미터를 초과하여 위치한 지하 부위(공동주택의 거실 부위는 제외)로서 이중벽의 설치 등 하계 표면결로 방지 조치를 한 경우
    2) 지면 및 토양에 접한 바닥 부위로서 난방공간의 외벽 내표면까지의 모든 수평거리가 10미터를 초과하는 바닥부위
    3) 외기에 간접 면하는 부위로서 당해 부위가 면한 비난방공간의 외기에 직접 또는 간접 면하는 부위를 별표1에 준하여 단열조치 하는 경우
    4) 공동주택의 층간바닥(최하층 제외) 중 바닥난방을 하지 않는 현관 및 욕실의 바닥부위
    5) 방풍구조(외벽제외) 또는 바닥면적 150㎡ 이하의 개별 점포의 출입문
    6) 「건축법시행령」 별표1 제21호에 따른 동물 및 식물관련 시설 중 작물 재배사 또는 온실 등 지표면을 바닥으로 사용하는 공간의 바닥부위
    7) 「건축법」 제49조 3항에 따른 소방관 집입창(단, 「건축물의 피난·방화구조 등의 기준에 관한 규칙」 제18조의2제1호를 만족하는 최소 설치 개소로 한정한다.)
  나. 단열조치를 하여야 하는 부위의 열관류율이 위치 또는 구조상의 특성에 의하여 일정하지 않는 경우에는 해당 부위의 평균 열관류율값을 면적가중 계산에 의하여 구한다.
  다. 단열조치를 하여야 하는 부위에 대하여는 다음 각 호에서 정하는 방법에 따라 단열기준에 적합한지를 판단할 수 있다.
    1) 이 기준 별표3의 지역별·부위별·단열재 등급별 허용 두께 이상으로 설치하는 경우(단열재의 등급 분류는 별표2에 따름) 적합한 것으로 본다.

[별표2] 단열재의 등급 분류

등급 분류	열전도율의 범위 (KS L 9016에 의한 20±5℃ 시험조건에서 열전도율)		관련 표준	단열재 종류
	W/mK	kcal/mh℃		
가	0.034 이하	0.029 이하	KS M 3808	– 압출법보온판 특호, 1호, 2호, 3호 – 비드법보온판 2종 1호, 2호, 3호, 4호
			KS M 3809	– 경질우레탄폼보온판 1종 1호, 2호, 3호 및 2종 1호, 2호, 3호
			KS L 9102	– 그라스울 보온판 48K, 64K, 80K, 96K, 120K
			KS M ISO 4898	– 페놀 폼 Ⅰ종A, Ⅱ종A
			KS M 3871-1	– 분무식 중밀도 폴리우레탄 폼 1종(A, B), 2종(A, B)
			KS F 5660	– 폴리에스테르 흡음 단열재 1급
			기타 단열재로서 열전도율이 0.034 W/mK (0.029 kcal/mh℃)이하인 경우	
나	0.035~0.040	0.030~0.034	KS M 3808	– 비드법보온판 1종 1호, 2호, 3호
			KS L 9102	– 미네랄울 보온판 1호, 2호, 3호 – 그라스울 보온판 24K, 32K, 40K
			KS M ISO 4898	– 페놀 폼 Ⅰ종B, Ⅱ종B, Ⅲ종A
			KS M 3871-1	– 분무식 중밀도 폴리우레탄 폼 1종(C)
			KS F 5660	– 폴리에스테르 흡음 단열재 2급
			기타 단열재로서 열전도율이 0.035~0.040 W/mK (0.030~ 0.034 kcal/mh℃)이하인 경우	
다	0.041~0.046	0.035~0.039	KS M 3808	– 비드법보온판 1종 4호
			KS F 5660	– 폴리에스테르 흡음 단열재 3급
			기타 단열재로서 열전도율이 0.041~0.046 W/mK (0.035~0.039 kcal/mh℃)이하인 경우	
라	0.047~0.051	0.040~0.044	기타 단열재로서 열전도율이 0.047~0.051 W/mK (0.040~0.044 kcal/mh℃)이하인 경우	

※ 단열재의 등급분류는 단열재의 열전도율의 범위에 따라 등급을 분류한다.

[별표3] 단열재의 두께

[중부1지역][1]   (단위 : mm)

건축물의 부위		단열재의 등급	단열재 등급별 허용 두께			
			가	나	다	라
거실의 외벽	외기에 직접 면하는 경우	공동주택	220	255	295	325
		공동주택 외	190	225	260	285
	외기에 간접 면하는 경우	공동주택	150	180	205	225
		공동주택 외	130	155	175	195
최상층에 있는 거실의 반자 또는 지붕	외기에 직접 면하는 경우		220	260	295	330
	외기에 간접 면하는 경우		155	180	205	230
최하층에 있는 거실의 바닥	외기에 직접 면하는 경우	바닥난방인 경우	215	250	290	320
		바닥난방이 아닌 경우	195	230	265	290
	외기에 간접 면하는 경우	바닥난방인 경우	145	170	195	220
		바닥난방이 아닌 경우	135	155	180	200
바닥난방인 층간바닥			30	35	45	50

[중부2지역]¹⁾ (단위 : mm)

건축물의 부위		단열재의 등급	단열재 등급별 허용 두께			
			가	나	다	라
거실의 외벽	외기에 직접 면하는 경우	공동주택	190	225	260	285
		공동주택 외	135	155	180	200
	외기에 간접 면하는 경우	공동주택	130	155	175	195
		공동주택 외	90	105	120	135
최상층에 있는 거실의 반자 또는 지붕	외기에 직접 면하는 경우		220	260	295	330
	외기에 간접 면하는 경우		155	180	205	230
최하층에 있는 거실의 바닥	외기에 직접 면하는 경우	바닥난방인 경우	190	220	255	280
		바닥난방이 아닌 경우	165	195	220	245
	외기에 간접 면하는 경우	바닥난방인 경우	125	150	170	185
		바닥난방이 아닌 경우	110	125	145	160
바닥난방인 층간바닥			30	35	45	50

[남부지역]²⁾ (단위 : mm)

건축물의 부위		단열재의 등급	단열재 등급별 허용 두께			
			가	나	다	라
거실의 외벽	외기에 직접 면하는 경우	공동주택	145	170	200	220
		공동주택 외	100	115	130	145
	외기에 간접 면하는 경우	공동주택	100	115	135	150
		공동주택 외	65	75	90	95
최상층에 있는 거실의 반자 또는 지붕	외기에 직접 면하는 경우		180	215	245	270
	외기에 간접 면하는 경우		120	145	165	180
최하층에 있는 거실의 바닥	외기에 직접 면하는 경우	바닥난방인 경우	140	165	190	210
		바닥난방이 아닌 경우	130	155	175	195
	외기에 간접 면하는 경우	바닥난방인 경우	95	110	125	140
		바닥난방이 아닌 경우	90	105	120	130
바닥난방인 층간바닥			30	35	45	50

[제주도]   (단위 : mm)

건축물의 부위		단열재의 등급	단열재 등급별 허용 두께			
			가	나	다	라
거실의 외벽	외기에 직접 면하는 경우	공동주택	110	130	145	165
		공동주택 외	75	90	100	110
	외기에 간접 면하는 경우	공동주택	75	85	100	110
		공동주택 외	50	60	70	75
최상층에 있는 거실의 반자 또는 지붕	외기에 직접 면하는 경우		130	150	175	190
	외기에 간접 면하는 경우		90	105	120	130
최하층에 있는 거실의 바닥	외기에 직접 면하는 경우	바닥난방인 경우	105	125	140	155
		바닥난방이 아닌 경우	100	115	130	145
	외기에 간접 면하는 경우	바닥난방인 경우	65	80	90	100
		바닥난방이 아닌 경우	65	75	85	95
바닥난방인 층간바닥			30	35	45	50

■ 비고
1) 중부1지역 : 강원도(고성, 속초, 양양, 강릉, 동해, 삼척 제외), 경기도(연천, 포천, 가평, 남양주, 의정부, 양주, 동두천, 파주), 충청북도(제천), 경상북도(봉화, 청송)
2) 중부2지역 : 서울특별시, 대전광역시, 세종특별자치시, 인천광역시, 강원도(고성, 속초, 양양, 강릉, 동해, 삼척), 경기도(연천, 포천, 가평, 남양주, 의정부, 양주, 동두천, 파주 제외), 충청북도(제천 제외), 충청남도, 경상북도(봉화, 청송, 울진, 영덕, 포항, 경주, 청도, 경산 제외), 전라북도, 경상남도(거창, 함양)
3) 남부지역 : 부산광역시, 대구광역시, 울산광역시, 광주광역시, 전라남도, 경상북도(울진, 영덕, 포항, 경주, 청도, 경산), 경상남도(거창, 함양 제외)

2) 해당 벽·바닥·지붕 등의 부위별 전체 구성재료와 동일한 시료에 대하여 KS F2277(건축용 구성재의 단열성 측정방법)에 의한 열저항 또는 열관류율 측정값(시험성적서의 값)이 별표1의 부위별 열관류율에 만족하는 경우에는 적합한 것으로 보며, 시료의 공기층(단열재 내부의 공기층 포함) 두께와 동일하면서 기타 구성재료의 두께가 시료보다 증가한 경우와 공기층을 제외한 시료에 대한 측정값이 기준에 만족하고 시료 내부에 공기층을 추가하는 경우에도 적합한 것으로 본다. 단, 공기층이 포함된 경우에는 시공 시에 공기층 두께를 동일하게 유지하여야 한다.

[별표1] 지역별 건축물 부위의 열관류율표

(단위 : W/㎡·K)

건축물의 부위			지역 중부1지역[1]	중부2지역[2]	남부지역[3]	제주도
거실의 외벽	외기에 직접 면하는 경우	공동주택	0.150 이하	0.170 이하	0.220 이하	0.290 이하
		공동주택 외	0.170 이하	0.240 이하	0.320 이하	0.410 이하
	외기에 간접 면하는 경우	공동주택	0.210 이하	0.240 이하	0.310 이하	0.410 이하
		공동주택 외	0.240 이하	0.340 이하	0.450 이하	0.560 이하
최상층에 있는 거실의 반자 또는 지붕	외기에 직접 면하는 경우		0.150 이하		0.180 이하	0.250 이하
	외기에 간접 면하는 경우		0.210 이하		0.260 이하	0.350 이하
최하층에 있는 거실의 바닥	외기에 직접 면하는 경우	바닥난방인 경우	0.150 이하	0.170 이하	0.220 이하	0.290 이하
		바닥난방이 아닌 경우	0.170 이하	0.200 이하	0.250 이하	0.330 이하
	외기에 간접 면하는 경우	바닥난방인 경우	0.210 이하	0.240 이하	0.310 이하	0.410 이하
		바닥난방이 아닌 경우	0.240 이하	0.290 이하	0.350 이하	0.470 이하
바닥난방인 층간바닥			0.810 이하			
창 및 문	외기에 직접 면하는 경우	공동주택	0.900 이하	1.000 이하	1.200 이하	1.600 이하
		공동주택 외 창	1.300 이하	1.500 이하	1.800 이하	2.200 이하
		공동주택 외 문	1.500 이하			
	외기에 간접 면하는 경우	공동주택	1.300 이하	1.500 이하	1.700 이하	2.000 이하
		공동주택 외 창	1.600 이하	1.900 이하	2.200 이하	2.800 이하
		공동주택 외 문	1.900 이하			
공동주택 세대현관문 및 방화문	외기에 직접 면하는 경우 및 거실 내 방화문		1.400 이하			
	외기에 간접 면하는 경우		1.800 이하			

■비고
1) 중부1지역 : 강원도(고성, 속초, 양양, 강릉, 동해, 삼척 제외), 경기도(연천, 포천, 가평, 남양주, 의정부, 양주, 동두천, 파주), 충청북도(제천), 경상북도(봉화, 청송)
2) 중부2지역 : 서울특별시, 대전광역시, 세종특별자치시, 인천광역시, 강원도(고성, 속초, 양양, 강릉, 동해, 삼척), 경기도(연천, 포천, 가평, 남양주, 의정부, 양주, 동두천, 파주 제외), 충청북도(제천 제외), 충청남도, 경상북도(봉화, 청송, 울진, 영덕, 포항, 경주, 청도, 경산 제외), 전라북도, 경상남도(거창, 함양)
3) 남부지역 : 부산광역시, 대구광역시, 울산광역시, 광주광역시, 전라남도, 경상북도(울진, 영덕, 포항, 경주, 청도, 경산), 경상남도(거창, 함양 제외)

3) 구성재료의 열전도율 값으로 열관류율을 계산한 결과가 별표1의 부위별 열관류율 기준을 만족하는 경우 적합한 것으로 본다.(단, 각 재료의 열전도율 값은 한국산업규격 또는 시험성적서의 값을 사용하고, 표면열전달저항 및 중공층의 열저항은 이 기준 별표5 및 별표6에서 제시하는 값을 사용)

[별표5] 열관류율 계산 시 적용되는 실내 및 실외측 표면 열전달저항

열전달저항 건물 부위	실내표면열전달저항Ri [단위 : $m^2 \cdot K/W$] (괄호안은 $m^2 \cdot h \cdot °C/kcal$)	실외표면열전달저항Ro [단위 : $m^2 \cdot K/W$] (괄호안은 $m^2 \cdot h \cdot °C/kcal$)	
		외기에 간접 면하는 경우	외기에 직접 면하는 경우
거실의 외벽 (측벽 및 창, 문 포함)	0.11(0.13)	0.11 (0.13)	0.043 (0.050)
최하층에 있는 거실 바닥	0.086(0.10)	0.15 (0.17)	0.043 (0.050)
최상층에 있는 거실의 반자 또는 지붕	0.086(0.10)	0.086 (0.10)	0.043 (0.050)
공동주택의 층간 바닥	0.086(0.10)	–	–

[별표6] 열관류율 계산시 적용되는 중공층의 열저항

공기층의 종류	공기층의 두께 da (cm)	공기층의 열저항 Ra [단위 : $m^2 \cdot K/W$] (괄호안은 $m^2 \cdot h \cdot °C/kcal$)
(1) 공장생산된 기밀제품	2 cm 이하	$0.086 \times da(cm)$ $(0.10 \times da(cm))$
	2 cm 초과	0.17 (0.20)
(2) 현장시공 등	1 cm 이하	$0.086 \times da(cm)$ $(0.10 \times da(cm))$
	1 cm 초과	0.086 (0.10)
(3) 중공층 내부에 반사형 단열재가 설치된 경우	방사율 0.5 이하 : (1) 또는 (2)에서 계산된 열저항의 1.5배 방사율 0.1 이하 : (1) 또는 (2)에서 계산된 열저항의 2.0배	

4) 창 및 문의 경우 KS F 2278(창호의 단열성 시험 방법)에 의한 시험
성적서 또는 별표4에 의한 열관류율값 또는 산업통상자원부고시 「효
율관리기자재 운용규정」에 따른 창 세트의 열관류율 표시값 또는 ISO
15099에 따라 계산된 창 및 문의 열관류율값이 별표1의 열관류율 기
준을 만족하는 경우 적합한 것으로 본다.

[별표4] 창 및 문의 단열성능

(단위 : W/㎡·K)

창 및 문의 종류			창틀 및 문틀의 종류별 열관류율								
			금속재						플라스틱 또는 목재		
			열교차단재[1) 미적용			열교차단재 적용					
유리의 공기층 두께[mm]			6	12	16 이상	6	12	16 이상	6	12	16 이상
창	복층창	일반복층창[2)]	4.0	3.7	3.6	3.7	3.4	3.3	3.1	2.8	2.7
		로이유리(하드코팅)	3.6	3.1	2.9	3.3	2.8	2.6	2.7	2.3	2.1
		로이유리(소프트코팅)	3.5	2.9	2.7	3.2	2.6	2.4	2.6	2.1	1.9
		아르곤 주입	3.8	3.6	3.5	3.5	3.3	3.2	2.9	2.7	2.6
		아르곤 주입+로이유리(하드코팅)	3.3	2.9	2.8	3.0	2.6	2.5	2.5	2.1	2.0
		아르곤 주입+로이유리(소프트코팅)	3.2	2.7	2.6	2.9	2.4	2.3	2.3	1.9	1.8
	삼중창	일반삼중창[2)]	3.2	2.9	2.8	2.9	2.6	2.5	2.4	2.1	2.0
		로이유리(하드코팅)	2.9	2.4	2.3	2.6	2.1	2.0	2.1	1.7	1.6
		로이유리(소프트코팅)	2.8	2.3	2.2	2.5	2.0	1.9	2.0	1.6	1.5
		아르곤 주입	3.1	2.8	2.7	2.8	2.5	2.4	2.2	2.0	1.9
		아르곤 주입+로이유리(하드코팅)	2.6	2.3	2.2	2.3	2.0	1.9	1.9	1.6	1.5
		아르곤 주입+로이유리(소프트코팅)	2.5	2.2	2.1	2.2	1.9	1.8	1.8	1.5	1.4
	사중창	일반사중창[2)]	2.8	2.5	2.4	2.5	2.2	2.1	2.1	1.8	1.7
		로이유리(하드코팅)	2.5	2.1	2.0	2.2	1.8	1.7	1.8	1.5	1.4
		로이유리(소프트코팅)	2.4	2.0	1.9	2.1	1.7	1.6	1.7	1.4	1.3
		아르곤 주입	2.7	2.5	2.4	2.4	2.2	2.1	1.9	1.7	1.6
		아르곤 주입+로이유리(하드코팅)	2.3	2.0	1.9	2.0	1.7	1.6	1.6	1.4	1.3
		아르곤 주입+로이유리(소프트코팅)	2.2	1.9	1.8	1.9	1.6	1.5	1.5	1.3	1.2
	단창		6.6			6.10			5.30		
문	일반문	단열 두께 20mm 미만	2.70			2.60			2.40		
		단열 두께 20mm 이상	1.80			1.70			1.60		
	유리문	단창문 유리비율[3)] 50% 미만	4.20			4.00			3.70		
		단창문 유리비율 50% 이상	5.50			5.20			4.70		
		복층창문 유리비율 50% 미만	3.20	3.10	3.00	3.00	2.90	2.80	2.70	2.60	2.50
		복층창문 유리비율 50% 이상	3.80	3.50	3.40	3.30	3.10	3.00	3.00	2.80	2.70

주1) 열교차단재 : 열교 차단재라 함은 창 및 문의 금속프레임 외부 및 내부 사이에 설치되는 폴리염화비닐 등 단열성을 가진 재료로서 외부로의 열흐름을 차단할 수 있는 재료를 말한다.

주2) 복층창은 단창+단창, 삼중창은 단창+복층창, 사중창은 복층창+복층창을 포함한다.

주3) 문의 유리비율은 문 및 문틀을 포함한 면적에 대한 유리면적의 비율을 말한다.

주4) 창 및 문을 구성하는 각 유리의 공기층 두께가 서로 다를 경우 그 중 최소 공기층 두께를 해당 창 및 문의 공기층 두께로 인정하며, 단창+단창, 단창+복층창의 공기층 두께는 6mm로 인정한다.

주5) 창 및 문을 구성하는 각 유리의 창틀 및 문틀이 서로 다를 경우에는 열관류율이 높은 값을 인정한다.

주6) 복층창, 삼중창, 사중창의 경우 한면만 로이유리를 사용한 경우, 로이유리를 적용한 것으로 인정한다.

주7) 삼중창, 사중창의 경우 하나의 창 및 문에 아르곤을 주입한 경우, 아르곤을 적용한 것으로 인정한다.

5) 열관류율 또는 열관류저항의 계산결과는 소수점 3자리로 맺음을 하여 적합 여부를 판정한다.(소수점 4째 자리에서 반올림)

라. 별표1 건축물부위의 열관류율 산정을 위한 단열재의 열전도율 값은 한국산업규격 KS L 9016 보온재의 열전도율 측정방법에 따른 국가공인시험기관의 KOLAS 인정마크가 표시된 시험성적서에 의한 값을 사용하되 열전도율 시험을 위한 시료의 평균온도는 20±5℃로 한다.

마. 수평면과 이루는 각이 70도를 초과하는 경사지붕은 별표1에 따른 외벽의 열관류율을 적용할 수 있다.

바. 바닥난방을 하는 공간의 하부가 바닥난방을 하지 않는 공간일 경우에는 당해 바닥난방을 하는 바닥부위는 별표1의 최하층에 있는 거실의 바닥으로 보며 외기에 간접 면하는 경우의 열관류율 기준을 만족하여야 한다.

2. 에너지절약계획서 및 설계 검토서 제출대상 건축물은 별지 제1호 서식의 에너지 성능지표의 건축부문 1번 항목 배점을 0.6점 이상 획득하여야 한다.

3. 바닥난방에서 단열재의 설치

가. 바닥난방 부위에 설치되는 단열재는 바닥난방의 열이 슬래브 하부로 손실되는 것을 막을 수 있도록 온수배관(전기난방인 경우는 발열선) 하부와 슬래브 사이에 설치하고, 온수배관(전기난방인 경우는 발열선) 하부와 슬래브 사이에 설치되는 구성 재료의 열저항의 합계는 해당 바닥에 요구되는 총열관류저항(별표1에서 제시되는 열관류율의 역수)의 60% 이상이 되어야 한다. 다만, 바닥난방을 하는 욕실 및 현관부위와 슬래브의 축열을 직접 이용하는 심야전기이용 온돌 등(한국전력의 심야전력이용기기 승인을 받은 것에 한한다)의 경우에는 단열재의 위치가 그러하지 않을 수 있다.

4. 평균 열관류율 계산법

① 건축물 외피 구성체에 대한 열관류율 및 적용면적을 산출한다.(지붕 및 바닥에 대하여도 같은 방법을 적용한다.)

〈산출예시〉

단면구조		재료명	두께(m) ①	열전도율 (W/m·K) ②	열관류저항 (m²·K/W) ③=①÷②
콘크리트 옹벽 200mm 비드법2종1호 100mm 석고보드 9.5mm	1	실외표면 열전달저항Ro	–	–	0.043
	2	콘크리트(1 : 2 : 4)	0.2	1.600	0.125
	3	비드법보온판2종1호	0.1	0.031	3.226
	4	석고보드	0.0095	0.180	0.053
	5	실내표면 열전달저항Ri	–	–	0.110
		합 계 ④	–	–	3.557
		적용 열관류율(W/m²·K) ⑤ = 1 ÷ ④	–	–	0.281
면적(m²)	2000	기준 열관류율(W/m²·K)			0.320

※ 열관류율 또는 열관류저항의 계산결과는 소수점 네째자리에서 반올림한다. 그 방법은 KS A 3251(데이타의 통계적 해석방법)에 따른다.
※ 열관류율의 단위 : W/m²·K = (kcal/m²·h·℃) ÷ 0.86
※ 산출예시에서 적용된 기준 열관류율은 지역별 건축물 부위의 열관류율표에 따른 남부지역 거실의 외벽 중 공동주택외의 외기에 직접 면하는 경우를 적용함

② 산출된 구성체 열관류율과 해당면적을 곱하고 전체면적으로 나누어 준다.(창포함)

〈산출예시〉

건축물의 구분	계 산 법
거실의 외벽 (창포함)(Ue)	Ue = [Σ(방위별 외벽의 열관류율 × 방위별 외벽 면적) + Σ(방위별 창 및 문의 열관류율 × 방위별 창 및 문의 면적)]/(Σ방위별 외벽 면적 + Σ방위별 창 및 문의 면적)
최상층에 있는 거실의 반자 또는 지붕(Ur)	Ur = Σ(지붕 부위별 열관류율 × 부위별 면적)/(Σ지붕 부위별 면적) 주 천창 등 투명 외피 부위는 포함하지 않음
최하층에 있는 거실의 바닥(Uf)	Uf = Σ(최하층 거실의 바닥 부위별 열관류율 × 부위별 면적)/(Σ최하층 거실의 바닥 부위별 면적)

※ 외벽, 지붕 및 최하층 거실 바닥의 평균열관류율이란 거실 또는 난방 공간의 외기에 직접 또는 간접으로 면하는 각 부위들의
  열관류율을 면적가중 평균하여 산출한 값을 말한다.
※ 평균 열관류율 계산은 제2조 제1항 제1호에 따른 부위를 기준으로 산정하며, 외기에 간접적으로 면한 부위에 대해서는 적용된
  열관류율 값에 외벽, 지붕, 바닥부위는 0.7을 곱하고, 창 및 문부위는 0.8을 곱하여 평균 열관류율의 계산에 사용한다. 또한 이 기준
  제6조 제1호에 의하여 단열조치를 아니하여도 되는 부위와 공동주택의 이웃세대와 면하는 세대간벽 (거실의 외벽으로 계산가능) 의
  열관류율은 별표1의 해당 부위의 외기에 직접 면하는 경우의 열관류율 기준값을 적용한다.
※ 평균 열관류율 계산에 있어서 복합용도의 건축물 등이 수직 또는 수평적으로 용도가 분리되어 당해 용도 건축물의 최상층 거실 상부
  또는 최하층 거실 바닥부위 및 다른 용도의 공간과 면한 벽체 부위가 외기에 직접 또는 간접으로 면하지 않는 부위일 경우의 열관류
  율은 0으로 적용한다.

예제문제 01

건축물의 에너지절약설계기준 제6조의 단열조치 일반사항에 대한 설명 중 일부를 발췌한 것이다. ( )안에 들어갈 말을 맞게 짝지은 것을 고르시오.

> ㉠ 단열조치를 하여야 하는 부위의 열관류율의 위치 또는 구조상의 특성에 의하여 일정하지 않은 경우에는 해당 부위의 평균 열관류율값을 ( ) 계산에 의하여 구한다.
>
> ㉡ 수평면과 이루는 각이 ( )도를 초과하는 경사지붕은 별표1에 따른 ( )의 열관류율을 적용할 수 있다.
>
> ㉢ 바닥 난방을 하는 공간의 하부가 바닥 난방을 하지 않는 공간일 경우에는 당해 바닥 난방을 하는 바닥부위는 별표1의 최하층에 있는 거실의 바닥으로 보며 외기에 ( ) 면하는 경우의 열관류율 기준을 만족하여야 한다.

① 가중평균, 70, 지붕, 직접   ② 면적가중, 60, 지붕, 간접
③ 가중평균, 60, 외벽, 직접   ④ 면적가중, 70, 외벽, 간접

해설

㉠ 단열조치를 하여야 하는 부위의 열관류율이 위치 또는 구조상의 특성에 의하여 일정하지 않은 경우에는 해당 부위의 평균 열관류율값을 (면적가중)계산에 의하여 구한다.

㉡ 수평면과 이루는 각이 (70)도를 초과하는 경사지붕은 별표1에 따른(외벽)의 열관류율을 적용할 수 있다.

㉢ 바닥 난방을 하는 공간의 하부가 바닥 난방을 하지 않는 공간일 경우에는 당해 바닥 난방을하는 바닥부위는 별표1의 최하층에 있는 거실의 바닥으로 보며 외기에(간접) 면하는 경우의 열관류율 기준을 만족하여야 한다.

답 : ④

예제문제 02

다음의 중부지방 업무시설 외벽 평균열관류율 계산표를 보고 틀린 것을 고르시오.

벽체 및 창호	열관류율(W/m²K)	외기보정계수	면적(m²)	열관류율×계수×면적
W1(외기직접)	0.21	① 1.0	1,000	210.0
W2(외기간접)	0.35	② 0.7	500	122.5
G1(외기직접)	1.80	③ 1.0	300	540
G2(외기간접)	2.30	④ 0.7	100	161

해설

창 및 문 부위의 외기에 간접적으로 면한 부위에 대해서는 외기보정계수 값으로 0.8을 곱한다.

답 : ④

예제문제 03

다음 그림에서 남부지역에 건축될 공동주택 단위세대의 부위별 열관류율을 설계하였을 때 단열기준에 가장 부적합한 부위는?　　　　　(2016.7.1 시행) 【13년 2급】

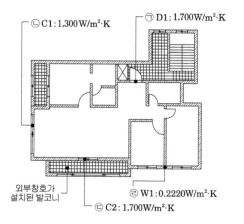

ⓒ C1 : 1.300 W/m²·K　　ⓐ D1 : 1.700 W/m²·K

외부창호가
설치된 발코니

ⓐ W1 : 0.2220 W/m²·K
ⓒ C2 : 1.700 W/m²·K

※벽체 = W1, 창호 = C1, C2, 세대문 = D1

〈지역별 건축물의 부위의 열관류율표〉

건축물의 부위		지역	중부2지역	남부지역	제주도
거실의 외벽	외기에 직접 면하는 경우		0.170 이하	0.220 이하	0.290 이하
	외기에 간접 면하는 경우		0.240 이하	0.310 이하	0.410 이하
창 및 문	외기에 직접 면하는 경우	공동주택	1.000 이하	1.200 이하	1.600 이하
		공동주택 외	1.500 이하	1.800 이하	2.200 이하
	외기에 간접 면하는 경우	공동주택	1.500 이하	1.700 이하	2.000 이하
		공동주택 외	1.900 이하	2.200 이하	2.800 이하

① ㉠　　　　　　　　　　　　　② ㉡
③ ㉢　　　　　　　　　　　　　④ ㉣

해설

㉡의 경우에 공동주택 외기에 직접 면하는 창의 경우에 1.200w/m²·K 이하가 되어야 한다.

답 : ②

예제문제 04

다음은 비주거 건축물의 외벽(외기에 직접 면한 벽체)의 구성이다. 해당 외벽을 적용하였을 때, 단열기준을 만족하는 경우는? (단, 실외표면열전달저항(외기에 직접 면하는 경우) : $0.043\text{m}^2 \cdot \text{K/W}$, 실내표면열전달저항 : $0.110\text{m}^2 \cdot \text{K/W}$)

【2016년 2회 국가자격시험】

부위별 구성	열전도율(W/m·K)	두께(mm)
콘크리트	1.6	200
압출법보온판특호	0.027	80
석고보드	0.18	5

① 인천시에 신축하는 숙박시설
② 천안시에 신축하는 교육연구시설
③ 진주시에 신축하는 업무시설
④ 청송군에 신축하는 공동주택

해설

1. 외벽 열저항합 = 0.043+0.125+2.963+0.028+0.11 = 3.269(㎡·k/w)
2. 열관류율 = 1/3.269 = 0.306(㎡·k/w)
3. ③ 진주시는 남부이므로 남부지역 외기 직접 열관류율 기준 = 0.320w/㎡·k이므로 ③만 답

답 : ③

예제문제 05

단열조치를 하여야 하는 부위에 대하여 단열기준에 적합한지 판단해야 한다. 이 기준에 적합하지 않은 것은?

① 구성재료의 열전도율 값은 한국산업규격 또는 시험성적서의 값을 사용한다.

② 창 및 문의 경우 KS F 2278(창호의 단열성 시험 방법)에 의한 시험성적서 또는 별표4에 의한 열관류율값 또는 산업통상자원부고시 「효율관리기자재 운용규정」에 따른 창 세트의 열관류율 표시값이 별표1의 열관류율 기준을 만족하는 경우 적합한 것으로 본다.

③ 바닥 난방을 하는 공간의 하부가 바닥 난방을 하지 않는 공간일 경우에는 당해 바닥 난방을 하는 바닥부위는 별표1의 최하층에 있는 거실의 바닥으로 보며 외기에 직접 면하는 경우의 열관류 기준율을 만족하여야 한다.

④ 수평면과 이루는 각이 70도를 초과하는 경사지붕은 별표1에 따른 외벽의 열관류율을 적용할 수 있다.

해설

바닥 난방을 하는 공간의 하부가 바닥 난방을 하지 않는 공간일 경우에는 당해 바닥 난방을 하는 바닥부위는 별표1의 최하층에 있는 거실의 바닥으로 보며 외기에 간접 면하는 경우의 열관류 기준율을 만족하여야 한다.

답 : ③

예제문제 06

다음 중 "건축물의 에너지절약설계기준" 에서 정하는 건축물의 열손실방지를 위한 단열조치의 예외사항에 해당하는 것 중 적합한 것으로 나열된 것은?

【13년 1급】

> ㉠ 지표면 아래 3m를 초과하여 위치한 지하 부위(공동주택의 거실 부위 제외)로서 이중벽의 설치등 하계 표면결로 방지 조치를 할 경우
>
> ㉡ 지면 및 토양에 접한 바닥 부위로서 난방공간의 외벽 내표면 까지의 모든 수평거리가 10미터를 초과하는 바닥부위
>
> ㉢ 방풍구조(외벽제외) 또는 바닥면적 150m² 이하의 개별 점포의 출입문
>
> ㉣ 공동주택의 충간바닥(최하층 포함) 중 바닥난방을 하지 않는 현관 및 욕실의 바닥부위
>
> ㉤ 외기에 간접 면하는 부위로서 당해부위가 면한 비난방공간의 외피를 기준 "[별표1] 지역별 건축물 부위의 열관류율표"에 준하여 단열조치하는 경우

① ㉡, ㉢, ㉣ 　　　　　② ㉠, ㉡, ㉢

③ ㉠, ㉢, ㉤ 　　　　　④ ㉡, ㉢, ㉤

해설 건축물의 열손실방지를 위한 단열조치 예외사항

제6조【건축부문의 의무사항】제2조에 따른 열손실방지 조치대상 건축물의 건축주와 설계자 등은 다음 각 호에서 정하는 건축부문의 설계기준을 따라야 한다.

1. 단열조치 일반사항
   가. 외기에 직접 또는 간접 면하는 거실의 각 부위에는 제2조에 따라 건축물의 열손실방지 조치를 하여야 한다. 다만, 다음 부위에 대해서는 그러하지 아니할 수 있다.
   1) 지표면 아래 2미터를 초과하여 위치한 지하 부위(공동주택의 거실 부위는 제외)로서 이중벽의 설치 등 하계 표면결로 방지 조치를 한 경우
   2) 지면 및 토양에 접한 바닥 부위로서 난방공간의 외벽 내표면까지의 모든 수평거리가 10미터를 초과하는 바닥부위
   3) 외기에 간접 면하는 부위로서 당해 부위가 면한 비난방공간의 외기에 직접 또는 간접 면하는 부위를 별표1에 준하여 단열조치하는 경우
   4) 공동주택의 충간바닥(최하층 제외) 중 바닥 난방을 하지 않는 현관 및 욕실의 바닥부위
   5) 방풍구조(외벽제외) 또는 바닥면적 150㎡ 이하의 개별 점포의 출입문

답 : ④

예제문제 07

건축물의 에너지절약설계기준에서 단열조치를 하여야 하는 부위에 대하여는 다음 각 호에서 정하는 방법에 따라 단열기준에 적합한지를 판단할 수 있다. 적합하지 않은 것은 어느 것인가?

① 열관류율 또는 열관류저항의 계산결과는 소수점 4자리로 맺음을 하여 적합 여부를 판정한다.(소수점 5째 자리에서 반올림)

② 단열재의 열전도율 값은 한국산업규격 KS L 9016 보온재의 열전도율 측정방법에 따른 시험성적서에 의한 값을 사용하되 열전도율 시험을 위한 시료의 평균온도는 20±5℃로 한다.

③ 건축물의 에너지절약설계기준에서 정하는 지역별·부위별·단열재 등급별 허용두께 이상으로 설치하는 경우 적합한 것으로 본다.

④ 창 및 문의 경우 KS F 2278(창호의 단열성 시험 방법)에 의한 시험성적서 또는 별표4에 의한 열관류율 값 또는 산업통상자원부고시「효율관리기자재 운용규정」에 따른 창세트의 열관류율기준을 만족하는 경우 적합한 것으로 본다.

해설

열관류율 또는 열관류저항의 계산결과는 소수점 3자리로 맺음을 하여 적합 여부를 판정한다.(소수점 4째 자리에서 반올림)

답 : ①

예제문제 08

다음 중 설계된 창호에 대하여 열관류율 성능을 인정받기 위해 "건축물의 에너지절약설계기준"에서 규정하고 있는 방법으로 가장 부적합한 것은?　【13년 2급】

① 건축물의 에너지절약설계기준 별표1 지역별 건축물 부위의 열관류율표에 따른 해당 창호의 열관류율값 제시

② 건축물의 에너지절약설계기준 별표4 창 및 문의 단열성능에 따른 해당 창호의 열관류율값 제시

③ 효율관리기자재 운용규정에 따른 창세트의 열관류율 표시값 제시

④ KS F 2278(창호의 단열성 시험방법)에 의한 시험성적서

해설

창 및 문의 경우 KS F 2278(창호의 단열성 시험 방법)에 의한 시험성적서 또는 별표4에 의한 열관류율값 또는 산업통상자원부고시「효율관리기자재 운용규정」에 따른 창 세트의 열관류율 표시값이 별표1의 열관류율 기준을 만족하는 경우 적합한 것으로 본다.

답 : ①

예제문제 09

다음 그림에서 제시된 외기에 직접 면한 벽체의 열관류율값으로 가장 적합한 것은?

【13년 2급】

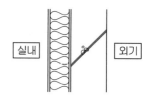

구분	재료명	두께(mm)	열전도율(W/m·K)
㉠	콘크리트	200	1.6
㉡	비드법보온판 2종2호	80	0.032
㉢	석고보드	9.5	0.17

* 실내표면열전달저항 : $0.11\text{m}^2 \cdot \text{K/W}$
  실외표면열전달저항 : $0.034\text{m}^2 \cdot \text{K/W}$

① $0.333\text{W/m}^2 \cdot \text{K}$

② $0.340\text{W/m}^2 \cdot \text{K}$

③ $0.354\text{W/m}^2 \cdot \text{K}$

④ $0.360\text{W/m}^2 \cdot \text{K}$

해설

$0.11 + 0.034 + 0.2/1.6 + 0.08/0.032 + 0.0095/0.17 = 2.825\text{m}^2 \cdot \text{K/W}$
따라서 열관류율은 $1/2.825 = 0.354\text{W/m}^2 \cdot \text{K}$

답 : ③

예제문제 10

다음 중 건축물의 에너지절약설계기준의 의무사항에서 에너지 성능지표의 0.6점 이상 점수를 획득하여야 하는 항목으로 가장 적합한 것은 다음 중 어느 것인가?

① 방풍구조 설치

② 방습층의 설치

③ 최하층 거실바닥의 평균열관류율

④ 외벽의 평균 열관류율

해설

이 기준 제6조제2호에 의한 에너지성능지표의 건축부문 1번 항목인 외벽의 평균열관류율을 0.6점 이상 획득하였다.

답 : ④

예제문제 11

다음과 같은 최하층 바닥의 조건일 때 열관류율을 계산하시오.

【13년 1급】

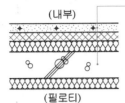

(내부)
시멘트 모르타르/지정마감재
기포콘크리트
비드법보온판 2종2호
콘크리트 슬래브
비드법보온판 2종2호

(필로티)

	재료명	두께 (mm)	열전도율(W/m·K)
1	바닥마감재	10	0.190
2	시멘트모르타르	40	1.400
3	기포콘크리트(0.6품)	50	0.190
4	비드법보온판 2종 2호	90	0.032
5	콘크리트 슬래브	210	1.600
6	비드법보온판 2종 2호	100	0.032
7	천장마감재	–	

① $0.113 \text{W/m}^2 \cdot \text{K}$

② $0.123 \text{W/m}^2 \cdot \text{K}$

③ $0.133 \text{W/m}^2 \cdot \text{K}$

④ $0.153 \text{W/m}^2 \cdot \text{K}$

해설

$$열관류율(K) = \frac{1}{실내표면\ 열전달저항 + 재료의\ 열저항\ 합 + 공기층의\ 열저항 + 실외표면\ 열전달저항}$$

여기서 재료의 열저항합$(R) = \dfrac{재료두께(m)}{열전도율(W/m \cdot K)}$

$$= \frac{0.01}{0.19} + \frac{0.04}{1.4} + \frac{0.05}{0.19} + \frac{0.09}{0.032} + \frac{0.21}{1.6} + \frac{0.1}{0.032} = 6.413(\text{m}^2 \cdot \text{K/W})$$

$$\therefore K = \frac{1}{0.086 + 6.413 + 0.043} = \frac{1}{6.542(\text{m}^2 \cdot \text{K/W})} = 0.153(\text{W/m}^2 \cdot \text{K})$$

답 : ④

예제문제 **12**

다음 그림은 공동주택에서 벽체 및 창호의 열관류율을 보여주고 있다. 해당부분에 대해서 건축물의 에너지절약설계 기준에서 규정하는 외벽평균열관류율[Ue(W/ m² K)]을 계산하면 얼마인가?

【13년 1급】

기호	부위	외기구분	보정 계수	열관류율 (W/m²·K)	부위별면적 (m²)	열관류율 × 부위별면적 × 보정계수
W1	외벽	직접	1	0.2	67.76	13.552
W2	외벽	직접	1	0.21	133.84	28.106
W3	외벽	간접	0.7	0.3	32.20	6.762
W4	외벽	간접	0.7	0.28	25.76	5.049
소계					259.56	53.469
G1	창	직접	1	1.4	2.70	3.780
G2	창	직접	1	1.3	5.12	6.656
G3	창	직접	1	1.2	4.75	5.700
G4	문	간접	0.8	1.8	3.00	4.320
소계					15.570	20.456
합계					275.130	73.925

① 0.169

② 0.209

③ 0.239

④ 0.269

해설

외벽(창포함)에 대한 평균 열관류율 : Ue=73.925/275.130=0.269(W/m² K)

답 : ④

예제문제 13

건축물의 에너지절약설계기준에서 바닥 난방의 경우 단열재의 설치 기준이다.
(   )속에 가장 적합한 것은 다음 중 어느 것인가?

바닥 난방 부위에 설치되는 단열재는 바닥 난방의 열이 슬래브 (A)로 손실되는 것을 막을 수 있도록 온수배관(전기난방인 경우는 발열선) 하부와 (B) 사이에 설치하고, 온수배관(전기난방인 경우는 발열선) 하부와 슬래브 사이에 설치되는 구성 재료의 열저항의 합계는 해당 바닥에 요구되는 총열관류저항의 (C)% 이상이 되어야 한다. 다만, 바닥 난방을 하는 욕실 및 현관부위와 슬래브의 (D)을 직접 이용하는 심야전기이용 온돌 등(한국전력의 심야전력이용기기 승인을 받은 것에 한한다)의 경우에는 단열재의 위치가 그러하지 않을 수 있다.

	A	B	C	D
①	상부	방습층	30	현열
②	상부	단열재	40	온열
③	하부	공기층	50	잠열
④	하부	슬래브	60	축열

해설

슬래브 하부로 손실되는 것을 막을 수 있도록 온수배관(전기난방인 경우는 발열선) 하부와 슬래브 사이에 설치하고, 총열관류저항의 60% 이상이 되어야 한다. 슬래브의 축열을 직접 이용하는 심야전기이용 온돌의 경우에는 단열재의 위치가 그러하지 않을 수 있다.

답 : ④

예제문제 14

건축물의 지붕, 외벽, 바닥의 재료구성 및 두께가 동일하다고 가정할 경우, 건축물의 에너지절약 설계기준에 따른 열관류율 산출결과가 가장 큰 것(A)과 가장 작은 것(B)은?　【2015년 국가자격 시험 1회 출제문제】

> ㉠ 외기에 직접 면하는 거실의 외벽
>
> ㉡ 외기에 간접 면하는 거실의 외벽
>
> ㉢ 외기에 직접 면하는 최하층 거실의 바닥
>
> ㉣ 외기에 간접 면하는 최상층 거실의 지붕

	(A)	(B)
①	㉠	㉢
②	㉡	㉣
③	㉢	㉡
④	㉣	㉠

해설

㉠ 외기에 직접면하는 거실의 외벽 : $\dfrac{1}{0.11+0.043}=6.536+K$

㉡ 외기에 간접면하는 거실의 외벽 : $\dfrac{1}{0.11+0.11}=4.545+K$

㉢ 외기에 직접 면하는 최하층 거실의 바닥 : $\dfrac{1}{0.086+0.043}=7.751+K$

㉣ 외기에 간접면하는 최상층 거실의 지붕 : $\dfrac{1}{0.086+0.086}=5.813+K$

답 : ③

05 종합예제문제

□□□ **열관류율 계산 및 응용**

1 다음은 건축물의 외벽에 대한 열관류율을 계산한 것이다. 빈칸을 작성하고, 외벽의열관류율 값이 가장 적합한 것은?
(단, 남부지역일 경우, 공동주택외의 경우 외기에 직접 면하는 경우임)

〈산출예시〉

단면구조		재료명	두께(m) ①	열전도율 (W/m·K) ②	열관류저항 (m²·K/W) ③=①÷②
(외부) (내부) ━ 콘크리트 옹벽 200mm ━ 비드법2종1호 100mm ━ 석고보드 9.5mm	1	실외표면 열전달저항Ro	–	–	(㉠)
	2	콘크리트(1:2:4)	0.2	1,600	(㉡)
	3	비드법보온판 2종1호	0.1	0.031	3.226
	4	석고보드	0.0095	0.180	0.053
	5	실내표면 열전달 저항Ri	–	–	(㉢)
	합 계 ④		–	–	3.557
	적용 열관류율(W/m²·K) ⑤=1÷④		–	–	(㉣)
면적(m²)	2000	기준 열관류율(W/m²·K)	–	–	0.320

① ㉠ 0.043   ㉡ 0.125   ㉢ 0.110   ㉣ 0.281
② ㉠ 0.110   ㉡ 0.125   ㉢ 0.043   ㉣ 0.280
③ ㉠ 0.11   ㉡ 0.13   ㉢ 0.04   ㉣ 0.28
④ ㉠ 0.04   ㉡ 0.13   ㉢ 0.11   ㉣ 0.28

단면구조		재료명	두께(m) ①	열전도율(W/m·K) ②	열관류저항(m²·K/W) ③=①÷②
(외부) (내부) ━ 콘크리트 옹벽 200mm ━ 비드법2종1호 100mm ━ 석고보드 9.5mm	1	실외표면 열전달저항Ro	–	–	(0.043)
	2	콘크리트(1:2:4)	0.2	1,600	(0.125)
	3	비드법보온판2종1호	0.1	0.031	3.226
	4	석고보드	0.0095	0.180	0.053
	5	실내표면 열전달 저항Ri	–	–	(0.110)
	합 계 ④		–	–	3.557
	적용 열관류율(W/m²·K) ⑤=1÷④		–	–	(0.281)
면적(m²)	2000	기준 열관류율(W/m²·K)	–	–	0.320

정답 1. ①

2 다음 서식의 ( ) 부분에 가장 적합한 숫자와 판정으로 가장 적합한 것은 다음 중 어느 것인가?

부위별 마감상세도		재료명	두께(mm)	열전도율(w/mk)	열전도저항(m²k/w)	비고
W2		실외표면열전달저항	–	–	0.043	
		콘크리트	180	1.6	(㉠)	
		비드법보온판(2종1호)	85	0.031	(㉡)	
		석고보드	18	0.18	0.100	
		벽지(종이)	2	0.17	0.118	
		실외표면열전달저항	–	–	0.150	
		합계			(㉢)	
		적용 열관류율	(㉣)			
		기준 열관류율	0.240			

① ㉠ 0.113   ㉡ 2.742   ㉢ 3.266   ㉣ 0.306

판정 : 적용 열관류율이 기준 열관류율을 초과하여 부적합하므로, 단열재의 두께를 증가 또는 단열재를 교체 등의 대책을 강구하여야 한다.

② ㉠ 0.113   ㉡ 2.742   ㉢ 3.159   ㉣ 0.317

판정 : 적용 열관류율이 기준 열관류율을 초과하므로 적합으로 판정한다.

③ ㉠ 0.113   ㉡ 1.742   ㉢ 2.159   ㉣ 0.463

판정 : 적용 열관류율이 기준 열관류율을 초과하므로 적합으로 판정하고 단열재의 두께를 감소한다.

④ ㉠ 0.113   ㉡ 1.742   ㉢ 2.159   ㉣ 0.463

판정 : 적용 열관류율이 기준 열관류율을 초과하므로 부적합으로 판정하고 콘크리트의 두께를 증가한다.

부위별 마감상세도		재료명	두께(mm)	열전도율(w/mk)	열전도저항(m²k/w)	비고
W2		실외표면열전달저항	–	–	0.043	
		콘크리트	180	1.6	(㉠ 0.113)	
		비드법보온판(2종1호)	85	0.031	(㉡ 2.742)	
		석고보드	18	0.18	0.100	
		벽지(종이)	2	0.17	0.118	
		실외표면열전달저항	–	–	0.150	
		합계			(㉢ 3.266)	
		적용 열관류율	(㉣ 0.306)			
		기준 열관류율	0.240			

판정 : 적용 열관류율이 기준 열관류율을 초과하여 부적합하므로, 단열재의 두께를 증가 또는 단열재를 교체 등의 대책을 강구하여야 한다.

정답 2. ①

3 다음은 건축물의 최하층 바닥에 대한 열관류율을 계산한 것이다. 빈칸을 작성하고, 바닥 콘크리트와 난방배관 사이의 열관류 저항 값이 기준에 적합한 것으로 가장 적합한 것은? (단, 남부지역, 외기에 직접 면하는 경우임)

부위별 마감상세도		재료명	두께(mm)	열전도율(w/mk)	열전도저항(m²k/w)	비고
W2		실내표면열전달저항	–	–	0.086	
		시멘트 몰탈	40	1.4	0.029	
		기포콘크리트	40	0.13	0.308	
		비드법보온판(2종1호)	100	0.031	(A)	주1)
		방습층	–	–	–	
		콘크리트	180	1.6	0.113	
		실외표면열전달저항	–	–	0.043	
		합계			(B)	
		적용 열관류율		(C)		
		기준 열관류율		0.220		

■ 주1) 난방배관과 콘크리트사이의 열관류저항이 기준치(D)보다 높아 만족함

	A	B	C	D
①	3.226	3.805	0.263	3.18
②	0.323	0.900	1.110	0.16
③	0.310	0.887	1.126	0.304
④	3.102	3.679	0.272	1.610

부위별 마감상세도		재료명	두께(mm)	열전도율(w/mk)	열전도저항(m²k/w)	비고
W2		실내표면열전달저항	–	–	0.086	
		시멘트 몰탈	40	1.4	0.029	
		기포콘크리트	40	0.13	0.308	
		비드법보온판(2종1호)	100	0.031	(A 3.226)	주1)
		방습층	–	–	–	
		콘크리트	180	1.6	0.113	
		실외표면열전달저항	–	–	0.043	
		합계			(B 3.805)	
		적용 열관류율		(C 0.263)		
		기준 열관류율		0.220		

■ 주1) 난방배관과 콘크리트사이의 열관류저항이 기준치(D2.500)보다 높아 만족함
  남부지방의 최하층 바닥 열관류저항
  1/0.220=4.545 이므로 4.545×0.7=3.18 〈 3.5340이므로 만족함

정답 3. ①

4 다음의 열관류율 계산표를 보고 괄호 안의 알맞은 값은?

단면구조			재료명	두께(m) ㉠	열전도율(W/m·K) ㉡	열관류저항 (m²·K/W)
	1		실외표면 열전달저항Ro	–	–	0.043
	2		콘크리트(1:2:4)	0.2	1.600	0.125
	3		비드법보온판2종1호	0.1	0.031	(㉠)
	4		석고보드	0.0095	0.180	0.052
	5		실내표면 열전달 저항Ri	–	–	0.110
	합 계 ㉣			–	–	(㉡)
	적용 열관류율 (W/m²·K)			–	–	(㉢)
면적(m²)	2000		기준 열관류율 (W/m²·K)	–	–	0.340

① ㉠ 3.226   ㉡ 3.556   ㉢ 0.281
② ㉠ 3.555   ㉡ 3.885   ㉢ 0.260
③ ㉠ 3.666   ㉡ 3.996   ㉢ 0.251
④ ㉠ 3.777   ㉡ 4.107   ㉢ 0.241

단면구조			재료명	두께(m) ㉠	열전도율(W/m·K) ㉡	열관류저항(m²·K/W) ㉢=㉠÷㉡
	1		실외표면 열전달저항Ro	–	–	0.043
	2		콘크리트(1:2:4)	0.2	1.600	0.125
	3		비드법보온판2종1호	0.1	0.031	(3.226)
	4		석고보드	0.0095	0.180	0.052
	5		실내표면 열전달 저항Ri	–	–	0.110
	합 계 ㉣			–	–	(3.556)
	적용 열관류율(W/m²·K) ㉤ = 1 ÷ ㉣			–	–	(0.281)
면적(m²)	2000		기준 열관류율 (W/m²·K)	–	–	0.340

정답 4. ①

5 다음의 열관류율 계산 시 적용되는 실내 및 실외 측 표면 열전달저항에서 ( )안에 가장 적합한 숫자는?

건물 부위 \ 열전달저항	실내표면열전달저항Ri [단위 : $m^2 \cdot K/W$] (괄호안은 $m^2 \cdot h \cdot °C/kcal$)	실외표면열전달저항Ro [단위 : $m^2 \cdot K/W$] (괄호안은 $m^2 \cdot h \cdot °C/kcal$)	
		외기에 간접 면하는 경우	외기에 직접 면하는 경우
거실의 외벽(측벽 및 창, 문 포함)	(㉠) (0.13)	(㉠) (0.13)	(㉡) (0.050)
최하층에 있는 거실 바닥	0.086(0.10)	0.15 (0.17)	0.043 (0.050)
최상층에 있는 거실의 반자 또는 지붕	0.086(0.10)	0.086 (0.10)	0.043 (0.050)
공동주택의 층간 바닥	0.086(0.10)	–	–

① ㉠ 0.11　　　　　㉡ 0.043
② ㉠ 0.12　　　　　㉡ 0.045
③ ㉠ 0.11　　　　　㉡ 0.046
④ ㉠ 0.13　　　　　㉡ 40.047

[별표5] 열관류율 계산 시 적용되는 실내 및 실외측 표면 열전달저항

건물 부위 \ 열전달저항	실내표면열전달저항Ri [단위 : $m^2 \cdot K/W$] (괄호안은 $m^2 \cdot h \cdot °C/kcal$)	실외표면열전달저항Ro [단위 : $m^2 \cdot K/W$] (괄호안은 $m^2 \cdot h \cdot °C/kcal$)	
		외기에 간접 면하는 경우	외기에 직접 면하는 경우
거실의 외벽 (측벽 및 창, 문 포함)	0.11(0.13)	0.11(0.13)	0.043 (0.050)

정답 5. ①

6 다음의 열관류율 계산 시 적용되는 실내 및 실외 측 표면 열전달저항에서 (　)안에 가장 적합한 숫자는?

건물 부위 ＼ 열전달저항	실내표면열전달저항Ri [단위 : m²·K/W] (괄호안은 m²·h·℃/kcal)	실외표면열전달저항Ro [단위 : m²·K/W] (괄호안은 m²·h·℃/kcal)	
		외기에 간접 면하는 경우	외기에 직접 면하는 경우
거실의 외벽 (측벽 및 창, 문 포함)	0.11 (0.13)	0.11(0.13)	0.043(0.050)
최하층에 있는 거실 바닥	(㉠) (0.10)	0.15 (0.17)	(㉡) (0.050)
최상층에 있는 거실의 반자 또는 지붕	0.086(0.10)	0.086 (0.10)	0.043 (0.050)
공동주택의 층간 바닥	0.086(0.10)	–	–

① ㉠ 0.11　　　　　㉡ 0.043
② ㉠ 0.12　　　　　㉡ 0.045
③ ㉠ 0.086　　　　㉡ 0.043
④ ㉠ 0.13　　　　　㉡ 40.047

[별표5] 열관류율 계산 시 적용되는 실내 및 실외측 표면 열전달저항

건물 부위 ＼ 열전달저항	실내표면열전달저항Ri [단위 : m²·K/W] (괄호안은 m²·h·℃/kcal)	실외표면열전달저항Ro [단위 : m²·K/W] (괄호안은 m²·h·℃/kcal)	
		외기에 간접 면하는 경우	외기에 직접 면하는 경우
최하층에 있는 거실바닥	0.086(0.10)	0.15(0.17)	0.043 (0.050)

정답　6. ③

7 다음의 열관류율 계산표의 괄호에 알맞은 값은?

벽체	재료명	열전도율 (W/mK)	두께 (mm)	열전도저항 (m² K/W)
W1	실내표면 열전달저항	–	–	0.110
	벽지(종이계)	0.17	0.0005	0.003
	시멘트몰탈	1.4	0.01	0.007
	콘크리트	1.6	0.15	0.094
	글라스울 24k	0.035	0.14	4.000
	지정금속판마감	44	0.0012	0.000
	실외표면열전달저항	–	–	0.043
소 계				(㉠)
열관류율(W/m² K)				(㉡)

① ㉠ 4.200 ㉡ 0.238 ② ㉠ 4.276, ㉡ 0.234
③ ㉠ 4.104, ㉡ 0.243 ④ ㉠ 4.257 ㉡ 0.235

㉠ = 0.110+0.003+0.007+0.094+4.000+0.043 → 4.257
㉡ = 1/4.257 → 0.235

8 건축물의 에너지절약설계기준 검토시 평균열관류율 산정시 ( ) 안에 가장 적합한 것은?

평균열관류율산정시 외기에 간접면한부위는 해당 열관류율값에 외벽, 지붕, 바닥부위는 (㉠), 창 및 문부위는 (㉡)을 곱하여 적용한다.

① ㉠ 0.5, ㉡ 0.6 ② ㉠ 0.6, ㉡ 0.7
③ ㉠ 0.7, ㉡ 0.8 ④ ㉠ 0.8, ㉡ 0,9

평균 열관류율 계산에 있어서 외기에 간접적으로 면한 부위에 대해서는 적용된 열관류율 값에 외벽, 지붕, 바닥부위는 0.7을 곱하고, 창 및 문부위는 0.8을 곱하여 평균열관류율의 계산에 사용한다.

9 건축물의 에너지절약설계기준에서 단열조치를 하여야 하는 부위에 대하여는 다음 각 호에서 정하는 방법에 따라 단열기준에 적합한지를 판단할 수 있다. 적합하지 않은 것은 어느 것인가?

① 열관류율 또는 열관류저항의 계산결과는 소수점 4자리로 맺음을 하여 적합 여부를 판정한다.(소수점 5째 자리에서 반올림)
② 단열재의 열전도율 값은 한국산업규격 KS L 9016 보온재의 열전도율 측정방법에 따른 시험성적서에 의한 값을 사용하되 열전도율 시험을 위한 시료의 평균온도는 20 ± 5℃로 한다.
③ 건축물의 에너지절약설계기준에서 정하는 지역별·부위별·단열재 등급별 허용 두께 이상으로 설치하는 경우 적합한 것으로 본다.
④ 창 및 문의 경우 KS F 2278(창호의 단열성 시험 방법)에 의한 시험성적서에 따른 창 세트의 열관류율 표시값이 건축물의 에너지절약설계기준에서 정하는 열관류율 기준을 만족하는 경우 적합한 것으로 본다.

열관류율 또는 열관류저항의 계산결과는 소수점 3자리로 맺음을 하여 적합 여부를 판정한다.(소수점 4째 자리에서 반올림)

10 다음의 중부지방 업무시설 외벽 평균열관류율 계산표를 보고 틀린 것을 고르시오.

벽체 및 창호	열관류율 (W/m²K)	외기보정 계수	면적 (m²)	열관류율× 계수×면적
W1(외기직접)	0.21	① 1.0	1,000	210.0
W2(외기간접)	0.35	② 0.8	500	140
G1(외기직접)	1.80	③ 1.0	300	540
G2(외기간접)	2.30	② 0.8	100	184

평균 열관류율 계산에 있어서 외기에 간접적으로 면한 부위에 대해서는 적용된 열관류율 값에 외벽, 지붕, 바닥부위는 0.7을 곱하고, 창 및 문부위는 0.8을 곱하여 평균열관류율의 계산에 사용한다. 따라서 나의 경우에는 외벽임으로 0.7을 외기보정계수로 적용하여야 한다.

11 다음의 중부지방 업무시설 외벽 평균열관류율 계산표를 보고 틀린 것을 고르시오.

벽체 및 창호	열관류율 (W/m²K)	외기보정 계수	면적 (m²)	열관류율× 계수×면적
W1(외기직접)	0.21	① 1.0	1,000	210.0
W2(외기간접)	0.35	② 0.7	500	122.5
G1(외기직접)	1.80	③ 1.0	300	540
G2(외기간접)	2.30	④ 0.7	100	161

평균 열관류율 계산에 있어서 외기에 간접적으로 면한 부위에 대해서는 적용된 열관류율 값에 외벽, 지붕, 바닥부위는 0.7을 곱하고, 창 및 문부위는 0.8을 곱하여 평균 열관류율의 계산에 사용하며, 이 기준 제6조 제1호에 의하여 단열조치를 아니하여도 되는 부위의 열관류율은 별표1의 해당 부위의 외기에 직접 면하는 경우의 열관류율을 적용한다.(외기에 간접적으로 면한 벽체부위에 대해서는 외기보정계수 값으로 0.7을 곱한다.)

12 단열조치를 하여야 하는 부위에 대하여 단열기준에 적합한지 판단해야한다. 이 기준에 적합하지 않은 것은?

① 구성재료의 열전도율 값은 한국산업규격 또는 시험성적서의 값을 사용한다.

② 창 및 문의 경우 KS F 2278(창호의 단열성 시험 방법)에 의한 시험성적서 또는 별표4에 의한 열관류율 값 또는 산업통상자원부고시 「효율관리기자재 운용규정」에 따른 창 세트의 열관류율 표시 값이 별표1의 열관류율기준을 만족하는 경우 적합한 것으로 본다.

③ 바닥난방을 하는 공간의 하부가 바닥난방을 하지 않는 난방공간일 경우에는 당해 바닥난방을 하는 바닥부위는 별표1의 최하층에 있는 거실의 바닥으로 보며 외기에 간접 면하는 경우의 열관류율기준을 만족하여야 한다.

④ 수평면과 이루는 각이 70도 이상인 경사지붕은 별표1에 따른 외벽의 열관류율을 적용할 수 있다.

수평면과 이루는 각이 70도를 초과하는 경사지붕은 별표1에 따른 외벽의 열관류율을 적용할 수 있다.

13 다음의 중부지방 업무시설 외벽 평균열관류율 계산표를 보고 평균열관류율의 값으로 가장 적합한 것은?

벽체 및 창호	열관류율 (W/m²K)	외기보정 계수	면적 (m²)	열관류율× 계수×면적
W1(외기직접)	0.235	1.0	1,250	293.75
W2(외기간접)	0.234	1.0	600	140.4
W3(외기직접)	0.331	0.7	2,700	625.59
G1(외기간접)	2.100	1.0	260	546

① 0.334 W/m²K   ② 0.243 W/m²K
③ 0.253 W/m²K   ④ 0.263 W/m²K

벽체 및 창호	열관류율 (W/m² K)	외기보정 계수	면적 (m²)	열관류율× 계수×면적
W1(외기직접)	0.235	1.0	1,250	293.75
W2(외기직접)	0.234	1.0	600	140.4
W3(외기간접)	0.331	0.7	2,700	625.59
G1(외기직접)	2.100	1.0	260	546
합계			4,810	1,605.74

외벽 (창포함)에 대한 평균열관류율
: Ue = 1,605.74/4,810=0.334 W/m²K

14 에너지절약계획설계검토서 작성방법에서 부위별 열관류율 계산방법으로 가장 부적합한 것은 어느 것인가?

① 구성재료의 열전도율 값으로 열관류율을 계산한 결과가 별표1의 부위별 열관류율 기준을 만족하는 경우 적합한 것으로 본다. (단, 각 재료의 열전도율 값은 한국산업규격 또는 시험성적서의 값을 사용하고, 표면 열전달저항 및 중공층의 열저항은 이 기준 별표5 및 별표6에서 제시하는 값을 사용)

② 바닥 난방을 하는 부위의 단열재는 슬래브와 온수배관 사이에 위치하도록 설계한다.

③ 열전도율 단위는 W/m·K, 열관류저항단위는 m^2·K/W, 열관류율단위는 W/m^2·K 이다.

④ 온수배관(전기난방인 경우는 발열선)하부와 슬래브 사이에 설치되는 구성재료의 열저항의 합계는 해당 바닥에 요구되는 총열관류저항의 70%이상이 되어야 한다.

온수배관(전기난방인 경우는 발열선) 하부와 슬래브 사이에 설치되는 구성재료의 열저항의 합계는 해당 바닥에 요구되는 총열관류저항의 60% 이상이 되어야 한다.

냉·난방 용량 계산

1 냉방부하계산

(1) 실내조건

냉방부하 계산에 있어서 실내 온·습도 는 매우 중요한 설계조건의 하나이다. 왜냐하면 실의 사용목적에 따라 그 조건 이 각기 다르며, 또한 사람의 경우 에 있어서도 쾌적 온도의 범위가 서로 다르기 때문이다.

(2) 외기조건

① 최대냉방부하는 가장 불리한 상태 일 때의 조건으로 구한 부하로 이는 냉방 장치 용량을 결정하는 데, 도움을 주나, 부하가 최대일 때를 위한 장치 용 량이므로 매우 비경제적이 되기 쉽다. 그래서 ASHRAE 의 TAC(Techanical Advisory Comminity)에서 위험률 2.5% ~ 10% 범위 내에서 설계조건을 삼는 것을 추천하고 있다. 위험률 2.5%의 의미는 예를 들어 어느 지역의 냉방기간이 3,000시간이라면 이 기간 중 2.5%에 해당하는 75시간은 냉방 설계 외기조건을 초과한다는 것을 의미한다.

② TAC(Techanical Advisory Comminity) 위험률 값이 낮을 수록 장치용량 이 커지게 된다.

1) 설계용 실내온도 조건

난방 및 냉방설비의 용량계산을 위한 설계기준 실내온도는 난방의 경우 20℃, 냉방의 경우 28℃를 기준으로 하되(목욕장 및 수영장은 제외) 각 건축물 용도 및 개별 실의 특성에 따라 별표8에서 제시된 범위를 참고하여 설비의 용량이 과다해지지 않도록 한다.

- 설계기준[별표6]에서 정한 외기 온습도 기준 사용
  - 냉난방부하계산서 중 외기온도 조건이 작성된 페이지 발췌 첨부 또는 기 계설비계산서중 설계용 온도조건이 작성된 페이지 발췌 첨부
- 지역난방 방식 건축물은 '집단에너지시설의 기술기준' 적용
  - 설계용 외기조건 채택 근거로 제시하는 서류에 건축물명 및 기술사 날인

2) 설계용 외기조건

난방 및 냉방설비의 용량계산을 위한 외기조건은 각 지역별로 위험율 2.5%(냉방기 및 난방기를 분리한 온도출현분포를 사용할 경우) 또는 1%(연간 총 시간에 대한 온도출현 분포를 사용할 경우)로 하거나 별표7에서 정한 외기온·습도를 사용한다. 별표7 이외의 지역인 경우에는 상기 위험율을 기준으로 하여 가장 유사한 기후조건을 갖는 지역의 값을 사용한다. 다만, 지역난방공급방식을 채택할 경우에는 산업통상자원부 고시 「집단에너지시설의 기술기준」에 의하여 용량계산을 할 수 있다.

2 냉방부하계산

구조체(벽, 천장, 유리, 문등)을 통한 손실열량(W)

① 일사 영향을 무시한 경우

$$Q = K \cdot A \cdot \Delta t$$

② 일사 영향을 고려한 경우

$$Q = K \cdot A \cdot \Delta t \cdot C$$

여기서 K : 열관류율(W/m^2K)

A : 구조체의 표면적(m^2)

Δt : 실내외의 온도차

C : 보정계수

위치	남	동, 서	북	지붕	바람이 강한 곳	고립된 곳
방위보정계수	1	1.1	1.2	1.2	1.2	1.15

[별표7] 냉·난방설비의 용량계산을 위한 설계 외기온·습도 기준

구분 도시명	냉 방		난 방	
	건구온도(℃)	습구온도(℃)	건구온도(℃)	상대습도(%)
서 울	31.2	25.5	−11.3	63
인 천	30.1	25.0	−10.4	58
수 원	31.2	25.5	−12.4	70
춘 천	31.6	25.2	−14.7	77
강 릉	31.6	25.1	− 7.9	42
대 전	32.3	25.5	−10.3	71
청 주	32.5	25.8	−12.1	76
전 주	32.4	25.8	− 8.7	72
서 산	31.1	25.8	− 9.6	78
광 주	31.8	26.0	− 6.6	70
대 구	33.3	25.8	− 7.6	61
부 산	30.7	26.2	− 5.3	46
진 주	31.6	26.3	− 8.4	76
울 산	32.2	26.8	− 7.0	70
포 항	32.5	26.0	− 6.4	41
목 포	31.1	26.3	− 4.7	75
제 주	30.9	26.3	0.1	70

[별표8] 냉·난방설비의 용량계산을 위한 실내 온·습도 기준

구분 용도	난 방	냉 방	
	건구온도(℃)	건구온도(℃)	상대습도(%)
공동주택	20~22	26~28	50~60
학교(교실)	20~22	26~28	50~60
병원(병실)	21~23	26~28	50~60
관람집회시설(객석)	20~22	26~28	50~60
숙박시설(객실)	20~24	26~28	50~60
판매시설	18~21	26~28	50~60
사무소	20~23	26~28	50~60
목욕장	26~29	26~29	50~75
수영장	27~30	27~30	50~70

예제문제 01

다음 중 냉방용량 계산 시에 쓰이는 위험률에 대한 설명으로 가장 부적합한 것은?

① ASHRAE의 TAC(Techanical Advisory Comminity)에서 위험률 2.5% ~ 10% 범위 내에서 설계조건을 삼는 것을 추천하고 있다.

② TAC 위험률 2.5%의 의미는 예를 들어 어느 지역의 냉방기간이 3,000시간이 라면 이 기간 중 2.5%에 해당하는 75시간은 냉방설계 외기조건을 초과한다는 것을 의미한다.

③ TAC(Techanical Advisory Comminity) 위험률 값이 낮을수록 장치용량이 작아지게 된다.

④ 냉방기 및 난방기를 분리한 온도출현분포를 사용한 경우 위험률 2.5%를 사용한다.

[해설]
TAC(Techanical Advisory Comminity) 위험률 값이 낮을수록 장치용량이 커지게 된다.

답 : ③

예제문제 02

설계용 외기조건에 대한 설명 중 옳지 않은 것은?

① 설계기준 실내온도는 난방의 경우 20℃, 냉방의 경우 28℃를 기준으로 한다.

② 연간 총시간에 대한 온도출현분포를 사용한 경우 각지역별로 위험률 2%를 적용한다.

③ 목욕장 및 수영장은 실내온도 기준이 다르다.

④ 지역난방 방식 건축물은 "집단에너지시설의 기술기준"을 적용한다.

[해설]
연간 총시간에 대한 온도출현분포를 사용한 경우 각 지역별로 위험률 1%를 적용한다.

답 : ②

예제문제 03

다음 중 "건축물의 에너지절약설계기준"에서 냉·난방설비의 용량계산을 위한 실내온도조건 중 가장 부적합한 것은?　　　　　　　　　　　　　【13년 2급】

① 사무소 : 난방 20℃, 냉방 28℃　　　② 병원(병실) : 난방 21℃, 냉방 28℃
③ 수영장 : 난방 20℃, 냉방 28℃　　　④ 교실 : 난방 20℃, 냉방 28℃

[해설]
수영장 : 난방 27℃, 냉방 30℃

답 : ③

예제문제 04

다음 중 "건축물의 에너지절약설계기준" 에서 규정하는 설계용 외기조건에 대해 (㉠)과 (㉡)에 들어갈 말로 가장 적합한 것은? 【13년 2급】

> 난방 및 냉방 설비 장치의 용량계산을 위한 외기조건은 각 지역별로 위험율 (㉠)(냉방기 및 난방기를 분리한 온도 출현분포를 사용할 경우) 또는 (㉡) (연간 총시간에 대한 온도출현분포를 사용할 경우)로 하거나 별표 7에서 정한 외기 온·습도를 사용한다.

	㉠	㉡
①	1%	2%
②	2%	3%
③	2.5%	1%
④	3%	2%

해설

난방 및 냉방 설비 장치의 용량계산을 위한 외기조건은 각 지역별로 위험율 (㉠ 2.5%) (냉방기 및 난방기를 분리한 온도 출현분포를 사용할 경우) 또는 (㉡ 1%) (연간 총시간에 대한 온도출현분포를 사용할 경우)로 하거나 별표 7에서 정한 외기 온·습도를 사용한다.

답 : ③

예제문제 05

어떤 구조체의 손실열량을 계산하는 식 $Q = K \cdot A \cdot \triangle t$에서 K는 무엇을 의미하는가?

① 열전도율(W/mK)
② 열관류율(W/m²K)
③ 열저항 (m²K/W)
④ 열복사율(W/m²K)

해설

① 일사 영향을 무시한 경우
$Q = K \cdot A \cdot \triangle t$
② 일사 영향을 고려한 경우
$Q = K \cdot A \cdot \triangle t \cdot C$
여기서 K : 열관류율(W/m²K)
A : 구조체의 표면적(m²)
△t : 실내외의 온도차
C : 보정계수

답 : ②

예제문제 06

건물 구조체의 일사의 영향을 고려한 손실열량을 계산하는 식 $Q = K \cdot A \cdot \Delta t \cdot C$ 에서 C는 무엇을 의미하는가?

① 열관류율($W/m^2 K$) ② 방위 보정계수

③ 실내외의 온도차 ④ 구조체의 표면적

해설

① 일사 영향을 무시한 경우

$Q = K \cdot A \cdot \Delta t$

② 일사 영향을 고려한 경우

$Q = K \cdot A \cdot \Delta t \cdot C$

여기서 K : 열관류율($W/m^2 K$)

　　　A : 구조체의 표면적(m^2)

　　　Δt : 실내외의 온도차

　　　C : 보정계수

답 : ②

06 종합예제문제

□□□ **냉·난방용량계산**

1 설계용 외기조건에 대한 설명 중 옳지 않은 것은?

① 설계기준 실내온도는 난방의 경우 20℃, 냉방의 경우 28℃를 기준으로 한다.
② 설비의 용량이 과다해지지 않도록 계획한다.
③ 위험률 2.5%의 의미는 예를 들어 어느 지역의 냉방기간이 3,000시간이라면 이 기간 중 60시간은 냉방설계 외기조건을 초과한다는 것을 의미한다.
④ 지역난방 방식 건축물은 '집단에너지시설의 기술기준'을 적용한다.

> 위험률 2.5%의 의미는 예를 들어 어느 지역의 냉방기간이 3,000시간이라면 이 기간 중 2.5%에 해당하는 75시간은 냉방설계 외기조건을 초과한다는 것을 의미한다.

2 다음 중 냉방용량 계산 시에 쓰이는 위험률에 대한 설명으로 가장 부적합한 것은?

① ASHRAE 의 TAC(Techanical Advisory Comminity)에서 위험률 2.5%~10% 범위 내에서 설계조건을 삼는 것을 추천하고 있다.
② TAC 위험률 2.5%의 의미는 예를 들어 어느 지역의 냉방기간이 3,000시간이라면 이 기간 중 2.5%에 해당하는 75시간은 냉방설계 외기조건을 초과한다는 것을 의미한다.
③ TAC(Techanical Advisory Comminity) 위험률 값이 낮을수록 장치용량이 커지게 된다.
④ 냉방기 및 난방기를 분리한 온도출현분포를 사용한 경우 위험률 1%를 사용한다.

난방 및 냉방설비 장치의 용량계산을 위한 외기조건은 각 지역별로 위험율 2.5%(냉방기 및 난방기를 분리한 온도출현분포를 사용할 경우) 또는 1%(연간 총 시간에 대한 온도출현 분포를 사용할 경우)로 하거나 별표7에서 정한 외기온·습도를 사용한다. 별표7 이외의 지역인 경우에는 상기 위험율을 기준으로 하여 가장 유사한 기후조건을 갖는 지역의 값을 사용한다. 다만, 지역난방 공급방식을 채택할 경우에는 산업통상자원부 고시「집단에너지시설의 기술기준」에 의하여 용량계산을 할 수 있다.

3 설계용 실내온도 조건 중 내용이 틀린 것을 고르시오.

① 관람집회시설 난방 : 20℃ 냉방 : 28℃
② 학 교 난방 : 20℃ 냉방 : 28℃
③ 수 영 장 난방 : 20℃ 냉방 : 28℃
④ 사 무 소 난방 : 20℃ 냉방 : 28℃

[별표8] 냉·난방설비의 용량계산을 위한 실내 온·습도 기준

용도 \ 구분	난방 건구온도(℃)	냉방 건구온도(℃)	냉방 상대습도(%)
공동주택	20~22	26~28	50~60
학교(교실)	20~22	26~28	50~60
병원(병실)	21~23	26~28	50~60
관람집회시설(객석)	20~22	26~28	50~60
숙박시설(객실)	20~24	26~28	50~60
판매시설	18~21	26~28	50~60
사무소	20~23	26~28	50~60
목욕장	26~29	26~29	50~75
수영장	27~30	27~30	50~70

정답 1. ③ 2. ④ 3. ③

4 건물 구조체의 일사의 영향을 고려한 손실열량을 계산하는 식 $Q = K \cdot A \cdot \triangle t \cdot C$ 관련된 설명 중 가장 부적합한 것은?

① K는 열관류율(W/m^2K) 이다.
② A는 구조체의 표면적(m^2)을 말한다.
③ $\triangle t$는 실내외의 온도차를 말한다.
④ C는 보정계수를 의미하며 남측은 1.1이다.

1) 일사 영향을 무시한 경우
   $Q = K \cdot A \cdot \triangle t$
2) 일사 영향을 고려한 경우
   $Q = K \cdot A \cdot \triangle t \cdot C$
   여기서 K : 열관류율(W/m^2K)
       A : 구조체의 표면적(m^2)
       $\triangle t$: 실내외의 온도차
       C : 보정계수

위치	남	동, 서	북	지붕	바람이 강한 곳	고립된 곳
방위보정계수	1	1.1	1.2	1.2	1.2	1.15

5 콘크리트 두께 15cm, 내면 석고 플라스터1cm의 구조체에 들어오는 열량은 몇 W 인가? (단, 구조체의 열관류율은 3.2 W/m^2K이고, 외기온도는 36℃, 실내온도는 26℃, 벽의 면적은 35m^2이다.)

① 535W
② 1,120W
③ 1,230W
④ 1,320W

1) 일사 영향을 무시한 경우
   $Q = K \cdot A \cdot \triangle t$
   에서 Q = 3.2W/m^2K×3 5m^2×(36－26)=1,120W
2) 일사 영향을 고려한 경우
   $Q = K \cdot A \cdot \triangle t \cdot C$
   여기서 K : 열관류율(W/m^2K)
        A : 구조체의 표면적(m^2)
       $\triangle t$: 실내외의 온도차
        C : 보정계수

6 주택의 거실에서 외벽면적이 12m^2일 때, 외벽을 통한 열손실량은? (단, 외벽의 열관류저항 0.8m^2k/W, 실내온도 20℃, 외기온도 －5℃이다.)

① 225W
② 275W
③ 325W
④ 375W

$Q = K \cdot A \cdot \triangle t$
$Q = 1/0.8 × 12 × 25 = 375W$

memo

제3편

건축, 기계, 전기, 신·재생분야 도서 분석능력

건축분야 도서분석

1 건축부문의 의무사항

(1) 건축부문의 의무사항

에너지절약계획 설계 검토서

1. 에너지절약설계기준 의무 사항

항 목	채택여부 (제출자 기재)		근거	확 인 (허가권자 기재)	
	채택	미채택		확인	보류
가. 건축부문					
① 이 기준 제6조제1호에 의한 단열조치를 준수하였다.					
② 이 기준 제6조제2호에 의한 에너지성능지표의 건축부문 1번 항목을 0.6점 이상 획득하였다.					
③ 이 기준 제6조제3호에 의한 바닥난방에서 단열재의 설치방법을 준수하였다.					
④ 이 기준 제6조제4호에 의한 방습층을 설치하였다.					
⑤ 외기에 직접 면하고 1층 또는 지상으로 연결된 출입문을 방풍구조로 하였다.(제6조제4호라목 각 호에 해당하는 시설의 출입문은 제외)					
⑥ 거실의 외기에 직접 면하는 창은 기밀성능 1~5등급 (통기량 5m³/h·m² 미만)의 창을 적용하였다.					
⑦ 법 제14조의2의 용도에 해당하는 공공건축물로서 에너지성능지표의 건축부문 7번 항목을 0.6점 이상 획득하였다. (다만, 건축물 에너지효율 1++등급 이상을 취득한 경우 또는 제로에너지건축물인증을 취득한 경우 제21조2항에 따라 건축물 에너지 소요량 평가서의 단위면적당 1차에너지 소요량의 합계가 적합할 경우 제외)					

※ 근거서류 중 도면에 의하여 확인하여야 하는 경우는 도면의 일련번호를 기재하여야 한다.

※ 만약, 미채택이거나 확인되지 않은 경우에는 더 이상의 검토 없이 부적합으로 판정한다. 확인란의 보류는 확인되지 않은 경우이다. 다만, 자료제시가 부득이한 경우에는 당해 건축사 및 설계에 협력하는 해당분야(기계 및 전기) 기술사가 서명·날인한 설치예정확인서로 대체할 수 있다.

①항 근거서류
- 건축물 단열성능 관계도면 (부위별 열관류율 계산서)
- 부위별 단열(단면) 상세도 포함 시킬 것
- 건축물 단열 계획도
- 평면도, 주단면도, 입면도, 창호일 람표, 창호평면도, 외피전개도 등
- 시험성적서

① 이 기준 제6조1호에 의한 단열조치를 준수하였다.

제6조【건축부문의 의무사항】 제2조에 따른 열손실방지조치 대상 건축물의 건축주와 설계자 등은 다음 각 호에서 정하는 건축부문의 설계기준을 따라야 한다.

1. 단열조치 일반사항

   가. 외기에 직접 또는 간접 면하는 거실의 각 부위에는 제2조에 따라 건축물의 열손실방지 조치를 하여야 한다. 다만, 다음 부위에 대해서는 그러하지 아니할 수 있다.

   1) 지표면 아래 2미터를 초과하여 위치한 지하 부위(공동주택의 거실 부위는 제외)로서 이중벽의 설치 등 하계 표면결로 방지 조치를 한 경우

   2) 지면 및 토양에 접한 바닥 부위로서 난방공간의 주변 외벽 내표면까지의 모든 수평거리가 10미터를 초과하는 바닥부위

   3) 외기에 간접 면하는 부위로서 당해 부위가 면한 비난방공간의 외기에 직접 또는 간접 면하는 부위를 별표1에 준하여 단열 조치하는 경우

   4) 공동주택의 층간바닥(최하층 제외) 중 바닥 난방을 하지 않는 현관 및 욕실의 바닥부위

   5) 따른 방풍구조(외벽제외) 또는 바닥면적 150제곱미터 이하의 개별 점포의 출입문

   6) 「건축법시행령」 별표1 제21호에 따른 동물 및 식물관련 시설 중 작물재배사 또는 온실 등 지표면을 바닥으로 사용하는 공간의 바닥부위

   7) 「건축법」 제49조 제3항에 따른 소방관 진입창(단, 「건축물의 피난·방화구조 등의 기준에 관한 규칙」 제 18조의2 제1호를 만족하는 최소 설치 개소로 한정한다.)

▶ **설계기준 해설**

■ **열손실 방지 조치부위**

① 외기에 직접 면하는 거실의 모든 외벽, 지붕, 바닥과 창 및 출입구

② 거실이 아닌 공간이 거실과 맞닿아 있는 경우

☞ 거실이 아닌 공간이 거실과 만나는 부위 또는 거실이 아닌 공간의 외피(외기에 직접 면한 부위)에 단열조치를 하여야 함.

③ 승강기 홀이나 계단실에 면한 벽체, 창 또는 출입문, 발코니 등을 통해 간접적으로 외기에 면한 외벽, 지붕, 바닥, 창 또는 출입문

④ 바닥난방을 하는 현관 및 욕실의 바닥은 [별표1]에서 제시하고 있는 열관류율 기준을 만족하는 등의 단열조치를 해야 함. (다만, 제6조3호가목의 바닥난방의 설치기준은 준수하지 않을 수 있음.)

■ 외기에 직접 또는 간접 면하는 부위에 따른 단열경계의 구분(단면)1

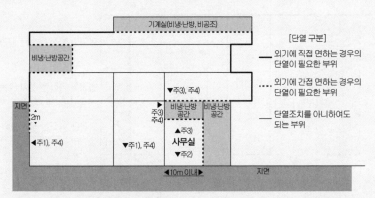

주1) 냉방 또는 난방을 하지 않는 공간에 면한 거실은 외기 간접으로 단열조치를 해야 한다.
단, 설계기준 제6조제1호가목 2)에 따라 지표면으로부터 2미터 아래에 위치하는 부위로서
이중벽의 설치 등 하계 표면결로 방지 조치를 한 경우는 단열조치를 아니할 수 있다.
주2) 건축물이 위치한 대지의 지면 높이가 위치에 따라 다를 경우에는 바닥 부위로부터 각
지면까지의 거리가 가장 가까운 지면을 기준으로 단열조치 여부를 결정하여야 한다. 위
그림과 같은 건축물 내 사무실의 경우, 수평거리가 가까운 오른쪽 지면을 기준으로 하
며 최하층 거실의 단열기준을 적용하여야 한다. 또한 냉방 또는 난방공간의 내표면까지
수평거리가 10m 이내의 바닥부위는 단열조치를 하여야 한다.
주3) 냉방 또는 난방을 하지 않는 공간에 면하여 외기에 간접 면하는 경우는 해당부위에 외
기에 간접 면하는 수준의 단열조치를 하여야 한다.
주4) 단, 공동주택의 거실 부위는 지표면 아래 2미터를 초과하여 위치하거나, 외기에 간접
면한 경우로서 면한 공간이 발코니, 복도, 계단실, 승강기실일 경우에도 해당 부위에 단
열조치를 하여야 한다.

■ 외기에 직접 또는 간접 면하는 부위에 따른 단열경계의 구분(단면)2

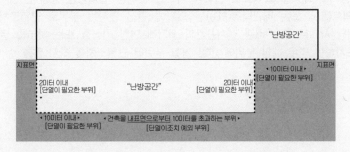

■ 외기에 직접 또는 간접 면하는 부위에 따른 단열경계의 구분(평면)1

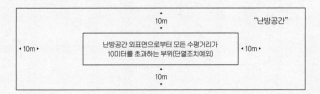

주1) 지면 또는 토양에 접한 바닥부위로서 해당부위로부터 건축물의 난방공간 외벽 내표면까지
수평거리가 모든 방향에서 10미터를 초과하는 부위는 단열조치를 아니할 수 있다.

■ 외기에 직접 또는 간접 면하는 부위에 따른 단열경계의 구분(단면)2

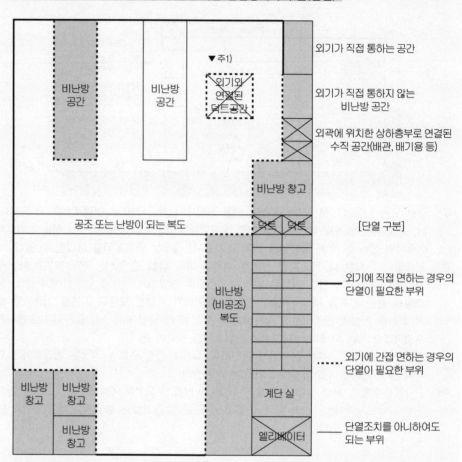

주1) 실내 공기의 배기를 목적으로 설치된 샤프트나 배관 설치공간 등에 면한 거실의 부위 (에어덕트(AD) 또는 배관덕트(PD))는 외기에 간접 면하는 부위로 단열조치하여야 함. 단, 해당 샤프트 또는 배관 설치공간의 외기에 면한 최상층 또는 하부를 별표1에 따라 단열조치하는 경우 해당 부위에 면한 거실 부위에 단열조치를 하지 않을 수 있음.

■ 방풍구조의 열손실방지조치

① 방풍구조 중 실내외 공기 교환에 의한 열출입 방지를 위해 별도로 방풍실을 설치한 경우 방풍실의 창 및 문에 대한 단열조치 예외 대상으로 인정 가능
② 건축물의 특성상 별도로 방풍실을 계획하지 않고 평면구조상 구성된 방풍공간에서 거실에 면하는 방풍공간의 외벽의 경우 외기 간접 면하는 수준으로 해당 부위를 단열조치하여야 함(방풍공간 외측 외피에 대해 단열조치를 할 경우 내측 창 및 문은 단열조치 예외대상 해당)

☞ 방풍구조 단열조치 예시

구 분		예시도	단열조치방법
방풍실	외기 직접		방풍실 외측 외피를 외기 직접 면하는 부위로서 단열조치 (창 및 문에 대한 단열조치 예외 대상 해당)할 경우 적합
	외기 간접		방풍실 내측 외피를 외기 간접 면하는 부위로서 단열조치 (창 및 문에 대한 단열조치 예외 대상 해당)할 경우 적합
방풍 공간	외기 직접		방풍공간 외측 외피를 외기 직접 면하는 부위로서 단열조치하고, 거실과 면하는 방풍공간의 내측 외벽은 외기 간접 면하는 부위로서 단열조치(창 및 문에 대한 단열조치 예외대상 해당)할 경우 적합
	외기 간접		방풍공간 내측 외피를 외기 간접 면하는 부위로서 단열조치 (창 및 문도 외기 간접 면하는 부위로 단열조치)할 경우 적합

③ 방풍구조의 정의(제5조제10호아목)
- 방풍실 : 실내외 공기교환에 의한 열출입 방지를 목적으로 설계에 계획 · 반영된 이중문 · 회전문 등의 방풍구조
- 방풍공간 : 별도의 방풍실을 계획하지 않고 건축물의 평면구조(홀, 복도 등)에 따라 구성되는 방풍구조

■ 지표면을 바닥으로 사용하는 공간의 열손실방지조치 예외

- 건축물 용도가 「건축법 시행령」 [별표 1] 제21호에 따른 동물 및 식물 관련시설에 해당하는 작물재배사 또는 온실로서 식물 재배 등을 목적으로 지표면을 별도 마감없이 바닥으로 사용하는 경우 해당 바닥 부위에 대해서만 단열조치를 만족하지 아니할 수 있음
- 작물재배사 또는 온실과 유사한 목적으로 지표면을 별도 마감없이 바닥으로 사용하는 경우 열손실방지조치 예외 적용을 위해서는 운영기관과 사전협의 필요

■ 소방관 진입창의 열손실방지조치 예외

- 소방관 진입창 설치기준(「건축물의 피난 · 방화구조 등의 기준에 관한 규칙」 제18조의2)
  - 2층 이상 11층 이하인 층에 각각 1개소 이상 설치해야 함
  - 소방관 진입창의 가운데에서 벽면 끝까지의 수평거리가 40미터 이상인 경우 40미터 이내마다 소방관이 진입할 수 있는 창을 추가로 설치해야 함
  - 소방관 진입창의 크기는 폭 90cm 이상, 높이 1.2m 이상으로 하고, 실내 바닥면으로부터 창 아랫부분까지의 높이는 80cm 이내로 할 것
  - 소방관 진입창의 유리는 아래의 각 목의 어느 하나에 해당하여야 함
  1) 플로트판유리로서 그 두께가 6mm 이하인 것
  2) 강화유리 또는 배강도유리로서 그 두께가 5mm 이하인 것
  3) ①, ②에 해당하는 유리로 구성된 이중 유리로서 그 두께가 24mm 이하인 것

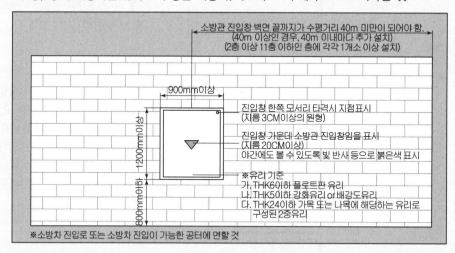

- 형별성능관계내역에서 소방관 진입창의 상세 구성을 별도 작성하고, 건축물 평면도 및 입면도에 소방관 진입창으로 표시된 부위는 [별표 1]에 따른 부위별 열관류율 기준을 만족하지 않을 수 있음
  - 열손실방지조치 예외를 적용받을 수 있는 소방관 진입창은 소방관 진입창을 설치해야 하는 방위별 벽면의 길이(m)를 40m로 나누어 정수로 올림한 개수보다 많을 수 없음
  * 예) 벽면의 길이 60m인 경우, 60m/40m=1.5 ⇒ 소수점 첫째자리에서 정수로 올림하여 열손실방지조치 예외가 가능한 소방관 진입창은 최대 2개로 한정

나. 단열조치를 하여야 하는 부위의 열관류율이 위치 또는 구조상의 특성에 의하여 일정하지 않는 경우에는 해당 부위의 평균 열관류율값을 면적가중 계산에 의하여 구한다.

다. 단열조치를 하여야 하는 부위에 대하여는 다음 각 호에서 정하는 방법에 따라 단열기준에 적합한지를 판단할 수 있다.

1) 이 기준 별표3의 지역별·부위별·단열재 등급별 허용 두께 이상으로 설치하는 경우(단열재의 등급 분류는 별표2에 따름) 적합한 것으로 본다.

2) 해당 벽·바닥·지붕 등의 부위별 전체 구성재료와 동일한 시료에 대하여 KS F2277(건축용 구성재의 단열성 측정방법)에 의한 열저항 또는 열관류율 측정값(시험성적서의 값)이 별표1의 부위별 열관류율에 만족하는 경우에는 적합한 것으로 보며, 시료의 공기층(단열재 내부의 공기층 포함)두께와 동일하면서 기타 구성재료의 두께가 시료보다 증가한 경우와 공기층을 제외한 시료에 대한 측정값이 기준에 만족하고 시료 내부에 공기층을 추가하는 경우에도 적합한 것으로 본다. 단, 공기층이 포함된 경우에는 시공 시에 공기층 두께를 동일하게 유지하여야 한다.

3) 구성재료의 열전도율 값으로 열관류율을 계산한 결과가 별표1의 부위별 열관류율 기준을 만족하는 경우 적합한 것으로 본다.(단, 각 재료의 열전도율 값은 한국산업규격 또는 시험성적서의 값을 사용하고, 표면열전달저항 및 중공층의 열저항은 이 기준 별표5 및 별표6에서 제시하는 값을 사용)

4) 창 및 문의 경우 KS F 2278(창호의 단열성 시험 방법)에 의한 시험성적서 또는 별표4에 의한 열관류율값 또는 산업통상자원부고시 「효율관리기자재 운용규정」에 따른 창 세트의 열관류율 표시값 또는 ISO 15099에 따라 계산된 창 및 문의 열관류율 값이 별표1의 열관류율 기준을 만족하는 경우 적합한 것으로 본다.

5) 열관류율 또는 열관류저항의 계산결과는 소수점 3자리로 맺음을 하여 적합여부를 판정한다.(소수점 4째 자리에서 반올림)

"건축물의 에너지절약설계기준"에 따라 건축물 설계를 검토하고 있다. 다음 중 가장 적절하지 <u>않은</u> 것은?

① 에너지성능지표 건축부문 9번항목 (거실 외피면적당 평균 태양열취득) 계산을 위해 KS L 9107(솔라 시뮬레이터에 의한 태양열 취득률 측정 시험방법)에 따른 공인시험 성적서를 활용할 수 있다.

② 에너지성능지표 건축부문 4번항목 (외피 열교 부위의 단열성능) 계산 시 ISO 10211(Themal bridges in building construction)에 따른 평가 결과를 활용할 수 있다.

③ 비드법보온판 단열재의 성능 검토 시 KS M 3808(발포 폴리스티렌 단열재)과 KS L 9016(보온재의 열전도율 측정 방법) 표준을 활용할 수 있다.

④ 창 및 문의 열관류율은 KS F 2277 (건축용 구성재의 단열성 측정방법)에 의한 시험성적서 값을 인정할 수 있다.

해설 ④ 창 및 문의 열관류율은 KSF 2277(건축용 구성재의 단열성 측정방법)에 의한 시험성적서 값을 인정할 수 있다. → KSF 2277이 아닌 KSF 2278(창호의 단열성 시험방법)에 의한 시험성적서 값을 인정할 수 있다가 옳은 답이다.

정답 : ④

[별표4] 창 및 문의 단열성능

(단위 : W/㎡·K)

창 및 문의 종류			창틀 및 문틀의 종류별 열관류율								
			금속재						플라스틱 또는 목재		
			열교차단재[1] 미적용			열교차단재 적용					
유리의 공기층 두께[mm]			6	12	16 이상	6	12	16 이상	6	12	16 이상
창	복층창	일반복층창[2]	4.0	3.7	3.6	3.7	3.4	3.3	3.1	2.8	2.7
		로이유리(하드코팅)	3.6	3.1	2.9	3.3	2.8	2.6	2.7	2.3	2.1
		로이유리(소프트코팅)	3.5	2.9	2.7	3.2	2.6	2.4	2.6	2.1	1.9
		아르곤 주입	3.8	3.6	3.5	3.5	3.3	3.2	2.9	2.7	2.6
		아르곤 주입+로이유리(하드코팅)	3.3	2.9	2.8	3.0	2.6	2.5	2.5	2.1	2.0
		아르곤 주입 + 로이유리(소프트코팅)	3.2	2.7	2.6	2.9	2.4	2.3	2.3	1.9	1.8
	삼중창	일반삼중창[2]	3.2	2.9	2.8	2.9	2.6	2.5	2.4	2.1	2.0
		로이유리(하드코팅)	2.9	2.4	2.3	2.6	2.1	2.0	2.1	1.7	1.6
		로이유리(소프트코팅)	2.8	2.3	2.2	2.5	2.0	1.9	2.0	1.6	1.5
		아르곤 주입	3.1	2.8	2.7	2.8	2.5	2.4	2.2	2.0	1.9
		아르곤 주입+로이유리(하드코팅)	2.6	2.3	2.2	2.3	2.0	1.9	1.9	1.6	1.5
		아르곤 주입+로이유리(소프트코팅)	2.5	2.2	2.1	2.2	1.9	1.8	1.8	1.5	1.4
	사중창	일반사중창[2]	2.8	2.5	2.4	2.5	2.2	2.1	2.1	1.8	1.7
		로이유리(하드코팅)	2.5	2.1	2.0	2.2	1.8	1.7	1.8	1.5	1.4
		로이유리(소프트코팅)	2.4	2.0	1.9	2.1	1.7	1.6	1.7	1.4	1.3
		아르곤 주입	2.7	2.5	2.4	2.4	2.2	2.1	1.9	1.7	1.6
		아르곤 주입+로이유리(하드코팅)	2.3	2.0	1.9	2.0	1.7	1.6	1.6	1.4	1.3
		아르곤 주입+로이유리(소프트코팅)	2.2	1.9	1.8	1.9	1.6	1.5	1.5	1.3	1.2
	단창		6.6			6.10			5.30		
문	일반문	단열 두께 20mm 미만	2.70			2.60			2.40		
		단열 두께 20mm 이상	1.80			1.70			1.60		
	유리문	단창문 유리비율[3] 50% 미만	4.20			4.00			3.70		
		단창문 유리비율 50% 이상	5.50			5.20			4.70		
		복층창문 유리비율 50% 미만	3.20	3.10	3.00	3.00	2.90	2.80	2.70	2.60	2.50
		복층창문 유리비율 50% 이상	3.80	3.50	3.40	3.30	3.10	3.00	3.00	2.80	2.70

주1) 열교차단재 : 열교 차단재라 함은 창 및 문의 금속프레임 외부 및 내부 사이에 설치되는 폴리염화비닐 등 단열성을 가진 재료로서 외부로의 열흐름을 차단할 수 있는 재료를 말한다.

주2) 복층창은 단창+단창, 삼중창은 단창+복층창, 사층창은 복층창+복층창을 포함한다.

주3) 문의 유리비율은 문 및 문틀을 포함한 면적에 대한 유리면적의 비율을 말한다.

주4) 창 및 문을 구성하는 각 유리의 공기층 두께가 서로 다를 경우 그 중 최소 공기층 두께를 해당 창 및 문의 공기층 두께로 인정하며, 단창+단창, 단창+복층창의 공기층 두께는 6mm로 인정한다.

주5) 창 및 문을 구성하는 각 유리의 창틀 및 문틀이 서로 다를 경우에는 열관류율이 높은 값을 인정한다.

주6) 복층창, 삼중창, 사중창의 경우 한면만 로이유리를 사용한 경우, 로이유리를 적용한 것으로 인정한다.

주7) 삼중창, 사중창의 경우 하나의 창 및 문에 아르곤을 주입한 경우, 아르곤을 적용한 것으로 인정한다.

[별표5] 열관류율 계산 시 적용되는 실내 및 실외측 표면 열전달저항

건물 부위 / 열전달저항	실내표면열전달저항Ri [단위:m²·K/W] (괄호 안은 m²·h·℃/kcal)	실외표면열전달저항Ro [단위:m²·K/W] (괄호 안은 m²·h·℃/kcal)	
		외기에 간접 면하는 경우	외기에 직접 면하는 경우
거실의 외벽 (측벽 및 창, 문 포함)	0.11(0.13)	0.11 (0.13)	0.043 (0.050)
최하층에 있는 거실 바닥	0.086(0.10)	0.15 (0.17)	0.043 (0.050)
최상층에 있는 거실의 반자 또는 지붕	0.086(0.10)	0.086 (0.10)	0.043 (0.050)
공동주택의 층간 바닥	0.086(0.10)	–	–

[별표6] 열관류율 계산시 적용되는 중공층의 열저항

공기층의 종류	공기층의 두께 da (cm)	공기층의 열저항 Ra [단위:m²·K/W] (괄호 안은 m²·h·℃/kcal)
(1) 공장생산된 기밀제품	2 cm 이하	$0.086 \times da(cm)$ ($0.10 \times da(cm)$)
	2 cm 초과	0.17 (0.20)
(2) 현장시공 등	1 cm 이하	$0.086 \times da(cm)$ ($0.10 \times da(cm)$)
	1 cm 초과	0.086 (0.10)
(3) 중공층 내부에 반사형 단열재가 설치된 경우	방사율 0.5이하 : (1) 또는 (2)에서 계산된 열저항의 1.5배	
	방사율 0.1이하 : (1) 또는 (2)에서 계산된 열저항의 2.0배	

라. 별표1 건축물부위의 열관류율 산정을 위한 단열재의 열전도율 값은 한국산업규격 KS L 9016 보온재의 열전도율 측정방법에 따른 시험성적서 의한 값을 사용하되 열전도율 시험을 위한 시료의 평균온도는 20±5℃로 한다.

마. 수평면과 이루는 각이 70도를 초과하는 경사지붕은 별표1에 따른 외벽의 열관류율을 적용할 수 있다.

바. 바닥 난방을 하는 공간의 하부가 바닥 난방을 하지 않는 공간일 경우에는 당해 바닥 난방을 하는 바닥부위는 별표1의 최하층에 있는 거실의 바닥으로 보며 외기에 간접 면하는 경우의 열관류율 기준을 만족하여야 한다.

예제문제 01

다음 중 "건축물의 에너지절약설계기준"에서 정하는 건축물의 열손실방지를 위한 단열조치의 예외사항에 해당하는 것 중 적합한 것으로 나열된 것은?

⊙ 지표면 아래 2m를 초과하여 위치한 지하 부위(공동주택의 거실 부위 제외)로서 이중벽의 설치등 하계 표면결로 방지 조치를 할 경우

ⓛ 지면 및 토양에 접한 바닥 부위로서 난방공간의 주변 외벽 내표면 까지의 모든 수평거리가 10미터를 초과하는 바닥부위

ⓒ 방풍구조(외벽제외) 또는 바닥면적 300m² 이하의 개별 점포의 출입문

ⓔ 공동주택의 층간바닥(최하층 포함) 중 바닥난방을 하지 않는 현관 및 욕실의 바닥부위

ⓜ 외기에 간접 면하는 부위로서 당해부위가 면한 비난방공간의 외피를 기준 "[별표1] 지역별 건축물 부위의 열관류율표"에 준하여 단열조치하는 경우

① ㄴ, ㄷ, ㄹ   ② ㄱ, ㄴ, ㄷ

③ ㄱ, ㄴ, ㅁ   ④ ㄴ, ㄷ, ㅁ

해설 건축물의 열손실방지를 위한 단열조치 예외사항

제6조【건축부문의 의무사항】제 2조에 따른 열손실방지 조치대상 건축물의 건축주와 설계자 등은 다음 각 호에서 정하는 건축부문의 설계기준을 따라야 한다.

1. 단열조치 일반사항

   가. 외기에 직접 또는 간접 면하는 거실의 각 부위에는 제2조에 따라 건축물의 열손실방지 조치를 하여야 한다. 다만, 다음 부위에 대해서는 그러하지 아니할 수 있다.

      1) 지표면 아래 2미터를 초과하여 위치한 지하 부위(공동주택의 거실 부위는 제외)로서 이중벽의 설치 등 하계 표면결로 방지 조치를 한 경우

      2) 지면 및 토양에 접한 바닥 부위로서 난방공간의 외벽 내표면까지의 모든 수평거리가 10미터를 초과하는 바닥부위

      3) 외기에 간접 면하는 부위로서 당해 부위가 면한 비난방공간의 외기에 직접 또는 간접 면하는 부위를 별표1에 준하여 단열 조치하는 경우

      4) 공동주택의 층간바닥(최하층 제외) 중 바닥 난방을 하지 않는 현관 및 욕실의 바닥부위

      5) 방풍구조(외벽제외) 또는 바닥면적 150제곱미터 이하의 개별 점포의 출입문

답 : ③

예제문제 02

건축물의 에너지절약설계기준에서 단열조치를 하여야 하는 부위에 대하여는 다음 각 호에서 정하는 방법에 따라 단열기준에 적합한지를 판단할 수 있다. 적합하지 않은 것은 어느 것인가?

① 열관류율 또는 열관류저항의 계산결과는 소수점 4자리로 맺음을 하여 적합 여부를 판정한다.(소수점 5째 자리에서 반올림)

② 단열재의 열전도율 값은 한국산업규격 KS L 9016 보온재의 열전도율 측정방법에 따른 시험성적서에 의한 값을 사용하되, 열전도율 시험을 위한 시료의 평균온도는 20±5℃로 한다.

③ 건축물의 에너지절약설계기준에서 정하는 지역별·부위별·단열재 등급별 허용 두께 이상으로 설치하는 경우 적합한 것으로 본다.

④ 창 및 문의 경우 KS F 2278 (창호의 단열성 시험 방법)에 의한 시험성적서에 따른 창 세트의 열관류율 표시값이 별표1의 열관류율기준을에 만족하는 경우 적합한 것으로 본다.

[해설]
열관류율 또는 열관류저항의 계산결과는 소수점 3자리로 맺음을 하여 적합 여부를 판정한다.(소수점 4째 자리에서 반올림)

답 : ①

예제문제 03

"건축물의 에너지절약설계기준"에 따른 열손실방지조치를 하지 않아도 괜찮은 부위는?　　　　　　　　　　　　　　　　　　　【17년 3회 국가자격시험】

① 바닥면적 160제곱미터의 개별 점포의 출입문

② 지표면 아래 2미터를 초과하여 위치한 공동 주택의 거실 부위로서 이중벽의 설치 등 하계표면결로 방지 조치를 한 경우

③ 공동주택의 층간바닥 중 바닥난방을 하는 현관 및 욕실의 바닥 부위

④ 바닥면적 250제곱미터 이하의 방풍구조 출입문

[해설] 열손실방지 조치예외 부위〇
① 바닥면적 $160m^2$의 개별점포의 출입문 → $150m^2$ 이하의 개별점포의 출입문
② 지표면아래 2미터를 초과하여 위치한 공동주택의 거실부위로서 이중벽의 설치 등 하계 도면결로 방지조치를 한 경우 → 공동주택의 거실 부위는 제외
③ 공동주택의 층간바닥 중 바닥난방을 하는 현관 및 욕실의 바닥 부위 → 공동주택의 층간바닥 (최하층제외) 중 바닥난방을 하지 않는 현관 및 욕실의 바닥 부위
④ 바닥면적 $250m^2$ 이하의 방풍구조 출입문 → 방풍구조(외벽제외)
　→ 이외) 2) 지면 및 토양에 접한 바닥부위로서 난방공간의 주변 외벽 내표면까지의 모든 수평 거리가 10m를 초과하는 바닥 부위 3) 외기에 간접 면하는 부위로서 당해 부위가 면한 비난방 공간의 외피를 별표1에 준하여 단열조치하는 경우

답 : ④

예제문제 04

건축물의 에너지절약설계기준에서 단열조치를 하여야 하는 부위에 대하여는 다음 각 호에서 정하는 방법에 따라 단열기준에 적합한지를 판단할 수 있다. 적합하지 않은 것은 어느 것인가?

① 열관류율 또는 열관류저항의 계산결과는 소수점 3자리로 맺음을 하여 적합 여부를 판정한다.(소수점 4째 자리에서 반올림)

② 바닥 난방을 하는 공간의 하부가 바닥 난방을 하지 않는 공간일 경우에는 당해 바닥 난방을 하는 바닥부위는 별표1의 최하층에 있는 거실의 바닥으로 보며 외기에 직접 면하는 경우의 열관류율 기준을 만족하여야 한다.

③ 수평면과 이루는 각이 70도를 초과하는 경사지붕은 별표1에 따른 외벽의 열관류율을 적용할 수 있다.

④ 단열조치를 하여야 하는 부위의 열관류율이 위치 또는 구조상의 특성에 의하여 일정하지 않은 경우에는 해당 부위의 평균 열관류율값을 면적가중 계산에 의하여 구한다.

해설

바닥 난방을 하는 공간의 하부가 바닥 난방을 하지 않는 공간일 경우에는 당해 바닥 난방을 하는 바닥부위는 별표1의 최하층에 있는 거실의 바닥으로 보며 외기에 간접 면하는 경우의 열관류율 기준을 만족하여야 한다.

답 : ②

예제문제 05

남부지역에서 수평면과 이루는 각이 70도를 초과하는 경사지붕이 외기에 직접 면하는 경우 열관류율 값은 얼마를 적용하는 것이 적정한가? (단위 : $w/m^2 \cdot k$)
(단, 공동주택 외인 경우)

① 0.320 이하　　　　　　　　② 0.270 이하

③ 0.230 이하　　　　　　　　④ 0.180 이하

해설

수평면과 이루는 각이 70도를 초과하는 경사지붕이 외기에 직접면하는 경우 공동주택 외 외벽의 평균 열관류율 값을 적용하므로 0.320 이하를 적용한다.

답 : ①

②항 근거서류
- 건축물 단열성능 관계도면
  (부위별 열관류율 계산서)
- 부위별 단열(단면) 상세도 포함
  시킬 것
- 건축물 단열 계획도
- 평면도, 주단면도, 입면도, 창호일
  람표, 창호평면도, 외피전개도 등
- 시험성적서

② 이 기준 제6조제2호에 의한 에너지성능지표의 건축부문 1번 항목을 0.6점 이상 획득하였다.

에너지성능지표 건축1번 항목 참조(외벽의 평균열관류율(창 및 문을 포함)

예제문제 06

다음 중 건축물의 에너지절약설계기준의 의무사항에서 에너지 성능지표의 0.6점 이상 점수를 획득하여야 하는 항목으로 가장 적합한 것은 다음 중 어느 것인가?

① 외벽의 평균열관류율

② 지붕의 평균열관류율

③ 최하층 거실바닥의 평균열관류율

④ 외단열공법의 채택

해설

이 기준 제6조제2호에 의한 에너지성능지표의 건축부문 1번 항목인 외벽의 평균열관류율을 0.6점 이상 획득하였다.

2. 에너지성능지표^{주1)}

항목	기본배점(a)				배점(b)					평점(a*b)	근거
	비주거		주거								
	대형 (3,000m² 이상)	소형 (500~ 3,000m² 미만)	주택1	주택2	1점	0.9점	0.8점	0.7점	0.6점		
1.외벽의 평균 열관류율Ue (W/m²·K) ^{주2) 주3)} (창 및 문을 포함)	21	34			중부1 0.380 미만	0.380~ 0.430 미만	0.430~ 0.480 미만	0.480~ 0.530 미만	0.530~ 0.580 미만		
					중부2 0.490 미만	0.490~ 0.560 미만	0.560~ 0.620 미만	0.620~ 0.680 미만	0.680~ 0.740 미만		
					남부 0.620 미만	0.620~ 0.690 미만	0.690~ 0.760 미만	0.760~ 0.840 미만	0.840~ 0.910 미만		
					제주 0.770 미만	0.770~ 0.860 미만	0.860~ 0.950 미만	0.950~ 1.040 미만	1.040~ 1.130 미만		
			31	28	중부1 0.300 미만	0.300~ 0.340 미만	0.340~ 0.380 미만	0.380~ 0.410 미만	0.410~ 0.450 미만		
					중부2 0.340 미만	0.340~ 0.380 미만	0.380~ 0.420 미만	0.420~ 0.460 미만	0.460~ 0.500 미만		
					남부 0.420 미만	0.420~ 0.470 미만	0.470~ 0.510 미만	0.510~ 0.560 미만	0.560~ 0.610 미만		
					제주 0.550 미만	0.550~ 0.620 미만	0.620~ 0.680 미만	0.680~ 0.750 미만	0.750~ 0.810 미만		

답 : ①

예제문제 07

건축물의 에너지절약설계기준 의무사항 중 외벽의 평균열관류율은 배점 몇 점 이상을 반드시 획득하여야 하는가?

① 0.6점

② 0.7점

③ 0.8점

④ 0.9점

해설

이 기준 제6조제2호에 의한 에너지성능지표의 건축부문 1번 항목인 외벽의 평균열관류율을 0.6점 이상 획득하였다.

답 : ①

예제문제 08

다음은 대전광역시에 신축하는 비주거 대형 건축물의 '에너지절약계획 설계 검토서' 작성을 위한 자료이다. 이에 대한 설명으로 가장 적절한 것은? 【2019년 5회 국가자격시험】

부 위	구 분	열관류율(W/m²· K)	면적(m²)	열관류율×면적(W/K)	KS F 2292에 따른 기밀성 등급
벽체	외기 직접	0.200 (KS F 2277)	650	130.00	–
창	외기 직접	1.400 (KS F 2278)	335	469.00	1 등급 (1 m³/hm² 미만)
문	외기 직접	1.390 (KS F 2278)	15	20.85	8 등급 (7~8 m³/hm² 미만)
합 계			1,000	619.85	–

항 목	배 점						
		1점	0.9점	0.8점	0.7점	0.6점	
1. 외벽의 평균 열관류율	중부 1	0.380 미만	0.380~ 0.430미만	0.430~ 0.480미만	0.480~ 0.530미만	0.530~ 0.580미만	
	중부 2	0.490 미만	0.490~ 0.560미만	0.560~ 0.620미만	0.620~ 0.680미만	0.680~ 0.740미만	
	남부	0.620 미만	0.620~ 0.690미만	0.690~ 0.760미만	0.760~ 0.840미만	0.840~ 0.910미만	
5. 기밀성 창 및 문의 설치	1등급 (1m³/hm² 미만)		2등급 (1~2m³/hm² 미만)	3등급 (2~3m³/hm² 미만)	4등급 (3~4m³/hm² 미만)	4등급 (4~5m³/hm² 미만)	

① 에너지성능지표 건축부문 1번 항목(외벽의 평균 열관류율) 배점은 0.7점으로 산출된다.

② 에너지성능지표 건축부문 5번 항목(기밀성 창 및 문의 설치) 배점은 1.0점으로 산출된다.

③ 공기층을 포함하여 벽체를 구성하는 모든 구성재료의 종류와 두께가 정확히 일치하는 시료에 대한 시험성적서를 제출해야만 벽체의 열관류율을 인정받을 수 있다.

④ 계획중인 문을 기밀성 문(기밀등급 1~5등급)으로 교체하지 않으면 건축부문 의무사항을 만족할 수 없다.

해설

① $\dfrac{619.85}{1000} = 0.61985 = 0.620(중부2) \rightarrow 0.7점$

② $\dfrac{469}{489.85} = 0.957점$

③ 기타 구성재료와 두께가 시료보다 증가한 경우와 공기층을 제외한 시료에 대한 측정값이 기준에 만족하고 시료 내부에 공기층을 추가하는 경우도 적합

④ 외기에 직접 면하는 창인 경우 의무사항 적용

답 : ①

③ 이 기준 제6조제3호에 의한 바닥 난방에서 단열재의 설치방법을 준수하였다.

2. 바닥 난방에서 단열재의 설치

　가. 바닥 난방 부위에 설치되는 단열재는 바닥 난방의 열이 슬래브 하부로 손실되는 것을 막을 수 있도록 온수배관(전기난방인 경우는 발열선) 하부와 슬래브 사이에 설치하고, 온수배관(전기난방인 경우는 발열선) 하부와 슬래브 사이에 설치되는 구성 재료의 열저항의 <u>합계는 해당 바닥에 요구되는 총열관류저항</u>(별표1에서 제시되는 열관류율의 역수)의 60% 이상이 되어야 한다. 다만, 바닥 난방을 하는 욕실 및 현관부위와 슬래브의 축열을 직접 이용하는 심야전기이용 온돌 등(한국전력의 심야전력이용기기 승인을 받은 것에 한한다)의 경우에는 단열재의 위치가 그러하지 않을 수 있다.

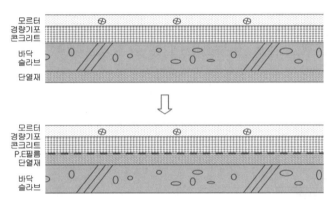

* 단열재는 콘크리트 상부와 하부에 나눠서 설치할 수 있지만, 위의 규정을 만족하도록 슬라브 상단에 단열재를 적정 두께로 설계해야 한다.

■ 바닥 난방시 온수배관 하부부터 슬래브 상단까지 재료에 요구되는 열저항합 (단위 : m²K/W)

[별표1]에서 제시되는 바닥난방인 바닥 열관류율 역수의 60%

건축물의 부위	지역	중부1지역	중부2지역	남부지역	제주도
바닥난방인 층간바닥		0.74 이상	0.74 이상	0.74 이상	0.74 이상
최하층의 거실바닥	외기직접 (바닥난방인 경우)	4.00 이상	3.52 이상	2.72 이상	2.06 이상
	외기간접 (바닥난방인 경우)	2.85 이상	2.50 이상	1.93 이상	1.46 이상

③항 근거서류
• 바닥부위 단열성능관계도면 (바닥부위별 열관류율 계산서)
　- 부위별 단열(단면) 상세도 포함 시킬 것
• 바닥난방 배관평면도, 바닥 단열 계획도, 단면도, 시험성적서 등

✍ 필기출제경향[17년3회] 🌐

"건축물의 에너지절약설계기준"에 따라 다음의 형별성능관계내역이 의무사항 건축부문 3번을 만족하기 위한 단열재의 최소 두께(㉠)로 가장 적합한 것은? (중부1지역)

형별성능관계내역			
최하층(바닥난방)		외기직접	
재료명	두께 (mm)	열전도율 (W/mK)	열관류저항 (m²K/W)
실내표면 열전달저항			0.086
시멘트몰탈	40	1.4	0.029
온수파이프			
기포콘크리트 0.4품	30	0.13	0.231
압출법 보온판 1호	㉠	0.028	
철근 콘크리트	150	1.6	0.094
압출법 보온판1호	140	0.028	5.000
합판	12	0.15	0.080
실외표면 열전달저항			0.043
기준 열관류율 (중부1지역)			0.150

① 90mm　② 100mm
③ 110mm　④ 120mm

해설

① $0.231 + \left(\dfrac{0.09}{0.028}\right) = 3.214 \rightarrow 3.445$

② $0.231 + \left(\dfrac{0.10}{0.028}\right) = 3.571 \rightarrow 3.802$

③ $0.231 + \left(\dfrac{0.11}{0.028}\right) = 3.929 \rightarrow 4.16$

④ $0.231 + \left(\dfrac{0.12}{0.028}\right) = 4.286 \rightarrow 4.517$

$\dfrac{1}{0.150} = 6.667 \times 0.6 = 4.002 \quad < 4.16$

답 : ③

예제문제 **09**

다음은 [중부1지역]에 위치한 건축물의 외기에 간접 면하는 최하층 바닥난방 부위 단면도와 성능 내역이다. "건축물의 에너지절약설계기준" 에 따른 의무사항을 만족하기 위해 슬래브 상부에 추가해야 하는 단열재의 최소 두께는? (단, 단열재의 사양은 현재 설치된 것과 동일하며 5mm 두께 단위로만 추가할 수 있다.)

【2019년 5회 국가자격시험】

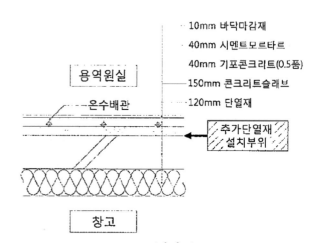

〈단면도〉

재 료	두께(mm)	열전도율(W/m· K)	열관류저항(m² · K/W)
실내표면열전달저항	–	–	0.086
마감재	10	0.140	0.071
시멘트모르타르	40	1.400	0.029
기포콘크리트 0.5품	40	0.160	0.250
콘크리트 슬래브	150	1.600	0.094
단열재	120	0.025	4.800
실외표면열전달저항	–	–	0.150
열저항 합계			5.480
열관류율 (W/m²· K)			0.182

〈최하층 바닥난방 부위의 성능내역〉

건축물의 부위			중부1지역
최하층에 있는 거실의 바닥	외기에 간접 면하는 경우	바닥난방인 경우	0.210 이하

〈지역별 건축물 부위의 열관류율표〉

① 0 mm
② 70 mm
③ 75 mm
④ 80 mm

해설

$\dfrac{1}{0.210} = 4.761 \times 0.6 = 2.857$

① 0 → 기포콘크리트

② 70 → $0.250 + \dfrac{0.07}{0.025} = 3.05 > 2.857$

③ 75 → $0.250 + \dfrac{0.075}{0.025} = 3.25$

④ 80 → $0.250 + \dfrac{0.080}{0.025} = 3.450$

따라서 2.857에 가장 근접한 ②번 70mm를 정답으로 채택한다.

답 : ②

예제문제 10

건축물의 에너지절약설계기준에서 바닥 난방의 경우 단열재의 설치 기준이다.
(   )속에 가장 적합한 것은 다음 중 어느 것인가?

바닥 난방 부위에 설치되는 단열재는 바닥 난방의 열이 슬래브 (A)로 손실되는
것을 막을 수 있도록 온수배관(전기난방인 경우는 발열선) 하부와 (B) 사이에
설치하고, 온수배관(전기난방인 경우는 발열선) 하부와 슬래브 사이에 설치되는
구성 재료의 열저항의 합계는 해당 바닥에 요구되는 총열관류저항의 60% 이상이
되어야 한다. 다만, 바닥 난방을 하는 욕실 및 현관부위와 슬래브의 (C)을 직접
이용하는 심야전기이용 온돌 등(한국전력의 심야전력이용기기 승인을 받은 것에
한한다)의 경우에는 단열재의 위치가 그러하지 않을 수 있다.

	A	B	C
①	상부	방습층	현열
②	상부	단열재	온열
③	하부	공기층	잠열
④	하부	슬래브	축열

해설
슬래브 하부로 손실되는 것을 막을 수 있도록 온수배관(전기난방인 경우는 발열선) 하부와
슬래브 사이에 설치하고, 슬래브의 축열을 직접 이용하는 심야전기이용 온돌 등의 경우에는
단열재의 위치가 그러하지 않을 수 있다.

답 : ④

④ 이 기준 제6조제4호에 의한 방습층을 설치하였다.

3. 기밀 및 결로방지 등을 위한 조치

  가. 벽체 내표면 및 내부에서의 결로를 방지하고 단열재의 성능 저하를 방지하기
    위하여 제2조에 의하여 단열조치를 하여야 하는 부위(창 및 문과 난방공간
    사이의 층간 바닥 제외)에는 방습층을 단열재의 실내측에 설치하여야 한다.

    압출법 보온판, 비드법 보온판 등은 별도의 방습층 설치 불 필요(단열재 자
    체 방습성능 인정)

  나. 방습층 및 단열재가 이어지는 부위 및 단부는 이음 및 단부를 통한 투습을
    방지할 수 있도록 다음과 같이 조치하여야 한다.

    1) 단열재의 이음부는 최대한 밀착하여 시공하거나, 2장을 엇갈리게 시공하여
      이음부를 통한 단열성능 저하가 최소화될 수 있도록 조치할 것

    2) 방습층으로 알루미늄박 또는 플라스틱계 필름 등을 사용할 경우의 이음부는
      100mm 이상 중첩하고 내습성 테이프, 접착제 등으로 기밀하게 마감할 것

④항 근거서류
• 건축물 단열성능 관계도면
  (부위별 열관류율 계산서 등)

3) 단열부위가 만나는 모서리 부위는 방습층 및 단열재가 이어짐이 없이 시공하거나 이어질 경우 이음부를 통한 단열성능 저하가 최소화되도록 하며, 알루미늄박 또는 플라스틱계 필름 등을 사용할 경우의 모서리 이음부는 150mm 이상 중첩되게 시공하고 내습성 테이프, 접착제 등으로 기밀하게 마감할 것

4) 방습층의 단부는 단부를 통한 투습이 발생하지 않도록 내습성 테이프, 접착제 등으로 기밀하게 마감할 것

다. 건축물 외피 단열부위의 접합부, 틈 등은 밀폐될 수 있도록 코킹과 가스켓 등을 사용하여 기밀하게 처리하여야 한다.

■ 방습층의 위치는 단열재를 기준으로 실내 측에 설치

• 방습층의 성능은 투습도가 24시간당 30g/m² (투습계수 0.28g/m² hmmHg) 이하인 방습재료의 경우 인정

• 방습층으로 인정되는 구조

1) 두께 0.1mm 이상의 폴리에틸렌 필름[KS M 3509(포장용폴리에틸렌 필름)에서 정하는 것을 말한다.

2) 투습방수 시트

3) 현장발포 플라스틱계(경질 우레탄 등) 단열재

4) 플라스틱계 단열재(발포폴리스티렌 보온재)로서 이음새가 투습방지성능이 있도록 처리될 경우

5) 내수합판 등 투습방지 처리가 된 합판으로서 이음새가 투습방지가 될 수 있도록 시공될 경우

6) 금속재(알루미늄 박 등)

7) 콘크리트 벽이나 바닥 또는 지붕

8) 타일마감

9) 모르타르 마감이 된 조적벽

예제문제 11

에너지절약계획 설계검토서와 관련된 "에너지절약 설계기준의무사항" 중 방습층의 위치는 단열재를 기준으로 실내 측에 설치하게 되어 있다. 다음 중 방습층으로 인정되는 구조로 볼 수 없는 것은?

① 두께 0.1mm 이상의 폴리에틸렌 필름

② 금속재(알루미늄 박 등)

③ 타일마감

④ 회반죽을 바른 조적벽

해설 방습층으로 인정되는 구조

• 두께 0.1mm 이상의 폴리에틸렌 필름(KS M 3509(포장용폴리에틸렌 필름)에서 정하는 것을 말한다.

• 투습방수 시트

• 현장발포 플라스틱계(경질 우레탄 등) 단열재

• 플라스틱계 단열재(발포폴리스티렌 보온재)로서 투습방지 성능이 있도록 처리될 경우

• 내수합판 등 투습방지처리가 된 합판으로서 이음새가 투습방지가 될 수 있도록 시공될 경우

• 금속재(알루미늄 박 등)

• 콘크리트 벽이나 바닥 또는 지붕

• 타일마감

• 모르타르 마감이 된 조적벽

답 : ④

예제문제 12

에너지절약계획 설계검토서와 관련된 "에너지절약 설계기준 의무사항" 중 방습층과 관련된 내용 중 (   ) 안에 가장 적합한 것은?

"(㉠)"이라 함은 습한 공기가 구조체에 침투하여 결로발생의 위험이 높아지는 것을 방지하기 위해 설치하는 투습도가 (㉡)시간당 (㉢) 이하 또는 투습계수 (㉣) 이하의 투습저항을 가진 층을 말한다.

① ㉠ 방습층 ㉡ 24 ㉢ $30g/m^2$, ㉣ $0.28g/m^2 \cdot h \cdot mmHg$

② ㉠ 방수층 ㉡ 36 ㉢ $30g/m^2$, ㉣ $0.28g/m^2 \cdot h \cdot mmHg$

③ ㉠ 단열층 ㉡ 24 ㉢ $30g/m^2$, ㉣ $0.30g/m^2 \cdot h \cdot mmHg$

④ ㉠ 방습층 ㉡ 24 ㉢ $25g/m^2$, ㉣ $0.30g/m^2 \cdot h \cdot mmHg$

해설

"방습층"이라 함은 습한 공기가 구조체에 침투하여 결로발생의 위험이 높아지는 것을 방지하기 위해 설치하는 투습도가 24시간당 $30g/m^2$ 이하 또는 투습계수 $0.28g/m^2 \cdot h \cdot mmHg$ 이하의 투습저항을 가진 층을 말한다.

답 : ①

예제문제 13

건축물의 에너지절약설계기준에서 기밀 및 결로방지 등을 위한 조치를 설명한 것이다. 적합하지 않은 것은 어느 것인가?

① 단열재의 이음부는 최대한 밀착하여 시공하거나, 2장을 엇갈리게 시공하여 이음부를 통한 단열성능 저하가 최소화될 수 있도록 조치할 것

② 벽체 내표면 및 내부에서의 결로를 방지하고 단열재의 성능 저하를 방지하기 위하여 단열조치를 하여야 하는 부위(창호 및 난방공간 사이의 층간 바닥 제외)에는 빗물 등의 침투를 방지하기 위해 방습층을 단열재의 실내측에 설치하여야 한다.

③ 방습층으로 알루미늄박 또는 플라스틱계 필름 등을 사용할 경우의 이음부는 300mm 이상 중첩하고 내습성 테이프, 접착제 등으로 기밀하게 마감할 것

④ 단열부위가 만나는 모서리부위는 방습층 및 단열재가 이어짐이 없이 시공하거나 이어질 경우 이음부를 통한 단열성능 저하가 최소화 되도록 하며, 알루미늄박 또는 플라스틱계 필름 등을 사용할 경우 모서리 이음부는 150mm 이상 중첩되게 시공하고 내습성 테이프, 접착제 등으로 기밀하게 마감할 것

해설

방습층으로 알루미늄박 또는 플라스틱계 필름 등을 사용할 경우의 이음부는 100mm 이상 중첩하고 내습성 테이프, 접착제 등으로 기밀하게 마감할 것

답 : ③

⑤ 외기에 직접 면하고 1층 또는 지상으로 연결된 출입문을 방풍구조로 하였다. (제6조제4호라목 각 호에 해당하는 시설의 출입문은 제외)

5. 제6조 제4호

⑤항 근거서류
• 해당층 평면도, 창호평면도 등

　　라. 외기에 직접 면하고 1층 또는 지상으로 연결된 출입문은 방풍구조로 하여야 한다. 다만, 다음 각 호에 해당하는 경우에는 그러하지 않을 수 있다.

　　　　1) 바닥면적 3백 제곱미터 이하의 개별 점포의 출입문

　　　　2) 주택의 출입문(단, 기숙사는 제외)

　　　　3) 사람의 통행을 주목적으로 하지 않는 출입문

　　　　4) 너비 1.2미터 이하의 출입문

　　　　방풍구조를 적용하지 않는 너비 1.2미터 이하의 출입문의 판정은 개폐가능 너비를 기준으로 한다.

　　마. 방풍구조를 설치하여야 하는 출입문에서 회전문과 일반문이 같이 설치되어진 경우, 일반문 부위는 방풍실 구조의 이중문을 설치하여야 한다.

제5조제10호 아목 : "방풍구조" 라 함은 출입구에서 실내외 공기 교환에 의한 열출입을 방지할 목적으로 설치하는 방풍실 또는 회전문 등을 설치한 방식을 말한다.

예제문제 14

에너지절약계획 설계검토서와 관련된 "에너지절약 설계기준의무사항" 중 방풍구조와 관련된 내용 중 출입문을 방풍구조로 하지 아니하여도 되는 것으로 가장 부적합한 것은?

① 바닥면적 300제곱미터 이하의 개별점포의 출입문

② 주택의 출입문

③ 사람의 통행을 주목적으로 하지 않는 출입문

④ 너비 1.1미터 이하의 출입문

해설

외기에 직접 면하고 1층 또는 지상으로 연결된 출입문은 제5조제10호 아목에 따른 방풍구조로 하여야 한다. 다만, 다음 각 호에 해당되는 경우에는 그러하지 않을 수 있다.

① 바닥면적 3백제곱미터 이하의 개별점포의 출입문

② 주택의 출입문(단, 기숙사는 제외)

③ 사람의 통행을 주목적으로 하지 않는 출입문

④ 너비 1.2미터 이하의 출입문   **답 : ④**

---

⑥ 거실의 외기에 직접 면하는 창은 기밀성능 1~5등급(통기량 5m³/h·m² 미만)의 창을 적용하였다.

⑥항 근거서류
• 창호일람표
• 시험성적서 등

바. 건축물의 창이 외기에 직접 면하는 부위인 경우에는 기밀성 창을 설치하여야 한다.

"기밀성 창", "기밀성 문"이라 함은 창 및 문으로서 한국산업규격(KS) F 2292 규정에 의하여 기밀성 등급에 따른 기밀성이 1~5등급(통기량 5㎥/h·m² 미만)인 것을 말한다.

건축물의 거실에 설치되는 창은 기밀성능 5등급이하 창호를 의무적으로 적용

예 통기량 0~1m³/hm² : 1등급, 1~2m³/hm² : 2등급, 2~3m³/hm² : 3등급, 3~4m³/hm² : 4등급, 4~5m³/hm² : 5등급

예제문제 15

에너지절약계획 설계검토서와 관련된 "에너지절약 설계기준의무사항" 중 외기에 직접 면한 창의 기밀성능은 모두 몇 등급 이하로 설계하여야 하는가?

① 1등급   ② 2등급
③ 4등급   ④ 5등급

해설

외기에 직접 면한 창의 기밀성능은 모두 5등급 이하(통기량 5m³/hm² 미만)로 설계
• 관련도면에 '기밀성능은 5등급 이하(통기량 5m³/hm² 미만) 제품적용' 명기(의무사항)

답 : ④

예제문제 16

에너지절약계획 설계검토서와 관련된 "에너지절약 설계기준의무사항" 중 외기에 직접 면한 창의 기밀성능 중 5등급의 통기량은 얼마이어야 하는가?

① 통기량 2m³/h·m² 미만   ② 통기량 3m³/h·m² 미만
③ 통기량 4m³/h·m² 미만   ④ 통기량 5m³/h·m² 미만

해설

외기에 직접 면한 창의 기밀성능은 모두 5등급 이하(통기량 5m³/hm² 미만)로 설계
• 관련도면에 '기밀성능은 5등급 이하(통기량 5m³/hm² 미만) 제품적용' 명기(의무사항)

답 : ④

---

⑦항 근거서류
• 창호(차양) 일람표
• 입면도
• 단면도
• 자동제어계통도
• 면적산출계산서
• 태양열취득량계산서
• 에너지소요량평가서
• 건축물에너지효율등급 또는
  제로에너지건축물인증서

⑦ 법 제14조의2의 용도에 해당하는 공공건축물로서 에너지성능지표의 건축부문 7번 항목을 0.6점 이상 획득하였다. (다만, 건축물 에너지효율 1++등급 이상을 취득한 경우, 제로에너지건축물인증을 취득한 경우 또는 제21조2항에 따라 건축물 에너지 소요량 평가서의 단위면적당 1차에너지 소요량의 합계가 적합할 경우 제외)

－ 차양, 유리 등 일사조절장치설치를 통해 거실외피면적당 평균 태양열 취득량이 39W/㎡ 미만이 되도록 설계

■ 태양열취득량 계산식

$$ ※ \quad \frac{건물\ 외피면적당}{평균\ 태양열취득} = \frac{\Sigma\{해당방위의수직면일사량(표1)\} \times 해당방위의\ 일사조절장치의\ 태양열\ 취득률\ \times 해당방위의\ 거실\ 투광부\ 면적(㎡)\}}{\Sigma\{거실의\ 외피면적(㎡)\}} $$

■ 방위별 수직면 일사량

• 건물 외피면적당 평균 태양열취득 계산에 필요한 방위별 수직면 일사량은 [별지 제1호서식] 에너지절약계획 설계 검토서 주6)의 〈표 1〉에 따라 계산함

〈표 1〉 방위별 수직면 일사량(W/㎡)

방위	남	남서	서	서북	북	북동	동	동남
평균 수직면 열사량	256	329	340	211	138	243	336	325

• 방위의 범위

– [별지 제1호서식] 에너지절약계획 설계 검토서 주6) 〈표 1〉~〈표 3〉에 따른 각 방위의 범위는 아래 표와 같음(정북 방향 0도 기준)

– 건축물 입면 중앙에서의 법선 방향에 따라 해당 부위의 방위를 판단

방위	북	북동	동	남동	남	남서	서	북서
범위	337.5 이상 22.5 미만	22.5 이상 67.5 미만	67.5 이상 112.5 미만	112.5 이상 157.5 미만	157.5 이상 202.5 미만	202.5 이상 247.5 미만	247.5 이상 292.5 미만	292.5 이상 337.5 미만

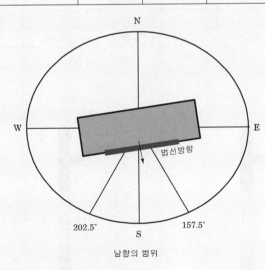

남향의 범위

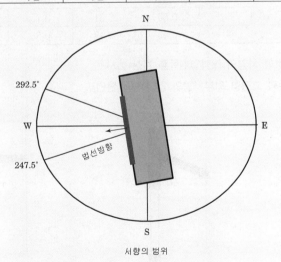

서향의 범위

■ 일사조절장치의 태양열취득률 계산식

$$ ※ \quad \frac{일사조절장치의}{태양열취득율} = \frac{\langle표2\rangle에\ 따른}{수평\ 고정형\ 외부차양의\ 태양열취득률} \times \frac{\langle표3\rangle에\ 따른}{수직\ 고정형\ 외부차양의\ 태양열취득률} \times \frac{\langle표4\rangle에\ 따른}{가동형\ 차양의\ 태양열취득률} \times \frac{투광부의}{태양열취득률} $$

- 고정형 차양의 태양열취득률
  - 수평 및 수직 고정형 외부차양을 설치한 경우 차양의 돌출길이(P)와 차양에서 투광부까지의 길이(수평차양 : H, 수직차양 : W)의 비에 따라 〈표 2〉와 〈표 3〉을 활용하여 각 차양의 태양열취득률을 산정함

〈표 2〉 수평 고정형 외부차양의 태양열취득률

수평차양의 돌출길이(P) / 수평차양에서 투광부하단까지의 이(H)	남	남서	서	서북	북	북동	동	동남
0.0	1.00	1.00	1.00	1.00	1.00	1.00	1.00	1.00
0.2	0.57	0.74	0.79	0.79	0.89	0.78	0.79	0.73
0.4	0.48	0.55	0.63	0.64	0.83	0.64	0.63	0.54
0.6	0.45	0.42	0.51	0.54	0.79	0.54	0.50	0.42
0.8	0.43	0.35	0.42	0.48	0.76	0.48	0.42	0.36
1.0	0.41	0.33	0.36	0.43	0.73	0.43	0.37	0.33

〈표 3〉 수직 고정형 외부차양의 태양열취득률

수직차양의 돌출길이(P) / 수직차양에서 투광부하단까지의 이(W)	남	남서	서	서북	북	북동	동	동남
0.0	1.00	1.00	1.00	1.00	1.00	1.00	1.00	1.00
0.2	0.73	0.84	0.88	0.76	0.68	0.79	0.89	0.82
0.4	0.61	0.72	0.79	0.61	0.56	0.64	0.80	0.67
0.6	0.54	0.60	0.74	0.46	0.47	0.50	0.75	0.54
0.8	0.50	0.51	0.70	0.38	0.42	0.42	0.71	0.46
1.0	0.45	0.43	0.65	0.28	0.34	0.31	0.66	0.39

- 고정형 차양의 태양열취득률 계산 예시
  - 수평 고정형 외부차양의 인정 형태(단면)

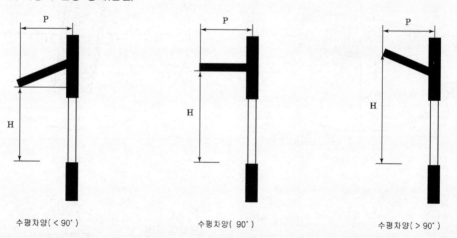

수평차양(< 90°)   수평차양(90°)   수평차양(> 90°)

  - 〈표2〉에 따른 태양열취득률 선택 방법 : 산출된 P/H 값이 〈표2〉에 따른 구간의 사이에 위치한 경우 선형보간법을 사용하여 태양열취득률을 계산한다.(P/H 값은 소수점 넷째자리에서 반올림)

ex 1) 서향 투광부에 설치된 수평차양에 대한 P/H 값이 0.715인 경우에서의 태양열취득률

= 0.51-{(0.51-0.42)/0.2×(0.715-0.6)}=0.458

• 수직 고정형 외부차양의 인정 범위

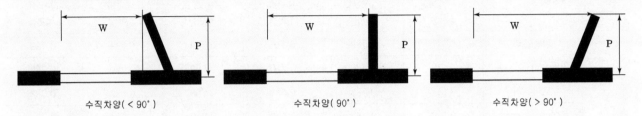

수직차양(<90°)   수직차양(90°)   수직차양(>90°)

• 〈표3〉에 따른 태양열취득률 선택 방법 : 산출된 P/W 값이 〈표3〉에 따른 구간의 사이에 위치한 경우 선형보간법을 사용하여 태양열취득률을 계산한다.(P/W 값은 소수점 넷째자리에서 반올림)

ex 2) 남향 투광부에 설치된 수직차양에 대한 P/W 값이 0.385인 경우에서의 태양열취득률

= 0.73-{(0.73-0.61)/0.2×(0.385-0.2)}=0.619

※ 산출된 태양열취득률은 소수점 넷째자리에서 반올림

여기서, P : 투광부가 위치한 벽체의 중심선으로부터 장치 및 구조체 끝단까지의 거리 (단, 차양장치가 구조체 또는 투광부와 이격되어 있는 경우, 투광부 또는 구조체로부터 이격된 차양장치 시작 부분부터 끝 부분까지의 거리)

W·H : 장치 또는 구조체의 끝단으로부터 투광부까지의 수평 또는 수직 거리

• 가동형 차양의 태양열취득률

– 가동형 차양의 설치위치에 따른 태양열취득률은 [별지 제1호 서식] 에너지절약계획 설계 검토서 주6)의 〈표 4〉의 값을 사용하거나 KS L 9107에 따른 시험성적서를 제출한 경우 해당 시험성적서에 표시된 성능값을 사용

〈표 4〉 가동형 차양의 설치위치에 따른 태양열취득률

유리의 외측에 설치	유리와 유리 사이에 설치	유리 내측에 설치
0.34	0.5	0.88

• 투광부의 태양열취득률

※ 투광부의 태양열취득률(SHGC) = 유리의 태양열취득률(SHGC) × 창틀계수

– 투광부라 함은 창 및 문(창틀 및 문틀에 해당하는 프레임 포함)의 전체 면적에서 50% 이상이 투과체(유리, 유리블럭, 폴리카포네이트 등)로 구성되어 있는 것을 말하며, 외기에 직접 면하는 부위를 말함(커튼월의 스펜드럴 부위, 방풍구조 문 제외)

– 유리의 종류에 따른 태양열취득률 및 가시광선투과율은 [별지 제1호 서식] 에너지절약계획 설계 검토서 주6)의 〈표 5〉의 값을 사용하거나 KS L 2514 규정에 따른 시험성적서를 제출할 경우 해당 시험성적서에 표시된 성능값을 사용

– 창틀계수 = 유리의 투광면적(㎡)/ 창틀을 포함한 창면적(㎡)(창틀의 종류 및 면적이 정해지지 않은 경우에는 창틀계수를 0.9로 가정)

– 일사조절장치 설치에 따른 태양열취득량 계산을 위하여 산출된 창틀계수는 소수점 넷째자리에서 반올림

– 투광부의 가시광선투과율은 복층유리의 경우 40% 이상, 3중 유리의 경우 30% 이상, 4중 유리의 경우 20% 이상 되도록 설계하거나 유리의 태양열취득률의 1.2배 이상이어야 함

〈표 5〉 유리의 종류별 태양열취득률 및 가시광선투과율

유리종류		유리의 태양열취득률 및 가시광선 투과율					
		6mm		12mm		16mm	
공기층		태양열 취득률	가시광선 투과율	태양열 취득률	가시광선 투과율	태양열 취득률	가시광선 투과율
복층	일반유리	0.717	0.789	0.719	0.789	0.719	0.789
	일반유리+아르곤	0.718	0.789	0.720	0.789	0.720	0.789
	로이유리	0.577	0.783	0.581	0.783	0.583	0.783
	로이유리+아르곤	0.579	0.783	0.583	0.783	0.584	0.783
삼중	일반유리	0.631	0.707	0.633	0.707	0.634	0.707
	일반유리+아르곤	0.633	0.707	0.634	0.707	0.635	0.707
	로이유리	0.526	0.700	0.520	0.700	0.518	0.700
	로이유리+아르곤	0.523	0.700	0.517	0.700	0.515	0.700
사중	일반유리	0.563	0.637	0.565	0.637	0.565	0.637
	일반유리+아르곤	0.564	0.637	0.565	0.637	0.566	0.637
	로이유리	0.484	0.629	0.474	0.629	0.471	0.629
	로이유리+아르곤	0.479	0.629	0.468	0.629	0.466	0.629

■ 일사조절장치의 인정범위

• 가동형 차양의 인정 범위 : 투광부 내 투과체의 일사를 차단하는 면적에 한하여 인정

• 구조체의 인정 범위 : 일사 실내유입 저감을 위한 구조체 또한 일사조절장치로 인정

 − 발코니, 돌출 구조물, 처마부위 등 음영효과가 있는 구조체도 일사조절장치로 인정

■ 면적 산출 기준

• 거실 투광부 면적의 산정기준 : 외기에 직접 면하는 거실 부위에 해당하는 투광부 면적만을 대상으로 한정

　→ 거실이 아닌 공간의 경우 해당 공간의 투광부 면적은 거실 투광부 면적에서 제외

• 거실의 외피면적의 산정기준 : 외기에 직접 면하는 거실부위에 해당하는 외피면적(단, 지붕과 바닥은 제외)만을 대상으로 한정

　→ 거실이 아닌 공간의 경우 해당 공간의 외피면적은 거실 외피면적의 합산에서 제외

• 거실 투광부 및 거실 외피 부위 판정 예시도

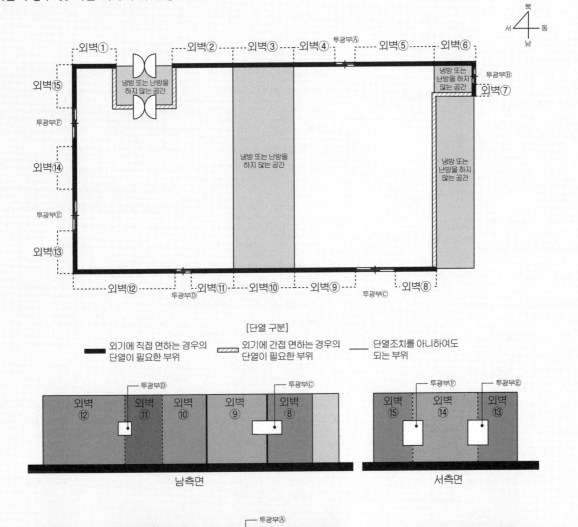

– 투광부 면적의 합계 = 투광부 ⒜ + ⒞ + ⒟ + ⒠ + ⒡

– 거실 외피 면적의 합계 = (외벽 ① + ② + ④ + ⑤ + ⑧ + ⑨ + ⑪ + ⑫ + ⑬ + ⑭ + ⑮) + (투광부 ⒜ + ⒞ + ⒟ + ⒠ + ⒡)

2 건축부문의 에너지 성능지표

(1) 건축부문의 에너지성능지표

2. 에너지성능지표[주1)]

항목		기본배점(a)				배점 (b)					평점 (a*b)	근거
		비주거		주거								
		대형 (3,000m² 이상)	소형 (500~3,000 m² 미만)	주택1	주택2	1점	0.9점	0.8점	0.7점	0.6점		
건축부문	1. 외벽의 평균 열관류율 Ue(W/m²·K)[주2) 주3)] (창 및 문을 포함)	21	34			중부1 0.380미만	0.380~0.430미만	0.430~0.480미만	0.480~0.530미만	0.530~0.580미만		
						중부2 0.490미만	0.490~0.560미만	0.560~0.620미만	0.620~0.680미만	0.680~0.740미만		
						남부 0.620미만	0.620~0.690미만	0.690~0.760미만	0.760~0.840미만	0.840~0.910미만		
						제주 0.770미만	0.770~0.860미만	0.860~0.950미만	0.950~1.040미만	1.040~1.130미만		
				31	28	중부1 0.300미만	0.300~0.340미만	0.340~0.380미만	0.380~0.410미만	0.410~0.450미만		
						중부2 0.340미만	0.340~0.380미만	0.380~0.420미만	0.420~0.460미만	0.460~0.500미만		
						남부 0.420미만	0.420~0.470미만	0.470~0.510미만	0.510~0.560미만	0.560~0.610미만		
						제주 0.550미만	0.550~0.620미만	0.620~0.680미만	0.680~0.750미만	0.750~0.810미만		
	2. 지붕의 평균 열관류율 Ur (W/m²·K) [주2) 주3)](천창 등 투명 외피부분을 제외한 부위의 평균 열관류율)	7	8	10	10	중부1 0.090미만	0.090~0.100미만	0.100~0.110미만	0.110~0.130미만	0.130~0.150미만		
						중부2 0.090미만	0.090~0.100미만	0.100~0.110미만	0.110~0.130미만	0.130~0.150미만		
						남부 0.110미만	0.110~0.120미만	0.120~0.140미만	0.140~0.150미만	0.150~0.180미만		
						제주 0.150미만	0.150~0.170미만	0.170~0.190미만	0.190~0.210미만	0.210~0.250미만		
	3. 최하층 거실바닥의 평균 열관류율 Uf(W/m²·K)[주2) 주3)]	5	6	6	6	중부1 0.100미만	0.100~0.110미만	0.110~0.130미만	0.130~0.150미만	0.150~0.180미만		
						중부2 0.120미만	0.120~0.130미만	0.130~0.150미만	0.150~0.170미만	0.170~0.210미만		
						남부 0.150미만	0.150~0.170미만	0.170~0.190미만	0.190~0.210미만	0.210~0.260미만		
						제주 0.200미만	0.200~0.220미만	0.220~0.250미만	0.250~0.280미만	0.280~0.340미만		
	4. 외피 열교부위의 단열 성능 (W/m·K)(단, 창 및 문 면적비가 50% 미만일 경우에 한함)	4	6	6	6	0.400 미만	0.400~0.440 미만	0.440~0.475 미만	0.475~0.515 미만	0.515~0.550 미만		
	5. 기밀성 창 및 문의 설치 (KS F2292에 의한 기밀성 등급 및 통기량(m³/hm²)[주4)]	5	6	6	6	1등급 (1m³/hm² 미만)	2등급 (1~2 m³/hm² 미만)	3등급 (2~3m³/hm² 미만)	4등급 (3~4m³/hm² 미만)	5등급 (4~5m³/hm² 미만)		
	6. 창 및 문의 접합부에 기밀테이프 등 기밀성능 강화 조치	1	2	2	2	외기 직접 면한 창 및 문 면적의 60% 이상에 적용						
	7. 냉방부하저감을 위한 거실 외피 면적당 평균 태양열취득[주6)]	7	5	3	3	19W/m² 미만	19~24W/m² 미만	24~29W/m² 미만	29~34W/m² 미만	34~39W/m² 미만		
공동주택	8. 외기에 면한 주동 출입구 또는 공동주택 각 세대의 현관에 방풍구조를 설치	–	–	1	1	적용 여부						
	9. 대향동의 높이에 대한 인동간격비[주7)]	–	–	1	1	1.20이상	1.15이상~ 1.20미만	1.10이상~ 1.15미만	1.05이상~ 1.10미만	1.00이상~ 1.05미만		
	10. 지하주차장 설치되지 않는 경우의 기계부문 14번에 대한 보상점수	–	–	1	1	––						
건축부문 소계												

1. 외벽의 평균 열관류율 $Ue(W/m^2 \cdot K)$[주2) 주3)] (창 및 문을 포함)
2. 지붕의 평균 열관류율 $Ur(W/m^2 \cdot K)$[주2) 주3)] (천창 등 투명 외피부분을 제외한 부위의 평균 열관류율)
3. 최하층 거실바닥의 평균 열관류율 $Uf(W/m^2 \cdot K)$[주2) 주3)]

(1) 근거서류 및 작성방법

항목	근거서류	근거서류(도면 작성방법)
1. 외벽의 평균 열관류율 $Ue(W/m^2 \cdot K)$[주2)주3)] (창 및 문을 포함)	· 외벽 평균 열관류율 계산서	· 외벽에서 열관류율이 다른 모든 부위의 면적 및 성능 값을 면적 가중 평균하여 계산(건축물 성능관계 도면에 포함) · 외벽, 창 (창틀포함), 문등을 모두 포함 · 단위는$(W/m^2 \cdot K)$로 계산 [모든 단위 :SI 단위로 표기]
2. 지붕의 평균 열관류율$Ur(W/m^2 \cdot K)$[주2)주3)] (천창 등 투명 외피부분을 제외한 부위의 평균 열관류율)	· 지붕 평균 열관류율 계산서	· 최상층 지붕에서 열관류율이 다른 모든 부위의 면적 및 성능 값을 면적가중 평균하여 계산(건축물 성능관계 도면에 포함) · 건물의 실제 최상층이 아닌 기타 층의 지붕 또는 다른 용도로 분리되는 층의 천장도 포함
3. 최하층 거실바닥의 평균 열관류율 $Uf(W/m^2 \cdot K)$[주2) 주3)]	· 최하층 바닥 평균 열관류율 계산서	· 최하층 바닥에서 열관류율이 다른 모든 부위의 면적 및 성능 값을 면적가중 평균하여 계산(건축물 성능관계 도면에 포함) · 건물의 실제 최하층이 아닌 기타 층의 바닥 또는 다른 용도로 분리되는 바닥도 포함

(2) 에너지성능지표에서의 평균 열관류율의 계산법

① 건축물 외피 구성체에 대한 열관류율 및 적용면적을 산출한다.(지붕 및 바닥에 대하여도 같은 방법을 적용한다.)

산출예시

단면구조		재료명		두께(m) ①	열전도율 (W/m·K) ②	열관류저항(m²·K/W) ③ = ① ÷ ②
		1	실외표면 열전달저항Ro	–	–	0.043
		2	콘크리트(1:2:4)	0.2	1.600	0.125
		3	비드법보온판2종1호	0.1	0.031	3.226
		4	석고보드	0.0095	0.180	0.053
		5	실내표면 열전달저항Ri	–	–	0.110
		합 계 ④				3.557
		적용 열관류율(W/m²·K) ⑤ = 1 ÷ ④		–	–	0.281
면적(m²)	2000	기준 열관류율(W/m²·K)		–	–	0.320

(콘크리트 옹벽 200mm / 비드법2종1호 100mm / 석고보드 9.5mm)
(외부) (내부)

※ 열관류율 또는 열관류저항의 계산결과는 소수점 네째자리에서 반올림한다. 그 방법은 KS A 3251(데이타의 통계적 해석방법)에 따른다.
※ 열관류율의 단위 : W/m²·K = (kcal/m²·h·℃) ÷ 0.86
※ 산출예시에서 적용된 기준 열관류율은 지역별 건축물 부위의 열관류율표에 따른 남부지역 거실의 외벽 중 공동주택외의 경우 외기에 직접 면하는 경우를 적용함

② 산출된 구성체 열관류율과 해당면적을 곱하고 전체면적으로 나누어준다.(창포함)

주2) 평균열관류율의 단위는 W/m²·K를 사용하며, 이를 kcal/m²·h·℃로 환산할 경우에는 다음의 환산 기준을 적용한다.
  1[W/m²·K] = 0.86 [kcal/m²·h·℃]
주3) "평균열관류율"이라 함은 거실부위의 지붕(천창 등 투명 외피부위를 포함하지 않는다.), 바닥, 외벽(창을 포함한다) 등의 열관류율 계산에 있어 세부 부위별로 열관류율값이 다를 경우 이를 평균하여 나타낸 것을 말하며, 계산방법은 다음과 같다.

건축물의 구분	계 산 법
거실의 외벽(창포함) (Ue)	Ue = [Σ(방위별 외벽의 열관류율 × 방위별 외벽 면적) + Σ(방위별 창 및 문의 열관류율 × 방위별 창 및 문의 면적)] / (Σ방위별 외벽 면적 + Σ방위별 창 및 문의 면적)
최상층에 있는 거실의 반자 또는 지붕 (Ur)	Ur = Σ(지붕 부위별 열관류율 × 부위별 면적) / (Σ지붕 부위별 면적) ☞ 천창 등 투명 외피부위는 포함하지 않음
최하층에 있는 거실의 바닥 (Uf)	Uf = Σ(최하층 거실의 바닥 부위별 열관류율 × 부위별 면적) / (Σ최하층 거실의 바닥 부위별 면적)

※ 외벽, 지붕 및 최하층 거실 바닥의 평균열관류율이란 거실 또는 난방 공간의 외기에 직접 또는 간접으로 면하는 각 부위들의 열관류율을 면적가중 평균하여 산출한 값을 말한다.
※ 평균 열관류율 계산은 제2조 제1항 제1호에 따른 부위를 기준으로 산정하며, 외기에 간접적으로 면한 부위에 대해서는 적용된 열관류율 값에 외벽, 지붕, 바닥부위는 0.7을 곱하고, 창 및 문부위는 0.8을 곱하여 평균 열관류율의 계산에 사용한다. 또한 이 기준 제6조 제1호에 의하여 단열조치를 아니하여도 되는 부위와 공동주택의 이웃세대와 면하는 세대간벽 (거실의 외벽으로 계산가능)의 열관류율은 별표1의 해당 부위의 외기에 직접 면하는 경우의 열관류율 기준 값을 적용한다.
※ 평균 열관류율 계산에 있어서 복합용도의 건축물 등이 수직 또는 수평적으로 용도가 분리되어 당해 용도 건축물의 최상층 거실 상부 또는 최하층 거실 바닥부위 및 다른 용도의 공간과 면한 벽체 부위가 외기에 직접 또는 간접으로 면하지 않는 부위일 경우의 열관류율은 0으로 적용한다.

구분	단면 번호	지붕			바닥		
		G 부위별 열관류율 (W/㎡·h·K)		H 면적(㎡)	계산값 (G*H)	I 부위별 열관류율 (W/㎡·h·K)		J 면적(㎡)	계산값 (I*J)
		직접	간접(*0.7)			직접	간접(*0.7)		
101동 · · · XXX동	①								
	②								
	③								
	…								
면적소계(M)									
계산값소계(S)									
부위별 평균 열관류율 (면적가중평균)		=(G*H)값 총합계 ÷ 면적소계(M)의 총합계				=(I*J)값 총합계 ÷ 면적소계(M)의 총합계			

■ 외벽의 평균 열관류율 계산 예시(공동주택)

• 조건

  – 층수 : 10층

  – 지역 : 중부2지역

  – 기준층 형태 : 중간세대가 있는 계단실형

  – 기준층의 총 외벽면적 : {(2.5m(W) + 10m(D)) × 2} × 10m(H) = 250㎡

  – 기준층의 총 세대간벽 면적 : 10m × 3m = 30㎡

  – 외벽의 창 및 문 비율 : 45%

  ※ 단, 모든 층은 기준층과 같은 형태를 가졌으며 같은 구성요소들은 같은 열관류율을 가지고 있음

  – 기준층 부위별 면적 및 열관류율

구분		총면적(㎡)	열관류율(W/㎡)
거실의 외벽	외벽	250 × 0.55 = 137.5	0.15
	세대간벽	30	0.17 (별표1 열관류율 적용값)
	창 및 문	250 × 0.45 = 112.5	1.0

※ 세대간벽의 경우 중부2지역의 [별표1] 외기에 직접 면하는 거실 외벽의 열관류율을 적용

• 계산결과

  거실 외벽의 평균 열관류율 = $\dfrac{(137.5 \times 0.15 + 30 \times 0.17 + 112.5 \times 1.0)}{(250 + 30)}$ = 0.494 W/㎡·K

  * 평균 열관류율 계산값은 소수점 넷째자리에서 반올림

[별표1] 지역별 건축물 부위의 열관류율표

(단위 : W/㎡·K)

건축물의 부위		지역	중부1지역[1]	중부2지역[2]	남부지역[3]	제주도
거실의 외벽	외기에 직접 면하는 경우	공동주택	0.150 이하	0.170 이하	0.220 이하	0.290 이하
		공동주택 외	0.170 이하	0.240 이하	0.320 이하	0.410 이하
	외기에 간접 면하는 경우	공동주택	0.210 이하	0.240 이하	0.310 이하	0.410 이하
		공동주택 외	0.240 이하	0.340 이하	0.450 이하	0.560 이하
최상층에 있는 거실의 반자 또는 지붕	외기에 직접 면하는 경우		0.150 이하		0.180 이하	0.250 이하
	외기에 간접 면하는 경우		0.210 이하		0.260 이하	0.350 이하
최하층에 있는 거실의 바닥	외기에 직접 면하는 경우	바닥난방인 경우	0.150 이하	0.170 이하	0.220 이하	0.290 이하
		바닥난방이 아닌 경우	0.170 이하	0.200 이하	0.250 이하	0.330 이하
	외기에 간접 면하는 경우	바닥난방인 경우	0.210 이하	0.240 이하	0.310 이하	0.410 이하
		바닥난방이 아닌 경우	0.240 이하	0.290 이하	0.350 이하	0.470 이하
바닥난방인 층간바닥			0.810 이하			
창 및 문	외기에 직접 면하는 경우	공동주택	0.900 이하	1.000 이하	1.200 이하	1.600 이하
		공동주택 외 창	1.300 이하	1.500 이하	1.800 이하	2.200 이하
		공동주택 외 문	1.500 이하			
	외기에 간접 면하는 경우	공동주택	1.300 이하	1.500 이하	1.700 이하	2.000 이하
		공동주택 외 창	1.600 이하	1.900 이하	2.200 이하	2.800 이하
		공동주택 외 문	1.900 이하			
공동주택 세대현관문 및 방화문	외기에 직접 면하는 경우 및 거실 내 방화문		1.400 이하			
	외기에 간접 면하는 경우		1.800 이하			

■비고

1) 중부1지역 : 강원도(고성, 속초, 양양, 강릉, 동해, 삼척 제외), 경기도(연천, 포천, 가평, 남양주, 의정부, 양주, 동두천, 파주), 충청북도(제천), 경상북도(봉화, 청송)

2) 중부2지역 : 서울특별시, 대전광역시, 세종특별자치시, 인천광역시, 강원도(고성, 속초, 양양, 강릉, 동해, 삼척), 경기도(연천, 포천, 가평, 남양주, 의정부, 양주, 동두천, 파주 제외), 충청북도(제천 제외), 충청남도, 경상북도(봉화, 청송, 울진, 영덕, 포항, 경주, 청도, 경산 제외), 전라북도, 경상남도(거창, 함양)

3) 남부지역 : 부산광역시, 대구광역시, 울산광역시, 광주광역시, 전라남도, 경상북도(울진, 영덕, 포항, 경주, 청도, 경산), 경상남도(거창, 함양 제외)

[별표2] 단열재의 등급 분류

등급 분류	열전도율의 범위 (KS L 9016에 의한 20±5℃ 시험조건에서 열전도율)		관련 표준	단열재 종류
	W/mK	kcal/mh℃		
가	0.034 이하	0.029 이하	KS M 3808	– 압출법보온판 특호, 1호, 2호, 3호 – 비드법보온판 2종 1호, 2호, 3호, 4호
			KS M 3809	– 경질우레탄폼보온판 1종 1호, 2호, 3호 및 2종 1호, 2호, 3호
			KS L 9102	– 그라스울 보온판 48K, 64K, 80K, 96K, 120K
			KS M ISO 4898	– 페놀 폼 Ⅰ종A, Ⅱ종A
			KS M 3871-1	– 분무식 중밀도 폴리우레탄 폼 1종(A, B), 2종(A, B)
			KS F 5660	– 폴리에스테르 흡음 단열재 1급
			기타 단열재로서 열전도율이 0.034 W/mK (0.029 kcal/mh℃)이하인 경우	
나	0.035~0.040	0.030~0.034	KS M 3808	– 비드법보온판 1종 1호, 2호, 3호
			KS L 9102	– 미네랄울 보온판 1호, 2호, 3호 – 그라스울 보온판 24K, 32K, 40K
			KS M ISO 4898	– 페놀 폼 Ⅰ종B, Ⅱ종B, Ⅲ종A
			KS M 3871-1	– 분무식 중밀도 폴리우레탄 폼 1종(C)
			KS F 5660	– 폴리에스테르 흡음 단열재 2급
			기타 단열재로서 열전도율이 0.035~0.040 W/mK (0.030~ 0.034 kcal/mh℃)이하인 경우	
다	0.041~0.046	0.035~0.039	KS M 3808	– 비드법보온판 1종 4호
			KS F 5660	– 폴리에스테르 흡음 단열재 3급
			기타 단열재로서 열전도율이 0.041~0.046 W/mK (0.035~0.039 kcal/mh℃)이하인 경우	
라	0.047~0.051	0.040~0.044	기타 단열재로서 열전도율이 0.047~0.051 W/mK (0.040~0.044 kcal/mh℃)이하인 경우	

※ 단열재의 등급분류는 단열재의 열전도율의 범위에 따라 등급을 분류한다.

[별표3] 단열재의 두께

[중부지역] [1)]

(단위 : mm)

건축물의 부위		단열재의 등급	단열재 등급별 허용 두께			
			가	나	다	라
거실의 외벽	외기에 직접 면하는 경우	공동주택	220	255	295	325
		공동주택 외	190	225	260	285
	외기에 간접 면하는 경우	공동주택	150	180	205	225
		공동주택 외	130	155	175	195
최상층에 있는 거실의 반자 또는 지붕	외기에 직접 면하는 경우		220	260	295	330
	외기에 간접 면하는 경우		155	180	205	230
최하층에 있는 거실의 바닥	외기에 직접 면하는 경우	바닥난방인 경우	215	250	290	320
		바닥난방이 아닌 경우	195	230	265	290
	외기에 간접 면하는 경우	바닥난방인 경우	145	170	195	220
		바닥난방이 아닌 경우	135	155	180	200
바닥난방인 층간바닥			30	35	45	50

[중부2지역] [2)]

(단위 : mm)

건축물의 부위		단열재의 등급	단열재 등급별 허용 두께			
			가	나	다	라
거실의 외벽	외기에 직접 면하는 경우	공동주택	190	225	260	285
		공동주택 외	135	155	180	200
	외기에 간접 면하는 경우	공동주택	130	155	175	195
		공동주택 외	90	105	120	135
최상층에 있는 거실의 반자 또는 지붕	외기에 직접 면하는 경우		220	260	295	330
	외기에 간접 면하는 경우		155	180	205	230
최하층에 있는 거실의 바닥	외기에 직접 면하는 경우	바닥난방인 경우	190	220	255	280
		바닥난방이 아닌 경우	165	195	220	245
	외기에 간접 면하는 경우	바닥난방인 경우	125	150	170	185
		바닥난방이 아닌 경우	110	125	145	160
바닥난방인 층간바닥			30	35	45	50

[남부지역] [3)] (단위 : mm)

건축물의 부위		단열재의 등급	단열재 등급별 허용 두께			
			가	나	다	라
거실의 외벽	외기에 직접 면하는 경우	공동주택	145	170	200	220
		공동주택 외	100	115	130	145
	외기에 간접 면하는 경우	공동주택	100	115	135	150
		공동주택 외	65	75	90	95
최상층에 있는 거실의 반자 또는 지붕	외기에 직접 면하는 경우		180	215	245	270
	외기에 간접 면하는 경우		120	145	165	180
최하층에 있는 거실의 바닥	외기에 직접 면하는 경우	바닥난방인 경우	140	165	190	210
		바닥난방이 아닌 경우	130	155	175	195
	외기에 간접 면하는 경우	바닥난방인 경우	95	110	125	140
		바닥난방이 아닌 경우	90	105	120	130
바닥난방인 충간바닥			30	35	45	50

[제주도] (단위 : mm)

건축물의 부위		단열재의 등급	단열재 등급별 허용 두께			
			가	나	다	라
거실의 외벽	외기에 직접 면하는 경우	공동주택	110	130	145	165
		공동주택 외	75	90	100	110
	외기에 간접 면하는 경우	공동주택	75	85	100	110
		공동주택 외	50	60	70	75
최상층에 있는 거실의 반자 또는 지붕	외기에 직접 면하는 경우		130	150	175	190
	외기에 간접 면하는 경우		90	105	120	130
최하층에 있는 거실의 바닥	외기에 직접 면하는 경우	바닥난방인 경우	105	125	140	155
		바닥난방이 아닌 경우	100	115	130	145
	외기에 간접 면하는 경우	바닥난방인 경우	65	80	90	100
		바닥난방이 아닌 경우	65	75	85	95
바닥난방인 충간바닥			30	35	45	50

■ 비고
1) 중부1지역 : 강원도(고성, 속초, 양양, 강릉, 동해, 삼척 제외), 경기도(연천, 포천, 가평, 남양주, 의정부, 양주, 동두천, 파주), 충청북도(제천), 경상북도(봉화, 청송)
2) 중부2지역 : 서울특별시, 대전광역시, 세종특별자치시, 인천광역시, 강원도(고성, 속초, 양양, 강릉, 동해, 삼척), 경기도(연천, 포천, 가평, 남양주, 의정부, 양주, 동두천, 파주 제외), 충청북도(제천 제외), 충청남도, 경상북도(봉화, 청송, 울진, 영덕, 포항, 경주, 청도, 경산 제외), 전라북도, 경상남도(거창, 함양)
3) 남부지역 : 부산광역시, 대구광역시, 울산광역시, 광주광역시, 전라남도, 경상북도(울진, 영덕, 포항, 경주, 청도, 경산), 경상남도(거창, 함양 제외)

[별표4] 창 및 문의 단열성능

(단위 : W/㎡ · K)

창 및 문의 종류			창틀 및 문틀의 종류별 열관류율								
			금속재						플라스틱 또는 목재		
			열교차단재[1]미적용			열교차단재 적용					
		유리의 공기층 두께[mm]	6	12	16 이상	6	12	16 이상	6	12	16 이상
창	복층창	일반복층창[2]	4.0	3.7	3.6	3.7	3.4	3.3	3.1	2.8	2.7
		로이유리(하드코팅)	3.6	3.1	2.9	3.3	2.8	2.6	2.7	2.3	2.1
		로이유리(소프트코팅)	3.5	2.9	2.7	3.2	2.6	2.4	2.6	2.1	1.9
		아르곤 주입	3.8	3.6	3.5	3.5	3.3	3.2	2.9	2.7	2.6
		아르곤 주입+로이유리(하드코팅)	3.3	2.9	2.8	3.0	2.6	2.5	2.5	2.1	2.0
		아르곤 주입+로이유리(소프트코팅)	3.2	2.7	2.6	2.9	2.4	2.3	2.3	1.9	1.8
	삼중창	일반삼중창[2]	3.2	2.9	2.8	2.9	2.6	2.5	2.4	2.1	2.0
		로이유리(하드코팅)	2.9	2.4	2.3	2.6	2.1	2.0	2.1	1.7	1.6
		로이유리(소프트코팅)	2.8	2.3	2.2	2.5	2.0	1.9	2.0	1.6	1.5
		아르곤 주입	3.1	2.8	2.7	2.8	2.5	2.4	2.2	2.0	1.9
		아르곤 주입+로이유리(하드코팅)	2.6	2.3	2.2	2.3	2.0	1.9	1.9	1.6	1.5
		아르곤 주입+로이유리(소프트코팅)	2.5	2.2	2.1	2.2	1.9	1.8	1.8	1.5	1.4
	사중창	일반사중창[2]	2.8	2.5	2.4	2.5	2.2	2.1	2.1	1.8	1.7
		로이유리(하드코팅)	2.5	2.1	2.0	2.2	1.8	1.7	1.8	1.5	1.4
		로이유리(소프트코팅)	2.4	2.0	1.9	2.1	1.7	1.6	1.7	1.4	1.3
		아르곤 주입	2.7	2.5	2.4	2.4	2.2	2.1	1.9	1.7	1.6
		아르곤 주입+로이유리(하드코팅)	2.3	2.0	1.9	2.0	1.7	1.6	1.6	1.4	1.3
		아르곤 주입+로이유리(소프트코팅)	2.2	1.9	1.8	1.9	1.6	1.5	1.5	1.3	1.2
	단창		6.6			6.10			5.30		
문	일반문	단열 두께 20mm 미만	2.70			2.60			2.40		
		단열 두께 20mm 이상	1.80			1.70			1.60		
	유리문	단창문 유리비율[3] 50% 미만	4.20			4.00			3.70		
		단창문 유리비율 50% 이상	5.50			5.20			4.70		
		복층창문 유리비율 50% 미만	3.20	3.10	3.00	3.00	2.90	2.80	2.70	2.60	2.50
		복층창문 유리비율 50% 이상	3.80	3.50	3.40	3.30	3.10	3.00	3.00	2.80	2.70

주1) 열교차단재 : 열교 차단재라 함은 창 및 문의 금속프레임 외부 및 내부 사이에 설치되는 폴리염화비닐 등 단열성을 가진 재료로서 외부로의 열흐름을 차단할 수 있는 재료를 말한다.

주2) 복층창은 단창+단창, 삼중창은 단창+복층창, 사중창은 복층창+복층창을 포함한다.

주3) 문의 유리비율은 문 및 문틀을 포함한 면적에 대한 유리면적의 비율을 말한다.

주4) 창 및 문을 구성하는 각 유리의 공기층 두께가 서로 다를 경우 그 중 최소 공기층 두께를 해당 창 및 문의 공기층 두께로 인정하며, 단창+단창, 단창+복층창의 공기층 두께는 6mm로 인정한다.

주5) 창 및 문을 구성하는 각 유리의 창틀 및 문틀이 서로 다를 경우에는 열관류율이 높은 값을 인정한다.

주6) 복층창, 삼중창, 사중창의 경우 한면만 로이유리를 사용한 경우, 로이유리를 적용한 것으로 인정한다.

주7) 삼중창, 사중창의 경우 하나의 창 및 문에 아르곤을 주입한 경우, 아르곤을 적용한 것으로 인정한다.

[별표5] 열관류율 계산 시 적용되는 실내 및 실외측 표면 열전달저항

열전달저항 / 건물부위	실내표면열전달저항Ri[단위: m²·K/W] (괄호 안은 m²·h·℃/kcal)	실외표면열전달저항Ro [단위 : m²·K/W] (괄호 안은 m²·h·℃/kcal)	
		외기에 간접 면하는 경우	외기에 직접 면하는 경우
거실의 외벽 (측벽 및 창, 문 포함)	0.11(0.13)	0.11 (0.13)	0.043 (0.050)
최하층에 있는 거실 바닥	0.086(0.10)	0.15 (0.17)	0.043 (0.050)
최상층에 있는 거실의 반자 또는 지붕	0.086(0.10)	0.086 (0.10)	0.043 (0.050)
공동주택의 층간 바닥	0.086(0.10)	–	–

[별표6] 열관류율 계산시 적용되는 중공층의 열저항

공기층의 종류	공기층의 두께 da (cm)	공기층의 열저항 Ra[단위: m²·K/W] (괄호 안은 m²·h·℃/kcal)
(1) 공장생산된 기밀제품	2 cm 이하	$0.086 \times da(cm)$ ($0.10 \times da(cm)$)
	2 cm 초과	0.17 (0.20)
(2) 현장시공 등	1 cm 이하	$0.086 \times da(cm)$ ($0.10 \times da(cm)$)
	1 cm 초과	0.086(0.10)
(3) 중공층 내부에 반사형 단열재가 설치된 경우	방사율 0.5 이하 : (1) 또는 (2)에서 계산된 열저항의 1.5배 방사율 0.1 이하 : (1) 또는 (2)에서 계산된 열저항의 2.0배	

예제문제 17

에너지성능지표검토서 검토시 평균열관류율 산정시 (   ) 안에 가장 적합한 것은?

> 평균열관류율산정시 외기에 간접면한부위는 해당 열관류율값에 외벽, 지붕, 바닥
> 부위는 (㉠   ), 창 및 문부위는 (㉡   )을 곱하여 적용한다.

① ㉠ 0.5, ㉡ 0.6
② ㉠ 0.6, ㉡ 0.7
③ ㉠ 0.7, ㉡ 0.8
④ ㉠ 0.8, ㉡ 0.9

해설

평균 열관류율산정 시 외기에 간접 면한 부위는 해당 열관류율 값에 외벽, 지붕, 바닥부위는
0.7, 창 및 문 부위는 0.8을 곱하여 적용한다.

답 : ③

예제문제 18

다음의 조건일 때, 외벽에 대한 평균열관류율 값으로 가장 적합한 것은?

기호	부위	외기구분	보정계수	열관류율 (W/m²·K)	부위별면적 (m²)	열관류율 × 부위별면적 × 보정계수
W1	외벽	직접	1	0.2	67.76	13.552
W2	외벽	직접	1	0.21	133.84	28.106
W3	외벽	간접	0.7	0.3	32.20	6.762
W4	외벽	간접	0.7	0.28	25.76	5.049
소계					259.56	53.469
G1	창	직접	1	1.4	2.70	3.780
G2	창	직접	1	1.3	5.12	6.656
G3	창	직접	1	1.2	4.75	5.700
G4	문	간접	0.8	1.8	3.00	4.320
소계					15.570	20.456
합계					275.130	73.925

① 0.186W/m²K
② 0.209W/m²K
③ 0.269W/m²K
④ 0.289W/m²K

해설

외벽(창 포함)에 대한 평균열관류율 : $U_e = 73.925/275.130 = 0.269(W/m^2 \cdot K)$

답 : ③

예제문제 19

다음의 외기에 직접 면하는 발코니와 거실의 조건일 때 열관류율 값으로 가장 적합한 것은?

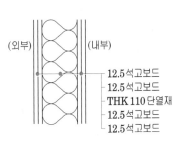

(외부) (내부)

12.5석고보드
12.5석고보드
THK 110 단열재
12.5석고보드
12.5석고보드

	재료명	두께(mm)	열전도율 (W/m·K)	열전달저항 (m²·K/W)
1	실내 표면			0.11
2	석고보드	12.5	0.180	
3	석고보드	12.5	0.180	
4	유리면 24K	110	0.038	
5	공기층	40		0.170
6	석고보드	12.5	0.180	
7	석고보드	12.5	0.180	
8	실외 표면			0.043

① 0.210W/m²K
② 0.220W/m²K
③ 0.286W/m²K
④ 0.298W/m²K

해설

$$열관류율(K) = \frac{1}{실내표면\ 열전달저항 + 재료의\ 열저항\ 합\ +\ 공기층의\ 열저항 + 실외표면\ 열전달저항}$$

여기서 재료의 열저항합 $= \dfrac{재료두께(m)}{열전도율(W/m\cdot K)}$

$$= \frac{0.0125}{0.18} \times 2 + \frac{0.11}{0.038} + \frac{0.0125}{0.18} \times 2$$

$$= 0.139 + 2.895 + 0.139 = 3.173\,(W/m^2 \cdot K)$$

$$K = \frac{1}{0.11 + 3.173 + 0.17 + 0.043} = \frac{1}{3.496\,(m^2 \cdot K/W)} = 0.286\,(W/m^2 \cdot K)$$

답 : ③

예제문제 20

다음은 건축물의 평면도 및 면적집계표이다. 에너지성능 지표 건축부문 1번항목 외벽의 평균열관류율 값은?

【20년 6회 국가자격시험】

〈평면도〉

W1
W2

〈면적집계표〉

형별	열관류율 (W/m²·K)	면적 (m²)	열관류율 × 면적
G1	1.2	2.4	2.88
D1	1.5	2.4	3.60
D2	1.8	2.4	4.32
W1	0.2	31.2	6.24
W2	0.3	9.6	2.88
합 계		48	

① $0.370 \text{W/m}^2 \cdot \text{K}$

② $0.379 \text{W/m}^2 \cdot \text{K}$

③ $0.385 \text{W/m}^2 \cdot \text{K}$

④ $0.415 \text{W/m}^2 \cdot \text{K}$

해설

평균열관류율$(\text{w/m}^2\text{k})=$

$$\frac{(2.88 \times 1) + (3.60 \times 1) + (4.32 \times 0.8) + (6.24 \times 1.0) + (2.88 \times 0.71)}{48}$$

$$= \frac{18.192}{48} = 0.379 \text{W/m}^2 \cdot \text{k}$$

답 : ②

예제문제 21

다음과 같은 최하층 바닥의 조건일 때 열관류율을 계산하시오.

	재료명	두께(mm)	열전도율 (W/m·K)
1	바닥마감재	10	0.190
2	시멘트모르타르	40	1.400
3	기포콘크리트(0.6품)	50	0.190
4	비드법보온판 2종 2호	60	0.032
5	콘크리트 슬래브	210	1.600
6	비드법보온판 2종 2호	70	0.032

① $0.186 \text{W/m}^2\text{K}$

② $0.209 \text{W/m}^2\text{K}$

③ $0.236 \text{W/m}^2\text{K}$

④ $0.246 \text{W/m}^2\text{K}$

해설

$$열관류율(K) = \frac{1}{실내표면 \ 열전달저항 + 재료의 \ 열저항 \ 합 + 공기층의 \ 열저항 + 실외표면 \ 열전달저항}$$

여기서 재료의 열저항합$(R) = \dfrac{재료두께(m)}{열전도율(W/m·K)}$

$$= \frac{0.01}{0.19} + \frac{0.04}{1.4} + \frac{0.05}{0.19} + \frac{0.06}{0.032} + \frac{0.21}{1.6} + \frac{0.07}{0.032} = 4.538 (\text{m}^2·\text{K/W})$$

$$\therefore \ K = \frac{1}{0.086 + 4.538 + 0.15} = \frac{1}{4.774 (\text{m}^2·\text{K/W})}$$

$$= 0.209 (\text{W/m}^2·\text{K})$$

<u>답 : ②</u>

예제문제 22

"건축물의 에너지절약설계기준"에 따라 다음 건축물 지붕의 평균열관류율값을 계산하시오.
【17년 3회 국가자격시험】

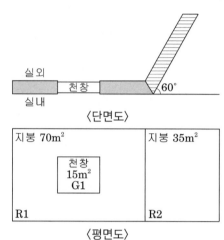

〈단면도〉

〈평면도〉

〈면적집계표〉

부호	면적(m^2)	열관류율(W/m^2K)
R1	70	0.14
R2	35	0.13
G1	15	1.4

① $0.137W/m^2K$ ② $0.140W/m^2K$

③ $0.294W/m^2K$ ④ $0.56W/m^2K$

해설

천창은 제외

$$\frac{70 \times 0.14 + 35 \times 0.13}{70 + 35} \fallingdotseq 0.137w/m^2k$$

답 : ①

4. 외피 열교부위의 단열성능(w/m·k) (단, 창 및 문면적비가 50% 미만일 경우에 한함)

(1) 근거서류 및 작성방법

항목	근거서류	근거서류(도면 작성방법)
외피 열교부위의 단열 성능 (W/m·K) (단, 창 및 문 면적비가 50% 미만일 경우에 한함)	· 선형열관류율 계산표 · 수직, 수평열교 형상 및 단열라인표기도(평면도, 단면도) · 수직, 수평열교 부위별 길이 표기도(평면도, 입면도) · 열교부위 길이 산출표 · 외피 단열계획도 · <u>부위별 마감상세도</u> · ISO 10211에 따른 평가 결과서 및 프로그램 파일(필요시)	· 선형열관류율 계산표 – 창면적비, 열교부위명, 별표11에 따른 부위코드, 선형열관류율, 열교부위 길이, 열교부위 단열성능 계산값, 항목배점, 관련 근거서류 등 명시 · 수직, 수평열교 형상 및 단열라인 표기도 – 외피 단열라인, 열교부위명, 예외부위명, 부위코드 표시 · 수직, 수평열교 부위별 길이 표기도 – 열교부위명, 수평열교 부위별 길이, 수직열교 부위별 길이 표시 · 열교부위 길이 산출표 – 수평열교, 수직 열교 부위별 길이 표시 · 창 및 문 면적비가 50% 미만일 경우에 한해 채택 가능

(2) 에너지 성능지표에서의 외피 열교 부위의 단열 성능(W/m·k) 표기법

① 선형열관류율 계산표
- 창면적비, 열교부위명, 별표11에 따른 부위코드, 선형열관류율, 열교부위 길이, 열교부위 단열성능 계산값, 항목배점, 관련 근거서류 등 명시

② 수직, 수평열교 형상 및 단열라인 표기도
- 외피 단열라인, 열교부위명, 예외부위명, 부위코드 표시

③ 수직, 수평열교 부위별 길이 표기도
- 열교부위명, 수평열교 부위별 길이, 수직열교 부위별 길이 표시

④ 열교부위 길이 산출표
- 수평열교, 수직 열교 부위별 길이 표시

⑤ 창 및 문 몇적비가 50% 미만일 경우에 한해 채택 가능

[별표11] 외피 열교부위별 선형 열관류율 기준 (※ 구성 재료 : ▨ 콘크리트 ▨ 단열재 ▨ 단열보강)

구분	구조체 열교부위 형상	단열 보강 유무	선형 열관류율 (W/mK)	구분	구조체 열교부위 형상	단열 보강 유무	선형 열관류율 (W/mK)
T-1		없음	0.520(0.800)	L-1		없음	0.530(0.820)
		①	0.485(0.760)			①	0.485(0.765)
		①+②	0.430(0.695)			①+②	0.485(0.710)
		③	0.440(0.730)			③	0.375(0.675)
		①+③	0.415(0.695)			①+③	0.345(0.640)
		①+②+③	0.370(0.640)			①+②+③	0.315(0.600)
T-2		없음	0.465(0.600)	L-2		없음	0.545(0.665)
		①	0.390(0.520)				
		②	0.445(0.585)			①	0.450(0.565)
		①+②	0.375(0.510)				
T-3		없음	0.545(0.705)	L-3		없음	0.520(0.605)
		①	0.450(0.605)				
		②	0.540(0.700)			①	0.410(0.520)
		①+②	0.450(0.605)				
T-4		없음	0.520(0.605)	L-4		없음	0.580
		①	0.410(0.520)				
		①+②	0.365(0.465)				
T-5		없음	0.720(0.960)	X-1		없음	1.040(1.295)
		①	0.535(0.780)			① 또는 ②	0.950(1.180)
		②	0.665(0.895)				
		①+②	0.500(0.740)			①+②	0.800(1.040)
T-6		없음	0.000(0.300)	X-2		없음	0.505(0.630)
		① 또는 ②	0.000(0.300)				
						①	0.415(0.535)
		①+②	0.000(0.300)				
T-7		없음	0.700	X-3		없음	0.730(1.000)
						① 또는 ②	0.720(1.000)
		① 또는 ②	0.650			①+②	0.710(0.975)
						①+②+③+④	0.645(0.895)
						①+②+⑤+⑥	0.580(0.850)
						①+②+③+④+⑤+⑥	0.530(0.790)
		①+②	0.600			①+②+⑦	0.530(0.800)
						①+②+③+④+⑦	0.485(0.695)

구분	구조체 열교부위 형상	단열 보강 유무	선형 열관류율 (W/mK)	구분	구조체 열교부위 형상	단열 보강 유무	선형 열관류율 (W/mK)
T-8		없음	0.605(0.740)	X-4		없음	0.700
		①	0.605(0.740)			① 또는 ②	0.650
		②	0.570(0.705)			①+②	0.600
		①+②	0.565(0.700)				
T-9		없음	0.580	X-5		없음	0.465(0.885)
		①	0.555			①	0.455(0.870)
		②	0.550			②	0.435(0.850)
		①+②	0.515			①+②	0.425(0.835)
						①+②+③	0.395(0.800)

구분	구조체 열교부위 형상	단열 보강 유무	선형 열관류율 (W/mK)	구분	구조체 열교부위 형상	단열 보강 유무	선형 열관류율 (W/mK)
X-6		없음	0.820(1.085)	X-10		없음	1.090
		① 또는 ②	0.600(0.850)			①+③	1.065
		①+②	0.550(0.800)			①+②+③	0.915
X-7		없음	0.960(1.220)	I-1		없음	0.780(1.045)
		① 또는 ②	0.860(1.115)			①	0.445(0.715)
		①+②	0.730(0.970)				
X-8		없음	0.760(0.885)	I-2		없음	0.655
		①	0.330(0.445)			①	0.390
X-9		없음	0.610(0.750)	I-3		없음	0.810(0.930)
		①+③	0.580(0.720)			①	0.595(0.710)
		①+②+③	0.555(0.690)				

평가대상예외주) 커튼월 부위 또는 샌드위치 패널 부위

필기출제경향[19년5회]

'건축물의 에너지절약설계기준'에 따른 에너지성능지표 건축부문 4번 항목(외피 열교부위의 단열 성능)과 관련된 설명으로 가장 적절하지 않은 것은?

① 외기에 직접 면하는 부위로서 단열시공이 되는 부위와 외기에 간접 면하는 부위로서 단열시공이 되는 부위가 접하는 부위는 평가대상에 포함하지 않는다.

② 동일한 단열재로 외단열 두께와 내단열 두께가 동일한 경우에는 내단열 부위의 선형열관류율을 적용한다.

③ 외단열 적용 시 건식 마감재 부착을 위해 단열재를 관통하는 철물을 삽입하는 경우에는 그렇지 않은 경우보다 선형열관류율 기준값이 크다.

④ 단열보강을 하고자 하는 면의 단열보강 가능 길이가 300mm 미만일 경우는 해당 면 전체를 보강하는 경우에 한하여 인정한다.

해설
① 외기에 직접 면하는 부위로서 단열시공이 되는 부위와 외기에 간접 면하는 부위로서 단열시공이 되는 부위가 접하는 부위는 평가 대상에 포함된다.

답 : ①

※ 외측은 단열시공이 되는 부위의 구조체를 기준으로 건축물의 바깥쪽을 말하며, 내측은 단열 시공이 되는 부위의 구조체를 기준으로 건축물의 안쪽을 말한다.

※ 외피 열교부위란 외기에 직접 면하는 부위로서 단열시공이 되는 외피의 열교발생 가능 부위(외기에 직접 면하는 부위로서 단열시공이 되는 부위와 외기에 간접 면하는 부위로서 단열시공이 되는 부위가 접하는 부위는 평가대상에 포함)를 말한다.

주1) 'I'형 및 'L'형에서 단열시공이 연속적으로 된 부위, 커튼월 부위, 샌드위치 패널 부위는 평가대상에서 예외(커튼월 부위 또는 샌드위치 패널 부위가 벽식 구조체 부위와 복합적으로 적용된 건축물의 경우는 벽식 구조체 부위만 평가)

※ 외피 열교부위의 단열 성능은 외피의 열교발생 가능부위들의 선형 열관류율을 길이가중 평균하여 산출한 값을 말한다. (단, 외기에 직접 면하는 부위로서 단열시공이 되는 외벽면적(창 및 문 포함)에 대한 창 및 문의 면적비가 50% 미만일 경우에 한하여 외피 열교부위의 단열 성능점수 부여)

– 외피 열교부위의 단열 성능 계산식 =
[Σ(외피의 열교발생 가능부위별 선형 열관류율 × 외피의 열교발생 가능부위별 길이)] / (Σ외피의 열교발생 가능부위별 길이)

※ 외단열 적용 시 건식 마감재 부착을 위해 단열재를 관통하는 철물을 삽입하는 경우에는 괄호안의 값을 적용한다.

※ 별표 11의 구조체 열교부위 형상 이외의 경우에는 제시된 형상의 회전 또는 변형('T'형 → 'Y'형, 'L'형 → 'I'형 등)을 통하여 가장 유사한 형상 적용을 원칙으로 한다. (단, 별표 11의 구조체 열교부위 형상의 회전 또는 변형에도 불구하고 적용이 어려운 경우에는 ISO 10211에 따른 평가결과 인정 가능)

※ 외단열과 내단열이 복합적으로 적용된 건축물의 경우는 전체 단열두께의 50%를 초과한 부위의 선형열관류율을 적용하며, 외단열 두께와 내단열 두께가 동일한 경우에는 내단열 부위의 선형열관류율을 적용한다.

※ 단열보강은 열저항 0.27m²K/W, 길이 300mm 이상 적용
– 단열보강 부위가 2면 이상일 경우에는 각각의 면이 열저항 기준 및 길이 기준을 모두 충족하여야 함.
– 단열보강을 하고자 하는 면의 단열보강 가능 길이가 300mm 미만일 경우는 해당 면 전체를 보강하는 경우에 한하여 인정

■ 건축물 유형별 열교부위 작성 예시(비주거 1건, 주거 1건)

1. 작성 예시1(비주거) 외피 열교부위별 선형 열관류율 계산표

- 외피 열교부위별 선형 열관류율 계산표-업무시설
- 외피 열교부위 단열성능 평가 대상 여부 :
  창 면적비 12.3% → 50% 미만으로 평가 대상 해당됨

구분	외피 열교부위 형상	부위명	단열 보강 유무	선형 열관류율(W/mK)	선형 열관류율 길이(m)	선형 열관류율*길이(W/K)	비고
가		L-1	무	0.530	160.400	85.012	외벽 마감재 부착-습식
나		T-6	무	0.000	428.533	0.000	외벽 마감재 부착-습식
다		T-7	무	0.700	115.930	81.151	–
라		I-3	무	0.810	20.250	16.403	외벽 마감재 부착-습식
마		L-2	무	0.545	11.275	6.145	외벽 마감재 부착-습식
바		T-8	무	0.605	36.075	21.825	외벽 마감재 부착-습식
사		T-1	무	0.520	4.800	2.496	외벽 마감재 부착-습식

합계			777.263	213.032	*비고란 필수 표기 사항
외피 열교부위의 단열 성능(W/m · K)			0.274		– 외단열/내단열
EPI 4번 항목 배점	0.400 미만	1.000	1점		– 외단열인 경우 외벽 외벽 마감재 부착 방식
	0.400~0.440미만	0.900			– 단열보강 적용시 열저항 및 길이 값
	0.440~0.472미만	0.800			
	0.475~0.515미만	0.700			
	0.515~0.550미만	0.600			

외피 열교부위의 단열 성능 계산식 = [Σ(외피의 열교발생 가능 부위별 선형 열관류율 × 외피의 열교발생 가능 부위별 길이)] / (Σ 외피의 열교발생 가능 부위별 길이)

- 선형 열관류율 길이 산출 근거

  *외피 열교부위별 선형 열관류율 계산표-업무시설

  *선형 열관류율 길이 산출 근거

부위명	수평 열교 길이(m)						수직 열교 길이(m)				선형 열관류율 길이(m)
	지하층	1층	2층	3층	옥탑	옥탑 지붕	입면도-1	입면도-2	입면도-3	입면도-4	
가	–	–	–	–	131.100	29.300	–	–	–	–	160.400
나	–	46.233	118.950	118.950	5.000	–	110.000	13.800	15.600	–	428.533
다	60.030	55.900	–	–	–	–	–	–	–	–	115.930
라	–	20.250	–	–	–	–	–	–	–	–	20.250
마	–	11.275	–	–	–	–	–	–	–	–	11.275
바*	–	36.075	–	–	–	–	–	–	–	–	36.075
사	–	–	–	–	–	–	4.800	–	–	–	4.800
합계	60.030	169.733	118.950	118.950	136.100	29.300	114.800	13.800	15.600	0.000	777.263

2. 작성 예시2(주거)

- 외피 열교부위별 선형 열관류율 계산표
- 외피 열교부위 단열성능 평가 대상 여부 :
  창 면적비 32.25% → 50% 미만으로 평가 대상 해당됨

구분	외피 열교부위 형상	부위명	단열 보강 유무	선형 열관류율(W/mK)	선형 열관류율 길이(m)	선형 열관류율*길이(W/K)	비고
가		T-7	유 (①+②)	0.600	1137.450	682.470	내단열 단열보강-열저항 0.2m²K/W, 길이 300mm 이상 적용
나		T-9	무	0.580	111.900	64.902	내단열
다		L-2	무	0.545	30.680	16.721	외벽 마감재 부착-습식
합계					1280.030	764.093	
외피 열교부위의 단열 성능(W/m·K)				0.597			*비고란 필수 표기 사항
EPI 4번 항목 배점	0.400 미만		1.000	해당 안됨			- 외단열/내단열
	0.400~0.440미만		0.900				- 외단열인 경우 외벽 외벽 마감재 부착 방식
	0.440~0.472미만		0.800				
	0.475~0.515미만		0.700				- 단열보강 적용시 열저항 및 길이 값
	0.515~0.550미만		0.600				

외피 열교부위의 단열 성능 계산식 = [Σ(외피의 열교발생 가능 부위별 선형 열관류율 × 외피의 열교발생 가능 부위별 길이)] / (Σ 외피의 열교발생 가능 부위별 길이)

- 선형 열관류율 길이 산출 근거
  *외피 열교부위별 선형 열관류율 계산표-업무시설
  *선형 열관류율 길이 산출 근거

부위명	수평 열교 길이(m)					수직 열교 길이(m)				선형 열관류율 길이(m)
	1층	2층~9층	2층~15층	옥탑(59A)	옥탑 (84A/74B)	평면도	우측면도	배면도	좌측면도	
가	75.163	245.440	622.762	–	43.545	107.940	–	–	42.600	1137.450
나	–	–	–	–	–	69.300	–	42.600	–	111.900
다	–	–	30.680	–	–	–	–	–	–	30.680
합계	75.163	245.440	622.762	30.680	43.545	177.240	0.000	42.600	42.600	1280.030

5. 기밀성 창 및 문의 설치(KS F2292에 의한 기밀성 등급 및 통기량 (m^3/hm^2))

(1) 근거서류 및 작성방법

항목	근거서류	근거서류(도면 작성방법)
기밀성 창 및 문의 설치(KS F2292에 의한 기밀성 등급 및 통기량 (m^3/hm^2))	· 건축물성능관계도면 · 창호일람표 · 적용비율계산서	· 성능관계도면 (창호 일람표)등에 기밀성능 표기 (등급) · KSF2292에 의한 기밀성등급 (통기량 $0\sim1m^3/hm^2$ 미만 : 1등급, $1\sim2m^3/hm^2$ 미만 : 2등급, $2\sim3m^3/hm^2$ 미만 : 3등급, $3\sim4\ m^3/hm^2$ 미만 : 4등급, $4\sim5m^3/hm^2$: 5등급 · 기밀성(통기량)이 다른 창 및 문에 대해서는 면적에 따른 배점평균 값 적용 · 1~5등급 이외의 경우에는 0점으로 적용하고 면적에 포함하여 면적가중 평균 배점 적용 · 기준 제6조제1호가목에 해당하는 창 및 문의 경우 평가 대상에서 제외

(2) 에너지 성능지표에서의 기밀성 등급 및 통기량 표기법

① 건축물성능관계도면, 창호일람표, 적용비율계산서를 첨부하고

② 성능관계도면(창호일람표) 등에 기밀성능(또는 등급) 즉 KS F2292에 의한 기밀성 등급(통기량 $0\sim1m^3/h\cdot m^2$ 미만 : 1등급, $1\sim2m^3/h\cdot m^2$ 미만 : 2등급, $2\sim3m^3/h\cdot m^2$ 미만 : 3등급, $3\sim4m^3/h\cdot m^2$ 미만 : 4등급, $4\sim5\ m^3/h\cdot m^2$ 미만 : 5등급 등)을 표기한다. (5등급 이하로 설계한다.)

③ 기밀성(통기량)이 서로 다른 창 및 문에 대해서는 면적에 따른 배점 평균값(면적가중평균값)을 적용한다.

④ 1~5등급 이외의 경우에는 0점으로 적용하고 면적에 포함하여 면적가중 평균 배점 적용

⑤ 기준 제6조제1호가목에 해당하는 창 및 문의 경우 평가 대상에서 제외

예제문제 23

도면의 건축물이 에너지성능지표 건축부문 5번 항목 (기밀성 창 및 문의 설치)에서 획득할 수 있는 배점은? (단, 배점은 소수점 넷째자리에서 반올림 한다.)

【2016년 2회 국가자격시험】

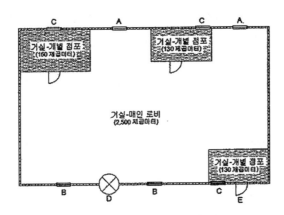

창 및 문 기호	종류	기밀 성능 등급	면적(m²)
A	창	1등급	10
B	창	2등급	10
C	창	3등급	10
D	회전문	–	10
E	출입문	4등급	10

① 0.844

② 0.863

③ 0.883

④ 0.886

해설

구분	면적(m²)	배점(b)	개수×면적	면적×배점(b)×개수
A	10	1	2×10=20	10×1×2=20
B	10	0.9	2×10=20	10×0.9×2=18
C	10	0.8	3×10=30	10×0.8×3=24
합			70	62

배점(b)=62÷70=0.886점

답 : ④

6. 창 및 문의 접합부에 기밀테이프 등 기밀성능 강화조치

(1) 근거서류 및 작성방법

항목	근거서류	근거서류(도면 작성방법)
창 및 문의 접합부에 기밀테이프 등 기밀성능 강화조치	· 평면도, 입면도, 단면도, 창호일람표, 외피전개도 등 · 시험성적서 · 기밀성능 강화조치 적용 비율 계산서	· 평면도, 입면도, 외피전개도 등에 기밀성능 강화조치 적용 창 및 문에 대한 표기 　- 외기에 직접 면한 창 및 문의 면적 합계 대비 60% 이상에 적용한 경우 인정 　- 단일 창 및 문이 구조체와 접하는 전체 둘레에 기밀성능 강화조치를 한 경우 조치를 한 면적으로 인정 · 외기에 직접 면하는 창 및 문 등 개구부와 구조체의 접합부위(개구부 둘레)에 기밀테이프, 팽창테이프 또는 가변형방습탄성도막 제품을 적용한 경우 인정 　- KS F 2607에 따른 등가공기층 두께(Sd)가 2m를 초과하는 기밀성능 강화조치 제품을 적용하여야 함 　- 건축물 구조의 종류 및 단열재 설치 위치에 따라 기밀성능이 강화될 수 있도록 시방서에 따라 적용하여야 함

(2) 에너지 성능지표에서의 창 및 문의 접합부에 기밀테이프 등 기밀성능 강화조치 표기법

① 평면도, 입면도, 외피전개도 등에 기밀성능 강화조치 적용 창 및 문에 대한 표기
   · 외기에 직접 면한 창 및 문의 면적 합계 대비 60% 이상에 적용한 경우 인정
   · 단일 창 및 문이 구조체와 접하는 전체 둘레에 기밀성능 강화조치를 한 경우 조치를 한 면적으로 인정
② 외기에 직접 면하는 창 및 문 등 개구부와 구조체의 접합부위(개구부 둘레)에 기밀테이프, 팽창테이프 또는 가변형방습탄성도막 제품을 적용한 경우 인정
   · KS F 2607에 따른 등가공기층 두께(Sd)가 2m를 초과하는 기밀성능 강화조치 제품을 적용하여야 함
   · 건축물 구조의 종류 및 단열재 설치 위치에 따라 기밀성능이 강화될 수 있도록 시방서에 따라 적용하여야 함

7. 냉방부하 저감을 위한 일사조절 정치 설치 따른 거실 외피면적당 평균 태양열 취득

(1) 근거서류 및 도면 작성방법

항목	근거서류	근거서류(도면 작성방법)
냉방부하저감을 위한 일사조절장치 설치 따른 거실 외피면적당 평균 태양열취득	· 창호(차양)일람표 · 입면도 · 단면도 · 자동제어 계통도 · 면적 산출 계산서 · 태양열취득량 · 계산서	· 차양, 구조체, 태양열취득률이 낮은 유리 등의 일사조절장치 설치를 통해 거실 외피 면적당 태양열취득량이 39W/㎡ 미만이 되도록 설계할 경우 인정 · 유리의 태양열취득률, 창틀계수, 〈표2~5〉를 활용하여 일사조절장치 종류별 태양열 취득률 계산 　－ 고정형 차양 및 구조체의 태양열취득률 계산 증빙서류(고정 차양 종류별 P/H비 등) 제출 필요 　－ 가동형 차양의 태양열취득률은 KS L 9107 시험성적서 사용 가능 　－ 유리의 종류에 따른 태양열취득률 및 가시광선투과율은 KS L 2514 규정에 따른 시험성적서 사용 가능 · 거실 투광부 면적 및 거실 외피면적 계산, 〈표1〉을 활용하여 거실 외피면적당 평균 태양열취득량 계산

(2) 에너지 성능 지표에서의 냉방부하 저감을 위한 일사조절장치 설치따른 거실 외피면적당 평균 태양열 취득도면 작성방법

① 차양, 구조체, 태양열취득률이 낮은 유리 등의 일사조절장치 설치를 통해 거실 외피면적당 태양열취득량이 39W/㎡ 미만이 되도록 설계할 경우 인정

② 유리의 태양열취득률, 창틀계수, 〈표2~5〉를 활용하여 일사조절장치 종류별 태양열취득률 계산
- 고정형 차양 및 구조체의 태양열취득률 계산 증빙서류(고정 차양 종류별 P/H비 등) 제출 필요
- 가동형 차양의 태양열취득률은 KS L 9107 시험성적서 사용 가능
- 유리의 종류에 따른 태양열취득률 및 가시광선투과율은 KS L 2514 규정에 따른 시험성적서 사용 가능

③ 거실 투광부 면적 및 거실 외피면적 계산, 〈표1〉을 활용하여 거실 외피면적당 평균 태양열취득량 계산

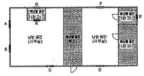

8. 외기에 면한 주동 출입구 또는 공동주택 각 세대의 현관에 방풍구조를 설치

(1) 근거서류 및 작성방법

항목	근거서류	근거서류(도면 작성방법)
외기에 면한 주동 출입구 또는 공동주택 각 세대의 현관에 방풍구조를 설치	해당층 평면도, 창호평면도 등	세대 현관 출입구 또는 주동출입구를 방풍구조로 설계

(2) 에너지 성능지표에서의 외기에 면한 주동 출입구 또는 공동주택 각 세대의 현관에 방풍구조를 설치 (공동주택)

"방풍구조"라 함은 출입구에서 실내외 공기 교환에 의한 열출입을 방지할 목적으로 설치하는 방풍실 또는 회전문 등을 설치한 방식을 말한다.

1) 방풍구조

방풍실은 공동주택의 현관 또는 각 세대의 현관에 공기의 빈번한 출입을 방지하기 위하여 설치되는 실 또는 장치를 말하며 다음 각 호의 것들이 이에 해당될 수 있다.
① 현관 출입문 이외에 별도의 문을 설치한 이중문 구조
② 회전문
  • 외기에 직접 면하고 1층 또는 지상으로 연결된 출입문은 제5조제10호아목에 따른 방풍구조로 하여야 한다. 다만, 다음 각 호에 해당하는 경우에는 그러하지 않을 수 있다.

2) 제6조4호라목
① 바닥면적 3백 제곱미터 이하의 개별 점포의 출입문
② 주택의 출입문(단, 기숙사는 제외)
③ 사람의 통행을 주목적으로 하지 않는 출입문
④ 너비 1.2미터 이하의 출입문

예제문제 27

에너지절약계획 설계검토서와 관련된 "에너지절약 설계기준 권장사항" 중 방풍구조와 관련된 내용 중 출입문을 방풍구조로 하지 아니하여도 되는 것에 포함되지 않는 것은?

① 바닥면적 300m² 이하의 개별점포의 출입문

② 주택의 출입문

③ 사람의 통행을 주목적으로 하지 않는 출입문

④ 너비 1.5미터 이하의 출입문

해설

외기에 직접 면하고 1층 또는 지상으로 연결된 출입문은 제5조제10호 아목에 따른 방풍구조로 하여야 한다. 다만, 다음 각 호에 해당되는 경우에는 그러하지 않을 수 있다.

1) 바닥면적 300m² 이하의 개별점포의 출입문

2) 주택의 출입문(단, 기숙사는 제외)

3) 사람의 통행을 주목적으로 하지 않는 출입문

4) 너비 1.2m 이하의 출입문

답 : ④

예제문제 28

다음 설명 중 에너지성능지표와 권장사항 항목에서 배점을 받을 수 있는 것으로 가장 부적합한 것은?

① 기밀성 창 문의 설치(4등급 이하 적용시)

② 공동주택의 각 세대 현관에 방풍실을 설치하였을 경우

③ 수영장 바닥면적의 1/10 이상 자연채광용 개구부를 설치하였을 경우

④ 냉방부하저감을 위한 거실외피면적당 평균 태양열취득을 적용하였을 경우

해설

수영장 바닥면적의 1/5 이상 자연채광용 개구부를 설치하였을 경우는 법의 개정으로 삭제되었다.

답 : ③

9. 대향동의 높이에 대한 인동간격비*

(1) 근거서류 및 작성방법

항목	근거서류	근거서류(도면 작성방법)
대향동의 높이에 대한 인동간격비*	· 단지 배치도 · 인동간격 비율 계산서	· 도면상에 건물높이 및 동간거리를 표기 · 인동간격비=(전면부에 위치한 대향동과의 이격거리/대향동의 높이) · 대지 내에 동별 인동간격비가 다를 경우 최솟값을 적용 · 대지 내에 전면부에 위치한 대향동이 없는 경우 인동간격비는(인접대지경계선과의 이격거리 ×2)/(해당동의 높이)로 산출한다.

(2) 에너지 성능지표에서의 대향동의 높이에 대한 인동간격비 산출방법

① 인동간격비 = (전면부에 위치한 대향동과의 이격거리)/(대향동의 높이)

② 대지 내 동별 인동간격비가 다를 경우 최솟값을 적용

③ 대지 내에 전면부에 위치한 대향동이 없는 경우의 인동간격비는(인접대지경계선과의 이격거리 ×2)/(해당동의 높이)로 산출한다.

■ 인동간격 비율 계산서

단지내 A, B, C, D, E 5개의 동이 있는 경우 각 동별로 인동간격 산정

· A동 인동간격 : 1.1 → 0.8점

· B동 인동간격 : 1.1 → 0.8점

· C동 인동간격 : 1.3 → 1점

· D동 인동간격 : 대향동 없음(계산에서 제외)

· E동 인동간격 : 대향동 없음(계산에서 제외)

∴ 인동간격비 최종배점 : 최소값인 0.8점을 부여하게 된다.

예제문제 29

공동주택에서 다음의 조건일 때 대향동의 높이에 대한 인동간격비 항목을 채택 할 경우 배점으로 가장 적합한 것은?

동별	A	B	C	D	E
대향동과의 이격거리(m)	35	40	36	32	43
대향동의 높이(m)	30	40	30	30	30

① 1점   ② 0.8점

③ 0.7점   ④ 0.6점

해설

인동간격비의 최소 값인 배점 0.6점을 부여한다.

동별	A	B	C	D	E
대향동과의 이격거리(m)	35	40	36	32	43
대향동의 높이(m)	30	40	30	30	30
인동간격비	1.17	1.0	1.2	1.07	1.43
배점	0.9점	0.6점	1점	0.7점	1점

답 : ④

예제문제 30

에너지 성능지표검토서 중 건축부문에서 대향동의 높이에 대한 인동간격비의 배점과 기준으로 적합한 것은?

내용	①	②	③	④
인동간격비	1.20 이상	1.1 이상~1.20 미만	1.05 이상~1.1 미만	1.05 미만
배점(b)	1점	0.9점	0.8점	0.7점

해설

인동간격비	1.20 이상	1.15 이상~1.20 미만	1.10 이상~1.15 미만	1.05 이상~1.10 미만	1.00 이상~1.05 미만
배점(b)	1점	0.9점	0.8점	0.7점	0.6점

답 : ①

10. 지하주차장 설치되지 않는 경우의 기계부문 14번에 대한 보상점수

(1) 근거서류 및 작성방법

항목	근거서류	근거서류(도면 작성방법)
지하주차장 설치되지 않는 경우의 기계부문 14번에 대한 보상점수	· 건축허가신청서 · 건축개요 · 건축물 평면도 등	· 공동주택에 지하 주차장이 설치되지 않은 경우 · 보상 점수 취득 시에는 기계 14번 배점 불가

(2) 건축부문 12번에 대한보상점수(1점부여)

공동주택의 지하주차장에 $300m^2$ 이내마다 $2m^2$ 이상의 채광용 개구부를 설치하며 (지하 2층 이하 제외), 조명설비는 주위 밝기에 따라 전등군별로 자동점멸 또는 스케줄 제어가 가능하도록 하여 조명전력을 감소

• 기계부문 14번에 대한 보상점수(2점부여)

기계환기시설의 지하주차장 환기용 팬에 에너지절약적 제어방식설비채택

01 종합예제문제

□□□ **건축관련설계도서분석**

1 다음의 표를 보고 최하층에 있는 거실의 바닥의 평균 열관류율 값으로 가장 적합한 것은?

기호	외기 구분	보정	열관류율 (W/m²·K)	부위별면 적(m²)	열관류율×부위별면 적(W/m²·K×m²)
①	직접	1	0.230	67.76	15.585
②	직접	1	0.210	65.50	13.755
③	직접	1	0.220	32.20	7.084
④	간접	0.7	0.350	25.76	6.311
⑤	간접	0.7	0.340	22.70	5.403
계				213.92	48.138

① 0.210W/m²K
② 0.225W/m²K
③ 0.286W/m²K
④ 0.298W/m²K

최하층에 있는 거실의 바닥에 대한 평균열관류율 :
Uf=48.138/213.92=0.225(W/m²·K)

2 다음의 표를 보고 최상층에 있는 거실의 지붕에 대한 평균열관류율 값으로 가장 적합한 것은?

기호	외기 구분	보정	열관류율 (W/m²·K)	부위별면적 (m²)	열관류율×부위별면적 (W/m²·K×m²)
①	직접	1	0.180	67.76	12.197
②	직접	1	0.175	65.50	11.463
③	직접	1	0.183	32.20	5.893
④	간접	0.7	0.260	25.76	4.688
⑤	간접	0.7	0.265	22.70	4.211
계				213.92	38.452

① 0.180W/m²K
② 0.215W/m²K
③ 0.225W/m²K
④ 0.230W/m²K

최상층에 있는 거실의 지붕에 대한 평균열관류율 :
Ur=38.452/213.92=0.180(W/m²·K)

3 다음의 조건일 때 열관류율 값으로 가장 적합한 것은? (단, 공기층은 없는 것으로 간주한다.)

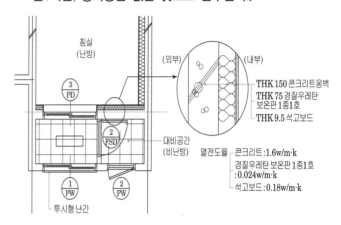

침실 (난방)
③ PD
② FSD
① PW
② PW
투시형 난간
대비공간 (비난방)

(외부)　(내부)
THK 150 콘크리트옹벽
THK 75 경질우레탄 보온판 1종1호
THK 9.5 석고보드

열전도율
콘크리트 : 1.6w/m·k
경질우레탄 보온판 1종1호 : 0.024w/m·k
석고보드 : 0.18w/m·k

① 0.210W/m² K
② 0.245W/m² K
③ 0.255W/m² K
④ 0.286W/m² K

$$열관류율(K) = \cfrac{1}{\text{실내표면 열전달저항} + \text{재료의 열저항합} + \text{공기층의 열저항} + \text{실외표면 열전달저항}}$$

여기서 재료의 열저항합$(R) = \cfrac{\text{재료두께(m)}}{\text{열전도율(W/m·K)}}$

$$= \frac{0.15}{1.6} + \frac{0.075}{0.024} + \frac{0.0095}{0.18}$$

$$= 3.272(\text{m}^2 \cdot \text{K/W})$$

$$K = \frac{1}{0.11 + 3.272 + 0.11} = \frac{1}{3.492(\text{m}^2 \cdot \text{K/W})}$$

$$= 0.286(\text{W/m}^2 \cdot \text{K})$$

정답 1. ② 　 2. ① 　 3. ④

4 남부지역 아파트의 층간바닥의 난방배관 하부와 슬래브 사이 재료들의 열관류저항 값의 합계는? (단, 소수점 셋째자리에서 반올림)

① 0.56m² K/W ② 0.74m² K/W
③ 0.86m² K/W ④ 1.23m² K/W

남부지역 바닥난방인 층간바닥의 기준열관류율은 0.810 W/m² K 이하이고 바닥난방 부위에 설치되는 단열재는 바닥난방의 열이 슬래브 하부 및 측벽으로 손실되는 것을 막을 수 있도록 온수배관(전기난방인 경우는 발열선) 하부와 슬래브 사이에 설치하고, 온수배관(전기난방인 경우는 발열선) 하부와 슬래브 사이에 설치되는 구성 재료의 열저항의 합계는 층간 바닥인 경우에는 해당 바닥에 요구되는 총열관류저항(별표1에서 제시되는 열관류율의 역수)의 60% 이상, 최하층 바닥인 경우에는 70% 이상이 되어야 한다.
1/0.74=1.35 1.35 × 0.6=0.81

5 다음의 중부지방 업무시설 외벽 평균열관류율 계산표를 보고 틀린 것을 고르시오.

벽체 및 창호	열관류율 (W/m²K)	외기보정 계수	면적(m²)	열관류율× 계수×면적
W1 (외기직접)	0.21	① 1.0	1,000	210.0
W2 (외기간접)	0.35	② 0.8	500	122.5
G1 (외기직접)	1.80	③ 1.0	300	540
G2 (외기간접)	2.30	④ 0.8	100	161

평균 열관류율 계산에 있어서 외기에 간접적으로 면한 부위에 대해서는 적용된 열관류율 값에 외벽, 지붕, 바닥부위는 0.7을 곱하고, 창 및 문부위는 0.8을 곱하여 평균 열관류율의 계산에 사용하며, 이 기준 제6조 제1호에 의하여 단열조치를 아니하여도 되는 부위의 열관류율은 별표1의 해당 부위의 외기에 직접 면하는 경우의 열관류율을 적용한다.(외기에 간접적으로 면한 벽체부위에 대해서는 외기보정계수 값으로 0.7을 곱한다.)

6 단열조치를 하여야 하는 부위에 대하여 단열기준에 적합한지 판단해야 한다. 이 기준에 적합하지 않은 것은?

① 구성재료의 열전도율 값은 한국산업규격 또는 시험성적서의 값을 사용한다.
② 창 및 문의 경우 KS F 2278(창호의 단열성 시험 방법)에 의한 시험성적서 또는 별표4에 의한 열관류율값 또는 산업통상자원부고시 「효율관리기자재 운용규정」에 따른 창세트의 열관류율 표시 값이 별표1의 열관류율기준을 만족하는 경우 적합한 것으로 본다.
③ 바닥난방을 하는 공간의 하부가 바닥난방을 하지 않는 난방공간일 경우에는 당해 바닥난방을 하는 바닥부위는 별표1의 최하층에 있는 거실의 바닥으로 보며 외기에 직접 면하는 경우의 열관류율기준을 만족하여야 한다.
④ 수평면과 이루는 각이 70도를 초과하는 경사지붕은 별표1에 따른 외벽의 열관류율을 적용할 수 있다.

바닥 난방을 하는 공간의 하부가 바닥 난방을 하지 않는 난방공간일 경우에는 당해 바닥 난방을 하는 바닥부위는 별표1의 최하층에 있는 거실의 바닥으로 보며 외기에 간접 면하는 경우의 열관류율기준을 만족하여야한다.

7 다음의 열관류율 계산표를 보고 괄호 안의 알맞은 값은?

벽체	재료명	열전도율 (W/mK)	두께 (mm)	열전도저항 (m²K/W)
W1	실외표면열전달저항	–	–	0.043
	화강석	3.300	30	0.009
	비드법보온판2종1호	0.031	120	3.871
	콘크리트(1:2:4)	1.600	200	0.125
	실내표면열전달저항	–	–	0.110
소 계				(㉠)
열관류율(W/m² K)				(㉡)

① ㉠ 4.158, ㉡ 0.241
② ㉠ 4.158, ㉡ 0.169
③ ㉠ 4.005, ㉡ 0.250
④ ㉠ 4.005, ㉡ 0.175

정답 4. ② 5. ② 6. ③ 7. ①

열전도저항합계

$0.043 + 0.009 + 3.871 + 0.125 + 0.110 = 4.158$

열관류율 $1/4.158 = 0.241$

열관류율 값은 해당 구조체의 재료별 열전도저항 값을 모두 합한 뒤 역수를 취하여 구한다.

8 에너지설계검토서 내용 중 "에너지절약 설계기준 의무사항"과 비교하여 볼 때, 에너지 성능지표검토서 에 점수화하여 포함되어 있는 항목은 다음 중 어느 것인가?

① 신재생설비부문　　② 기계설비부문

③ 전기설비부문　　④ 건축부문

에너지성능 지표검토서는 건축부문, 기계설비부문, 전기설비부문, 신재생설비부문 등 4가지로 되어있고, 에너지절약의무사항은 건축부문, 기계설비부문, 전기설비부문 등 3가지로 되어있다.

9 건축물의 에너지절약설계기준에서 단열조치를 하여야 하는 부위에 대하여는 다음 각 호에서 정하는 방법에 따라 단열기준에 적합한지를 판단할 수 있다. 적합하지 않은 것은 어느 것인가?

① 열관류율 또는 열관류저항의 계산결과는 소수점 3자리로 맺음을 하여 적합 여부를 판정한다.(소수점 4째 자리에서 반올림)

② 단열재의 열전도율 값은 한국산업규격 KS L 9016 보온재의 열전도율 측정방법에 따른 시험성적서에 의한 값을 사용하되 열전도율 시험을 위한 시료의 평균온도는 25 ± 1℃로 한다.

③ 건축물의 에너지절약설계기준에서 정하는 지역별·부위별·단열재 등급별 허용 두께 이상으로 설치하는 경우 적합한 것으로 본다.

④ 창 및 문의 경우 KS F 2278(창호의 단열성 시험 방법)에 의한 시험성적서 또는 별표4에 의한 열관류율 값 또는 산업통상자원부고시 「효율관리기자재 운용규정」에 따른 창 세트의 열관류율 표시 값이 별표1의 열관류율기준을 만족하는 경우 적합한 것으로 본다.

시험을 위한 시료의 평균온도는 20±5℃로 한다.

10 다음의 중부지방 업무시설 외벽 평균열관류율 계산표를 보고 틀린 것을 고르시오.

벽체 및 창호	열관류율 (W/m² K)	외기보정 계수	면적 (m²)	열관류율×계수×면적
W1 (외기직접)	0.235	① 1.0	1,250	293.75
W2 (외기직접)	0.234	② 1.0	600	140.4
W3 (외기간접)	0.331	③ 0.8	2,700	625.59
G1 (외기직접)	2.30	④ 1.0	260	598

평균 열관류율 계산에 있어서 외기에 간접적으로 면한 부위에 대해서는 적용된 열관류율 값에 외벽, 지붕, 바닥부위는 0.7을 곱하고, 창 및 문부위는 0.8을 곱하여 평균 열관류율의 계산에 사용하며, 이 기준 제6조 제1호에 의하여 단열조치를 아니하여도 되는 부위의 열관류율은 별표1의 해당 부위의 외기에 직접 면하는 경우의 열관류율을 적용한다.(외기에 간접적으로 면한 벽체부위에 대해서는 외기보정계수 값으로 0.7을 곱한다.)

11 다음의 중부지방 업무시설 외벽 평균열관류율 계산표를 보고 틀린 것을 고르시오.

벽체 및 창호	열관류율 (W/m²K)	외기보정 계수	면적(m²)	열관류율×계수×면적
W1 (외기간접)	0.21	① 0.7	1,000	147
W2 (외기간접)	0.35	② 0.7	500	122.5
G1 (외기간접)	1.80	③ 0.8	300	432
G2 (외기간접)	2.30	④ 0.7	100	161

창 및 문 부위의 외기에 간접적으로 면한 부위에 대해서는 외기보정계수 값으로 0.8을 곱한다.

정답　8. ①　9. ②　10. ③　11. ④

12 에너지설계검토서와 관련된 "에너지절약 설계기준 의무사항"7번 적용시 에너지효율등급 몇 등급 이상을 취득한 경우 예외로 하는가?

① 1등급　　　　　② 1+등급
③ 1++ 등급　　　④ 1+++등급

> 건축물에너지 효율등급 1++등급 이상을 취득한 경우에는 예외로 한다.

13 에너지성능지표검토서 6번 항목 창 및 문의 접합부에 기밀테이프 등 기밀성강화조치와 관련된 내용 중 ( )에 가장 적합한 것은?

> 창 및 문의 접합부에 기밀테이프 등 기밀성능강화조치 적용 시 외기직접 면한 창 및 문 둘레의 ( ) 이상에 적용하여야 배정을 받을 수 있다.

① 20%
② 30%
③ 50%
④ 60%

> 창 및 문의 접합부에 기밀테이프 등 기밀성능강화조치 적용 시 외기직접 면한 창 및 문 둘레의 60% 이상에 적용하여야 배정을 받을 수 있다.

14 에너지절약계획서 작성방법에서 부위별 열관류율 계산방법으로 가장 부적합한 것은 어느 것인가?

① 단열재 및 건축자재의 열전도율을 설계기준(KS)에서 제시하는 성능이상의 값으로 적용하고자 하는 경우에는 시험성적서를 제출한다.
② 바닥 난방을 하는 부위의 단열재는 슬래브와 온수배관 사이에 위치하도록 설계한다.
③ 열전도율 단위는 W/m·K, 열관류저항단위는 $m^2 \cdot K/W$, 열관류율단위는 $W/m^2 \cdot K$ 이다.

④ 온수배관(전기난방인 경우는 발열선) 하부와 슬래브 사이에 설치되는 구성재료의 열저항의 합계는 해당 바닥에 요구되는 총열관류저항의 70% 이상이 되어야 한다.

> 온수배관(전기난방인 경우는 발열선) 하부와 슬래브 사이에 설치되는 구성재료의 열저항의 합계는 해당 바닥에 요구되는 총열관류저항의 60% 이상이 되어야 한다.

15 에너지절약계획 설계검토서와 관련된 "에너지절약 설계기준의무사항" 중 바닥 난방에서 단열재의 설치방법과 관련된 내용 중 ( ) 안에 가장 적합한 것은?

> 바닥 난방 부위에 설치되는 단열재는 바닥 난방의 열이 슬래부 하부로 손실되는 것을 막을 수 있도록 온수배관(전기난방인 경우는 발열선) 하부와 슬래브 사이에 설치되는 구성재료의 열저항의 합계는 해당 바닥에 요구되는 (㉠)의 (㉡) 이상이 되어야 한다. 다만, 바닥 난방을 하는 욕실 및 현관부위와 슬래브의 축열을 직접 이용하는 심야전기이용 온돌 등(한국전력의 심야전력이용기기 승인을 받은 것에 한한다)의 경우에는 단열재의 위치가 그러하지 않을 수 있다.

① ㉠ 총열관류저항　㉡ 60%
② ㉠ 총열관류저항　㉡ 70%
③ ㉠ 총열관류율　　㉡ 70%
④ ㉠ 총열관류율　　㉡ 70%

> 바닥 난방 부위에 설치되는 단열재는 바닥 난방의 열이 슬래부 하부로 손실되는 것을 막을 수 있도록 온수배관 (전기난방인 경우는 발열선) 하부와 슬래브 사이에 설치되는 구성재료의 열저항의 합계는 해당 바닥에 요구되는 (총열관류저항)의 (60%) 이상이 되어야 한다. 다만, 바닥 난방을 하는 욕실 및 현관부위와 슬래브의 축열을 직접 이용하는 심야전기이용 온돌 등 (한국전력의 심야전력이용기기 승인을 받은 것에 한한다)의 경우에는 단열재의 위치가 그러하지 않을 수 있다

정답 12. ③　13. ④　14. ④　15. ①

16 에너지절약계획 설계검토서와 관련된 "에너지절약 설계기준의무사항" 중 방풍구조와 관련된 내용 중 출입문을 방풍구조로 하지 아니하여도 되는 것에 포함되지 않는 것은?

① 바닥면적 3백제곱미터 이하의 개별점포의 출입문

② 기숙사의 출입문

③ 사람의 통행을 주목적으로 하지 않는 출입문

④ 너비 1.2미터 이하의 출입문

외기에 직접 면하고 1층 또는 지상으로 연결된 출입문은 제5조 제10호 아목에 따른 방풍구조로 하여야 한다. 다만, 다음 각 호에 해당되는 경우에는 그러하지 않을 수 있다.
1. 바닥면적 3백제곱미터 이하의 개별점포의 출입문
2. 주택의 출입문(단, 기숙사는 제외)
3. 사람의 통행을 주목적으로 하지 않는 출입문
4. 너비 1.2미터 이하의 출입문

17 다음 표의 창 면적에서 기밀성창호의 창의 통기량 배점(a×b)로 가장 적합한 것은? (단, 주택1부문의 기본배점(a)은 6점으로 계산한다.)

창 면적표

층	창			
	창 타입	면적(m2)	기밀성(등급)	기본배점(b)
6층	CW–1	220.0	1	1
	CW–2	50.0	2	0.9
5층	CW–1	360.0	1	1
4층	CW–1	720.6	1	1
3층	CW–1	720.6	1	1
2층	CW–1	720.6	1	1
1층	CW–1	1,034.8	1	1
지하1층	CW–3	224.8	3	0.8
계		4,051.4		

① 5.93점
② 5.63점
③ 5.33점
④ 5.13점

• 전체 창면적 : 4,051.4m^2
• 창의 통기량 가중평균 :
[(1점 × 3,776.6m^2) + (0.9점 × 50m^2) + (0.8점 × 224.8m^2)] ÷ 4,051 = 0.9876
기밀성창호 기본배점 6점(주택1부문)×0.99점 = 5.93점

18 에너지성능지표검토서 자연채광과 관련된 내용 중 다음 ( )안에 가장 적합한 것은?

자연채광을 적극적으로 이용할 수 있도록 계획한다. 특히 학교의 교실, 문화 및 집화시설의 공용부분(복도, 화장실, 휴게실, 로비 등)은 ( )면 이상 자연채광이 가능하도록 한다.

① 1
② 2
③ 3
④ 4

자연채광을 적극적으로 이용할 수 있도록 계획한다. 특히 학교의 교실, 문화 및 집화시설의 공용부분(복도, 화장실, 휴게실, 로비 등)은 1면 이상 자연채광이 가능하도록 한다.

19 에너지절약계획 설계검토서와 관련된 "에너지절약 설계기준의무사항" 중 단열조치 준수항목의 근거 서류 또는 도서가 아닌 것은?

① 시험성적서

② 부위별 열관류율 계산서

③ 창호도

④ 적용비율계산서

단열조치 준수항목의 근거서류
1. 건축물 단열성능관계도면(부위별 단열(단면) 상세도 포함시킬 것)
2. 부위별 열관류율 계산서(건축물 단열 성능관계 도면에 포함시킬 것)
3. 평면도, 주단면도, 창호도, 입면도 등
4. 시험성적서

정답 16. ② 17. ① 18. ① 19. ④

20 건축물의 에너지절약설계기준에서 기밀 및 결로방지 등을 위한 조치를 설명한 것이다. 적합하지 않은 것은 어느 것인가?

① 단열재의 이음부는 최대한 밀착하여 시공하거나, 2장을 엇갈리게 시공하여 이음부를 통한 단열성능 저하가 최소화될 수 있도록 조치할 것

② 벽체 내표면 및 내부에서의 결로를 방지하고 단열재의 성능 저하를 방지하기 위하여 단열조치를 하여야 하는 부위(창호 및 난방공간 사이의 층간 바닥 제외)에는 빗물 등의 침투를 방지하기 위해 방습층을 단열재의 실외 측에 설치하여야 한다.

③ 방습층으로 알루미늄박 또는 플라스틱계 필름 등을 사용할 경우의 이음부는 100mm 이상 중첩하고 내습성 테이프, 접착제 등으로 기밀하게 마감할 것

④ 방습층의 단부는 단부를 통한 투습이 발생하지 않도록 내습성 테이프, 접착제 등으로 기밀하게 마감할 것

> 단열조치를 하여야 하는 부위(창호 및 난방공간 사이의 층간 바닥 제외)에는 방습층을 단열재의 실내측에 설치하여야 한다.

21 에너지절약계획 설계검토서와 관련된 "에너지절약설계기준의무사항" 중 방습층설치에 관한 사항 중 가장 부적합한 것은?

① 단열재의 이음부는 최대한 밀착하여 시공하거나, 2장을 엇갈리게 시공하여 이음부를 통한 단열성능 저하가 최소화될 수 있도록 조치할 것

② 방습층으로 알루미늄박 또는 플라스틱계 필름 등을 사용할 경우 이음부는 100mm 이상 중첩하고, 내습성 테이프, 접착제 등으로 기밀하게 마감할 것

③ 단열부위가 만나는 모서리 부위는 방습층 및 단열재가 이어짐이 없이 시공되거나 이어질 경우 이음부를 통한 단열성능 저하가 최소화되도록 하며, 알루미늄박 또는 플라스틱계 필름 등을 사용할 경우의 모서리 이음부는 150mm 이상 중첩되게 시공하고 내습성 테이프, 접착제 등으로 기밀하게 마감할 것

④ 방습층의 단부는 단부를 통한 투습이 발생하지 않도록 내수성테이프, 접착제 등으로 기밀하게 마감할 것

> 방습층 및 단열재가 이어지는 부위 및 투습 단부투습 이음 및 단부를 통한 투습을 방지할 수 있도록 다음과 같이 조치하여야 한다.
> ① 단열재의 이음부는 최대한 밀착하여 시공하거나, 2장을 엇갈리게 시공하여 이음부를 통한 단열성능 저하가 최소화될 수 있도록 조치할 것
> ② 방습층으로 알루미늄박 또는 플라스틱계 필름 등을 사용할 경우 이음부는 100mm 이상 중첩하고, 내습성 테이프, 접착제 등으로 기밀하게 마감할 것
> ③ 단열부위가 만나는 모서리 부위는 방습층 및 단열재가 이어짐이 없이 시공되거나 이어질 경우 이음부를 통한 단열성능 저하가 최소화되도록 하며, 알루미늄박 또는 플라스틱계 필름 등을 사용할 경우의 모서리 이음부는 150mm 이상 중첩되게 시공하고 내습성 테이프, 접착제 등으로 기밀하게 마감할 것
> ④ 방습층의 단부는 단부를 통한 투습이 발생하지 않도록 내습성테이프, 접착제 등으로 기밀하게 마감할 것

22 에너지절약계획 설계검토서와 관련된 "에너지절약설계기준의무사항" 중 방습층의 위치는 단열재를 기준으로 실내 측에 설치하게 되어 있다. 다음 중 방습층으로 인정되는 구조로 볼 수 없는 것은?

① 드라이비트 마감
② 투습방수 시트
③ 타일마감
④ 콘크리트 벽이나 바닥 또는 지붕

> 방습층으로 인정되는 구조
> ① 두께 0.1mm 이상의 폴리에틸렌 필름
> ② 투습방수 시트
> ③ 현장발포 플라스틱계(경질 우레탄 등) 단열재
> ④ 플라스틱계 단열재(발포폴리스티렌 보온재)로서 투습방지 성능이 있도록 처리될 경우
> ⑤ 내수합판 등 투습방지처리가 된 합판으로서 이음새가 투습방지가 될 수 있도록 시공될 경우
> ⑥ 금속재(알루미늄 박 등)
> ⑦ 콘크리트 벽이나 바닥 또는 지붕
> ⑧ 타일마감
> ⑨ 모르타르 마감이 된 조적벽

정답 20. ②   21. ④   22. ①

23 에너지 성능지표검토서 중 건축부문에서 에너지성능지표에 해당되지 않는 것은?

① 외벽의 평균 열관류율
② 외피열교부위 단열 성능
③ 기밀성 창 및 문의 설치
④ 차양장치설치비율

> 차양장치설치비율은 법의 개정으로 삭제되었다.

24 건축물에너지 절약 계획서 건축부문의 의무사항에 해당되지 않는 것은?

① 단열조치 준수
② 외벽의 평균 열관류율 0.6점 이상 획득
③ 방습층 설치
④ 지하주차장에 채광용 창 설치

> 지하주차장에 채광용창 설치는 건축부문의 의무사항에 해당하지 않는다.

25 에너지 성능지표검토서 중 건축부문에서 기밀성창 및 문의 설치에서 기밀성능표기 배점, 통기량 및 등급 기준으로 부적합한 것은?

내용	①	②	③	④
기밀성 등급	1등급	2등급	3등급	4등급
통기량	0~1m³/hm² 미만	1~2m³/hm² 미만	2~3m³/hm² 미만	4~5m³/hm² 미만
배점(b)	1점	0.9점	0.8점	0.6점

기밀성 등급	1등급	2등급	3등급	4등급	5등급
통기량	0~1m³/hm² 미만	1~2m³/hm² 미만	2~3m³/hm² 미만	3~4m³/hm² 미만	4~5m³/hm² 미만
배점(b)	1점	0.9점	0.8점	0.7점	0.6점

26 에너지 성능지표검토서 중 건축부문에서 대향동의 높이에 대한 인동간격비의 배점과 기준으로 부적합한 것은?

내용	①	②	③	④
인동 간격비	1.20 이상	1.15 이상~1.20 미만	1.10 이상~1.15 미만	1.00 이상~1.10 미만
배점(b)	1점	0.9점	0.8점	0.7점

인동 간격비	1.20이상	1.15이상~1.20미만	1.10이상~1.15미만	1.05이상~1.10미만	1.00이상~1.05미만
배점(b)	1점	0.9점	0.8점	0.7점	0.6점

27 에너지성능지표검토서 검토시 평균열관류율 산정시 적용값(보정계수)이 다른 부위로 가장 적합한 것은?

① 외벽
② 지붕
③ 바닥
④ 창 및 문

> 평균 열관류율산정 시 외기에 간접 면한 부위는 해당 열관류율값에 외벽, 지붕, 바닥부위는 0.7, 창 및 문 부위는 0.8을 곱하여 적용한다.

28 에너지 성능지표검토서 중 건축부문에서 기밀성 창 및 문의 설치와 관련된 근거서류로서 필요한 서류로 적합한 것은?

① 건축물 성능관계도면
② 입면도
③ 창호일람표
④ 적용·비율계산서

> 기밀성창 및 문의 설치항목의 근거서류
> ① 창호일람표
> ② 시험성적서 등

정답 23. ④ 24. ④ 25. ④ 26. ④ 27. ④ 28. ③

29 에너지절약계획서 작성방법에서 건축물명 및 건축사 날인을 필요로 하는 근거서류가 아닌 것은 다음 중 어느 것인가?

① 표준시방서   ② 인동간격비율 계산서
③ 적용비율계산서   ④ 창호일람표

> 건축물명 및 건축사 날인을 필요로 하는 근거서류
> ① 표준시방서
> ② 면적비율계산서
> ③ 인동간격비율계산서
> ④ 적용비율계산서 등

30 에너지절약계획서에서 건축도면에 포함되지 않는 것으로 가장 적합한 것은 다음 중 어느 것인가?

① 부위별단열상세도   ② 실내 · 외 마감도
③ 창호일람표(상세도)   ④ 단면상세도

> 건축도면
> ① 건축개요
> ② 건축물 형별성능관계도면(부위별 단열상세도, 단면상세도 등 포함)
> ③ 기본도면(평면도, 주단면도)
> ④ 창호일람표(상세도)

31 다음은 건축물의 에너지절약설계기준의 성능지표와 관련된 용어의 정의에 관한 것이다. 다음 중 옳지 않은 것은 어느 것인가?

① "기밀성 창", "기밀성 문"이라 함은 창문으로서 한국산업규격(KS) F 2292 규정에 의하여 기밀성 등급에 따른 기밀성이 1~5등급(통기량 $5m^3/h \cdot m^2$ 이하)인 것을 말한다.
② "방습층"이라 함은 습한 공기가 구조체에 침투하여 결로발생의 위험이 높아지는 것을 방지하기 위해 설치하는 투습도가 24시간당 $30g/m^2$ 이하 또는 투습계수 $0.28g/m^2 \cdot h \cdot mmHg$ 이하의 투습저항을 가진 층을 말한다.

③ "방풍구조"라 함은 출입구에서 실내외 공기 교환에 의한 열출입을 방지할 목적으로 설치하는 방풍실 또는 회전문 등을 설치한 방식을 말한다.
④ "외피"라 함은 거실 또는 거실 외 공간을 둘러싸고 있는 벽·지붕·바닥·창 및 문 등으로서 외기에 직접 면하는 부위를 말한다.

> "기밀성 창", "기밀성 문"이라 함은 창문으로서 한국산업규격(KS) F 2292 규정에 의하여 기밀성 등급에 따른 기밀성이 1~5등급(통기량 $5m^3/h \cdot m^2$ 미만)인 것을 말한다.

32 에너지절약계획서에서 다음서식의 ( )부분에 가장 적합한 숫자와 판정으로 가장 적합한 것은 다음 중 어느 것인가?

부위별 마감상세도	재료명	두께 (mm)	열전도율 (w/mk)	열전도저항 (m^2k/w)	비고
	실외표면열 전달저항	–	–	0.043	
	콘크리트	180	1.6	(㉠)	
	비드법보온판 (2종1호)	85	0.031	(㉡)	
W2	석고보드	18	0.18	0.100	
	벽지(종이)	2	0.17	0.118	
	실외표면열 전달저항	–	–	0.150	
	합계			(㉢)	
	적용 열관류율	(㉣)			
	기준 열관류율	0.240			

① ㉠ 0.113 ㉡ 2.742 ㉢ 3.266 ㉣ 0.306
판정 : 적용 열관류율이 기준 열관류율을 초과하여 부적합하므로, 단열재의 두께를 증가 또는 단열재를 교체 등의 대책을 강구하여야 한다.

② ㉠ 0.113 ㉡ 2.742 ㉢ 3.159 ㉣ 0.317
판정 : 적용 열관류율이 기준 열관류율을 초과하므로 적합으로 판정한다.

③ ㉠ 0.113 ㉡ 1.742 ㉢ 2.159 ㉣ 0.463
판정 : 적용 열관류율이 기준 열관류율을 초과하므로 적합으로 판정하고 단열재의 두께를 감소한다.

④ ㉠ 0.113 ㉡ 1.742 ㉢ 2.159 ㉣ 0.463
판정 : 적용 열관류율이 기준 열관류율을 초과하므로 부적합으로 판정하고 콘크리트의 두께를 증가한다.

정답   29. ④   30. ②   31. ①   32. ①

부위별 마감상세도	재료명	두께 (mm)	열전도율 (w/mk)	열전도저항 (m^2k/w)	비고
W2	실외표면열 전달저항	–	–	0.043	
	콘크리트	180	1.6	(㉠ 0.113)	
	비드법보온판(2종1호)	85	0.031	(㉡ 2.742)	
	석고보드	18	0.18	0.100	
	벽지(종이)	2	0.17	0.118	
	실외표면열 전달저항	–	–	0.150	
	합계			(㉢ 3.266)	
	적용 열관류율			(㉣ 0.306)	
	기준 열관류율			0.240	

열전도저항 = 두께/열전도율

㉠ 0.18/1.6 = 0.113

㉡ 0.085/0.031 = 2.742

㉢ 열전도저항 합계 :

0.043 + 0.113 + 2.742 + 0.100 + 0.118 + 0.150 = 3.266

㉣ 열전도저항 합계의 역수를 취하면 열관류율이 된다.

1/3.266 = 0.306

• 판정 : 적용 열관류율이 기준 열관류율을 초과하여 부적합하
므로, 단열재의 두께를 증가 또는 단열재를 교체 등의 대책을
강구하여야 한다.

33 에너지절약계획 설계검토서와 관련된 "에너지절약
설계기준의무사항" 중 방습층과 관련된 내용 중 ( )
안에 가장 적합한 것은?

"방습층" 이라 함은 습한 공기가 구조체에 침투하여 결로
발생의 위험이 높아지는 것을 방지하기 위해 설치하는 투
습도가 (㉠)시간당 (㉡) 이하 또는 투습계수 (㉢)
이하의 투습저항을 가진 층을 말한다.

① ㉠ 24, ㉡ $30g/m^2$, ㉢ $0.28g/m^2 \cdot h \cdot mmHg$

② ㉠ 24, ㉡ $40g/m^2$, ㉢ $0.28g/m^2 \cdot h \cdot mmHg$

③ ㉠ 12, ㉡ $30g/m^2$, ㉢ $0.38g/m^2 \cdot h \cdot mmHg$

④ ㉠ 12, ㉡ $40g/m^2$, ㉢ $0.38g/m^2 \cdot h \cdot mmHg$

"방습층" 이라 함은 습한 공기가 구조체에 침투하여 결로발생의
위험이 높아지는 것을 방지하기 위해 설치하는 투습도가 24시
간당 $30g/m^2$ 이하 또는 투습계수 $0.28g/m^2 \cdot h \cdot mmHg$ 이하의
투습저항을 가진 층을 말한다.

34 건축물에너지 절약 계획서 건축부문의 의무사항에
해당되지 않는 것은?

① 기밀성능 5등급 이하의 창을 적용

② 외벽의 평균 열관류율 0.6점 이상 획득

③ 야간단열장치 설치

④ 바닥난방의 단열재 설치방법 준수

야간 단열장치는 의무사항이 아니라 에너지성능지표 7번 항목에
해당한다.

35 외벽의 평균열관류율 산정 시 비주거 소형의 경우
기본 배점으로 가장 적합한 것은?

① 34점　　　　　② 31점

③ 28점　　　　　④ 21점

외벽의 평균열관류율 산정 시 비주거 소형의 경우 기본 배점 34
점에 해당한다.

36 건축물의 에너지절약설계기준의 권장사항 중 자연
채광계획에 관한 설명을 한 것이다. 적합한 것은?

① 학교의 교실, 문화 및 집회시설의 공용부분(복도, 화장
실, 휴게실, 로비 등)은 1면 이상 자연채광이 가능하도
록 한다.

② 공동주택의 지하주차장은 $200m^2$ 이내마다 1개소 이상
의 외기와 직접 면하는 $2m^2$ 이상의 개폐가 가능한 천
창 또는 측창을 설치하여 자연환기 및 자연채광을 유
도한다.

③ 수영장에는 자연채광을 위한 개구부를 설치하되, 그 면적
의 합계는 수영장 바닥면적의 5분의 1 이상으로 한다.

④ 창에 직접 도달하는 일사를 조절할 수 있도록 차양장
치를 설치한다.

②, ③, ④는 법의 개정으로 삭제되었다.

37 건축물에너지 절약 계획서 건축부문의 의무사항에 해당되지 않는 것은?

① 방습층 설치

② 최하층 거실바닥의 평균 열관류율 0.6점 이상 획득

③ 단열조치 준수

④ 기밀성 5등급 이하의 창을 적용

> 최하층 거실바닥의 평균 열관류율이 아니라 외벽의 평균열관류율 0.6점 이상 획득하여야 한다.

38 에너지성능지표검토서 중 7. 냉방부하저감을 위한 일사조절장치설치 따른 거실외피면적당 평균 태양열 취득에서 몇 W/m^2일 때 배점 1점을 받을 수 있는가?

① $19W/m^2$ 미만

② $19~24W/m^2$ 미만

③ $24~29W/m^2$ 미만

④ $34~39W/m^2$ 미만

> $19W/m^2$ 미만일 때 배점 1점을 받을 수 있다.

39 공동주택에서 다음의 조건일 때 대향동의 높이에 대한 인동간격비 항목을 채택 할 경우 배점으로 가장 적합한 것은?

동별	A	B	C	D	E
대향동과의 이격거리(m)	35	40	36	32	43
대향동의 높이(m)	30	40	30	30	30

① 1점

② 0.8점

③ 0.7점

④ 0.6점

> 인동간격비의 최소 값인 배점 0.6점을 부여한다.
>
> | 동별 | A | B | C | D | E |
> |---|---|---|---|---|---|
> | 대향동과의 이격거리(m) | 35 | 40 | 36 | 32 | 43 |
> | 대향동의 높이(m) | 30 | 40 | 30 | 30 | 30 |
> | 인동간격비 | 1.17 | 1.0 | 1.2 | 1.07 | 1.43 |
> | 배점 | 0.9점 | 0.6점 | 1점 | 0.7점 | 1점 |

40 다음 설명 중 건축부분 에너지성능지표 10번 항목과 관련된 내용에서 기계부문 어느 항목에 대하여 보상점수를 부여하는가?

① KS규격 펌프채택

② 배기덕트

③ 환기용 팬

④ 대수분할제어방식 채택

> 기계부문 14번에 대한 보상점수(2점부여)
> 기계환기시설의 지하주차장 환기용 팬에 에너지절약적 제어방식 설비채택

정답 37. ② 38. ① 39. ④ 40. ③

CHAPTER 02 기계분야 도서분석

1 기계설비부문의 의무사항

에너지절약계획 설계 검토서

1. 에너지절약설계기준 의무 사항

항 목	채택여부 (제출자 기재)		근거	확 인 (허가권자 기재)	
	채택	미채택		확인	보류
나. 기계설비부문					
① 냉난방설비의 용량계산을 위한 설계용 외기조건을 제8조제1호에서 정하는 바에 따랐다.(냉난방설비가 없는 경우 제외)					
② 펌프는 KS인증제품 또는 KS규격에서 정해진 효율이상의 제품을 채택하였다.(신설 또는 교체 펌프만 해당)					
③ 기기배관 및 덕트는 국가건설기준 기계설비공사에서 정하는 기준 이상 또는 그 이상의 열저항을 갖는 단열재로 단열하였다. (신설 또는 교체 기기배관 및 덕트만 해당)					
④ 공공기관은 에너지성능지표의 기계부문 10번 항목배점을 0.6점 이상 획득하였다.(「공공기관 에너지이용합리화 추진에 관한 규정」제10조의 규정을 적용받는 건축물의 경우만 해당)					
⑤ 법 제14조의2의 용도에 해당하는 공공건축물로서 에너지성능지표의 기계부문 1번 및 2번 항목을 0.9점 이상 획득하였다. (냉방 또는 난방설비가 없는 경우 제외, 에너지성능지표의 기계부문 16번 또는 17번 항목 점수를 획득한 경우 1번 항목 제외, 냉방설비용량의 60% 이상을 지역냉방으로 공급하는 경우 2번 항목 제외)					

※ 근거서류 중 도면에 의하여 확인하여야 하는 경우는 도면의 일련번호를 기재하여야 한다.

※ 만약, 미채택이거나 확인되지 않은 경우에는 더 이상의 검토 없이 부적합으로 판정한다. 확인란의 보류는 확인되지 않은 경우이다. 다만, 자료제시가 부득이한 경우에는 당해 건축사 및 설계에 협력하는 해당분야(기계 및 전기) 기술사가 서명·날인한 설치예정확인서로 대체할 수 있다.

■ 에너지절약설계기준 의무 사항 해설

①항 근거서류
• 냉난방부하계산서(설계조건)
• 장비용량계산서

① 냉난방설비의 용량계산을 위한 설계용 외기조건을 제8조제1호에서 정하는 바에 따랐다.(냉난방설비가 없는 경우 제외)

제8조【기계부문의 의무사항】 에너지절약계획서 제출대상 건축물의 건축주와 설계자 등은 다음 각 호에서 정하는 기계부문의 설계기준을 따라야 한다.

(1) 설계용 외기조건

난방 및 냉방설비의 용량계산을 위한 외기조건은 각 지역별로 위험율 2.5%(냉방기 및 난방기를 분리한 온도출현분포를 사용할 경우) 또는 1%(연간 총시간에 대한 온도출현 분포를 사용할 경우)로 하거나 별표7에서 정한 외기온·습도를 사용한다. 별표7 이외의 지역인 경우에는 상기 위험율을 기준으로 하여 가장 유사한 기후조건을 갖는 지역의 값을 사용한다. 다만, 지역난방공급방식을 채택할 경우에는 산업통상자원부고시「집단에너지시설의 기술기준」에 의하여 용량계산을 할 수 있다.

1) 설계기준[별표7]에서 정한 외기 온습도 기준 사용

냉난방부하계산서 중 외기온도 조건이 작성된 페이지 발췌 첨부 또는 기계설비계산서중 설계용 온도조건이 작성된 페이지 발췌 첨부

2) 지역난방 방식 건축물은 '집단 에너지 시설의 기술기준' 적용

[별표7] 냉·난방설비의 용량계산을 위한 설계 외기온·습도 기준

구분 / 도시명	냉 방		난 방
	건구온도(℃)	습구온도(℃)	건구온도(℃)
서 울	31.2	25.5	−11.3
인 천	30.1	25.0	−10.4
수 원	31.2	25.5	−12.4
춘 천	31.6	25.2	−14.7
강 릉	31.6	25.1	− 7.9
대 전	32.3	25.5	−10.3
청 주	32.5	25.8	−12.1
전 주	32.4	25.8	− 8.7
서 산	31.1	25.8	− 9.6
광 주	31.8	26.0	− 6.6
대 구	33.3	25.8	− 7.6
부 산	30.7	26.2	− 5.3
진 주	31.6	26.3	− 8.4
울 산	32.2	26.8	− 7.0
포 항	32.5	26.0	− 6.4
목 포	31.1	26.3	− 4.7
제 주	30.9	26.3	0.1

예제문제 01

다음중 "건축물의 에너지절약 설계기준" 에서 규정하는 설계용 외기조건에 대해 (㉠)과 (㉡)에 들어갈 숫자로 가장 적합한 것은? 【13년 2급】

> 난방 및 냉방 설비 장치의 용량계산을 위한 외기조건은 각 지역별로 위험율 (㉠) (냉방기 및 난방기를 분리한 온도 출현분포를 사용할 경우) 또는 (㉡) (연간 총시간에 대한 온도출현분포를 사용할 경우)로 하거나 별표 7에서 정한 외기 온·습도를 사용한다.

	㉠	㉡		㉠	㉡
①	1%	2%	②	2%	3%
③	2.5%	1%	④	3%	2%

해설

난방 및 냉방 설비 장치의 용량계산을 위한 외기조건은 각 지역별로 위험율 (㉠ 2.5%)(냉방기 및 난방기를 분리한 온도 출현분포를 사용할 경우) 또는 (㉡ 1%) (연간 총시간에 대한 온도출현분포를 사용할 경우)로 하거나 별표 7에서 정한 외기 온·습도를 사용한다.

답 : ③

예제문제 02

기계설비부문 의무사항 중 설계용 외기조건에 대한 설명 중 가장 부적합한 것은?

① 설계기준 실내온도는 난방의 경우 20℃, 냉방의 경우 28℃를 기준으로 한다.
② 외기조건은 각 지역별로 위험율 1%(냉방기 및 난방기를 분리한 온도출현분포를 사용할 경우) 또는 2.5%(연간 총시간에 대한 온도출현 분포를 사용할 경우)로 하거나 별표7에서 정한 외기온·습도를 사용한다.
③ 목욕장 및 수영장은 실내온도 기준이 다르다.
④ 지역난방 방식 건축물은 '집단에너지시설의 기술기준' 을 적용한다.

───────────────────

해설
외기조건은 각 지역별로 위험율 2.5%(냉방기 및 난방기를 분리한 온도출현분포를 사용할 경우) 또는 1%(연간 총시간에 대한 온도출현 분포를 사용할 경우)로 하거나 별표7에서 정한 외기온·습도를 사용한다.

답 : ②

예제문제 03

기계설비부문 의무사항 중 설계용 외기조건에 대한 설명 중 가장 부적합한 것은?

① 설비의 용량을 과하게 하여 증축에 대비한다.
② 외기조건은 각 지역별로 위험율 2.5%(냉방기 및 난방기를 분리한 온도출현분포를 사용할 경우) 또는 1%(연간 총시간에 대한 온도출현 분포를 사용할 경우)로 하거나 별표7에서 정한 외기온·습도를 사용한다.
③ 설계용 외기조건 채택근거로 제시하는 서류에 건축물명 및 기술사 날인
④ 지역난방 방식 건축물은 '집단에너지시설의 기술기준' 을 적용한다.

───────────────────

해설
설비의 용량이 과다해지지 않도록 한다.

답 : ①

②항 근거서류
• 전체 장비 일람표

② 펌프는 KS인증제품 또는 KS규격에서 정해진 효율이상의 제품을 채택하였다. (신설 또는 교체 펌프만 해당)

① 장비일람표 펌프 비고란에 'KS제품 또는 KS규격효율이상 제품 사용' 표기
② 선정펌프의 용량, A·B 효율값을 장비일람표에 표기
   A 특성 : 펌프효율의 최대치 B특성 : 규정토출량에서의 펌프효율
③ 한국산업규격 KS B 6318은 양쪽 흡입 벌루트 펌프에 관한 규정이며, KS B 7501은 소형 벌루트 펌프, KS B 7505는 소형 다단 원심펌프에 관한 규정이다.

④ 일반 펌프에 비해 같은 유량 및 용량의 고효율 펌프를 채택할 경우 설치 공간 축소에 따른 공간 활용과 소음 감소의 효과를 볼 수 있으며 전력 절감도 가능하다.

양쪽흡입 벌루트 펌프

소형 벌루트 펌프

소형 다단 원심 펌프

* 출처 : 에너지절약계획서 해설서

예제문제 04

기계설비 부문 의무사항 중 펌프 적용시 다음 설명 중 가장 부적합한 것은?

① 'KS제품 또는 KS규격효율이상 제품 사용' 표기
② 선정펌프의 용량, A·B 효율값을 장비일람표에 표기한다.
③ 고효율 펌프 채택시 소음감소 및 전력 절감도 가능하다.
④ 한국산업규격 및 기타 국제 규격 제품의 경우 사용가능하다.

해설

펌프는 한국산업규격 KS B 6318, 7501, 7505 등 표시인증제품 또는 KS규격에서 정해진 효율 이상의 제품을 설치하여야 한다.

답 : ④

예제문제 05

기계설비 부문 의무사항 중 펌프 규격 중 한국산업규격 KS 인증제품에 해당하지 않는 것은?

① KS B 6318
② KS B 7501
③ KS B 7505
④ KS B 7508

해설

한국산업규격 KS B 6318은 양쪽 흡입 벌루트 펌프에 관한 규정이며, KS B 7501은 소형 벌루트 펌프, KS B 7505는 소형 다단 원심펌프에 관한 규정이다.

답 : ④

예제문제 06

기계설비 부문 의무사항 중 펌프 규격 중 한국산업규격 KSB 6318은 어떤 펌프에 관한 규정인가 가장 적합한 것은?

① 소형벌루트 펌프
② 소형다단 원심펌프
③ 한 쪽 흡입 벌루트 펌프
④ 양쪽 흡입 벌루트 펌프

해설
한국산업규격 KS B 6318은 양쪽 흡입 벌루트 펌프에 관한 규정이며, KS B 7501은 소형 벌루트 펌프, KS B 7505는 소형 다단 원심펌프에 관한 규정이다.

답 : ④

③항 근거서류
• 보온시방서
  (표준시방서 첨부 가능)
• 기계설비도서 범례
• 배관계통도

③ 기기배관 및 덕트는 <u>국가건설기준 기계설비공사 표준시방서</u>에서 정하는 기준 이상 또는 그 이상의 열저항을 갖는 단열재로 단열하였다. (신설 또는 교체 기기 배관 및 덕트만 해당)

<u>국가건설기준 기계설비공사 표준시방서의 보온두께 이상 또는 그 이상의 열저항을 갖도록 작성</u>
① 표준시방서의 재료 또는 두께와 다르게 작성하는 경우 동등 이상의 열저항 성능을 갖는다는 근거자료 제시
② 표준시방서 두께, 적용두께, 증가비율표기

예제문제 07

기계설비 부문 의무사항 중 기기배관 및 덕트 단열에 대한 설명 중 가장 적합한 것은?

① 기기, 덕트 및 배관은 단열재 피복시 선택 사항이다.
② 관내 수온에 따른 단열 피복두께는 일정하다.
③ 건축기계설비공사 표준시방서의 보온두께 이상 또는 그 이상의 열저항을 갖도록 단열조치를 하여야 한다.
④ 표준시방서의 재료 또는 두께와 다르게 작성하는 경우 확인서로 대체 가능하다.

해설
국가건설기준 기계설비공사 표준시방서의 보온두께 이상 또는 그 이상의 열저항을 갖도록 단열조치를 하여야 한다.(다만, 건축물내의 벽체 또는 바닥에 매립되는 배관 등은 그러하지 아니할 수 있다.)

답 : ③

④ 공공기관은 에너지성능지표의 기계부문 10번 항목을 0.6점 이상 획득하였다.
(「공공기관 에너지이용합리화 추진에 관한 규정」제10조의 규정을 적용받는
건축물의 경우만 해당)

④항 근거서류
• 장비일람표
• 냉방설비용량비율계산서

(「공공기관 에너지이용합리화 추진에 관한 규정」제10조의 규정을 적용받는 건축물은 담당비율이 60% 이상이 되어야 함)

• 공공기관에서 연면적 1,000m² 이상의 건축물을 신축 또는 증축하는 경우
• 공공기관의 냉방설비를 전면 개체 할 경우(전체 냉방설비를 일부씩 나누어 교체하는 경우 포함)
에너지성능지표의 기계부문 10번 항목 배점을 0.6점 이상 획득하여야 한다.
• (「공공기관 에너지이용합리화 추진에 관한 규정」제10조의 규정을 적용받는 건축물의 경우만 해당) : 축냉식전기냉방, 가스 및 유류이용냉방, 지역냉방, 소형열병합냉방, 신재생에너지 이용냉방을 이용하여 냉방용량 담당 비율이 60% 이상일 때, 배점 0.6점 이상 획득가능
• 담당비율(%)=(전기대체냉방설비설치용량)÷(전체냉방설비설치용량)×100

| 항 목 | 기본배점 (a) | | | | 배점 (b) | | | | |
| | 비주거 | | 주거 | | | | | | |
	대형 (3,000m² 이상)	소형 (500~3,000m² 미만)	주택1	주택2	1점	0.9점	0.8점	0.7점	0.6점
축냉식 전기냉방, 가스 및 유류이용 냉방, 지역냉방, 소형열병합 냉방 적용, 신재생에너지 이용냉방 적용(냉방용량 담당 비율, %)	2	1	–	1	100	90~100 미만	80~90 미만	70~80 미만	60~70 미만

예 냉방비율 : EHP40% + GHP60%

(1) 축냉식 전기냉방설비 : 심야시간에 전기를 이용하여 축냉재(물, 얼음 또는 포접화합물과 공융염 등의 상변화물질)에 냉열을 저장하였다가 이를 심야시간 이외의 시간(이하 "기타시간"이라 한다)에 냉방에 이용하는 설비
① 빙축열식 냉방설비 : 심야시간에 얼음을 제조하여 축열조에 저장하였다가 기타시간에 이를 녹여 냉방에 이용하는 냉방설비
② 수축열식 냉방설비 : 심야시간에 물을 냉각시켜 축열조에 저장하였다가 기타시간에 이를 냉방에 이용하는 냉방설비

③ 잠열축열식 냉방설비 : 포접화합물이나 공용염 등의 상변화물질을 심야시간에 냉각시켜 동결한 후 기타시간에 이를 녹여 냉방에 이용하는 냉방설비

(2) 가스이용 냉난방(GHP) : LNG와 LPG(유류포함)를 열원으로 가스 엔진의 동력으로 구동되는 압축기에 의해 냉매를 실내기와 실외기 사이의 냉매배관으로 흐르게 하여 액화와 기화를 반복시켜 여름에는 냉방장치로, 겨울에는 난방장치로 이용하는 가스 냉난방 멀티공조 시스템

(3) 지역 냉방 : 업무용 빌딩, 주상복합건물, 체육센터, 아파트등 사용자가 지역난방용 온수를 이용하여 흡수식 냉동기를 가동하는 냉방 방식과 지역냉수를 이용한 냉방방식으로 실외기가 필요 없고 전기와 프레온 가스를 사용하지 않아 경제적이며 안전하고 쾌적한 친환경 시스템

(4) 소형열병합발전 : 주로 천연가스(LNG)를 연료로 발전용량이 1만kW 이하인 가스엔진 또는 가스터빈을 이용하여 열과 전기를 동시에 생산 · 이용하는 고효율 종합에너지시스템

(5) 신재생에너지를 이용한 냉방방식 : 「신에너지 및 재생에너지 이용 · 개발 · 보급 촉진법」제2조에 의해 정의된 신재생에너지를 이용한 냉방방식

예제문제 08

기계설비 부문 의무사항 중 에너지성능지표의 기계부문 10번 항목을 0.6점 이상 취득하여야 하는 경우로서 가장 적합한 것은?

① 연면적 3,000㎡인 건축물을 신축하는 경우

② 연면적 5,000㎡인 건축물을 신축하는 경우

③ 공공기관 에너지이용합리화 추진에 관한 규정」 제10조의 규정을 적용받는 건축물의 경우만 해당

④ 연면적 10,000㎡인 건축물을 신축하는 경우

해설

(「공공기관 에너지이용합리화 추진에 관한 규정」제10조의 규정을 적용받는 건축물의 경우만 해당)
에너지성능지표의 기계부문 10번 항목 배점을 0.6점 이상 획득하여야 한다.

답 : ③

예제문제 09

기계부문의 의무사항 중 소형열병합 발전에 대한 설명으로 가장 적합한 것은?

① 심야시간에 전기를 이용하여 축냉재에 냉열을 저장하였다가 이를 심야시간 이외의 시간에 냉방에 이용하는 설비

② LNG와 LPG(유류포함)를 열원으로 가스 엔진의 동력으로 구동되는 압축기에 의해 냉매를 실내기와 실외기 사이의 냉매배관으로 흐르게 하여 액화와 기화를 반복시켜 여름에는 냉방장치로, 겨울에는 난방장치로 이용하는 가스 냉난방 멀티공조 시스템

③ 수송관을 통해 공급된 온수(증기)가 건물에 설치된 흡수식냉동기 또는 제습냉방기를 거치면서 냉수 또는 냉기를 만들고 이를 통해 냉방

④ 주로 천연가스(LNG)를 연료로 발전용량이 1만kW 이하인 가스엔진 또는 가스터빈을 이용하여 열과 전기를 동시에 생산·이용하는 고효율 종합에너지시스템

해설

① 축냉식 전기냉방설비, ② 가스이용냉방(GHP), ③ 지역냉방

답 : ④

예제문제 10

기계부문의 의무사항 중 GHP에 대한 설명으로 가장 적합한 것은?

① LNG와 LPG(유류포함)를 열원으로 가스 엔진의 동력으로 구동되는 압축기에 의해 냉매를 실내기와 실외기 사이의 냉매배관으로 흐르게 하여 액화와 기화를 반복시켜 여름에는 냉방장치로, 겨울에는 난방장치로 이용하는 가스 냉난방 멀티공조 시스템

② 지역 난방용 온수를 이용하여 흡수식 냉동기를 가동하는 냉방 방식과 지역냉수를 이용한 냉방방식으로 실외기가 필요 없고 전기와 프레온 가스를 사용하지 않아 경제적이며 안전하고 쾌적한 친환경 시스템

③ 천연가스(LNG)를 연료로 발전용량이 1만kW 이하인 가스엔진 또는 가스터빈을 이용하여 열과 전기를 동시에 생산·이용하는 고효율 종합에너지시스템

④ 심야시간에 얼음을 제조하여 축열조에 저장하였다가 기타 시간에 이를 녹여 냉방에 이용하는 냉방설비

해설

② 지역냉방
③ 소형열병합발전
④ 빙출열식 냉방설비

답 : ①

예제문제 11

기계설비부문의 의무사항 4항 중 기계부문 10번 항목을 0.6점 이상 획득하여야 한다. 냉방용량 산정시 전기대체용으로 인정할 수 없는 것은?

① 시스템에어컨

② 축냉식 전기냉방

③ 가스 및 유류이용냉방

④ 소형열병합냉방

해설

전기대체용으로 인정할 수 있는 냉방

① 축냉식 전기냉방

② 가스 및 유류이용냉방

③ 지역냉방

④ 소형열병합냉방 적용

⑤ 신재생에너지이용 냉방 적용

답 : ①

⑤항 근거서류
• 장비일람표
• 시험성적서 등

 필기 기출문제 [17년3회]

"녹색건축물 조성 지원법" 제14조의2에 해당하는 건축물이 "건축물의 에너지절약설계기준"에서 채택해야 할 의무사항을 보기 ㉠~㉣ 중에 모두 고른 것은?

㉠ 에너지성능지표의 기계부문 1번(난방설비효율) 항목을 0.9점 이상 획득

㉡ 에너지성능지표의 기계부문 2번(냉방설비효율) 항목을 0.9점 이상 획득

㉢ 에너지성능지표의 건축부문 9번(외피면적당 평균 태양열취득) 항목을 0.6점 이상 획득

㉣ 전력, 가스, 지역난방 등 건축물에 상시 공급되는 에너지원 중 하나 이상의 에너지원에 대하여 전자식원격검침계량기를 설치

① ㉠, ㉡ ② ㉢, ㉣

③ ㉠, ㉡, ㉣ ④ ㉠, ㉡, ㉢, ㉣

해설

14-2 해당요구사항

㉠ 에너지 성능 지표 기계부문 1번 항목(난방 설비 효율)

㉡ 에너지 성능 지표 기계부문 2번 항목(냉방 설비 효율)

㉣ 전력, 가스, 지역난방 등 건축물에 상시 공급되는 에너지원 중 하나 이상의 에너지원에 대하여 전자식원격검침계량기를 설치

답 : ③

⑤ 법 제14조의2의 용도에 해당하는 공공건축물로서 에너지성능지표의 기계부문 1번 및 2번 항목을 0.9점 이상 획득하였다. (냉방 또는 난방설비가 없는 경우 제외, 에너지성능지표의 기계부문 16번 또는 17번 항목 점수를 획득한 경우 1번 항목 제외, 냉방설비용량의 60% 이상을 지역냉방으로 공급하는 경우 2번 항목 제외)

• 공공건축물로서 에너지 성능지표의 기계부문 1번 및 2번 항목을 0.9점 이상 획득하였다.

• 근거서류 : 장비일람표, 용량가중 평균효율계산서 또는 용량가중배점계산서

• 근거서류(도면) 작성 방법

· 개별가스보일러의 경우 '에너지소비효율 1등급 제품'을 명기한 경우에 1점 배점, 그 외에는 0.6점 배점

· 신재생에너지인 경우, 산업표준화법 제15조에 따른 '신재생에너지인증제품 채택' 여부 표기

· 배점기준이 다른 난방설비의 경우, 정격효율에 따른 용량가중 값을 적용

· 기타 난방설비 '에너지소비효율 1등급제품'의 경우 1점 배점 가능

☞ 용량가중 평균효율 계산서에 건축물명 기재 및 기술사 날인

※ 냉난방설비가 없는 경우 제외, 에너지성능지표의 기계부문 16번 항목점수를 획득한 경우 1번 항목 제외, 냉방설비용량의 60% 이상을 지역 냉방으로 공급하는 경우 2번항목 제외

2 기계설비부문의 에너지 성능지표

(1) 기계설비부문의 에너지 성능지표

구분	항목	기본배점 (a) 비주거 대형 (3,000㎡ 이상)	기본배점 (a) 비주거 소형 (500~3,000㎡미만)	기본배점 (a) 주거 주택 1	기본배점 (a) 주거 주택 2	배점 (b) 1점	배점 (b) 0.9 점	배점 (b) 0.8 점	배점 (b) 0.7 점	배점 (b) 0.6 점	평점 (a*b)	근거
기계설비부문	1. 난방설비[주8] (효율%) - 기름 보일러	7	6	9	6	93이상	90~93미만	87~90미만	84~87미만	84미만		
기계설비부문	1. 난방설비 - 가스 보일러 - 중앙난방방식					90이상	86~90미만	84~86미만	82~84미만	82미만		
기계설비부문	1. 난방설비 - 가스 보일러 - 개별난방방식					1등급 제품	-	-	-	그외 또는 미설치		
기계설비부문	1. 난방설비 - 기타 난방설비					고효율 제품, (신재생 인증제품)	-	-	-	그외 또는 미설치		
기계설비부문	2. 냉방설비 - 원심식(성적계수, COP)	6	2	-	2	5.18 이상	4.51~5.18 미만	3.96~4.51 미만	3.52~3.96 미만	3.52미만		
기계설비부문	2. 냉방설비 - 흡수식(성적계수, COP) - ① 1중효용					0.75 이상	0.73~0.75 미만	0.7~0.73 미만	0.65~0.7 미만	0.65 미만		
기계설비부문	2. 냉방설비 - 흡수식(성적계수, COP) - ② 2중효용 ③ 3중효용 ④ 냉온수기					1.2 이상	1.1~1.2 미만	1.0~1.1 미만	0.9~1.0 미만	0.9 미만		
기계설비부문	2. 냉방설비 - 기타 냉방설비					고효율 제품, (신재생 인증제품)	-	-	-	그외 또는 미설치		
기계설비부문	3. 공조용 송풍기의 우수한 효율설비 채택(설비별 배점 후 용량 가중평균)	3	1	-	1	60% 이상	57.5~60% 미만	55~57.5% 미만	50~55% 미만	50%미만		
기계설비부문	4. 냉온수, 냉각수 순환, 급수 및 급탕 펌프의 우수한 효율설비 채택[주9]	2	2	3	3	1.16E 이상	1.12E~1.16E 미만	1.08E~1.12E 미만	1.04E~1.08E 미만	1.04E 미만		
기계설비부문	5. 이코노마이저시스템 등 외기냉방시스템의 도입	3	1	-	1	전체 외기도입 풍량합의 60% 이상 적용 여부						
기계설비부문	6. 고효율 열회수형 환기장치 채택[주10] - 공조기 부착형	3	3	3	3	설치 여부						
기계설비부문	6. 고효율 열회수형 환기장치 채택 - 개별 장치(열교환효율, %) - 전열교환기 - 난방					74 이상	73 이상	72 이상	71 이상	70 이상		
기계설비부문	6. 고효율 열회수형 환기장치 채택 - 개별 장치(열교환효율, %) - 전열교환기 - 냉방					57 이상	54 이상	51 이상	48 이상	45 이상		
기계설비부문	6. 고효율 열회수형 환기장치 채택 - 개별 장치(열교환효율, %) - 현열교환기 - 난방					88 이상	86 이상	84 이상	82 이상	80 이상		
기계설비부문	6. 고효율 열회수형 환기장치 채택 - 개별 장치(열교환효율, %) - 현열교환기 - 냉방					72 이상	69 이상	66 이상	63 이상	60 이상		
기계설비부문	7. 기기배관 및 덕트 단열	2	1	2	2	국가건설기준 기계설비공사에서 정하는 기준의 20% 이상 단열재 적용 여부 (급수, 배수, 소화배관, 배연덕트 제외)						
기계설비부문	8. 열원설비의 대수분할, 비례제어 또는 다단제어 운전	2	1	2	2	전체 열원설비의 60% 이상 적용 여부						
기계설비부문	9. 공기조화기 팬에 가변속제어 등 에너지절약적 제어방식 채택	2	1	-	1	공기조화기용 전체 팬 동력의 60% 이상 적용 여부						
기계설비부문	10. 축냉식 전기냉방, 가스 및 유류이용 냉방, 지역냉방, 소형열병합 냉방 적용, 신재생에너지 이용 냉방 적용(냉방용량 담당 비율, %)	2	1	-	1	100	90~100 미만	80~90 미만	70~80 미만	60~70 미만		
기계설비부문	11. 전체 급탕용 보일러 용량에 대한 우수한 효율설비 용량 비율(단, 우수한 효율설비의 급탕용 보일러는 고효율 제품인 경우에만 배점)	2	2	2	2	80이상	70~80 미만	60~70 미만	50~60 미만	50미만		
기계설비부문	12. 냉방 또는 난방 순환수, 냉각수 순환 펌프의 대수제어 또는 가변속제어 등 에너지절약적 제어방식 채택	2	1	2	2	냉방 또는 난방 순환수, 냉각수 순환 펌프 전체 동력의 60% 이상 적용 여부						
기계설비부문	13. 급수용 펌프 또는 가압급수펌프 전동기에 가변속제어 등 에너지 절약적 제어방식 채택	1	1	1	1	급수용 펌프 전체 동력의 60% 이상 적용 여부						
기계설비부문	14. 기계환기설비의 지하주차장 환기용 팬에 에너지절약적 제어방식 설비 채택	1	1	1	1	지하주차장 환기용 팬 전체 동력의 60% 이상 적용 여부						
기계설비부문	15. T.A.B 또는 커미셔닝 실시	1	1	-	-	커미셔닝	-	T.A.B	-	-		
기계설비부문	16. 지역난방방식 또는 소형가스열병합발전 시스템, 소각로 활용 폐열시스템을 채택하여 1번, 8번 항목의 적용이 불가한 경우의 보상점수	10	8	12	9	지역난방, 소형가스열병합발전, 소각로 활용 폐열시스템은 전체 난방설비용량(신재생에너지난방설비용량 제외)의 60% 이상 적용 여부 (단, 부 열원은 기계부문 1번 항목의 배점(b) 0.9점 이상 또는 에너지소비효율 1등급 수준 설치에 한함)						
기계설비부문	17. 개별난방 또는 개별냉난방방식주11)을 채택하여 8번, 12번 항목의 적용이 불가한 경우의 보상점수	4	2	4	4	개별난방 또는 개별냉난방방식은 전체 난방설비 용량의 60% 이상 적용 여부						
기계설비부문 소계												

1. 난방 설비(효율%)

(1) 근거서류 및 도면 작성방법

필기 기출문제[16년2회]

보기 ㉠~㉣ 중 에너지성능지표 기계설비부문 항목에서 미설치한 경우에도 최하 배점(0.6점)을 받을 수 있는 항목을 모두 고른 것은?

㉠ 1번 난방설비
㉡ 2번 냉방설비
㉢ 7번 기기, 배관 및 덕트 단열
㉣ 12번 급탕용 보일러

① ㉠, ㉡
② ㉠, ㉢
③ ㉠, ㉡, ㉢
④ ㉡, ㉢, ㉣

해설
7, 12번은 배점(b) 적용부분을 적용해야 배점 획득가능

답 : ①

항목	근거서류	근거서류(도면 작성방법)
난방설비	· 장비일람표 · 난방배관계통도 · 용량가중 평균효율 계산서 또는 용량가중 평균배점 계산서	· 장비일람표에 난방설비의 효율(%)을 표기 　- 연료가 유류인 경우 보일러 효율(%) : 저위발열량 기준 　- 연료가 가스인 경우 보일러 효율(%) : 고위발열량 기준 · 개별가스보일러의 경우 '에너지소비효율 1등급 제품'을 명기한 경우에 1점 배점, 그 외에는 0.6점 배점 · 신재생에너지설비의 경우 산업표준화법 제15조에 따른 "신재생에너지 설비인증 제품" 여부 표기 · 동일 종류의 열원설비가 다수 설치된 경우 각 설비의 효율에 따라 용량가중평균배점을 계산하며, 배점 기준이 다른 여러 종류의 열원설비가 설치된 경우 각 설비의 효율에 따라 용량가중평균 배점을 계산함. 단, 건축물 일부분에 열원설비가 미설치되는 경우 0.6점을 적용하여 전체 건축물에 대한 면적가중평균 배점을 계산 · 기타 난방설비로서 고효율에너지기자재 인증제품 또는 에너지소비효율 1등급제품의 경우 1.0점 배점 가능

(2) 에너지성능지표에서의 난방설비 효율 산정방법

① 장비일람표에 난방설비의 효율(%)을 표기
　• 연료가 유류인 경우 보일러 효율(%) : 저위발열량 기준
　• 연료가 가스인 경우 보일러 효율(%) : 고위발열량 기준
② 개별가스보일러의 경우 '에너지소비효율 1등급 제품'을 명기한 경우에 1점 배점, 그 외에는 0.6점 배점
③ 기타 난방설비의 경우 '고효율에너지기기자재인증제품 채택' 여부 표기 (1점 배점)
　신재생에너지인 경우 '신재생에너지인증제품 채택' 여부 표기(1점 배점)
　기타 난방설비로서 고효율 에너지 기자재 인증 제품 또는 에너지소비효율 1등급 제품의 경우 1.0점 배점가능
④ 배점기준이 다른 난방설비의 경우 용량가중 값을 적용

산출예시 중앙난방방식 가스보일러

품명	수량	형식	정격 증발량	최고 사용 압력	효율	전열 면적	보유 수량	가스 소비량
			(KG/H)	(KG/CM)2	(%)	(M)2	(LIT)	(NM3/HR)
증기보일러	1	관류형	400	10	저 96.이상 고 86.이상	4.98	86	19.4

※ 중앙난방방식의 가스보일러는 고위발열량에 의해 산정되며 예시와 같이 '고86 이상'이라고
   명기되어 있다. 따라서, 기본배점 × 배점 = 7 × 0.9 = 6.3점(비주거 대형 건축물의 경우)으
   로 산정된다.

예제문제 12

기계설비부문 에너지 성능지표 난방설비 효율 산정방법과 관련된 내용 중 가장 부
적합한 것은?

① 개별가스보일러의 경우 '에너지소비효율 1등급 제품'을 명기한 경우에 1점 배점,
   그 외에는 0.6점 배점

② 기타 난방설비의 경우 고효율에너지기자재인증제품 채택여부를 표기한다.

③ 배점기준이 다른 난방설비의 경우 용량가중 값을 적용 한다.

④ 가스를 연료로 사용하는 보일러의 경우는 저위발열량에 의한 효율에 의해 판정한다.

해설
• 연료가 유류인 경우 보일러 효율(%) : 저위발열량 기준
• 연료가 가스인 경우 보일러 효율(%) : 고위발열량 기준

답 : ④

예제문제 13

에너지성능지표검토서 중 난방설비 항목의 작성방법이다. ( ) 안에 가장 적합한 것은?

개별가스보일러의 경우 '에너지소비효율 (㉠)제품'을 명기한 경우에 (㉡)배점, 그
외 또는 미설치 인 경우에는 (㉢)을 배점한다.

① ㉠ 1등급 ㉡ 1점 ㉢ 0.6점　　② ㉠ 2등급 ㉡ 1점 ㉢ 0.7점
③ ㉠ 3등급 ㉡ 2점 ㉢ 0.6점　　④ ㉠ 4등급 ㉡ 2점 ㉢ 0.7점

해설
개별가스보일러의 경우 '에너지소비효율1등급제품'을 명기한 경우에 1점 배점, 그 외 또는 미설치
인 경우에는 0.6점을 배점한다.

답 : ①

에너지성능지표검토서 중 난방설비 항목의 작성방법중 기타 난방설비에서 에너지소비효율등급 1등급제품의 배점으로 가장 적합한 것은?

① 0.6점   ② 0.7점

③ 0.9점   ④ 1.0점

해설

• 기타난방설비의 배점 : 고효율인증제품 (신재생인증제품) : 1점 배점
• 에너지소비효율1등급제품 : 1점 그 외 또는 미설치 : 0.6점

답 : ④

다음은 연면적의 합계가 4,000m²인 업무시설의 난방설비 설치현황이다. 해당 건축물의 에너지성능지표 기계설비부문 1번 항목(난방설비)의 평점(기본배점×배점)은? (단, 평점은 소수점 넷째자리에서 반올림한다.) 【2016년 2회 국가자격시험】

종 류	정격 용량	정격효율	기 타
가스보일러 (중앙난방방식)	100kW	82%	
전기구동형 히트펌프 (EHP)	20kW	성적계수 (COP)3.8	에너지소비효율 1등급 제품
지열히트 펌프	60kW	성적계수 (COP)4.0	신재생 에너지 인증 제품

① 5.831   ② 6.578

③ 7.022   ④ 7.467

해설

종 류	정격 용량	정격 효율	기 타	배점(b)	배점 × 용량
가스보일러 (중앙난방방식)	100kW	82%		0.7	70
전기구동형 히트펌프(EHP)	20kW	성적계수 (COP)3.8	에너지소비효율 1등급 제품	1점	20
지열히트 펌프	60kW	성적계수 (COP)4.0	신재생 에너지 인증 제품	1	60
계	180kW				150

배점(b)=150÷180=0.833점
비주거 대형 기계 1항목 배점(a)=7점
평점=7×0.833=5.831점

답 : ①

2. 냉방 설비

(1) 근거서류 및 도면 작성방법

항목	근거서류	근거서류(도면 작성방법)
냉방설비	· 장비일람표 · 냉방배관계통도 · 용량가중 평균효율 계산서 또는 용량 가중 평균 배점 계산서	· 장비일람표에 냉방설비의 성적계수(COP)를 표기 · 신재생에너지설비의 경우 산업표준화법 제15조에 따른 "신재생에너지 설비인증 제품" 여부 표기 · 동일 종류의 열원설비가 다수 설치된 경우 각 설비의 효율에 따라 용량가중평균배점을 계산하며, 배점 기준이 다른 여러 종류의 열원설비가 설치된 경우 각 설비의 효율에 따라 용량가중평균 배점을 계산함. 단, 건축물 일부분에 열원설비가 미설치되는 경우 0.6점을 적용하여 전체 건축물에 대한 면적가중평균 배점을 계산 · 기타 냉방설비로서 고효율에너지기자재 인증제품 또는 에너지소비효율 1등급제품의 경우 1.0점 배점 가능

(2) 에너지 성능 지표에서의 냉방설비 산정 방법

① 장비일람표에 냉방설비의 성적계수(COP)를 표기

② 신재생에너지인 경우 산업표준화법 제15조에 따른 '신재생에너지인증제품 채택' 여부 표기(1점 배점)

　기타 난방설비로서 고효율에너지 기자재 인증 제품 또는 에너지소비효율 1등급 제품의 경우 1.0점 배점 가능

③ 배점기준이 다른 냉방설비의 경우, 정격 효율에 따른 용량가중 값을 적용

　· 용량가중 평균효율 계산서에 '건축물명 기재 및 기술사' 날인

　* USRT : 섭씨 0도의 물 1톤을 24시간동안에 섭씨 0도의 얼음으로 만드는 냉동 능력

　* COP : 냉동 사이클에서의 냉동능력과 소비된 압축기의 일량과의 비

[산출예시]

흡수식 냉온수기

장비번호	수량	용도	설치위치	용량	
				USRT	C.O.P
CH-01	2	냉방용	지하2층 기계실	120	1.2 이상

다음 장비일람표와 같이 건축물에 지역난방 중온수를 활용한 흡수식 냉동기를 설치한 경우 에너지 성능지표 기계설비부문 2번항목(냉방설비)에서 획득할 수 있는 배점(b)은? (단, 문제에서 제시한 조건 이외는 무시)

〈장비일람표〉

장비명	증발기(냉수)			열원(지역난방)		
	냉수온도(℃)		유량(LPM)	온수온도(℃)		유량(LPM)
	입구	출구		입구	출구	
흡수식 냉동기 (1중 효용)	12	7	3,125	95	55	542.5

〈에너지성능지표 기계설비부문 2번항목 배점표〉

항목	배점(b)				
	1점	0.9점	0.8점	0.7점	0.6점
흡수식 성적계수 (1중 효용)	0.75 이상	0.73 ~ 0.75 미만	0.70 ~ 0.73 미만	0.65 ~ 0.70 미만	0.65 미만

① 0.6점　　　② 0.7점

③ 0.8점　　　④ 0.9점

[해설] 배점 = $\dfrac{냉수}{온수}$

$= \dfrac{(12-7) \times 3125}{(95-55) \times 542.5} = 0.720$

→ ③ 0.8점

정답 : ③

※ 냉방설비 중 흡수식 냉온수기는 성적계수(COP)에 의해 산정되며 예시와 같이 'COP 1.2 이상' 이라고 명기되어 있다. 따라서, 기본배점 × 배점 ＝ 6 × 1.0＝ 6점(비주거 대형 건축물의 경우)으로 산정된다.

예제문제 16

기계설비부문 에너지 성능지표검토서 중 냉방설비와 관련된 내용으로 가장 부적합한 것은?

① 장비일람표에 냉방설비의 성적계수(COP)를 표기한다.

② 기타 냉방설비의 경우와 신재생에너지인 경우 '고효율에너지 기자재인증제품 채택' 여부를 표시한다.

③ 근거서류로는 장비일람표와, 용량가중 평균효율계산서 가 있다.

④ 배점기준이 다른 냉방설비의 경우, 용량 가중 값을 적용한다.

해설

기타 냉방설비의 경우 '고효율에너지 기자재인증제품 채택' 여부를 표시하고, 신재생에너지인 경우 '신재생에너지인증제품채택' 여부를 표기한다.

답 : ②

예제문제 17

기계설비부문 에너지 성능지표검토서 중 냉방설비 점수 배점에 포함되지 않는 건축물은?

① 대형 비주거 건축물(3,000m² 이상)

② 소형 비주거 건축물(500~3,000m² 미만)

③ 개별 냉난방 공동주택

④ 중앙집중식 냉방적용 공동주택

해설

개별 냉난방 공동주택의 경우 입주자가 개별적으로 냉방설비를 선택

답 : ③

예제문제 18

에너지성능지표검토서 중 냉방설비 항목의 작성방법 중 기타 냉방설비에서 에너지소비효율등급 1등급제품의 배점으로 가장 적합한 것은?

① 0.6점   ② 0.7점

③ 0.9점   ④ 1.0점

해설

기타냉방설비의 배점 : 고효율인증제품 (신재생인증제품) : 1점 배점
에너지소비효율1등급제품 : 1.0점 그 외 또는 미설치 : 0.6점

답 : ④

예제문제 19

15,000m² 사무소 건물의 냉방설비의 효율계산서가 아래와 같을 때 에너지성능지표의 평점으로 가장 적합한 것은 다음 중 어느 것인가?

1) 효율계산서(난방설비)

장비번호	항목	대수	용량(USRT)	COP
CH-1	흡수식냉동기(이중효용)	2	250	1.2
CH-2	터보냉동기	1	500	4.7

항 목			기본배점(a)			배점(b)					평점 (a*b)
			비주거		주거						
			대형 (3,000 m² 이상)	소형 (500~ 3,000 m²미만)	주택1	주택2	1점	0.9점	0.8점	0.7점	0.6점
2. 냉방 설비	원심식 (성적계수, COP)		6	2	–	2	5.18 이상	4.51~ 5.18 미만	3.96~ 4.51 미만	3.52~ 3.96 미만	3.52 미만
	흡수식 (성적 계수, COP)	① 1중효용					0.75 이상	0.73~ 0.75 미만	0.7~ 0.73 미만	0.65~ 0.7 미만	0.65 미만
		② 2중효용 ③ 3중효용 ④ 냉온수기					1.2 이상	1.1~ 1.2 미만	1.0~ 1.1 미만	0.9~ 1.0 미만	0.9 미만
	기타 냉방기기						고효율 제품(신 재생인 증제품)	–	–	–	그 외 또는 미설 치

① 4.50점 ② 5.50점
③ 5.60점 ④ 5.70점

해설
① 흡수식 냉동기(2종 효율)는 COP가 1.2이므로 배점은 1점
② 터보냉동기(원심식)는 COP가 4.7이므로 배점은 0.9점
③ 가중평균배점=(1점×250×2대)+(0.9점×500×1대)/250×2+500×1
  =0.95점
④ 냉방설비평점=배점(a)×배점(b)=6×0.95=5.70점

답 : ④

 필기 기출문제[16년2회]

대형 비주거 건물에서 전체 냉방설비가 다음과 같을 때, 에너지성능지표 기계설비부문 10번 항목(전기대체냉방 적용비율)에서 획득할 수 있는 평점(기본배점×배점)은?

명칭	용량 (USRT)	성적계수 (COP)	대수
터보냉동기	300	4.7	1
이중효용 가스흡수식 냉동기	250	1.3	2

① 0.8 ② 1.0
③ 1.2 ④ 1.4

해설
1. 전기대체난방 적용비율
$$= \frac{250 \times 2}{250 \times 2 + 300} \times 100\%$$
$$= 62.5\%$$
2. 배점(b) = 0.6점
3. 대형 비주거 기계 11항목 배점(a) = 2점
4. 평점 = 2×0.6 = 1.2점

답 : ③

다음 장비일람표와 같이 건축물에 송풍기를 설치한 경우 "건축물의 에너지절약설계기준"에 따른 에너지 성능지표 기계설비부문 3번 항목(공조용 송풍기의 우수한 효율설비)에서 획득할 수 있는 배점 (b)은?

【2018년 국가자격 4회 출제문제】

〈장비일람표〉

장비번호	정압(Pa)	풍량(CMH)	동력(kW)	효율
F-1	1,000	10,000	10.42	49%
F-2	1,500	25,000	22.22	67%

배점(b)				
1점	0.9점	0.8점	0.7점	0.6점
60% 이상	57.5~60% 미만	55~57.5% 미만	50~55% 미만	50% 미만

① 0.008 ② 0.872

③ 0.886 ④ 1.000

해설

(10.42×0.6+22.22×1)÷(10.42+22.22)
= 0.872

답 : ②

3. 열원설비 및 공조용 송풍기의 우수한 설비효율채택 (설비별 배점후 용량가중평균)

(1) 근거서류 및 도면 작성방법

항목	근거서류	근거서류(도면 작성방법)
열원설비 빛 공조용 송풍기의 우수한 설비 효율채택 (설비별 배점 후 용량가중평균	· 장비일람표 · 용량가중 평균배점 계산서	· 장비일람표에 공조용 송풍기의 효율(%)을 표기 · 송풍기 용량가중 평균배점계산서 작성 제시 – 용량이 0.75Kw 이상인 보일러 및 공조용 송풍기 적용

(2) 에너지 성능 지표에서의 열원설비 및 공조용 송풍기의 우수한 설비효율채택 (설비별 배점 후 용량가중평균) 산정방법

① 장비일람표에 공조용 송풍기의 효율(%)을 표기
② 송풍기 용량가중 평균배점 계산서 작성 제시
  • 용량 0.75kW 이상인 보일러 및 공조용 송풍기 적용
  • 공조기가 설치되지 않은 건축물은 기본점수(0.6배점) 불인정

예제문제 20

기계설비부문 에너지 성능지표검토서 중 열원 및 공조용 송풍기의 효율 배점 산정 시 가장 부적합한 것은?

① 공조기가 설치되지 않은 건축물은 기본점수(0.6배점) 불인정
② 송풍기의 효율 계산은 용량가중에 의한 평균값 적용
③ 용량 0.7kW 이상인 보일러 및 공조용 송풍기 적용
④ 장비일람표에 공조용 송풍기의 효율(%)을 표기

해설

용량 0.75kW 이상인 보일러 및 공조용 송풍기 적용

답 : ③

4. 냉온수, 냉각수 순환, 급수 및 급탕 펌프의 우수한 효율설비 채택

(1) 근거서류 및 도면 작성방법

항목	근거서류	근거서류(도면 작성방법)
냉온수, 냉각수 순환, 급수 및 급탕 펌프의 우수한 효율 설비 채택	・장비일람표 ・용량가중 평균배점 계산서 ・펌프용량 일람표	・장비일람표에 펌프의 A,B 효율(제품 효율)표기, 기본효율 계산근거 제시 ※ 펌프성능 곡선 및 인증서 등은 첨부 불필요 ・펌프 용량 일람표 등에 해당 펌프의 용량가중 평균배점 작성 　－200lpm 이하의 펌프는 평균배점계산에서 제외 가능

(2) 에너지 성능 지표에서의 냉온수, 냉각수 순환, 급수 및 급탕 펌프의 우수한 효율설비 채택 도면작성방법

1) 주6) 펌프 효율 E는 다음과 같이 계산한다.
　① E는 다음표의 A 및 B효율을 의미하며 A 및 B효율이 모두 만족될 때 해당배점을 받을 수 있다.
　② 펌프가 여러대일 경우에는 개별 펌프에 대해 배점을 구하고 배점에 대한 가중평균값을 적용한다.
　・펌프의 가중평균 배점 = Σ{토출량(m³/분)×대수(대)×각 펌프의 배점}/ Σ{토출량(m³/분)×대수(대)}
　※ 단, 토출량 0.2(㎥/분) 이하의 펌프는 효율 계산에서 제외할 수 있다.
　※ A특성 : 펌프효율의 최대치, B특성 : 규정토출량에서의 펌프효율

2) 장비일람표에 펌프의 A, B 효율(제품 효율)표기, 기본효율 계산근거 제시 펌프성능 곡선 및 인증서 등은 첨부 불필요

3) 펌프 용량 일람표 등에 해당 펌프의 용량가중 평균배점 작성
　・200lpm 이하의 펌프는 평균배점계산에서 제외 가능

4) 작성 예시) 펌프 용량 일람표(펌프효율계산서)
기계설비 성능지표 4번 항목 배점을 0.6점으로 신청하는 경우 생략가능

다음은 비주거 대형 건축물의 장비일람표이다. 에너지성능지표 기계설비부문 4번항목(펌프의 우수한 효율 설비)에서 획득할 수 있는 배점(b)과 12번항목(냉난방 순환수펌프 에너지절약적 제어방식) 적용 가능 여부로 가장 적절한 것은? (단, 예비펌프 없음)

〈장비일람표〉

펌프명	대수	유량(LPM)	동력(kW)	펌프효율(E) A효율	B효율	제어방식
온수순환펌프	2	550	5.5	1.028	1.206	대수제어
냉수순환펌프	1	3125	30.0	0.919	1.092	없음
급수펌프	3	240	5.5	1.294	1.469	회전수제어

〈에너지성능지표 기계설비부문 4번항목 배점표〉

항목	배점(b) 1점	0.9점	0.8점	0.7점	0.6점
펌프의 효율	1.16E	1.12E ~ 1.16E 미만	1.08E ~ 1.12E 미만	1.04E ~ 1.08E 미만	1.04E 미만

	4번항목	12번항목
①	0.658	적용가능
②	0.658	적용불가
③	0.715	적용가능
④	0.715	적용불가

해설 4번 항목 적용=
$$\frac{550\times2\times0.6+3125\times1\times0.6+240\times3\times1}{550\times2+3125\times1+240\times3}$$
$=0.658$
12번 항목 적용=
$$\frac{5.5\times2}{5.5\times2+30\times1}\times100\%=26.82\%<60\%$$
(적용 불가)

정답 : ②

최고의 적중률 1위!!

제2장 기계분야 도서분석 • 445

① 선정펌프의 용량

항 목	기본배점(a)				배점 (b)					평점 (a*b)
	비주거		주거		1점	0.9점	0.8점	0.7점	0.6점	
	대형 (3,000m² 이상)	소형 (500~ 3,000m² 미만)	주택 1	주택 2						
냉온수 순환, 급수 및 급탕 펌프의 평균 효율[주9]	2	2	3	3	1.16E 이상	1.12E~ 1.16E 미만	1.08E~ 1.12E 미만	1.04E~ 1.08E 미만	1.04E 미만	

■ 소형펌프(소형벌루트펌프, 소형다단원심펌프 등)

토출량(m³/분)	0.08	0.1	0.15	0.2	0.3	0.4	0.5	0.6	0.8	1.0	1.5	2	3.	4	5	6	8	10	15
효율E A효율(%)	32	37	44	48	53.5	57	59	60.5	63.5	65.5	68.5	70.5	73	74	74.5	75	75.5	76	76.5
효율E B효율(%)	26	30.5	36	39.5	44	46.5	48.5	49.5	52	53.5	56	58	60	60.5	61	61.5	62	62.5	63

■ 대형펌프(양쪽흡입벌루트펌프 등)

토출량(m³/분)	2	3	4	5	6	8	10	15	20	30	40	50
효율E A효율(%)	67	70	71	72	73	74	75	76	77	78	78.5	79
효율E B효율(%)	57	59	60	61	61.5	62.5	63	64	65	66	66.5	67

구분		펌프A	펌프B	펌프C	펌프D
토출량(용량, m³/분)		0.6	1	2	5
설치대수		2	5	10	3
공인시험성적서에 의한 효율(생산업체 제시)	A효율	63	75	75	82
	B효율	52	64	64	72

② 펌프의 배점 계산

구분		펌프A	펌프B	펌프C	펌프D
토출량(용량, m³/분)		0.6	1	2	5
설치대수		2	5	10	3
제품효율/ 기본효율	A효율	63/60.5=1.04	75/65.5=1.15	75/70.5=1.06	82/74.5=1.1
	B효율	52/49.5=1.05	64/53.5=1.20	64/58=1.10	72/61=1.18
펌프별 배점		0.7	0.9	0.7	0.8

5) 용량가중평균배점

$= (0.6 \times 2 \times 0.7 + 1 \times 5 \times 0.9 + 2 \times 10 \times 0.7 + 5 \times 3 \times 0.8)/(0.6 \times 2 + 1 \times 5 + 2 \times 10 + 5 \times 3)$

$= 0.76$

6) 최종평점

0.76×해당 용도 건축물의 펌프 효율 배점

예제문제 21

기계설비부문 성능지표검토서 중 펌프평균효율 계산에 대한 설명 중 틀린 것은?

① A 및 B효율이 모두 만족될 때 해당배점을 받을 수 있다.
② 펌프가 여러 대일 경우에는 개별 펌프에 대해 배점을 구하고 배점에 대한 가중평균값을 적용한다.
③ 토출량 0.3(m³/분) 이하의 펌프는 효율 계산에서 제외할 수 있다.
④ A특성 : 펌프효율의 최대치, B특성 : 규정토출량에서의 펌프효율

해설
토출량 0.2(m³/분) 이하의 펌프는 효율 계산에서 제외할 수 있다.

답 : ③

예제문제 22

기계설비부문 성능지표검토서 중 냉온수, 순환급수 및 급탕펌프의 평균효율과 관련된 내용으로 가장 부적합한 것은?

① 장비일람표에 펌프의 A, B 효율(제품효율) 표기, 기본효율 계산근거를 제시한다.
② 펌프성능 곡선 및 인증서 등은 첨부가 불필요하다.
③ 용량가중평균효율계산서에 건축물명 및 기술사 날인을 하여야 한다.
④ 300lpm 이하의 급수, 급탕, 냉난방 순환펌프는 평균효율계산에서 제외가능하다.

해설
200lpm 이하의 급수, 급탕, 냉난방 순환펌프는 평균효율계산에서 제외가능하다.

답 : ④

예제문제 23

※ 다음은 비주거 대형 건축물의 장비일람표이다. 이를 참조하여 답하시오.

〈장비일람표〉

장비명	대수	유량(LPM)	동력(kW)	펌프효율E		유량제어
				A효율	B효율	
온수순환 펌프	1	2,257	15	1.059E	1.040E	없음
냉수순환 펌프	1	4,033	30	1.112E	1.133E	없음
배수펌프	1	800	11	1.000E	0.980E	없음

"건축물의 에너지절약설계기준"에 따른 에너지성능지표 기계설비부문 4번 항목(펌프의 우수한 효율설비)에서 획득할 수 있는 배점(b)은? 【2018년 국가자격 4회 출제문제】

배점(b)				
1점	0.9점	0.8점	0.7점	0.6점
1.16E	1.12E~1.16E 미만	1.08E~1.12E 미만	1.04E~1.08E 미만	1.04E 미만

① 0.669
② 0.746
③ 0.764
④ 0.767

해설 $(2,257 \times 0.7 + 4,033 \times 0.8) \div (2,257 + 4,033) = 0.764$

답 : ③

(예제문제 23번 장비일람표를 보고)
온수순환펌프에 가변속제어를 적용할 경우 "건축물의 에너지절약설계기준"에 따른 에너지성능지표 기계설비부문 12번 항목(펌프의 에너지절약적 제어 방식)의 적용비율과 건축물 에너지효율등급 평가결과의 변동사항이 예상되는 것으로 가장 적절한 것은? (단, 조건외 사항은 변동없음)
【2018년 국가자격 4회 출제문제】

① 26.79 % - 난방 에너지요구량 감소
② 26.79 % - 난방 에너지소요량 감소
③ 33.33 % - 난방 에너지요구량 감소
④ 33.33 % - 난방 에너지소요량 감소

해설
냉난방순환수 펌프의 대수제어 또는 가변속제어를 적용할 경우는 난방에너지소요량이 감소된다.
$(15 \div 45) \times 100\% = 33.3\%$

답 : ④

5. 이코노마이저시스템 등 외기냉방시스템의 도입

(1) 근거서류 및 도면 작성방법

항목	근거서류	근거서류(도면 작성방법)
이코노마이저 시스템 등 외기 냉방 시스템의 도입	·자동제어 계통도 ·적용비율 계산서 ·장비 일람표	·엔탈피 제어, 이코노마이저시스템 등 외기 냉방 시스템 적용을 알 수 있도록 자동제어 계통도 등에 표기 – 엔탈피 제어시 설정 값 제시 – 전체 환기설비외기(OA) 도입풍량(CMH)의 60% 이상 적용시 인정

(2) 에너지 성능 지표에서의 이코노마이저 시스템 등 외기냉방 시스템의 도입 작성 방법

엔탈피 제어, 이코노마이저시스템 등 외기냉방시스템 적용을 알 수 있도록 자동제어계통도 등에 표기

- 엔탈피 제어 : 실내 엔탈피 및 외기 엔탈피에 의한 외기 댐퍼 비례 제어
  * 엔탈피 : 공기 1kg이 보유하고 있는 전열량 (kcal/kg)
- 이코노마이저시스템 : 중간기 또는 동계에 발생하는 냉방부하를 실내 엔탈피 보다 낮은 도입 외기에 의하여 제거 또는 감소시키는 시스템을 말한다.
- 전체 환기설비외기(OA) 도입풍량(CMH)의 60% 이상 적용시 인정

예제문제 24

기계설비부문 성능지표검토서 중 외기냉방 시스템에 해당되지 않는 제어는?

① CO_2 농도에 의한 제어 ② 엔탈피 제어
③ 이코노마이저 시스템 ④ 타임스케쥴 제어

해설

스케쥴에 있어서 기기의 ON/OFF 관리를 기존 사람이 하던 것에서 타이머 또는 소프트웨어로 제어

답 : ④

예제문제 25

기계설비부문 성능지표검토서 중 외기냉방 시스템에서 전체 환기설비외기도입 풍량의 몇 % 이상 적용시 기본배점을 부여하는가?

① 30% 이상

② 40% 이상

③ 50% 이상

④ 60% 이상

해설

전체 환기설비외기(OA) 도입풍량(CMH)의 60% 이상 적용시 기본배점을 부여한다.

답 : ④

예제문제 26

기계설비부문 성능지표검토서 중 이코노마이저 시스템에 대한 설명으로 가장 적합한 것은?

① 기기의 출력값과 목표값의 편차에 비례하여 입력량을 조절하여 최적운전 상태를 유지할 수 있도록 운전하는 방식을 말한다.

② 실내 오염정도에 따라 CO_2 농도를 감지하여 외기량을 가변적으로 제어하며 외기 냉방시 실내부하 즉 실내온도를 감지하여 외기 도입량을 제어하는 방식

③ 실내 엔탈피 및 외기 엔탈피에 의한 외기 댐퍼 비례 제어

④ 중간기 또는 동계에 발생하는 냉방부하를 실내 엔탈피 보다 낮은 도입 외기에 의하여 제거 또는 감소시키는 시스템을 말한다.

해설

1. 비례제어 : 기기의 출력값과 목표값의 편차에 비례하여 입력량을 조절하여 최적운전 상태를 유지할 수 있도록 운전하는 방식을 말한다.

2. CO_2 농도에 의한 제어 : 실내 오염정도에 따라 CO_2 농도를 감지하여 외기량을 가변적으로 제어하며 외기 냉방시 실내부하 즉 실내온도를 감지하여 외기 도입량을 제어하는 방식

3. 엔탈피 제어 : 실내 엔탈피 및 외기 엔탈피에 의한 외기 댐퍼 비례 제어

   ※ 엔탈피 : 공기 1kg이 보유하고 있는 전열량(kcal/kg)

4. 이코노마이저 시스템 : 중간기 또는 동계에 발생하는 냉방부하를 실내 엔탈피 보다 낮은 도입 외기에 의하여 제거 또는 감소시키는 시스템을 말한다.

답 : ④

6. 고효율 열화수형 환기장치 채택

(1) 근거서류 및 도면 작성방법

항목	근거서류	근거서류(도면 작성방법)
고효율 열회수형 환기장치 채택	·장비일람표 ·시험성적서 ·용량가중평균 배점 계산서	·전체 환기설비 외기(OA)도입 풍량의 60% 이상에 열회수형 환기장치가 적용된 경우 배점 신청 가능(급기팬만 설치된 외기조화기 제외) ·열회수형 환기장치의 종류 및 냉난방 전열교환효율에 따라 풍량을 기준으로 가중평균배점을 계산 · 적용함 – 열회수장치 부착 공조기 : 설치 시 1.0배점 적용 – 개별 열회수형환기장치 : 난방 및 냉방 유효전열교환 효율에 따라 배점 평가(열회수형환기장치의 성능은 도면에 명기하거나 KS B 6879(열회수형 환기장치)에 따른 시험성적서 제출 필요) – 외기조화기 및 열회수 기능이 없는 환기장치의 경우 가중평균배점 계산에서 제외함

(2) 에너지 성능 지표에서의 폐열회수형 환기장치 또는 바닥열을 이용한 환기장치, 보일러 또는 공조기의 폐열회수설비 작성방법

① 전체 환기설비 외기(OA)도입 풍량의 60% 이상에 열회수형 환기장치가 적용된 경우 배점 신청 가능(급기팬만 설치된 외기조화기 제외)

② 열회수형 환기장치의 종류 및 냉난방 전열교환효율에따라 풍량을 기준으로 가중평균배점을 계산 · 적용함

- 열회수장치 부착 공조기 : 설치 시 1.0배점 적용
- 개별 열회수형환기장치 : 난방 및 냉방 유효전열교환 효율에 따라 배점 평가(열회수형환기장치의 성능은 도면에 명기하거나 KS B 6879(열회수형 환기장치)에 따른 시험성적서 제출 필요)
- 외기조화기 및 열회수 기능이 없는 환기장치의 경우 가중평균배점 계산에서 제외함

예제문제 27

기계설비부문 성능지표검토서 중 열회수형 환기장치 전체 외기 도입 풍량의 몇 % 이상 적용시 기본배점을 부여하는가?

① 30% 이상   ② 40% 이상
③ 50% 이상   ④ 60% 이상

─────────────────────────────
[해설]
전체 환기설비외기(OA) 도입풍량(CMH)의 60% 이상 적용시 기본배점을 부여한다.

답 : ④

예제문제 28

기계설비부문 6번 항목 고효율 열회수형 환기장치 채택 항목 중 열회수형 환기장치 설치 시 배점 몇 점을 받을 수 있는가?

① 1점   ② 0.9점
③ 0.8점   ④ 0.6점

─────────────────────────────
[해설]
열회수장치 부착 공조기 : 설치시 1.0배점 적용

답 : ①

7. 기기, 배관 및 덕트 단열

(1) 근거서류 및 도면 작성방법

항목	근거서류	근거서류(도면 작성방법)
기기배관 및 덕트 단열	·기계설비 도서 범례 ·배관계통도 ·보온시방서	·국가건설기준 기계설비공사 표준시방서 기준 대비 20% 이상 단열두께 표시(인정두께 = 기준두께 ×1.2) – 두께 또는 열저항 기준 20%증가 – 표준시방서 두께, 적용두께, 증가비율 표기 – 급수, 배수, 소화 배관은 제외 (20% 이상 단열할 필요 없음)

(2) 에너지 성능 지표에서의 기기배관 및 덕트, 단열 작성방법

① 국가건설기준 기계설비공사 표준시방서 기준 대비 20% 이상 단열두께 표시
  (인정두께 = 기준두께 ×1.2)
  • 두께 또는 열저항 기준 20% 증가
  • 표준시방서 두께, 적용두께, 증가비율 표기
  • 급수, 배수, 소화 배관은 제외 (20% 이상 단열할 필요 없음)
  • 표준시방서 제출시 시방서에 건축물명 기재 및 기술사 날인

예제문제 29

기계설비부문 성능지표검토서 중 기기, 배관 및 덕트 단열 배점 산정 시 가장 부적합한 것은?

① 국가건설기준 기계설비공사 표준시방서에서 정하는 기준의 20% 이상 단열재 적용
② 급수, 배수, 소화배관, 배연덕트 포함
③ 표준시방서두께, 적용두께, 증가비율표기
④ 관경에 따라 보온두께 증가

해설
급수, 배수, 소화배관, 배연덕트 제외

답 : ②

예제문제 30

다음은 보온시방서 내용 중 일부이다. "건축물의 에너지절약설계기준"에 따른 에너지성능지표 기계설비부문 7번 항목(배관단열)의 배점을 취득하기 위한 보온재 최소 두께를 가장 적절하게 나열한 것은? (배관관경 : 25A, 보온재 종류 : 발포폴리스티렌 보온통 3호)   【2019년 5회 국가자격시험】

배관종류	표준시방서 보온두께(mm)	적용 보온두께(mm)
급수관	25	(㉠)
배수관	25	(㉡)
급탕관	25	(㉢)
냉수관	25	(㉣)

① ㉠-40, ㉡-25, ㉢-40, ㉣-40   ② ㉠-25, ㉡-25, ㉢-30, ㉣-30
③ ㉠-25, ㉡-25, ㉢-40, ㉣-40   ④ ㉠-30, ㉡-25, ㉢-30, ㉣-30

해설
인정두께=기준두께(×1.2) ⇒ 급수, 배수, 소화배관은 제외
① 급수관 : 25mm   ② 배수관 : 25mm
③ 급탕관 : 25mm×1.2=30mm   ④ 냉수관 : 25mm×1.2=30mm

답 : ②

---

8. 열원설비의 대수분할, 비례제어 또는 다단제어 운전

(1) 근거서류 및 도면 작성방법

항목	근거서류	근거서류(도면 작성방법)
열원설비의 대수분할, 비례제어 또는 다단제어 운전	· 장비일람표 · 자동제어계통도	· 도면에 에너지 절약적 제어방식 표기 – 대수분할, 비례제어, 다단제어 등 (예비용은 제외) – 전체 열원설비용량의 60% 이상적용 시 인정

(2) 에너지 성능 지표에서의 열원설비의 대수분할, 비례제어 또는 다단제어 운전 작성방법

① 도면에 에너지 절약적 제어방식 표기 : 대수분할, 비례제어, 다단제어 등
- 대수분할 : 기기를 여러대 설치하여 부하상태에 따라 최적 운전상태를 유지할 수 있도록 기기를 조합하여 운전하는 방식을 말한다.
- 비례제어운전 : 기기의 출력값과 목표값의 편차에 비례하여 입력량을 조절하여 최적운전 상태를 유지할 수 있도록 운전하는 방식을 말한다.
- 다단제어 : 한번의 제어에 의한 출력이 다음번 제어의 기준이 되는 제어계통
- 전체 열원설비용량의 60% 이상 적용 시 인정

예제문제 31

기계설비부문 성능지표검토서 중 열원설비의 에너지 절약적 제어방식으로 가장 부적합한 것은?

① 기기를 여러대 설치하여 부하상태에 따라 최적 운전상태를 유지할 수 있도록 기기를 조합하여 운전하는 방식
② 기기의 출력 값과 목표 값의 편차에 비례하여 입력량을 조절하여 최적운전 상태를 유지할 수 있도록 운전하는 방식을 말한다.
③ 한번의 제어에 의한 출력이 다음번 제어의 기준이 되는 제어계통
④ 일정 입력 값에 따라 자동으로 운전 및 정지를 반복하는 제어

해설
① 대수분할　② 비례제어　③ 다단제어　④ ON/OFF 제어

답 : ④

예제문제 **32**

기계설비부문 성능지표검토서 중 열원설비의 대수분할, 비례제어 또는 다단제어운전에서 전체열원설비용량의 몇 % 이상 적용시 인정할 수 있는가?

① 30% 이상

② 40% 이상

③ 50% 이상

④ 60% 이상

해설

전체열원설비용량의 60% 이상 적용시 인정한다.

답 : ④

9. 공기조화기 팬에 가변속제어 등 에너지절약적 제어방식 채택

(1) 근거서류 및 도면 작성방법

항 목	근거서류	근거서류(도면 작성방법)
공기조화기 팬에 가변속제어등 에너지 절약적제어 방식 채택	· 장비일람표 · 자동제어계통도 · 적용비율계산서	· 도면에 에너지 절약적 제어방식 표기 – 가변속제어방식 (인버터), 흡입베인제어방식, 가변익축류방식 등 – 공조용 송풍기 전동력의 60% 이상 적용시 인정

(2) 에너지 성능 지표에서의 공기조화기 팬에 가변속 제어 등 에너지절약적 제 어방식 채택 작성방법

① 도면에 에너지절약적 제어방식 표기[가변속제어방식(인버터), 흡입 베인제어방식, 가변익축류방식 등]

② 공조용 송풍기 전동력의 60% 이상 적용시 인정

　· 흡입 베인(SUCTION VANE)에 의한 제어

　송풍기의 흡입측에 방사형의 가동익을 설치하고 그 각도를 조절 하여 베인 입구의 절대속도 선회량을 변화 시켜서 풍압 풍량을 가감한다.

　· 가변익 축류방식(VAV)

　축류 송풍기의 회전수, 즉 주속도가 일정할 때 날개의 취부각을 변화시켜 축류속도 및 영각을 바꿔 압력 풍량 특성을 변화시키는 것이다.

- 가변속 제어방식(INVERTER)

  보통의 상용전원의 교류를 콘버터(converter)를 이용하여 직류로 바꾼 후 이것을 다시 인버터(inverter)에서 임의의 주파수를 가진 교류로 바꾸어 전동기를 구동함으로써 전동기의 회전수를 바꾸는 것이다.

예 송풍기 제어 적용비율 계산서

공조기 번호	Supply		Return	
	동력(kW)	효율(%)	동력(kW)	효율(%)
AHU-1	15	60	5.5	50
AHU-2	15	60	5.5	50
합계	30	–	11	–

- 인버터적용 전동력량 : SF(15kW) × 2대 = 30kW
- 전체 팬 전동력량 : SF(15kW) × 2대 + RF(5.5kW) × 2대 = 41kW
- 적용비율 : 30kW/41kW × 100% = 73.2%

예제문제 33

기계설비부문 성능지표검토서 중 공기조화기 팬의 에너지절약적 제어방법으로 적정하게 조합된 것은?

① 흡입베인에 의한 제어, 가변속제어, 다단제어
② 가변속제어, 가변익 축류방식, PI제어
③ 가변속제어, 가변익 축류방식, 흡입베인에 의한 제어
④ 가변익 축류방식, 흡입베인에 의한 제어, ON/OFF제어

해설

에너지절약적 제어방식 표기[가변속제어방식(인버터), 흡입 베인제어방식, 가변익축류방식 등]

답 : ③

예제문제 34

건축물의 에너지절약설계기준의 권장사항 중 공조설비 중 "공기조화기 팬은 부하변동에 따른 풍량제어가 가능하도록 가변익축류방식, (   ), 가변속제어방식 등 에너지절약적 제어방식을 채택한다"의 (   )속에 적당한 것은 어느 것인가?

① 대수제어방식　　　　　　② 토출베인제어방식
③ 가변축제어방식　　　　　④ 흡입베인제어방식

해설

흡입베인제어방식을 채택함

답 : ④

기존 건축물의 냉방설비를 전동식터보냉동기에서 가스직화흡수식냉온수기로 변경하였을 때 예상되는 변화로 가장 적절하지 않은 것은? (단, 냉방 부하 및 냉방 공급시간 변동은 없음)

① 냉각수 펌프 용량이 감소한다.

② 하절기 전력 사용량이 감소한다.

③ 에너지성능지표 기계설비부문 10번항목(전기 대체냉방설비) 냉방용량 담당비율이 높아진다.

④ 에너지소비총량제에 따른 에너지소요량 평가 시 주 연료 변경에 따라 상대적으로 낮은 1차 에너지환산계수가 적용된다.

해설 가스직화식 냉온수기는 도시가스 또는 액화석유가스 등 가스를 사용 등유, 경유 또는 중유 등 기름을 연소해 냉수 및 온수를 발생시키는 냉방 설비로 냉각수 펌프 용량이 커진다.

정답 : ①

10. 축냉식 전기냉방, 가스 및 유류이용 냉방, 지역냉방, 소형열병합 냉방 적용, 신재생에너지 이용 냉방 적용(냉방용량 담당 비율 %)

(1) 근거서류 및 도면 작성방법

항 목	근거서류	근거서류(도면 작성방법)
축냉식 전기냉방, 가스 및 유류이용냉방, 지역냉방, 소형열병합냉방, 신재생에너지 이용냉방 설비(냉방용량담당비율 %)	· 장비일람표 · 냉방부하계산서 · 적용비율계산서	· 장비일람표에 해당 설비 용량 표기 - 전체 냉방 설비용량에 대한 담당 비율에 따른 배점 적용 - 담당비율(%) = (전기대체냉방설비 설치용량) ÷ (전체냉방설비 설치 용량) × 100 - 단, 축냉식 전기 냉방시스템은 열교환기 용량으로 기재 - 한 대지내에 여러동이 있고, 각 동별로 설비가 제어되는 경우 각 동별로 60% 이상 적용

(2) 에너지 성능 지표에서의 축냉식 전기냉방, 가스 및 유류이용 냉방, 지역냉방, 소형열병합냉방, 신재생에너지 이용냉방 설비 도면 작성방법

① 장비일람표에 해당 설비 용량 표기

· 전체 냉방 설비 용량에 대한 담당비율에 따른 배점 적용

$$\text{담당비율(\%)} = \frac{\text{전기대체 냉방설비 설치용량 또는 냉방부하의 합}}{\text{전체최대 냉방부하}} \times 100$$

 - 단, 축냉식 전기 냉방시스템은 열교환기 용량으로 기재

 - 한 대지내에 여러동이 있고, 각 동별로 설비가 제어되는 경우 각 동별로 60% 이상 적용

예제문제 35

"건축물의 에너지절약설계기준"에 따른 에너지성능지표 기계설비부문 10번 항목 (전기 대체 냉방설비)에서 인정하는 냉방기기를 보기 중에서 모두 고른 것은?

【2019년 5회 국가자격시험】

〈보 기〉

ㄱ 가스직화식 흡수식 냉온수기
ㄴ 공기열원가스구동형히트펌프
ㄷ 지열열원전기구동형히트펌프(신재생인증제품)
ㄹ 공기열원전기구동형히트펌프(에너지소비효율 1등급제품)

① ㄱ
② ㄱ, ㄴ
③ ㄱ, ㄴ, ㄷ
④ ㄱ, ㄴ, ㄷ, ㄹ

해설 전기 대체품
ㄱ 가스직화식 흡수식 냉온수기
ㄴ 공기열원가스구동형히트펌프
ㄷ 지열열원전기구동형히트펌프(신재생인증제품)
ㄹ 공기열전기구동형히트펌프(에너지소비효율 1등급제품) : 인정되지 않음

답 : ③

예제문제 36

다음 중 에너지성능지표 10번 항목의 건축물에 대한 냉방용량담당비율 (%)로서 가장 적합한 것은?

| • 가스식 냉방 : 60,000kcal/hr | • 전기식 냉방 : 40,000kcal/hr |

① 60%
② 50%
③ 40%
④ 30%

해설
냉방용량담당 비율(%) = (가스식냉방)/(가스식냉방 + 전기식냉방)
$60,000/60,000 + 40,000 \times 100\% = 60\%$

답 : ①

예제문제 37

공공기관은 에너지성능지표의 기계부문 10번 항목을 0.6점 이상 획득하였다. (공공기관 에너지이용합리화 추진에 관한 규정 제10조의 규정을 적용받는 건축물의 경우만 해당) 과 관련된 냉방설비에서 냉방비율에 따른 평점으로 가장 적합한 것은? (단, 연면적 5,000m²인 경우)

열원구분	냉방부하(W)	난방부하(W)	비 고
지역냉난방	376,000	321,000	지역냉방
지열히트펌프	191,000	154,000	신재생에너지
가스히트펌프	63,000	43,000	도시가스
EHP	310,000	270,000	전기

항 목	기본배점 (a)				배점 (b)					평점 (a*b)
	비주거		주거							
	대형 (3,000m² 이상)	소형 (500~ 3,000m² 미만)	주택 1	주택 2	1점	0.9점	0.8점	0.7점	0.6점	
10. 축냉식 전기냉방, 가스 및 유류 이용 냉방, 지역냉방, 소형열병합 냉방 적용, 신재생에너지 이용 냉방 설비(냉방용량담당 비율, %)	2	1	–	1	100	90~ 100 미만	80~ 90 미만	70~ 80 미만	60~ 70 미만	

① 1.2점   ② 1.4점

③ 1.6점   ④ 1.8점

해설

376,000+191,000+6,300/냉방부과 총 합계(940,000W)×100%

= 67.02%이므로 배점은 0.6점

평점 =2점×0.6=1.2점을 받게 된다.

답 : ①

11. 전체 급탕용 보일러 용량에 대한 우수한 효율설비 용량 비율(단, 우수한 효율 설비의 급탕용 보일러는 고효율에너지기자재 또는 에너지소비효율 1 등급 설비인 경우에만 배점)

(1) 근거서류 및 도면 작성방법

항목	근거서류	근거서류(도면 작성방법)
급탕용 보일러	· 장비일람표 · 용량가중 배점 계산서	· 장비일람표에 '고효율기자재 인증제품 채택' 또는 '에너지소 비효율 1등급제품' (개별가스 보일러의 경우)을 명기 − 가스온수기도 인정(단, '고효율에너지기자재 인증제품 채 택' 또는 '에너지소비효율 1등급제품') · 급탕설비 미설치시 배점 신청 불가

(2) 에너지 성능 지표에서의 급탕용보일러 도면 작성방법

① 장비일람표에 '고효율기자재 인증제품 채택' 또는 '에너지소비효율 1등급제품' (개별가스 보일러의 경우)을 명기

  • 가스온수기도 인정(단, '고효율에너지기자재 인증제품채택' 또는 '에너지소 비효율 1등급제품')

② 위생설비 급탕용 저탕조의 설계온도는 55℃ 이하로 하고 필요한 경우에는 부 스터히터 등으로 승온하여 사용한다.

  • 급탕용 저탕조의 높은 설계온도는 보일러 및 급탕을 위한 열원설비의 용량을 증대시키는 요인으로 작용한다.

  동 조항은 적정한 급탕용 저탕조의 설계온도를 제시함으로써 과대 설계에 의한 열효율 감소를 방지함을 목적으로 하고 있다.

예제문제 38

에너지 절약 설계기준 중 기계설비부문 에너지 성능지표의 기계부문 급탕용 보일러 설치시 가장 부적합한 것은?

① 에너지소비효율1등급 제품 적용
② 고효율에너지기자재 인증제품 적용
③ 급탕용 저탕조의 설계온도는 55℃ 이하로 하고 필요한 경우에는 부스터히터 등으 로 승온하여 사용한다.
④ 급탕용 저탕조의 온도를 높게 설정하여 필요한 경우 히터 등으로 승온시 빠른 온 도상승을 통한 에너지 절감

해설
급탕용 저탕조의 높은 설계온도는 보일러 및 급탕을 위한 열원설비의 용량을 증대시키는 요인으로 작용한다. 동 조항은 적정한 급탕용 저탕조의 설계온도를 제시함으로써 과대 설계에 의한 열효율 감소를 방지함을 목적으로 하고 있다.

답 : ④

예제문제 39

다음 장비일람표과 같이 건축물에 급탕 보일러를 설치한 경우 "건축물의 에너지절약설계기준" 에 따른 에너지성능지표 기계설비부문 11번 항목(급탕용 보일러)에서 획득할 수 있는 배점(b)은? (단, 모든 장비는 급탕전용이다.) 【2019년 5회 국가자격시험】

〈장비일람표〉

장비명	용량	대 수	기 타
전기온수기	5 kW	30	–
가스진공온수 보일러	150 kW	1	고효율에너지 기자재
가정용 가스보일러	20 kW	1	에너지소비효율 1등급 인증제품

항 목	배점(b)				
11. 전체 급탕용 보일러 용량에 대한 우수한 효율 설비 용량 비율	1점	0.9점	0.8점	0.7점	0.6점
	80 이상	70~ 80미만	60~ 70미만	50~ 60미만	50 미만

① 0.7점   ② 0.8점

③ 0.9점   ④ 1점

해설

$$\frac{150+20}{150+150+20} \times 100\% = 53.12\% \rightarrow 0.7 \; 점$$

답 : ①

12. 난방 또는 냉난방순환수 펌프의 대수제어 또는 가변속제어 등 에너지절약적 제어방식 채택

(1) 근거서류 및 도면 작성방법

항목	근거서류	근거서류(도면 작성방법)
난방 또는 냉난방순환수 펌프의 대수제어 또는 가변속제어 등 에너지절약적 제어방식 채택	· 장비일람표 · 자동제어계통도 · 적용 비율 계산서	· 도면에 난방 또는 냉난방순환수펌프의 제어방식 표기 - 에너지절약적 제어방식 : 대수제어, 가변속제어 등 - 순환펌프 전체동력의 60% 이상 적용시 인정(예비용은 제외)

(2) 에너지 성능 지표에서의 난방 또는 냉난방순환수 펌프의 대수제어 또는 가변속제어 등 에너지절약적 제어방식 채택 도면 작성방법

① 도면에 난방 또는 냉난방순환수펌프의 제어방식 표기
  • 에너지절약적 제어방식 : 대수제어, 가변속 제어 등
  • 순환펌프 전체동력의 60% 이상 적용시 인정(예비용은 제외)

예 펌프 장비일람표

장비번호	수량	용도	설치위치	유량 LPM	양정 m	동력 KW	동력 ø/V/Hz	제품효율 A효율	제품효율 B효율	비 고
P-1	3	냉각수순환용	기계실	입형다단 2,213	21	15	3/380/60	78	64	1대예비(MECHANICAL SEAL 포함), 기타표준부속품 일체포함, 고효율에너지기자재 인증제품
P-2	3	냉수순환용	기계실	입형다단 3,024	21	37	3/380/60	80	66	1대예비(MECHANICAL SEAL 포함), 기타표준부속품 일체포함, 고효율에너지 기자재 인증제품

예제문제 40

다음은 연면적의 합계가 4000m²인 숙박시설의 계통도 및 장비일람표이다. "건축물의 에너지절약설계기준" 에 따른 에너지성능지표 기계설비부문 12번 항목(에너지 절약적 펌프 제어방식 채택)에서 획득할 수 있는 평점은? 【2019년 5회 국가자격시험】

〈계통도〉

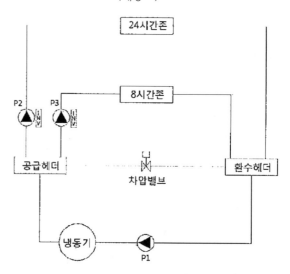

〈장비일람표〉

장비 번호	장비명	용 도	용량(kW)	제어방식
P-1	냉수펌프	냉동기 1차측	20	정유량
P-2	냉수펌프	냉동기 2차측	30	가변속제어
P-3	냉수펌프	냉동기 2차측	30	가변속제어

〈기본배점(a)〉

비주거		주거	
대형	소형	주택1	주택2
2	1	2	2

① 0점 ② 1점

③ 1.5점 ④ 2점

해설

12번 항목(난방 또는 냉난방 순환수 펌프의 대수제어 또는 가변속 제어 등 에너지 절약적 제어방식 채택)

$$\frac{30+30}{30+30+20} \times 100\% = 75\% \rightarrow 60\% \ (1점) \ 2 \times 1 = 2점$$

순환 펌프 전체 동력의 60% 이상 적용시 인정(예비용은 제외)

답 : ④

13. 급수용 펌프 또는 가압급수펌프 전동기에 가변속 제어 등 에너지절약적 제어방식 채택

(1) 근거서류 및 도면 작성방법

항목	근거서류	근거서류(도면 작성방법)
급수용 펌프 또는 가압 급수펌프 전동기에 가 변속 제어 등 에너지절 약적 제어방식 채택	·장비일람표 ·자동제어계 통도 ·적용 비율 계산서	·도면에 급수펌프 또는 가압급수펌프의 제어 방식 표기 – 에너지절약적 제어방식 : 가변속 (인버터제 어 등) – 급수펌프 전체동력의 60% 이상 적용시 인정

(2) 에너지 성능 지표에서의 급수용 펌프 또는 가압급수펌프 전동기에 가변속 제어 등 에너지절약적 제어방식 채택 도면 작성방법

① 도면에 급수펌프 또는 가압급수펌프의 제어방식 표기

· 에너지절약적 제어방식 : 가변속(인버터) 제어 등
· 급수펌프 전체동력의 60% 이상 적용시 인정

예 펌프 장비일람표

장비 번호	수량	용도	설치 위치	형식	유량 LPM	양정 m	동력 KW	동력 ø/V/Hz	제품효율 A효율	제품효율 B효율	비 고
P-3	1SET	급수용	기계실	부스터	200×2	40	3.0×2	3/380/60	62.98	62.36	인버터제어 기타표준부속 품 일체포함, 고효율에너 지기자재 인증제품
P-4	1SET	급수용	기계실	부스터	367×3	40	5.5×3	3/380/60	67.92	67.08	인버터제어 기타표준부속 품 일체포함, 고효율에너 지기자재 인증제품
P-5	1	배수용	PIT	수중 펌프	100	7	0.6	3/380/60			기타표준부속품 일체포 함, KS제품 또는 KS제품 규격효율 이상제품

예제문제 41

기계설비부문 성능지표검토서 중 12번항목인 난방 또는 냉난방순환수 펌프의 대수제어 또는 가변속제어 등 에너지절약적 제어방식 채택, 13번항목인 급수용 펌프 또는 가압급수펌프 전동기에 가변속 제어 등 에너지절약적 제어방식 채택 등에서 공통으로 전체동력의 몇 % 이상일 경우 부여된 점수를 받을 수 있는가?

① 50%   ② 60%

③ 65%   ④ 70%

해설

12번 항목인 난방 또는 냉난방순환수 펌프의 대수제어 또는 가변속제어 등 에너지절약적 제어방식 채택, 13번항목인 급수용 펌프 또는 가압급수펌프 전동기에 가변속 제어 등 에너지절약적 제어방식 채택 등에서 공통으로 전체동력의 60% 이상일 경우 부여된 점수를 받을 수 있다.

답 : ②

---

14. 기계환기설비의 지하주차장 환기용 팬에 에너지절약적 제어방식 설비 채택

(1) 근거서류 및 도면 작성방법

항목	근거서류	근거서류(도면 작성방법)
기계환기설비의 지하주차장 환기용 팬에 에너지절약적 제어방식 설비 채택	· 장비일람표 · 자동제어 계통도 · <u>적용 비율 계산서</u>	· 도면에 지하주차장 환기팬 제어방식 표기 　– 에너지절약적 제어방식 : 대수제어, 풍량조절제어(가변익, 가변속도) CO농도제어 등 　– 지하주차장 팬 전체동력의 60% 이상 적용시 인정

(2) 에너지 성능 지표에서의 기계환기설비의 지하주차장 환기용 팬에 에너지절약적 제어방식 설비 채택도면작성방법

① 도면에 지하주차장 환기팬 제어방식 표기

　• 에너지절약적 제어방식 : 대수제어, 풍량조절제어(가변익, 가변속도), CO농도제어 등

　• 지하주차장 팬 전체동력의 60% 이상 적용시 인정

예제문제 42

에너지성능지표검토서 중 지하주차장 환기용 팬에 에너지절약적 제어방식 설비 채택에 대한 설명 중 적합한 것은?

① 대수제어, 풍량조절제어, CO 농도 제어를 통한 에너지절약적 방식을 채택한다.
② 배기되는 공기로부터 활용할 수 있는 열을 회수하여 이용함으로써 에너지를 효율적으로 사용할 수 있도록 한다.
③ 지하주차장 팬 전체동력의 50% 이상 적용되어야 한다.
④ 실내 오염정도에 따라 CO_2 농도를 감지하여 외기량을 가변적으로 제어하는 방식을 통해 에너지절감을 할 수 있도록 한다.

─────────────────────

해설
② 폐열 회수 시스템
③ 60% 이상
④ CO_2 농도에 의한 제어

답 : ①

예제문제 43

에너지성능지표검토서 중 기계환기설비의 지하주차장과 관련된 내용 중 ( ) 안에 가장 적합한 것은?

기계환기시설의 환기용 팬에 에너지절약적 제어방식 설비 채택시 지하주차장 환기용 팬의 전체동력의 (㉠)이상 적용 시 (㉡)을 획득한다.

① ㉠ 60%, ㉡ 1점
② ㉠ 50%, ㉡ 1점
③ ㉠ 40%, ㉡ 2점
④ ㉠ 30%, ㉡ 2점

─────────────────────

해설
기계환기시설의 환기용 팬에 에너지절약적 제어방식 설비 채택시 지하주차장 환기용 팬의 전체동력의 60% 이상 적용 시 1점을 획득한다.

답 : ①

15. TAB 또는 커미셔닝 설치

(1) 근거서류 및 도면 작성방법

항목	근거서류	근거서류(도면 작성방법)
TAB 또는 커미셔닝 설치	· TAB 또는 커미셔닝 계약서 및 수행계획서 · TAB 실시예정 확인서 · TAB 또는 커미셔닝 결과보고서(에너지절약계획 이행 검토서 제출 시)	· TAB 또는 커미셔닝 계약서 및 수행계획서 제출 시 인정 - TAB의 경우 계약서 및 수행계획서 대신 건축주 및 기술사(관계전문기술자 협력대상 건축물의 경우)가 날인한 실시예정 확인서를 제출하여 배점 취득 가능 - 개별 냉난방설비가 적용된 건축물의 경우 배점 취득 불가 · TAB 또는 커미셔닝 실시에 대한 에너지성능지표 평점을 획득한 경우 사용승인 신청 시 제출하는 [별지 제3호서식] 에너지절약계획 이행검토서에 결과보고서를 반드시 첨부해야 함

(2) 에너지성능지표 TAB 또는 커미셔닝 실시 도면 작성방법

① TAB 또는 커미셔닝 계약서 및 수행계획서 제출 시 인정
  - TAB의 경우 계약서 및 수행계획서 대신 건축주 및 기술사(관계전문기술자 협력대상 건축물의 경우)가 날인한 실시예정 확인서를 제출하여 배점 취득 가능
  - 개별 냉난방설비가 적용된 건축물의 경우 배점 취득 불가

② TAB 또는 커미셔닝 실시에 대한 에너지성능지표 평점을 획득한 경우 사용승인 신청 시 제출하는 [별지 제3호서식] 에너지절약계획 이행검토서에 결과보고서를 반드시 첨부해야 함

16. 지역난방방식 또는 소형가스열병합발전 시스템, 소각로 활용 폐열시스템을 채택하여 1번, 8번 항목의 적용이 불가한 경우의 보상점수

(1) 근거서류 및 도면 작성방법

항목	근거서류	근거서류(도면 작성방법)
지역난방방식 또는 소형가스열병합발전 시스템, 소각로 활용 폐열시스템을 채택	· 장비일람표 · 열원흐름도 · 적용비율계산서	· 보상점수 취득시 1,8번 항목에 배점불가 · 지역난방, 소형가스열병합발전, 소각로 활용폐열시스템은 난방설비용량의 60% 이상 적용할 경우 인정 - 전체 난방용량 계산시 지열 등 신재생 용량은 제외 - 부열원이 있는 경우, 부열원은 기계 1번 항목의 0.9점 이상을 취득할 수 있는 효율값을 적용 또는 에너지소비효율1등급 수준설치한 경우 인정

(2) 에너지 성능 지표에서의 지역난방방식 또는 소형가스열병합발전 시스템, 소각로 활용 폐열시스템을 채택 도면 작성방법

① 보상점수 취득시 1,8번 항목에 배점불가
② 지역난방, 소형가스열병합발전, 소각로 활용폐열시스템은 난방설비용량의 60% 이상 적용할 경우 인정
  • 전체 난방용량 계산시 지열 등 신재생 용량은 제외
  • 부열원이 있는 경우, 부열원은 기계 1번 항목의 0.9점 이상을 취득할 수 있는 효율값을 적용 또는 에너지소비효율1등급 수준설치한 경우 인정

17. 개별난방 또는 개별냉난방방식을 채택하여 8번, 12번 항목의 적용이 불가한 경우의 보상 점수

(1) 근거서류 및 도면 작성방법

항목	근거서류	근거서류(도면 작성방법)
개별난방 또는 개별냉난방방식을 채택하여 8번, 12번 항목의 적용이 불가한 경우의 보상 점수	· 장비일람표 · 열원흐름도 -개별난방 -개별 냉난방 · 자동제어 계통도	· 보상점수 취득시 8, 12번 항목에 배점불가 · 개별냉난방 : 실내기가 집합 또는 중앙식으로 제어되는 시스템을 포함한 경우로 중앙에서 모니터링기능, 스케줄제어, 피크전력제어(전기구동식)가 가능하고, 가변속제어 또는 용량제어가 가능해야 함 (공동주택제외)

(2) 개별난방 또는 개별 냉난방방식을 채택하여 8번, 12번 항목의 적용이 불가한 경우의 보상점수 도면 작성방법

① 에너지 성능 지표에서의 개별난방 또는 개별냉난방방식[주10]을 채택 도면 작성방법

- 보상점수 취득시 8, 12번 항목에 배점 불가
- 개별 냉난방 : 실내기가 집합 또는 중앙식으로 제어되는 시스템을 포함한 경우로 중앙에서 모니터링기능, 스케줄제어, 피크전력제어(전기구동식)가 가능하고, 가변속제어 또는 용량 제어가 가능해야함 (공동주택 제외)

주10) 개별냉난방방식은 실내기가 집합 또는 중앙식으로 제어되는 시스템을 포함한 경우로 중앙에서 모니터링기능, 스케줄제어, 피크전력제어(전기구동방식일 경우에 한함)가 가능하고 가변속제어 또는 용량제어가 가능할 경우에 한한다. 단 공동주택은 그러하지 아니하다.

예제문제 44

에너지성능지표검토서 중 15번 항목인 개별난방방식은 실내기가 집합 또는 중앙식으로 제어되는 시스템을 포함한 경우에 해당하는 제어시스템으로 가장 부적합한 것은?

① 대수제어
② 중앙에서 모니터링 기능
③ 스케줄제어
④ 피크전력제어 (전기구동방식일 경우에 한함)

해설
대수제어는 포함하지 않는다.

답 : ①

예제문제 45

다음 중 에너지절약계획 설계 검토서의 에너지성능지표 기계부문 배점에 대해 가장 적합한 것은? 【13년 1급 출제유형】

① 에너지소비효율 1등급 멀티전기히트펌프시스템을 채택하면 난방 설비항목의 배점을 1점 획득할 수 있다.
② 개별가스보일러의 경우 에너지소비효율 1등급제품을 명기한 경우 배점을 0.6점 획득할 수 있다.
③ 열원 및 공조용 송풍기의 효율이 60%이면 열원 및 공기의 효율 항목 배점을 0.8점 획득할 수 있다.
④ 지역난방방식 난방설비의 경우 난방설비항목의 배점이 불가하므로 보상점수를 획득할 수 있다.

해설
① 에너지소비효율 1등급 멀티전기히트펌프시스템을 채택하면 난방 설비항목의 배점을 1점 획득할 수 있다. (기타 난방설비의 경우 에너지소비효율 1등급제품을 명기한 경우 배점을 1점 획득할 수 있다.)
② 개별가스보일러의 경우 에너지소비효율 1등급제품을 명기한 경우 배점을 1점 획득할 수 있다.
③ 열원 및 공조용 송풍기의 효율이 60%이면 열원 및 공기의 효율 항목 배점을 1점 획득할 수 있다.

답 : ④

02 종합예제문제

□□□ **기계분야**

1 건축물에너지 절약 계획서 기계부문의 의무사항에 해당되지 않는 것은?

① 설계용 외기조건 준수
② 펌프는 KS 인증제품 채택
③ 기기배관 및 덕트 단열
④ 대수분할 방식 등 에너지절약적 방식 채택

기계부문의 의무사항

항 목	채택여부 (제출자 기재)		근거	확 인 (허가권자 기재)	
	채택	미채택		확인	보류
나. 기계설비부문					
① 냉난방설비의 용량계산을 위한 설계용 외기조건을 제8조제1호에서 정하는 바에 따랐다.(냉난방설비가 없는 경우 제외)					
② 펌프는 KS인증제품 또는 KS규격에서 정해진 효율이상의 제품을 채택하였다.(신설 또는 교체 펌프만 해당)					
③ 기기배관 및 덕트는 국가건설기준기계설비공사 표준시방서에서 정하는 기준 이상 또는 그 이상의 열저항을 갖는 단열재로 단열하였다.(신설 또는 교체 기기배관 및 덕트만 해당)					
④ 공공기관은 에너지성능지표의 기계부문 10번 항목을 0.6점 이상 획득하였다. (「공공기관 에너지이용합리화 추진에 관한 규정」 제10조의 규정을 적용받는 건축물의 경우만 해당)					
⑤ 법 제14조의2의 용도에 해당하는 공공건축물로서 에너지성능지표의 기계부문 1번 및 2번 항목을 0.9점 이상 획득하였다. (냉난방설비가 없는 경우 제외, 에너지성능지표의 기계부문 16번또는 17번 항목 점수를 획득한 경우 1번 항목 제외, 냉방설비용량의 60% 이상을 지역냉방으로 공급하는 경우 2번 항목 제외)					

정답 1. ④

2 다음과 같은 기계설비 장비일람표를 보고 비주거 소형건축물의 냉방설비의 평점으로 가장 적합한 것은?
(단, 1USRT는 3.52KW로 계산한다.)

(장비일람표)

장비번호	명칭	대수	냉방용량 (KW, USRT)	효율 (COP)	배점
CH-1	EHP 실외기	10	100KW	2.85	( )
CH-2	원심식냉동기	2	150KW	3.52	( )
CH-3	흡수식냉온수기	2	180USRT	1.27	( )
용량합계			( )		
배점합계					( )
평균배점					( )

(표EPI)

항 목		기본배점(a) 비주거 대형 (3,000㎡ 이상)	기본배점(a) 비주거 소형 (500~3,000㎡ 미만)	기본배점(a) 주거 주택1	기본배점(a) 주거 주택2	배점(b) 1점	배점(b) 0.9점	배점(b) 0.8점	배점(b) 0.7점	배점(b) 0.6점	평점 (a*b)
2. 냉방설비	원심식 (성적계수, COP)					5.18이상	4.51~5.18 미만	3.96~4.51 미만	3.52~3.96 미만	3.52 미만	
	흡수식 (성적계수,COP) ① 1중효용	6	2	–	2	0.75이상	0.73~0.75 미만	0.7~0.73 미만	0.65~0.7 미만	0.65 미만	
	② 2중효용 ③ 3중효용 ④ 냉온수기					1.2 이상	1.1~1.2 미만	1.0~1.1 미만	0.9~1.0 미만	0.9 미만	
	기타 냉방설비					고효율 제품 (신재생 인증제품)	–	–	–	그 외 또는 미설치	

① 1.32점   ② 1.42점
③ 1.52점   ④ 1.62점

1. 우선 에너지성능 지표에서 배점을 찾으면 EHP 실외기는 기타냉방설비로 배점 0.6점, 원심식 냉동기는 성적계수 3.52에서 배점 0.7점, 흡수식냉온수기는 냉방성적계수 1.27에서 배점1점을 얻게 된다.
2. ( ) 안을 채우고 계산을 한다.

장비번호	명칭	대수	냉방용량		
			(KW,USRT)	효율(COP)	배점
CH-1	EHP 실외기	10	100KW	2.85	(0.6점)
CH-2	원심식냉동기	2	150KW	3.52	(0.7점)
CH-3	흡수식냉온수기	2	180USRT	1.27	(1점)
용량합계			(2,568)		
배점합계					(2,078)
평균배점					(0.81)

3. 용량합계는 용량과 대수를 곱한다. 이때 단위를 통일해야 하므로, 1USRT = 3.52KW이므로 180USRT = 180 × 3.52 = 634KW
4. 냉방평균배점 = 배점합계/용량합계
   = 10 × 100 × 0.6 + 2 × 150 × 0.7 + 2 × 634 × 1/10 × 100 + 2 × 150 + 2 × 634 = 2,078 / 2568 = 0.81

3 다음과 같은 기계설비 장비일람표를 보고 비주거 소형건축물의 공조용송풍기의 평점으로 가장 적합한 것은?

장비번호2	수량	급기송풍기						
		풍량	정압	동력		형식	규격	효율
		m²/h	Pa	kW	PH/V/Hz			
AHU-01	1	19,500	1,085	12	3/380/60	AIR FOIL	DS#4	74%
AHU-02	2	21,900	1,025	10	3/380/60	AIR FOIL	DS#4.5	72%
AHU-03	1	12,600	1,025	8	3/380/60	AIR FOIL	DS#4	65%

항 목	기본배점 (a)				배점 (b)					평점 (a*b)
	비주거		주거		1점	0.9점	0.8점	0.7점	0.6점	
	대형 (3,000m² 이상)	소형(500~ 3,000m² 미만)	주택 1	주택 2						
3. 열원설비 및 공조용 송풍기의 우수한 효율 설비채택(설비별 배점 후 용량가중 평균)	3	1	-	1	60% 이상	57.5~ 60% 미만	55~ 57.5% 미만	50~ 55% 미만	50% 미만	

① 0.6점 ② 0.7점
③ 0.8점 ④ 1점

장비번호	효율(%)	배점	용량(Kw)	대수	용량×대수	용량×대수×비합
AHu-01	74	1	12	1	12	12
AHu-02	72	1	10	2	20	20
AHu-03	65	1	8	1	8	8
합					40	40

배점(b) = 40/40 → 1점
평점 = 기본배점(a) × 배점(b) → 1점 ×1 = 1점부여

정답   3. ④

4 건축물에너지 절약 계획서 기계부문의 의무사항에 해당되지 않는 것은?

① 설계용 외기조건 준수
② 기기배관 및 덕트 단열
③ TAB 또는 커미셔닝 설치
④ 펌프는 KS 인증제품 채택

TAB 또는 커미셔닝 설치는 에너지성능지표 항목에 해당한다.

5 건축물에너지 절약 계획서 기계부문의 의무사항에서 국가 건설기준 기계설비공사 표준시방서에서 정하는 기준이상을 만족하여야 하는 항목은?

① 설계용 외기조건 준수
② 기기배관 및 덕트 단열
③ 냉방, 난방 효율 0.6점 이상 획득
④ 펌프는 KS 인증제품 채택

기기배관 및 덕트는 국가 건설기준 기계설비공사 표준시방서에서 정하는 기준 이상 또는 그 이상의 열 저항을 갖는 단열재로 단열하였다.(신설 또는 교체 기기배관 및 덕트만 해당)

6 건축물에너지 절약 계획서 기계부문의 의무사항에서 0.6점 이상 획득하여야 하는 항목은?

① 기계부문 에너지성능지표 1번 항목
② 기계부문 에너지 성능지표 2번 항목
③ 기계부문 에너지 성능지표 7번 항목
④ 기계부문 에너지 성능지표 10번 항목

공공기관은 에너지성능지표의 기계부문 10번 항목을 0.6점 이상 획득하였다.
(「공공기관 에너지이용합리화 추진에 관한 규정」 제10조의 규정을 적용받는 건축물의 경우만 해당)

7 에너지 절약 설계기준 중 기계설비부문 관련 4번항목인 "공공기관의 에너지 성능지표의 기계부문 10번의 항목을 0.6점 이상 획득하였다" 와 관련된 내용 중 부적합한 것은?

① 연면적 $3,000m^2$ 이상 신축, 증축하는 경우에만 해당된다.
② 근거서류로는 장비일람표, 냉방부하계산서서가 있다.
③ 축냉식전기냉방, 가스 및 유류이용냉방, 지역냉방, 소형 열병합 냉방 적용, 신재생 에너지 이용 냉방을 적용한다.(냉방용량 담당비율, %)
④ 담당비율계산서에 건축물명 기재 및 기술사 날인을 하여야 한다.

공공기관 에너지이용합리화 추진에 관한 규정 제10조의 규정을 적용받는 건축물의 경우에만 적용한다.

8 에너지 절약 설계기준 중 기계설비부문의 의무사항에 포함되지 않는 것은?

① 설계용외기조건 준수
② 펌프는 KS인증제품채택
③ 축냉식전기냉방, 가스 및 유류이용냉방, 지역냉방, 소형 열병합 냉방 적용, 신재생 에너지 이용 냉방을 적용한다.(냉방용량 담당비율, %) 적용
④ 기기배관 및 덕트는 건축공사시방서를 준수

기기배관 및 덕트는 국가 건설기준 기계설비공사 표준시방서에서 정하는 기준 이상 또는 그 이상의 열저항을 갖는 단열재료 단열하였다. (신설 또는 교체 기기배관 및 덕트만 해당)

정답 4. ③ 5. ② 6. ④ 7. ① 8. ④

9 축냉식 전기냉방, 가스 및 유류이용냉방, 지역냉방, 소형열병합 냉방 적용, 신재생에너지 이용 냉방 적용에 따른 비율 계산으로 옳은 것은?

열원구분	냉방부하(W)	난방부하(W)	비 고
지역냉난방	376,000	321,000	지역냉방
지열히트펌프	191,000	154,000	신재생에너지
가스히트펌프	63,000	43,000	도시가스

① 10% ② 30%
③ 60% ④ 100%

{지역냉방(376,000W)+신재생에너지(191,000W)+도시가스(63,000W)} / 냉방부하총계(630,000W) × 100(%) = 100%

10 에너지 성능지표 중 기계설비부문 관련 "공공기관에서 반드시 배점 0.6점 이상을 획득" 하여야 하는 항목으로 가장 적합한 것은?

① 축냉식 전기냉방, 가스 및 유류이용냉방, 지역냉방, 소형열병합 냉방 적용, 신재생 에너지 이용 냉방을 적용한다.(냉방용량 담당 비율, %)
② 이코노마이저 시스템 등 외기냉방 시스템의 도입
③ 난방 또는 냉난방 순환수 펌프의 대수제어 또는 가변속제어 등 에너지절약적 제어방식채택
④ 열원설비 및 공조용 송풍기 효율

- 기계부분 10번 항목 - 축냉식 전기냉방, 가스 및 유류이용냉방, 지역냉방, 소형열병합 냉방 적용, 신재생 에너지 이용 냉방을 적용한다.(냉방 용량 담당 비율(%))
- 공공기관 에너지이용합리화 추진에 관한 규정 제10조의 규정을 적용받는 건축물의 경우에만 해당한다.

11 에너지 절약 설계기준 중 기계설비부문 관련 항목별로 제출하여야 할 근거서류 중 가장 부적합한 것은?

① 난방설비 - 장비일람표, 용량가중 평균효율계산서
② 냉방설비 - 장비일람표, 용량가중 평균효율계산서
③ 이코노마이저시스냉방시스템의 도입 - 자동제어계통도, 장비일람표
④ 기기, 배관 및 덕트단열 - 장비일람표, 냉방부하계산서

항목	근거서류	근거서류(도면) 작성방법
기기, 배관 및 덕트 단열	· 기계설비도서 범례 · 배관계통도 · 보온시방서	- 국가건설기준기계설비공사 표준시방서 기준대비20% 이상단열두께표시(인정두께 = 기준두께 × 1.2) - 두께 또는 열저항 기준 20%증가 - 표준시방서 두께, 적용두께, 증가비율 표기 - 표준시방서 제출시 시방서에 건축물명 기재 및 기술사 날인

12 설계용 실내온도 조건 중 다음 중 가장 부적합한 것은?

① 공동주택 - 난방 : 20℃, 냉방 : 28℃
② 학   교 - 난방 : 20℃, 냉방 : 28℃
③ 목 욕 장 - 난방 : 20℃, 냉방 : 28℃
④ 사 무 소 - 난방 : 20℃, 냉방 : 28℃

난방 및 냉방설비의 용량계산을 위한 설계기준 실내온도는 난방의 경우 20℃, 냉방의 경우 28℃를 기준으로 하되(목욕장 및 수영장은 제외) 각 건축물 용도 및 개별 실의 특성에 따라 별표8에서 제시된 범위를 참고하여 설비의 용량이 과다해지지 않도록 한다.
목욕장 - 난방 : 26℃ 냉방 : 29℃
수영장 - 난방 : 27℃ 냉방 : 30℃

13 에너지 성능지표검토서 중 냉방설비와 관련된 내용으로 가장 부적합한 것은?

① 장비일람표에 냉방설비의 성적계수(COP)를 표기한다.
② 기타냉방설비의 경우 에너지소비효율 등급 1등급제품일 경우에 배점 0.9점을 부여한다.
③ 근거서류로는 장비일람표와, 용량가중 평균효율계산서가 있다.
④ 배점기준이 다른 냉방설비의 경우, 용량 가중 값을 적용한다.

> 기타냉방설비의 경우 에너지소비효율 등급 1등급제품일 경우에 배점 1점을 부여한다.

14 중부지역 아파트의 층간바닥의 난방배관 하부와 슬래브 사이 재료들의 열관류저항 값의 합계는? (단, 소수점 셋째자리에서 반올림)

① 0.56m²K/W
② 0.74m²K/W
③ 0.86m²K/W
④ 1.23m²K/W

> 남부지역 바닥난방인 층간바닥의 기준열관류율은 0.810 W/m² K 이하이고 바닥난방 부위에 설치되는 단열재는 바닥난방의 열이 슬래브 하부 및 측벽으로 손실되는 것을 막을 수 있도록 온수배관(전기난방인 경우는 발열선) 하부와 슬래브 사이에 설치하고, 온수배관(전기난방인 경우는 발열선) 하부와 슬래브 사이에 설치되는 구성 재료의 열저항의 합계는 층간 바닥인 경우에는 해당 바닥에 요구되는 총열관류저항(별표1에서 제시되는 열관류율의 역수)의 60% 이상, 최하층 바닥인 경우에는 70% 이상이 되어야 한다.
> 1/0.74=1.35
> 1.35 × 0.6 = 0.81

15 에너지 성능지표검토서 중 냉온수, 순환급수 및 급탕 펌프의 평균효율과 관련된 내용으로 가장 부적합한 것은?

① 장비일람표에 펌프의 A, B 효율(제품효율) 표기, 기본효율 계산근거를 제시한다.
② 펌프성능 곡선 및 인증서 등은 첨부가 불필요하다.
③ 용량가중평균효율계산서에 건축물명 기재 및 기술사 날인을 하지 않아도 된다.
④ 200lpm 이하의 급수, 급탕, 냉난방 순환펌프는 평균효율계산에서 제외가능하다.

> 용량가중평균효율계산서에 건축물명 기재 및 기술사 날인을 하여야 한다.

16 에너지 성능지표검토서 중 '기계설비 부문'에서 난방설비와 관련된 내용으로 가장 부적합한 것은?

① 냉온수 순환, 급수 및 급탕 펌프의 평균효율 항목에서 펌프성능곡선 및 인증서는 첨부하지 아니한다.
② 용량가중 평균효율계산서에는 건축물명 기재 및 기술사 날인을 필요로 한다.
③ 난방설비는 연료가 유류인 경우 보일러효율(%)은 고위발열량을 기준으로 한다.
④ 난방설비는 연료가 가스인 경우 보일러효율(%)은 고위발열량을 기준으로 한다.

> 난방설비는 연료가 유류인 경우 보일러효율 (%)은 저위발열량을 기준으로 한다.

정답 13. ② 14. ② 15. ③ 16. ③

17 에너지 성능지표검토서 중 냉온수, 냉각수, 순환 급수 및 급탕펌프의 근거서류로 가장 부적합한 것은?

① 장비일람표
② 펌프용량일람표
③ 용량가중 평균효율계산서
④ 자동제어 계통도

> 자동제어계통도는 이코노마이저 시스템 등 외기냉방 시스템의 도입, 열원설비의 대수분할 비례제어 또는 다단제어 원전 등에 필요한 근거서류이다.

18 에너지절약설계 기준과 관련된 내용 중 기계설비 부문에서 항목별 첨부서류의 연결로서 가장 부적합한 것은?

① 각 실별 또는 존별 실내온도 조절장치를 설치 – 난방배관 평면도
② KS 인증펌프 – 전체 장비 일람표
③ 열회수형 환기장치 – 냉·난방부하계산서
④ 기기배관, 덕트 단열 – 보온시방서(표준시방서)

> 열회수형 환기장치 – 장비일람표, 시험성적서, 용량 가중 평균 배점계산서가 필요하다

19 에너지성능지표검토서 중 기계환기시설의 지하주차장과 관련된 내용 중 ( )안에 가장 적합한 것은?

> 기계환기설비의 환기용 팬에 에너지절약적 제어방식 설비 채택시 지하주차장 환기용 팬의 전체동력의 (㉠) 이상 적용시 (㉡)을 획득한다.

① ㉠ 60% ㉡ 1점
② ㉠ 50% ㉡ 1점
③ ㉠ 40% ㉡ 2점
④ ㉠ 30% ㉡ 2점

> 기계환기시설의 환기용 팬에 에너지절약적 제어방식 설비 채택 시 지하주차장 환기용 팬의 전체동력의 60% 이상 적용시 1점을 획득한다.

20 에너지 성능지표 검토서 등 기계설비부문 관련 항목 중 기기 배관 및 덕트 단열의 단열재의 인정 두께는 건축기계설비 표준시방서 기준 대비 얼마 이상의 단열두께로 하여야 하는지 가장 적합한 것은?

① 10%   ② 20%
③ 30%   ④ 40%

항목	근거서류	근거서류(도면) 작성방법
기기, 배관 및 덕트 단열	• 기계설비도서 범례 • 배관계통도 • 보온시방서	– 국가건설기준기계설비공사 표준시방서기준대비 20% 이상단열두께표시(인정두께 = 기준두께 × 1.2) – 두께 또는 열저항 기준 20%증가 – 표준시방서두께, 적용두께, 증가비율표기 – 표준시방서 제출시 시방서에 건축물명 기재 및 기술사 날인

21 에너지성능지표검토서 중 난방설비 항목의 작성방법이다. ( )안에 가장 적합한 것은?

> 개별가스보일러의 경우 '에너지소비효율(㉠)제품을 명기한 경우에 (㉡)배점, 그 외 또는 미설치 인 경우에는 (㉢)을 배점한다.

① ㉠ 1등급 ㉡ 1점 ㉢ 0.6점
② ㉠ 2등급 ㉡ 1점 ㉢ 0.7점
③ ㉠ 3등급 ㉡ 2점 ㉢ 0.6점
④ ㉠ 4등급 ㉡ 2점 ㉢ 0.7점

> 개별가스보일러의 경우 '에너지소비효율1등급제품'을 명기한 경우에 1점 배점, 그 외 또는 미설치 인 경우에는 0.6점을 배점한다.

정답 17. ④   18. ③   19. ①   20. ②   21. ①

22 에너지성능지표검토서 중 냉, 난방설비 항목의 작성 중 기타냉, 난방설비의 에너지소비효율1등급일 경우에 배점으로 가장 적합한 것은?

① 0.6점
② 0.7점
③ 0.9점
④ 1.0점

냉, 난방 설비의 경우 기타 냉, 난방 설비의 에너지소비효율 1등급 일 경우 에 배점 1점을 부여한다.

23 흡입 베인(SUCTION VANE)에 의한 제어방식에 대한 설명 중 옳은 것은?

① 축류 송풍기의 회전수, 즉 주속도가 일정할 때 날개의 취부각을 변화시켜 축류속도 및 영각을 바꿔 압력 풍량 특성을 변화시키는 것이다.
② 송풍기의 흡입측에 방사형의 가동익을 설치하고 그 각도를 조절 하여 베인 입구의 절대속도 선회량을 변화 시켜서 풍압 풍량을 가감 한다.
③ 보통의 상용전원의 교류를 컨버터(converter)를 이용하여 직류로 바꾼 후 이것을 다시 인버터(inverter)에서 임의의 주파수를 가진 교류로 바꾸어 전동기를 구동함으로써 전동기의 회전수를 바꾸는 것이다.
④ 실내 오염정도에 따라 CO_2 농도를 감지하여 외기량을 가변적으로 제어하며 외기 냉방시 실내부하 즉 실내온도를 감지하여 외기 도입량을 제어하는 방식이다.

① 가변익 축류방식
② 흡입 베인방식
③ 가변속 제어방식
④ CO_2 농도에 의한 제어

24 기계설비부문 중 성능지표검토서 중 열회수형 환기장치 서류로 부적합한것은?

① 장비일람표
② 시험성적서
③ 용량가중 평균배점계산서
④ 보온시방서

보온시방서는 기기배관 및 덕트 단면에 필요한 서류이다.

25 에너지 절약설계 기준과 관련된 내용 중 기계설비 부문에서 '공기조화기 팬에 가변속제어 등 에너지 절약적 제어방식에 해당되지 않는 것은?

① 대수분할제어방식
② 가변속제어방식(인버터)
③ 흡인베인제어방식
④ 가변익축류방식

열원설비방식에는 - 대수분할방식, 비례제어방식, 다단제어방식이 있다.

항목	근거서류	근거서류(도면)작성방법
열원설비의 대수분할, 비례제어 또는 다단제어 운전	- 장비일람표 - 자동제어 계통도	- 도면에 에너지절약적 제어방식표기(대수분할, 비례제어, 다단제어 등) - 전체열원설비의 60% 이상 적용
공기조화기 팬에 가변속제어등 에너지절약적 제어방식 채택	- 장비일람표 - 자동제어 계통도	- 도면에 에너지절약적 제어방식표기(가변속제어방식(인버터), 흡인베인제어방식, 가변익축류방식 등) - 공조용 송풍기 전동력의 60% 이상 적용시 인정

정답 22. ④ 23. ② 24. ④ 25. ①

26 에너지 성능지표검토서 중 "기계설비 부문"에서 열원 설비 및 공조용 송풍기 효율과 관련된 내용으로 가장 부적합한 것은?

① 근거서류에는 장비일람표, 용량가중 평균효율 계산서, 자동제어계통도가 포함된다.

② 용량가중 평균효율계산서에는 건축물명 및 기술사 날인을 필요로 한다.

③ 용량 0.75kW 이상인 보일러 및 공조용 송풍기를 적용한다.

④ 장비일람표에 공조용 송풍기의 효율(%)을 표기한다.

> 근거서류에 자동제어계통도는 포함되지 않는다.

28 에너지 성능기계 지표검토서중 난방설비 효율계산서의 용량가중 평균효율을 계산하려고 한다. 난방설비의 내역이 다음과 같을 때, 최종 평점 값으로 가장 적합한 것은?

번호	명칭	대수	용량(Kcal/h)	효율
B1	가스보일러	40	25,000	87%
B2	가스보일러	30	20,000	84%

① 1점   ② 0.9점

③ 0.8점   ④ 0.7점

> 종류가 같은 설비의 경우 의 용량가중 평균계산이므로 다음과 같이 구한다.
> (25,000 × 40대 × 87%) + (20,000 × 30대 × 84%)/(25,000 × 40대) + 20,000 × 30대)
> = (87,000,000 + 50,400,000)/1,600,000 → 85.875%
> 효율이 87% 이상(1점), 83~87% 미만(0.9점), 81~83% 미만(0.8점), 79~81% 미만(0.7점), 79 미만(0.6점) 이므로 0.9점을 부여하게 된다.

27 에너지 절약설계 기준 의무사항 중 기계설비 성능지표 부문에서 9번 항목인 공기조화기 팬에 가변속제어 등 에너지절약적 제어방식채택, 12번 항목인 난방 또는 냉난방 순환수펌프의 대수제어 또는 가변속제어 등 에너지절약적 제어방식, 13번 항목인 급수용펌프 또는 가압 급수펌프 전동기에 가변속 제어 등 에너지절약적 제어방식 채택 등에서 공통으로 전체동력의 몇 % 이상일 경우 부여된 점수를 받을 수 있는가?

① 30%   ② 40%

③ 50%   ④ 60%

> 9번 항목인 공기조화기 팬에 가변속제어 등 에너지절약적 제어방식채택, 12번 항목인 난방 또는 냉난방 순환수펌프의 대수제어 또는 가변속제어 등 에너지절약적 제어방식, 13번 항목인 급수용펌프 또는 가압 급수펌프 전동기에 가변속 제어 등은 전체동력의 60% 이상 일 때, 부여된 점수를 받을 수 있다.

29 지하주차장 환기용 팬에 에너지절약적 제어방식 설비 설명 중 틀린 것은?

① 대수제어, 풍량조절제어(가변익, 가변속도), CO 농도 제어 등이 가능하다.

② 지하주차장 팬 전체동력의 60% 이상 적용해야 한다.

③ 근거서류는 장비일람표 및 자동제어계통도이다.

④ 에너지 회수, 재활용을 위해 전열교환기를 설치한다.

> 전열교환기는 거실의 에너지절약적 환기시스템으로 지하주차장에 적합하지 못하다.

정답   26. ①   27. ④   28. ②   29. ④

30 지역난방방식 또는 소형가스열병합발전, 소각로 활용 폐열 시스템 적용에 따른 보상점수 내용 중 맞는 것은?

① 지역난방, 소형가스열병합발전 시스템은 난방설비용량의 60% 이상 적용할 경우 인정

② 지역난방, 소형가스열병합발전 시스템은 난방설비용량의 50% 이상 적용할 경우 인정

③ 지역난방, 소형가스열병합발전 시스템은 냉난방설비용량의 60% 이상 적용할 경우 인정

④ 지역난방, 소형가스열병합발전 시스템은 냉난방설비용량의 50% 이상 적용할 경우 인정

> 지역난방, 소형가스열병합발전, 소각로 활용 폐열 시스템은 난방설비용량의 60% 이상 적용할 경우 인정한다.

31 다음 보기는 중앙식 공기조화설비에 대한 계통도이다. 도면 중 ㉠, ㉡, ㉢, ㉣에 해당되는 설비의 명칭을 기호에 맞게 설명하고 있는 것으로 가장 적합한 것은?

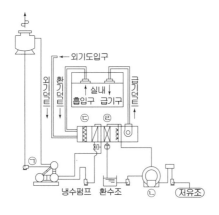

① 냉동기-보일러-공기여과기-공기가열기

② 보일러-냉동기-공기냉각기-공기가열기

③ 냉각탑-보일러-공기가습기-공기여과기

④ 보일러-냉각탑-공기냉각기-공기여과기

> ㉠- 냉동기 ㉡- 보일러 ㉢- 공기여과기 ㉣- 공기가열기

32 다음 중 에너지절약계획 설계 검토서의 기계부문 에너지 성능지표와 배점평가에서 적용여부만을 판단하는 항목으로 가장 부적합한 것은?

① 이코노마이저 시스템 등 외기냉방시스템의 도입

② 기기, 배관 및 덕트단열

③ 열원설비의 대수분할, 비례제어 또는 다단제어 운전

④ 열원실비 및 공조용 송풍기의 우수한 효율설비채택

> 열원설비 및 공조용 송풍기의 우수한 효율설비 채택 (설비별 배점 후 용량가중평균)

33 기계설비부문의 의무사항 4항중 기계부문 10번항목을 0.6점 이상 획득하여야 한다. 냉방용량 산정시 전기대체용으로 인정할 수 없는 것은?

① EHP냉방

② 축냉식 전기냉방

③ 가스 및 유류이용냉방

④ 소형열병합냉방

> 전기대체용으로 인정할 수 있는 냉방
> ① 축냉식 전기냉방
> ② 가스 및 유류이용냉방
> ③ 지역냉방
> ④ 소형열병합냉방 적용
> ⑤ 신재생에너지이용 냉방 적용

34 열원설비 및 공조용 송풍기의 우수한 효율설비 채택 설비별 배점후 용량가중평균, 보일러 및 공조용 송풍기 적용 용량으로 가장 적합한 것은?

① 용량 0.6kW 이상   ② 용량 0.75kW 이상

③ 용량 0.8kW 이상   ④ 용량 0.95kW 이상

> 용량은 0.75kW 이상인 보일러 및 공조용 송풍기 적용

정답   30. ①   31. ①   32. ④   33. ①   34. ②

35 다음 중 에너지절약계획 설계 검토서의 기계부문 에너지 성능지표와 배점평가에서 급탕용보일러의 기본배점을 부여하는 적용여부만을 판단하는 항목으로 가장 적합한 것은?

① 고효율에너지기자재 또는 에너지소비효율 1등급 적용여부
② 신재생에너지기자재 또는 에너지소비효율 1등급 적용여부
③ 에너지절약적 제어방식채택 또는 고효율 에너지기자재 적용여부
④ 신재생에너지기자재 또는 고효율 에너지기자재 적용여부

> 고효율에너지기자재 또는 에너지소비효율 1등급 적용여부 에 따라 기본배점을 부여한다.

37 "건축물의 에너지절약 설계기준"에서 보일러 효율의 기준이 되는 발열량을 맞게 나타낸 것은?
【2015년 국가자격 시험 1회 출제문제】

	유류보일러	가스보일러
①	고위발열량	저위발열량
②	고위발열량	고위발열량
③	저위발열량	고위발열량
④	저위발열량	저위발열량

> 장비일람표에 난방설비 효율(%)을 표기
> 1. 연료가 유류인 경우 보일러 효율 (%) : 저위발열량 기준
> 2. 연료가 가스인 경우 보일러 효율 (%) : 고위발열량 기준

36 다음 중 에너지절약계획 설계 검토서의 기계부문 에너지 성능지표와 배점평가에서 적용여부만을 판단하는 항목으로 가장 부적합한 것은?

① 급탕용보일러
② 급수용펌프 또는 가압급수펌프 전동기에 가변속 제어 등 에너지절약적 제어방식 채택
③ 기계환기설비의 지하주차장 환기용 팬에 에너지절약적 제어방식 설비 채택
④ 축냉식전기냉방, 가스 및 유류이용냉방, 지역냉방, 소형열병합 냉방적용, 신재생에너지 이용냉방적용

> 축냉식전기냉방, 가스 및 유류이용냉방, 지역냉방, 소형열병합 냉방적용, 신재생에너지 이용냉방적용(냉방용량 담당비율 : %)에 따라 배점을 부여한다.

38 다음은 장비일람표의 일부이다. 이 중온수 흡수식 냉동기의 COP는 약 얼마인가?
【2015년 국가자격 시험 1회 출제문제】

장비번호	용도	형식	용량 냉방 kW	냉수 온도 ℃ 입구	출구	유량 1pm	온수 온도 ℃ 입구	출구	유량 1pm
CH1	냉방용	흡수식	527	14	7	1,080	95	55	314

※ 1pm : L/min

① 0.52　　② 0.57
③ 0.60　　④ 0.73

> 냉동기성적계수 = 저열원에서 흡수한 열량/외부에서 공급한 일
> 따라서 저열원에서 흡수한 열량=1080×(14-7) = 7560
> 외부에서 공급한 일 = 314×(95-55) = 12,560
> 그러므로 7,560/12,560 = 0.60

39 용량 3kW, 효율 58%의 급기송풍기 2대와 용량 1kW, 효율 56%의 환기송풍기 4대를 사용하는 경우 아래의 에너지성능지표 기계설비부문 항목에서 획득할 수 있는 배점(b)은? 【2015년 국가자격 시험 1회 출제문제】

[열원설비 및 공조용 송풍기의 우수한 효율설비 채택]

배점(b)				
1점	0.9점	0.8점	0.7점	0.6점
60% 이상	57.5%~60% 미만	55%~57.5% 미만	50%~55% 미만	50% 미만

① 0.9점

② 0.86점

③ 0.85점

④ 0.8점

> 열원설비 및 공조용 송풍기의 우수한 효율설비 채택은 설비별배점후 용량가중평균으로 배점을 부여한다.
> 따라서 3kW×2대×0.9점+1kW×4대×0.8점/3kW×2대+1kW×4대 =0.86점

40 전력피크 부하를 줄이기 위한 에너지성능지표 기계설비부문 10번 항목에 해당하는 냉방방식을 모두 나타낸 것은? 【2015년 국가자격 시험 1회 출제문제】

> ㉠ 지역냉방
> ㉡ 가스이용 냉방
> ㉢ 유류이용 냉방
> ㉣ 소형열병합 냉방
> ㉤ 축냉식 전기냉방
> ㉥ 신재생에너지이용 냉방

① ㉠, ㉡, ㉢, ㉥

② ㉠, ㉡, ㉢, ㉣, ㉤

③ ㉠, ㉡, ㉢, ㉣, ㉥

④ ㉠, ㉡, ㉢, ㉣, ㉤, ㉥

> 에너지성능지표 기계설비부문 10번 항목에 해당하는 냉방방식은 축냉식전기냉방, 가스 및 유류이용냉방, 지역냉방, 소형열병합냉방적용, 신재생에너지이용냉방이므로 ㉠ 지역냉방 ㉡ 가스이용냉방 ㉢ 유류이용냉방 ㉣ 소형열병합 냉방 ㉤ 축냉식전기냉방 ㉥ 신재생에너지이용냉방 모두 포함된다.

정답 39. ② 40. ④

CHAPTER
03

전기분야 도서분석

1 전기설비부문의 의무사항

항 목	채택여부 (제출자 기재)		근거	확 인 (허가권자 기재)	
	채택	미채택		확인	보류
다. 전기설비부문					
① 변압기는 고효율제품으로 설치하였다.(신설 또는 교체 변압기만 해당)					
② 전동기에는 기본공급약관 시행세칙 별표6에 따른 역률개선용커패시터(콘덴서)를 전동기별로 설치하였다.(소방설비용 전동기 및 인버터 설치 전동기는 제외하며, 신설 또는 교체 전동기만 해당)					
③ 간선의 전압강하는 한국전기설비 규정에 따라 설계하였다					
④ 조명기기 중 안정기내장형램프, 형광램프를 채택할 때에는 산업통상자원부 고시 「효율관리 기자재 운용 규정」에 따른 최저소비효율기준을 만족하는 제품을 사용하고, 주차장 조명기기 및 유도등은 고효율제품에 해당하는 LED 조명을 설치하였다.					
⑤ 공동주택의 각 세대내 현관, 숙박시설의 객실 내부입구 및 계단실을 건축 또는 변경하는 경우 조명기구는 일정시간 후 자동 소등되는 조도자동조절 조명기구를 채택하였다.					
⑥ 거실의 조명기구는 부분조명이 가능하도록 점멸회로를 구성하였다.(공동주택 제외)					
⑦ 공동주택 세대별로 일괄 소등 스위치를 설치하였다.(전용면적 60제곱미터 이하의 주택은 제외)					
⑧ 법 제14조의2의 용도에 해당하는 공공건축물로서 에너지 성능지표 전기설비부문 8번 항목 배점을 0.6점 이상 획득하였다. 다만, 「공공기관 에너지이용합리화 추진에 관한 규정」 제6조제3항의 규정을 적용받는 건축물의 경우에는 해당 항목 배점을 1점 획득하여야 한다.					

※ 근거서류 중 도면에 의하여 확인하여야 하는 경우는 도면의 일련번호를 기재하여야 한다.
※ 만약, 미채택이거나 확인되지 않은 경우에는 더 이상의 검토 없이 부적합으로 판정한다. 확인란의 보류는 확인되지 않은 경우이다. 다만, 자료제시가 부득이한 경우에는 당해 건축사 및 설계에 협력하는 해당분야(기계 및 전기) 기술사가 서명·날인한 설치예정확인서로 대체할 수 있다.

① 변압기는 고효율제품으로 설치하였다.(신설 또는 교체 변압기만 해당)

①항 근거서류
• 수변전설비 단선결선도

(1) 근거서류 : 수변전설비 단선결선도

• 변압기 종류 및 성능을 도면에 표기

(2) 근거서류(도면)작성방법

• 도면에 「효율관리기자재 운용규정」에서 정한 고효율 변압기 사용
(표준 소비효율 기준을 만족하는 제품)표기

※ 일반적으로 고효율변압기는 CORE(철심)의 재질을 방향성규소강판(CGO)대신 자구미세화
또는 아몰퍼스로 이루어진 몰드형임

예제문제 01

변압기 중 가장효율이 좋은 변압기는 다음 중 어느 것인가?

① 유입변압기   ② 몰드 변압기

③ 건식변압기   ④ 아몰퍼스 몰드 변압기

해설

아몰퍼스 몰드 변압기는 전력변환장치로서 철심소재를 기존의 방향성 규소강판대신 철과 붕소, 규소 혼합물을 사용한 철심을 적용하여 무부하손(철손)을 기존 규소강판 변압기 대비 75% 이상 절감한 고효율 변압기이다.

답 : ④

예제문제 02

건축물의 에너지절약설계기준 중 권장사항에서 수변전설비는 수전전압 25kV이하의 수전설비에서는 변압기의 ( )손실을 줄이기 위하여 충분한 안전성이 확보된다면 ( )방식을 채택하며 건축물의 규모, 부하특성, 부하용량, 간선손실, 전압강하 등을 고려하여 손실을 최소화할 수 있는 변압방식을 채택한다.

① 무부하, 직접강압   ② 무부하, 간접강압

③ 무효전력, 직접강압   ④ 무효전력, 간접강압

해설

무부하, 직접강압

답 : ①

예제문제 **03**

전기설비부문 중 고효율변압기 설치에 대한 설명중 가장 부적합한 것은 다음 중 어느 것인가?

① 도면에 '변압기는 효율관리기자재 운용규정'에서 정한 고효율 변압기 사용

② 근거서류 : 수변전설비 단선결선도.

③ 표준 소비효율 기준을 만족하는 제품표기

④ 증축 또는 교체변압기만 해당

해설

신설 또는 교체 변압기만 해당된다.

답 : ④

---

② 전동기에는 기본 공급약관 시행세칙 별표6에 따른 역률개선용커패시터(콘덴서)를 전동기별로 설치하였다.(소방설비용 전동기 및 인버터 설치 전동기는 제외하며, 신설 또는 교체 전동기만 해당)

②항 근거서류
• 장비일람표(W/커패시터용량)
• MCC 결선도

(1) 전동기에는 기본 공급약관 시행세칙 별표 6에 따른 역률개선용 커패시터(콘덴서)를 전동기별로 설치하여야 한다. 다만, 소방설비용 전동기 및 인버터 설치 전동기에는 그러하지 아니할 수 있다.

※ 근거서류 : 장비일람표 (W/ 커패시터 용량), MCC 결선도

예 MCC결선도

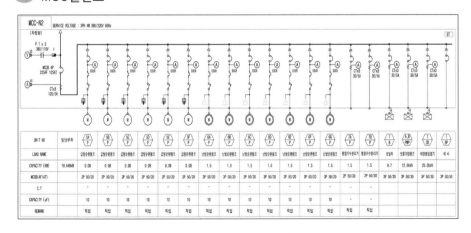

필기 기출문제[16년2회]

"건축물의 에너지절약설계기준" 전기설비부문의 근거서류 중 MCC 결선도를 통해 확인할 수 있는 항목은?

① 변압기 대수제어 가능 뱅크 구성

② 대기전력자동차단콘센트 설치

③ 전동기별 역률개선용 콘덴서 설치

④ 일괄소등스위치 설치

답 : ③

(2) 근거서류(도면)작성방법

도면에 역률개선용 <u>커패시터(콘덴서)</u> 부착여부 표기
- 장비일람표상의 모든 <u>전동기에 대한</u> MCC 결선도 작성과 적정 용량 부착여부 확인

예제문제 04

전기설비 부문 의무사항 중 역률 개선용 커패시터(콘덴서)에 대한 설명 중 가장 적합한 것은?

① 모든 전동기에 콘덴서를 설치하여야 한다.
② 대한 전기협회가 정한 내선규정의 콘덴서부설용량 기준표 외에 국제기준을 적용할 수 있다.
③ 소방설비용 전동기 및 인버터 전동기에는 설치하지 않을 수 있다.
④ 0.3kW 이상의 모든 전동기에 부착하여야 한다.

해설
다만, 소방설비용 전동기 및 인버터 설치 전동기에는 그러하지 아니할 수 있다.

답 : ③

예제문제 05

전기설비 의무사항중 전동기에는 대한전기협회가 정한 내선규정의 역률개선용콘덴서를 전동기별로 설치하여야 한다. 다만, (   )전동기 및 (   )전동기에는 그러하지 아니할 수 있다. 에서 (   )안에 가장 적합한 것은?

① 예비용, 대수제어   ② 소방설비용, 대수제어
③ 예비용, 인버터 설치   ④ 소방설비용, 인버터 설치

해설
소방설비용 / 인버터 설치

답 : ④

예제문제 06

변압기 또는 전동기 등에 역률을 개선시키기 위해 병렬로 접속하는 설비는 무엇인가 가장 적합한 것은?

① 병렬리액터　　　　　　　　② 직렬리액터
③ 직렬콘덴서　　　　　　　　④ 병렬콘덴서

해설

전동기 개별로 역률(유효전력과 피상전력의 비)을 개선하기 위하여 수전단 2차측 및 전동기와 병렬로 시설하는 진상콘덴서를 설치한다.

답 : ④

---

③ 간선의 전압강하는 <u>한국전기설비규정</u>에 따라 설계하였다.

③항 근거서류
• 전압강하계산서
• 전등, 전열설비평면도

(1) 전압강하는 배전선로의 송전단전압 (인입전압)과 수전단전압(부하측전압)과의 차를 말하며, 이 전압강하의 수전단전압에 대한 백분율(%)을 전압강하율이라고 한다. 전압강하는 부하전류에 비례하므로 부하가 증가하면 수전단전압이 내려가고 부하가 감소하면 수전단전압은 올라간다.

※ 근거서류 : 전압강하 계산서

(2) 근거서류(도면)작성방법

1) 한국전기설비규정 KEC 232.3.9 수용가 설비에서의 전압강하에 따라 다른 조건을 고려하지 않은 상태에서 수용가 설비의 인입구와 부하점 사이의 전압강하는 설비의 공칭 전압에 대하여 표 232.3-1의 값 이하이어야 함

[표 232.3-1 수용가설비의 전압강하]

설비의 유형	조명 (%)	기타 (%)
A – 저압으로 수전하는 경우	3	5
B – 고압 이상으로 수전하는 경우a	6	8

a가능한 한 최종회로 내의 전압강하가 A 유형의 값을 넘지 않도록 하는 것이 바람직하다.
사용자의 배선설비가 100 m를 넘는 부분의 전압강하는 미터 당 0.005% 증가할 수 있으나 이러한 증가분은 0.5%를 넘지 않아야 한다.

2) 전압강하 산출방법(한국전기설비규정 해설서)

• 전압강하는 다음 식을 사용하여 정할 수 있음

$$u = b(\rho_1 \frac{L}{S} cos\Phi + \lambda L sin\Phi)I_B$$

u : 전압강하[V]

b : 배선방식에 대한 계수

* 3상 회로일 때는 1, 단상 회로일 때는 2를 사용하고, 30% 이상의 불평형률(단상부하)을 가지는 3상 회로는 단상회로로 간주하여 2를 사용한다(단상 3선식의 경우 1을 사용)

ρ_1 : 통상적인 사용에서 도체의 저항률

L : 배선설비의 직선 길이[m]

S : 도체의 단면적[mm²]

$cos\Phi$: 역률, 정확한 사항을 알고 있지 못한 경우 역률은 0.8($sin\Phi$=0.6)

λ : 도체의 단위길이당 리액턴스이며, 다른 자세한 사항을 알고 있지 못한 경우, 0.08mΩ/m

I_B : 설계전류[A]

3) 옥내배선 등 비교적 전선의 길이가 짧고, 전선이 가는 경우에서 표피효과나 근접효과 등에 의한 도체저항 값의 증가분이나 리액턴스분을 무시해도 지장이 없는 때는 아래 계산식으로 전압강하를 계산할 수 있다.

배전방식	전압강하	비고
단상 2선식	e = 35.6·L·I / 1000A	선간
단상 3선식	e = 17.8·L·I / 1000A	대지간
3상 3선식	e = 30.8·L·I / 1000A	선간
3상 4선식	e = 17.8·L·I / 1000A	대지간

※ e = 전압강하 [V]

I = 부하전류 [A]

L = 전선의 길이 [m]

A = 사용전선의 단면적 [mm²]

사례 어떤 비주거 소형건축물의 분기회로가 다음과 같을 때 전압강하와 전압강하율을 구하고 배점과 평점을 구하시오.(단, 정격전압은 220V 로 본다)

구간		연결부하 특성					CABLE SCHEDULE			전압강하계산	
PANEL BOARD	FROM	배전 방식	배전전압 (V)	거리 (m)		전류 (A)	전류	굵기	허용 전류 (A)	전압 강하 (A)	강하율 (%)
LE-101	전기실	3φ 4W	380/220 V	175	101,755	154.6	F-CV	70/1C×4	190.2	( )	( )
LE-102	전기실	3φ 4W	380/220 V	177	113,250	172.1	F-CV	70/1C×4	190.2	( )	( )
LE-103	전기실	3φ 4W	380/220 V	124	64,350	97.8	F-CV	35/4C×1	112.1	( )	( )

[EPI]

항 목	기본배점 (a)				배점 (b)				
	비주거		주거		1점	0.9점	0.8점	0.7점	0.6점
	대형 (3,000m² 이상)	소형(500~ 3,000m² 미만)	주택 1	주택 2					
간선의 전압강하(%)	1	1	1	1	3.5 미만	3.5~4.0 미만	4.0~5.0 미만	5.0~6.0 미만	6.0~7.0 미만

1. LE-101

   단상3선식, 3상4선식 − e = 17.8 × L(전선길이) × I(정격전류)/1,000 × A(전선의 단면적)

   전압강하 e = 17.8 × L(전선길이) × I(정격전류)/1,000 × A(전선의 단면적)

   $$e = 17.8 × 175 × 154.6/1,000 × 70 = 6.88$$

   전압강하율 δ = e/ Vrn × 100

   $$\delta = 6.88/220 × 100 = 3.13\%$$

2. LE-102

   전압강하 e = 17.8 × L(전선길이) × I(정격전류)/1,000 × A(전선의 단면적)

   $$e = 17.8 × 177 × 172.1/1,000 × 70 = 7.75$$

   전압강하율 δ = e/Vrn × 100

   $$\delta = 7.75/220 × 100 = 3.52\%$$

3. LE-103

   전압강하 e = 17.8 × L(전선길이) × I(정격전류)/1,000 × A(전선의 단면적)

   $$e = 17.8 × 124 × 97.8/1,000 × 35 = 6.17$$

   전압강하율 δ = e/ Vrn × 100

   $$\delta = 6.17/ 220 × 100 = 2.80\%$$

   따라서 배점은 최대 전압강하율인 3.52%를 적용하여 배점0.9점을 적용하게 된다. 평점은 0.9 × 1점 = 0.9점을 받게 된다.

예제문제 **07**

"건축물의 에너지절약설계 기준" 전기설비부문의 의무사항 중 배전방식별 간선의 전압강하 계산식으로 적절하지 않은 것은? (단, A : 전선의 단면적(mm^2), L : 전선 1본의 길이(m), I : 부하기기의 정격전류(A)) 【2016년 2회 국가자격시험】

① 단상 2선식 : 전압강하(V)$= (35.6 \cdot L \cdot I)/(1000 \cdot A)$: 선간

② 단상 3선식 : 전압강하(V)$= (35.6 \cdot L \cdot I)/(1000 \cdot A)$: 대지간

③ 3상 3선식 : 전압강하(V)$= (30.8 \cdot L \cdot I)/(1000 \cdot A)$: 선간

④ 3상 4선식 : 전압강하(V)$= (17.8 \cdot L \cdot I)/(1000 \cdot A)$: 대지간

해설
단상 3선식 : 전압강하(V)$= (17.8 \cdot L \cdot I)/(1000 \cdot A)$: 대지간

답 : ②

예제문제 **08**

수용설비의 전압강하에서 저압으로 수전하는 경우 조명 (㉠)% 기타 (㉡)% 이하로 한다. ( ) 안에 가장 적합한 것은?

① ㉠ 3[%], ㉡ 5[%] ② ㉠ 2[%], ㉡ 3[%]
③ ㉠ 3[%], ㉡ 2[%] ④ ㉠ 3[%], ㉡ 2[%]

해설
수용설비의 전압강하 저압으로 수전하는 경우 조명은 3%, 기타는 5%이다.

답 : ①

예제문제 **09**

전기부문의무사항 중 전선의 전압강하와 관련된 사항 중 가장 부적합한 것은?

① 각 배전반에서 분전반까지 간선들의 전압강하율은 최대값을 만족해야 한다.

② 간선의 전압강하는 전선의 길이 및 부하기기의 정격전류에 비례한다.

③ 근거서류에는 전압강하계산서가 포함된다.

④ 사용자의 배선설비가 60m를 넘는 부분의 전압강하는 미터당 0.005% 증가할 수 있으나 이러한 증가분은 0.5%를 넘지 않아야 한다.

해설
사용자의 배선설비가 100m를 넘는 부분의 전압강하는 미터당 0.005% 증가할 수 있으나 이러한 증가분은 0.5%를 넘지 않아야 한다.

답 : ④

④ 조명기기 중 안정기내장형램프, 형광램프를 채택할 때에는 산업통상자원부 고시 「효율관리 기자재 운용 규정」에 따른 최저소비효율기준을 만족하는 제품을 사용하고, 주차장 조명기기 및 유도등은 <u>고효율 제품에 해당하는 LED 조명</u>을 설치하였다.

④항 근거서류
• 조명기구 상세도

(1) 근거서류

근거서류 : 조명기구상세도

(2) 근거서류(도면)작성방법

도면에 조명기기 사양 및 <u>고효율제품</u> 사용을 표기
• 모든 조명기기의 구성품에 대한 타입, 소비전력, "고효율 인증제품 또는 「효율관리기자재 운용규정」에서 정한 최저소비효율 기준을 만족하는 제품 사용 (에너지소비효율 1등급 제품, 최저소비효율 기준을 만족하는 제품")여부를, 도면에 명시
• 주차장 조명기기 및 유도등은 LED 조명 여부 도면에 명시(고효율 제품 채택)

예제문제 10

에너지절약 설계기준 중 전기설비부문 의무사항관련 4번 항목에서 ( ) 안에 가장 적합한 것은?

> 도면에 조명기기 사양 및 고효율조명기기 사용을 표기하며, 모든 조명기기의 구성품에 대한 타입, 소비전력, "고효율 인증제품 또는 「효율관리 기자재 운용규정」에서 정한 최저소비효율기준을 만족하는 제품 (㉠), (㉡)을 만족하는 제품")여부를 도면에 명시

① ㉠ 에너지소비효율 1등급 제품, ㉡ 최저소비효율기준
② ㉠ 에너지소비효율 1등급 제품, ㉡ 최고소비효율기준
③ ㉠ 에너지소비효율 2등급 제품, ㉡ 표준소비효율
④ ㉠ 에너지소비효율 2등급 제품, ㉡ 최고소비효율기준

해설
도면에 조명기기 사양 및 고효율조명기기 사용을 표기하며, 모든 조명기기의 구성품에 대한 타입, 소비전력, "고효율에너지기자재 인증제품 또는 「효율관리 기자재 운용규정」에서 정한 최저소비효율기준을 만족하는 제품 (㉠ 에너지소비효율 1등급 제품), (㉡ 최저 소비효율기준을 만족하는 제품")여부를 도면에 명시

답 : ①

⑤항 근거서류
• 단위세대(객실) 전등설비 평면도

⑤ 공동주택의 각 세대내의 현관, 숙박시설의 객실 내부입구 및 계단실을 건축 또는 변경하는 경우 조명기구는 일정시간 후 자동 소등되는 제5조제12호마목에 따른 조도자동조절 조명기구를 채택하였다.

(1) 근거서류

※ 단위세대(객실) 전등설비 평면도

마. "조도자동조절조명기구"라 함은 인체 또는 주위 밝기를 감지하여 자동으로 조명등을 점멸하거나 조도를 자동 조절할 수 있는 센서장치 또는 그 센서를 부착한 등기구로서 고효율인증제품 또는 동등 이상의 성능을 가진 것을 말하며, LED센서 등을 포함한다. 단, 백열전구를 사용하는 조도자동조절조명기구는 제외한다.

(2) 근거서류(도면)작성방법

① 도면에 '조도자동조절 조명기구', 종전 고효율 인증기준을 만족하는 제품 사용 표기(「고효율 에너지 기자재 보급 촉진에 관한 규정」에 따라 조도자동조절 조명기구가 인증품목에서 제외, 2018. 1. 1~)
• 조도자동조절 조명기구(센서등) : 인체 또는 주위 밝기를 감지하여 자동으로 점멸하거나 조도를 자동 조절할 수 있는 조명등
• 조도자동조절 조명기구, 비상시 부하에도 백열전구 사용을 금지한다.
• 전체 type의 세대도면을 제출할 것

예제문제 **11**

에너지절약 설계기준 중 전기설비부문 의무사항관련 5번항목인 "공동주택의 각 세대내의 현관, 숙박시설의 객실 내부입구 및 계단실의 조명기구" 설치에 관련된 내용 중 가장 부적합한 것은?

① 인체 또는 주위 밝기를 감지하여 자동적으로 점멸되거나 조도를 자동 조절 할 수 있는 조명등으로 고효율 인증제품을 사용한다.
② 전체 타입의 세대도면을 제출하여야 한다.
③ 조도자동조절 조명기구, 비상시 부하에 백열전구를 사용한다.
④ 조도자동조절조명기구에는 LED센서 등을 포함한다.

해설
조도자동조절 조명기구, 비상시 부하에도 백열전구사용을 금한다.

답 : ③

⑥ 거실의 조명기구는 부분조명이 가능하도록 점멸회로를 구성하였다.(공동주택 제외)

⑥항 근거서류
• 전등설비 평면도

(1) 근거서류

근거서류 : 전등설비 평면도, 설치예정 확인서

(2) 근거서류(도면)작성방법

도면에 조명기구가 부분조명이 가능하도록 점멸회로를 구성하고, 일사광이 들어오는 창측의 전등군은 부분점멸이 가능하도록 설계
• 공동주택은 의무사항이 아님

예제문제 12

전기부문 의무사항 중 거실의 조명기구는 부분조명이 가능하도록 점멸회로를 구성하였다. 에서 의무사항에 해당되지 않는 용도로 가장 적합한 것은?

① 학교　　　　　　　　② 사무실
③ 상점　　　　　　　　④ 공동주택

해설
공동주택은 부분조명이 가능하도록 점멸회로를 구성하는 의무사항에 해당하지 않는다.

답 : ④

---

⑦ 공동주택 세대별로 일괄 소등 스위치를 설치하였다.
　(전용면적 60제곱미터 이하의 주택은 제외)

⑦항 근거서류
• 전등설비 평면도

(1) 근거서류

근거서류 : 전등설비평면도

(2) 근거서류(도면)작성방법

• (공동주택) 세대 유형별로 현관에 일괄소등스위치를 설치, 전용면적 $60m^2$ 이하는 제외(도면에 스위치 위치를 표기)-전체 type의 세대도면을 제출할 것
• 일괄소등 스위치는 전기용품 안전인증을 받은 제품을 설치

예제문제 13

건축물의 에너지절약설계기준 전기부문 의무사항 중 조명설비에 대한 설명으로 가장 부적합한 것은 어느 것인가?

① 조명기기를 채택 할 때에는 고효율 조명기기를 사용하여야 한다.

② 안정기는 해당 형광램프 전용안정기를 사용하여야 한다.

③ 공동주택 각 세대내의 현관 및 숙박시설의 객실 내부입구, 계단실의 조명기구는 인제삼지점밀형 또는 일정시간 후에 자동 소등되는 조도자동조절조명기구를 채택하여야 한다.

④ 건축물에는 층별, 구역별 또는 세대별로 일괄적 소등이 가능한 일괄소등스위치를 설치하여야 한다. 다만, 실내 조명설비에 자동제어설비를 설치한 경우와 전용면적 70제곱미터 이하인 주택의 경우, 숙박시설의 각 실에 카드키시스템으로 일괄소등이 가능한 경우에는 그러하지 않을 수 있다.

해설

공동주택 세대형별로 현관에 일괄소등스위치를 설치하여야 한다. 다만, 60제곱미터 이하인 경우는 제외

답 : ④

예제문제 14

건축물의 에너지절약설계기준 전기부문 의무사항 중 세대별로 일괄소등스위치를 설치하였다. 에서 제외 대상에 해당되는 것은?

① 실내조명 자동제어 설비를 설치하는 경우

② 전용면적 60제곱미터 이하의 주택

③ 카드키 시스템으로 일괄소등이 가능한 경우

④ 고효율에너지 인증제품에 해당하는 LED 조명설치

해설

세대별로 일괄적 소등이 가능한 일괄소등스위치를 설치하여야 한다. 다만, 전용면적 60제곱미터 이하인 주택인 경우는 제외

답 : ②

예제문제 15

"건축물의 에너지절약설계기준"에서 전기설비부문 의무사항 8가지 항목으로 가장 부적합한 것은? 【13년 1급】

① 간선의 전압강하 규정 준수
② 대기전력자동차단장치 설치
③ 공동주택 세대별로 일괄소등스위치 설치
④ 변압기의 신설 또는 교체시 고효율변압기의 설치

해설

대기전력 자동차단장치 설치는 전기설비부문 의무사항에 해당되지 않는다.
(법의 개정으로 의무사항에서 삭제되었다.)

답 : ②

예제문제 16

다음 보기는 공동주택 전용면적 $85m^2$형 단위세대에 적용된 전기설비 항목이다. "건축물의 에너지절약설계기준"에 따른 전기설비부문 의무사항에 해당하는 것을 모두 고른 것은? 【2019년 5회 국가자격시험】

〈보 기〉

가. 조도자동조절조명기구   나. LED조명
다. 일괄소등스위치   라. 조명스위치
마. 대기전력자동차단콘센트   바. 온도조절기
사. 도어폰(대기전력저감우수제품)

① 가, 나, 다, 마   ② 가, 다, 마, 사
③ 가, 다   ④ 가, 나, 다, 라, 마, 바, 사

해설

단위세대 적용 → 가. 조도자동조절조명기구
　　　　　　　　다. 일괄소등스위치
　　　　　　　　마. 대기전력 자동차단콘센트 (법의 개정으로 삭제)
LED조명 → 주차장 조명기기 및 유도등은 고효율에너지 기자재 인증제품에 해당하는 LED조명 설치

답 : ③

⑧항 근거서류
• BEMS 시스템 구성도
• 원격검침 설비계통도

⑧ 법 제14조의2의 용도에 해당하는 공공건축물로서 에너지성능지표 전기설비 부문 8번 항목 배점을 0.6점 이상 획득하였다. 다만, 「공공기관 에너지이용 합리화 추진에 관한 규정」 제6조제3항의 규정을 적용받는 건축물의 경우에는 해당 항목 배점을 1점 획득하여야 한다.

(1) 근거서류 : • BEMS 시스템 구성도 • 원격검침 설비계통도 및 시스템구성도

(2) 근거서류(도면) 작성 방법

- BEMS 시스템 구성도 제출 및 [별표12]의 설치 기준에 따른 구성 시스템 구성내용을 도면에 표기
- 건축물에 상시 공급되는 에너지원 중 <u>전자식 원격검침계량기</u>가 설치되는 에너지원의 계통도 또는 흐름도 제출

2 전기설비부문의 에너지 성능지표

항목	기본배점 (a)				배점 (b)					평점 (a*b)	근거
	비주거		주거		1점	0.9점	0.8점	0.7점	0.6점		
	대형 (3,000㎡ 이상)	소형 (500~3,000㎡ 미만)	주택 1	주택 2							
1. 거실의 조명밀도(W/㎡)	9	8	8	8	8 미만	8~ 11 미만	11~ 14 미만	14~ 17 미만	17~ 20 미만		
2. 간선의 전압강하(%)	1	1	1	1	3.5 미만	3.5~ 4.0 미만	4.0~ 5.0 미만	5.0~ 6.0 미만	6.0~ 7.0 미만		
3. 최대수요전력 관리를 위한 최대수요전력 제어설비	2	1	1	1	적용 여부						
4. 실내 조명설비에 대해 군별 또는 회로별 자동제어설비를 채택	1	1	–	–	전체 조명전력의 40%이상 적용 여부						
5. 옥외등은 LED 조명을 사용하고 격등 조명(또는 조도조절기능) 및 자동 점멸기에 의한 점소등이 가능하도록 구성	1	1	1	1	적용 여부 (고효율제품인 경우 배점)						
6. 층별 또는 구역별로 일괄소등스위치 설치	1	1	–	–	설치 여부						
7. 층별 및 임대 구획별로 전력량계를 설치	1	2	–	–	층별 1대 이상 및 임대구획별 전력량계 설치 여부						
8. 건축물에너지관리시스템(BEMS) 또는 건축물에 상시 공급되는 에너지원(전력, 가스, 지역난방 등)별로 전자식 원격검침계량기 설치	3	3	2	2	별표 12에 따른 BEMS 설치	–	3개 이상 에너지원별 전자식 원격검침 계량기 설치	2개 에너지원별 전자식 원격검침 계량기 설치	1개 에너지원 전자식 원격검침 계량기 설치		
9. 역률자동 콘덴서를 집합 설치할 경우 역률자동조절장치를 채택	1	1	1	1	적용 여부						
10. 대기전력자동차단장치를 통해 차단되는 콘센트의 거실에 설치되는 전체 콘센트 개수에 대한 비율	2	2	2	2	80% 이상	70%이상 ~80%	60%이상 ~70%	50%이상 ~60%	40%이상 ~50%		
11. 승강기 회생제동장치 설치비율	2	1	–	–	전체 승강기 동력의 60% 이상에 회생제동장치 설치 여부						
전기설비부분 소계											

전기설비부문

1. 거실의 조명밀도 (W/m²)

(1) 근거서류 및 도면 작성방법

항 목	근거서류	근거서류(도면 작성방법)

조명밀도	· 조명밀도 계산서
	· 전등설비 평면도
		· 층별 거실 천장면의 평균조명밀도(W/m²)를 계산하여 제출
		  – 조명밀도(W/m²) – 모든 용도의 해당 거실에 적용된 조명기구의 총소비전력(W) ÷ 바닥면적(m²)
		  – 건축물에 적용된 LED등의 60% 이상이 고효율 제품인 경우 배점 신청 가능

(2) 에너지 성능 지표에서의 거실의 조명밀도 산출 방법

① 층별 거실 천장면의 평균조명밀도(W/m²)를 계산하여 제출
  · 조명밀도(W/m²) = 모든 용도의 해당 거실에 적용된 조명기구의 총 소비전력(W) ÷ 바닥면적(m²)
  · 적용비율계산서에 건축물명기재, 기술사 날인
② 제5조제10호 가목에 따른 거실의 정의
  건축물 안에서 거주(단위 세대 내 욕실·화장실·현관을 포함한다)·집무·작업·집회·오락 기타 이와 유사한 목적을 위하여 사용되는 방을 말하나, 특별히 이 기준에서는 거실이 아닌 냉방 또는 난방공간 또한 거실에 포함한다.

예제문제 17

다음의 거실과 관련된 그림에 나타난 실(공간)의 단위면적당 조명밀도(W/m²)로 가장 적합한 것은? 【13년 2급】

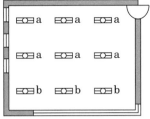

항목	내용
실(공간)의 면적	60m²
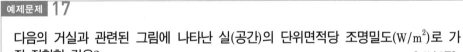 a	FL32W×2
b	FL28W×2

① 8.2 ② 9.0
③ 9.2 ④ 10.2

해설
64W × 6 + 56W × 3 = 552W
조명밀도 552W/60m² = 9.2

답 : ③

업무용 건축물의 설계를 다음 표와 같이 변경하였다. 에너지소비총량제에 따른 1차 에너지소요량(kWh/m²·년) 및 에너지성능지표 획득 평점 합계의 변화로 가장 적절한 것은?　　　【2020년 6회 국가자격시험】

〈설계변경 내역〉

변경항목	변경 전	변경 후
난방기기 효율 향상	고효율 인증제품 (효율 92%)	고효율 인증제품 (효율 95%)
냉방기기 효율 향상	에너지소비효율 1등급제품 (정격COP 3.5)	에너지소비효율 1등급제품 (정격COP 3.9)
거실의 조명 부하 저감 (조명밀도)	7.9W/m²	5W/m²
	*에너지성능지표 전기설비부문 1번항목(조명밀도) 배점(b) 1점 기준 : 8W/m² 미만	
외벽의 단열 성능 향상 (평균열관류율)	0.379W/m²·K	0.330W/m²·K
	*에너지성능지표 건축부문 1번항목(외벽의 평균열관류율) 중부1지역 배점(b) 1점 기준: 0.380W/m²·K 미만	

	1차에너지 소요량	에너지성능지표 평점합계
①	감소	상승
②	감소	하락
③	감소	변화없음
④	변화없음	상승

해설

	1차에너지 소요량	에너지 성능지표 평점 합계
①	감 소	변화없음 (1점 → 1점)
②	감 소	변화없음 (0.9점 → 0.9점)
③	감 소	변화없음 (1점 → 1점)
④	감 소	변화없음 (1점 → 1점)

답 : ③

예제문제 | 19

비주거 소형 건축물의 조명밀도 산출시 평점으로 가장 적합한 것은 다음 중 어느 것인가?

구 분	면 적	조명전력	조명밀도
업무공간	300m²	3500W	
회의실	100m²	1200W	
휴게실	200m²	2000W	
오락실	50m²	250W	

(EPI)

항 목	기본배점 (a)				배점 (b)				
	비주거		주거		1점	0.9점	0.8점	0.7점	0.6점
	대형 (3,000m² 이상)	소형 (500~3,000m² 미만)	주택 1	주택 2					
1. 제5조제10호가목에 따른 거실의 조명밀도 (W/m²)	9	8	8	8	8 미만	8~11 미만	11~14 미만	14~17 미만	17~20 미만

① 8.0점　　　　　　　　② 7.2점
③ 6.4점　　　　　　　　④ 5.6점

해설

건축물 안에서 거주(단위 세대 내 욕실·화장실·현관을 포함한다)·집무·작업·집회·오락 기타 이와 유사한 목적을 위하여 사용되는 방을 말하나, 특별히 이 기준에서는 거실이 아닌 냉방 또는 난방공간 또한 거실에 포함한다.

구 분	면적	조명전력	조명밀도
업무공간	300m²	3500W	11.6W/m²
회의실	100m²	1200W	12.0W/m²
휴게실	200m²	2000W	10.0W/m²
오락실	50m²	250W	5.0W/m²

평균조명밀도 = 6950W/650m² = 10.69W/m²
배점 0.9 × 8점(소형건축물배점) = 7.2점(평점)

답 : ②

2. 간선의 전압강하(%)

(1) 근거서류 및 도면 작성방법

항 목	근거서류	근거서류(도면 작성방법)
간선의 전압강하(%)	· 전압강하 계산서	· 간선의 전압강하율의 최댓값이 기준에 적합하도록 전압강하율 산정(개별 배점별로 확인) – 수용가설비의 인입구와 부하점 사이 각 간선들의 전압강하율 적용하며, 기타 전압강하를 기준으로 배점평가

(2) 에너지 성능 지표에서의 간선의 전압강하(%) 산출 방법

① 간선의 전압강하율의 최대값이 기준에 적합하도록 전압강하율 산정(개별 배점별로 확인)
② 제5조제12호 다목에 따른 전압강하의 정의
   인입전압(또는 변압기 2차 전압)과 부하측 전압과의 차를 말하며 저항이나 인덕턴스에 흐르는 전류에 의하여 강하하는 전압을 말한다.

예제문제 20

간선의 전압강하가 아래와 같을 때, 에너지성능지표 전기설비부문 2번 항목의 평점을 산정할 때 적용하여야 할 전압강하율로 가장 적합한 것은?

전압강하	전압강하율(%)
3.96	1.80
3.15	1.43
1.41	0.64
7.21	3.28

① 1.80%
② 1.43%
③ 3.28%
④ 0.64%

해설
전압강하율 중 가장 높은 비율이 평점산정의 근거가 된다.

답 : ③

예제문제 21

에너지절약 설계기준 중 전기설비부문 관련 "간선의 전압강하"와 관련된 내용 중 가장 부적합한 것은?

① 간선의 전압강하율이 최댓값이 기준에 적합하도록 전압강하율 산정
② 기술사 날인은 반드시 하여야 한다.
③ 간선의 전압강하는 전선의 길이 및 부하기기의 정격전류에 비례하고, 전선의 단면적에 반비례하므로 전압강하율이 내선규정보다 큰 경우 전선의 단면적을 크게 해야 한다.
④ 전압강하계산서에 건축물명 기재

해설

전압강하계산서에 건축물명 기재, 기술사 날인을 하여야 한다는 사항은 법의 개정으로 삭제되었다.

답 : ②

예제문제 22

변압기 2차전압과 부하측전압과의 차를 의미하는 말이며 저항이나 인덕턴스에 흐르는 전류에 의하여 발생하는 것을 무엇이라 하는가?

① 전압변동률　　　　② 전압강하율
③ 전압강하　　　　　④ 페란티현상

해설

변압기 2차 전압과 부하측 전압과의 차를 의미하는 말이며 저항이나 인덕턴스에 흐르는 전류에 의하여 발생하는 것을 전압강하라 한다.

답 : ③

예제문제 23

어떤 비주거 소형건축물의 분기회로가 다음과 같을 때 전압강하와 관련하여 평점을 구한 것으로 가장 적합한 것은? (단, 정격전압은 220V로 가정하여 계산한다.)

구 간		연결부하 특성					CABLE SCHEDULE			전압강하계산	
PANEL BOARD	FROM	배전 방식	배전 전압 (V)	거리 (m)	연결 부하	전류 (A)	전류	굵기	허용 전류(A)	전압 강하(A)	강하율 (%)
LE-101	전기실	3φ 4W	380/ 220V	175	101,755	154.6	F-CV	70/1C×4	190.2	( )	( )

(EPI)

항 목	기본배점 (a)				배점 (b)				
	비주거		주거		1점	0.9점	0.8점	0.7점	0.6점
	대형 (3,000m² 이상)	소형(500~ 3,000m² 미만)	주택 1	주택 2					
2. 간선의 전압강 하(%)	1	1	1	1	3.5 미만	3.5~4.0 미만	4.0~5.0 미만	5.0~6.0 미만	6.0~7.0 미만

① 0.6점 ② 0.8점
③ 0.9점 ④ 1.0점

해설

1. LE-101

   단상3선식, 3상4선식- e = 17.8 × L(전선길이) × I(정격전류)/1,000 × A(전선의 단면적)

   전압강하 e = 17.8 × L(전선길이) × I(정격전류)/1,000 × A(전선의 단면적)

   　　　e = 17.8× 175 × 154.6/1,000 × 70= 6.88

   전압강하율 δ = e/ Vrn × 100

   　　　δ = 6.88/ 220 × 100 = 3.13%

   따라서 평점은 1점 ×1점 = 1점이 된다.

   <u>답 : ④</u>

예제문제 24

에너지절약 설계기준 중 전기설비부문 에너지성능지표에서 변압기를 대수제어가 가능하도록 뱅크 구성하는 적용 건물과 관련된 내용 중 가장 부적합한 것은?

① 전력사용 용도별로 변압기를 구분하고 대수제어가 가능하도록 뱅크 구성한다.

② 수변전설비 단선결선도와 전력자동제어 설비계통도는 근거서류에 포함된다.

③ 비주거중 대형 3,000m² 이상 건축물에 적용한다.

④ 전등/전열, 동력, 냉방용 등으로 구분하고 같은 용도 3개 이상 설치된 변압기간 연계제어 적용여부로 평점을 부여한다.

─────────────────────────────

해설

전등/전열, 동력, 냉방용 등으로 구분하고 같은 용도 2대이상 설치된 변압기간 연계제어 적용여부에 따라 평점을 부여한다.

답 : ④

3. 최대수요전력 관리를 위한 최대수요전력 제어설비

(1) 근거서류 및 도면 작성방법

항 목	근거서류	근거서류(도면 작성방법)
최대수요전력 관리를 위한 최대수요전력 제어설비	수변전설비 단선결선도 또는 전력자동제어설비 계통도	· 도면에 최대수요전력 제어설비 계통 표기 – 단순 Peak 경보 기능은 인정불가 – 최대 수요전력의 감시뿐만 아니라, peak Cut 등 제어프로그램이 가능해야 인정

(2) 에너지 성능 지표에서의 최대수요 전력 관리를 위한 최대수요전력 제어설비 산출 방법

① 도면에 최대수요전력 제어설비 계통 표기

  • 단순 Peak 경보 기능은 인정불가

  • 최대 수요전력의 감시뿐만 아니라, peak Cut 등 제어프로그램이 가능해야 인정

② 최대수요전력 제어설비의 정의

  수용가에서 일정 기간 중 사용한 전력의 최대치를 말하며, "최대수요전력제어설비"라 함은 수용가에서 피크전력의 억제, 전력 부하의 평준화 등을 위하여 최대수요전력을 자동제어 할 수 있는 설비를 말한다.

예제문제 25

최대수요전력관리 방법 중 아래 그림과 같은 방법을 무엇이라 하는가?

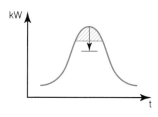

① Flexible Load Shape   ② Strategic-Conservation
③ Peak Cut   ④ Load Valley Filling

해설
최대수요전력관리에서 peak cut은 최대수요전력의 감시뿐만 아니라 peack cut 등 제어프로그램이 가능해야 인정한다.

답 : ③

4. 실내 조명설비에 대해 군별 또는 회로별 자동제어설비를 채택

(1) 근거서류 및 도면 작성방법

항 목	근거서류	근거서류(도면 작성방법)
실내 조명설비에 대해 군별 또는 회로별 자동제어 설비를 채택	· 조명자동제어설비 계통도 및 시스템 구성도 · 적용비율계산서	· 도면에 자동제어방식 및 설비표기 – 거실조명부하의 40% 이상 적용시 인정 – 조명부하 계산서 첨부

(2) 에너지 성능 지표에서의 실내 조명설비에 대해 군별 또는 회로별 자동제어 설비를 채택 도면 작성 방법

① 도면에 자동제어방식 및 설비표기
  • 건물전체 조명부하의 40% 이상 적용시 인정
  • 조명부하 계산서 첨부
② 비주거형 건축물에 적용시 EPI점수 배점

다음 표는 건축물 조명전력 현황을 나타낸 것이다. 해당 건축물에서 에너지성능지표 전기설비부문 5번 항목(실내 조명자동제어설비를 채택)의 배점획득을 위해 적용해야 할 최소 조명전력은?

〈건축물 조명전력 현황〉

층	실내 조명전력(kW)
지하1층	15
지상1층	30
지상2층	30
지상3층	30
지상4층	30
지상5층	15
합 계	150

① 45kW   ② 60kW
③ 75kW   ④ 90kW

해설 전기설비부문 5. 실내조명설비에 대해 군별 또는 회로별 자동제어 설비를 채택에서 배정을 부여 받을 수 있는 조건은 전체 조명 전력의 40% 이상 적용 여부이므로 최소 조명 전력은 150kw×0.4=60kw 이다.

정답 : ②

예제문제 26

전기부문 에너지 성능지표검토서중 "실내조명설비에 대해 군별 또는 회로별 자동제어설비를 채택"할 경우 건물전체 조명부하의 몇 % 이상의 설비를 적용 시 인정을 받을 수 있는가?

① 10% ② 20%
③ 30% ④ 40%

해설

실내조명설비에 대해 군별 또는 회로별 자동제어설비를 채택할 경우 거실 조명부하의 40% 적용시 인정한다.

답 : ④

---

5. 옥외 등은 LED 램프를 사용하고 격등 조명(또는 조도조절기능) 및 자동 점멸기에 의한 점 소등이 가능하도록 구성

(1) 근거서류 및 도면 작성방법

항 목	근거서류	근거서류(도면 작성방법)
옥외 등은 LED 램프를 사용하고 격등 조명(또는 조도조절기능) 및 자동 점멸기에 의한 점소등이 가능하도록 구성	옥외등 설비 평면도	· 도면에 '고효율 제품' 과 '격등회로 구성' 및 '자동점멸기에 의한 점 · 소등' 표기 – 옥외등 : 고효율에너지 기자재인증제품 또는 에너지소비효율 1등급 제품인 LED 램프 적용 – 자동점소등방식 : 광센서방식, 타이머방식, 조명자동제어 시스템방식

(2) 에너지 성능 지표에서의 옥외 등은 LED 램프를 사용하고 격등 조명(또는 조도조절기능) 및 고효율제품과 자동 점멸기에 의한 점 소등이 가능하도록 구성 도면작성방법

① '도면에 점소등' 표기 '고효율기자재 인증제품' 과 '격등회로 구성' 및 '자동점멸기에 의한 점 · 소등' 표기

　· 옥외등 : 고효율 에너지 기자재 인증제품 또는 에너지소비효율 1등급 제품인 LED램프 적용

　· 자동점 · 소등방식 : 광센서방식, 타이머방식, 조명자동제어 시스템방식

예제문제 27

"건축물의 에너지절약설계기준" 에너지성능지표 전기설비부문 6번 항목(옥외등) 배점획득과 관련된 요소로 가장 적절하지 <u>않은</u> 것은?　【2019년 5회 국가자격시험】

① 고효율에너지기자재인증 LED램프 적용

② 격등 조명회로 구성

③ 자동점멸기에 의한 점소등이 가능하도록 구성

④ 옥외등 개별접지방식 구성

해설

6번 항목 옥외등은 고휘도 방전램프(HID램프) 또는 LED 램프를 사용하고 격등조명과 자동점멸기에 의한 점소등이 가능하도록 구성
　→ 광센서방식, 타이머방식, 조명자동제어 시스템방식
④ 옥외등 개별접지방식 구성 ×

답 : ④

6. 층별 또는 구역별로 일괄소등스위치 설치

(1) 근거서류 및 도면 작성방법

항 목	근거서류	근거서류(도면 작성방법)
층별 또는 구역별로 일괄소등스위치 설치	• 전등설비평면도	• 비주거 건축물에 층별 또는 구역별로 일괄소등스위치를 설치(도면에 스위치 위치를 표기)한 경우 인정 - 층별로 일괄소등스위치를 설치하거나, 효율적 에너지절약을 위해 층별 전체 조명을 제어할 수 있는 구역별 일괄소등스위치를 설치한 경우도 인정 가능 - 숙박시설의 각 실에 카드키시스템으로 일괄소등이 가능한 경우에는 일괄소등스위치를 설치한 것으로 인정 - 실내조명 자동제어 설비를 채택하여 에너지성능지표 전기부문 4번의 점수를 획득하는 경우는 해당 설비가 적용된 층 또는 구역은 일괄소등스위치를 설치한 것으로 인정 • 일괄소등스위치는 전기용품 안전인증을 받은 제품을 설치

(2) 에너지성능지표에서의 층별 또는 구역별로 도면 작성 방법

① 비주거 건축물에 층별 또는 구역별로 일괄소등스위치를 설치(도면에 스위치 위치를 표기)한 경우 인정

- 층별로 일괄소등스위치를 설치하거나, 효율적 에너지절약을 위해 층별 전체 조명을 제어할 수 있는 구역별 일괄소등스위치를 설치한 경우도 인정 가능
- 숙박시설의 각 실에 카드키시스템으로 일괄소등이 가능한 경우에는 일괄소등 스위치를 설치한 것으로 인정
- 실내조명 자동제어 설비를 채택하여 에너지성능지표 전기부문 4번의 점수를 획득하는 경우는 해당 설비가 적용된 층 또는 구역은 일괄소등스위치를 설치한 것으로 인정

② 일괄소등스위치는 전기용품 안전인증을 받은 제품을 설치

7. 층별 및 임대 구획별로 전력량계를 설치

(1) 근거서류 및 도면 작성방법

항 목	근거서류	근거서류(도면 작성방법)
층별 및 임대 구획별로 전력량계를 설치	· 전력 간선 계통도 (전력량계 포함)	· 도면에 층별 및 임대 구획별로 적산전력량계 설치 여부 표기 - 임대건물의 경우 층별, 임대 구획별 전력량계 (kwh) 설치시 인정 - 임대건물외의 경우 층별 전력량계 설치시 인정

(2) 에너지 성능 지표에서의 층별 및 임대 구획별로 전력량계를 설치 도면작성 방법

① 도면에 층별 및 임대 구획별로 적산전력량계설치 여부 표기

- 임대건물의 경우 층별, 임대 구획별 전력량계(kwh) 설치시 인정
- 임대건물외의 경우 층별 전력량계 설치시 인정

② 비주거형 건축물에 층별 및 임대구획별로 전력량계를 설치시 EPI점수 획득 가능

● 예 전력량계

전자식 전력량계	기계식 전력량계

예제문제 28

전기부문 에너지 성능지표검토서중 "건축물에 층별 및 임대 구획별 전력량계 설치"
내용 중 가장 적합한 것은?

① 주거, 비주거 모두 배점 가능
② 단위세대는 각 세대별 전력량계 설치
③ 임대건물의 경우 층별, 임대구획별 전력량계(kwh) 설치시 인정
④ 전력량계 및 가스미터, 수도미터도 인정

해설
• 도면에 층별 및 임대구획별로 적산 전력량계 설치 여부 표기
• 근거서류 : 전력간선계통도(W/계량기)
• 임대건물의 경우 층별, 임대 구획별 전력량계(kwh) 설치시 인정
• 임대건물외의 경우 층별 전력량계 설치시 인정

답 : ③

8. 건물에너지관리 시스템(BEMS) 또는 건축물에 상시 공급되는 에너지원
(전력, 가스, 지역난방 등)별로 전자식원격검침계량기 설치

(1) 근거서류 및 도면 작성방법

항 목	근거서류	근거서류(도면 작성방법)
건물에너지관리 시스템(BEMS) 또는 건축물에 상시 공급되는 에너지원(전력, 가스, 지역난방 등)별로 전자식원격검침 계량기 설치	· BEMS 시스템 구성도 · 원격검침 설비 계통도 및 시스템 구성도	· BEMS 시스템구성도 제출 및 [별표12]의 설치 기준에 따른 구성 시스템 구성내용을 도면에 표기 · 건축물에 상시 공급되는 에너지원 중 전자식원격검침계량기가 설치되는 에너지원의 계통도 또는 흐름도 제출

"건축물 에너지효율등급 인증 및 제로에너지건축물 인증기준"에 따라 건축물 에너지 효율 1++등급 기준을 만족하고 에너지자립률을 20 % 이상 달성하였다. 다음 보기 중에서 이 건축물이 제로에너지건축물 인증을 취득하기 위해 필요한 조치로 적절한 것을 모두 고른 것은?

【2018년 국가자격 4회 출제문제】

㉠ 에너지원별 원격검침전자식계량기 설치
㉡ 에너지사용량 목표치 설정 및 관리
㉢ 1종 이상의 에너지용도에 사용되는 설비의 자동제어 연동
㉣ 2종 이상의 에너지용도와 3종 이상의 에너지 원단위에 대한 에너지소비 현황 및 증감 분석
㉤ 에너지사용량이 전체의 10% 이상인 모든 열원설비 기기별 성능 및 효율 분석

① ㉠, ㉡, ㉢
② ㉠, ㉢, ㉣
③ ㉠, ㉡, ㉢, ㉣
④ ㉠, ㉡, ㉢, ㉤

해설
㉣ 2종 이상의 에너지용도와 3종 이상의 에너지 원단위에 대한 에너지소비 현황 및 증감 분석 - 2종 이상의 에너지원단위와 3종이상의 에너지용도에 대한 에너지소비현황 및 증감분석
㉤ 에너지사용량이 전체의 10% 이상인 모든 열원설비 기기별 성능 및 효율 분석
 - 에너지사용량이 전체의 5% 이상인 모든 열원설비 기기별 성능 및 효율 분석

답 : ①

(2) 에너지 성능 지표에서의 건물에너지 관리 시스템(BEMS) 또는 건축물에 상시 공급되는 에너지원(전략, 가스, 지역 난방 등) 별로 전자식원격검침계량기 설치시 도면 작성 방법

① BEMS 시스템구성도 제출 및 [별표12]의 설치 기준에 따른 구성 시스템 구성내용을 도면에 표기
② 건축물에 상시 공급되는 에너지원 중 전자식원격검침계량기가 설치되는 에너지원의 계통도 또는 흐름도 제출

[별표12] 건물에너지관리시스템(BEMS) 설치 기준

	항 목	설치 기준
1	일반사항	BEMS 운영방식(자체/외주/클라우드 등), 주요설비 및 BAS와 연계운영 등 BEMS 설치 일반사항 정의
2	시스템 설치	관제점 일람표 작성, 데이터 생성방식 및 태그 생성 등 비용효과적인 BEMS 구축에 필요한 공통사항 정의
3	데이터 수집 및 표시	대상건물에서 생산 · 저장 · 사용하는 에너지를 에너지원별(전기/연료/열 등)로 데이터 수집 및 표시
4	정보감시	에너지 손실, 비용 상승, 쾌적성 저하, 설비 고장 등 에너지관리에 영향을 미치는 관련 관제값 중 5종 이상에 대한 기준값 입력 및 가시화
5	데이터 조회	일간, 주간, 월간, 년간 등 정기 및 특정 기간을 설정하여 데이터를 조회
6	에너지소비 현황 분석	2종 이상의 에너지원단위와 3종 이상의 에너지용도에 대한 에너지소비 현황 및 증감 분석
7	설비의 성능 및 효율 분석	에너지사용량이 전체의 5%이상인 모든 열원설비 기기별 성능 및 효율 분석
8	실내외 환경 정보 제공	온도, 습도 등 실내외 환경정보 제공 및 활용
9	에너지 소비 예측	에너지사용량 목표치 설정 및 관리
10	에너지 비용 조회 및 분석	에너지원별 사용량에 따른 에너지비용 조회
11	제어시스템 연동	1종 이상의 에너지용도에 사용되는 설비의 자동제어 연동

ⓔ BEMS 시스템 구성

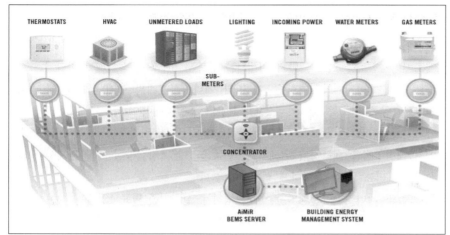

"에너지관리시스템 설치확인업무 운영규정"에 따라 건물에너지관리시스템 설치계획 검토 및 설치확인 시 항목별 최소 평점 이상을 획득하기 위한 평가 내용으로 가장 적절하지 않은 것은?

① 에너지소비량 예측 : 에너지사용량 목표치 설정 및 관리
② 제어시스템 연동 : 주요 에너지용도에 사용하는 설비 중 1종 이상 설비의 자동제어 연동
③ 데이터 수집 및 표시 : 대상 건물에서 생산·저장·사용하는 에너지를 에너지원별(전기/연료/열 등), 3개 이상의 용도별로 데이터 수집 및 표시
④ 계측기 관리 : 모든 계측기의 장비 이력 및 검교정 현황 파악

해설 ④ 계측기관리: 에너지 사용량이 전체의 50% 이상인 모든 열원설비 기기별 성능 및 효율을 분석한다.

정답 : ④

예제문제 29

전기부문 에너지 성능지표검토서 중 건물관리자가 사용자의 쾌적하고 기능적인 업무환경을 효율적으로 유지, 보전하기 위해 ICT기술을 이용하여 합리적인 건물에너지 사용이 가능하도록 구현하는 건물에너지 제어, 관리, 경영 통합 시스템에 대한 용어로 가장 적합한 것은?

① FMS ② BIM
③ BEMS ④ APFR

해설

BEMS(Building Energy Management System)
건물관리자가 사용자의 쾌적하고 기능적인 업무환경을 효율적으로 유지, 보전하기 위해 ICT기술을 이용하여 합리적인 건물에너지 사용이 가능하도록 구현하는 건물에너지 제어, 관리, 경영 통합 시스템을 말한다.

답 : ③

예제문제 **30**

건물에너지관리시스템(BEMS)에 대한 설명으로 가장 적절한 것은?

【2019년 5회 국가자격시험】

① 제로에너지건축물 인증을 받기 위해서는 반드시 BEMS를 설치해야 한다.
② "건축물의 에너지절약설계기준"에 따라 에너지절약계획 설계 검토서 제출 대상 인 모든 공공 건축물에는 의무적으로 BEMS를 설치해야 한다.
③ 에너지성능지표 전기설비부문 8번 항목(BEMS 또는 원격검침전자식계량기 설치) 에서 배점 1점을 획득하기 위해서는 "건축물의 에너지절약설계기준"에서 정하는 설치기준(별표 12)에 적합하게 설치해야 한다.
④ "건축물의 에너지절약설계기준"에서 정하는 설치기준(별표 12)에는 '2종 이상의 에너지 원단위와 1종 이상의 에너지용도에 대한 에너지소비 현황 및 증감 분석' 이 포함된다.

──────────────────

해설

에너지성능지표 전기설비부문 8번 항목(BEMS 또는 원격검침전자식계량기 설치)에서 배점 1 점을 획득하기 위해서는 "건축물의 에너지절약설계기준"에서 정하는 설치기준(별표 12)에 적합하게 설치해야 한다.
[건축물 에너지 관리시스템(BEMS) 설치기준]
1. 데이터 수집 및 표시
2. 정보감시
3. 데이터 조회
4. 에너지 소비현황분석
5. 설비의 성능 및 효율분석
6. 실내환경정보제공
7. 에너지소비 예측
8. 에너지 비용 조회 및 분석
9. 제어 시스템 연동

답 : ③

9. 역률개선용 콘덴서를 집합 설치할 경우 역률자동조절장치를 채택

(1) 근거서류 및 도면 작성방법

항 목	근거서류	근거서류(도면 작성방법)
역률개선용 콘덴서를 집합 설치할 경우 역률자동조절장치를 채택	수변전 설비 단선 결선도	· 역률개선용콘덴서로 집합설치할 경우 역률자동조절장치 채택시 배점부여 · 도면에 역률 자동조절장치(APFR) 설치 여부 표기

(2) 에너지 성능 지표에서의 역률개선용 콘덴서를 집합 설치할 경우 역률자동 조절장치를 채택 도면 작성 방법

역률개선용 콘덴서를 집합 설치할 경우 역률자동조절장치(APFR)를 채택시 EPI점수 획득 가능

※ APFR(Automatic Power Factor Regulator)

APFR은 지상(lagging) 또는 진상(leading)전류를 조정함으로써 역률을 일정하게 유지시키기 위해 설계된 기기이며, 회로내의 무효전력을 연속적으로 감시하고, 콘덴서 뱅크의 차단기를 제어하기 위한 ON/OFF 신호를 자동적으로 주도록 설계되어 진상 또는 지상 부하의 상황에 맞게 콘덴서를 투입·차단시킴으로써 역률을 제어한다.

예제문제 31

전기부문 에너지 성능지표검토서중 지상(lagging) 또는 진상(leading)전류를 조정함으로써 역률을 일정하게 유지시키기 위해 설계된 기기이며, 회로내의 무효전력을 연속적으로 감시하고, 콘덴서 뱅크의 차단기를 제어하기 위한 ON/OFF 신호를 자동적으로 주도록 설계되어 진상 또는 지상 부하의 상황에 맞게 콘덴서를 투입·차단시킴으로써 역률을 제어하는 용어로 가장 적합한 것은?

① FMS   ② BIM

③ BEMS   ④ APFR

해설 APFR(Automatic Power Factor Regulator)

APFR은 지상(lagging) 또는 진상(leading)전류를 조정함으로써 역률을 일정하게 유지시키기 위해 설계된 기기이며, 회로내의 무효전력을 연속적으로 감시하고, 콘덴서 뱅크의 차단기를 제어하기 위한 ON/OFF 신호를 자동적으로 주도록 설계되어 진상 또는 지상 부하의 상황에 맞게 콘덴서를 투입·차단시킴으로써 역률을 제어한다.

답 : ④

예제문제 32

전기설비부문의 수변전설비의 도면에서 사용되는 범례와 주기사항으로 가장 적합하게 표시된 것은?　　　【13년 1급】

① 　MOF　　전화용 국선단자함

② 　OCB　　진공차단기

③ 　🜂　　　3구용 콘센트

④ 　APFR　　역률자동조정장치

해설　APFR(Automatic Power Factor Regulator) : 역률자동조정장치

① 　MOF　：전력수급용 계기용 변성기

② 　OCB　：유입차단기

③ 　🜂　：전력용 콘덴서

답 : ④

예제문제 33

다음 중 전기관련 건축물 수변전 설비 도면에서 　APFR　 은 무엇을 나타내는가?　　　【13년 2급】

① 고효율 변압기　　　　　　　　② 최대수요전력제어장치

③ 역률자동조정장치　　　　　　 ④ 전력용 콘덴서

해설

APFR(Automatic Power Factor Regulator)

APFR은 지상(lagging) 또는 진상(leading)전류를 조정함으로써 역률을 일정하게 유지시키기 위해 설계된 기기이며, 회로내의 무효전력을 연속적으로 감시하고, 콘덴서 뱅크의 차단기를 제어하기 위한 ON/OFF 신호를 자동적으로 주도록 설계되어 진상 또는 지상 부하의 상황에 맞게 콘덴서를 투입·차단시킴으로써 역률을 제어한다.

답 : ③

10. 대기전력 자동 차단장치를 통해 차단되는 콘센트의 거실에 설치되는 전체 콘센트 개수에 대한 비율

(1) 근거서류 및 도면 작성방법

항목	근거서류	근거서류(도면 작성방법)
대기전력 자동 차단장치를 통해 차단되는 콘센트의 거실에 설치되는 전체 콘센트 개수에 대한 비율	・전열설비 평면도 ・적용비율계산서	・도면에 '대기전력자동차단장치는 산업통상자원부고시「대기전력저감프로그램운용규정」에 따른 대기전력저감 우수제품으로 적용' 명기 ・적용비율 (%) = 대기전력자동 차단 콘센트 또는 대기 전력자동차단스위치를 통해 차단되는 콘센트(개수) ÷ 전체 콘센트(개수)×100 － 전체콘센트 개수는 거실에 설치되는 콘센트만을 대상으로 개수산정(주차장, 기계실 등은 제외)

(2) 에너지 성능 지표에서의 대기전력 자동 차단장치를 통해 차단되는 콘센트의 거실에 설치되는 전체 콘센트 개수에 대한 비율도면 작성방법

① 도면에 '대기전력자동차단장치는 산업통상자원부고시「대기전력저감프로그램운용규정」에 따른 대기전력저감 우수제품으로 적용' 명기

② 적용비율(%) = 대기전력자동 차단 콘센트 또는 대기 전력자동차단스위치를 통해 차단되는 콘센트(개수) ÷ 전체 콘센트(개수) × 100

・ 전체콘센트 개수는 거실에 설치되는 콘센트만을 대상으로 개수산정(주차장, 기계실 등은 제외)

에너지성능지표 전기설비부문의 각 항목 채택 시 기대효과로 가장 적절하지 않은 것은?

① 대기전력자동차단장치 : 24시간 연속적으로 사용하는 전열설비에 적용할 경우 대기전력 저감 효과를 극대화할 수 있다.

② 역률자동조절장치 : 진상 또는 지상 부하의 상황에 맞게 역률을 제어하여 설비용량 여유를 증가시킬 수 있다.

③ 최대수요전력 제어설비 : 효율적인 최대수요 전력 관리가 가능하다.

④ 전자식원격검침계량기 : 에너지사용량을 실시간으로 모니터링이 가능하여 효율적인 에너지관리가 가능하다.

해설 ① 대기전력 자동 차단 장치: 사용하지 않는 기기에서 소비하는 대기전력을 저감하기 위하여 대기전력 저감 우수제품으로 등록된 대기전력 자동차 단 콘센트, 대기전력 자동차단 스위치를 말한다.

정답 : ①

예제문제 **34**

비주거 소형건축물의 대기 자동차단 콘센트비율이 다음과 같을 때, 대기전력 자동차단 콘센트의비율을 구하고, 비율에 의한 배점과 평점을 구하시오.

구 분	일반콘센트	대기전력 자동 차단콘센트	대기전력 자동 차단 콘센트 비율	비고
업무공간	100EA	100EA	50%	대기전력저감 우수제품
회의실1	50EA	40EA	44%	대기전력저감 우수제품
휴게실	20EA	15EA	43%	일반제품
컴퓨터실	20EA	20EA	50%	대기전력저감 우수제품
오락실	10EA	5EA	33%	일반제품

(EPI)

항 목	기본배점 (a)				배점 (b)				
	비주거		주거		1점	0.9점	0.8점	0.7점	0.6점
	대형 (3,000m² 이상)	소형 (500~ 3,000m² 미만)	주택 1	주택 2					
12. 제5조제11호카목에 따른 대기전력자동차단 장치를 통해 차단되는 콘센트의 전체 콘센트 개수에 대한 비율	2	2	2	2	80% 이상	70% 이상 ~80%	60% 이상 ~70%	50% 이상 ~60%	40% 이상 ~50%

① 1점   ② 1.2점
③ 1.4점   ④ 1.6점

─────────────────────────────────

해설

대기전력 자동차단 콘센트의 경우 대기전력저감우수제품으로 인증 받은 콘센트를 적용하여야 한다.

구 분	일반콘센트	대기전력 자동 차단콘센트	대기전력 자동 차단 콘센트 비율	비고
업무공간	100EA	100EA	50%	대기전력저감 우수제품
회의실	50EA	40EA	44%	대기전력저감 우수제품
휴게실	20EA	15EA	43%	일반제품
컴퓨터실	20EA	20EA	50%	대기전력저감 우수제품
오락실	10EA	5EA	33%	일반제품
계	200EA	180EA		

1. 적용비율(%) = 대기전력 자동 차단콘센트 또는 대기전력 차단스위치를 통해 차단되는 콘센트(개수) / 전체콘센트개수 × 100
전체콘센트개수 = 200+180개
대기전력저감우수제품 = 160개
따라서 160/380×100% = 42.11%이므로 배점은 0.6점을 받는다. 비주거소형의 경우 기본배점은 2점이므로
평점은 2×0.6점 = 1.2점을 받게 된다.

답 : ②

11. 승강기 회생제동장치 설치비율

(1) 근거서류 및 도면 작성방법

항목	근거서류	근거서류(도면 작성방법)
승강기 회생제동 장치 설치비율	・승강기 장비일람표 ・전열설비평면도 등 ・적용비율계산서	・승강기 장비일람표에 승강기 설치대수, 전동기 동력 및 승강기 회생제동장치 설치 여부 표시 제출 – 적용비율(%) = 회생제동장치 적용 승강기 동력의 합계 ÷ 전체 승강기 동력의 합계 × 100 – 승강기는 「승강기 안전관리법 시행규칙」 별표 1에 따른 "전기식 엘리베이터"를 말함

(2) 에너지 성능 지표에서의 승강기 회생제동장치 설치비율 도면 작성방법

① 승강기 장비일람표에 승강기 설치대수, 전동기 동력 및 승강기 회생제동장치 설치 여부 표시 제출

- 적용비율(%) = 회생제동장치 적용 승강기 동력의 합계 ÷ 전체 승강기 동력의 합계 × 100
- 승강기는 「승강기 안전관리법 시행규칙」 별표 1에 따른 "전기식 엘리베이터"를 말함

예제문제 35

"건축물의 에너지절약설계기준" 중 "대기전력저감프로그램운용규정"에 의한 안전인증을 취득한 제품으로 적합한 것은? 【17년 3회 국가자격시험】

① 대기전력 자동 차단 장치　　　② 자동절전멀티탭

③ 대기전력 저감형 도어폰　　　④ 일괄소등스위치

해설

일괄소등스위치 : 대기전력 저감 우수 등록 제품에 해당하지 않는다.

→ 「전기용품 안전관리법」 제3조에 의한 안전인증을 취득한 제품

답 : ④

03 종합예제문제

전기관련

1 건축물에너지 절약 계획서 전기설비부문의 의무사항에 해당되지 않는 항목으로 가장 적합한 것은?

① 고효율 변압기 설치　　　　② 간선의 전압강하 준수
③ 간선의 전압강하 준수　　　　④ 최대수요전력제어설비 설치

전기설비부문의 의무사항

항 목	채택여부 (제출자 기재)		근거	확 인 (허가권자 기재)	
	채택	미채택		확인	보류
다. 전기설비부문					
① 변압기는 고효율제품으로 설치하였다.(신설 또는 교체 변압기만 해당)					
② 전동기에는 기본 공급 약관 시행세칙 별표6에 따른 역률개선용커패시터 (콘덴서)를 전동기별로 설치하였다.(소방설비용 전동기 및 인버터 설치 전동기는 제외하며, 신설 또는 교체 전동기만 해당)					
③ 간선의 전압강하는 한국설비규정에 따라 설계하였다					
④ 조명기기 중 안정기내장형램프, 형광램프를 채택할 때에는 산업통상자원부 고시 「효율관리 기자재 운용 규정」에 따른 최저소비효율기준을 만족하는 제품을 사용하고, 주차장 조명기기 및 유도등은 고효율제품에 해당하는 LED 조명을 설치하였다.					
⑤ 공동주택의 각 세대내 현관, 숙박시설의 객실 내부입구 및 계단실을 건축 또는 변경하는 경우 조명기구는 일정시간 후 자동 소등되는 조도자동조절 조명기구를 채택하였다.					
⑥ 거실의 조명기구는 부분조명이 가능하도록 점멸회로를 구성하였다.(공동주택 제외)					
⑦ 공동주택 세대별로 일괄소등스위치를 설치하였다.(전용면적 60제곱미터 이하의 주택은 제외)					
⑧ 법 제14조의2의 용도에 해당하는 공공건축물로서 에너지 성능지표 전기설비 부문 8번 항목 배점을 0.6점 이상 획득하였다. 다만, 「공공기관 에너지이용 합리화 추진에 관한 규정」제6조제3항의 규정을 적용받는 건축물의 경우 에는 해당 항목 배점을 1점 획득하여야 한다.					

2 비주거 소형 건축물의 조명밀도 산출시 EPI 배점으로 옳은 것은?

항 목	기본배점 (a)				배점 (b)					평점 (a*b)	근거
	비주거		주거								
	대형 (3,000m² 이상)	소형 (500~ 3,000m² 미만)	주택 1	주택 2	1점	0.9점	0.8점	0.7점	0.6점		
거실의 조명밀도 (W/m²)	9	8	8	8	8미만	8~11 미만	11~14 미만	14~17 미만	17~20 미만		

구 분	면 적	조명전력
업무공간	300m²	3500W
회의실	100m²	1200W
휴게실	200m²	2000W
재활용창고	50m²	250W

① 8점   ② 6.4점

③ 5.6점   ④ 4.8점

건축물 안에서 거주(단위 세대 내 욕실·화장실·현관을 포함한다)·집무·작업·집회·오락 기타 이와 유사한 목적을 위하여 사용되는 방을 말하나, 특별히 이 기준에서는 거실이 아닌 냉방 또는 난방공간 또한 거실에 포함한다.

구 분	면적	조명전력	조명밀도
업무공간	300m²	3500W	11.6W/m²
회의실	100m²	1200W	12.0W/m²
휴게실	200m²	2000W	10.0W/m²
재활용창고	50m²	250W	계산 미포함

평균조명밀도 = 6700W/600m² = 11.16W/m²
가중치 0.8 × 8점(소형건축물배점) = 6.4점

정답 2. ②

3 어떤 비주거 소형건축물의 분기회로가 다음과 같을 때 LE-102실의 전압강하와 전압강하율로 가장 적합한 것은? (단, 정격전압은 220V로 본다.)

구간		연결부하 특성					CABLE SCHEDULE			전압 강하계산	
PANEL BOARD	FROM	배전 방식	배전전압 (V)	거리 (m)		전류 (A)	전류	굵기	허용 전류 (A)	전압 강하 (A)	강하율 (%)
LE-101	전기실	3φ 4W	380/5220V	175	101,755	154.6	F-CV	70/1C×4	190.2	( )	( )
LE-102	전기실	3φ 4W	380/220V	177	113,250	172.1	F-CV	70/1C×4	190.2	( )	( )
LE-103	전기실	3φ 4W	380/220V	124	64,350	97.8	F-CV	35/4C×1	112.1	( )	( )

① 전압강하 : 7.75 전압강하율 : 3.52%
② 전압강하 : 6.68 전압강하율 : 3.13%
③ 전압강하 : 6.17 전압강하율 : 2.80%
④ 전압강하 : 7.15 전압강하율 : 3.25%

LE-102
전압강하 $e = 17.8 \times L(전선길이) \times I(정격전류)/1,000 \times A(전선의\ 단면적)$
$e = 17.8 \times 177 \times 172.1/1,000 \times 70 = 7.75$
전압강하율 $\delta = e/Vrn \times 100$
$\delta = 7.75/220 \times 100 = 3.52\%$

4 다음 중 건축물의 에너지 절약설계기준에서 전기설비부문 의무사항 8가지 항목으로 가장 부적합한 것은?

① 부분조명이 가능하도록 점멸회로 구성
② 조도자동조절 조명기구 설치
③ 역률개선용 콘덴서 설치
④ 층별 및 임대구획별로 전력량계를 설치

층별 및 임대구획별로 전력량계를 설치하는 것은 전기설비부문 에너지성능지표 7번항목에 해당된다.

5 다음 중 건축물의 에너지 절약설계기준에서 전기설비부문 의무사항 8가지 항목으로 가장 부적합한 것은?

① 간선의 전압강하 준수
② 일괄소등 스위치 설치
③ 역률자동 차단 장치 설치
④ 고효율 변압기 설치

역률자동 차단 장치 설치는 전기설비부문 에너지성능지표 9번 항목에 해당된다.

정답 3. ① 4. ④ 5. ③

6 다음 중 건축물의 에너지 절약설계기준에서 전기설비부문 의무사항 8가지 항목으로 가장 부적합한 것은?

① 일괄소등스위치 설치
② 간선의 전압강하 준수
③ 조명기기는 고효율조명기기 사용
④ 대기전력저감우수 제품 채택

대기전력저감우수제품은 에너지성능지표부문에서 공동주택의 경우 도어폰과 홈게이트웨이의 경우에 해당한다.

7 다음의 거실과 관련된 그림에 나타난 실(공간)의 단위 면적당 조명밀도(W/m²)로 가장 적합한 것은?

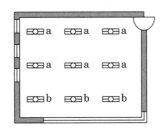

항목	내용
실(공간)의 면적	90m²
▭ a	FL30W×2
▭ b	FL60W×2

① 8.0　　　　② 9.0
③ 9.7　　　　④ 10.5

60W × 6 +120W × 3 = 720W
조명밀도 720W/90m² = 8.0

8 에너지절약 설계기준 중 전기설비부문 관련 의무사항 3번 항목인 "간선의 전압강하"와 관련된 내용 중 가장 적합한 것은?

① 저압배선 중의 전압강하는 간선 및 분기회로에서 각각 표준 전압의 2% 이하로 설계함을 원칙으로 한다.
② 전압강하 판정기준은 배선의 길이가 60m를 초과하는 경우부터 이다.
③ 간선의 전압강하는 전선의 길이 및 부하기기의 정격전류에 비례하고, 전선의 단면적에 반비례하므로 전압강하율이 내선규정보다 큰 경우 전선의 단면적을 크게 해야 한다.
④ 전기사용장소 안에 시설한 변압기에 의하여 공급되는 경우에 간선의 전압강하는 2% 이하로 할 수 있다.

①, ②, ③은 법의 개정으로 삭제되었다.

9 에너지 성능지표검토서 중 실내조명설비에 대해 군별 또는 회로별 자동제어설비를 채택할 경우 건물전체 조명부하의 몇 % 이상이 설비를 적용시 인정을 받을 수 있는가?

① 10%　　　　② 20%
③ 30%　　　　④ 40%

실내조명설기에 대해 군별 또는 회로별 자동제어설비를 채택할 경우 건물전체 조명부하의 40% 적용시 인정한다.

10 다음 중 전기관련 의무사항 중 전기용 안전인증을 받은 제품을 설치하여야 될 용도는?

① 사무실　　　　② 학교
③ 기숙사　　　　④ 공동주택

공동주택에서 일괄소등스위치는 전기용품 안전인증을 받은 제품을 설치하여야 한다.

11 다음 중 전기관련 에너지성능지표 BEMS 또는 에너지 용도별 미터링 시스템 설치시 배점부여시 에너지용도별로 계측시스템 구성에 반영하여야 할 항목에 해당되지 않는 것은?

① 난방　　　　　　② 환기
③ 조명　　　　　　④ 급수

BEMS 또는 에너지 용도별 미터링 시스템 설치시 배점부여는 난방, 냉방, 급탕, 환기, 조명, 전열 등 에너지용도별로 계측시스템 구성을 반영하여 평점을 부여한다.

12 간선의 전압강하가 아래와 같을 때, 에너지성능지표 전기설비부문 2번 항목의 평점을 산정할 때 근거가 되는 값은?

전압강하[V]	전압강하율[%]
5.96	2.71
3.65	1.66
0.43	0.19
7.91	3.60

① 2.04%　　　　　② 0.19%
③ 3.60%　　　　　④ 8.16%

전압 강하율 중 가장 높은 비율이 평점 산정의 근거가 된다.

13 에너지절약 설계기준 중 전기설비부문 의무사항관련 7번 항목인 "공동주택의 일괄소등스위치" 설치에 관련된 내용 중 가장 부적합한 것은?

① 공동주택 세대 타입별로 현관에 일괄소등 스위치를 설치한다.
② 세대별로 일괄소등스위치를 설치한다.
③ 공동주택 세대 타입별로 현관에 일괄 소등스위치를 설치, 전용면적 $60m^2$ 이하는 설치면적에서 제외된다.
④ 일괄소등스위치는 대기전력저감우수제품을 사용한다.

일괄소등 스위치는 전기용품 안전인증을 받은 제품을 설치한다.

14 간선의 전압강하가 아래와 같을 때 에너지성능지표에 따라 간선의 전압강하율을 적용할 때 전압강하의 값은?

구간		전압(V)	전압 강하	
인입부	부하측		e[V]	e[%]
배전반	분전반	220	2.08	0.95
배전반	분전반	220	4.37	1.99
배전반	분전반	220	3.16	1.43

① 0.95%　　　　　② 1.43%
③ 1.99%　　　　　④ 2.93%

전압강하는 인입전압(또는 변압기 2차 전압)과 부하측 전압과의 차를 말한다. 위 표에서는 인입부와 부하측의 전압강하의 수치가 가장 높은 배전방에서 분전반까지의 값을 적용해야 한다.

15 에너지절약 설계기준 중 전기설비부문 의무사항과 관련된 내용으로 가장 부적합한 것은?

① 인체 또는 주위 밝기를 감지하여 자동적으로 점멸되거나 조도를 자동 조절 할 수 있는 조명등으로 고효율에너지 기자재 인증제품을 사용한다.
② 조명기구는 필요에 따라 부분조명이 가능하도록 점멸회로를 구분하여 설치하여야하며, 공동주택을 제외하고 일사광선이 들어오는 창측의 전등군은 부분점멸이 가능하도록 점멸회로를 설치하여야 한다.
③ 변압기는 효율관리기자재에 따른 고효율 변압기를 설치하였다.
④ 소방설비용전동기 및 인버터설치에 역률개선용콘덴서를 설치하였다.

전동기별로 설치하여야 한 소방설비용 전동기 및 인버터 설치 전동기에는 역률개선용콘덴서를 설치하지 않아도 된다.

정답　11. ④　12. ③　13. ④　14. ③　15. ④

16 에너지절약 설계기준 중 전기설비부문 의무사항과 관련된 내용으로 항목별 근거서류의 연결이 가장 부적합한 것은?

① 고효율변압기설치 – 수변전 단선결선도
② 거실의 조명기구는 부분조명이 가능하도록 점멸회로를 구성 – 전등설비평면도
③ 간선의 전압강하는 대한 한국전기설비규정에 따라 설계 – 전압강하 계산서
④ 세대별로 일괄소등스위치를 설치하였다. – 조명기구 상세도

> 세대별로 일괄소등 스위치를 설치하였다– 전등설비 평면도

17 다음 중 전기관련 에너지성능지표 6번 항목 "옥외등은 LED 램프를 사용하고 격등 조명과 자동 점멸기에 의한 점소등이 가능하도록 구성"에서 자동 점소등 방식에 해당하지 않는 것은?

① 광센서 방식
② 타이머 방식
③ 조명자동제어 시스템 방식
④ 스케줄제어 방식

> 역률개선용 콘덴서를 설치하지 않아도 된다.

18 대기전력 차단 콘센트 비율 계산 결과 값으로 옳은 것은?

구 분	일반 콘센트	대기전력 자동 차단콘센트	대기전력 자동 차단 콘센트 비율	비고
업무 공간	100EA	100EA	50%	대기전력 저감 우수제품
회의실	50EA	25EA	33%	일반제품
휴게실	20EA	10EA	33%	일반제품
컴퓨터실	20EA	20EA	33%	대기전력 저감 우수제품
오락실	10EA	5EA	33%	일반제품

① 20%
② 25%
③ 30%
④ 33%

> 대기전력 자동차단장치중 대기전력자동차단 콘센트의 경우 대기전력저감 우수제품으로 인증 받은 콘센트를 적용하여야 한다.
> 120/360 × 100% = 33%

19 에너지 성능지표검토서 중 건물의 에너지 사용량 파악 및 시간대별 환경변수(외기, 습기 등)를 종합분석하고, 이를 바탕으로 설비(냉/난방기, 가스 등) 의 사전에 시뮬레이션 함으로써 건물에너지를 절감할 수 있는 시스템을 무엇이라고 하는가?

① FMS
② BIM
③ BEMS
④ APFR

> BEMS(Building Energy Management System)
> 건물의 에너지 사용량 파악 및 시간대별 환경변수(외기, 습기 등)를 종합 분석하고, 이를 바탕으로 설비(냉/난방기, 가스 등)의 사전에 시뮬레이션함으로써 건물에너지를 절감할 수 있는 시스템을 말한다.

20 에너지절약 설계기준 중 전기설비부문 의무사항과 관련된 내용으로 가장 부적합한 것은?

① 거실의 조명기구는 부분조명이 가능하도록 점멸회로를 구성하였다.
② 공동주택의 각 세대 내의 현관 및 숙박시설의 객실 내부 입구 조명기구는 일정시간 후 자동 소등되는 조도자동조절 조명기구를 채택하였다.
③ 세대별로 일괄소등 스위치를 설치하였다.
④ 조명기기를 채택할 때에는 에너지 소비효율등급 1등급 제품을 채택하여야 한다.

> 조명기기를 채택할 때에는 고효율조명기기를 사용하고, 안정기는 해당 형광램프 전용 안정기를 선택하며, 주차장 조명기기 및 유도등은 고효율제품에 해당하는 LED 조명을 설치하여야 한다.

정답 16. ④ 17. ④ 18. ④ 19. ③ 20. ④

21 에너지 절약 설계기준 중 전기설비부문 의무사항관련 5번 항목인 "공동주택의 각 세대내의 현관, 숙박시설의 객실 내부입구 및 계단실의 조명기구" 설치에 관련된 내용 중 가장 부적합한 것은?

① 인체 또는 주위 밝기를 감지하여 자동적으로 점멸되거나 조도를 자동 조절 할 수 있는 조명등으로 고효율에너지 기자재 인증제품을 사용한다.

② 전체 타입의 세대도면을 제출하여야 한다.

③ 조도자동조절 조명기구, 비상시 부하에 백열전구를 사용한다.

④ 조도자동조절조명기구에는 LED센서 등을 포함한다.

> 조도자동조절 조명기구, 비상시 부하에도 백열전구사용을 금한다.

22 에너지 성능지표검토서중 전압강하 계산식으로서 가장 적합한 것은? (단, 3상3선식일 때)

① (17.8 × 전선길이 × 부하기기의 정격전류)
/(1,000 × 전선의 단면적)

② (30.8 × 전선길이 × 부하기기의 정격전류)
/(1,000 × 전선의 단면적)

③ (40.8 × 전선길이 × 부하기기의 정격전류)
/(1,000 × 전선의 단면적)

④ (50.8 × 전선길이 × 부하기기의 정격전류)
/(1,000 × 전선의 단면적)

> 전압강하 계산식
> (17.8 × 전선길이 × 부하기기의 정격전류)/
> (1,000 × 전선의 단면적) – 3상4선식
> (30.8 × 전선길이 × 부하기기의 정격전류)/
> (1,000 × 전선의 단면적) – 3상3선식

23 다음 표를 참고하여 주택1 건축물의 조명밀도 산출 값으로 가장 적합한 것은?

구 분	면적	조명전력
거실	30m²	300W
침실1	30m²	250W
화장실	15m²	140W
공동주택 주출입구	10m²	70W

① 8.94   ② 9.2
③ 9.16   ④ 10

> 건축물 안에서 거주(단위 세대 내 욕실·화장실·현관을 포함한다)·집무·작업·집회·오락 기타 이와 유사한 목적을 위하여 사용되는 방을 말하나, 특별히 이 기준에서는 거실이 아닌 냉방 또는 난방공간 또한 거실에 포함한다.
>
> | 구 분 | 면적 | 조명전력 | 조명밀도 |
> |---|---|---|---|
> | 거실 | 30m² | 300W | 10W/m² |
> | 침실1 | 30m² | 250W | 8.33W/m² |
> | 화장실 | 15m² | 140W | 9.33W/m² |
> | 조명밀도 | | | 9.2W/m² |

24 에너지 성능지표검토서 중 전기설비부문에 관한 설명으로 가장 부적합한 것은?

① 층별 및 임대 구획별로 전력량계를 설치 – 층별 1대이상 및 임대구획별 전력량계 설치 여부

② 역률자동 콘덴서를 집합 설치할 경우 역률자동조절장치를 채택 – 설계도면에 '역률자동조절장치(APFR : Automatic Power Factor Regulator)설치여부 표기

③ 홈게이트웨이 – 자동제어시스템을 채택

④ 옥외 등 – 고효율 조명기기적용여부

> 홈게이트웨이를 대기전력저감우수제품으로 채택시의 적용여부를 판단하여 주택부분에서 1점을 부여한다. 는 법의 개정으로 삭제되었다.

25 대기전력 자동차단 콘센트 배점시 최소 설치 비율을 고르시오. (단, 에너지성능지표 적용시)

① 30% 이상　　　　　② 40% 이상
③ 50% 이상　　　　　④ 60% 이상

항　목	기본배점 (a)				배점 (b)				
	비주거		주거						
	대형 (3,000m² 이상)	소형 (500 ~ 3,000m² 미만)	주택 1	주택 2	1점	0.9 점	0.8 점	0.7 점	0.6 점
12. 제5조 제11호카목에 따른 대기전력자동차단장치를 통해 차단되는 콘센트의 전체 콘센트 개수에 대한 비율	2	2	2	2	80% 이상	70% 이상 ~80%	60% 이상 ~70%	50% 이상 ~60%	40% 이상 ~50%

26 다음 중 전기관련 건축물 수변전 설비 도면에서 ⚡ 은 무엇을 나타내는가?

① 전력수급용 계기용변성기
② 유입차단기
③ 역률자동조정장치
④ 전력용콘덴서

① MOF : 전력수급용 계기용 변성기
② OCB : 유입차단기
③ APFR : 역률자동조정장치
④ ⚡ : 전력용 콘덴서

27 고효율 조명기기 설치시 근거서류로 가장 적합한 것은?

① 조명기구 상세도　　　② 전등설비 평면도
③ 설치예정확인서　　　④ 적용비율계산서

고효율조명기기설치시 근거서류는 조명기구상세도이다.

28 전기부문 의무사항 중 거실의 조명기구는 부분조명이 가능하도록 점멸회로를 구성하였다. 에서 의무사항에 해당되지 않는 용도로 가장 적합한 것은?

① 사무실　　　　　② 연립주택
③ 상점　　　　　④ 학교

연립주택은 공동주택에 해당되므로 의무사항에 해당되지 않는다.

29 다음 중 에너지절약계획 설계검토서의 전기부문 에너지성능지표에서 다음 중 기본배점이 가장 높은 것은? (단, 비주거의 대형인 경우임)

① 거실의 조명밀도
② 최대수요전력제어설비 설치
③ BEMS 설치
④ 간선의 전압강하

① 거실의 조명밀도(9점)
② 최대수요전력제어설비 설치(2점)
③ BEMS 설치(3점)
④ 간선의 전압강하(1점)

정답　25. ②　26. ④　27. ①　28. ②　29. ①

30 "건축물의 에너지절약 설계기준"의 에너지성능지표 전기설비부문 항목 중 기본배점이 가장 큰 항목은? (단, 비주거 대형의 경우)

【2015년 국가자격 시험 1회 출제문제】

① 간선의 전압강하율　　　　　　　　　② 역률자동조절장치 채택
③ 대기전력자동차단콘센트 설치비율　　④ 거실의 조명밀도

---

① 간선의 전압강하율 : 1점 배점
② 역률자동조절장치 채택 : 1점 배섬
③ 대기전력자동차단 콘센트설치비율 : 2점 배점
④ 거실의 조명밀도 : 9점 배점

---

31 건축물의 거실에 설치되는 콘센트 현황이 아래 표와 같을 때, 에너지성능지표의 대기전력자동차단콘센트 적용배점(b)은?

【2015년 국가자격 시험 1회 출제문제】

단위 : 개(EA)

구분	대기전력자동차단콘센트		일반형 콘센트
	대기전력저감 우수제품 미적용	대기전력저감 우수제품 적용	
회의실	0	20	20
휴게실	10	0	10
업무공간	0	30	30

① 0.6점　　　　　　　　　　② 0.7점
③ 0.8점　　　　　　　　　　④ 0.9점

적용비율(%) = 대기전력 자동 차단콘센트 또는 대기전력 차단스위치를 통해 차단되는 콘센트(개수)/전체콘세트개수 × 100

전체콘센트개수 = 10+50+60=120개

대기전력저감우수제품 = 50개

따라서 50/120×100% = 41.67%이므로 배점은 0.6점을 받는다.

EPI)

항 목	기본배점 (a)				배점 (b)				
	비주거		주거		1점	0.9점	0.8점	0.7점	0.6점
	대형 (3,000m² 이상)	소형(500~ 3,000m² 미만)	주택 1	주택 2					
12. 제5조제11호카목에 따른 대기전력자동차단장치를 통해 차단되는 콘센트의 전체 콘센트 개수에 대한 비율	2	2	2	2	80% 이상	70% 이상 ~80%	60% 이상 ~70%	50% 이상 ~60%	40% 이상 ~50%

---

* 비주거 소형 건축물의 1층 평면도를 참조하여 32~34번 문항에 답하시오.

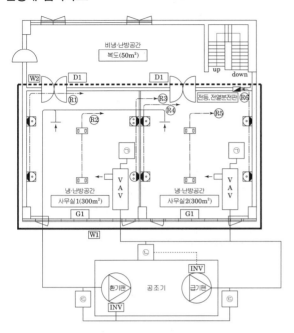

1층 (건축, 기계, 전기)설비 평면도

심벌	명칭
접지형 콘센트 2P 250V 15A-2구
대기전력자동차단콘센트-1구(대기전력저감우수제품)
시스템 박스 : 접제형콘센트 2P 250V 15A-2구
—·—	바닥매입 전열설비 배관 배선
——	외기 직접면하는 부위 W1
—·—·—	외기 간접면하는 부위 W2

32 "건축물의 에너지절약설계기준"에 따른 에너지성능지표의 대기전력자동차단콘센트 적용비율(%) 항목의 획득 평점(기본배점×배점)은?

<에너지성능지표>

기본배점(a)	배점(b)				
비주거 소형	1점	0.9점	0.8점	0.7점	0.6점
2	80% 이상	70%이상 ~ 80%미만	60%이상 ~ 70%미만	50%이상 ~ 60%미만	40%이상 ~ 50%미만

① 1.2   ② 1.4
③ 1.6   ④ 1.8

$7/12 \times 100\% = 58.33\% \rightarrow 0.7 \times 2 = 1.4$점

33 공조방식이 변풍량 방식일 때 ㉠~㉢에 알맞은 측정기 명칭으로 가장 적합한 것은?

① ㉠-온도센서, ㉡-정압센서, ㉢-풍량센서
② ㉠-정압센서, ㉡-온도센서, ㉢-풍량센서
③ ㉠-온도센서, ㉡-정압센서, ㉢-온습도센서
④ ㉠-정압센서, ㉡-온도센서, ㉢-온습도센서

㉠ 온도센서   ㉡ 정압센서   ㉢ 풍량센서

34 면적집계표가 아래와 같을 경우 "건축물의 에너지절약설계기준"에 따른 외벽의 평균열관류율 값은?

<면적 집계표>

부호	구분	열관류율(W/m²K)	면적(m²)
W1	벽체	0.21	220.0
W2	벽체	0.35	111.6
D1	문	1.49	8.4
G1	창	1.30	60.0

① 0.375   ② 0.404
③ 0.414   ④ 0.439

$$\frac{220 \times 0.21 \times 1 + 111.6 \times 0.35 \times 0.7 + 8.4 \times 1.49 \times 0.8 + 60 \times 1.30 \times 1 \Rightarrow (161.55)}{220 + 111.6 + 8.4 + 60 = 400}$$

$$= \frac{161.55}{400} \fallingdotseq 0.404 w/m^2 k$$

정답   32. ②   33. ①   34. ②

* 다음 건축물의 1층 평면도 및 "건축물의 에너지절약설계기준"에 따른 에너지성능지표 배점표를 참조하여 35~38번 문항에 답하시오. (단, 1층에 한해서만 적용한다.)

○ 건축물 기본 개요
- 용도 : 비주거 소형 · 연면적 : 10㎡ · 지역 : 서울중부 · 구분 : 민간

○ 조명기구 등기구 일람표

범례	조명기구 사양	수량(개)
☐	"LED1"-33W(고효율에너지기자재 인증제품)	20
◎	"LED2"-13W(고효율에너지기자재 인증제품)	10
├◎	"LED3"-13W(고효율에너지기자재 인증제품)	10

※ 구성재료 : ☐콘크리트 ▨단열재 ※ ─ ─ ─ : 외기 간접 면하는 부위

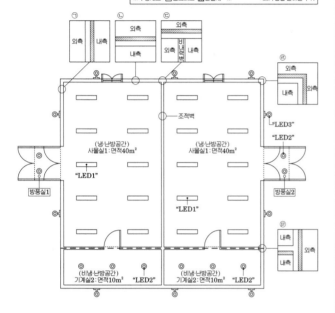

항목	기본 배점(a)	배점(b)				
	비주거 소형	1점	0.9점	0.8점	0.7점	0.6점
[전기설비부문] 제5조제10호 가목에 따른 거실의 조밀도 (W/㎡)	8	8 미만	8~11 미만	11~14 미만	14~17 미만	17~20 미만
[신재생설비부문] 4. 전체조명설비전력에 대한 신재생에너지 용량 비율	4	60% 이상	50% 이상	40% 이상	30% 이상	20% 이상

35 "건축물의 에너지절약설계기준"에 따른 에너지성능지표 전기설비부문 1번 항목(거실의 조명밀도(W/㎡))에서 획득할 수 있는 평점(기본배점×배점)은?

① 7.2점   ② 6.4점
③ 5.6점   ④ 4.8점

$(20 \times 33) \div 80 = 8.25 w/㎡ - 0.9$점 (배점)
평점 $= 8 \times 0.9 = 6.4$점

36 "건축물의 에너지절약설계기준"에 따른 에너지성능지표 신재생설비부문 4번항목(전체조명설비전력에 대한 신재생에너지 용량 비율)에서 평점 3.2점을 획득하기 위한 최소 신재생에너지 용량은?

① 264 W   ② 276 W
③ 316 W   ④ 368 W

$4 \times 0.8 = 3.2$점 - (전체조명설비전력의 40%이상되어야 하므로)
$920 \times 0.4 = 368W$ 가 된다.

37 "건축물의 에너지절약설계기준"에 따른 에너지성능지표 건축부문 4번항목(외피열교부위의 단열성능)에 따라 평가대상 예외에 해당하는 것을 도면의 ㉠~㉤ 중에서 모두 고른 것은?

① ㉠, ㉡, ㉢   ② ㉢, ㉣, ㉤
③ ㉠, ㉡, ㉢, ㉣   ④ ㉠, ㉡, ㉢, ㉣, ㉤

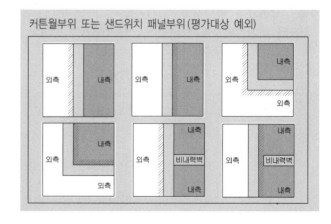

커튼월부위 또는 샌드위치 패널부위 (평가대상 예외)

38 평균열관류율 계산서가 아래와 같을 경우 "건축물의 에너지절약설계기준"에 따른 에너지성능지표 건축부문 1번 항목 외벽의 평균열관류율 값은?

<평균열관류율 계산서>

부호	구 분	열관류율 (W/m²·K)	면적 (m²)	열관류율 ×면적
W1	외기에 직접 면하는 벽체	0.25	81.2	20.30
W2	외기에 간접 면하는 벽체	0.35	36.2	12.67
D1	외기에 직접 면하는 문	1.5	8.4	12.60
D2	외기에 간접 면하는 문	1.7	3.8	6.460
G1	외기에 직접 면하는 창	1.4	14.4	20.16
합 계			144	

① 0.461 W/m²·k

② 0.466 W/m²·k

③ 0.475 W/m²·k

④ 0.501 W/m²·k

부호	구 분	열관류율 (W/m²·K)	면적 (m²)	열관류율 ×면적
W1	외기에 직접 면하는 벽체	0.25	81.2	20.30×1=20.30
W2	외기에 간접 면하는 벽체	0.35	36.2	12.67×0.7=8.869
D1	외기에 직접 면하는 문	1.5	8.4	12.60×1=12.60
D2	외기에 간접 면하는 문	1.7	3.8	6.460×0.8=5.168
G1	외기에 직접 면하는 창	1.4	14.4	20.16×1=20.16
합 계			144	67.097

(67.097÷144)=0.466W/m²·K

정답 38. ②

CHAPTER 04 신재생부문 도서분석

1 신재생부문 의무사항

> **[고시]** 제12조 【신·재생에너지 설비부문의 의무사항】
> 에너지 절약계획서제출대상 건축물에 신·재생에너지설비를 설치하는 경우 「신에너지 및 재생에너지 개발·이용·보급촉진법」에 따른 산업통상자원부 고시 「신·재생에너지 설비의 지원 등에 관한 규정」을 따라야 한다.

재생에너지 설비의 선택 및 설치는 에너지관리공단 신재생에너지 센터에 등록된 신재생에너지 전문기업을 활용하고, '신·재생 에너지 설비의 지원 등에 관한 기준'을 참고하여 설치하도록 한다.

2 신재생부문 에너지 성능지표

<table>
<tr><td rowspan="4">항목</td><td colspan="4">기본배점 (a)</td><td colspan="5" rowspan="2">배점 (b)</td><td rowspan="4">평점 (a*b)</td><td rowspan="4">근거</td></tr>
<tr><td colspan="2">비주거</td><td colspan="2">주거</td></tr>
<tr><td rowspan="2">대형 (3,000㎡ 이상)</td><td rowspan="2">소형 500~ 3,000㎡ 미만)</td><td rowspan="2">주택 1</td><td rowspan="2">주택 2</td><td rowspan="2">1 점</td><td rowspan="2">0.9 점</td><td rowspan="2">0.8점</td><td rowspan="2">0.7점</td><td rowspan="2">0.6 점</td></tr>
<tr></tr>
<tr><td rowspan="8">신재생설비부문</td><td rowspan="2">1. 전체난방설비용량에 대한 신·재생에너지 용량 비율</td><td rowspan="2">4</td><td rowspan="2">4</td><td rowspan="2">5</td><td rowspan="2">4</td><td>2% 이상</td><td>1.75% 이상</td><td>1.5% 이상</td><td>1.25% 이상</td><td>1% 이상</td><td></td><td></td></tr>
<tr><td colspan="5">단, 의무화 대상 건축물은 2 배 이상 적용 필요</td><td></td><td></td></tr>
<tr><td rowspan="2">2. 전체냉방설비용량에 대한 신·재생에너지 용량 비율</td><td rowspan="2">4</td><td rowspan="2">4</td><td rowspan="2">–</td><td rowspan="2">3</td><td>2% 이상</td><td>1.75% 이상</td><td>1.5% 이상</td><td>1.25% 이상</td><td>1% 이상</td><td></td><td></td></tr>
<tr><td colspan="5">단, 의무화 대상 건축물은 2 배 이상 적용 필요</td><td></td><td></td></tr>
<tr><td rowspan="2">3. 전체급탕설비용량에 대한 신·재생에너지 용량 비율</td><td rowspan="2">1</td><td rowspan="2">1</td><td rowspan="2">4</td><td rowspan="2">3</td><td>10% 이상</td><td>8.75% 이상</td><td>7.5% 이상</td><td>6.25% 이상</td><td>5% 이상</td><td></td><td></td></tr>
<tr><td colspan="5">단, 의무화 대상 건축물은 2 배 이상 적용 필요</td><td></td><td></td></tr>
<tr><td rowspan="2">4. 전체조명설비전력에 대한 신·재생에너지 용량 비율</td><td rowspan="2">4</td><td rowspan="2">4</td><td rowspan="2">4</td><td rowspan="2">3</td><td>60% 이상</td><td>50% 이상</td><td>40% 이상</td><td>30% 이상</td><td>20% 이상</td><td></td><td></td></tr>
<tr><td colspan="5">단, 의무화 대상 건축물은 2배 이상 적용 필요 (잉여 전력은 계통 연계를 통해 활용)</td><td></td><td></td></tr>
<tr><td colspan="10">신재생설비부분 소계</td><td></td><td></td></tr>
<tr><td colspan="11">평점 합계(건축+기계+전기+신재생)</td><td></td><td></td></tr>
</table>

항 목	근거 서류	근 거 서 류(도 면) 작 성 방 법	작성여부 체크(O,X)
① 전체 난방설비용량에 대한 신재생에너지 용량 비율(%)	• 장비일람표 • 부하계산서 • 적용비율계산서	• 전체 용량대비 1%이상 적용시 인정 - 설치의무화 대상 건축물은 2배 이상 - 신재생에너지설비 장비일람표 제출 - 적용 비율(%) = 신재생에너지 난방 설비용량(㎾) ÷ 전체 난방설비용량(㎾) × 100% - 신재생에너지 설비인증을 받은 제품(산업표준화법 제15조에 따른 제품)만 인정 - 1차 생산되는 에너지원만 해당 에너지원으로 인정 - 「신·재생에너지설비의 지원 등에 관한 규정(산업통상자원부고시)」 및 「신·재생에너지 설비의 지원 등에 관한 지침(한국에너지공단 공고)」에 따라 신재생에너지 설비 설치·시공	
② 전체 냉방설비용량에 대한 신재생에너지 용량 비율(%)	• 장비일람표 • 부하계산서 • 적용비율계산서	• 전체 용량대비 1%이상 적용시 인정 - 설치의무화 대상 건축물은 2배 이상 - 신재생에너지설비 장비일람표 제출 - 적용 비율(%) = 신재생에너지 냉방 설비용량(㎾) ÷ 전체 냉방설비용량(㎾) × 100% - 신재생에너지 설비인증을 받은 제품(산업표준화법 제15조에 따른 제품)만 인정 - 1차 생산되는 에너지원만 해당 에너지원으로 인정 - 「신·재생에너지설비의 지원 등에 관한 규정(산업통상자원부고시)」 및 「신·재생에너지 설비의 지원 등에 관한 지침(한국에너지공단 공고)」에 따라 신재생에너지 설비 설치·시공	
③ 전체 급탕설비용량에 대한 신재생에너지 용량 비율(%)	• 장비일람표 • 부하계산서 • 적용비율계산서	• 전체 용량대비 5%이상 적용시 인정 - 설치의무화 대상 건축물은 2배 이상 - 신재생에너지설비 장비일람표 제출 - 적용 비율(%) = 신재생에너지 급탕 설비용량(㎾) ÷ 전체 급탕 설비용량(㎾) × 100% - 신재생에너지 설비인증을 받은 제품(산업표준화법 제15조에 따른 제품)만 인정 - 1차 생산되는 에너지원만 해당 에너지원으로 인정 - 「신·재생에너지설비의 지원 등에 관한 규정(산업통상자원부고시)」 및 「신·재생에너지 설비의 지원 등에 관한 지침(한국에너지공단 공고)」에 따라 신재생에너지 설비 설치·시공	

④ 전체 조명설비전력에 대한 신재생 에너지 용량 비율	• 신재생설비 구성도 • 단선결선도 • 신재생장비 일람표 및 계통도 • 조명설비 전력 용량계산서 • 적용비율계산서	• 전체 용량대비 20%이상 적용시 인정 　- 설치의무화 대상 건축물은 2배 이상 　- 신재생에너지설비 장비일람표 제출 　- 적용 비율(%) = 신재생에너지 전기 설비용량(kW) ÷ 전체 조명설비전력(kW) × 100% 　- 신재생에너지 설비인증을 받은 제품(산업표준화법 제15조에 따른 제품)만 인정 　- 1차 생산되는 에너지원만 해당 에너지원으로 인정 　- 도면에 「신·재생에너지설비의 지원 등에 관한 규정(산업통상자원부고시)」 및 「신·재생에너지 설비의 지원 등에 관한 지침(한국에너지공단 공고)」에 따라 신재생에너지설비 설치·시공 　- 잉여전력은 단선결선도에 계통 연계 표시

예제문제 01

신재생부분 에너지 성능지표의 항목에 해당되지 않는 것은 다음 중 어느 것인가?

① 난방
② 냉방
③ 급탕
④ 환기

해설
신재생에너지 성능지표의 항목에는 난방, 냉방, 급탕, 조명설비전력 부문이 해당된다.

답 : ④

예제문제 02

에너지 성능지표검토서 중 신재생설비부문의 배점 기준 1점에 대한 설명으로 가장 부적합한 것은?

① 전체 난방설비용량에 대한 신재생에너지 용량비율은 전체용량대비 2% 이상 적용여부(단, 의무화대상 건축물은 2배 이상 적용필요)
② 전체 냉방설비용량에 대한 신재생에너지 용량비율은 전체용량대비 2% 이상 적용여부(단, 의무화대상 건축물은 2배 이상 적용필요)
③ 전체 급탕설비용량에 대한 신재생에너지 용량비율은 전체용량대비 2% 이상 적용여부(단, 의무화대상 건축물은 4% 이상)
④ 전체 조명설비전력에 대한 신재생에너지 용량비율은 전체용량대비 60% 이상적용여부(단, 의무화대상 건축물은 2배 이상 적용필요)

해설
전체 급탕설비용량에 대한 신재생에너지 용량비율은 전체용량대비 10% 이상 적용여부(단, 의무화대상 건축물은 20% 이상)

답 : ③

예제문제 03

신축 공공건물에서 급탕부하를 산정한 결과 급탕설비용량이 200kW로 산출되었다. "건축물 에너지절약설계기준" 에너지성능지표 신재생에너지 부문 중 급탕항목에서 최대 배점을 획득하고자 한다. 태양열시스템의 최소 급탕용량은?

【13년 1급】

① 4kW
② 8kW
③ 20kW
④ 40kW

해설
공공건물의 경우 급탕항목은 의무화대상건축물은 신재생에너지부문에서 20%를 적용하여야 한다.
200kW × 0.2 = 40kW

답 : ④

04 종합예제문제

□□□ **전기관련**

1 에너지 성능지표검토서 중 신재생설비부문의 설명으로 가장 부적합한 것은? (단, 배점 1점인 경우)

① 전체 난방설비용량에 대한 신재생에너지 용량비율은 전체용량대비 2% 이상 적용여부(단, 의무화대상 건축물은 2배 이상 적용필요)

② 전체 냉방설비용량에 대한 신재생에너지 용량비율은 전체용량대비 2% 이상 적용여부(단, 의무화대상 건축물은 2배 이상 적용필요)

③ 전체 급탕설비용량에 대한 신재생에너지 용량비율은 전체용량대비 10% 이상 적용여부(단, 의무화대상 건축물은 2배 이상 적용필요)

④ 전체 조명설비전력에 대한 신재생에너지 용량비율은 전체용량대비 2% 이상적용여부(단, 의무화대상 건축물은 2배 이상 적용필요)

> 전체 조명설비전력에 대한 신재생에너지 용량비율은 전체용량대비 60% 이상적용여부(단, 의무화대상 건축물은 2배 이상 적용필요)

2 신에너지 및 재생에너지 개발·이용·보급촉진법에서 정하는 신에너지가 아닌 것은 어느 것인가?

① 연료전지
② 태양열 이용 설비
③ 수소
④ 석탄의 액화, 가스화

> 태양열 이용설비는 재생에너지에 해당한다.

3 에너지 성능지표서 검토서 중 신재생부문과 관련된 전체 급탕부하에 대한 비율로서 ( )안에 가장 적합한 것은?

> 전체 급탕설비용량에 대한 신재생에너지의 용량비율은 (㉠) 이상 적용여부(단, 의무화 대상건축물은 (㉡) 이상 적용여부로 기본배점을 부여한다.

① ㉠ 10%, ㉡ 1.5배
② ㉠ 10%, ㉡ 2배
③ ㉠ 20%, ㉡ 1.5배
④ ㉠ 20%, ㉡ 2배

> 전체 급탕설비용량에 대한 신재생에너지의 용량비율은 10% 이상 적용여부(단, 의무화 대상건축물은 20%) 이상이 적용여부로 기본배점을 부여한다.

4 신재생부분 에너지 성능지표의 항목에 해당되지 않는 것은 다음 중 어느 것인가?

① 난방
② 냉방
③ 급탕
④ 급수

> 신재생에너지 성능지표의 항목에는 난방, 냉방, 급탕, 조명설비 전력이 해당된다.

정답 1. ④ 2. ② 3. ② 4. ④

5 다음 그림은 태양열시스템 구성개념도를 예시한 것이다. 아래 설명 중 가장 부적합한 것은?

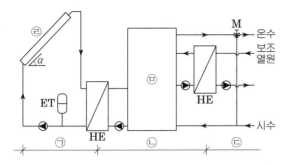

① ㉣ 내부 흡수판에 적용되는 선택흡수막코팅(selective coating)은 방사율을 최소로, 흡수율은 최대로 하여 집열효율을 향상시킨 기술이다.

② 난방 및 급탕 겸용시스템의 경우 ㉣의 설치각도 α는 겨울에 태양복사 수열이 가장 커지도록 설치하는 것이 바람직하다.

③ ㉠, ㉡, ㉢는 태양열 시스템의 3대 구성요소로 각각 집열부, 축열부, 이용부를 표시하고 있다.

④ ㉤내의 온도분포는 성층화가 발생하지 않도록 항시 상하부 온도편차를 최소화 해주는 것이 시스템효율 향상에 유리하다.

> 축열조 내 온도계층화는 물의 온도변화에 따른 밀도차이로 인하여 윗부분에는 온도가 높은 물, 아랫부분에는 온도가 낮은 물이 위치함으로써, 축열조 내의 유체가 안정된 상태를 유지함을 의미한다. 온도 계층화 상태에서는 가벼운 유체가 위에 무거운 유체가 밑에 있기 때문에 열의 대류는 일어나지 않으며, 단지 수직방향으로 온도 변화가 있는 층인 온도경계층(thermal boundary layer)에서 열전도만이 일어난다. 축열조 내의 온도분포는 최대한 축열매체의 상하부대류를 억제시켜 성층화를 파괴하지 않는 것이 시스템 효율향상에 유리하다.

6 지붕 면적 100m²인 주택에서 80%에 해당하는 지붕 면적에 연간 발전능력 1,250kWh/kWp.year의 태양광 시스템을 설치할 계획이다. 기대할 수 있는 연간 전력 생산량으로 가장 적합한 것은? (단, 1kWp PV시스템 설치면적은 10m²이다.)

① 5MWh/year　　② 10MWh/year
③ 20MWh/year　　④ 100MWh/year

> 태양광 발전 연간 전력 생산량
> = 면적(㎡) × 연간발전능력 (kWh/kWp.year)×단위면적당 발생전력(kWp/㎡)
> = 80(㎡) × 1,250kWh/kWp.year × (1kWp÷10㎡)
> = 10MWh/year

7 에너지 성능지표검토서 중 신·재생설비부문의 에너지 성능지표의 항목에서 전체난방설비용량설비에 대한 신·재생에너지의 비율로 가장 적합한 것은 다음 중 어느 것인가?

구분	설비종류	용량	대수	전체용량 (KW)
1	컴펙트 열교환기	1,298	1	1,298
2	멀티전기히트 펌프시스템	85.6	1	85.6
3	지열히트 펌프시시템	55.8	1	55.8

① 1.88%　　② 2.88%
③ 3.88%　　④ 4.88%

> 전체난방설비용량에 대한 신·재생에너지용량비율
> 55.8/1,439.4×100% = 3.88%
>
> | 구분 | 설비종류 | 용량 | 대수 | 전체용량 (KW) |
> |---|---|---|---|---|
> | 1 | 컴펙트열교환기 | 1,298 | 1 | 1,298 |
> | 2 | 멀티전기히트펌프시스템 | 85.6 | 1 | 85.6 |
> | 3 | 지열히트펌프시시템 | 55.8 | 1 | 55.8 |
> | 계 | | | | 1,439.4 |

8 에너지성능지표 중 신재생설비부문의 설명으로 가장 적절하지 않은 것은? (단, 배점기준 1점일 경우)

【2015년 국가자격 시험 1회 출제문제】

① 전체 난방설비용량에 대한 신재생에너지 용량 비율 2% 이상 적용 (단, 의무화대상 건축물은 4% 이상)
② 전체 냉방설비용량에 대한 신재생에너지 용량 비율 2% 이상 적용 (단, 의무화대상 건축물은 4% 이상)
③ 전체 급탕설비용량에 대한 신재생에너지 용량 비율 10% 이상 적용 (단, 의무화대상 건축물은 20% 이상)
④ 전체 조명설비용량에 대한 신재생에너지 용량 비율 2% 이상 적용 (단, 의무화대상 건축물은 4% 이상)

신재생설비부분에 전체 조명설비전력에 대한 신재생에너지 용량비율은 60% 이상 (단, 의무화대상 건축물은 2배 이상)

항목		기본배점 (a)				배점 (b)					평점 (a*b)	근거
		비주거		주거		1점	0.9 점	0.8점	0.7점	0.6점		
		대형 (3,000㎡ 이상)	소형 500~ 3,000㎡ 미만)	주택 1	주택 2							
신재생설비부문	1. 전체난방설비용량에 대한 산재생에너지 용량 비율	4	4	5	4	2% 이상	1.75% 이상	1.5% 이상	1.25% 이상	1% 이상		
						단, 의무화 대상 건축물은 2 배 이상 적용 필요						
	2. 전체냉방설비용량에 대한 산재생에너지 용량 비율	4	4	–	3	2% 이상	1.75% 이상	1.5% 이상	1.25% 이상	1% 이상		
						단, 의무화 대상 건축물은 2 배 이상 적용 필요						
	3. 전체급탕설비용량에 대한 산재생에너지 용량 비율	1	1	4	3	10% 이상	8.75% 이상	7.5% 이상	6.25% 이상	5% 이상		
						단, 의무화 대상 건축물은 2 배 이상 적용 필요						
	4. 전체조명설비전력에 대한 산재생에너지 용량 비율	4	4	4	3	60% 이상	50% 이상	40% 이상	30% 이상	20% 이상		
						단, 의무화 대상 건축물은 2배 이상 적용 필요 (잉여 전력은 계통 연계를 통해 활용)						
신재생설비부분 소계												
평점 합계(건축+기계+전기+신재생)												

정답 8. ④

과년도 출제문제

제4과목 : 에너지절약계획서 및 건축물 에너지효율등급

1. 전기설비부문의 수변전설비의 도면에서 사용되는 범례와 주기사항으로 가장 적합하게 표시된 것은?

① MOF 전화용 국선단자함
② OCB 진공차단기
③ ✕ 3구용 콘센트
④ APFR 역률자동조정장치

해설 ① MOF : 전력수급용 계기용 변성기
　② OCB : 유입차단기
　③ ✕ : 전력용 콘덴서

답 : ④

2. 다음 보기는 중앙식 공기조화설비에 대한 계통도이다. 도면 중 ㉠, ㉡, ㉢, ㉣에 해당되는 설비의 명칭을 기호에 맞게 설명하고 있는 것으로 가장 적합한 것은?

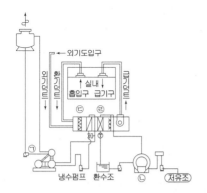

① 냉동기-보일러-공기여과기-공기가열기
② 보일러-냉동기-공기냉각기-공기가열기
③ 냉각탑-보일러-공기가습기-공기여과기
④ 보일러-냉각탑-공기냉각기-공기여과기

해설 ㉠ – 냉동기 ㉡ – 보일러
　㉢ – 공기여과기 ㉣ – 공기가열기

답 : ①

3. 다음 중 에너지절약계획 설계 검토서의 전기부문 에너지성능지표와 배점 평가에서 적용 여부만을 판단하는 항목으로 가장 부적합한 것은?

① 실내조명설비에 대해 군별 또는 회로별 자동제어설비를 채택
② 역률자동 콘덴서 집합설치시 역률자동조정장치
③ 간선의 전압강하
④ 최대수요전력제어설비

해설 1. 최대수요전력제어설비, 역률자동콘덴서 집합설치시 역률자동조정장치, 실내조명설비에 대해 군별 또는 회로별 자동제어설비를 채택은 적용여부만을 판단한다.
　2. 간선의 전압강하는 전압강하(%)에 따라서 1점에서 ~ 0.6점까지 배점이 부여된다.

답 : ③

4. "건축물의 에너지절약설계기준"에서 전기설비부문 의무사항 8가지항목으로 가장 부적합한 것은?

① 조도 자동 조절 조명기구 채택
② 간선의 전압강하 규정 준수
③ 대기전력 자동제어 기능설치
④ 변압기의 신설 또는 교체시 고효율변압기의 설치

해설 대기전력 자동제어 기능설치는 전기설비부문 의무사항에 해당되지 않는다.

답 : ③

5. 2014년 4월에 건축물 에너지효율등급 예비인증을 신청한 주거용 이외의 건축물의 인증평가 결과가 다음과 같을 때 해당 건축물의 등급은 무엇인가?

〈연간 단위면적당 평가결과표〉

구분	난방	냉방	급탕	조명	환기
에너지소요량 (kWh/㎡·년)	30.5	19.2	20.1	13.7	14.5
1차에너지소요량 (kWh/㎡·년)	32.4	28.5	12.9	34.4	35.8

① 1+++ 등급 ② 1+ 등급
③ 2 등급 ④ 3 등급

해설 1차에너지소요량(kWh/㎡·년) = 난방(32.4) + 냉방(28.5) + 급탕(12.9) + 조명(34.4) + 환기(35.8) = 144 (kWh /㎡·년) 따라서 1+ 등급을 받게 된다.

답 : ②

6. 신축 공공건물에서 급탕부하를 산정한 결과 급탕설비용량이 200kW로 산출되었다. "건축물 에너지절약설계기준" 신재생에너지 부문 에너지성능지표 중 급탕항목에서 최대 배점을 부여하고자 한다. 태양열시스템의 최소 급탕용량은?

① 10kW ② 20kW
③ 25kW ④ 40kW

해설 공공건물의 경우 급탕항목은 의무화대상건축물은 신재생에너지부문에서 20%를 적용하여야 한다. 200kW×0.2 = 40kW

답 : ④

7. 건축물 에너지 소비 총량제에 관한 설명으로 가장 적합한 것은?

① 에너지소요량 평가서의 단위면적당 에너지 요구량은 난방, 냉방, 급탕, 조명, 채광 시스템에서 소요되는 단위면적당 에너지량을 의미한다.

② 에너지소요량 평가서의 단위면적당 2차에너지소요량은 에너지 요구량에 연료의 채취 가공, 운송, 변환, 공급과정 등의 손실을 포함한 단위면적당 에너지량을 의미한다.

③ 건축물에너지 소비 총량제 대상 건축물은 에너지 절약계획서를 제출하지 않을 수 있다.

④ 건축법 시행령 제3조의 4에 따른 업무시설 기타 에너지 소비특성 및 이용상황 등이 이와 유사한 건축물로서 연면적의 합계가 3,000㎡ 이상인 건축물은 에너지 소요량 평가서를 제출하여야 한다.

해설 ① 에너지소요량 평가서의 단위면적당 에너지요구량은 난방, 냉방, 급탕, 조명, 시스템에서 소요되는 단위면적당 에너지량을 의미한다.
② 에너지소요량 평가서의 단위면적당 1차에너지 소요량은 에너지 소요량에 연료의 채취 가공, 운송, 변환, 공급과정 등의 손실을 포함한 단위면적당 에너지량을 의미한다.
③ 건축물에너지 소비 총량제 대상 건축물은 에너지 절약 계획 계획서를 제출해야 한다.

답 : ④

8. 다음 설명 중 에너지성능지표와 권장사항 항목에서 배점을 받을 수 있는 것으로 가장 적합한 것은?

① 냉방부하 저감을 위해 남향 및 서향 창면적의 60% 이상을 외부차양으로 설치한 경우

② 공동주택의 각 세대 현관에 방풍실을 설치하였을 경우

③ 수영장 바닥면적의 1/5 이상 자연채광용 개구부를 설치하였을 경우

④ 주택에서 유리창에 건축물의 에너지절약 설계기준 제5조 제9호 타목에 따른 야간 단열장치를 전체 창면적의 30% 적용했을 경우

해설 ①, ③, ④의 경우 법의 개정으로 삭제되었다.

답 : ②

9. 다음 중 "건축물의 에너지절약 설계기준" 별표 1에서 정하는 건축물 부위의 열관류율에 대한 설명으로 가장 부적합 것은?

① 열관류율의 수치가 가장 작은 값을 요구하는 부위는 중부지역에 위치한 최상층의 거실의 외기에 직접 면한 반자 또는 지붕이다.

② 바닥난방을 하는 층간바닥 부위의 열관류율 기준은 남부지역과 중부지역은 동일하다.

③ 최하층 거실의 바닥은 바닥난방인 경우와 바닥난방이 아닌 경우로 구분되어 열관류율이 제시되어 있다.

④ 단열재 두께 기준에서 지역별 구분시 강원도 양양군은 중부지역에 속하며 세종특별자치시는 남부지역에 속한다.

해설 단열재 두께 기준에서 지역별 구분시 강원도 양양군 세종특별자치시는 중부2지역에 속한다.

답 : ④

10. 건축물에너지효율등급인증 1+등급을 받은 건축물이 최대로 건축기준 완화적용을 받고자 신청할 수 있는 내용으로 가장 적합한 것은?

① 용적률 6%, 높이제한 3%

② 조경면적 9%

③ 용적률 3%, 높이제한 5%

④ 용적률 3%

해설 건축물에너지 효율 1++등급 : 6%
건축물 에너지 효율 1+등급 : 3%

답 : ④

11. 다음 중 "건축물의 에너지절약설계기준"에서 정하는 건축물의 열손실방지를 위한 단열조치의 예외사항에 해당하는 것 중 적합한 것으로 나열된 것은?

> ㉠ 지표면 아래 3m를 초과하여 위치한 지하부위 (공동주택의 거실 부위 제외)로서 이중벽의 설치 등 하계 표면결로 방지 조치를 할 경우
>
> ㉡ 지면 및 토양에 접한 바닥 부위로서 난방공간의 외벽 내표면까지의 모든 수평거리가 10미터를 초과하는 바닥부위
>
> ㉢ 방풍구조(외벽 제외) 또는 바닥면적 150m² 이하의 개별 점포의 출입문
>
> ㉣ 공동주택의 층간바닥(최하층 포함) 중 바닥난방을 하지 않는 현관 및 욕실의 바닥부위
>
> ㉤ 외기에 간접 면하는 부위로서 당해부위가 면한 비난방공간의 외기에 직접 또는 간접 면하는 부위를 별표 1에 준하여 단열조치하는 경우

① ㉡, ㉢, ㉣   ② ㉠, ㉡, ㉢

③ ㉠, ㉢, ㉤   ④ ㉡, ㉢, ㉤

해설 **건축물의 열손실방지를 위한 단열조치 예외사항**

제6조 【건축부문의 의무사항】 건축물을 건축하는 건축주와 설계자 등은 다음 각 호에서 정하는 건축부문의 설계기준을 따라야 한다.

1. 단열조치 일반사항

　가. 외기에 직접 또는 간접 면하는 거실의 각 부위에는 제2조에 따라 건축물의 열손실방지 조치를 하여야 한다. 다만, 다음 부위에 대해서는 그러하지 아니할 수 있다.

　　1) 지표면 아래 2미터를 초과하여 위치한 지하 부위 (공동주택의 거실 부위는 제외)로서 이중벽의 설치 등 하계 표면결로 방지 조치를 한 경우

　　2) 지면 및 토양에 접한 바닥 부위로서 난방공간의 외벽 내표면까지의 모든 수평거리가 10미터를 초과하는 바닥부위

3) 외기에 간접 면하는 부위로서 당해 부위가 면한 비난방공간의 외기에 직접 또는 간접 면하는 부위를 별표1에 준하여 단열조치 하는 경우
4) 공동주택의 층간바닥(최하층 제외) 중 바닥 난방을 하지 않는 현관 및 욕실의 바닥부위
5) 방풍구조(외벽 제외) 또는 바닥면적 150제곱미터 이하의 개별 점포의 출입문

답 : ④

12. 다음과 같은 최하층 바닥의 조건일 때 열관류율을 계산하시오.

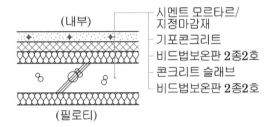

	재료명	두께(mm)	열전도율 (W/m·K)
1	바닥마감재	10	0.190
2	시멘트모르타르	40	1.400
3	기포콘크리트(0.6품)	50	0.190
4	비드법보온판 2종 2호	90	0.032
5	콘크리트 슬래브	210	1.600
6	비드법보온판 2종 2호	100	0.032
7	천장마감재	–	

① 0.113
② 0.123
③ 0.133
④ 0.153

해설 열관류율$(K)=$

$$\dfrac{1}{\text{실내표면 열전달저항+재료의 열저항 합+공기층의 열저항+실외표면 열전달저항}}$$

여기서 재료의 열저항합$(R)=\dfrac{\text{재료두께(m)}}{\text{열전도율(W/m·K)}}$

$$=\dfrac{0.01}{0.19}+\dfrac{0.04}{1.4}+\dfrac{0.05}{0.19}+\dfrac{0.09}{0.032}+\dfrac{0.21}{1.6}+\dfrac{0.1}{0.032}$$

$$=6.413\,(\mathrm{m^2 \cdot K/W})$$

$$\therefore\ K=\dfrac{1}{0.086+6.413+0.043}=\dfrac{1}{6.542\,(\mathrm{m^2 \cdot K/W})}$$

$$=0.153\,(\mathrm{W/m^2 \cdot K})$$

답 : ④

13. 건축물 에너지효율등급 인증에 관한 설명 중 가장 적합한 것은?

① 인증을 신청한 건축주는 신청서를 제출한 날로부터 20일 이내 인증기관의 장에게 수수료를 납부하여야 한다.
② 인증기관의 소재지가 변경되었을 경우 인증기관의 장은 서류를 접수한 날로부터 20일 이내에 해당 증명서류를 운영기관의 장에게 제출하여야 한다.
③ 인증기관의 장은 건축주가 제출한 인증신청 서류의 내용 사실과 다른 경우 서류가 접수된 날로부터 15일 이내에 건축주에게 보완을 요청할 수 있다.
④ 인증기관의 장은 공동주택에 대해 인증신청서와 신청서류를 접수된 날로부터 60일 이내에 인증을 처리하여야 한다.

해설 ② 인증기관의 소재지가 변경되었을 경우 인증기관의 장은 서류를 접수한 날로부터 30일 이내에 해당 증명서류를 운영기관의 장에게 제출하여야 한다.
③ 인증기관의 장은 건축주가 제출한 인증신청서류의 내용 사실과 다른 경우 건축주에게 보완을 요청할 수 있다.
④ 인증기관의 장은 공동주택에 대해 인증신청서와 신청서류를 접수된 날로부터 40일 이내에 인증을 처리하여야 한다.

답 : ①

14. 다음 중 에너지절약계획 설계 검토서의 에너지 성능지표 기계부문 배점에 대해 가장 적합한 것은?

① 에너지소비효율 1등급 멀티전기히트펌프시스템을 채택하면 난방 설비항목의 배점을 1점 획득할 수 있다.

② 개별가스보일러의 경우 에너지소비효율 1등급제품을 명기한 경우 배점을 0.6점 획득할 수 있다.

③ 열원 및 공조용 송풍기의 효율이 60%이면 열원 및 공기의 효율 항목 배점을 0.8점 획득할 수 있다.

④ 지역난방방식 난방설비의 경우 난방설비항목의 배점이 불가하므로 보상점수를 획득할 수 있다.

해설 ① 에너지소비효율 1등급 멀티전기히트펌프시스템을 채택하면 난방 설비항목의 배점을 1점 획득할 수 있다. (개별가스보일러의 경우 에너지소비효율 1등급제품을 명기한 경우 배점을 1점 획득할 수 있다.)
② 개별가스보일러의 경우 에너지소비효율 1등급제품을 명기한 경우 배점을 1점 획득할 수 있다.
③ 열원 및 공조용 송풍기의 효율이 60%이면 열원 및 공기의 효율 항목 배점을 1점 획득할 수 있다.

답 : ④

15. 다음 중 "건축물 에너지 효율등급인증제도 운영규정"에 대한 설명으로 가장 부적합한 것은?

① 공단은 인증품질제고 및 역량 강화를 위하여 인증업무인력을 대상으로 연간 1회 이상 직무교육을 실시한다.

② 한 대지안의 기존건물에 별동으로 증축하는 경우 인증대상이 될 수 있다.

③ 여러동의 건축물을 인증 신청하는 경우 건축허가를 받은 단위로 건축물의 인증을 신청함을 원칙으로 한다.

④ 인증기관의 장은 건축물에너지 효율등급 인증을 받은 건축물의 성능 유지·관리 실태 파악을 위하여 에너지사용량 등 필요한 자료를 건축물 소유자 또는 관리자에게 요청할 수 있다.

해설 ④ 운영기관의 장은 건축물에너지 효율등급 인증을 받은 건축물의 성능 유지·관리 실태파악을 위하여 에너지사용량 등 필요한 자료를 건축물 소유자 또는 관리자에게 요청할 수 있다.

답 : ④

16. 다음 그림은 공동주택에서 벽체 및 창호의 열관류율을 보여주고 있다. 해당부분에 대해서 건축물의 에너지절약설계 기준에서 규정하는 외벽평균열관류율[Ue(W/m²K)]을 계산하면 얼마인가?

기호	부위	외기구분	보정	열관류율 (W/m²·K)	부위별면적 (m²)	열관류율× 부위별면적 보정계수 (W/m²·K×m²)
W1	외벽	직접	1	0.2	67.76	13.552
W2	외벽	직접	1	0.21	133.84	28.106
W3	외벽	간접	0.7	0.3	32.20	6.762
W4	외벽	간접	0.7	0.28	25.76	5.049
소계					259.56	53.469
G1	창	직접	1	1.4	2.70	3.780
G2	창	직접	1	1.3	5.12	6.656
G3	창	직접	1	1.2	4.75	5.700
G4	문	간접	0.8	1.8	3.00	4.320
소계					15.570	20.456
합계					275.130	73.925

① 0.169
② 0.209
③ 0.239
④ 0.269

해설 **외벽(창포함)에 대한 평균 열관류율 :**
Ue = 73.925/275.130 = 0.269(W/m²K)

답 : ④

17. 다음은 "건축물의 에너지절약설계기준"에서 정하는 에너지절약계획서 및 설계 검토서의 작성에 관한 내용이다. ( )에 가장 올바른 용어로 적합한 것은?

> 에너지절약 설계 검토서는 별지 제1호 서식에 따라 에너지절약 설계기준 의무사항 및 에너지성능지표 (㉠)로 구분된다. 에너지절약계획서를 제출하는 자는 에너지절약계획서 및 설계 검토서의 판정자료를 제시하여야 한다. 다만, 자료를 제시할 수 없는 경우에는 부득이 당해 건축사 및 설계에 협력하는 해당분야 기술사(기계 및 전기)가 서명, 날인한 (㉡)으로 대체할 수 있다.

	㉠	㉡
①	에너지 소요량 평가서	설치예정확인서
②	에너지 소요량 평가서	건축물 부위별 성능내역서
③	에너지 소요량 평가서	에너지절약계획 이행검토서
④	에너지 절약계획 이행검토서	설치예정확인서

해설 에너지절약 설계 검토서는 별지 제1호 서식에 따라 에너지절약 설계기준 의무사항 및 에너지성능지표 (㉠ 에너지소요량 평가서)로 구분된다. 에너지절약계획서를 제출하는 자는 에너지절약계획서 및 설계 검토서의 판정자료를 제시하여야 한다. 다만, 자료를 제시할 수 없는 경우에는 부득이 당해 건축사 및 설계에 협력하는 해당분야 기술사(기계 및 전기)가 서명, 날인한 (㉡ 설치예정확인서)로 대체할 수 있다.

답 : ①

18. 다음 그림은 태양열시스템 구성개념도를 예시한 것이다. 아래 설명 중 가장 부적합한 것은?

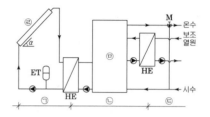

① ㉣ 내부 흡수판에 적용되는 선택흡수막코팅(selective coating)은 방사율을 최소로, 흡수율은 최대로 하여 집열효율을 향상시킨 기술이다.

② 난방 및 급탕 겸용시스템의 경우 ㉣의 설치각도 α는 겨울에 태양복사 수열이 가장 커지도록 설치하는 것이 바람직하다.

③ ㉠, ㉡, ㉢는 태양열 시스템의 3대 구성요소로 각각 집열부, 축열부, 이용부를 표시하고 있다.

④ ㉤내의 온도분포는 성층화가 발생하지 않도록 항시 상하부 온도편차를 최소화 해주는 것이 시스템효율 향상에 유리하다.

해설 축열조 내 온도계층화는 물의 온도변화에 따른 밀도차이로 인하여 윗부분에는 온도가 높은 물, 아랫부분에는 온도가 낮은 물이 위치함으로써, 축열조 내의 유체가 안정된 상태를 유지함을 의미한다. 온도 계층화 상태에서는 가벼운 유체가 위에 무거운 유체가 밑에 있기 때문에 열의 대류는 일어나지 않으며, 단지 수직방향으로 온도 변화가 있는 층인 온도경계층(thermal boundary layer)에서 열전도만이 일어난다. 축열조 내의 온도분포는 최대한 축열매체의 상하부대류를 억제시켜 성층화를 파괴하지 않는 것이 시스템 효율향상에 유리하다.

답 : ④

19. 다음은 "건축물의 에너지절약설계기준"에 사용되고 있는 용어의 정의에 관한 것이다. 그 설명으로 가장 적합한 것은?

① 효율은 설비기기에 공급된 에너지에 대하여 출력된 유효에너지의 비를 말한다.
② 고효율에너지기자재인증제품은 에너지관리공단이 인정하는 시험기관에서 인증서를 교부받은 제품을 말한다.
③ 완화기준이라 함은 건축법, 국토의 계획 및 이용에 관한 법률 등에서 정하는 건축물의 건폐율 및 높이제한 기준, 창면적비를 적용함에 있어 완화 적용할 수 있는 비율을 말한다.
④ 평균열관류율은 지붕, 바닥, 외벽 등의 세부 부위별로 열관류율 값이 다를 경우 각 부위의 열관류율 값을 산술평균하여 나열한 것이다.

[해설] ② "고효율 제품"이라 함은 산업통상자원부고시 「고효율에너지기자재 보급촉진에 관한 규정」에 따라 인증서를 교부 받은 제품과 산업통상자원부고시 「효율관리 기자재운용규정」에 따른 에너지효율 1등급 제품 또는 동고시에서 고효율로 정한 제품을 말한다.
③ 완화기준이라 함은 건축법, 국토의 계획 및 이용에 관한 법률 등에서 정하는 용적율 및 높이제한 기준을 적용함에 있어 완화 적용할 수 있는 비율을 정한 기준을 말한다.
④ 평균열관류율은 지붕, 바닥, 외벽 등의 세부 부위별로 열관류율 값이 다를 경우 각 부위의 열관류율 값을 가중평균하여 나타낸 것을 말한다.

답 : ①

20. "건축물의 에너지절약설계기준" 제시하는 KSL 9016에 의한 시험성적서 (20±5℃ 시험조건)상의 열전도율이 0.039W/m·K일 때 단열재의 등급분류로 가장 적합한 것은?

① ㉮ 등급   ② ㉯ 등급
③ ㉰ 등급   ④ ㉱ 등급

[해설]

등급 분류	열전도율의 범위 (KS L 9016에 의한 20±5℃ 시험조건에서 열전도율)		관련 표준	단열재 종류
	W/m K	kcal/m h℃		
가	0.034 이하	0.029 이하	KS M 3808	- 압출법보온판 특호, 1호, 2호, 3호 - 비드법보온판 2종 1호, 2호, 3호, 4호
			KS M 3809	- 경질우레탄폼보온판 1종 1호, 2호, 3호 및 2종 1호, 2호, 3호
			KS L 9102	- 그라스울 보온판 48K, 64K, 80K, 96K, 120K
			KS M ISO 4898	- 페놀 폼 I종A, II종A
			KS M 3871-1	- 분무식 중밀도 폴리우레탄 폼 1종(A, B), 2종(A, B)
			KS F 5660	- 폴리에스테르 흡음 단열재 1급
			기타 단열재로서 열전도율이 0.034 W/mK (0.029 kcal/mh℃)이하인 경우	
나	0.035 ~ 0.040	0.030 ~ 0.034	KS M 3808	- 비드법보온판 1종 1호, 2호, 3호
			KS L 9102	- 미네랄울 보온판 1호, 2호, 3호 - 그라스울 보온판 24K, 32K, 40K
			KS M ISO 4898	- 페놀 폼 I종B, II종B, III종A
			KS M 3871-1	- 분무식 중밀도 폴리우레탄 폼 1종(C)
			KS F 5660	- 폴리에스테르 흡음 단열재 2급
			기타 단열재로서 열전도율이 0.035~0.040 W/mK (0.030~ 0.034 kcal/mh℃)이하인 경우	
다	0.041 ~ 0.046	0.035 ~ 0.039	KS M 3808	- 비드법보온판 1종 4호
			KS F 5660	- 폴리에스테르 흡음 단열재 3급
			기타 단열재로서 열전도율이 0.041~0.046 W/mK (0.035~0.039 kcal/mh℃)이하인 경우	
라	0.047 ~ 0.051	0.040 ~ 0.044	기타 단열재로서 열전도율이 0.047~0.051 W/mK (0.040~0.044 kcal/mh℃)이하인 경우	

※ 단열재의 등급분류는 단열재의 열전도율의 범위에 따라 등급을 분류한다.

답 : ②

제4과목 : 에너지절약계획서 및 건축물 에너지효율등급

1. 다음 중 건축물에너지 효율등급 인증 관련 규칙 및 기준의 내용에 대한 설명 중 가장 적합한 것은?

① 인증기관의 소재지가 변경되었을 경우 인증기관의 장은 그 변경된 날로부터 20일 이내에 해당 증명서류를 운영기관의 장에게 제출하여야 한다.

② 인증기관이 장은 단독주택에 대해 인증신청서와 신청서류가 접수된 날로부터 40일 이내에 인증을 처리하여야 한다.

③ 인증기관의 장은 건축주가 제출한 인증신청서류의 내용이 미흡하거나 사실이 다를 경우 서류가 접수된 날로부터 30일 이내에 건축주에게 보완을 요청할 수 있다.

④ 인증을 신청한 건축주는 신청서를 제출한 날로부터 40일 이내에 인증기관의 장에게 수수료를 납부하여야 한다.

해설 ① 인증기관의 소재지가 변경되었을 경우 인증기관의 장은 그 변경된 날로부터 30일 이내에 해당 증명서류를 운영기관의 장에게 제출하여야 한다.

③ 인증기관의 장은 건축주가 제출한 인증신청서류의 내용이 미흡하거나 사실이 다를 경우 건축주에게 보완을 요청할 수 있다.

④ 인증을 신청한 건축주는 신청서를 제출한 날로부터 20일 이내에 인증기관의 장에게 수수료를 납부하여야 한다.

답 : ②

2. 다음 중 "건축물의 에너지절약설계기준"에서 제시된 용어의 정의로서 가장 적합한 것은?

① 외단열 설치비율은 전체 외벽면적(창호포함)에 대한 외단열 시공면적비율을 말한다.

② 지면 또는 토양에 면한 부위는 외기에 직접 면하는 부위에 해당된다.

③ 외기가 직접 통하는 구조이면서 실내 공기의 배기를 목적으로 설치하는 샤프트에 면한 부위는 외기에 직접 면하는 부위에 해당된다.

④ 공동주택의 바닥이 업무시설과 직접 면하는 경우 이를 최하층에 있는 거실의 바닥으로 불 수 있다.

해설 ① 외단열 설치비율은 전체 외벽면적(창호제외)에 대한 외단열 시공면적비율을 말한다.

② 지면 또는 토양에 면한 부위는 외기에 간접 면하는 부위에 해당된다.

③ 외기가 직접 통하는 구조이면서 실내 공기의 배기를 목적으로 설치하는 샤프트에 면한 부위는 외기에 간접 면하는 부위에 해당된다.

답 : ④

3. 다음 그림에서 남부지역에 건축될 공동주택 단위세대의 부위별 열관류율을 설계하였을 때 단열기준에 가장 부적합한 부위는?

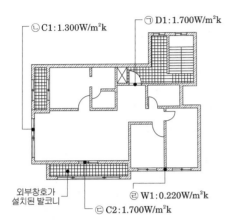

ⓛ C1 : 1.300W/m²k
㉠ D1 : 1.700W/m²k
㉣ W1 : 0.220W/m²k
외부창호가 설치된 발코니
ⓒ C2 : 1.700W/m²k

※벽체 = W1, 창호 = C1, C2, 세대문 = D1

〈지역별 건축물의 부위의 열관류율표〉

건축물의 부위		지역	중부2지역	남부지역	제주도
거실의 외벽	외기에 직접 면하는 경우		0.170 이하	0.220 이하	0.290 이하
	외기에 간접 면하는 경우		0.240 이하	0.310 이하	0.410 이하
창 및 문	외기에 직접 면하는 경우	공동주택	1.000 이하	1.200 이하	1.600 이하
		공동주택 외	1.500 이하	1.800 이하	2.200 이하
	외기에 간접 면하는 경우	공동주택	1.500 이하	1.700 이하	2.000 이하
		공동주택 외	1.900 이하	2.200 이하	2.800 이하

① ㉠ ② ㉡
③ ㉢ ④ ㉣

해설 ㉡의 경우에 공동주택 외기에 직접 면하는 창의 경우에 1.200w/m² · K 이하가 되어야 한다.

답 : ②

4. 다음 중 "건축물의 에너지절약설계기준"에서 냉·난방설비의 용량계산을 위한 실내온도조건 중 가장 부적합 한 것은?

① 사무소 : 난방 20℃, 냉방 28℃
② 병원(병실) : 난방 21℃, 냉방 28℃
③ 수영장 : 난방 20℃, 냉방 28℃
④ 교실 : 난방 20℃, 냉방 28℃

해설 수영장 : 난방 27℃, 냉방 30℃

답 : ③

5. 다음 중 "건축물 에너지 효율등급 인증 및 제로에너지 건축물 인증에 관한 규칙" 별지 제4호 서식에 의한 에너지효율 등급 인증서에 표기되지 않는 내용으로 가장 적합한 것은?

① 층수, 연면적 등 건축물 개요
② 인증번호 평가자 및 인증기관 등에 대한 인증개요
③ 인증등급
④ 가스, 전기 등 사용에너지에 대한 정보

해설 건축물에너지 효율등급 인증서 표기내용
1. 건축물개요 : 건축물명, 준공년도, 주소, 층수, 연면적, 건축물의 주된 용도, 설계자, 공사시공자, 공사감리자
2. 인증개요 : 인증번호, 평가자, 인증기관, 운영기관, 유효기간
3. 인증등급
4. 건축물에너지 효율등급 평가결과
5. 에너지용도별 평가결과

답 : ④

6. 다음 중 건축물 에너지효율등급 인증 기준에 대한 설명으로 가장 부적합한 것은?

① 주거용 건축물 1+++등급의 연간 단위면적당 1차에너지소요량(1kWh/m²·년)은 80 미만이다.

② 주거용 건축물 2등급의 연간 단위면적당 1차에너지소요량(1kWh/m²·년)은 150 이상 190 미만이다.

③ 주거용 건축물 3등급의 연간 단위면적당 1차에너지소요량(1kWh/m²·년)은 190 이상 230 미만이다.

④ 주거용 건축물 6등급의 연간 단위면적당 1차에너지소요량(1kWh/m²·년)은 320 이상 370 미만이다.

해설 건축물 에너지효율등급 인증등급

등급	주거용 건축물 연간 단위면적당 1차에너지소요량 (kWh/m²·년)	주거용 이외의 건축물 연간 단위면적당 1차에너지소요량 (kWh/m²·년)
1+++	60 미만	80 미만
1++	60 이상 90 미만	80 이상 140 미만
1+	90 이상 120 미만	140 이상 200 미만
1	120 이상 150 미만	200 이상 260 미만
2	150 이상 190 미만	260 이상 320 미만
3	190 이상 230 미만	320 이상 380 미만
4	230 이상 270 미만	380 이상 450 미만
5	270 이상 320 미만	450 이상 520 미만
6	320 이상 370 미만	520 이상 610 미만
7	370 이상 420 미만	610 이상 700 미만

답 : ①

7. 다음 중 건축물의 열손실방지를 하지 않아도 되는 경우로 가장 적합한 것은?

① 증축   ② 용도변경
③ 신축   ④ 수선

해설 건축물의 열손실방지 조치대상은 건축물을 건축하거나 대수선, 용도변경, 및 건축물대장의 기재내용을 변경하는 경우에 해당되므로 수선은 해당되지 않는다.

답 : ④

8. 다음의 거실과 관련된 그림에 나타난 실(공간)의 단위면적당 조명밀도(W/m²)로 가장 적합한 것은?

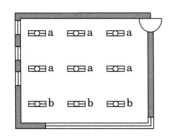

항목	내용
실(공간)의 면적	60m²
▭ a	FL32W×2
▭ b	FL28W×2

① 8.2   ② 9.0
③ 9.2   ④ 10.2

해설 64W×6+56W×3 = 552W
조명밀도 552W/60m² = 9.2

답 : ③

9. 다음 중 전기관련 건축물 수변전설비 도면에서 APFR 은 무엇을 나타내는가?

① 고효율 변압기
② 최대수요전력제어장치
③ 역률자동조정장치
④ 전력용 콘덴서

해설 APFR 은 역률자동 조정장치를 말한다.

답 : ③

10. 다음 중 설계된 창호에 대하여 열관류율 성능을 인정받기 위해 "건축물의 에너지절약설계기준"에서 규정하고 있는 방법으로 가장 부적합한 것은?

① 건축물의 에너지절약설계기준 별표1 지역별 건축물 부위의 열관류율표에 따른 해당 창호의 열관류율값 제시
② 건축물의 에너지절약설계기준 별표4 창 및 문의 단열성능에 따른 해당 창호의 열관류율값 제시
③ 효율관리기자재 운용규정에 따른 창세트의 열관류율 표시값 제시
④ KS F 2278(창호의 단열성 시험방법)에 의한 시험성적서 제시

해설 창 및 문의 경우 KS F 2278(창호의 단열성 시험 방법)에 의한 시험성적서 또는 별표4에 의한 열관류율값 또는 산업통상자원부고시 「효율관리기자재 운용규정」에 따른 창 세트의 열관류율 표시 값이 별표1의 열관류율에 만족하는 경우 적합한 것으로 본다.

답 : ①

11. 다음 중 "건축물의 에너지절약설계기준"에서 규정된 용어의 정의로 가장 부적합한 것은?

① 외피라 함은 거실 또는 거실 외 공간을 둘러싸고 있는 벽·지붕·바닥·창 및 문 등으로서 외기에 직접 면하는 부위를 말한다.
② 기밀성 창호, 기밀성 문이라 함은 창호 및 문으로서 한국산업규격(KS) F 2292 규정에 의하여 기밀성 등급에 따른 기밀성이 1~5등급(통기량 $5m^3/h \cdot m^2$ 미만)인 창호를 말한다.
③ "방풍구조"라 함은 출입구에서 실내외 공기 교환에 의한 열출입을 방지할 목적으로 설치하는 방풍실 또는 회전문 등을 설치한 방식을 말한다.

④ 외부 차양장치는 하절기 방위별 실내 유입 일사량이 최대로 되는 직달 일사량의 60% 이상을 차단할 수 있는 것에 한한다.

해설 ④ 외부 차양장치는 하절기 방위별 실내 유입 일사량이 최대로 되는 직달 일사량의 70% 이상을 차단할 수 있는 것에 한한다는 법의 개정으로 삭제되었다.

답 : ④

12. 다음 중 건축물 에너지효율등급 인증기관이 보유해야 할 상근(常勤) 전문인력의 자격 조건으로 가장 적합한 것은?

① 해당 전문분야의 석사학위를 취득한 후 10년 이상 해당 업무를 수행한 사람
② 해당 전문분야의 기사 자격을 취득한 후 9년 이상 해당업무를 수행한 사람
③ 해당전문분야의 박사학위를 취득한 후 3년 이상 해당 업무를 수행한 사람
④ 해당 전문분야의 학사학위를 취득한 후 11년 이상 해당 업무를 수행한 사람

해설 인증기관은 각 호의 어느 하나에 해당하는 건축물의 에너지효율등급 인증에 관한 인증 업무 인력을 5명 이상 보유하여야 함.
① 「녹색 건축물 조성 지원법 시행 규칙」 제16조제5항에 따라 실무교육을 받은 건축물 에너지 평가사
② 건축사 자격을 취득한 후 3년 이상 해당 업무를 수행한 사람
③ 건축, 설비, 에너지 분야(이하 "해당 전문분야"라 한다)의 기술사 자격을 취득한 후 3년 이상 해당 업무를 수행한 사람
④ 해당 전문분야의 기사 자격을 취득한 후 10년 이상 해당 업무를 수행한 사람
⑤ 해당 전문분야의 박사학위를 취득한 후 3년 이상 해당 업무를 수행한 사람
⑥ 해당 전문분야의 석사학위를 취득한 후 9년 이상 해당 업무를 수행한 사람
⑦ 해당 전문분야의 학사학위를 취득한 후 12년 이상 해당 업무를 수행한 사람

답 : ③

13. 다음 그림은 중앙식 공기조화설비에 대한 계통도이다. 도면 중 ㉠, ㉡, ㉢, ㉣에 해당되는 기기의 명칭을 순서대로 가장 적합하게 표현된 것은?

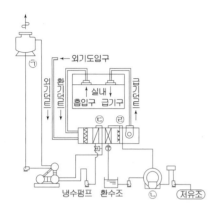

① 보일러-펌프-공기가열기-공기여과기
② 저탕조-냉동기-공기가열기-공기냉각기
③ 냉각탑-보일러-공기냉각기-가습기
④ 냉각탑-냉동기-공기냉각기-공기여과기

해설 ㉠ 냉각탑 ㉡ 보일러 ㉢ 공기냉각기 ㉣ 가습기

답 : ③

14. 다음 그림은 태양열시스템의 구성개념도를 예시한 것이다. 아래 설명 중 가장 부적합한 것은?

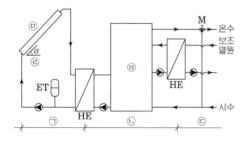

① ㉔ 내의 온도분포는 최대한 축열매체의 상하부 대류를 억제시켜 성층화를 파괴하지 않는 것이 시스템 효율향상에 유리하다.
② 난방 및 급탕 겸용시스템의 경우 ㉣의 설치 각도 α는 겨울에 태양복사 수열이 가장 커지도록 설치하는 것이 바람직하다.

③ ㉤ 내부 흡수판에 적용되는 선택흡수막코팅 (selective coating)은 흡수율과 방사율을 최대로 하여 집열효율 향상시키는 기술이다.
④ ㉠, ㉡, ㉢는 태양열 시스템의 3대 구성요소로 각각 집열부, 축열부, 이용부를 나타낸다.

해설 십열판의 흡수성능을 높이기 위하여 집열판위에 전기도금을 하여 흑색 피막을 입힌 선택흡수막 (Selective Coating)을 코팅하면 적외선을 선택적으로 흡수할 수 있다. 즉 흡수율은 최대로, 방사율은 최소로 하여 집열효율 향상시키는 깃술이다.

답 : ③

15. 다음 중 "건축물의 에너지절약 설계기준"에서 규정하는 설계용 외기조건에 대해 (㉠)과 (㉡)에 들어갈 말로 가장 적합한 것은?

> 난방 및 냉방 설비 장치의 용량계산을 위한 외기조건은 각 지역별로 위험율 (㉠) (냉방기 및 난방기를 분리한 온도 출현분포를 사용할 경우) 또는 (㉡) (연간 총시간에 대한 온도출현분포를 사용할 경우)로 하거나 별표 7에서 정한 외기 온·습도를 사용한다.

	㉠	㉡
①	1%	2%
②	2%	3%
③	2.5%	1%
④	3%	2%

해설 난방 및 냉방 설비 장치의 용량계산을 위한 외기조건은 각 지역별로 위험율 (㉠ 2.5%)(냉방기 및 난방기를 분리한 온도 출현분포를 사용할 경우) 또는 (㉡ 1%)(연간 총시간에 대한 온도출현분포를 사용할 경우)로 하거나 별표 7에서 정한 외기 온·습도를 사용한다.

답 : ③

16. 지붕 면적 100m²인 주택에서 80%에 해당하는 지붕 면적에 연간 발전능력 1,250kWh/kWp.year의 태양광 시스템을 설치할 계획이다. 기대할 수 있는 연간 전력 생산량으로 가장 적합한 것은? (단, 1kWp PV시스템 설치면적은 10m² 이다.)

① 5MWh/year
② 10MWh/year
③ 20MWh/year
④ 100MWh/year

해설 태양광 발전 연간 전력 생산량
= 면적(㎡) × 연간발전능력(kWh/kWp.year) × 단위면적당 발생전력(kWp/㎡)
= 80(㎡) × 1,250kWh/kWp.year × (1kWp ÷ 10㎡)
= 10MWh/year

답 : ②

17. 다음 중 "건축물에너지효율등급 인증제도 운영규정" 별표2 주거 및 주거용 이외 건축물 용도프로필에 규정되어 있는 것으로 가장 부적합한 것은?

① 사용시간과 운전시간
② 열발열원
③ 용도별 보정계수
④ 열원기기용량

해설 용도프로필에 규정되어 있는 내용
1. 사용시간과 운전시간
2. 설정요구량
3. 열발열원
4. 실내공기온도 : 난방설정온도, 냉방설정온도
5. 월간 사용일수
6. 용도별 보정계수

답 : ④

18. 다음 중 그림에서 제시된 삼중창에 대해 "건축물의 에너지절약설계기준" 별표4 창 및 문의 단열성능에서 요구되는 방법에 따라 창의 종류와 유리의 공기층 두께를 판정하였을 경우 가장 적합하게 적용한 것은?

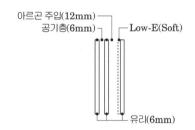

① 아르곤 주입 + 로이유리(소프트코팅), 유리의 공기층 두께 = 6mm
② 아르곤 주입 + 로이유리(소프트코팅), 유리의 공기층 두께 = 12mm
③ 아르곤 주입 + 로이유리(소프트코팅), 유리의 공기층 두께 = 15mm
③ 아르곤 주입 + 로이유리(소프트코팅), 유리의 공기층 두께 = 21mm

해설 창호를 구성하는 각 유리의 공기층 두께가 서로 다를 경우 그 중 최소 공기층 두께를 해당 창호의 공기층 두께로 인정하며, 단창 + 단창, 단창 + 복측창의 공기층 두께는 6mm로 인정한다.

답 : ①

19. 다음 그림에서 제시된 외기에 직접 면한 벽체의 열관류율값으로 가장 적합한 것은?

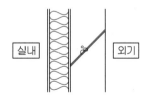

구분	재료명	두께(mm)	열전도율(W/m·K)
㉠	콘크리트	200	1.6
㉡	비드법보온판 2종2호	80	0.032
㉢	석고보드	9.5	0.17

* 실내표면열전달저항 : $0.11\text{m}^2 \cdot \text{K/W}$
　실외표면열전달저항 : $0.034\text{m}^2 \cdot \text{K/W}$

① $0.333\text{W/m}^2 \cdot \text{K}$
② $0.340\text{W/m}^2 \cdot \text{K}$
③ $0.353\text{W/m}^2 \cdot \text{K}$
④ $0.360\text{W/m}^2 \cdot \text{K}$

해설 0.11+0.034+0.2/1.6+0.08/0.032+0.0095/0.17
　= $2.82\text{m}^2 \cdot \text{K/W}$
　따라서 열관류율은 1/2.82 = $0.353\text{W/m}^2 \cdot \text{K}$

답 : ③

20. 다음 중 "건축물의 에너지절약설계기준"에서 제시하는 단열재의 등급분류에서 나 등급 단열재의 열전도율 범위로서 가장 적합한 것은? (단, KS L 9016에 의한 20±50℃ 시험조건)

① $0.034\text{W/m} \cdot \text{K}$ 이하
② $0.034 \sim 0.035\text{W/m} \cdot \text{K}$
③ $0.035 \sim 0.040\text{W/m} \cdot \text{K}$
④ $0.041 \sim 0.046\text{W/m} \cdot \text{K}$

해설 [별표 2] 단열재의 등급 분류

등급 분류	열전도율의 범위 (KS L 9016에 의한 20±5℃ 시험조건에서 열전도율)		관련 표준	단열재 종류
	W/m K	kcal/m h℃		
가	0.034 이하	0.029 이하	KS M 3808	- 압출법보온판 특호, 1호, 2호, 3호 - 비드법보온판 2종 1호, 2호, 3호, 4호
			KS M 3809	- 경질우레탄폼보온판 1종 1호, 2호, 3호 및 2종 1호, 2호, 3호
			KS L 9102	- 그라스울 보온판 48K, 64K, 80K, 96K, 120K
			KS M ISO 4898	- 페놀 폼 Ⅰ종A, Ⅱ종A
			KS M 3871-1	- 분무식 중밀도 폴리우레탄 폼 1종(A, B), 2종(A, B)
			KS F 5660	- 폴리에스테르 흡음 단열재 1급
			기타 단열재로서 열전도율이 0.034 W/mK (0.029 kcal/mh℃)이하인 경우	
나	0.035 ~ 0.040	0.030 ~ 0.034	KS M 3808	- 비드법보온판 1종 1호, 2호, 3호
			KS L 9102	- 미네랄울 보온판 1호, 2호, 3호 - 그라스울 보온판 24K, 32K, 40K
			KS M ISO 4898	- 페놀 폼 Ⅰ종B, Ⅱ종B, Ⅲ종A
			KS M 3871-1	- 분무식 중밀도 폴리우레탄 폼 1종(C)
			KS F 5660	- 폴리에스테르 흡음 단열재 2급
			기타 단열재로서 열전도율이 0.035~0.040 W/mK (0.030~ 0.034 kcal/mh℃)이하인 경우	
다	0.041 ~ 0.046	0.035 ~ 0.039	KS M 3808	- 비드법보온판 1종 4호
			KS F 5660	- 폴리에스테르 흡음 단열재 3급
			기타 단열재로서 열전도율이 0.041~0.046 W/mK (0.035~0.039 kcal/mh℃)이하인 경우	
라	0.047 ~ 0.051	0.040 ~ 0.044	기타 단열재로서 열전도율이 0.047~0.051 W/mK (0.040~0.044 kcal/mh℃)이하인 경우	

※ 단열재의 등급분류는 단열재의 열전도율의 범위에 따라 등급을 분류한다.

답 : ③

제4과목 : 건물 에너지효율 설계·평가

1. 건축물의 에너지효율등급 인증대상 건축물에 대한 다음 설명 중 가장 적절한 것은?

① 여러 동의 건축물을 인증신청 하는 경우, 전체건물 면적의 과반 비율(50%) 이상인 용도 시설로 인증을 신청한다.

② 건축법에 따른 건축허가·신고 및 사용승인 또는 주택법에 따른 사업계획승인·사용검사를 받은 단위로 신청함을 원칙으로 한다.

③ 인증 신청 시 허가용도와 사용용도가 다른 경우 실제 평가는 허가용도로 한다.

④ 냉방 또는 난방 면적이 1,000 제곱미터 이하인 업무시설은 인증 대상에서 제외한다.

해설 ③ 인증신청시 허가용도와 사용용도가 다른 경우 실제 평가는 사용용도로 평가를 하며, 건축물명에 건축허가용도를 표시하고 괄호로 사용용도를 표시하는 것을 원칙으로 한다.
④ 냉방 또는 난방 면적이 1,000제곱미터 이하인 업무시설은 인증대상에 해당된다.

답 : ②

2. 건축물 에너지효율등급 인증서("건축물 에너지효율 등급 인증 및 제로에너지 건축물 인증에 관한 규칙"별지 제4호)에 표기되는 내용으로 가장 적절하지 않은 것은?

① 건축물의 설계자, 공사시공자, 공사감리자

② 인증기관, 운영기관, 유효기간

③ 냉방, 난방, 급탕, 조명, 환기 부문에 대한 단위 면적당 에너지요구량

④ 대상 건축물의 냉방 설비 설치 여부

해설 ③ 냉방, 난방, 급탕, 조명, 환기 부문에 대한 단위 면적당 에너지요구량에서 단위면적당 에너지요구량에는 환기부문은 포함되지 않는다.

답 : ③

3. "건축물 에너지효율등급 인증 및 제로에너지건축물 인증 제도 운영규정"[별표 2]의 건축물 용도프로필(20개 용도)과 관련한 다음 설명 중 가장 적절한 것은?

① 열발열원과 관련하여 인체 및 작업 보조기기, 조명기기에 의한 발열량이 제시되어 있다.

② 월간 사용일수는 용도에 관계없이 모두 동일하다.

③ 실내공기 설정온도는 용도에 관계없이 냉방 시 26℃, 난방 시 20℃로 모두 동일하다.

④ 사용시간 및 운전시간은 용도에 관계없이 모두 동일하다.

해설 ① 열발열원과 관련하여 사람, 작업보조기기에 의한 발열량이 제시되어 있다.
② 월간 사용일 수는 용도에 따라 값이 다르다.
④ 사용시간 및 운전시간은 용도에 따라 값이 다르다.

답 : ③

4. 건축물 에너지효율등급 인증기준 및 등급에 관한 설명으로 적절한 것은?

① 단위면적당 1차에너지 소요량은 냉방, 난방, 급탕, 조명, 환기 부문별 에너지 소요량을 건물의 연면적으로 나누어 산출한다.

② 최하위 등급 기준에 미달되는 건축물의 인증 등급은 최하위 등급으로 표기한다.

③ 1차에너지 소요량이 140kWh/㎡·년인 업무시설과 기숙사의 인증등급은 서로 다르다.

④ 등급 산정의 기준이 되는 1차에너지 소요량은 건축물 용도별 보정계수 및 1차에너지 환산계수를 반영한 결과이다.

[해설] ① 단위면적당 1차에너지소요량
= 단위면적당 에너지소요량 × 1차에너지환산계수
단위면적당 1차에너지소요량은 냉방, 난방, 급탕, 조명, 환기부문별 에너지소요량을 실내연면적으로 나누어 산출한다. (실내연면적=옥내 주차장시설 면적을 제외한 건축연면적)
② 등외 등급을 받은 건축물의 인증은 등외로 표기한다.
③ 1차에너지 소요량이 140Kwh/㎡·년 인 업무시설과 기숙사의 인증등급은 1+등급으로 서로 같다.

답 : ④

5. "건축물의 에너지절약 설계기준" 중 전기설비부문의 용어에 대한 설명으로 옳지 않은 것은?

① "대기전력 저감형 도어폰"이라 함은 세대내의 실내기들 간에 호출 및 통화를 하는 기기를 말한다.

② "전압강하"라 함은 인입전압(또는 변압기 2차 전압)과 부하측 전압과의 차이를 말하며 저항이나 인덕턴스에 흐르는 전류에 의하여 강하하는 전압을 말한다.

③ "수용률"이라 함은 부하설비 용량 합계에 대한 최대 수용전력의 백분율을 말한다.

④ "최대수요전력"이라 함은 수용가에서 일정 기간 중 사용한 전력의 최대치를 말한다.

[해설] ① "대기전력 저감형 도어폰"이라 함은 세대내의 실내기기와 실외기기간의 호출 및 통화를 하는 기기로서 산업통상자원부 고시「대기전력저감프로그램운용규정」에 의하여 대기전력우수제품으로 등록된 제품을 말한다. 는 법의 개정으로 삭제되었다.

답 : ①

6. "건축물의 에너지절약 설계기준"에서 제시하는 용어의 설명으로 옳지 않은 것은?

① "외피"라 함은 거실 또는 거실 외 공간을 둘러싸고 있는 벽·지붕·바닥·창 및 문 등으로서 외기에 직접 또는 간접 면하는 부위를 말한다.

② "방풍구조"라 함은 출입구에서 실내외 공기 교환에 의한 열출입을 방지할 목적으로 설치하는 방풍실 또는 회전문 등을 설치한 방식을 말한다.

③ "건축물 에너지효율등급 인증"이라 함은 국토교통부와 산업통상자원부의 공동부령인「건축물에너지효율등급 인증에 관한 규칙」에 따라 인증을 받는 것을 말한다.

④ "완화기준"이라 함은 「건축법」, 「국토의 계획 및 이용에 관한 법률」 및 「지방자치단체 조례」 등에서 정하는 건축물의 용적률 및 높이제한 기준을 적용함에 있어 완화 적용 할 수 있는 비율을 정한 기준을 말한다.

해설 ① "외피"라함은 거실 또는 거실 외 공간을 둘러 싸고 있는 벽·지붕·바닥·창 및 문 등으로서 외기에 직접 면하는 부위를 말한다.

답 : ①

7. "건축물의 에너지절약 설계기준"의 권장사항에 규정된 내용으로 알맞은 것은?

① 수평면과 이루는 각이 70도를 초과하는 경사 지붕은 [별표 1]에 따른 외벽의 열관류율을 적용한다.

② 열관류율 또는 열관류저항의 계산결과는 소수점 3자리로 맺음을 하여 적합여부를 판정한다.

③ 외피의 모서리 부분은 열교가 발생하지 않도록 단열재를 연속적으로 설치한다.

④ 방습층의 단부는 단부를 통한 투습이 발생하지 않도록 내습성 테이프, 접착제 등으로 기밀하게 마감한다.

해설 ①, ②, ④번은 건축부문 의무사항에 해당하는 내용이다.
③ "외피의 모서리 부분은 열교가 발생하지 않도록 단열재를 연속적으로 설치한다"는 단열계획과 관련된 권장사항에 해당한다.

답 : ③

8. 건축물 에너지 소비 총량제에 대한 다음 설명 중 가장 적절하지 않은 것은?

① 연면적 3천 제곱미터 이상인 문화 및 집회시설은 건축물 에너지 소요량 평가서를 제출하여야 한다.

② 건축물 에너지효율등급 예비인증서로 건축물 에너지 소요량 평가서를 대체할 수 있다.

③ 건축물의 에너지 소요량은 ISO 52016 등 국제 규격에 따라 난방, 냉방, 급탕, 조명, 환기 부문에 대해 종합적으로 평가한다.

④ 건축물 에너지 소요량 평가서에는 단위면적당 에너지요구량, 단위면적당 에너지소요량, 단위면적당 1차 에너지소요량이 표기된다.

해설 ① 건축물에너지 소요량평가서는 연면적 합계가 3천제곱미터 이상인 업무시설과 교육연구시설, 연면적 3천 제곱미터 이상인 문화 및 집회시설은 포함되지 않는다.

답 : ①

9. 제로에너지 건축물 인증 등급 1등급을 취득하였을 경우, "건축물의 에너지절약 설계기준"에 따라 최대로 받을 수 있는 건축기준 완화비율은?

① 8% ② 9%

③ 12% ④ 15%

해설 제로에너지 건축물 인증 등급 1등급을 취득하였을 경우 건축기준완화비율 15% 이하를 적용하여 신청할 수 있다.

답 : ④

10. 다음 그림은 경기도 안양시에 신축 중인 공동주택의 단면도를 나타낸다. 바닥난방을 실시하는 ㉠ 또는 ㉡ 부분에 적용할 단열재의 종류 및 두께로 적절하지 않은 것은? (단, 단열기준 적합여부는 건축물의 에너지 절약 설계기준 [별표 3]의 지역별·부위별·단열재 등급별 허용두께 적합여부로 판단함)

(2016.7.1 시행)

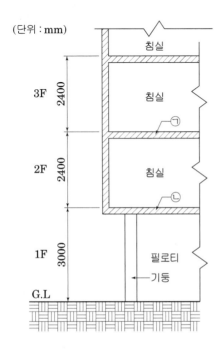

(단위 : mm)

① ㉠ : 비드법보온판 2종 1호, 두께 35mm
② ㉠ : 비드법보온판 1종 2호, 두께 35mm
③ ㉡ : 비드법보온판 2종 1호, 두께 190mm
④ ㉡ : 비드법보온판 1종 2호, 두께 190mm

해설 ㉡ : 비드법 보온판 1종2호, 두께 205mm
비드법 보온판 1종2호는 나등급에 해당되므로 외기에 직접 면하는 최하층에 있는 거실의 바닥난방인 경우에는 220mm 이상이 되어야 한다.

답 : ④

[별표 3] 단열재의 두께

[중부2지역]

(단위 : mm)

건축물의 부위		단열재의 등급	가	나	다	라
거실의 외벽	외기에 직접 면하는 경우	공동주택	190	225	260	285
		공동주택 외	135	155	180	200
	외기에 간접 면하는 경우	공동주택	130	155	175	195
		공동주택 외	90	105	120	135
최상층에 있는 거실의 반자 또는 지붕	외기에 직접 면하는 경우		220	260	295	330
	외기에 간접 면하는 경우		155	180	205	230
최하층에 있는 거실의 바닥	외기에 직접 면하는 경우	바닥난방인 경우	190	220	255	280
		바닥난방이 아닌 경우	165	195	220	245
	외기에 간접 면하는 경우	바닥난방인 경우	125	150	170	185
		바닥난방이 아닌 경우	110	125	145	160
바닥난방인 층간바닥			30	35	45	50

11. 다음은 장비일람표의 일부이다. 이 중온수 흡수식 냉동기의 COP는 약 얼마인가?

장비 번호	용도	형식	용량 냉방 kW	냉수 온도 ℃ 입구	출구	유량 1pm	온수 온도 ℃ 입구	출구	유량 1pm
CH1	냉방용	흡수식	527	14	7	1,080	95	55	314

※ 1pm : L/min

① 0.52
② 0.57
③ 0.60
④ 0.73

해설 냉동기성적계수 = 저열원에서 흡수한 열량/외부에서 공급한 일
따라서 저열원에서 흡수한 열량=1080×(14−7) = 7560
외부에서 공급한 일 = 314×(95−55) = 12,560
그러므로 7,560/12,560 = 0.60

답 : ③

12. 충청북도 보은군에 위치한 바닥 난방을 실시하는 공동주택에 대하여, 다음의 건축 부위에 대한 법적 열관류율 허용치가 큰 것부터 순서대로 나열한 것은? (2016.7.1 시행)

> ㉠ 외기에 직접 면하는 최하층 거실의 바닥
> ㉡ 외기에 간접 면하는 최하층 거실의 바닥
> ㉢ 외기에 직접 면하는 거실의 외벽
> ㉣ 외기에 간접 면하는 최상층 거실의 지붕

① ㉠ 〉 ㉡ 〉 ㉢ 〉 ㉣
② ㉡ 〉 ㉣ 〉 ㉢ = ㉠
③ ㉢ 〉 ㉠ 〉 ㉣ 〉 ㉡
④ ㉣ 〉 ㉢ 〉 ㉠ 〉 ㉡

해설 충청북도 보은군은 중부2지역의 열관류율을 부위별로 적용한다.
㉠ 외기에 직접 면하는 최하층 거실의 바닥
: (0.170W/㎡·K 이하)
㉡ 외기에 간접 면하는 최하층 거실의 바닥
: (0.240W/㎡·K 이하)
㉢ 외기에 직접 면하는 거실의 외벽 : (0.170W/㎡·K 이하)
㉣ 외기에 간접 면하는 최상층 거실의 지붕
: (0.210W/㎡·K 이하)
② ㉡ 〉 ㉣ 〉 ㉢ = ㉠

[별표 1] 지역별 건축물 부위의 열관류율표

(단위 : W/㎡·K)

건축물의 부위				중부1지역[1]	중부2지역[2]	남부지역[3]	제주도
거실의 외벽	외기에 직접 면하는 경우	공동주택		0.150 이하	0.170 이하	0.220 이하	0.290 이하
		공동주택 외		0.170 이하	0.240 이하	0.320 이하	0.410 이하
	외기에 간접 면하는 경우	공동주택		0.210 이하	0.240 이하	0.310 이하	0.410 이하
		공동주택 외		0.240 이하	0.340 이하	0.450 이하	0.560 이하
최상층에 있는 거실의 반자 또는 지붕	외기에 직접 면하는 경우			0.150 이하		0.180 이하	0.250 이하
	외기에 간접 면하는 경우			0.210 이하		0.260 이하	0.350 이하
최하층에 있는 거실의 바닥	외기에 직접 면하는 경우	바닥난방인 경우		0.150 이하	0.170 이하	0.220 이하	0.290 이하
		바닥난방이 아닌 경우		0.170 이하	0.200 이하	0.250 이하	0.330 이하
	외기에 간접 면하는 경우	바닥난방인 경우		0.210 이하	0.240 이하	0.310 이하	0.410 이하
		바닥난방이 아닌 경우		0.240 이하	0.290 이하	0.350 이하	0.470 이하
바닥난방인 층간바닥				0.810 이하			
창 및 문	외기에 직접 면하는 경우	공동주택		0.900 이하	1.000 이하	1.200 이하	1.600 이하
		공동주택 외	창	1.300 이하	1.500 이하	1.800 이하	2.200 이하
			문	1.500 이하			
	외기에 간접 면하는 경우	공동주택		1.300 이하	1.500 이하	1.700 이하	2.000 이하
		공동주택 외	창	1.600 이하	1.900 이하	2.200 이하	2.800 이하
			문	1.900 이하			
공동주택 세대현관문 및 방화문	외기에 직접 면하는 경우 및 거실 내 방화문			1.400 이하			
	외기에 간접 면하는 경우			1.800 이하			

■비고
1) 중부1지역 : 강원도(고성, 속초, 양양, 강릉, 동해, 삼척 제외), 경기도(연천, 포천, 가평, 남양주, 의정부, 양주, 동두천, 파주), 충청북도(제천), 경상북도(봉화, 청송)
2) 중부2지역 : 서울특별시, 대전광역시, 세종특별자치시, 인천광역시, 강원도(고성, 속초, 양양, 강릉, 동해, 삼척), 경기도(연천, 포천, 가평, 남양주, 의정부, 양주, 동두천, 파주 제외), 충청북도(제천 제외), 충청남도, 경상북도(봉화, 청송, 울진, 영덕, 포항, 경주, 청도, 경산 제외), 전라북도, 경상남도(거창, 함양)
3) 남부지역 : 부산광역시, 대구광역시, 울산광역시, 광주광역시, 전라남도, 경상북도(울진, 영덕, 포항, 경주, 청도, 경산), 경상남도(거창, 함양 제외)

답 : ②

13. "건축물의 에너지절약 설계기준"에서 보일러 효율의 기준이 되는 발열량을 맞게 나타낸 것은?

	유류보일러	가스보일러
①	고위발열량	저위발열량
②	고위발열량	고위발열량
③	저위발열량	고위발열량
④	저위발열량	저위발열량

해설 장비일람표에 난방설비 효율(%)을 표기
1. 연료가 유류인 경우 보일러 효율 (%) : 저위발열량 기준
2. 연료가 가스인 경우 보일러 효율 (%) : 고위발열량 기준

답 : ③

14. 건축물의 지붕, 외벽, 바닥의 재료구성 및 두께가 동일하다고 가정할 경우, 건축물의 에너지절약 설계기준에 따른 열관류율 산출결과가 가장 큰 것(A)과 가장 작은 것(B)은?

> ㉠ 외기에 직접 면하는 거실의 외벽
> ㉡ 외기에 간접 면하는 거실의 외벽
> ㉢ 외기에 직접 면하는 최하층 거실의 바닥
> ㉣ 외기에 간접 면하는 최상층 거실의 지붕

	(A)	(B)
①	㉠	㉢
②	㉡	㉣
③	㉢	㉡
④	㉣	㉠

해설 ㉠ 외기에 직접면하는 거실의 외벽 :

$$\frac{1}{0.11+0.043}=6.536+K$$

㉡ 외기에 간접면하는 거실의 외벽 :

$$\frac{1}{0.11+0.11}=4.545+K$$

㉢ 외기에 직접 면하는 최하층 거실의 바닥 :

$$\frac{1}{0.086+0.043}=7.751+K$$

㉣ 외기에 간접면하는 최상층 거실의 지붕 :

$$\frac{1}{0.086+0.086}=5.813+K$$

답 : ③

15. 용량 3kW, 효율 58%의 급기송풍기 2대와 용량 1kW, 효율 56%의 환기송풍기 4대를 사용하는 경우 아래의 에너지성능지표 기계설비부문 항목에서 획득할 수 있는 배점(b)은?

[열원설비 및 공조용 송풍기의 우수한 효율설비 채택]

배점(b)				
1점	0.9점	0.8점	0.7점	0.6점
60% 이상	57.5%~ 60% 미만	55%~ 57.5% 미만	50%~ 55% 미만	50% 미만

① 0.9점 　　　② 0.86점
③ 0.85점 　　　④ 0.8점

해설 열원설비 및 공조용 송풍기의 우수한 효율설비 채택은 설비별배점후 용량가중평균으로 배점을 부여한다.
따라서 3kW×2대×0.9점+1kW×4대×0.8점/3kW×2대+1kW×4대=0.86점

답 : ②

16. 전력피크 부하를 줄이기 위한 에너지성능지표 기계설비부문 10번 항목에 해당하는 냉방방식을 모두 나타낸 것은?

> ㉠ 지역냉방
> ㉡ 가스이용 냉방
> ㉢ 유류이용 냉방
> ㉣ 소형열병합 냉방
> ㉤ 축냉식 전기냉방
> ㉥ 신재생에너지이용 냉방

① ㉠, ㉡, ㉢, ㉥
② ㉠, ㉡, ㉢, ㉣, ㉤
③ ㉠, ㉡, ㉢, ㉣, ㉥
④ ㉠, ㉡, ㉢, ㉣, ㉤, ㉥

해설 에너지성능지표 기계설비부문 10번 항목에 해당하는 냉방방식은 축냉식전기냉방, 가스 및 유류이용냉방, 지역냉방, 소형열병합냉방적용, 신재생에너지이용냉방이므로 ㉠ 지역냉방 ㉡ 가스이용냉방 ㉢ 유류이용냉방 ㉣ 소형열병합 냉방 ㉤ 축냉식전기냉방 ㉥ 신재생에너지이용냉방 모두 포함된다.

답 : ④

17. "건축물의 에너지절약 설계기준"의 에너지성능지표 전기설비부문 항목 중 기본배점이 가장 큰 항목은?(단, 비주거대형의 경우)

① 간선의 전압강하율
② 역률자동조절장치 채택
③ 대기전력자동차단콘센트 설치비율
④ 거실의 조명밀도(W/m^2)

해설 ① 간선의 전압강하율 : 1점 배점
② 역률자동조절장치 채택 : 1점 배점
③ 대기전력자동차단 콘센트설치비율 : 2점 배점
④ 거실의 조명밀도(W/m^2) : 9점

답 : ④

18. 건축부문 에너지성능지표 7번 항목 냉방부하 저감을 위한 거실 외피면적당 평균 태양열 취득 계산 시 배점 1점을 받을 수 있는 것으로 적합한 것은?

① $19(W/m^2)$ 미만
② $19-24(W/m^2)$ 미만
③ $24-29(W/m^2)$ 미만
④ $29-34(W/m^2)$ 미만

해설 $19W/m^2$ 미만인 경우 배점 1점을 받을 수 있다.

답 : ①

19. 에너지성능지표 중 신재생설비부문의 설명으로 가장 적절하지 않은 것은? (단, 배점 기준 1점일 경우)

① 전체 난방설비용량에 대한 신재생에너지 용량 비율 2% 이상 적용(단, 의무화대상 건축물은 4% 이상)
② 전체 냉방설비용량에 대한 신재생에너지 용량 비율 2% 이상 적용(단, 의무화대상 건축물은 4% 이상)
③ 전체 급탕설비용량에 대한 신재생에너지 용량 비율 10% 이상 적용(단, 의무화대상 건축물은 20% 이상)
④ 전체 조명설비용량에 대한 신재생에너지 용량 비율 2% 이상 적용(단, 의무화대상 건축물은 4% 이상)

해설 신재생설비부분에 전체 전기용량에 대한 신재생에너지 용량비율은 60% 이상 (단, 의무화 대상 건축물은 2배 이상 적용 필요)

항 목		기본배점 (a)				배점 (b)					평점 (a*b)	근거
		비주거		주거								
		대형 (3,000㎡ 이상)	소형 (500~3,000㎡ 미만)	주택 1	주택 2	1점	0.9점	0.8점	0.7점	0.6점		
신재생부문	1. 전체난방설비용량에 대한 신재생에너지 용량 비율	4	4	5	4	2% 이상	1.75% 이상	1.5% 이상	1.25% 이상	1% 이상		
						단, 의무화 대상 건축물은 2배 이상 적용 필요						
	2. 전체냉방설비용량에 대한 신재생에너지 용량 비율	4	4	–	3	2% 이상	1.75% 이상	1.5% 이상	1.25% 이상	1% 이상		
						단, 의무화 대상 건축물은 2배 이상 적용 필요						
	3. 전체급탕설비용량에 대한 신재생에너지 용량 비율	1	1	4	3	10% 이상	8.75% 이상	7.5% 이상	6.25% 이상	5% 이상		
						단, 의무화 대상 건축물은 2배 이상 적용 필요						
	4. 전체조명설비전력에 대한 신재생에너지 용량 비율	4	4	4	3	60% 이상	50% 이상	40% 이상	30% 이상	20% 이상		
						단, 의무화 대상 건축물은 2배 이상 적용 필요 (잉여 전력은 계통 연계를 통해 활용)						
신재생부분 소계												
평점 합계(건축+기계+전기+신재생)												

답 : ④

20. 건축물의 거실에 설치되는 콘센트 현황이 아래 표와 같을 때, 에너지성능지표의 대기전력자동차단 콘센트 적용 배점(b)은?

단위 : 개(EA)

구분	대기전력자동차단콘센트		일반형 콘센트
	대기전력저감 우수제품 미적용	대기전력저감 우수제품 적용	
회의실	0	20	20
휴게실	10	0	10
업무 공간	0	30	30

① 0.6점

② 0.7점

③ 0.8점

④ 0.9점

해설 적용비율(%) = 대기전력 자동 차단콘센트 또는 대기전력 차단스위치를 통해 차단되는 콘센트(개수)/전체콘세트개수 ×100

전체콘센트개수 = 10+50+60=120개

대기전력저감우수제품 = 50개

따라서 50/120×100% = 41.67%이므로 배점은 0.6점을 받는다.

EPI)

항 목	기본배점 (a)				배점 (b)				
	비주거		주거		1점	0.9점	0.8점	0.7점	0.6점
	대형 (3,000m² 이상)	소형 (500~ 3,000m² 미만)	주택 1	주택 2					
12. 제5조제12호카목에 따른 대기전력자동차단장치를 통해 차단되는 콘센트의 전체 콘센트 개수에 대한 비율	2	2	2	2	80% 이상	70% 이상 ~80%	60% 이상 ~70%	50% 이상 ~60%	40% 이상 ~50%

답 : ①

제4과목 : 건물 에너지효율 설계 · 평가

1. 다음은 업무시설에 대한 건축물 에너지효율등급 인증 평가결과(에너지소요량)이다. 난방 열원의 60%는 전력, 40%는 지역난방이며, 냉방 열원의 40%는 전력, 60%는 지역냉방이다. 급탕 열원설비로 전기순간온수기를 채택할 경우, 해당 건축물의 등급으로 가장 적절한 것은? (단, 1차 에너지소요량과 등급용 1차 에너지소요량은 동일하다.)

〈단위 : kWh/m² · 년〉

구분	난방	냉방	급탕	조명	환기	합계
에너지 소요량	65	71	13	20	15	184

① 1등급
② 2등급
③ 3등급
④ 4등급

해설 ① 난방1차 E소요량=65×(0.6×2.75+0.4×0.728)
　　　　　　　　　　=126.178kwh/m² · 년
② 냉방1차 E소요량=71×(0.4×2.75+0.6×0.937)
　　　　　　　　　　=118.016kwh/m² · 년
③ 급탕1차 E소요량=13×2.75=35.75kwh/m² · 년
④ 조명1차 E소요량=20×2.75=55kwh/m² · 년
⑤ 환기1차 E소요량=15×2.75=41.25kwh/m² · 년
① ∼ ⑤ 합=376.194kwh/m² · 년
주거용 이외의 건축물 3등급구간 320∼380 미만

답 : ③

2. "건축물 에너지효율등급인증제도 운영규정"[별표 2] 건축물 용도프로필에서 사용시간 및 운전시간이 24시간으로 설정된 것은?

가. 대규모 사무실
나. 주거공간
다. 회의실 및 세미나실
라. 화장실
마. 전산실
바. 병실
사. 객실

① 가, 다, 라
② 나, 마, 바
③ 나, 마, 사
④ 마, 바, 사

답 : ②

3. "건축물 에너지효율등급인증제도 운영규정"[별표 2] 건축물 용도프로필에서 대규모사무실과 소규모사무실을 구분짓는 특징으로 적절하지 않은 것은?

① 소규모사무실은 대규모사무실에 비해 조명시간이 짧다.
② 소규모사무실은 대규모사무실에 비해 단위면적당 급탕요구량이 적다.
③ 소규모사무실과 대규모사무실의 운전시간은 동일하다.
④ 소규모사무실은 대규모사무실에 비해 단위면적당 작업보조기기 발열량이 적다.

해설 ② 소규모사무실은 대규모사무실에 비해 단위 면적 당 급탕요구량이 동일하다.

답 : ②

4. "건축물 에너지효율등급인증제도 운영규정"[별표 1] 기상데이터에 대한 설명으로 적절하지 않은 것은?

① 국내 66개 지역에 대한 기상데이터 정보를 제공한다.

② 8개 방위에 대한 수직면 월평균 전일사량 (W/m²) 정보를 제공한다.

③ 월별 평균 외기온도(℃) 정보를 제공한다.

④ 월별 평균 외기상대습도(%) 정보를 제공한다.

해설 ④ 외기상대습도 정보는 별표1 기상데이터에 미포함 됨

답 : ④

5. "건축물 에너지효율등급 인증 및 제로에너지 건축물 인증에 관한 규칙"에 따른 운영기관 및 인증기관에 대한 내용으로 적절하지 않은 것은?

① 운영기관은 인증관리시스템의 운영에 관한 업무를 수행한다.

② 인증기관은 기관명 및 기관의 대표자가 변경되었을 때 국토교통부장관에게 관련 증명서류와 함께 30일 이내에 보고하여야 한다.

③ 인증기관은 인증 평가서 결과에 따라 인증 여부 및 등급을 결정한다.

④ 운영기관은 전년도 사업추진 실적과 그 해의 사업계획을 매년 1월 말일까지 국토교통부장관과 산업통상자원부장관에게 보고하여야 한다.

해설 ② 인증기관은 기관명 및 기관의 대표자가 변경되었을 때 운영기관에게 관련증명 서류와 함께 30일 이내에 보고하여야 한다.

답 : ②

6. "건축물의 에너지절약설계 기준"전기설비부문의 의무사항 중 배전방식별 간선의 전압강하 계산식으로 적절하지 않은 것은? (단, A : 전선의 단면적(mm²), L : 전선 1본의 길이(m), I : 부하기기의 정격전류(A))

① 단상 2선식
: 전압강하$(V) = (35.6 \cdot L \cdot I)/(1000 \cdot A)$: 선간

② 단상 3선식
: 전압강하$(V) = (35.6 \cdot L \cdot I)/(1000 \cdot A)$: 대지간

③ 3상 3선식
: 전압강하$(V) = (30.8 \cdot L \cdot I)/(1000 \cdot A)$: 선간

④ 3상 4선식
: 전압강하$(V) = (17.8 \cdot L \cdot I)/(1000 \cdot A)$: 대지간

해설 단상 3선식 :
전압강하$(v) = (17 \cdot 8 \cdot L \cdot I)/(1000 \cdot A)$: 대지간

답 : ②

7. "건축물의 에너지절약설계기준"에 따라 외벽 평균 열관류율을 계산할 때 기준이 되는 치수로 적절한 것은?

① 비주거 건축물-중심선치수
주거용 건축물-안목치수

② 비주거 건축물-중심선치수
주거용 건축물-중심선치수

③ 비주거 건축물-안목치수
주거용 건축물-중심선치수

④ 비주거 건축물-안목치수
주거용 건축물-안목치수

해설 제5조(용어의 정의)
9. 건축부문 파
단, 평균열관류율은 중심선 치수를 기준으로 계산한다.

답 : ②

8. 보기 ㉠~㉢ 중 에너지성능지표 기계설비부문 항목에서 미설치한 경우에도 최하 배점(0.6점)을 받을 수 있는 항목을 모두 고른 것은?

㉠ 1번 난방설비
㉡ 2번 냉방설비
㉢ 7번 기기, 배관 및 덕트 단열
㉣ 12번 급탕용 보일러

① ㉠, ㉡
② ㉠, ㉢
③ ㉠, ㉡, ㉢
④ ㉡, ㉢, ㉣

해설 7,12번은 배점(b) 적용부분을 적용해야 배점 획득가능

답 : ①

9. 다음은 연면적의 합계가 4,000m²인 업무시설의 난방설비 설치현황이다. 해당 건축물의 에너지성능지표 기계설비부문 1번 항목(난방설비)의 평점(기본배점×배점)은? (단, 평점은 소수점 넷째자리에서 반올림한다.)

종류	정격용량	정격효율	기타
가스보일러 (중앙난방방식)	100kW	82%	
전기구동형 히트펌프 (EHP)	20kW	성적계수 (COP)3.8	에너지소비 효율 1등급 제품
지열히트 펌프	60kW	성적계수 (COP)4.0	신재생 에너지 인증 제품

① 5.831
② 6.578
③ 7.022
④ 7.467

해설

종류	정격용량	정격효율	기타	배점 (b)	배점 × 용량
가스보일러 (중앙난방방식)	100kW	82%		0.7	70
전기구동형 히트펌프 (EHP)	20kW	성적계수 (COP) 3.8	에너지소비 효율 1등급 제품	1.0	20
지열히트 펌프	60kW	성적계수 (COP) 4.0	신재생 에너지 인증 제품	1	60
계	180kW				150

- 배점(b)=150 ÷ 180=0.833점
- 비주거 대형 기계 1항목 배점(a)=7점
- 평점=7 × 0.833=5.831

답 : ①

10. 다음은 비주거 건축물의 외벽(외기에 직접 면한 벽체)의 구성이다. 해당 외벽을 적용하였을 때, 단열기준을 만족하는 경우는? (단, 실외표면열전달저항(외기에 직접 면하는 경우) : 0.043m²·K/W, 실내표면열전달저항 : 0.110m²·K/W)

부위별 구성	열전도율(W/m·K)	두께(mm)
콘크리트	1.6	200
압출법보온판 특호	0.027	80
석고보드	0.18	5

① 인천시에 신축하는 숙박시설
② 천안시에 신축하는 교육연구시설
③ 진주시에 신축하는 업무시설
④ 청송군에 신축하는 공동주택

해설 1. 외벽 열저항합=0.043 + 0.125 + 2.963 + 0.028 + 0.11=3.269(m²·k/w)
2. 열관류율=1/3.269=0.306(w/m²·k)
3. ③ 진주시는 남부이므로 남부지역 외기 직접 열관류율 기준=0.320w/m²·k이므로 ③만 답

답 : ③

11. "건축물의 에너지절약설계기준" 기계설비부문의 의무사항이 아닌 것은?

① 급수용 펌프의 전동기에 에너지절약적 제어방식 적용

② 냉난방설비의 용량계산을 위하여 지역별 설계용 외기조건 준수

③ 펌프는 KS인증제품 또는 KS규격에서 정해진 효율이상의 제품 채택

④ 공동주택에 중앙집중식 난방설비 설치시 "주택건설기준 등에 관한 규정"에 적합한 조치

해설 ①은 권장사항이다.

답 : ①

12. "건축물의 에너지절약설계기준" 전기설비부문의 권장사항(수변전설비)으로 적절하지 않은 것은?

① 변전설비는 부하의 특성, 수용율, 장래의 부하증가에 따른 여유율, 운전조건, 배전방식을 고려하여 용량을 산정한다.

② 부하특성, 부하종류, 계절부하 등을 고려하여 변압기의 운전대수제어가 가능하도록 뱅크를 구성한다.

③ 역률개선용콘덴서를 집합 설치하는 경우에는 역률자동조절장치를 설치한다.

④ 건축물의 사용자가 합리적으로 전력을 절감할 수 있도록 2개층 및 임대 구획별로 분전반을 설치한다.

해설 ④ 건축물의 사용자가 합리적으로 전력을 절감할 수 있도록 층별 및 임대구획별로 분전반을 설치한다.

답 : ④

13. 대형 비주거 건물에서 전체 냉방설비가 다음과 같을 때, 에너지성능지표 기계설비부문 10번항목(전기대체냉방 적용비율)에서 획득할 수 있는 평점(기본배점×배점)은?

명칭	용량 (USRT)	성적계수 (COP)	대수
터보냉동기	300	4.7	1
이중효용 가스흡수식냉동기	250	1.3	2

① 0.8 ② 1.0
③ 1.2 ④ 1.4

해설 1. 전기대체냉방 적용비율 $= \dfrac{250 \times 2}{250 \times 2 + 300} \times 100\%$
$= 62.5\%$

2. 배점(b)=0.6점
3. 대형 비주거 기계 11항목 배점(a)=2점
4. 평점=2 × 0.6=1.2점

답 : ③

14. "건축물의 에너지절약설계기준"에 따라 건축물에너지 소요량 평가서를 제출해야 하는 건축물을 모두 고른 것은?

ㄱ. 연면적의 합계가 3,000m²인 신축 업무시설(민간건축물)

ㄴ. 연면적의 합계가 3,000m²인 신축교육연구시설(민간건축물)

ㄷ. 연면적의 합계가 2,500m²인 별동 증축 업무시설(공공건축물)

ㄹ. 연면적의 합계가 1,000m²인 신축 교육연구시설(공공건축물)

① ㄱ, ㄷ, ㄹ ② ㄴ, ㄹ
③ ㄱ, ㄴ ④ ㄱ, ㄴ, ㄷ, ㄹ

해설 업무시설 및 교육연구시설 중 연면적의 합계가 3,000 제곱미터 이상인 건축물의 경우 건축물에너지 소요량 평가서를 제출하여야 한다.

답 : ③

15. "건축물의 에너지절약 설계기준" [별표1] 지역별 건축물 부위의 열관류율표에 따른 기준값을 비교한 것으로 적절하지 않은 것은? (단, 공동주택 외의 경우이다.)

① 중부1지역 : 외기에 간접 면한 최상층 지붕 = 외기에 간접 면한 최하층 바닥(바닥난방인 경우)

② 남부지역 : 외기에 직접 면한 외벽 〉 외기에 직접 면한 최하층 바닥(바닥난방 아닌 경우)

③ 남부지역 : 외기에 간접 면한 외벽 (공동주택 외) 〉 외기에 간접 면한 최하층 바닥 (바닥난방 아닌 경우)

④ 제주지방 : 외기에 간접 면한 최상층 지붕〈 외기에 직접 면한 최하층 바닥(바닥난방 아닌 경우

해설 제주지역 : 열관류율=0.350 > 0.330

답 : ④

16. 도면의 건축물이 에너지성능지표 건축부문 5번 항목 (기밀성 창 및 문의 설치)에서 획득할 수 있는 배점은? (단, 배점은 소수점 넷째자리에서 반올림 한다.)

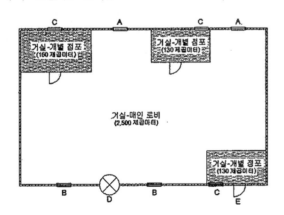

창 및 문 기호	종류	기밀 성능 등급	면적 (m^2)
A	창	1등급	10
B	창	2등급	10
C	창	3등급	10
D	회전문	–	10
E	출입문	4등급	10

① 0.844 ② 0.863
③ 0.883 ④ 0.886

해설

구분	면적(㎡)	배점(b)	개수	면적×배점(b) ×개수
A	10	1	2	20
B	10	0.9	2	18
C	10	0.8	3	24
합				62

배점(b)=62÷70=0.886점

답 : ④

17. 도면에서 에너지성능지표 건축부문과 7번 항목 (냉방부하저감을 위한 거실 외피면적당 평균 태양열 취득)에서 적용되는 투광부로 적절한 것은? (단, A~H는 투과재료 80%로 구성된 창으로 가정한다.)

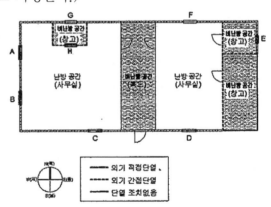

① 7번 항목 (A, B, C, D, E, F, G, H)
② 7번 항목 (A, B, C, D, E, F, G)
③ 7번 항목 (A, B, C, D, E, F, G, H)
④ 7번 항목 (A, B, C, D, F)

해설 7번 항목 (모든 향 거실 외피만 해당)

답 : ④

18. 다음은 1가지 요소의 설계항목을 변경하였을 경우, 건축물 에너지효율등급 인증 평가 결과이다. 변경된 설계항목으로 가장 적절한 것은?

〈변경 전〉

〈단위 : kWh/m^2·년〉

구분	신재생	난방	냉방	급탕	조명	환기	합계
에너지 요구량	0.0	25.1	10.6	18.9	18.2	0.0	72.8
에너지 소요량	0.0	32.5	9.8	18.3	14.2	6.9	81.7
1차에너지 소요량	0.0	51.2	12.0	50.2	39.2	19.0	171.6

〈변경 후〉

〈단위 : kWh/m^2·년〉

구분	신재생	난방	냉방	급탕	조명	환기	합계
에너지 요구량	0.0	20.9	16.1	18.9	18.2	0.0	74.1
에너지 소요량	0.0	27.8	13.6	18.3	14.2	6.9	80.8
1차에너지 소요량	0.0	45.1	16.6	50.2	39.2	19.0	170.1

① 난방기기 효율
② 태양열취득률(SHGC)
③ 공조기기 효율
④ 조명밀도

해설 변경 후에 난방에너지 요구량은 줄고 냉방에너지 요구량은 는다.
즉, SHGC 값이 커질 때 실내 일사획득이 많아지므로 위와 같이 변한다.

답 : ②

19. "건축물의 에너지절약설비기준" 11. 승강기 회생 제동장치 설치비율 몇 % 이상 설치여부에 따라 배점을 받을 수 있는가?

① 80% 이상
② 70% 이상
③ 60% 이상
④ 50% 이상

해설 전체 승강기 동력의 60% 이상에 회생 제동 장치 설치 여부에 따라 배점을 받을 수 있다.

답 : ③

20. "건축물의 에너지절약설계기준" 전기설비부문의 근거서류 중 MCC 결선도를 통해 확인할 수 있는 항목은?

① 변압기 대수제어 가능 뱅크 구성
② 대기전력자동차단콘센트 설치
③ 전동기별 역률개선용 콘덴서 설치
④ 일괄소등스위치 설치

답 : ③

제4과목 : 건물 에너지효율 설계·평가

1. "건축물 에너지효율등급 인증 및 제로에너지건축물 인증에 관한 규칙" [별지 제4호의2서식] 제로에너지 건축물 인증서의 표시사항이 아닌 것은?

① 단위면적당 1차에너지소비량

② 단위면적당 1차에너지생산량

③ 단위면적당 CO_2 배출량

④ 에너지자립률

해설 [별지 제4호2서식]제로에너지 건축물 인증서의 표시사항

제로에너지 건축물인증등급(표시사항)

① 단위면적당 1차 에너지 소비량
② 단위면적당 1차 에너지 생산량
④ 에너지 자립률

답 : ③

2. 다음은 설계항목을 변경하였을 경우, 건축물 에너지 효율등급 인증 평가결과이다. 변경된 설계항목으로 가장 적합한 것은?

(단위 : kWh/m²년)

구분	변경전 변경후	난방	냉방	급탕	조명	환기	합계
에너지 요구량	변경전	25.1	10.6	18.9	18.2	0.0	72.8
	변경후	25.1	10.6	18.9	18.2	0.0	72.8
에너지 소요량	변경전	32.5	9.8	18.3	14.2	6.9	81.7
	변경후	29.2	9.8	17.5	14.2	6.9	77.6
1차 에너지 소요량	변경전	51.2	12.0	50.2	39.2	19.0	171.6
	변경후	23.4	12.0	13.4	39.2	19.0	107.0

① 지역난방 방식으로 변경

② 외피의 단열성능 강화

③ 변풍량 방식으로 변경

④ 고효율 가스보일러로 변경

해설

구분	난방	급탕
에너지 소요량	29.2	17.5
1차 에너지 소요량	23.4	13.4

〈1차 에너지 환산계수 적용〉

전력 : 2.75   연료 : 1.1   지역냉방 : 0.937
지역난방 : 0.728
→ 숫자가 줄어듦
① 지역 난방식으로 변경

답 : ①

3. "건축물 에너지효율등급 인증 및 제로에너지 건축물 인증 기준"에 따른 인증수수료 설명 중 옳지 않은 것은?

① 인증기관의 장이 인증신청을 접수한 후 평가를 완료하기 전에 인증신청을 반려한 경우 : 납입한 수수료의 100분의 50을 반환한다.

② 인증기관의 장이 인증신청을 접수하기 전에 인증신청을 반려한 경우 : 납입한 수수료의 전부를 반환한다.

③ 수수료를 과오납한 경우 : 과오납한 금액의 전부를 반환한다.

④ 인증서 발급일부터 90일 초과하여 재평가를 신청한 경우 : 인증수수료의 100분의 50을 인증기관의 장에게 내야 한다.

: 인증 수수료의 100분의 50을 인증기관의 장에게 내
야 한다는 해당 내용에 포함되지 않는다.

답 : ④

4. 다음 표는 건축물 에너지효율등급 평가결과이다.
"건축물 에너지효율등급 인증 및 제로에너지건축
물 인증 기준" [별표1의2] 제로에너지건축물 인증
기준에 따른 제로에너지건축물 인증등급(㉠) 및
건축물 에너지효율등급(㉡)을 설명한 것으로
옳은 것은? (단, 해당건물은 업무시설로서 건
축물에너지관리 시스템이 설치된 경우이다.)

(kWh/m²년)

단위면적당 에너지요구량	72.8
단위면적당 에너지소요량	83.5
단위면적당 1차에너지소요량	109.7
단위면적당 1차에너지생산량	45.0
단위면적당 1차에너지소비량	154.7

① ㉠ ZEB 5등급, ㉡ 1++등급
② ㉠ ZEB 4등급, ㉡ 1++등급
③ ㉠ ZEB 5등급, ㉡ 1+++등급
④ ㉠ ZEB 4등급, ㉡ 1+++등급

해설 **ZEB 등급**
• 에너지자립률(%)

$$= \frac{단위면적당\ 1차에너지생산량}{단위면적당\ 1차에너지소비량} \times 100$$

$$\rightarrow \frac{45}{154.7} \times 100\% = 29.08\%$$

• 단위면적당 1차에너지 소비량(kwh/m²년)=154.7

ZEB 등급	에너지자립률
1등급	에너지자립률 100% 이상
2등급	에너지자립률 80% 이상 100% 미만
3등급	에너지자립률 60% 이상 80% 미만
4등급	에너지자립률 40% 이상 60% 미만
5등급	에너지자립률 20% 이상 40% 미만

에너지효율등급 → 80 미만 → 1+++등급
→ 80~140 미만 → 1++등급 → 109.7 → 1++등급

답 : ①

5. "건축물의 에너지절약설계기준" 중 "대기전력
저감프로그램운용규정"에 의한 전기용품 안전관
리법에 의한 안전인증을 취득한 제품과 관련이
있는 항목은?

① 대기전력 자동 차단장치
② 자동절전멀티탭
③ 대기전력 저감형 도어폰
④ 일괄소등스위치

해설 일괄소등스위치 : 대기전력 저감 우수 등록 제품에
해당하지 않는다.
→ 「전기용품 안전관리법」 제3조에 의한 안전인증을
취득한 제품

답 : ④

6. "건축물의 에너지절약설계기준"에 따른 중앙집중식 난방방식을 모두 고른 것은?

> ⊙ 난방면적의 60%에 EHP설비(공기 대 공기) 방식으로 설치
> ⓒ 난방면적의 100%에 증기보일러를 이용한 방열기 설치
> ⓒ 난방면적의 60%에 지역난방을 이용한 열교환기 및 온수순환펌프 설치
> ⓒ 난방면적의 50%에 지열히트펌프(물 대 물) 방식으로 설치 + 난방면적의 50%에 가스히트펌프(공기 대 공기) 설치

① ⊙, ⓒ   ② ⓒ, ⓒ
③ ⓒ   ④ ⓒ, ⓒ

해설 "중앙 집중식, 냉·난방 설비" 라 함은 건축물의 전부 또는 냉난방면적의 60% 이상을 냉방 또는 난방 함에 있어 해당 공간에 순환펌프, 증기난방설비 등을 이용하여 열원등을 공급하는 설비를 말한다. 단, 산업 통상 자원부 고시 「효율관리기자재 운용규정」에서 정한 가정용 가스보일러는 개별 난방 설비로 간수한다.

답 : ②

7. "건축물의 에너지절약설계기준"에 따른 열손실방지조치를 하지 않아도 괜찮은 부위는?

① 바닥면적 160제곱미터의 개별 점포의 출입문
② 지표면 아래 2미터를 초과하여 위치한 공동주택의 거실 부위로서 이중벽의 설치 등 하계 표면결로 방지 조치를 한 경우
③ 공동주택의 층간바닥 중 바닥난방을 하는 현관 및 욕실의 바닥 부위
④ 바닥면적 250제곱미터 이하의 방풍구조 출입문

해설 **열손실방지 조치예외 부위o**
① 바닥면적 160㎡의 개별점포의 출입문
    → 150㎡ 이하의 개별점포의 출입문

② 지표면아래 2미터를 초과하여 위치한 공동주택의 거실 부위로서 이중벽의 설치 등 하계 도면 결로 방지조치를 한 경우
    → 공동주택의 거실 부위는 제외
③ 공동주택의 층간바닥 중 바닥난방을 하는 현관 및 욕실의 바닥 부위
    → 공동주택의 층간바닥(최하층제외) 중 바닥난방을 하지 않는 현관 및 욕실의 바닥 부위
④ 바닥면적 250㎡ 이하의 방풍구조 출입문
    → 방풍구조(외벽제외)
    → 이외) 2) 지면 및 토양에 접한 바닥부위로서 난방공간의 주변 외벽 내표면까지의 모든 수평거리가 10m를 초과하는 바닥 부위
    3) 외기에 간접 면하는 부위로서 당해 부위가 면한 비난방 공간의 외피를 별표1에 준하여 단열조치하는 경우

답 : ④

8. "건축물의 에너지절약설계기준"에 따라 보기 ⊙~ⓒ 중 에너지성능지표를 제출해야 할 대상을 모두 고른 것은?

> ⊙ 같은 대지에 A동(비주거) 연면적의 합계 400제곱미터와 B동(비주거) 연면적의 합계 200제곱미터를 신축할 경우
> ⓒ 업무시설을 별동으로 연면적의 합계 500제곱미터 이상 증축한 경우
> ⓒ 신축 공공업무시설이 건축물 에너지 효율 등급 1등급을 취득한 경우
> ⓒ 제로에너지 건축물 인증을 취득한 건축물

① ⊙, ⓒ   ② ⓒ, ⓒ
③ ⓒ, ⓒ   ④ ⊙, ⓒ, ⓒ, ⓒ

해설 **에너지성능지표 제출대상**
⊙ 같은 대지에 A동(B주거) 연면적의 합게 400㎡와 B동(비주거) 연면적의 합계 200㎡를 신축할 경우
    → 허가 or 신고 대상의 같은 대지 내 주거 or 비주거를 구분한 연면적의 합계 500㎡ 이상 – 2,000㎡ 미만인 건축물 중 개별동의 연면적이 500㎡ 미만인 경우에는 EPI 15번 적용하지 아니한다.

ⓛ 업무시설을 변동으로 연면적의 합계 500m² 이상 증축
하는 경우
→ 별동으로 증축하는 경우○

ⓒ 공공기관이 신축하는 건축물(별동으로 증축하는 건축물
을 포함한다.)은 1++등급 이상 또는 제로에너지 건축
물 인증을 취득한 경우에 에너지 성능지표 및 에너지
소요량 평가서를 제출하지 아니할 수 있다.

ⓔ 제로에너지 건축물 인증을 받은 건축물은 에너지성능
지표를 제출하지 않는다.

답 : ③

9. "건축물의 에너지절약설계기준"의 제어설비와 관
련된 내용으로 가장 적합하지 않은 것은?

① 승강기에 회생제동장치를 설치한다.
② 대기전력자동차단장치를 설치한다.
③ 여러 대의 승강기가 설치되는 경우에는 개별
관리 운행방식 채택
④ 팬코일유닛이 설치되는 경우에는 전원의 방
위별, 실의 용도별 통합제어 채택

해설 여러대의 승강기가 설치되는 경우에는 개별 관리 운
행방식 채택 : 군관리 운행방식을 채택한다.

답 : ③

10. "건축물의 에너지절약설계기준" 전기설비부문
의 의무사항 중 공동주택에 해당되는 내용으로
가장 적합하지 않은 것은?

① 각 세대내 현관에 조도자동조절 조명기구 채택
② 거실의 조명기구는 부분조명이 가능하도록
점멸회로 구성
③ 대기전력자동차단장치 설치
④ 세대별로 일괄소등스위치 설치(전용면적 60
제곱미터 이하인 경우 제외)

해설 거실의 조명기구는 부분조명이 가능하도록 점멸회로
구성(공동주택×)
③번은 법의 개정으로 의무사항에서 삭제

답 : ②

11. "건축물의 에너지절약설계기준"에서 환기 및
제어설비에 관한 내용으로 ( )에 적합한 온도
는?

건축물의 효율적인 기계설비운영을 위해 TAB
또는 ( )을 실시한다.

① 유지관리   ② 커미셔닝
③ 대수제어   ④ 이코노 아이저 시스템

해설 건축물의 효율적인 기계설비 운영을 위해 TAB 또는
커미셔닝을 실시한다.

답 : ②

12. "건축물의 에너지절약설계기준"에 따라 다음의
조건⟨표1⟩일 때 ⟨표2⟩를 이용해서 일사조절장치
의 태양열취득률을 구하시오. (단, P/H값이 ⟨표
2⟩에 따른 구간의 사이에 위치할 경우 보간법을
사용하여 태양열취득률을 계산한다.)

⟨표1⟩차양조건

방위	남
수평차양의 돌출길이(P)	0.3(m)
수평차양에서 투광부하단까지의 길이(H)	1.0(m)
가동형 차양의 설치 위치에 따른 태양열 취득률(유리 내측에 설치)	0.88

⟨표2⟩수평 고정형 외부차양의 태양열취득률

P/H	남향
0.0	1.00
0.2	0.73
0.4	0.61
0.6	0.54
0.8	0.50
1.0	0.45

① 0.369   ② 0.537
③ 0.590   ④ 0.642

해설 0.3/1.0 = 0.3

0.73−((0.73−0.61)/0.2×(0.3−0.2)) = 0.67

0.67×0.88 = 0.5896 → 0.590

답 : ③

13. "녹색건축물 조성 지원법" 제14조의2에 해당하는 건축물이 "건축물의 에너지절약설계기준"에서 채택해야 할 의무사항을 보기 ㉠~㉣ 중에 모두 고른 것은?

> ㉠ 에너지성능지표의 기계부문 1번(난방설비효율) 항목을 0.9점 이상 획득
> ㉡ 에너지성능지표의 기계부문 2번(냉방설비효율) 항목을 0.9점 이상 획득
> ㉢ 에너지성능지표의 건축부문 7번(거실 외피면적당 평균 태양열취득) 항목을 0.6점 이상 획득
> ㉣ 전력, 가스, 지역난방 등 건축물에 상시 공급되는 에너지원 중 하나 이상의 에너지원에 대하여 전자식원격검침계량기를 설치

① ㉠, ㉡ ② ㉢, ㉣

③ ㉠, ㉡, ㉣ ④ ㉠, ㉡, ㉢, ㉣

해설 14-2 해당요구사항

㉠ 에너지 성능 지표 기계부분 1번 항목(난방 설비 효율)

㉡ 에너지 성능 지표 기계부분 2번 항목(냉방 설비 효율)

㉢ 거실 외피면적당 평균 태양열 취득 0.6점 이상 획득하여야 한다.

㉣ 전력, 가스, 지역난방 등 건축물에 상시 공급되는 에너지원 중 하나 이상의 에너지원에 대하여 원격검침 전자식 계량기를 설치

답 : ④

14. "건축물의 에너지절약설계기준"에 따라 다음의 형별성능관계내역이 의무사항 건축부문 3번을 만족하기 위한 단열재의 최소 두께(㉠)로 가장 적합한 것은? (중부1지역)

형별성능관계내역			
최하층(바닥난방)	외기직접		
재료명	두께 (mm)	열전도율 (W/mK)	열관류저항 (m^2K/W)
실내표면열전달 저항			0.086
시멘트몰탈	40	1.4	0.029
온수파이프			
기포콘크리트 0.4품	30	0.13	0.231
압출법보온판 1호	㉠	0.028	
철근콘크리트	150	1.6	0.094
압출법보온판1호	140	0.028	5.000
합판	12	0.15	0.080
실외표면열전달 저항			0.043
기준열관류율 (중부1지역)			0.150

① 90mm ② 100mm

③ 110mm ④ 120mm

해설

① $0.231+\left(\dfrac{0.09}{0.028}\right)=3.214 \rightarrow 3.445$

② $0.231+\left(\dfrac{0.10}{0.028}\right)=3.571 \rightarrow 3.802$

③ $0.231+\left(\dfrac{0.11}{0.028}\right)=3.929 \rightarrow 4.16$

④ $0.231+\left(\dfrac{0.12}{0.028}\right)=4.286 \rightarrow 4.517$

$\dfrac{1}{0.150}=6.667 \times 0.6 = 4.002 \quad < 4.16$

답 : ③

15. "건축물의 에너지절약설계기준"에 따라 다음 건축물 지붕의 평균열관류율값을 계산하시오.

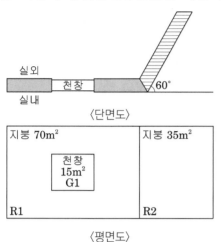

〈단면도〉

실외
천창   60°
실내

지붕 70m²   지붕 35m²

천창
15m²
G1

R1   R2

〈평면도〉

〈면적집계표〉

부호	면적(m²)	열관류율(W/m²K)
R1	70	0.14
R2	35	0.13
G1	15	1.4

① 0.137W/m²K   ② 0.140W/m²K

③ 0.294W/m²K   ④ 0.56W/m²K

해설 천창은 제외

$$\frac{70 \times 0.14 + 35 \times 0.13}{70 + 35} = 0.137 w/m^2 k$$

답 : ①

16. 냉방부하 계산법(CLTD, CLF, SCL)에 대한 설명이 옳지 않은 것은?

① CLTD(Cooling Load Temperature Differential) 는 냉방부하 온도차라 하며, 벽체나 지붕 및 유리의 관류부하를 계산하지만 실·내외 온도차에 의한 구조체의 시간지연 효과는 고려되지 않는다.

② CLF(Cooling Load Factor)는 냉방부하계수라 하며, 인체, 조명기구, 실내의 각종 발열기구의 열량이 건물구조체, 내장재 등에 축열된 후 서서히 냉방부하로 나타나는 비율을 말한다.

③ SCL(Solar Cooling Load)은 일사냉방부하라 하며, 유리를 통해 들어오는 일사량이 시각, 방위별 건물구조체의 종류, 내부차폐 등의 영향을 감안하여 냉방부하로 나타나는 양을 뜻한다.

④ CLTD / CLF / SCL 법 3가지 요소들을 종합적으로 이용하여 냉방부하를 계산할 수 있으며, 수계산으로도 가능하다.

해설 ① 시간 지연효과는 고려된다.

답 : ①

17. 다음 계통도에서 설명 중 가장 적합하지 않은 것은?

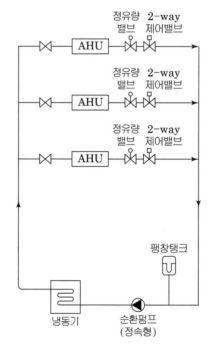

정유량 2-way
밸브 제어밸브

AHU

정유량 2-way
밸브 제어밸브

AHU

정유량 2-way
밸브 제어밸브

AHU

팽창탱크

냉동기   순환펌프
            (정속형)

① 공조기별 유량분배와 비례제어 계획이 되어있다.

② 팽창탱크 위치상 계통내 압력이 대기압 이상을 유지한다.

③ 공조기별 부하율 변화 및 공조기 ON/OFF 상태 변동 등에 대하여 계통내 압력변화가 안정적인 방식이다.

④ 순환펌프가 냉동기 전단에 설치되는 경우 냉동기(증발기) 내압은 감소한다.

해설 ③ 계통내 압력 변화가 안정적인 방식이라고는 볼 수가 없다.

④ 순환 펌프의 설치 위치에 따라 냉수배관 내(계통내) 압력은 변화하나 증발기 내압이 감소한다고 볼 수는 없다.

답 : ③, ④

심벌	명 칭
⏻	접지형 콘센트 2P 250V 15A-2구
⏻	대기전력자동차단콘센트-1구(대기전력저감우수제품)
▭	시스템 박스 : 접제형콘센트 2P 250V 15A-2구
—··—	바닥매입 전열설비 배관 배선
▬▬	외기 직접면하는 부위 W1
----	외기 긴접면하는 부위 W2

※ 비주거 소형 건축물의 1층 평면도를 참조하여 18~20번 문항에 답하시오.

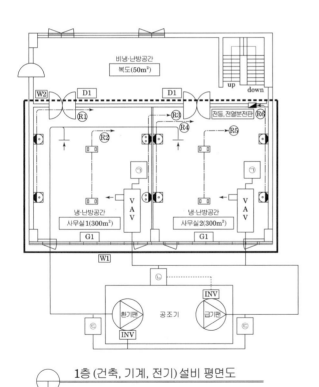

1층 (건축, 기계, 전기) 설비 평면도

18. "건축물의 에너지절약설계기준"에 따른 에너지성능지표의 대기전력자동차단콘센트 적용비율(%) 항목의 획득 평점(기본배점×배점)은?

〈에너지성능지표〉

기본배점 (a)	배점(b)				
비주거 소형	1점	0.9점	0.8점	0.7점	0.6점
2	80% 이상	70%이상 ~ 80%미만	60%이상 ~ 70%미만	50%이상 ~ 60%미만	40%이상 ~ 50%미만

① 1.2
② 1.4
③ 1.6
④ 1.8

해설 6/12×100% = 50% → 0.7×2 = 1.4점

답 : ②

19. 공조방식이 변풍량 방식일 때 ㉠~㉢에 알맞은 측정기 명칭으로 가장 적합한 것은?

① ㉠-온도센서, ㉡-정압센서, ㉢-풍량센서
② ㉠-정압센서, ㉡-온도센서, ㉢-풍량센서
③ ㉠-온도센서, ㉡-정압센서, ㉢-온습도센서
④ ㉠-정압센서, ㉡-온도센서, ㉢-온습도센서

해설
㉠ 온도센서   ㉡ 정압센서   ㉢ 풍량센서

답 : ①

20. 면적집계표가 아래와 같을 경우 "건축물의 에너지절약설계기준"에 따른 외벽의 평균열관류율 값은?

〈면적 집계표〉

부호	구분	열관류율 (W/m²K)	면적(m²)
W1	벽체	0.21	220.0
W2	벽체	0.35	111.6
D1	문	1.49	8.4
G1	창	1.30	60.0

① 0.375
② 0.404
③ 0.414
④ 0.439

해설
$$\frac{220 \times 0.21 \times 1 + 111.6 \times 0.35 \times 0.7 + 8.4 \times 1.49 \times 0.8 + 60 \times 1.30 \times 1 \Rightarrow (161.55)}{220 + 111.6 + 8.4 + 60 = 400}$$

$$= \frac{161.55}{400} \fallingdotseq 0.404 \text{w/m}^2\text{k}$$

답 : ②

제4과목 : 건물 에너지효율 설계·평가

1. "건축물의 에너지절약설계기준" 건축부문의 권장사항에 규정된 계획 구분과 그 내용의 연결이 맞는 것은?

① 자연채광계획 - 자연채광을 적극적으로 이용할 수 있도록 계획한다. 특히 학교의 교실, 문화 및 집회시설의 공용 부분 (복도, 화장실, 휴게실, 로비 등)은 1면 이상 자연채광이 가능하도록 한다.

② 단열계획 - 공동주택의 외기에 접하는 주동의 출입구와 각 세대의 현관은 방풍구조로 한다.

③ 기밀계획 - 개폐 가능한 창부위 면적의 합계는 거실 외주부 바닥면적의 10분의 1이상으로 한다.

④ 평면계획 - 개구부 둘레와 배관 및 전기배선이 거실의 실내와 연결되는 부위는 외기가 침입하지 못하도록 기밀하게 처리한다.

[해설] ② 기밀계획 - 공동주택의 외기에 접하는 주동의 출입구와 각 세대의 현관은 방풍구조로 한다.
③ 환기계획 - 개폐 가능한 창부위 면적의 합계는 거실 외주부 바닥면적의 10분의 1이상으로 한다.는 법의 개정으로 삭제
④ 기밀계획 - 개구부 둘레와 배관 및 전기배선이 거실의 실내와 연결되는 부위는 외기가 침입하지 못하도록 기밀하게 처리한다.는 법의 개정으로 삭제

답 : ①

2. 건축물 에너지효율등급 인증 신청서(건축물 에너지 효율등급 인증 및 제로에너지건축물 인증에 관한 규칙 별지 제3호 서식)의 기재 항목이 아닌 것은?

① 조달청 입찰참가자격 심사(PQ) 가점 여부
② 제로에너지건축물 인증 신청 연계 동의 여부
③ 에너지절약계획서 에너지성능지표 점수
④ 신청 건축물 주용도

[해설] 건축물에너지효율등급 인증신청서에 에너지절약계획서 에너지성능지표 점수는 기재항목에 포함되지 않는다.

답 : ③

3. "건축물의 에너지절약설계기준" 제5조(용어의 정의)에 대한 설명으로 가장 적절한 것은?

① "고효율조명기기"라 함은 광원, 안정기, 기타 조명기기로서 최저소비효율기준을 만족하는 제품을 말한다.

② "원격검침전자식계량기"란 에너지사용량을 자기식으로 계측하여 에너지관리자가 실시간으로 모니터링하고 기록할 수 있도록 하는 장치이다.

③ "자동절전멀티탭"이라 함은 산업통상자원부고시 「대기전력저감프로그램운용규정」에 의하여 최저소비효율 인증을 받은 제품으로 등록된 자동절전멀티탭을 말한다.

④ "일괄소등스위치"라 함은 층 또는 구역 단위(세대 단위)로 설치되어 층별 또는 세대 내의 조명등(센서등 및 비상등 제외 가능)을 일괄적으로 끌 수 있는 스위치를 말한다.

해설 ① "고효율조명기기"라 함은 광원, 안정기, 기타 조명기기로서 고효율인증제품을 말한다.는 법의 개정으로 삭제
② "전자식원격검침기"란 에너지사용량을 전자식으로 계측하여 에너지관리자가 실시간으로 모니터링하고 기록할 수 있도록 하는 장치이다.
③ "자동절전멀티탭"이라 함은 산업통상자원부고시 의하여 대기전력우수제품 인증을 받은 제품으로 등록된 자동절전멀티탭을 말한다.

답 : ④

※ 다음은 비주거 대형 건축물의 장비알람표이다. 이를 참조하여 4~5번 문항에 답하시오.

〈장비일람표〉

장비명	대수	유량 (LPM)	동력 (kW)	펌프효율E		유량 제어
				A효율	B효율	
온수순환 펌프	1	2,257	15	1.059E	1.040E	없음
냉수순환 펌프	1	4,033	30	1.112E	1.133E	없음
배수펌프	1	800	11	1.000E	0.980E	없음

4. "건축물의 에너지절약설계기준"에 따른 에너지성능지표 기계설비부문 4번 항목(펌프의 우수한 효율설비)에서 획득할 수 있는 배점(b)은?

배점(b)				
1점	0.9점	0.8점	0.7점	0.6점
1.16E	1.12E~ 1.16E 미만	1.08E~ 1.12E 미만	1.04E~ 1.08E 미만	1.04E 미만

① 0.669 ② 0.746
③ 0.764 ④ 0.767

해설 (2,257×0.7+4,033×0.8)÷(2,257+4,033)=0.764

답 : ③

5. 온수순환펌프에 가변속제어를 적용할 경우 "건축물의 에너지절약설계기준"에 따른 에너지성능지표 기계설비부문 12번 항목(펌프의 에너지절약적 제어 방식)의 적용비율과 건축물 에너지효율등급 평과결과의 변동사항이 예상되는 것으로 가장 적절한 것은? (단, 조건외 사항은 변동없음)

① 26.79 % - 난방 에너지요구량 감소
② 26.79 % - 난방 에너지소요량 감소
③ 33.33 % - 난방 에너지요구량 감소
④ 33.33 % - 난방 에너지소요량 감소

해설 냉난방순환수 펌프의 대수제어 또는 가변속제어를 적용할 경우는 난방에너지소요량이 감소된다.
(15÷45)×100%=33.3%

답 : ④

6. 기존 건축물을 다음과 같이 개선조치 하였을 때 건축물 에너지효율등급 평가 결과가 변동 가능한 항목으로 적절한 것을 보기 중에서 모두 고른 것은?

〈개선조치〉
• 조명밀도를 낮춤
• 태양광 발전설비 설치
• 전열교환기의 유효전열효율 향상

㉠ 난방 에너지요구량
㉡ 냉방 에너지요구량
㉢ 급탕 에너지요구량
㉣ 조명 에너지요구량
㉤ 환기 에너지요구량

① ㉠, ㉡, ㉢, ㉣ ② ㉠, ㉡, ㉣
③ ㉣, ㉤ ④ ㉠, ㉡, ㉣, ㉤

해설 조명밀도를 낮춤 : 조명에너지요구량, 난방·냉방에너지요구량
태양광 발전설비 설치 : 전력(조명, 환기소요량) → 조명에너지요구량
전열교환기의 유효전열효율향상 : 환기에너지소요량

답 : ②

7. "에너지절약계획 설계 검토서 3. 건축물 에너지 소요량 평가서"(건축물의 에너지절약설계기준 별지 1호 서식)의 표시 항목이 아닌 것은?

① 외벽의 평균 열관류율
② 전력냉방설비 용량비율
③ LED 조명전력
④ 단위면적당 CO_2 배출량

해설 단위면적당 CO_2 배출량은 건축물에너지소요량 평가서에 포함되지 않는다.

답 : ④

8. 에너지절약계획서 제출 대상인 민간건축물에 대해 건축물의 에너지절약설계기준의 일부 또는 전부를 적용하지 않을 수 있는 것으로 보기 중 적절한 것을 모두 고른 것은?

> ㉠ 기존 건축물 연면적의 1/2 이상을 수평 증축하면서 해당 증축 연면적의 합계가 2천 제곱미터 미만인 경우 에너지성능지표 평점 합계 적합기준을 적용하지 않을 수 있다.
> ㉡ 제2조제3항 열손실방지 등의 조치 예외 대상이었으나 조치 대상의 열손실의 변동이 없는 용도변경을 하는 경우 별지 제1호 서식 에너지절약 설계 검토서를 제출하지 않을 수 있다.
> ㉢ 연면적의 합계가 3천 제곱미터인 업무시설의 건축물 에너지소요량 평가서 상 단위면적당 1차 에너지소요량의 합계가 380kWh/㎡·년 인 경우 에너지 성능지표 평점합계 적합기준을 적용하지 않을 수 있다.
> ㉣ 연면적의 합계가 1,500제곱미터인 비주거 건축물 중 연면적의 합계가 400제곱미터인 동은 에너지성능지표 평점합계 적합기준과 건축물 에너지소요량 평가서 제출 및 적합 기준을 적용하지 않을 수 있다.

① ㉠, ㉡
② ㉢, ㉣
③ ㉠, ㉢
④ ㉠, ㉣

해설 ㉡ 제2조제3항 열손실방지 등의 조치 예외 대상이었으나 조치 대상의 열손실의 변동이 없는 용도변경을 하는 경우 별지 제1호 서식 에너지절약 설계 검토서를 제출하지 않을 수 있다.
 – 열손실 방지 조치대상의 경우에는 에너지절약설계 검토서를 제출하여야 한다.
㉢ 연면적의 합계가 3천 제곱미터인 업무시설의 건축물 에너지소요량 평가서 상 단위면적당 1차 에너지소요량의 합계가 380kWh/㎡·년인 경우 에너지 성능지표 평점합계 적합기준을 적용하지 않을 수 있다.
건축물의 에너지소요량 평가서는 단위면적당 1차 에너지소요량의 합계가 200kWh/㎡·년 미만일 경우 에너지 성능지표 평점합계 적합기준을 적용하지 않을 수 있다. 다만, 공공기관 건축물은 140kWh/㎡·년 미만일 경우 에너지 성능지표 평점합계 적합기준을 적용하지 않을 수 있다.

답 : ④

9. 다음 보기와 같이 건축물에 신재생에너지 설비를 설치하였을 경우, "건축물 에너지효율등급 인증 및 제로에너지건축물 인증 기준" 별표1의2에 따른 에너지자립률로 가장 적절한 것은?

> • 단위면적당 1차에너지생산량 : 1,000 kWh/㎡·년
> • 에너지소비량 : 100,000 kWh/㎡·년
> • 해당 1차 에너지환산계수 : 2.75
> • 평가면적 : 100 ㎡

① 36.36 %
② 21.57 %
③ 22.50 %
④ 27.50 %

해설 1. 에너지자립률: (단위면적당 1차에너지생산량 ÷ 단위면적당 1차에너지소비량)×100%
 = (1,000÷2,750)×100%=36.36%
2. 단위면적당 1차에너지소비량(kWh/㎡·년)+
 (에너지소비량×해당1차에너지환산계수)÷평가면적
 =(100,000×2.75)÷100=2,750

답 : ①

10. 용도별 건축물의 종류 중 "녹색건축물 조성 지원법" 및 "건축물의 에너지절약설계기준"에 따른 에너지 절약계획서 제출 예외대상으로 볼 수 없는 것은? (단, 연면적의 합계가 5백제곱미터 이상이며, 냉·난방(냉방 또는 난방) 설비를 설치하지 않는 건축물이다.)

① 정비공장(자동차 관련 시설)
② 관람장(문화 및 집회시설)
③ 양수장(제1종 근린생활시설)
④ 공관(단독주택)

해설 관람장(문화 및 집회시설)은 에너지절약계획서 제출 대상이다.

답 : ②

11. "건축물의 에너지절약설계기준"에 따라 보기 ㉠~㉣ 중 열손실방지조치를 하지 않을 수 있는 부위를 모두 고른 것은?

㉠ 창고로서 거실의 용도로 사용하지 않고, 냉·난방 설비를 설치하지 않는 공간의 외벽
㉡ 공동주택의 층간바닥(최하층 제외) 중 바닥 난방을 하는 현관 및 욕실의 바닥부위
㉢ 외기 간접에 면하는 부위로서 당해 부위가 면한 비난방공간의 외피를 별표1(지역별 건축물 부위에 열관류율표)에 준하여 단열 조치하는 경우
㉣ 기계실로서 거실의 용도로 사용하지 않고, 냉·난방 설비를 설치하는 공간의 외벽

① ㉠, ㉡
② ㉠, ㉢
③ ㉠, ㉢, ㉣
④ ㉡, ㉢, ㉣

해설 ㉡ 공동주택의 층간바닥(최하층 제외) 중 바닥 난방을 하는 현관 및 욕실의 바닥부위
㉣ 기계실로서 거실의 용도로 사용하지 않고, 냉·난방 설비를 설치하는 공간의 외벽의 경우에는 열손실방지 조치를 하여야 한다.

답 : ②

12. 에너지절약계획서 제출 대상으로 연면적이 5천제곱미터인 공공기관 교육연구시설의 건축 설계를 진행중이다. 보기 중 "건축물의 에너지절약설계기준"에 따라 반드시 준수해야 할 사항을 모두 고른 것은?

㉠ 에너지성능지표 기계설비부문 10번 항목(축 냉식전기냉방, 가스이용 냉방 등 전력수요 관리시설 냉방용량담당비율) 배점을 0.6점 획득
㉡ 에너지성능지표 건축부문 1번 항목(외벽의 평균 열관류율) 배점을 0.6점 획득
㉢ 에너지성능지표 전기설비부문 12번 항목(대기전력자동차단장치 콘센트 비율) 배점을 0.6점 획득
㉣ 에너지성능지표 전기설비부문 8번 항목(건물에너지관리시스템 또는 에너지원별 원격 검침전자식계량기 설치) 배점을 1점 획득

① ㉠, ㉡
② ㉡, ㉢
③ ㉠, ㉡, ㉣
④ ㉠, ㉢, ㉣

해설 ㉢ 에너지성능지표 전기설비부문 12번 항목(대기전력자동차단장치 콘센트 비율) 배점을 0.6점 획득 〈 법의 개정으로 의무사항에서 삭제
㉣ 에너지성능지표 전기설비부문 8번 항목(건물에너지관리시스템 또는 에너지원별 원격 검침전자식계량기 설치) 배점을 1점 획득 : 공공기관에너지이용합리화 추진에 관한 규정 제6조4항의 규정을 적용받는 건축물의 경우에만 해당된다.

답 : ①

13. 다음 장비일람표와 같이 건축물에 송풍기를 설치한 경우 "건축물의 에너지절약설계기준"에 따른 에너지 성능지표 기계설비부문 3번 항목 (공조용 송풍기의 우수한 효율설비)에서 획득할 수 있는 배점(b)은?

〈장비일람표〉

장비번호	정압(Pa)	풍량(CMH)	동력(kW)	효율
F-1	1,000	10,000	10.42	49%
F-2	1,500	25,000	22.22	67%

배점(b)				
1점	0.9점	0.8점	0.7점	0.6점
60%이상	57.5~ 60% 미만	55~ 57.5% 미만	50~ 55% 미만	50% 미만

① 0.008 ② 0.872
③ 0.886 ④ 1.000

해설 (10.42×0.6+22.22×1)÷(10.42+22.22)=0.872

답 : ②

14. "건축물 에너지효율등급 인증 및 제로에너지건축물 인증기준"에 따라 건축물 에너지 효율 1++ 등급 기준을 만족하고 에너지자립률을 20 % 이상 달성하였다. 다음 보기 중에서 이 건축물이 제로에너지건축물 인증을 취득하기 위해 필요한 조치로 적절한 것을 모두 고른 것은?

㉠ 에너지원별 전자식원격검침계량기 설치
㉡ 에너지사용량 목표치 설정 및 관리
㉢ 1종 이상의 에너지용도에 사용되는 설비의 자동제어 연동
㉣ 2종 이상의 에너지용도와 3종 이상의 에너지 원단위에 대한 에너지소비 현황 및 증감 분석
㉤ 에너지사용량이 전체의 10% 이상인 모든 열원설비 기기별 성능 및 효율 분석

① ㉠, ㉡, ㉢
② ㉠, ㉢, ㉣
③ ㉠, ㉡, ㉢, ㉣
④ ㉠, ㉡, ㉢, ㉤

해설 ㉣ 2종 이상의 에너지용도와 3종 이상의 에너지 원단위에 대한 에너지소비 현황 및 증감 분석 – 2종 이상의 에너지원단위와 3종 이상의 에너지용도에 대한 에너지소비현황 및 증감분석
㉤ 에너지사용량이 전체의 10% 이상인 모든 열원설비 기기별 성능 및 효율 분석
   – 에너지사용량이 전체의 5% 이상인 모든 열원설비 기기별 성능 및 효율 분석

답 : ①

15. 다음은 에너지절약계획서 제출을 위해 작성한 〈수변전설비 단선결선도〉이다. 표기된 기호 (㉠~㉣)에 대한 설명으로 가장 적절하지 않은 것은?

〈수변전설비 단선결선도〉

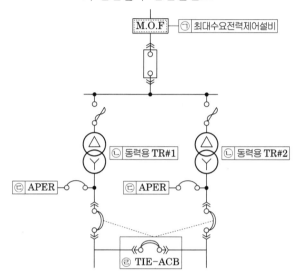

① ㉠: 수용가에서 피크전력의 억제, 전력 부하의 평준화 등을 위하여 최대수요 전력을 자동 제어할 수 있는 설비이다.
② ㉡: 「효율관리기자재 운용규정」에 따른 표준소비효율을 만족하는 변압기를 설치해야 한다.
③ ㉢: 진상 또는 지상 부하의 상황에 맞게 콘덴서를 자동 투입 또는 차단시킴으로써 역률을 자동으로 제어하는 장치이다.
④ ㉣: 에너지성능지표 해당 항목(변압기 대수 제어가 가능하도록 뱅크 구성) 배점 획득을 위해서는 다른 용도 2대이상 변압기간 연계제어 방식을 적용해야 한다.

해설 ㉣ : 에너지성능지표 해당 항목(변압기 대수 제어가 가능하도록 뱅크 구성) 배점 획득을 위해서는 같은 용도 2대이상 변압기간 연계제어 방식을 적용해야 한다. 는 법의 개정으로 삭제되었다.

답 : ④

16. "건축물 에너지효율등급 인증 및 제로에너지 건축물 인증기준"에 따른 신축 업무용 건축물의 평가 및 인증 결과연간 단위면적당 1차 에너지 소요량이 110kWh/㎡·년이고 에너지자립률이 20%이다. "건축물의 에너지절약설계기준"에 따라 이 건축물에 적용할 수 있는 건축기준 최대완화 비율로 적절한 것은? (단, 문제에서 제시한 이외의 조건은 무시한다.)

① 0 %
② 9 %
③ 10 %
④ 11 %

해설 단위면적당 1차에너지 소요량이 110kWh/㎡·년이면 에너지효율등급 1++이고 에너지 자립률이 20%이므로 제로에너지건축물 5등급에 해당되므로 건축기준 최대완화 비율은 11% 이다.

답 : ④

※ 다음 건축물의 1층 평면도 및 "건축물의 에너지절약설계기준"에 따른 에너지성능지표 배점표를 참조하여 17~20번 문항에 답하시오. (단, 1층에 한해서만 적용한다.)

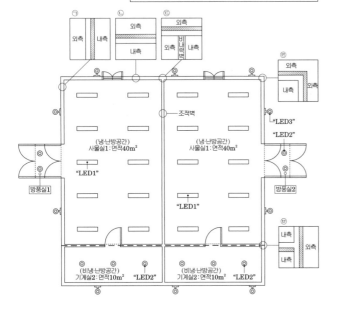

항 목	기본배점 (a)	배점(b)				
	비주거 소형	1점	0.9점	0.8점	0.7점	0.6점
[전기설비부문] 거실의 조명밀조 (W/㎡)	8	8미만	8~11 미만	11~14 미만	14 ~17 미만	17 ~20 미만
[신재생설비부문] 4. 전체조명설비전력에 대한 신재생에너지 용량 비율	4	60% 이상	50% 이상	40% 이상	30% 이상	20% 이상

17. "건축물의 에너지절약설계기준"에 따른 에너지성능 지표 전기설비부문 1번 항목(거실의 조명밀도(W/㎡))에서 획득할 수 있는 평점(기본배점×배점)은?

① 4.8
② 5.6
③ 6.4
④ 7.2

해설 (20×33)÷80= 8.25w/㎡- 0.9점 (배점)
평점= 8×0.9=7.2점

답 : ④

18. "건축물의 에너지절약설계기준"에 따른 에너지성능지표 신재생설비부문 4번항목(전체조명설비전력에 대한 신재생에너지 용량 비율)에서 평점 3.2점을 획득하기 위한 최소 신재생에너지 용량은?

① 264 W
② 276 W
③ 316 W
④ 368 W

해설 4×0.8=3.2점 – (전체조명설비전력의 40% 이상되어야 하므로) 920×0.4=368W 가 된다.

답 : ④

19. "건축물의 에너지절약설계기준"에 따른 에너지성능지표 건축부문 4번항목(외피열교부위의 단열성능)에 따라 평가대상 예외에 해당하는 것을 도면의 ㉠~㉤ 중에서 모두 고른 것은?

① ㉠, ㉡, ㉢
② ㉢, ㉣, ㉤
③ ㉠, ㉡, ㉢, ㉣
④ ㉠, ㉡, ㉢, ㉣, ㉤

커튼월부위 또는 샌드위치 패널부위

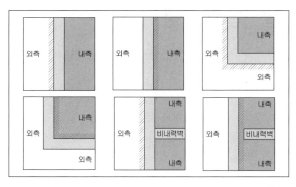

답 : ③

20. 평균열관류율 계산서가 아래와 같을 경우 "건축물의 에너지절약설계기준"에 따른 에너지 성능지표 건축부문 1번항목 외벽의 평균열관류율 값은?

〈평균열관류율 계산서〉

부호	구 분	열관류율 (W/m²·K)	면적 (m²)	열관류율 ×면적
W1	외기에 직접 면하는 벽체	0.25	81.2	20.30
W2	외기에 간접 면하는 벽체	0.35	36.2	12.67
D1	외기에 직접 면하는 문	1.5	8.4	12.60
D2	외기에 간접 면하는 문	1.7	3.8	6.460
G1	외기에 직접 면하는 창	1.4	14.4	20.16
합 계			144	

① 0.461 W/m²·K

② 0.466 W/m²·K

③ 0.475 W/m²·K

④ 0.501 W/m²·K

해설

부호	구 분	열관류율 (W/m²·K)	면적 (m²)	열관류율×면적
W1	외기에 직접 면하는 벽체	0.25	81.2	20.30×1=20.30
W2	외기에 간접 면하는 벽체	0.35	36.2	12.67×0.7=8.869
D1	외기에 직접 면하는 문	1.5	8.4	12.60×1=12.60
D2	외기에 간접 면하는 문	1.7	3.8	6.460×0.8=5.168
G1	외기에 직접 면하는 창	1.4	14.4	20.16×1=20.16
합계			144	67.097

$(67.097 \div 144) = 0.466 W/m²·K$

답 : ②

제4과목 : 건물 에너지효율 설계·평가

1. 다음 보기와 같이 건축물에 신재생에너지 설비를 설치하였을 경우, "건축물 에너지효율등급 인증 및 제로에너지건축물 인증 기준" 별표 1의2에 따른 대지 내·외의 신재생에너지생산량이 모두 반영된 에너지 자립률은?

〈보 기〉

- 대지 내 신재생에너지 생산량(kWh/년) : 600
- 대지 내 신재생에너지 생산에 필요한 에너지량(kWh/년) : 100
- 대지 외 단위면적당 1차에너지 순 생산량 (kWh/m^3·년) : 10
- 해당 1차 에너지환산계수 : 2.75
- 단위면적당 1차에너지소비량(kWh/m^3·년) : 100
- 평가면적(m^2) : 100

〈보정계수〉

대지 내 에너지자립률	~10% 미만	10% 이상 ~15% 미만	15% 이상 ~20% 미만	20% 이상~
대지 외 생산량 가중치	0.7	0.8	0.9	1.0

① 16.63 %   ② 19.00 %

③ 20.75 %   ④ 21.75 %

해설

에너지자립률(%) = $\dfrac{\text{단위면적당 1차에너지생산량(Kwh/m}^2\text{년)}}{\text{단위면적당 1차에너지소비량(Kwh/m}^2\text{년)}} \times 100$

1) 단위면적당 1차에너지생산량(Kwh/m^2 년)
=대지내 단위면적당 1차에너지순생산량+대지의 단위면적당 1차에너지순생산량×보정계수

2) 단위면적당 1차에너지순생산량
= $\sum$(신재생에너지생산량-신재생에너지 생산에 필요한 에너지소비량)×해당 에너지 환산계수 / 평가면적

〈보정계수〉

대지 내 에너지자립률	~10% 미만	10% 이상 ~15% 미만	15% 이상 ~20% 미만	20% 이상~
대지 외 생산량 가중치	0.7	0.8	0.9	1.0

1) 대지내 단위면적당 1차에너지순생산량
= $\dfrac{(600-100) \times 2.75}{100} = 13.75 \text{Kwh/m}^2$년

2) 대지 외 단위면적당 1차에너지순생산량
= $10 \times 0.8 = 8 \text{Kwh/m}^2$년

3) 단위면적당 1차에너지순생산량
= $13.75 + 8 = 21.75 \text{Kwh/m}^2$년

4) 에너지자립률(%) = $\dfrac{21.75}{100} \times 100 = 21.75\%$

답 : ④

2. 다음 중 "건축물 에너지효율등급 인증 및 제로에너지건축물 인증 기준"에 따른 제로에너지건축물 인증 및 등급 판정에 고려되는 항목으로 가장 적절하지 않은 것은?

① 단위면적당 1차에너지소요량
② 단위면적당 1차에너지생산량
③ 단위면적당 1차에너지소비량
④ 단위면적당 CO_2배출량

해설 제로에너지 건축물 인증 및 등급 판정 고려항목
① 단위면적당 1차에너지소요량 ┐
② 단위면적당 1차에너지생산량 ┘ 단위면적당 1차에너지소비량
③ 단위면적당 1차에너지소비량
④ 단위면적당 CO_2 배출량은 관계없다.

답 : ④

3. "건축물 에너지효율등급 인증 및 제로에너지건축물 인증에 관한 규칙"에 따라 건축물 에너지효율등급 예비인증 및 제로에너지건축물 예비인증을 동시에 신청하는 경우에 필요한 서류로 가장 적절하지 <u>않은</u> 것은?

① 건축물 부위별 성능내역서
② 1++등급 이상의 건축물 에너지효율등급 인증서 또는 예비인증서 사본
③ 건물전개도
④ 조명밀도계산서

해설 에너지효율등급 예비인증 및 제로에너지 예비인증 동시 신청 필요한 서류

■ 에너지효율등급 인증서류(1++ 등급 이상의 건축물 에너지효율등급 인증서 사본은 필요한 서류에 해당하지 않는다.)
　1. 관련 최종 설계도면〈공사가 완료되어 이를 반영한 건축·기계·전기·신에너지 및 재생에너지〉관련 최종 설계도면
　2. 건축물 부위별 성능내역서
　3. 건물 전개도
　4. 장비용량 계산서
　5. 조명밀도 계산서
　6. 관련 자재·기기·설비 등의 성능을 증명할 수 있는 서류
　7. 설계변경 확인서 및 설명서
　8. 건축물 에너지효율등급 예비인증서 사본(예비인증을 받은 경우만 해당)
　9. 에너지효율등급 인증제 운영기관의 장이 필요하다고 정하여 공고하는 서류

■ 제로에너지 신청서류
　1. 1++등급 이상의 건축물 에너지효율등급 인증서 사본(제외)
　2. 건축물에너지관리시스템 또는 전자식 원격검침계량기 설치도서
　3. 제로에너지 건축물 예비인증서 사본(예비인증을 받은 경우만 해당)
　4. 제로에너지 건축물 평가를 위하여 제로에너지건축물 인증제 운영기관의 장이 필요하다고 정하여 공고하는 서류

답 : ②

4. "건축물의 에너지절약 설계기준"의 건축물 에너지 소비 총량제 평가 프로그램의 사용자 입력 사항으로 적절하지 <u>않은</u> 것은?

① 허가용도별 면적
② 실별 용도프로필
③ 냉각탑 종류
④ 태양광발전시스템 용량

해설 에너지소비 총량제 평가프로그램 사용자 입력사항
1) 입력요소 － 건축주, 설계사 기본정보
　　　　　　 － 지역정보(17개 시,도 중 택일)
　　　　　　 － 공공, 민간 건축물 구분
2) 건축부문 － 허가용도별면적, 형별 성능관계내역, 외피면적, 차양정보, 층고 및 천정고
3) 기계부문 － 난방열원기기종류
　　　　　　 냉방열원기기종류
　　　　 － 냉각탑 사양(종류)
　　　　　　└→ 증발식(개방형), 폐쇄형(증발식) 건식으로 분류
4) 태양광 발전시스템용량 － 모듈면적, 방위, 종류, 효율 등
※ 실별 용도프로필은 관계없다.

답 : ②

5. 노후된 초등학교 건축물의 에너지성능을 개선하려고 한다. 개선조치에 의해 건축물 에너지효율등급 인증 평가 결과가 변동되는 항목을 보기에서 모두 고른 것은?

〈보 기〉	
㉠ 난방에너지요구량	㉡ 냉방에너지요구량
㉢ 급탕에너지요구량	㉣ 조명에너지요구량
㉤ 환기에너지요구량	

	〈개선조치〉	〈변동항목〉
①	구조체(벽체) 단열성능 개선	→ ㉠
②	창호의 일사에너지투과율 변경	→ ㉡
③	침기율 개선	→ ㉠, ㉤
④	조명 밀도 개선	→ ㉠, ㉡, ㉣

① 구조체(벽체) 단열성능 개선
　　　→ ㉠ 난방에너지요구량, ㉡ 냉방에너지요구량
② 창호의 일사에너지투과율 변경
　　　→ ㉠ 난방에너지요구량, ㉡ 냉방에너지요구량
③ 침기율 개선
　　　→ ㉠ 난방에너지요구량, ㉡ 냉방에너지요구량
④ 조명 밀도 개선
　　　→ ㉠ 난방에너지요구량, ㉡ 냉방에너지요구량,
　　　　 ㉣ 조명에너지요구량
　　└→ 조명전력감소 → 난방에너지요구량 수치증가
　　　　　┌─ 냉방에너지요구량 수치감소
　　　　　└─ 조명에너지요구량 수치감소

답 : ④

6. "건축물의 에너지절약설계기준"에 따른 전기설비 부문 용어정의로 가장 적절하지 <u>않은</u> 것은?

① 수용률 : 부하설비 용량 합계에 대한 최대 수용전력의 백분율

② 최대수요전력 : 수용가에서 일정기간 중 사용한 전력의 최대치

③ 역률개선용 콘덴서 : 역률을 개선하기 위하여 변압기 또는 전동기 등에 직렬로 설치하는 콘덴서

④ 대기전력자동차단장치 : 산업통상자원부 고시 "대기전력저감프로그램운용규정"에 의하여 대기전력저감우수제품으로 등록된 대기전력자동차단콘센트, 대기전력차단스위치

용어정의
　역률개선용 콘덴서 → 역률을 개선하기 위하여 변압기 또는 전동기 등에 병렬로 설치하는 콘덴서

답 : ③

7. 다음은 "건축물의 에너지절약설계기준"에 따른 "열회수형환기장치"의 용어정의이다. 빈 칸(㉠, ㉡)에 들어갈 내용으로 가장 적절하게 나열된 것은?

> 난방 또는 냉방을 하는 장소의 환기장치로 실내의 공기를 배출할 때 급기되는 공기와 열교환하는 구조를 가진 것으로서 KS B 6879(열회수형 환기 장치) 부속서 B에서 정하는 시험 방법에 따른 (㉠)과 (㉡)의 최소기준이상의 성능을 가진 것을 말한다.

① ㉠-열교환효율, ㉡-에너지계수

② ㉠-온도교환효율, ㉡-유효전열교환효율

③ ㉠-유효전열교환효율, ㉡-온도교환효율

④ ㉠-에너지계수 값, ㉡-온도교환효율

열교환효율과 에너지계수의 최소 기준 이상의 성능을 가진 것을 말한다.

답 : ①

8. 건물에너지관리시스템(BEMS)에 대한 설명으로 가장 적절한 것은?

① 제로에너지건축물 인증을 받기 위해서는 반드시 BEMS를 설치해야 한다.

② "건축물의 에너지절약설계기준"에 따라 에너지절약계획 설계 검토서 제출 대상인 모든 공공 건축물에는 의무적으로 BEMS를 설치해야 한다.

③ 에너지성능지표 전기설비부문 8번 항목(BEMS 또는 원격검침전자식계량기 설치)에서 배점 1점을 획득하기 위해서는 "건축물의 에너지절약설계기준"에서 정하는 설치기준(별표 12)에 적합하게 설치해야 한다.

④ "건축물의 에너지절약설계기준"에서 정하는 설치기준(별표 12)에는 '2종 이상의 에너지원단위와 1종 이상의 에너지용도에 대한 에너지소비 현황 및 증감 분석'이 포함된다.

해설 에너지성능지표 전기설비부문 8번 항목(BEMS 또는 원격검침전자식계량기 설치)에서 배점 1점을 획득하기 위해서는 "건축물의 에너지절약설계기준"에서 정하는 설치기준(별표 12)에 적합하게 설치해야 한다.

[건축물 에너지 관리시스템(BEMS) 설치기준]
1. 데이터 수집 및 표시
2. 정보감시
3. 데이터 조회
4. 에너지 소비현황분석
5. 설비의 성능 및 효율분석
6. 실내환경정보제공
7. 에너지소비 예측
8. 에너지 비용 조회 및 분석
9. 제어 시스템 연동

답 : ③

9. 에너지 절약계획서를 제출하지 않아도 되는 건축물을 보기 중에서 모두 고른 것으로 가장 적절한 것은? (단, 모두 연면적의 합계가 500㎡ 이상인 신축 건축물이며, 제시된 건축물의 용도는 "건축법 시행령" 별표 1에 따른 용도이다.)

〈보 기〉
㉠ 냉·난방 설비를 설치하지 않는 제2종 근린생활시설
㉡ 냉·난방 열원을 공급하는 대상의 연면적의 합계가 450㎡인 위락시설
㉢ 건축물 에너지소요량 평가서 제출 대상으로 단위면적당 1차 에너지소요량의 합계가 120 kWh/㎡·년으로 평가된 교육연구시설
㉣ 제로에너지건축물 인증을 취득한 업무시설

① ㉠　　　　　　　② ㉠, ㉢
③ ㉡　　　　　　　④ ㉡, ㉣

해설 ㉡ 냉·난방 열원을 공급하는 대상의 연면적의 합계가 450㎡인 위락시설 (제출)×

답 : ③

10. "건축물의 에너지절약설계기준"에 따른 에너지성능지표 건축부문 7번 항목(거실 외피면적당 평균 태양열취득)과 관련된 설명으로 가장 적절하지 않은 것은?

① 지하층 및 벽이나 문 등으로 거실과 구획되어 있는 비냉난방공간에 면한 외피는 태양열취득 계산에 포함하지 않는다.
② 투광부의 가시광선투과율은 복층유리의 경우 40% 이하, 3중유리의 경우 50% 이하, 4중유리 이상의 경우 60% 이하가 되도록 설계한다.
③ 가동형 차양의 설치위치에 따른 태양열취득률은 KS L 9107에 따른 시험성적서에 제시된 값을 사용할 수 있다.
④ 모든 방위 거실의 투광부 면적을 검토하여야 한다.

해설 ② 투광부의 가시광선투과율은 복층유리의 경우 40% 이상, 3중유리의 경우 30% 이상, 4중유리의 경우 20% 이상이 되도록 설계하거나 유리의 태양열 취득계수의 1.2배 이상이어야 한다.

답 : ②

11. "건축물의 에너지절약설계기준"에 따른 에너지성능지표 건축부문 4번 항목(외피 열교부위의 단열 성능)과 관련된 설명으로 가장 적절하지 않은 것은?

① 외기에 직접 면하는 부위로서 단열시공이 되는 부위와 외기에 간접 면하는 부위로서 단열시공이 되는 부위가 접하는 부위는 평가 대상에 포함하지 않는다.

② 동일한 단열재로 외단열 두께와 내단열 두께가 동일한 경우에는 내단열 부위의 선형열관류율을 적용한다.

③ 외단열 적용 시 건식 마감재 부착을 위해 단열재를 관통하는 철물을 삽입하는 경우에는 그렇지 않은 경우보다 선형열관류율 기준값이 크다.

④ 단일보강을 하고자 하는 면의 단열보강 가능 길이가 300mm 미만일 경우는 해당 면 전체를 보강하는 경우에 한하여 인정한다.

해설 ① 외기에 직접 면하는 부위로서 단열시공이 되는 부위와 외기에 간접 면하는 부위로서 단열시공이 되는 부위가 접하는 부위는 평가 대상에 포함된다.

답 : ①

12. 다음은 [중부1지역]에 위치한 건축물의 외기에 간접 면하는 최하층 바닥난방 부위 단면도와 성능내역이다. "건축물의 에너지절약설계기준"에 따른 의무사항을 만족하기 위해 슬래브 상부에 추가해야 하는 단열재의 최소 두께는? (단, 단열재의 사양은 현재 설치된 것과 동일하며 5mm 두께 단위로만 추가할 수 있다.)

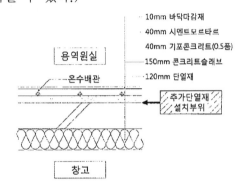

〈단면도〉
〈최하층 바닥난방 부위의 성능내역〉

재료	두께 (mm)	열전도율 (W/m·K)	열관류저항 (m²·K/W)
실내표면열전달저항	–	–	0.086
마감재	10	0.140	0.071
시멘트모르타르	40	1.400	0.029
기포콘크리트 0.5품	40	0.160	0.250
콘크리트 슬래브	150	1.600	0.094
단열재	120	0.025	4.800
실외표면열전달저항	–	–	0.150
열저항 합계			5.480
열관류율 (W/m²·K)			0.182

〈지역별 건축물 부위의 열관류율표〉

건축물의 부위			중부1지역
최하층에 있는 거실의 바닥	외기에 간접 면하는 경우	바닥난방인 경우	0.210 이하

① 0 mm
② 70 mm
③ 75 mm
④ 80 mm

해설 $\dfrac{1}{0.210} = 4.761 \times 0.6 = 2.857$

① 0 → 기포콘크리트

② 70 → $0.250 + \dfrac{0.07}{0.025} = 2.8 = 3.05 > 2.857$

③ 75 → $0.250 + \dfrac{0.075}{0.025} = 3.25$

④ 80 → $0.250 + \dfrac{0.080}{0.025} = 3.450$

따라서 2.857에 가장 근접한 70mm를 정답으로 채택한다.

답 : ②

13. 다음은 대전광역시에 신축하는 비주거 대형 건축물의 '에너지절약계획 설계 검토서' 작성을 위한 자료이다. 이에 대한 설명으로 가장 적절한 것은?

부위	구분	열관류율 (W/m²·K)	면적 (m²)	열관류율 ×면적 (W/K)	KS F 2292에 따른 기밀성 등급
벽체	외기 직접	0.200 (KS F 2277)	650	130.00	–
창	외기 직접	1.400 (KS F 2278)	335	469.00	1등급 (1 m³/hm² 미만)
문	외기 직접	1.390 (KS F 2278)	15	20.85	8등급 (7~8 m³/hm² 미만)
합계			1,000	619.85	–

항목	배점				
		1점	0.9점	0.8점	0.7점	0.6점

항목		1점	0.9점	0.8점	0.7점	0.6점
1. 외벽의 평균 열관류율	중부 1	0.380 미만	0.380~ 0.430 미만	0.430~ 0.480 미만	0.480~ 0.530 미만	0.530~ 0.580 미만
	중부 2	0.490 미만	0.490~ 0.560 미만	0.560~ 0.620 미만	0.620~ 0.680 미만	0.680~ 0.740 미만
	남부	0.620 미만	0.620~ 0.690 미만	0.690~ 0.760 미만	0.760~ 0.840 미만	0.840~ 0.910 미만
5. 기밀성 창 및 문의 설치		1등급 (1m³/hm² 미만)	2등급 (1~2 m³/hm² 미만)	3등급 (2~3 m³/hm² 미만)	4등급 (3~4 m³/hm² 미만)	4등급 (4~5 m³/hm² 미만)

① 에너지성능지표 건축부문 1번 항목(외벽의 평균 열관류율) 배점은 0.7점으로 산출된다.
② 에너지성능지표 건축부문 5번 항목(기밀성 창 및 문의 설치) 배점은 1.0점으로 산출된다.
③ 공기층을 포함하여 벽체를 구성하는 모든 구성재료의 종류와 두께가 정확히 일치하는 시료에 대한 시험성적서를 제출해야만 벽체의 열관류율을 인정받을 수 있다.

④ 계획중인 문을 기밀성 문(기밀등급 1~5등급)으로 교체하지 않으면 건축부문 의무사항을 만족할 수 없다.

해설 ① $\frac{619.85}{1000} = 0.69185 = 0.620$(중부2) → 0.7점

② $\frac{469}{489.85} = 0.957$점

③ 기타 구성재료와 두께가 시료보다 증가한 경우와 공기층을 제외한 시료에 대한 측정값이 기준에 만족하고 시료 내부에 공기층을 추가하는 경우도 적합
④ 외기에 직접 면하는 창인 경우 의무사항 적용

답 : ①

14. 다음 장비일람표와 같이 건축물에 급탕 보일러를 설치한 경우 "건축물의 에너지절약설계기준"에 따른 에너지성능지표 기계설비부문 11번 항목(급탕용 보일러)에서 획득할 수 있는 배점(b)은? (단, 모든 장비는 급탕전용이다.)

〈장비일람표〉

장비명	용량	대수	기타
전기온수기	5 kW	30	–
가스진공온수 보일러	150 kW	1	고효율에너지 기자재
가정용 가스보일러	20 kW	1	에너지소비효율 1등급 인증제품

항목	배점(b)				
		1점	0.9점	0.8점	0.7점	0.6점
11. 전체 급탕용 보일러 용량에 대한 우수한 효율 설비 용량 비율		80 이상	70~ 80미만	60~ 70미만	50~ 60미만	50 미만

① 0.7점
② 0.8점
③ 0.9점
④ 1점

해설 $\frac{150+20}{150+150+20} \times 100\% = 53.12\%$ → 0.7점

답 : ①

15. 다음은 연면적의 합계가 4000m²인 숙박시설의 계통도 및 장비일람표이다. "건축물의 에너지절약설계기준"에 따른 에너지성능지표 기계설비부문 12번 항목(에너지절약적 펌프 제어방식 채택)에서 획득할 수 있는 평점은?

〈계통도〉

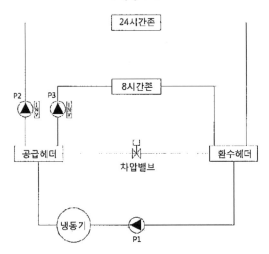

〈장비일람표〉

장비번호	장비명	용도	용량(kW)	제어방식
P-1	냉수펌프	냉동기 1차측	20	정유량
P-2	냉수펌프	냉동기 2차측	30	가변속제어
P-3	냉수펌프	냉동기 2차측	30	가변속제어

〈기본배점(a)〉

비주거		주거	
대형	소형	주택1	주택2
2	1	2	2

① 0점
② 1점
③ 1.5점
④ 2점

해설 12번 항목(난방 또는 냉난방 순환수 펌프의 대수제어 또는 가변속 제어 등 에너지 절약적 제어방식 채택)

$$\frac{30+30}{30+30+20} \times 100\% = 75\% \rightarrow 60\%(1점) \ 2\times1=2점$$

순환 펌프 전체 동력의 60% 이상 적용시 인정(예비용은 제외)

답 : ④

16. 다음은 보온시방서 내용 중 일부이다. "건축물의 에너지절약설계기준"에 따른 에너지성능지표 기계설비부문 7번 항목(배관단열)의 배점을 취득하기 위한 보온재 최소 두께를 가장 적절하게 나열한 것은? (배관관경 : 25A, 보온재 종류 : 발포폴리스티렌 보온통 3호)

배관종류	표준시방서 보온두께(mm)	적용 보온두께(mm)
급수관	25	(㉠)
배수관	25	(㉡)
급탕관	25	(㉢)
냉수관	25	(㉣)

① ㉠-40, ㉡-25, ㉢-40, ㉣-40
② ㉠-25, ㉡-25, ㉢-30, ㉣-30
③ ㉠-25, ㉡-25, ㉢-40, ㉣-40
④ ㉠-30, ㉡-25, ㉢-30, ㉣-30

해설 인정두께=기준두께(×1.2) ⇒ 급수, 배수, 소화배관은 제외
① 급수관 : 25mm
② 배수관 : 25mm
③ 급탕관 : 25mm×1.2=30mm
④ 냉수관 : 25mm×1.2=30mm

답 : ②

17. "건축물의 에너지절약설계기준"에 따른 에너지성능지표 기계설비부문 10번 항목(전기 대체 냉방설비)에서 인정하는 냉방기기를 보기 중에서 모두 고른 것은?

〈보 기〉
- ㉠ 가스직화식 흡수식 냉온수기
- ㉡ 공기열원가스구동형히트펌프
- ㉢ 지열열원전기구동형히트펌프(신재생인증제품)
- ㉣ 공기열원전기구동형히트펌프(에너지소비효율 1등급제품)

① ㉠
② ㉠, ㉡
③ ㉠, ㉡, ㉢
④ ㉠, ㉡, ㉢, ㉣

해설 **전기 대체품**
- ㉠ 가스직화식 흡수식 냉온수기
- ㉡ 공기열원가스구동형히트펌프
- ㉢ 지열열원전기구동형히트펌프(신재생인증제품)
- ㉣ 공기열전기구동형히트펌프(에너지소비효율 1등급제품)
  – 인정되지 않음

답 : ③

18. 전기설비부문 에너지성능지표 4번항목 실내 조명설비에 대해 군별 또는 회로별 자동제어 설비를 채택과 관련하여 전체 조명 전력의 몇 % 이상 적용여부 시 배점을 획득할 수 있는가?

① 20%
② 30%
③ 40%
④ 60%

해설 전체조명전력의 40% 이상 적용여부에 따라 배점을 받을 수 있다.

답 : ③

19. 다음 보기는 공동주택 전용면적 $85m^2$형 단위세대에 적용된 전기설비 항목이다. "건축물의 에너지절약설계기준"에 따른 전기설비부문 의무사항에 해당하는 것을 모두 고른 것은?

〈보 기〉
- 가. 조도자동조절조명기구
- 나. LED조명
- 다. 일괄소등스위치
- 라. 조명스위치
- 마. 대기전력자동차단콘센트
- 바. 온도조절기
- 사. 도어폰(대기전력저감우수제품)

① 가, 나, 다, 마
② 가, 다, 마, 사
③ 가, 다
④ 가, 나, 다, 라, 마, 바, 사

해설 단위세대 적용 → 가. 조도자동조절조명기구
- 다. 일괄소등스위치
- 마. 대기전력 자동차단콘센트는 법의 개정으로 삭제되었다.
- LED조명 → 주차장 조명기기 및 유도등은 고효율에너지기자재 인증제품에 해당하는 LED조명 설치

답 : ③

20. "건축물의 에너지절약설계기준" 에너지성능지표 전기설비부문 5번 항목(옥외등) 배점획득과 관련된 요소로 가장 적절하지 않은 것은?

① 고효율에너지기기자재인증 LED램프 적용
② 격등 조명회로 구성
③ 자동점멸기에 의한 점소등이 가능하도록 구성
④ 옥외등 개별접지방식 구성

해설 6번 항목 옥외등은(또는 조도조절기능) LED 램프를 사용하고 격등조명 및 자동점멸기에 의한 점소등이 가능하도록 구성
→ 광센서방식, 타이머방식, 조명자동제어 시스템방식
④ 옥외등 개별접지방식 구성 ✕

답 : ④

제4과목 : 건물에너지 효율설계·평가

※ 문항의 '에너지성능지표'는 건축물의 에너지절약설계기준 [별지 제1호 서식] '2.에너지성능지표'를 의미

※ 문항의 '에너지소비총량제'는 건축물의 에너지절약설계기준 '제5장 건축물 에너지 소비 총량제'를 의미

1. 업무용 건축물의 설계를 다음 표와 같이 변경하였다. 에너지소비총량제에 따른 1차에너지소요량 ($kWh/m^2 \cdot$ 년) 및 에너지성능지표 획득 평점 합계의 변화로 가장 적절한 것은?

〈설계변경 내역〉

변경항목	변경 전	변경 후
난방기기 효율 향상	고효율 인증제품 (효율 92%)	고효율 인증제품 (효율 95%)
냉방기기 효율 향상	에너지소비효율 1등급제품 (정격COP 3.5)	에너지소비효율 1등급제품 (정격COP 3.9)
거실의 조명 부하 저감 (조명밀도)	$7.9W/m^2$ *에너지성능지표 전기설비부문 1번항목 (조명밀도) 배점(b) 1점 기준 : $8W/m^2$ 미만	$5W/m^2$
외벽의 단열 성능 향상 (평균열관류율)	$0.379W/m^2 \cdot K$ *에너지성능지표 건축부문 1번항목(외벽의 평균열관류율) 중부1지역 배점(b) 1점 기준: $0.380W/m^2 \cdot K$ 미만	$0.330W/m^2 \cdot K$

	1차에너지소요량	에너지성능지표 평점합계
①	감소	상승
②	감소	하락
③	감소	변화없음
④	변화없음	상승

해설

	1차에너지 소요량	에너지 성능지표 평점 합계
①	감 소	변화없음 (1점→1점)
②	감 소	변화없음 (0.9점→0.9점)
③	감 소	변화없음 (1점→1점)
④	감 소	변화없음 (1점→1점)

답 : ③

2. 다음 보기 중 에너지소비총량제에서 평가할 수 있는 항목을 모두 고른 것은?

〈보 기〉

ㄱ 대기전력차단장치　　ㄴ 현열교환환기장치
ㄷ 냉온수순환펌프　　　ㄹ 급수용 부스터펌프
ㅁ 급탕용 순환펌프　　　ㅂ LED 옥외등

① ㄱ, ㄴ, ㄷ, ㅁ　　　② ㄴ, ㄷ, ㄹ, ㅁ
③ ㄴ, ㄷ, ㅁ　　　　　④ ㄷ, ㅁ, ㅂ

해설 대기전력차단장치, 급수용 부스터펌프, LED 옥외 등은 에너지소비 총량제 평가항목에 해당되지 않는다.

답 : ③

3. 다음 중 에너지소비총량제에 대한 설명으로 가장 적절하지 않은 것은?

① 건축물 에너지소요량 평가서에는 태양광 설비의 종류, 모듈의 면적, 방위, 효율, 기울기를 모두 입력해야 한다.

② 건축물 에너지소요량 산정시 외벽, 창, 문의 열관류율과 면적 입력 방식은 에너지성능지표 건축부문 1. 외벽의 평균 열관류율(창 및 문을 포함) 계산시 입력 방식과 동일하다.

③ 연면적의 합계 5백제곱미터 이상인 공공기관 건축물은 신축 또는 별동으로 증축할 때에만 에너지소요량 평가서를 의무적으로 제출한다.

④ 건축물 에너지소요량 평가서 작성 시 멀티존 모델링을 하는 건축물 에너지효율등급 인증과 달리 난방, 냉방, 급탕 등 용도별 면적을 구분 입력할 필요가 없다.

해설 외벽의 평균 열관류율 산정시 에너지소비 총량서에 반영 시 창호의 경우는 추가적으로 수평, 수직 차양 장치의 차양각을 입력 즉, 일사조절을 결과에 반영하여야 하므로 에너지 성능지표 1. 외벽의 평균 열관류율 입력 방식과는 다르다.

답 : ②

4. "에너지절약계획 설계 검토서 3. 건축물 에너지 소요량 평가서"(건축물의 에너지절약설계기준 별지 제1호서식)의 지열 관련 표시 항목이 아닌 것은?

① 난방용량·효율　　② 냉방용량·효율
③ 순환펌프동력　　④ 지열 천공 수

해설 건축물에너지소요량평가서 지열 관련 표시 항목으로는 ① 종류 ② 난방용량효율 ③ 냉방용량효율 ④ 급탕 용량효율 ⑤ 순환 펌프 동력이 포함된다. 따라서 지열 천공수는 포함되지 않는다.

답 : ④

5. 건축물 신축 시 "건축물의 에너지절약설계기준" 제15조(에너지성능지표의 판정)를 적용받지 않아도 되는 대상을 보기 중에서 모두 고른 것은?

〈보 기〉
㉠ 연면적의 합계 3천 m²인 공공 업무시설로 에너지소비총량제에 따른 1차에너지소요량이 200kWh/m²·년인 건축물
㉡ 연면적의 합계 4천 m²인 민간 교육연구시설로 에너지소비 총량제에 따른 1차에너지 소요량이 180kWh/m²·년인 건축물
㉢ 연면적의 합계 1천 m²인 민간 업무시설로 건축물 에너지효율등급 인증을 1+등급 인증을 취득한 건축물
㉣ 같은 대지에 제2종근린생활시설(개별동의 연면적의 합계 450m²) 5개동을 신축하는 경우

① ㉠, ㉡　　　　② ㉡, ㉢
③ ㉡, ㉣　　　　④ ㉠, ㉣

해설 ㉠ 연면적의 합계 3천m²인 공공 업무시설로 에너지소비총량제에 따른 1차에너지 소요량이 200kWh/m²·년인 건축물 → 1차에너지 소요량이 200kWh/m²·년 공공 업무시설은 140kWh/m²·년 미만인 경우에 해당되지 않으므로 제15조(에너지성능지표의 판정)를 적용한다.

㉣ 같은 대지에 제2종 근린생활시설(개별동의 연면적의 합계 450m²) 5개동을 신축하는 경우 → 허가 또는 신고대상의 같은 대지 내 주거 또는 비주거를 구분한 연면적의 합계가 50cm² 이상이고 전체 연면적의 합계가 2천 제곱미터 미만인 건축물 중 개별동의 연면적이 500제곱미터 미만인 경우에는 에너지성능지표를 제출하지 아니할 수 있다. 즉 연면적이 450×5=2,250m²이 되므로 제15조(에너지성능지표의 판정)를 적용한다.

답 : ②

6. 단독주택의 증축을 검토시 "건축물의 에너지절약 설계기준" 및 "건축물 에너지효율등급 인증제도" 관련 내용으로 가장 적절한 것은?

① 냉난방 면적의 합계에 따라 에너지절약계획서 제출 대상 여부를 판단한다.
② 열손실의 변동이 있는 증축을 하는 경우 증축하지 않는 부위에도 현재의 열관류율 기준(또는 단열재의 두께 기준)을 적용하여야 한다.
③ 최상층 거실 반자(또는 지붕)에 대해 같은 지역의 공동주택과 동일한 열관류율 기준(또는 단열재의 두께 기준)을 적용하여야 한다.
④ 건축물 에너지효율등급 인증을 신청하면 인증기관은 신청을 받은 날로부터 30일 이내에 인증을 처리하여야 한다.

해설 ① 냉난방면적의 합계에 따라 에너지절약계획서 제출 대상 여부를 판단한다. → 연면적의 합계 500㎡ 이상인 건축물로서 건축허가를 신청하거나 용도변경의 허가 신청 또는 신고, 건축물대장의 기재 내용 변경시 제출대상 여부를 판단한다.
② 열손실의 변동이 있는 증축을 하는 경우 증축하지 않는 부위에도 현재의 열관류율 기준(또는 단열재의 두께 기준)을 적용하여야 한다. → 증축을 하는 경우에만 적용한다.
④ 건축물 에너지 효율등급 인증을 신청하면 인증기관은 신청을 받은 날로부터 30일 이내에 인증을 신청하여야 한다. → 단독주택의 경우 40일 이내에 인증을 처리하여야 한다.

답 : ③

7. "건축물의 에너지절약설계기준"에 따라 건축물 설계를 검토하고 있다. 다음 중 가장 적절하지 않은 것은?

① 에너지성능지표 건축부문 7번항목(거실 외피면적당 평균 태양열취득) 계산을 위해 KS L 9107(솔라 시뮬레이터에 의한 태양열 취득률 측정 시험방법)에 따른 공인시험 성적서를 활용할 수 있다.
② 에너지성능지표 건축부문 4번항목(외피 열교 부위의 단열성능) 계산 시 ISO 10211(Themal bridges in building construction)에 따른 평가 결과를 활용할 수 있다.
③ 비드법보온판 단열재의 성능 검토시 KS M 3808(발포 폴리스티렌 단열재)과 KS L 9016(보온재의 열전도율 측정 방법) 표준을 활용할 수 있다.
④ 창 및 문의 열관류율은 KS F 2277(건축용 구성재의 단열성 측정방법)에 의한 시험성적서 값을 인정할 수 있다.

해설 ④ 창 및 문의 열관류율은 KSF 2277(건축용 구성재의 단열성 측정방법)에 의한 시험성적서 값을 인정할 수 있다. → KSF 22770이 아닌 KSF 2278(창호의 단열성 시험방법)에 의한 시험성적서 값을 인정할 수 있다가 옳은 답이다.

답 : ④

8. 다음은 건축물의 평면도 및 면적집계표이다. 에너지성능 지표 건축부문 1번항목 외벽의 평균열관류율 값은?

〈평면도〉

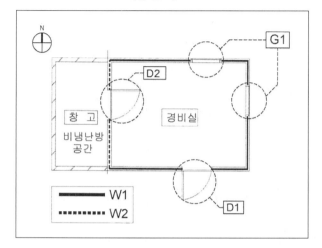

〈면적집계표〉

형별	열관류율 (W/m²·K)	면적 (m²)	열관류율 × 면적
G1	1.2	2.4	2.88
D1	1.5	2.4	3.60
D2	1.8	2.4	4.32
W1	0.2	31.2	6.24
W2	0.3	9.6	2.88
합계		48	

① 0.370W/m²·K

② 0.379W/m²·K

③ 0.385W/m²·K

④ 0.415W/m²·K

해설 평균열관류율(w/m²·k)=

$$\frac{(2.88\times1)+(3.60\times1)+(4.32\times0.8)+(6.24\times1.0)+(2.88\times0.7)}{48}$$

$$=\frac{18.192}{48}=0.379w/m^2·k$$

답 : ②

9. 투광부 하단까지의 길이(H)가 1.2m인 수평차양 설치를 계획 중이다. 에너지성능지표 건축부문 7번항목(차양장치 설치)에서 인정하는 차양장치의 성능을 확보하기 위한 최소 돌출길이(P)로 가장 적합한 것은? (P/H값이 〈표〉에 따른 구간의 사이에 위치할 경우 보간법을 사용하여 태양열취득률을 계산하며, 계산결과는 소수 셋째자리에서 반올림)

〈수평 고정형 외부차양의 태양열취득률〉

P/H	남향 (태양열취득률)
0.0	1.00
0.2	0.73
0.4	0.61
0.6	0.54
0.8	0.50
1.0	0.45

① 0.40m

② 0.52m

③ 0.60m

④ 0.72m

해설 ① 0.40m → $\frac{0.40}{1.2}=0.333$(P/H값)

② 0.52m → $\frac{0.52}{1.2}=0.433$(P/H값) → 태양열취득률(0.598)

③ 0.60m → $\frac{0.6}{1.2}=0.5$(P/H값) → 태양열취득률(0.575)

④ 0.72m → $\frac{0.72}{1.2}=0.6$(P/H값) → 태양열취득률(0.54)

태양열 취득률이 0.6 이하가 나와야 되므로 ②번이 정답이 된다.

0.61-[(0.61-0.54)/0.2×(0.433-0.4)]=0.598

답 : ②

10. 다음은 비주거 대형 건축물의 장비일람표이다. 에너지성능지표 기계설비부문 4번항목(펌프의 우수한 효율 설비)에서 획득할 수 있는 배점(b)과 12번항목(냉난방 순환수펌프 에너지절약적 제어방식) 적용 가능 여부로 가장 적절한 것은? (단, 예비펌프 없음)

〈장비일람표〉

펌프명	대수	유량(LPM)	동력(kW)	펌프효율(E)		제어방식
				A효율	B효율	
온수순환펌프	2	550	5.5	1.028	1.206	대수제어
냉수순환펌프	1	3125	30.0	0.919	1.092	없음
급수펌프	3	240	5.5	1.294	1.469	회전수제어

〈에너지성능지표 기계설비부문 4번항목 배점표〉

항목	배점(b)				
	1점	0.9점	0.8점	0.7점	0.6점
펌프의 효율	1.16E	1.12E ~ 1.16E 미만	1.08E ~ 1.12E 미만	1.04E ~ 1.08E 미만	1.04E 미만

	4번항목	12번항목
①	0.658	적용가능
②	0.658	적용불가
③	0.715	적용가능
④	0.715	적용불가

해설 4번 항목 적용

$$= \frac{550 \times 2 \times 0.6 + 3125 \times 1 \times 0.6 + 240 \times 3 \times 1}{550 \times 2 + 3125 \times 1 + 240 \times 3} = 0.658$$

12번 항목 적용

$$= \frac{5.5 \times 2}{5.5 \times 2 + 30 \times 1} \times 100\% = 26.82\% < 60\%(적용 불가)$$

답 : ②

11. 다음 장비일람표와 같이 건축물에 지역난방 중 온수를 활용한 흡수식 냉동기를 설치한 경우 에너지 성능지표 기계설비부문 2번항목(냉방설비)에서 획득할 수 있는 배점(b)은? (단, 문제에서 제시한 조건 이외는 무시)

〈장비일람표〉

장비명	증발기(냉수)			열원(지역난방)		
	냉수온도(℃)		유량(LPM)	온수온도(℃)		유량(LPM)
	입구	출구		입구	출구	
흡수식 냉동기 (1중효용)	12	7	3,125	95	55	542.5

〈에너지성능지표 기계설비부문 2번항목 배점표〉

항목	배점(b)				
	1점	0.9점	0.8점	0.7점	0.6점
흡수식 성적계수 (1중효용)	0.75 이상	0.73 ~ 0.75 미만	0.70 ~ 0.73 미만	0.65 ~ 0.70 미만	0.65 미만

① 0.6점   ② 0.7점
③ 0.8점   ④ 0.9점

해설 배점$= \dfrac{냉수}{온수} = \dfrac{(12-7) \times 3125}{(95-55) \times 542.5} = 0.720 \rightarrow$

③ 0.8점

답 : ③

12. 기존 건축물의 냉방설비를 전동식터보냉동기에서 가스직화흡수식냉온수기로 변경하였을 때 예상되는 변화로 가장 적절하지 않은 것은? (단, 냉방 부하 및 냉방 공급시간 변동은 없음)

① 냉각수 펌프 용량이 감소한다.
② 하절기 전력 사용량이 감소한다.
③ 에너지성능지표 기계설비부문 10번항목(전기 대체냉방설비) 냉방용량 담당비율이 높아진다.
④ 에너지소비총량제에 따른 에너지소요량 평가 시 주 연료 변경에 따라 상대적으로 낮은 1차 에너지환산계수가 적용된다.

해설 가스직화식 냉온수기는 도시가스 도는 액화석유가스 등 가스를 사용 등유, 경유 또는 중유 등 기름을 연소해 냉수 및 온수를 발생시키는 냉방 설비로 냉각수 펌프 용량이 커진다.

답 : ①

13. "에너지관리시스템 설치확인업무 운영규정"에 따라 건물에너지관리시스템 설치계획 검토 및 설치확인 시 항목별 최소 평점 이상을 획득하기 위한 평가 내용으로 가장 적절하지 않은 것은?

① 에너지소비량 예측 : 에너지사용량 목표치 설정 및 관리
② 제어시스템 연동 : 주요 에너지용도에 사용하는 설비 중 1종 이상 설비의 자동제어 연동
③ 데이터 수집 및 표시 : 대상 건물에서 생산·저장·사용하는 에너지를 에너지원별(전기/연료/열 등), 3개 이상의 용도별로 데이터 수집 및 표시
④ 계측기 관리 : 모든 계측기의 장비이력 및 검교정 현황 파악

해설 ④ 계측기관리: 에너지 사용량이 전체의 5% 이상인 모든 열원설비 기기별 성능 및 효율을 분석한다.

답 : ④

14. 에너지성능지표 전기설비부문의 각 항목 채택 시 기대효과로 가장 적절하지 않은 것은?

① 대기전력자동차단장치 : 24시간 연속적으로 사용하는 전열설비에 적용할 경우 대기전력 저감 효과를 극대화할 수 있다.
② 역률자동조절장치 : 진상 또는 지상 부하의 상황에 맞게 역률을 제어하여 설비용량 여유를 증가시킬 수 있다.
③ 최대수요전력 제어설비 : 효율적인 최대수요 전력 관리가 가능하다.
④ 원격검침전자식계량기 : 에너지사용량을 실시간으로 모니터링이 가능하여 효율적인 에너지관리가 가능하다.

해설 ① 대기전력 자동 차단 장치: 사용하지 않는 기기에서 소비하는 대기전력을 저감하기 위하여 대기전력 저감 우수제품으로 등록된 대기전력 자동차 단 콘센트, 대기전력 자동차단 스위치를 말한다.

답 : ①

15. "건축물의 에너지절약설계기준"에 따른 건축물의 전기설비부문 에너지절약설계 방안으로 가장 적절하지 않은 것은?

① 승강기에 회생제동장치를 설치한다.
② 유도등 및 주차장 조명기기는 고효율에너지 기자재 인증 LED조명을 설치한다.
③ 건축물의 사용자가 합리적으로 전력을 절감할 수 있도록 층별 및 임대구역별로 전력량계를 설치한다.
④ 수전전압 25kV 이하의 수전설비에서는 변압기의 무부하손실을 줄이기 위하여 2단 강압방식을 채택한다.

해설 ④ 수전전압 25kv 이하의 수전설비에서는 변압기의 무부하 손실을 줄이기 위하여 직접 강압 방식을 채택한다.

답 : ④

16. 다음 표는 건축물 조명전력 현황을 나타낸 것이다. 해당 건축물에서 에너지성능지표 전기설비부문 4번 항목(실내 조명자동제어설비를 채택)의 배점획득을 위해 적용해야 할 최소 조명전력은?

〈건축물 조명전력 현황〉

층	실내 조명전력(kW)
지하1층	15
지상1층	30
지상2층	30
지상3층	30
지상4층	30
지상5층	15
합 계	150

① 45kW ② 60kW
③ 75kW ④ 90kW

해설 전기설비부문 4. 실내조명설비에 대해 군별 또는 회로별 자동제어 설비를 채택에서 배정을 부여 받을 수 있는 조건은 전체 조명 전력의 40% 이상 적용 여부이므로 최소 조명 전력은 150kw×0.4=60kw이다.

답 : ②

17. 제로에너지건축물 인증을 취득한 경우 "건축물의 에너지절약설계기준"에서 적용하지 않을 수 있는 항목을 보기에서 바르게 고른 것은?

〈보 기〉
㉠ 에너지성능지표 판정
㉡ 열손실방지 조치
㉢ 에너지소요량 평가서 판정
㉣ 거실 외피면적당 태양열 취득
㉤ 전력수요관리시설 냉방방식 설치 의무

① ㉠, ㉡, ㉢ ② ㉡, ㉢, ㉣
③ ㉠, ㉢, ㉣ ④ ㉡, ㉣, ㉤

해설 제로에너지 건축물 인증을 취득한 경우 "건축물의 에너지 절약 설비 기준"에서
㉠ 에너지성능지표 판정
㉢ 에너지 소요량 평가서 작성
㉣ 거실 외피면적당 태양열 취득의무는 적용하지 않을 수 있다.

답 : ③

18. 다음은 신축 업무시설의 제로에너지건축물 인증을 위한 사전 분석결과이다. 에너지자립률 20% 이상을 만족하기 위해 1차에너지소비량을 최소 얼마 이상 줄여야 하는가?

〈보 기〉
• 적용된 신재생에너지 : 태양광발전시스템
• 대지 내 신재생에너지생산량 : 800kWh/년
• 대지 내 신재생에너지 생산에 필요한 에너지량 : 80kWh/년
• 해당 1차 에너지환산계수 : 2.75
• 평가면적 : 100m²
• 단위면적당 1차에너지소비량 : 150kWh/m²·년
• 에너지자립률 : 13.2%

① 36kWh/m²·년 ② 48kWh/m²·년
③ 51kWh/m²·년 ④ 55kWh/m²·년

해설 1. 단위면적당 1차 에너지 순생산량=Σ[신재생 에너지 생산량−신재생 에너지 생산에 필요한 에너지 소비량)×해당 1차 에너지 환산 계수]/평가면적 → (800kwh/년−80)×2.75/100=19.8

2. 에너지 자립률=$\frac{19.8}{150}$×100% = 13.2%

3. 에너지 자립률 20% 이상을 만족시키기 위해서 1차 에너지 소비량을 최소 얼마이상 줄여야 하는가?
$= \frac{19.8}{\times} = \frac{20}{100} \times = \frac{1980}{20} = 99$kWh/m²·년

4. 150−99=51kWh/m²·년이 된다.

답 : ③

19. 다음 표는 에너지효율등급 인증 평가 대상 건축물의 실별 설계 현황이다. "건축물 에너지효율등급 인증 및 제로에너지건축물 인증 기준"에 따른 '급탕, 조명 에너지가 요구되는 공간의 바닥면적(급탕 면적, 조명 면적)'으로 적절한 것은?

〈실별 설계 현황〉

실 구분	면적(m²)	조명밀도(W/m²)
창 고	100	4
계단실	100	4
화장실	100	5
사무실	1,200	12
회의실	300	15

	급탕 면적	조명 면적
①	1,500m²	1,800m²
②	1,600m²	1,600m²
③	1,700m²	1,800m²
④	100m²	1,800m²

[해설] 1. 급탕 면적 산정 시 창고, 계단실, 화장실은 급탕 요구량은 0이 되므로 급탕 면적에는 포함이 안된다.
따라서 사무실과 회의실은 급탕 면적에 포함되므로 1,200+300=1,500㎡
2. 조명밀도 계산 시 조명밀도가 다 주어져 있으므로 창고, 계단실, 화장실, 사무실, 회의실 모두 조명 면적에 포함된다.
100+100+100+1,200+300=1,800㎡

답 : ①

20. 다음은 냉방 부문에 대한 개선방안 적용 전후의 건축물 에너지효율등급 인증 평가 결과이다. 표와 같은 개선 효과를 나타낼 수 있는 개별기술을 보기에서 모두 고른 것은? (단, 개선 기술은 중복 적용하지 않음)

〈개선안 적용 전/후 건축물 에너지효율등급 평가 결과〉

(단위 : kWh/m²·년)

구분	개선여부	난방	냉방	급탕	조명	환기	합계
에너지 요구량	전	21.9	40.5	29.3	25.3	0.0	117
	후	25.5	30.1	29.3	25.3	0.0	110.2
에너지 소요량	전	11.4	18.7	31.9	25.3	4.9	92.2
	후	13.0	14.1	31.9	25.3	4.9	89.2
1차 에너지 소요량	전	31.4	51.3	87.8	69.5	13.6	253.6
	후	35.7	38.7	87.8	69.5	13.6	245.3

〈보 기〉
㉠ 거실의 투광부에 고정형 차양장치 설치
㉡ 고효율 냉방열원 설비로 교체
㉢ 건축물의 기밀성능 향상
㉣ 일사에너지투과율이 낮은 창호로 교체

① ㉠, ㉣
② ㉠, ㉢
③ ㉠, ㉢, ㉣
④ ㉠, ㉡, ㉢, ㉣

[해설] 표에서 보는 것처럼 냉방에너지 요구량이 줄어 든 것은 ㉠ 거실의 투광부에 고정형 차양 장치 설치 ㉣ 일사 에너지 투과율이 낮은 창호로 교체했기 때문이며, 냉방 에너지 소요량이 줄어든 것은 ㉡ 고효율 냉방 열원 설비로 교체했기 때문이다. 표와 같이 냉방에너지 요구량, 냉방에너지 소요량, 1차에너지 소요량이 감소한 이유는 ㉠, ㉡, ㉣이 해당된다.

답 : ①

제4과목 : 건물에너지 효율설계·평가

※ 문항의 '에너지성능지표'는 건축물의 에너지절약설계기준 [별지 제1호 서식] '2.에너지성능지표'를 의미

1. 한국산업표준에 따른 시험방법과 표준번호가 바르게 연결되지 않은 것은?

① 열회수형 환기 장치 시험방법 – KS F 6798
② 보온재의 열전도율 측정 방법 – KS L 9016
③ 창호의 기밀성 시험방법 – KS F 2292
④ 창호의 단열성 시험방법 – KS F 2278

해설 열회수형 환기 장치 시험방법 – KS F 6879

답 : ④

2. 다음 중 "건축물의 에너지절약설계기준"에 따른 용어의 설명으로 가장 적절하지 않은 것은?

용 어	설 명
① 주택2	낭방(개별난방, 중앙집중식 난방, 지역난방) + 냉방(개별냉방) 적용 공동주택
② 거실 외피면적당 평균 태영열취득	채광창을 통하여 거실로 들어오는 태양열취득의 합을 거실 외피면적의 합으로 나눈 비율
③ 외주부	거실공간으로서 외기에 직접 면한 벽체의 실내측 표면 하단으로부터 5미터 이내의 실내측 바닥부위
④ 에너지소요량	해당 건축물에 설치된 난방, 냉방, 급탕, 조명, 환기시스템에서 소요되는 에너지량

해설 주택2 = 주택1+중앙집중식 냉방적용 공동주택
　　주택1 = 난방(개별난방, 중앙집중식난방, 지역난방) 적용 공동주택

답 : ①

3. 에너지절약계획서 제출대상으로 연면적 1,500m² 공공업무시설의 설계를 진행 중이다. 보기 중 "건축물의 에너지절약설계기준"에 따라 반드시 준수해야 할 사항을 모두 고른 것으로 가장 적절한 것은? (단, 해당지역은 도시가스공급지역이며 냉난방공간의 연면적의 합계가 1,200m²임)

〈보 기〉
㉠ 에너지성능지표 기계설비부문 10번 항목 (전기 대체 냉방설비) 배점을 0.6점 이상 획득
㉡ 에너지성능지표 건축부문 1번 항목(외벽의 평균열관류율) 배점을 0.6점 이상 획득
㉢ 건축물 에너지소요량 평가서 제출
㉣ 에너지성능지표 전기설비부문 8번 항목 (BEMS 또는 에너지원별 전자식원격검침 계량기 설치) 배점을 0.6점 이상 획득

① ㉠, ㉢　　　　② ㉡, ㉢
③ ㉠, ㉡,　　　　④ ㉠, ㉣

해설 ㉢, ㉣은 반드시 준수해야할 사항에 해당되지 않는다.

답 : ③

4. "건축물의 에너지절약설계기준"에 따른 전기설비 부문의 용어 정의로 가장 적절하지 않은 것은?

① "수용률"이라 함은 합설 최대 수용전력에 대한 각 부하의 최대수용전력의 합을 말한다.
② "대기전력자동차단장치"라 함은 대기전력저감 우수제품으로 등록된 대기전력자동차단콘센트, 대기전력자동차단스위치를 말한다.
③ "자동절전멀티탭"이라 함은 대기전력저감우수제품으로 등록된 자동절전멀티탭을 말한다.
④ "가변속 제어기"라 함은 정지형 전력변환기로서 전동기의 가변속운전을 위해 설치하는 고효율 인증제품을 말한다.

해설 "수용률"이라 함은 부하설비용량 합계에 대한 최대 수용전력의 백분율을 말한다.

답 : ①

5. "건축물의 에너지절약설계기준"의 '건축물 에너지 소요량 평가서'의 기계 부문 급탕 관련 표시 항목이 아닌 것은?

① 급탕탱크용량
② 전력급탕설비용량비율
③ 용량가중효율
④ 순환펌프동력

해설 에너지 소요량 평가서의 급탕부문 관련 표시 항목에는
① 급탕설비방식 ② 전체설비용량 ③ 용량가중효율
④ 순환펌프동력 ⑤ 전력급탕설비용량 비율이 있다.

답 : ①

6. "건축물의 에너지절약설계기준" 전기설비부문의 의무사항 중 배전방식별 전압강하 허용치에 따른 전선의 허용 단면적 산출로 옳은 것은?

〈보 기〉
• e : 각 전압강하(V)
• A : 사용전선의 단면적(mm²)
• L : 전선의 길이(m)
• I : 부하전류(A)

① 단상 2선식 $A = 35.6 \times L \times I / 1000 \times e$(선간)
② 단상 3선식 $A = 17.8 \times L \times I / 1000 \times e$(선간)
③ 3상 3선식 $A = 32.6 \times L \times I / 1000 \times e$(선간)
④ 3상 4선식 $A = 30.8 \times L \times I / 1000 \times e$(대지간)

해설 ② 단상 3선식 $A = 17.8 \times L \times I / 1000 \times e$: 대지간
③ 3상 3선식 $A = 30.8 \times L \times I / 1000 \times e$: 선간
④ 3상 4선식 $A = 17.8 \times L \times I / 1000 \times e$: 대지간

답 : ①

7. 에너지성능지표 전기설비부문 1번항목 거실의 조명밀도(W/m²) 비주거의 대형 기본배점(a)으로 가장 적합한 것은?

① 7점   ② 8점
③ 9점   ④ 10점

해설 ③ 거실의 조명밀도(W/m²) 비주거 대형의 경우 기본점수 9점에 해당한다.

답 : ③

8. 다음 표는 건축물의 층별 실내 거실 전체 조명 전력 현황을 나타낸 것이다. 해당 건축물이 에너지성능지표 전기설비부문 4번 항목에서 실내 조명 자동제어설비를 채택하여 배점을 인정받기 위해 적용해야 할 최소 조명전력은?

〈건축물 조명전력 현황〉

층	실내 조명전력(kW)
지하 1층	30
지상 1층	50
지상 2층	40
지상 3층	40

① 32kW

② 48kW

③ 64kW

④ 96kW

해설 ③ 160×0.4=64 kw

답 : ③

9. 다음(ⓐ ~ ⓕ) 중 외기간접 수준의 단열재가 반드시 적용되어야 하는 부위를 모두 고른 것으로 가장 적절한 것은?

〈단면도〉

① ⓐ, ⓑ, ⓒ, ⓔ, ⓕ

② ⓐ, ⓑ, ⓔ, ⓕ

③ ⓐ, ⓒ

④ ⓒ

해설 바닥난방을 하는 공간의 하부가 바닥난방을 하지 않는 난방공간이거나 비난방공간일 경우 당해바닥난방을 하는 부위는 별표1의 최하층에 있는 거실의 바닥기준 중 외기에 간접 면하는 경우에 해당하는 열관류율 기준을 만족해야한다.

답 : ④

10. 다음 조건에서 "건축물의 에너지절약설계기준"에 따른 거실 외피면적당 평균 태양열취득으로 가장 적절한 것은? (단. 각 방위별 투광부의 차양 설치 조건은 모두 동일함)

〈설계 조건〉

방위	면적(m²)		차양 설치 현황	
	거실 외피	거실 투광부	고정형 외부차양	가동형 차양
동	40	0	–	–
서	80	25	–	유리내측
남	160	50	수평형	유리내측
북	80	0	–	–

· 유리의 태양열취득율 : 0.4
· 수평 고정형 외부차양의 P/H : 0.2
· 창틀계수 : 0.9

〈차양의 태양열취득율〉

구분	태양열취득율
수평 고정형 외부차양(남향, P/H=0.2)	0.57
가동형 차양(유리내측)	0.88

〈방위별 수직면 일사량(W/m²)〉

방위	동	서	남	북
평균 수직면 일사량	336	340	256	138

① 13.26W/m²

② 13.90W/m²

③ 14.73W/m²

④ 15.44W/m²

해설 서측 : 340×0.88×25×0.4×0.9 = 2692.8(w)

남측 : 256×0.57×0.88×0.4×0.9×50=2.311(w)

합계 : 5003.8 w / 360m² = 13.90 w/m²

답 : ②

11. 다음 장비일람표와 같이 지역난방 열원을 이용한 1중효용 흡수식 냉동기를 설치한 경우, 에너지성능지표 기계설비부문 2번 항목(냉방설비)에서 획득할 수 있는 배점(b)은? (단, 문제에서 제시한 이외의 조건은 무시함)

〈장비일람표〉

장비명	증발기(냉수)			열원(지역난방)		
	냉수온도(℃)		유량 (lpm)	온수온도(℃)		유량 (lpm)
	입구	출구		입구	출구	
흡수식 냉동기 (1중효용)	13.0	7.5	3,000	105	65	600

〈에너지성능지표 기계설비부문 2번 항목 배점표〉

항목	배점(b)				
	1점	0.9점	0.8점	0.7점	0.6점
흡수식 성적계수 (1중효용)	0.75 이상	0.73~ 0.75 미만	0.70~ 0.73 미만	0.65~ 0.70 미만	0.65 미만

① 0.6점

② 0.7점

③ 0.8점

④ 0.9점

해설 저열원에서 흡수한 열량 3000×(13-7.5) = 16,500

외부에서 공급한 일 600×(105-65) = 24.000

그러므로 16.500 / 24000 ≒ 0.6875

따라서 0.7점이 된다.

답 : ②

12. 다음 장비일람표와 같이 건축물에 냉방설비를 설치한 경우 에너지성능지표 기계설비부문 10번 항목에서 획득할 수 있는 배점(b)은? (단, 1USRT=3.517kW)

〈장비일람표〉

장비명	대당 장비용량	대수
스크류 냉동기	280kW	2
EHP	70kW	5
흡수식 냉동기	300USRT	2
지열원 냉방설비	60USRT	8

〈에너지성능지표 기계설비부문 10번 항목 배점표〉

항목	배점(b)				
	1점	0.9점	0.8점	0.7점	0.6점
전기 대체 냉방비율(%)	100	90~ 100 미만	80~ 90 미만	70~ 80 미만	60~ 70 미만

① 0.0점

② 0.7점

③ 0.8점

④ 0.9점

해설 전기대체냉방비율(%)

$$= \frac{(300×3.517×2)+(600×3.517×8)}{(280×2)+(70×5)+(300×3.517×2)+(60×3.517×8)}$$

$$×100\% = 80.67\%$$

따라서 0.8점이 된다.

답 : ③

13. 다음 장비일람표와 같이 냉온수 순환 펌프를 설치할 경우 에너지성능지표 기계설비부문 4번 항목에서 획득할 수 있는 배점(b)은?

〈장비일람표〉

구분	대수	토출량 (m³/ 분)	기본효율(%)		제품효율(%)	
			A	B	A	B
펌프 ①	1	0.8	59.0	48.5	60.1	52.0
펌프 ②	2	1.0	65.5	53.5	74.1	60.5
펌프 ③	1	2.0	70.0	58.0	76.2	64.0

〈에너지성능지표 기계설비부문 4번 항목 배점표〉

배점(b)				
1점	0.9점	0.8점	0.7점	0.6점
1.16E 이상	1.12E~ 1.16E 미만	1.08E~ 1.12E 미만	1.04E~ 1.08E 미만	1.04E 미만

① 0.77점
② 0.81점
③ 0.85점
④ 0.89점

해설 배점

$$= \frac{(0.8 \times 1 \times 0.6점) + (2 \times 1 \times 0.9점) + (1 \times 2 \times 0.8점)}{(0.8 \times 1) + (2 \times 1.0) + (1 \times 2)}$$

$\fallingdotseq 0.81점$

답 : ②

14. 다음은 비주거 건축물의 장비일람표이다. 에너지성능지표 신재생설비부문 1번 항목 배점 산정을 위한 전체난방설비용량에 대한 신·재생에너지 용량 비율로 가장 적절한 것은? (단, 신·재생에너지 설비 인증을 받은 제품임)

〈장비일람표〉

장비명	대당 난방용량(kW)	대수
흡수식 냉온수기	2,000	2
전기구동형 히트펌프 시스템	20	10
지열 히트펌프 시스템	60	1

① 1.390%
② 1.408%
③ 1.428%
④ 1.500%

해설 전체난방설비용량(%)

$$= \frac{(60 \times 1)}{(200 \times 2) + (20 \times 10) + (60 \times 1)} \times 100\% \fallingdotseq 1.408\%$$

답 : ②

15. 건축물 신축 시 에너지성능지표를 제출하지 않아도 되는 조건으로 가장 적절한 것은? (단, 단위면적당 1차 에너지소요량 합계는 건축물 에너지소요량 평가서의 결과임)

연면적의 합계(m²)	용도	공공/ 민간	단위면적당 1차 에너지소요량 합계(kWh/m²)
① 3,000	업무 시설	공공	100
② 3,000	교육 연구 시설	공공	150
③ 3,000	업무 시설	민간	240
④ 3,000	업무 시설	민간	190

업무시설로서 연면적의 합계 3000m²이상인 건축물로서 민간건축물의 경우 단위면적당 1차에너지 소요량의 합계가 200kmh/m²년 미만일 경우 에너지성능지표를 제출하지 않아도 된다.

답 : ④

16. "건축물의 에너지절약설계기준"에 따른 건축물 에너지 소비 총량제 평가 프로그램에서 보기 항목 중 난방 및 냉방 에너지요구량에 영향을 미치는 평가 요소를 모두 고른 것으로 가장 적절한 것은?

<보 기>
㉠ 차양장치
㉡ 열교방지구조 적용
㉢ 허가용도(ex. 업무시설, 의료시설 등)
㉣ 방위별 창 및 문의 면적
㉤ 천장고
㉥ 전열교환환기장치의 팬동력
㉦ 난방 열원설비 효율
㉧ 건물 전체 평균 조명밀도(조명전력 합계)

① ㉠, ㉡, ㉢, ㉣, ㉤, ㉥, ㉦
② ㉠, ㉡, ㉢, ㉣, ㉤, ㉧
③ ㉠, ㉡, ㉢, ㉣, ㉧
④ ㉠, ㉡, ㉣, ㉧

㉥ 전열 교환환기장치의 팬동력
㉦ 난방열원설비효율은 에너지 요구량에 영향을 미치지 않는다.

답 : ②

17. 다음 중 "건축물 에너지효율등급 인증 및 제로 에너지건축물 인증 제도 운영규정"에 따른 창 및 문의 열관류율 인정 기준으로 가장 적절하지 않은 것은?

① 창 및 문의 열관류율을 시험성적서의 값으로 적용하지 않는 경우 "건축물의 에너지절약 설계기준" 별표4를 따른다.
② 창 및 문의 열관류율을 KS F 2278에 따른 시험성적서의 값으로 인정받으려 할 경우 시험성적서를 제출하여야 한다.
③ 창호에 대해서는 "효율관리기자재 운영규정" 제4조제1항제25호의 창세트에 대한 효율관리기자재 신고확인서를 제출하는 경우 해당 열관류율을 적용할 수 있다.
④ 별지 제1호 서식의 창호성능확인서 1부를 제출하는 경우 해달 열관류율을 적용할 수 있다.

④번 항목은 법의 개정으로 삭제되었다.

답 : ④

※ 다음은 비주거 건축물에 대한 건축물 에너지효율
등급 인증 평가 결과이다. 인증 평가 결과를 기
준으로 18~20번 문항에 답하시오. (단, 난방, 냉방,
급탕, 환기 부문 별로 1종류의 개별식 설비만 설치
되어 있다고 가정)

〈월별 냉난방 에너지 요구량(kWh/m²)〉

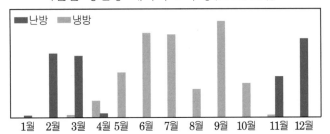

비주거	1 월	2 월	3 월	4 월	5 월	6 월	7 월	8 월	9 월	10 월	11 월	12 월
난방	0.1	3.0	2.9	0.2	0.0	0.0	0.0	0.0	0.0	0.0	1.9	3.7
냉방	0.0	0.0	0.1	0.8	2.1	4.0	3.9	1.3	4.5	1.6	0.1	0.0

〈연간 에너지요구량 및 소요량(kWh/m²)〉

구분	신재생	난방	냉방	급탕	조명	환기	합계
요구량	0.0	11.8	18.4	6.0	14.6	0.0	50.8
소요량	0.0	8.5	7.5	6.5	14.6	3.1	40.2
1차 소요량	0.0	23.4	20.7	17.9	40.2	8.5	110.7
CO₂발생량	0.0	4.0	3.5	3.1	6.9	1.5	19.0
등급용 1차소요량	0.0	41.9	37.1	22.5	66.8	17.0	185.3

18. 해당 건축물의 용도로 가장 적절한 것은?

① 방송통신시설 – 데이터센터
② 문화 및 집회시설 – 미술관
③ 의료시설 – 종합병원
④ 교육연구시설 – 초등학교

해설 1월에는 난방을 거의 하지 않았고, 8월에 냉방을 거의
하지 않는 것은 방학기간이므로 교육연구시설-초등학교
로 예측된다.

답 : ④

19. 건축물 에너지효율등급 인증 평과 결과에 대
한 해석으로 가장 적절하지 않은 것은?

① 해당 건축물의 냉난방 열원설비는 모두
GHP(가스구동형 히트펌프)이다.
② 해당 건축물의 급탕 열원설비는 모두 전기
온수기이다.
③ 환기에너지 부문의 에너지원은 모두 전기이다.
④ 건축물 에너지효율등급 인증 평가 결과에서는
환기에너지요구량을 별도로 산출하여 표시하
지 않는다.

해설 냉난방 열원설비에 모두 가스구동형 펌프가 이용된
것은 아니다.

답 : ①

20. 건축물 에너지효율등급 인증 평가 결과의
개선안에 대한 설명으로 가장 적절하지 않은
것은?

① 태양광 발전 시스템을 설치할 경우, 에너지
(전기) 소요량을 감소시켜 1차 에너지 소요
량을 줄일 수 있다.
② 환기용 급배기팬 교체를 통해 팬 효율을 향상
시킬 경우, 환기부문만 1차 에너지 소요량
이 줄어든다.
③ 조명기기 교체를 통해 조명밀도를 낮출 경우,
조명부문만 1차 에너지소요량이 줄어든다.
④ 냉방 에너지요구량을 줄이기 위해 남측 창
호의 일사에너지투과율을 낮추게 되면 난방
에너지 요구량이 증가한다.

해설 조명밀도를 낮출 경우 난방, 냉방, 조명에너지 요구량
이 변동 가능하다.

답 : ③

제4과목 : 건물에너지 효율설계·평가

※ 문항의 '에너지성능지표'는 건축물의 에너지절약설계기준 [별지 제1호 서식] '2.에너지성능지표'를 의미

1. "건축물 에너지효율등급 인증 및 제로에너지 건축물 인증에 관한 규칙"에 따라 건축물 에너지효율등급 인증 및 제로에너지 건축물 인증을 신청할 수 있는 주체로 가장 적절하지 않은 것은?

① 건축주
② 건축물 소유자
③ 건축사(건축주나 건축물 소유자가 인증 신청에 동의하는 경우)
④ 시공자(건축주나 건축물 소유자가 인증 신청에 동의하는 경우)

해설 제6조(인증 신청 등)
① 법 제17조제4항에서 "국토교통부와 산업통상자원부의 공동부령으로 정하는 기준 이상인 건축물"이란 제8조제2항제1호에 따른 건축물 에너지효율등급(이하 "건축물 에너지효율등급"이라 한다)이 1++ 등급 이상인 건축물을 말한다. 〈신설 2017. 1. 20.〉
② 다음 각 호의 어느 하나에 해당하는 자(이하 "건축주 등"이라 한다)는 건축물 에너지효율등급 인증 및 제로에너지건축물 인증을 신청할 수 있다. 〈개정 2015. 11. 18., 2017. 1. 20.〉
  1. 건축주
  2. 건축물 소유자
  3. 사업주체 또는 시공자(건축주나 건축물 소유자가 인증 신청에 동의하는 경우에만 해당한다)

답 : ③

2. 건축물 에너지효율등급 인증 및 제로에너지건축물 인증을 동시에 신청하는 경우에 제출하는 서류가 아닌 것은?

① 공사가 완료되어 이를 반영한 건축, 기계, 전기, 신에너지 및 재생에너지 관련 최종설계도면
② 1++등급 이상의 건축물 에너지효율등급 인증서 사본
③ 건축물에너지관리시스템("녹색건축물 조성 지원법"제6조의2제2항에 따른 건축물에너지관리시스템) 또는 전자식 원격검침계량기 설치도서
④ 제로에너지건축물 예비인증서 사본(예비인증을 받은 경우)

해설 1. 건축물 에너지효율등급 인증을 신청하는 경우 : 별지 제3호서식에 따른 신청서 및 다음 각 목의 서류
  가. 공사가 완료되어 이를 반영한 건축·기계·전기·신에너지 및 재생에너지(「신에너지 및 재생에너지 개발·이용·보급 촉진법」에 따른 신에너지 및 재생에너지를 말한다. 이하 같다) 관련 최종 설계도면
  나. 건축물 부위별 성능내역서
  다. 건물 전개도
  라. 장비용량 계산서
  마. 조명밀도 계산서
  바. 관련 자재·기기·설비 등의 성능을 증명할 수 있는 서류
  사. 설계변경 확인서 및 설명서
  아. 건축물 에너지효율등급 예비인증서 사본(예비인증을 받은 경우만 해당한다)
  자. 가목부터 아목까지의 서류 외에 건축물 에너지효율등급 평가를 위하여 건축물 에너지효율등급 인증제 운영기관의 장이 필요하다고 정하여 공고하는 서류
2. 제로에너지건축물 인증을 신청하는 경우 : 별지 제3호의2서식에 따른 신청서 및 다음 각 목의 서류
  가. 1++등급 이상의 건축물 에너지효율등급 인증서 사본
  나. 건축물에너지관리시스템(법 제6조의2제2항에 따른 건축물에너지관리시스템을 말한다. 이하 같다) 또는 전자식 원격검침계량기 설치도서
  다. 제로에너지건축물 예비인증서 사본(예비인증을 받은 경우만 해당한다)

라. 가목부터 다목까지의 서류 외에 제로에너지건축물
　　인증 평가를 위하여 제로에너지건축물 인증제 운
　　영기관의 장이 필요하다고 정하여 공고하는 서류
3. 건축물 에너지효율등급 인증 및 제로에너지건축물 인증
　을 동시에 신청하는 경우: 별지 제3호서식에 따른 신
　청서 및 다음 각 목의 서류
　가. 제1호 각 목의 서류
　나. 제2호나목부터 라목까지의 서류

답 : ②

3. 다음은 비주거건축물의 ECO2 평가결과이다.
　건축물 에너지효율등급(㉠) 및 에너지자립률(㉡)
　로 가장 적절한 것은?

(단위 : $kWh/m^2 \cdot$년)

1차에너지생산량(태양광)	12.7
1차에너지소요량	145.3
등급산출용 1차에너지소요량	138.8

① ㉠ 1+등급, ㉡ 9.15%
② ㉠ 1++등급, ㉡ 8.74%
③ ㉠ 1++등급, ㉡ 8.04%
④ ㉠ 1++등급, ㉡ 8.38%

해설 12.7 / (12.7+145.3) = 8.04%

답 : ③

4. 다음은 신축 업무시설의 제로에너지건축물 인증을
　위한 사전 분석결과이다. 에너지자립률 20%
　이상을 만족하기 위해 대지 내 태양광의 신재
　생에너지생산량을 최소 얼마 이상 추가로 확보
　하여야 하는가?

〈분석 결과〉
• 적용된 신재생에너지 : 태양광발전시스템
• 대지 내 태양광 신재생에너지생산량 : 6,000 kWh/년
• 해당 1차 에너지환산계수 : 2.75
• 평가면적 : 1,000 m^2
• 단위면적당 1차에너지소비량 : 137.5 $kWh/m^2 \cdot$ 년

① 4,000 kWh/년
② 5,000 kWh/년
③ 6,000 kWh/년
④ 10,000 kWh/년

해설 {(4000+6000)×2.75/1000} / 137.5 = 20%

답 : ①

5. "건축물 에너지효율등급 인증 및 제로에너지
　건축물 인증 제도 운영규정"상에서 규정하고
　있는 건축물 용도프로필 요소로 가장 적절하지
　않은 것은?

① 운전 종료시간
② 조명시간
③ 급탕요구량
④ 최소요구조도

해설 8) 그 외 체류공간(휴게실, 탈의실, 헬스장, 열람실,
매점 등)

구분	단위	값
사용시간과 운전시간		
사용시작시간	[hh:mm]	07:00
사용종료시간	[hh:mm]	18:00
운전시작시간	[hh:mm]	07:00
운전종료시간	[hh:mm]	18:00
설정 요구량		
최소도입외기량	[$m^3/(m^2h)$]	7
급탕요구량	[$Wh/(m^2d)$]	30
조명시간	[h]	11

열발열원		
사람	[Wh/(m²d)]	96
작업보조기기	[Wh/(m²d)]	8
실내공기온도		
난방설정온도	[℃]	20
냉방설정온도	[℃]	26
월간 사용일수		
1월 사용일수	[d/mth]	22
2월 사용일수	[d/mth]	19
3월 사용일수	[d/mth]	21
4월 사용일수	[d/mth]	22
5월 사용일수	[d/mth]	22
6월 사용일수	[d/mth]	20
7월 사용일수	[d/mth]	22
8월 사용일수	[d/mth]	21
9월 사용일수	[d/mth]	18
10월 사용일수	[d/mth]	21
11월 사용일수	[d/mth]	21
12월 사용일수	[d/mth]	21
용도별 보정계수		
난방	–	1
냉방	–	1
급탕	–	1
조명	–	0.818
환기	–	1

답 : ④

6. "건축물의 에너지절약설계기준"에 따른 전기 설비 부문의 용어 정의로 옳은 것은?

① "수용률" 이라 함은 최대 수용전력에 대한 부하 설비 용량의 백분율을 말한다.
② "역률개선용 콘덴서" 라 함은 역률을 개선 하기 위하여 변압기 또는 전동기 등에 직렬 로 설치 하는 콘덴서를 말한다.
③ "전압강하" 라 함은 인입전압 또는 변압기 2차 전압과 부하측전압과의 차를 말한다.
④ "자동절전멀티탭" 이라 함은 순시전력저감 우수 제품으로 등록된 자동절전멀티탭을 말 한다.

해설 바. "수용률"이라 함은 부하설비 용량 합계에 대한 최대 수용전력의 백분율을 말한다.
나. "역률개선용콘덴서"라 함은 역률을 개선하기 위하여 변압기 또는 전동기 등에 병렬로 설치하는 콘덴서 를 말한다.
다. "전압강하"라 함은 인입전압(또는 변압기 2차전압)과 부하측전압과의 차를 말하며 저항이나 인덕턴스에 흐르는 전류에 의하여 강하하는 전압을 말한다.
타. "자동절전멀티탭"이라 함은 산업통상자원부고시 「대 기전력저감프로그램운용규정」에 의하여 대기전력 저감우수제품으로 등록된 자동절전멀티탭을 말한다.

답 : ③

7. 에너지 성능지표 전기설비부문에서 적용여부 만으로 기본 배점을 획득할 수 있는 항목이 아닌 것은?

① 승강기에 고효율 유도전동기를 설치한다.
② 최대수요전력 관리를 위한 최대수요전력 제어 설비를 설치한다.
③ 비주거 건축물의 경우 실내 조명설비에 대해 회로별 자동제어설비를 채택하며 전체조명 전력의 40% 이상이 되게 한다.
④ 옥외등의 조명은 고효율제품인 LED를 사용 하고 격등 조명 및 자동점멸기에 의한 점소등 이 가능하도록 구성한다.

해설 EPI 전기부문에 승강기 항목없음

답 : ①

8. "건축물의 에너지절약설계기준"에 따라 다음 조건을 활용하여 보일러 효율을 구하시오.

〈장비일람표〉

장비명	사용연료	정격	
		용량	연료소비량
보일러-1	도시가스(LNG)	150kW	15Nm³/h
보일러-2	보일러등유	150kW	17L/h

〈연료발열량〉

연료	저위발열량	고위발열량
도시가스(LNG)	38.9MJ/Nm³	43.1MJ/Nm³
보일러등유	34.2MJ/L	36.7MJ/L

① 보일러-1 : 83.53%, 보일러-2 : 92.54%
② 보일러-1 : 86.55%, 보일러-2 : 92.54%
③ 보일러-1 : 83.53%, 보일러-2 : 92.88%
④ 보일러-1 : 86.55%, 보일러-2 : 92.88%

해설 보일러-1 : $\dfrac{150 \times 3600 \times 10^{-3}}{15 \times 43.1} \times 100\% = 83.53\%$

보일러-2 : $\dfrac{150 \times 3600 \times 10^{-3}}{34.2 \times 17} \times 100\% = 92.88\%$

답 : ③

9. 기존 건축물의 냉방설비를 전동식 터보냉동기에서 가스직화식 흡수식 냉동기로 변경하였을 때 예상되는 설명으로 가장 적절하지 않은 것은?(단, 냉동기 용량은 동일함)

① 냉각수 펌프 용량이 감소한다.
② 하절기 전력 사용량 감소로 수변전설비 용량을 줄일 수 있다.
③ 에너지성능지표 기계설비부문 10번 항목 전기대체 냉방설비의 냉방용량 담당비율이 높아진다.
④ 에너지소비총량제에 따른 에너지소요량평가 시 주 연료 변경에 따라 상대적으로 낮은 1차에너지 환산계수가 적용된다.

답 : ①

10. "건축물의 에너지절약설계기준" 건축부문의 의무 사항이다. ㉠ ~ ㉣에 바르게 연결된 것은?

〈열손실방지 조치 예외 사항〉
• 지표면 아래 (㉠)미터를 초과하여 위치한 지하부위(공동주택의 거실 부위는 제외)로서 이중벽의 설치 등 하계 표면결로 방지 조치한 경우
• 방풍구조(외벽제외) 또는 바닥면적 (㉡)제곱미터 이하의 개별점포의 출입문

────────────────────────

〈방풍구조 예외 사항〉
• 바닥면적 (㉢)제곱미터 이하의 개별 점포의 출입문
• 너비 (㉣)미터 이하의 출입문

	㉠	㉡	㉢	㉣
①	1.5	300	150	1.5
②	2	150	300	1.2
③	1.5	150	300	1.5
④	2	300	150	1.2

답 : ②

11. "건축물의 에너지절약설계기준" 기계부문의 의무 사항이다. 여기서 ㉠, ㉡으로 가장 적절한 것은?

〈설계용 외기조건〉
난방 및 냉방설비의 용량계산을 위한 외기조건은 각 지역별로 위험률 (㉠)% (냉방기 및 난방기를 분리한 온도출현분포를 사용할 경우) 또는 (㉡)% (연간 총시간에 대한 온도출현 분포를 사용할 경우)로 하거나 별표7에서 정한 외기온·습도를 사용한다.

① ㉠ 2.0, ㉡ 1.0
② ㉠ 2.0, ㉡ 2.0
③ ㉠ 2.5, ㉡ 1.0
④ ㉠ 2.5, ㉡ 2.0

답 : ③

12. "건축물의 에너지절약설계기준" 전기부문 항목 중 의무사항으로 가장 적절하지 않은 것은?

① 변압기는 고효율변압기로 설치한다.
② 층별 및 임대 구획별로 전력량계를 설치한다.
③ 전동기에는 역률개선용콘덴서를 전동기별로 설치한다.
④ 거실의 조명기구는 부분조명이 가능하도록 점멸회로를 구성한다.(공동주택 제외)

해설 ②의 층별 및 임대 구획별로 전력량계를 설치는 epi

답 : ②

13. "건축물의 에너지절약설계기준" 기계부문의 의무 사항에 해당하지 않는 것은?

① 공동주택에 중앙집중식 난방설비(집단에너지 사업법에 의한 지역난방공급방식 포함)를 설치 하는 경우에는 "주택건설기준 등에 관한 규정" 제37조의 규정에 적합한 조치를 하여야 한다.
② 영 제10조의2에 해당하는 공공건축물을 건축 또는 리모델링하는 경우 법 제14조의2제2항에 따라 에너지성능지표 기계부문 1번 및 2번 항목 배점을 0.9점 이상 획득하여야 한다.
③ 지역난방공급방식을 채택할 경우에는 산업통상자원부 고시 집단에너지시설의 기술기준에 의하여 기계설비 용량계산을 할 수 있다.
④ "공공기관 에너지이용합리화 추진에 관한 규정" 제10조 규정을 적용 받는 건축물의 경우에는 에너지성능지표 기계부문 11번 항목(전체 급탕용 보일러 용량에 대한 우수한 효율 설비 용량 비율) 배점을 0.9점 이상 획득하여야 한다.

답 : ④

14. "건축물의 에너지 절약설계기준" 기계설비 부문의 용어에 대한 설명 중 가장 적절하지 않은 것은?

① "열회수형환기장치"라 함은 열교환효율과 에너지계수의 최소기준 이상의 성능을 가진 것을 말한다.
② "중앙집중식 냉난방설비"라 함은 건축물의 전부 또는 냉난방 면적의 50% 이상을 냉방 또는 난방함에 있어 해당 공간에 순환펌프, 증기난방설비 등을 이용하여 열원 등을 공급 하는 설비를 말한다.
③ "이코노마이저시스템"이라 함은 중간기 또는 동계에 발생하는 냉방부하를 실내 엔탈피보다 낮은 도입 외기에 의하여 제거 또는 감소시키는 시스템을 말한다.
④ "비례제어운전"이라 함은 기기의 출력값과 목표값의 편차에 비례하여 입력량을 조절하여 최적운전상태를 유지할 수 있도록 운전하는 방식을 말한다.

해설 카. "중앙집중식 냉·난방설비"라 함은 건축물의 전부 또는 냉난방 면적의 60% 이상을 냉방 또는 난방함에 있어 해당 공간에 순환펌프, 증기난방설비 등을 이용하여 열원 등을 공급하는 설비를 말한다.

답 : ②

15. 건축물 신축 및 증축 시 에너지성능지표를 제출하지 않아도 되는 대상을 보기에서 모두 고른 것은?

〈보 기〉

㉠ 연면적의 합계가 3,000m²인 교육연구시설(공공건축물)의 단위면적당 1차 에너지소요량 합계가 190kWh/m²·년인 경우

㉡ 연면적의 합계 2,000m² 이상의 공공기관의 업무시설로 건축물 에너지효율등급 1++등급 인증을 취득한 건축물

㉢ 허가대상의 같은 대지에 제1종근린생활시설(개별동의 연면적의 합계 300m²) 5개동을 신축하는 경우

㉣ 기존 건축물 연면적의 50% 이상 증축하고 증축 연면적의 합계가 1,900m²인 경우

① ㉡, ㉢

② ㉠, ㉣

③ ㉡, ㉢, ㉣

④ ㉠, ㉡, ㉢, ㉣

해설 ㉠은 140미만이라 아니고, ㉣은 예외대상이다.

8. 제21조제1항제1호 및 2호에 따라 건축물 에너지소요량 평가서를 제출해야하는 대상 건축물이 제21조제2항의 판정기준을 만족하는 경우에는 제15조를 적용하지 아니할 수 있다.

제21조(건축물의 에너지소요량의 평가대상 및 에너지소요량 평가서의 판정) ① 신축 또는 별동으로 증축하는 경우로서 다음 각 호의 어느 하나에 해당하는 건축물은 1차 에너지소요량 등을 평가하여 별지 제1호 서식에 따른 건축물 에너지소요량 평가서를 제출하여야 한다.

1. 「건축법 시행령」 별표1에 따른 업무시설 중 연면적의 합계가 3천 제곱미터 이상인 건축물

2. 「건축법 시행령」 별표1에 따른 교육연구시설 중 연면적의 합계가 3천 제곱미터 이상인 건축물

② 제1항제1호와 제2호에 해당하는 건축물의 에너지소요량 평가서는 단위면적당 1차 에너지소요량의 합계가 200 kWh/㎡년 미만일 경우 적합한 것으로 본다. 다만, 공공기관 건축물은 140 kWh/㎡년 미만일 경우 적합한 것으로 본다.

답 : ③

16. 평균열관류을 계산서가 다음과 같을 경우 "건축물의 에너지절약설계기준"에 따른 에너지성능지표 건축부문 1번항목 외벽의 평균열관류율 값은?

〈장비일람표〉

부호	구분	열관류율 (W/m²·K)	면적 (m²)	열관류율 × 면적
R1	외기에 직접 면하는 지붕	0.130	35.5	4.615
W1	외기에 직접 면하는 벽체	0.180	53.5	9.63
W2	외기에 간접 면하는 벽체	0.350	34.2	11.97
D1	외기에 간접 면하는 문	1.5	2.1	3.15
D2	외기에 간접 면하는 창	1.7	5.0	8.5
G1	외기에 직접 면하는 창	1.2	12.0	14.4
F1	외기에 간접 면하는 바닥	0.210	34.2	7.182
			면적합계	176.5

① 0.337W/m²·K

② 0.391W/m²·K

③ 0.424W/m²·K

④ 0.446W/m²·K

해설

				계수	
직접지붕					
직접 벽	0.18	53.5	9.63	1	9.63
간접벽	0.35	34.2	11.97	0.7	8.379
간접문	1.5	2.1	3.15	0.8	2.52
간접창	1.7	5	8.5	0.8	6.8
직접 창	1.2	12	14.4	1	14.4
간접 바닥					
		106.8			41.729
				0.390721	

답 : ②

17. 어느 건물에서 단상 3선식을 사용하고 있고 변압기가 설치된 장소로부터 분전반까지 40 m, 부하의 정격 전류가 40 A일 때, 적용 가능한 간선의 최소 굵기로 가장 적절한 것은? (단, 외측선 또는 각 상의 1선과 중심선 사이의 전압강하가 2V 이고, 전선의 공칭 단면적 (mm²) 규격은 6, 10, 16, 25, 35, 50임)

① 10mm²

② 16mm²

③ 25mm²

④ 35mm²

해설 17.8×40×40 / 1000A =2 A=14.24

답 : ②

18. 다음 장비일람표와 같이 냉동기를 설치할 경우, 에너지성능지표 기계설비부문 2번 항목에서 획득할 수 있는 배점(b)은?(단, 1USRT=3.517kW)

〈장비일람표〉

번호	냉동기	용량	대수	효율, 성적계수
1	터보	200kW	4	COP=5.0
2	흡수식, 1중효용	300USRT	2	COP=0.72
3	기타 냉방설비	50kW	19	고효율인증제품

〈에너지성능지표 기계설비부문 2번 항목 배점표〉

항목		배점(b)		
		원심식 (COP)	흡수식, 1중효용 (COP)	기타 냉방설비
배점 (b)	1점	5.18이상	0.75이상	고효율인증제품 신재생인증제품
	0.9점	4.51~ 5.18미만	0.73~ 0.75미만	에너지소비효율 1등급제품
	0.8점	3.96~ 4.51미만	0.70~ 0.73미만	–
	0.7점	3.52~ 3.96미만	0.65~ 0.70미만	–
	0.6점	3.52미만	0.65미만	그 외 또는 미설치

① 0.830

② 0.850

③ 0.870

④ 0.890

해설 200×4×0.9+1054.88×2×0.8+50×19×1) / (200×4+1054.88×2+50×19) = 3357.808 / 3859.76 = 0.870

답 : ③

19. 다음 중 건축물에너지효율등급 인증 프로그램 (ECO2)과 건축물 에너지소비총량제 프로그램 (ECO2-OD)의 공통적인 내용으로 가장 적절한 것은?

① 동일한 용도프로필을 사용한다.

② 에너지자립률이 산출된다.

③ 평가 건축물을 실별로 모델링(조닝)을 한다.

④ 1차에너지소요량을 산출하기 위해 월간계산법 (monthly method) 을 사용한다.

해설 ① OD는 용도프로필 X / ② OD는 자립률X / ③ OD는 실별로 조닝 X

답 : ④

20. 다음 장비일람표와 같이 송풍기를 설치할 경우, 에너지성능지표 기계설비부문 3번 항목에서 획득할 수 있는 배점(b)은?

〈장비일람표〉

구분	송풍기1	송풍기2
대수	3	1
풍량(cmh)	11,000	12,000
동력(kW)	1.5	2.2
효율(%)	61.1	50.8

〈에너지성능지표 기계설비부문 3번 항목 배점표〉

배점(b)				
1점	0.9점	0.8점	0.7점	0.6점
60% 이상	57.5~60%미만	55~57.5%미만	50~55%미만	50%미만

① 0.861
② 0.880
③ 0.901
④ 0.920

해설 (1.5X3X1 + 2.2X1X0.7) / (1.5X3+2.2X1) = 0.901

답 : ③

제4과목 : 건물에너지 효율설계·평가

※ 문항의 '에너지성능지표'는 건축물의 에너지절약설계기준 [별지 제1호 서식] '2.에너지성능지표'를 의미

1. "건축물 에너지 효율등급 입증 및 제로에너지 건축물 인증에 관한 규칙"[별지 제4호의2서식] 제로에너지 건축물 인증서의 표시 사항을 보기에서 모두 고른 것은?

<보 기>

ⓐ 단위면적당 1차에너지소비량   ⓑ 단위면적당 1차에너지생산량
ⓒ 에너지자립률   ⓓ 단위면적당 CO_2 배출량

① ㉠, ㉡, ㉢   ② ㉠, ㉡, ㉣
③ ㉠, ㉢, ㉣   ④ ㉡, ㉢, ㉣

해설

답 : ①

2. "건축물 에너지 효율등급 입증 및 제로에너지 건축물 인증 제도 운영규정" [별표6] 기상데이터에 대한 설명으로 가장 적절하지 않은 것은?

① 국내 66개 지역에 대한 기상데이터 정보를 제공한다.
② 16개 방위에 대한 수직면 월평균 일사량(W/m²) 정보를 제공한다.
③ 지역별 하천수온도(℃) 정보를 제공한다.
④ 지역별 풍속(m/s) 정보를 제공한다.

해설
[별표 6] 기상데이터〈신설 2020.8.4., 2022.8.30.〉
1. 전국 적용 데이터

월	1월	2월	3월	4월	5월	6월	7월	8월	9월	10월	11월	12월
광역 온수온도 [℃]	5.6	5.1	7.8	11.5	15.7	19.2	21.0	22.9	21.5	18.9	14.2	8.6

2. 지역별 적용 데이터
1) 강릉

월	평균 외기 온도 [℃]	수평면/수직면 월평균 전일사량[W/m²]									하천수 온도 [℃]	풍속 [m/s]
		수평 면	남	남서	서	북서	북	북동	동	남동		
1월	2.2	99.1	158.0	116.6	53.5	17.4	16.1	18.2	56.2	119.7	4.8	2.9
2월	2.5	121.6	137.8	108.5	60.9	25.6	20.6	25.5	60.7	108.3	5.6	2.2
3월	7.1	163.7	129.8	107.3	75.0	39.8	27.5	44.9	89.1	122.2	9.2	2.4
4월	11.7	192.2	99.7	99.0	83.7	51.9	30.7	56.1	92.1	106.6	14.5	3.0
5월	18.3	230.9	77.6	97.3	101.8	74.7	41.9	70.1	98.9	97.8	18.1	2.3
6월	21.0	213.0	62.1	79.5	85.2	66.1	42.5	65.4	84.8	79.6	21.0	1.9
7월	25.3	198.9	63.3	77.7	80.9	61.8	40.0	63.5	84.0	80.4	21.1	1.9
8월	25.3	170.1	73.8	76.9	70.1	50.6	36.3	56.7	78.9	83.3	23.4	1.8
9월	20.9	164.3	102.8	90.8	69.2	41.7	28.7	43.2	76.1	99.0	20.0	2.0
10월	15.7	157.0	158.0	128.7	79.5	32.6	23.0	36.0	83.4	130.8	15.0	2.6
11월	10.3	107.6	155.3	110.2	55.3	20.0	17.2	22.3	69.2	127.5	9.5	2.5
12월	1.5	96.7	170.1	122.5	53.8	16.5	15.4	17.3	59.6	130.0	6.1	3.1

답 : ②

3. 다음은 비주거건축물의 건축물 에너지효율등급 평가결과이다. 에너지자립률로 가장 적절한 것은?

	신재생	난방	냉방	급탕	조명	환기	합계
에너지 요구량	0.0	20.0	21.0	11.0	20.0	0.0	72.0
에너지 소요량	-14.0	9.0	8.5	8.0	14.0	15.0	54.5
1차 에너지 소요량	-38.5	24.7	23.4	22.0	38.5	41.3	149.9
등급산출용 1차 에너지 소요량	0.0	24.7	23.4	14.4	36.0	41.3	139.8

① 20.4% 　　　　　　　② 21.6%

③ 25.7% 　　　　　　　④ 27.5%

해설 38.5 ÷ (38.5 + 149.9) × 100% = 20.4%

- "에너지소비량"이라 함은 에너지소요량에 건축물의 대지 내와 대지 외에서 공급되는 신·재생에너지 소비량과 신·재생에너지 생산에 필요한 화석에너지소비량을 더한 에너지량을 말한다.
- "에너지생산량"이라 함은 건축물의 대지 내와 대지 외에서 공급되는 신·재생에너지 생산량에서 신·재생에너지 생산에 필요한 화석에너지소비량을 감한 에너지량을 말한다.
- "에너지자립률"이라 함은 인증 대상 건축물의 단위면적당 1차에너지소비량 대비 신·재생에너지 설비를 활용하여 생산한 단위면적당 1차에너지생산량의 비율을 말한다.

$$에너지자립율(\%)=\frac{단위면적당\ 1차에너지생산량}{단위면적당\ 1차에너지소비량}\times100$$

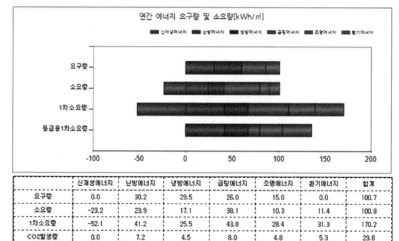

	신재생에너지	난방에너지	냉방에너지	급탕에너지	조명에너지	환기에너지	합계
요구량	0.0	30.2	29.5	26.0	15.0	0.0	100.7
소요량	-23.2	23.9	17.1	38.1	10.3	11.4	100.8
1차소요량	-52.1	41.2	25.5	43.8	28.4	31.3	170.2
CO2발생량	0.0	7.2	4.5	8.0	4.8	5.3	29.8
등급용1차소요량	0.0	41.5	25.2	12.6	24.2	31.9	135.4

에너지자립률(전체): 23.44 %　　단위면적당 1차에너지생산량(대지내): 52.1　　단위면적당 1차에너지소비량: 222.3
에너지자립률(대지외): 0.00 %　　단위면적당 1차에너지생산량(대지외): 0.0

답 : ②

4. 다음은 "건축물의 에너지절약설계기준"에 따른 '열회수형환기장치'의 용어정의이다. 빈칸(㉠, ㉡)에 들어갈 내용으로 가장 적절한 것은?

> 난방 또는 냉방을 하는 장소의 환기장치로 실내의 공기를 배출할 때 급기되는 공기와 열교환하는 구조를 가진 것으로서 KS B 6879(열회수형 환기 장치) 부속서 B에서 정하는 시험방법에 따른 (㉠)과 에너지계수의 (㉡) 이상의 성능을 가진 것을 말한다.

① ㉠-열교환효율, ㉡-최소 기준
② ㉠-전열교환효율, ㉡-최적 기준
③ ㉠-습도교환효율, ㉡-최대 기준
④ ㉠-소비전력, ㉡-최소 기준

해설 열회수형 환기장치
난방 또는 냉방을 하는 장소의 환기장치로 실내의 공기를 배출할 때 급기되는 공기와 열교환하는 구조를 가진 것으로서 KS B 6879(열회수형 환기 장치) 부속서 B에서 정하는 시험 방법에 따른 (㉠ 열교환효율)과 에너지계수의 (㉡ 최소기준)이상의 성능을 가진 것을 말한다.

답 : ①

5. "건축물의 에너지절약설계기준"에 따른 전기설비부문의 용어 정의로 가장 적절하지 않은 것은?

① "자동절전멀티탭"이라 함은 산업통상자원부 고시 「대기전력저감프로그램운용규정」에 의하여 대기전력저감우수재품으로 등록된 자동절전멀티탭을 말한다.
② "(승강기)회생제동장치"라 함은 승강기가 균형추보다 가벼운 상태로 하강할 때 모터는 순간적으로 발전기로 동작하게 되어 전력소비를 절감하는 장치를 말한다.
③ "가변속제어기(인버터)"라 함은 정지형 전력변환기로서 전동기의 가변속운전을 위하여 설치하는 설비를 말한다.
④ "변압기 배수제어"라 함은 변압기를 여러 대 설치하여 부하상태에 따라 필요한 운전대수를 자동 또는 수동으로 제어하는 방식을 말한다.

해설 ② "(승강기)회생제동장치"라 함은 승강기가 균형추 보다 무거운 상태로 하강할 때 모터는 순간적으로 발전기로 동작하게 되어 전력소비를 절감하는 장치를 말한다.

답 : ②

6. "건축물의 에너지절약설계기준"에 따라 다음 조건을 활용하여 각각의 보일러 효율을 구한 것으로 가장 적절한 것은?

〈장비일람표〉

장비명	사용연료	정격	
		용량	연료 소비량
보일러A	도시가스 (LNG)	170kW	18Nm³/h
보일러B	등유	170kW	20L/h

〈에너지열량 환산기준〉

연료	순(저위)발열량	총(고위)발열량
도시가스(LNG)	38.5MJ/Nm³	42.7MJ/Nm³
등유	34.1MJ/L	36.6MJ/L

① 보일러Ⓐ : 79.63%, 보일러Ⓑ : 83.61%
② 보일러Ⓐ : 79.63%, 보일러Ⓑ : 89.74%
③ 보일러Ⓐ : 88.31%, 보일러Ⓑ : 83.61%
④ 보일러Ⓐ : 88.31%, 보일러Ⓑ : 89.74%

해설

보일러-1 : $\dfrac{170 \times 3600 \times 10^{-3}}{42.7 \times 18} \times 100\% = 79.63\%$

보일러-2 : $\dfrac{170 \times 3600 \times 10^{-3}}{20 \times 34.1} \times 100\% = 89.74\%$

답 : ②

7. 다음 장비일람표와 같이 건축물에 급탕용 장비를 설치할 경우 "건축물의 에너지절약설계기준"에 따른 에너지성능지표 기계설비부문 11번 항목에서 획득할 수 있는 배점(b)은?

〈급탕용장비일람표〉

장비명	용량	대수	기타
전기온수기	3kW	40	-
가스진공온수 보일러	200kW	1	고효율에너지 기자재 인증제품
가정용 가스보일러	25kW	1	에너지소비효율 1등급 제품

〈에너지성능지표 기계설비부문 11번 항목 배점표〉

항목	배점(b)				
	1점	0.9점	0.8점	0.7점	0.6점
전체 급탕용 보일러 용량에 대한 우수한 효율설비 용량 비율	80 이상	70~80 미만	60~70 미만	50~60 미만	50 미만

① 0.6점
② 0.7점
③ 0.8점
④ 0.9점

해설 $\dfrac{(200 \times 1) + (25 \times 1)}{(3 \times 40) + (200 \times 1) + (25 \times 1)} \times 100 ≒ 65.22\%$

따라서 배점구간이 60~70% 미만이 되므로 배점은 0.8 점이 된다.

답 : ③

8. 에너지성능지표 신재생설비부문 각 항목별 배점 1점 획득 기준으로 가장 적절하지 않은 것은?

〈에너지성능지표 기계설비부문 11번 항목 배점표〉

항목	배점(b)
	1점
1. 전체 난방설비용량에 대한 신재생에너지 용량비율	(㉠%) 이상
2. 전체 냉방설비용량에 대한 신재생에너지 용량비율	(㉡%) 이상
3. 전체 급탕설비용량에 대한 신재생에너지 용량비율	(㉢%) 이상
4. 전체 조명설비용량에 대한 신재생에너지 용량비율	(㉣%) 이상

※ 공통사항 : 단, 의무화대상 건축물은 2배 이상 적용 필요

① ㉠ : 2%

② ㉡ : 2%

③ ㉢ : 10%

④ ㉣ : 10%

해설 신재생설비부분에 전체 조명설비용량에 대한 신재생에너지 용량비율은 60% 이상(단, 의무화 대상 건축물은 2배 이상 적용 필요)

	항 목	기본배점 (a)				배점 (b)					평점 (a*b)	근거
		비주거		주거		1점	0.9점	0.8점	0.7점	0.6점		
		대형 (3,000㎡ 이상)	소형 (500~ 3,000㎡ 미만)	주택 1	주택 2							
신재생부문	1. 전체난방설비용량에 대한 신재생에너지 용량 비율	4	4	5	4	2% 이상	1.75% 이상	1.5% 이상	1.25% 이상	1% 이상		
						단, 의무화 대상 건축물은 2배 이상 적용 필요						
	2. 전체냉방설비용량에 대한 신재생에너지 용량 비율	4	4	–	3	2% 이상	1.75% 이상	1.5% 이상	1.25% 이상	1% 이상		
						단, 의무화 대상 건축물은 2배 이상 적용 필요						
	3. 전체급탕설비용량에 대한 신재생에너지 용량 비율	1	1	4	3	10% 이상	8.75% 이상	7.5% 이상	6.25% 이상	5% 이상		
						단, 의무화 대상 건축물은 2배 이상 적용 필요						
	4. 전체조명설비전력에 대한 신재생에너지 용량 비율	4	4	4	3	60% 이상	50% 이상	40% 이상	30% 이상	20% 이상		
						단, 의무화 대상 건축물은 2배 이상 적용 필요 (잉여 전력은 계통 연계를 통해 활용)						
	신재생부분 소계											
평점 합계(건축+기계+전기+신재생)												

답 : ④

9. 거실면적 500m²인 건축물에 다음과 같이 조명기기를 설치할 경우, 에너지성능지표 전기설비부문 1번 항목에서 획득할 수 있는 평점(a×b)으로 가장 적절한 것은?

〈조명기기 설치 현황〉

구분	안정기내장형 형광램프	LED램프
램프당 소비전력(W)	15	40
램프수(개)	80	100
비고	최저 소비 효율 기준 만족	고효율 에너지기자재 인증 제품

〈에너지성능지표 기계설비부문 11번 항목 배점표〉

항목	기본 배점 (a)	배점(b)				
		1점	0.9점	0.8점	0.7점	0.6점
거실의 조명 밀도 (W/m²)	8점	8 미만	8~11 미만	11~14 미만	14~17 미만	17~20 미만

① 4.8점

② 5.6점

③ 6.4점

④ 7.2점

해설 $\dfrac{(15\times80)+(40\times100)}{500} ≒ 10.4(\text{W/m}^2)$

따라서 배점구간이 8~11미만이 되므로 배점은 0.9점이 된다. 평점은 (8×0.9=7.2점이 된다.)

답 : ④

10. 다음 장비일람표와 같이 건축물에 흡수식 냉동기를 설치할 경우, 에너지성능지표 기계설비부문 2번 항목에서 획득할 수 있는 배점(b)은?(단, 냉수와 온수의 밀도/정압비열은 동일한 것으로 가정)

〈장비일람표〉

장비명	증발기(냉수)			열원(지역난방)		
	냉수온도 (℃)		유량 (L/min)	온수온도 (℃)		유량 (L/min)
	입구	출구		입구	출구	
흡수식 냉동기	12	7	2,045	95	65	480

〈에너지성능지표 기계설비부문 2번 항목 배점표〉

항목	배점(b)				
	1점	0.9점	0.8점	0.7점	0.6점
흡수식 성적 계수 (1중효용)	0.75 이상	0.75~ 0.75 미만	0.7~ 0.73 미만	0.65~ 0.7 미만	0.65 미만

① 0.7점

② 0.8점

③ 0.9점

④ 1점

해설 배점 $= \dfrac{(12-7)\times2045}{(95-65)\times480} = 0.71 \rightarrow$ 0.7~0.73 미만에 해당하므로 배점 0.8점에 해당한다.

답 : ②

11. 다음 보기 중 "건축물의 에너지절약설계기준"에 따라 열손실방지조치를 하지 않을 수 있는 부위를 모두 고른 것은?

<보 기>

㉠ 창고로서 거실의 용도로 사용하지 않고, 냉·난방 설비를 설치하지 않는 공간의 외벽
㉡ 공동주택의 층간바닥(최하층 제외) 중 바닥난방을 하는 현관 및 욕실의 바닥부위
㉢ "건축법시행령" 별표 1 제25호에 해당하는 건축물 중 "원자력 안전법" 제10조 및 제20조에 따라 허가를 받는 건축물
㉣ 기계실로서 거실의 용도로 사용하지 않고, 냉·난방 설비를 설치하는 공간의 외벽

① ㉠, ㉡
② ㉠, ㉢
③ ㉠, ㉡, ㉢
④ ㉡, ㉢, ㉣

해설 열손실방지조치를 하지 않을 수 있는 부위는
㉠ 창고로서 거실의 용도로 사용하지 않고, 냉·난방설비를 설치하지 않는 공간의 외벽
㉢ "건축법 시행령" 별표 1제 25호에 해당하는 건축물 중 "원자력 안전법" 제10조 및 제20조에 따라 허가를 받은 건축물이 해당한다.
제 25호 : 발전시설 (발전소로 사용되는 건축물로서 제1종 근린생활시설로 분류되지 아니한 것), 집단에너지공급시설을 포함

답 : ②

12. 다음 보기 중 "건축물의 에너지절약설계기준"에 따른 건축물 에너지 소비 총량제 평가 프로그램에서 난방 및 냉방 에너지요구량에 영향을 미치는 평가 요소를 모두 고른 것은?

<보 기>

㉠ 열교방지구조
㉡ 천장고
㉢ 전열교환환기장치의 냉난방시 열회수율
㉣ 지역
㉤ 조명밀도

① ㉠, ㉡, ㉢, ㉣, ㉤
② ㉠, ㉡, ㉣, ㉤
③ ㉠, ㉢, ㉣, ㉤
④ ㉠, ㉣, ㉤

해설 "건축물의 에너지절약설계기준"에 따른 건축물에너지 소비 총량제 평가 프로그램에서 난방 및 냉방 에너지요구량에 영향을 미치는 평가요소는 ㉠ 열교방지구조, ㉡천장고, ㉢ 전열교환장치의 냉난방시 열회수율, ㉣ 지역, ㉤ 조명밀도 모두 포함된다.

답 : ①

13. 다음(㉠~㉤) 중 외기에 간접 면하는 수준의 단열 조치가 반드시 필요한 부위를 모두 고른 것으로 가장 적절한 것은?

〈단면도〉

① ㉢

② ㉢, ㉣, ㉤

③ ㉠, ㉡, ㉣, ㉤

④ ㉠, ㉡, ㉢, ㉣, ㉤

해설 바닥난방을 하는 공간의 하부가 바닥난방을 하지 않는 난방공간이거나 비난방공간일 경우 당해 바닥난방을 하는 부위는 별표1의 최하층에 있는 거실의 바닥기준 중 외기에 간접 면하는 경우에 해당하는 열관류율 기준을 만족해야 한다.

답 : ①

14. 에너지성능지표 전기설비부문 항목 중 기본 배점(a)이 가장 큰 항목은?

① 거실의 조명밀도(W/m^2)

② 간선의 전압강하율(%)

③ 건축물에너지관리시스템(BEMS) 채택

④ 역률자동조절장치 채택

해설
1. 거실의 조명밀도 (W/m^2) : 9점
2. 간선의 전압강하율 (%) : 1점
3. 건축물에너지관리시스템 (BEMS) 채택 : 3점
4. 역률자동조절장치 채택 : 1점

답 : ①

15. 다음 조건에서 간선의 전압강하(V)를 구한 것으로 가장 적절한 것은?(단, 전압강하 값은 소수 셋째자리에서 반올림)

〈조 건〉

• 배전방식 : 단상2선식(220V)

• 간선의 직선거리 : 20m

• 연결부하 : 2.2kW 전열기 4대

• 전선의 단면적 : 35mm^2

① 0.41V

② 0.70V

③ 0.81V

④ 1.01V

해설 전압강하 $= \dfrac{35.6 \times 20 \times 40}{1000 \times 35} = 0.81V$

답 : ③

16. 다음은 에너지성능지표 건축부문 6번 항목(기밀테이프 등 기밀성능 강화 조치)에 대한 배점 획득 기준이다. 빈 칸(㉠, ㉡)에 들어갈 내용으로 가장 적절한 것은?

외기 직접 면한 (㉠) 면적의 (㉡)% 이상에 적용

① ㉠ : 창, ㉡ : 50

② ㉠ : 창, ㉡ : 60

③ ㉠ : 창 및 문, ㉡ : 50

④ ㉠ : 창 및 문, ㉡ : 60

해설 에너지 성능지표 건축부문 6번항목 (기밀테이프 등 기밀성능 강화조치에 대한 배점기준
외기 직접면한 (㉠ 창 및 문) 면적의 (㉡ 60)% 이상에 적용한다.

답 : ④

17. 에너지성능지표 전기설비부문 각 항목 채택 시 기대효과로 가장 적절하지 않은 것은?

① 건축에너지관리시스템 : 에너지사용 내역을 모니터링하여 최적화된 건축물 에너지관리 방안을 제공함으로써 쾌적한 실내환경 유지와 효율적은 에너지관리가 가능하다.

② 최대수요전력 제어설비 : 수용가의 피크전력억제 및 전력 부하의 평준화가 가능하다.

③ 역률자동조정장치 : 진상 또는 지상 부하의 상황에 맞게 역률을 제어하여 설비용량 여유를 감소시킬 수 있다.

④ 대기전력자동차단장치 : 상시 사용이 빈번하지 않는 전열설비에 적용할 경우 대기전력저감효과를 극대화 할 수 있다.

[해설] ③ 역률자동조절장치 : 진상 또는 지상 부하의 상황에 맞게 역률을 제어하며 설비용량 여유를 증대시킬 수 있다.

답 : ③

※ 다음 장비일람표를 참고하여 18~19번 문항에 답하시오.

〈급탕용장비일람표〉

장비명	냉방용량	대수
스크류 냉동기	250kW	3
EHP	50kW	7
흡수식 냉동기	1,230kW	3
지열원 냉방설비	195kW	2

18. 에너지성능지표 기계설비부문 10번 항목에서 획득할 수 있는 배점(b)은?

〈에너지성능지표 기계설비부문 10번 항목 배점표〉

항목	배점(b)				
	1점	0.9점	0.8점	0.7점	0.6점
전기 대체 냉방 비율(%)	100	90~ 100 미만	80~ 90 미만	70~ 80 미만	60~ 70 미만

① 0.6점

② 0.7점

③ 0.8점

④ 0.9점

[해설] 배점 $= \dfrac{(1230\times3)+(195\times2)}{(250\times3)+(50\times7)+(1230\times3)+(195\times2)}\times100$
$= 78.76\%$

→ 70~80% 미만에 해당하므로 0.7점에 해당한다.

답 : ②

19. 에너지성능지표 신재생설비부문 2번 항목 기준에 따른 전체 냉방설비용량에 대한 신재생에너지 용량 비율(%)로 가장 적절한 것은?

① 0%

② 7.53%

③ 8.14%

④ 10.63%

[해설] 배점 $= \dfrac{(195\times2)}{(250\times3)+(50\times7)+(1230\times3)+(195\times2)}\times100$
$= 7.53\%$

답 : ②

20. 다음 보기 중 건축물 에너지효율등급인증 평가 프로그램(ECO2)에서 평가할 수 있는 신재생 시스템을 모두 고른 것은?

<보 기>

㉠ 태양광
㉡ 태양열
㉢ 지열
㉣ 연료전지
㉤ 풍력

① ㉠, ㉢
② ㉠, ㉡, ㉢
③ ㉠, ㉡, ㉢, ㉣
④ ㉠, ㉡, ㉢, ㉣, ㉤

해설

(ECO2 프로그램 신재생 부문)

답 : ④

제4과목 : 건물 에너지효율설계·평가

1. 다음은 비주거건축물의 ECO2 평가결과이다. 건축물 에너지효율등급(㉠) 및 에너지자립률(㉡)로 가장 적절한 것은?

1차에너지생산량(태양광)	45 kWh/m²·년
1차에너지소요량	140.3 kWh/m²·년
등급산출용 1차에너지소요량	128.8 kWh/m²·년

① ㉠ : 1+등급, ㉡ : 34.94 %
② ㉠ : 1+등급, ㉡ : 32.07 %
③ ㉠ : 1++등급, ㉡ : 25.89 %
④ ㉠ : 1++등급, ㉡ : 24.28 %

해설
1. 등급 산출용 1차 에너지 소요량

$$128.8 \text{kwh/m}^2\text{년} : \frac{80 \sim 140}{1^{++}\text{등급}}$$

2. 에너지 자립률(%)

$$= \frac{\text{1차에너지 생산량(태양광)}}{\text{1차에너지생산량(태양광)} + \text{1차에너지소요량}}$$

$$\fallingdotseq \frac{45}{45 + 140.3} \times 100\% = 24.28\%$$

답 : ④

2. "건축물 에너지 효율등급 입증 및 제로에너지 건축물 인증 제도 운영규정"[별표2] 건축물 용도프로필에 대한 설명 중 가장 적절한 것은?

① 열발열원과 관련하여 인체 및 작업 보조기기, 조명기기에 의한 발열량이 제시되어 있다.
② 모든 용도프로필의 월간 사용일수는 동일하다.
③ 모든 용도프로필의 실내공기 설정온도는 냉방 시 20℃, 난방 시 26℃로 동일하다.
④ 초·중·고등학교의 구내식당, 주방 및 조리실, 체육시설에 대한 용도프로필이 별도로 제시되어 있다.

해설
① 열발열원과 관련하여 사람 및 작업보조기기에 의한 발열량이 제시되어 있다.
② 모든 용도 프로필의 월간 사용일수는 다르다.
③ 모든 용도 프로필의 실내 공기설정온도는 냉방 설정온도 26℃ 난방설정온도 20℃로 동일하다.
④ 초·중·고등학교의 구내식당, 주방 및 조리실, 체육시설에 대한 용도 프로필이 별도로 제시되어 있다.
주거 및 주거용이외의 용도 프로필에는
1. 사용시간과 운전시간
    (① 사용시작시간 ② 사용종료시간 ③ 운전시작시간 ④ 운전 종료시간)
2. 설정 요구량 (최소도입외기량, 급탕요구량, 조명시간)
3. 열 발열원(사람, 작업보조기기)
4. 실내 공기온도(난방 설정온도 (20℃), 냉방 설정온도 (26℃)
5. 월간 사용 일수 (1월-12월)
6. 용도별 보정계수 등을 규정하고 있다.
    → 난방, 냉방, 급탕, 조명환기
주거 공간 외 → ② 소규모 사무실 ⑩ 체육시설(20개 용도프로필)

답 : ④

3. 다음과 같이 기존 건축물을 개선하였을 경우, 건축물 에너지효율등급 평가 결과가 변동될 수 있는 항목을 보기에서 모두 고른 것은?

> 〈개선조치〉
>
> • 조명밀도를 낮춤
> • 낮은 태양열취득률(SHGC) 창호로 교체
> • 전열교환 환기장치의 열교환효율 향상
> • 고효율보일러(급탕용)로 교체

> 〈보 기〉
>
> ㉠ 난방 에너지요구량 ㉡ 냉방 에너지요구량
> ㉢ 급탕 에너지요구량 ㉣ 조명 에너지요구량
> ㉤ 환기 에너지요구량

① ㉠, ㉡, ㉣, ㉤
② ㉠, ㉡, ㉢, ㉣
③ ㉠, ㉡, ㉣
④ ㉡, ㉢, ㉣

해설
• 조명 밀도를 낮춤 : ㉠ 난방에너지 요구량, ㉡ 냉방에너지 요구량, ㉣ 조명에너지요구량
• 낮은 태양열 취득률(SHGC) 창호로 교체 : ㉠, ㉣
• 열 교환기환기장치의 열교환 효율 향상 : ㉠, ㉡
• 고효율 보일러(급탕용)로 교체 : 급탕 에너지 소요량 변동

답 : ③

---

4. "건축물의 에너지절약설계기준"에서 사용되는 용어의 단위로 가장 적절하지 <u>않은</u> 것은?

① 거실의 조명밀도 : W/m^2
② 외피 열교부위의 단열 성능 : $W/m \cdot K$
③ 간선의 전압강하(율) : %
④ KS F 2292에 의한 통기량 : m^3/h

해설
① 거실의 조명밀도 : W/m^2
② 외피 열교부위 단열성능 : $W/m \cdot K$
③ 간선의 전압강하(율) : %
④ KS F 2292에 의한 통기량 : m^3/hm^2

답 : ④

---

5. 다음 조건으로 설계한 경우, "건축물의 에너지절약설계기준"에 따라 보일러 효율을 구한 것으로 가장 적절한 것은?

〈장비일람표〉

장비명	사용연료	정격	
		용량	연료 소비량
가스 보일러	도시가스 (LNG)	180 kW	19 Nm^3/h
기름 보일러	등유	160 kW	18 L/h

〈에너지열량 환산기준〉

연료	순(저위)발열량	총(고위)발열량
도시가스 (LNG)	38.5 MJ/Nm^3	42.7 MJ/Nm^3
등유	34.1 MJ/L	36.6 MJ/L

① 가스보일러 : 79.87%, 기름보일러 : 93.84%
② 가스보일러 : 79.87%, 기름보일러 : 87.43%
③ 가스보일러 : 88.59%, 기름보일러 : 93.84%
④ 가스보일러 : 88.59%, 기름보일러 : 87.43%

보일러 효율 (%)

① 가스보일러

$$= \frac{180 \times 3600 \times 10^{-3}}{19 Nm^3/h \times 42.7 MJ/Nm^3} \times 100(\%) = 79.87(\%)$$

② 기름보일러 $= \frac{160 \times 3600 \times 10^{-3}}{18 L/h \times 34.1 MJ/L} \times 100(\%()) = 93.84(\%)$

답 : ①

6. 다음 조건으로 설계한 경우, 에너지성능지표 전기설비부문 10번 항목에서 획득할 수 있는 배점(b)은?

〈콘센트 현황〉

구분	대기전력자동차단콘센트		일반형 콘센트
	대기전력저감 우수제품 미적용	대기전력저감 우수제품 적용	
회의실	5개	10개	10개
휴게실	5개	20개	10개
업무공간	0개	30개	20개

〈에너지성능지표 전기설비부문 10번 항목 배점표〉

배점(b)				
1점	0.9점	0.8점	0.7점	0.6점
80% 이상	70% 이상 ~ 80%	60% 이상 ~ 70%	50% 이상 ~ 60%	40% 이상 ~ 50%

① 0.6점

② 0.7점

③ 0.8점

④ 0.9점

$\frac{60}{10+60+40} = \frac{60}{110} \times 100(\%) = 54.55\%$

배점(b) 50% 이상 ~ 60% 미만(0.7점)

답 : ②

7. 다음과 같이 건축물의 에너지소요량 평가서를 제출한 경우, "건축물의 에너지절약설계기준" 제15조(에너지성능지표의 판정)를 적용하지 않아도 되는 대상을 보기에서 모두 고른 것은?

구분	연면적의 합계 (m²)	용도	공공/ 민간	1차 에너지 소요량 (kWh/m²·년)
㉠	2,000	문화 및 집회시설	공공	120
㉡	3,000	교육 연구시설	공공	150
㉢	800	업무시설	민간	180
㉣	3,000	업무시설	민간	210

① ㉠, ㉡

② ㉡, ㉣

③ ㉠, ㉢

④ ㉢, ㉣.

㉠ 2,000 문화 및 집회시설
㉢ 800 업무시설
에너지 소요량 평가서 제출 대상
1. 업무 시설 중 연면적의 합계가 3,000m² 이상인 건축물
2. 교육 연구시설 중 연면적의 한계가 3,000m² 이상인 건축물
적합여부 판정 : 민간 200kWh/m²년 미만 [1⁺등급]
공공 140kWh/m²년 미만 [1⁺⁺등급] 적합
즉, ㉡, ㉣은 적용

답 : ③

8. 다음 단면도에서 외기에 간접 면하는 수준의 단열재가 반드시 적용되어야하는 부위(㉠~㉥)를 모두 고른 것은?

<단면도>

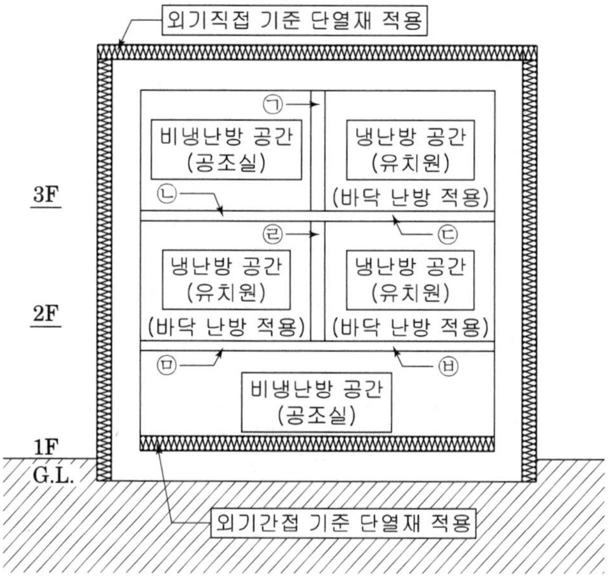

① ㉠, ㉡
② ㉤, ㉥
③ ㉢, ㉤, ㉥
④ ㉠, ㉡, ㉤, ㉥

해설 ② ㉤, ㉥
바닥 난방을 하는 공간의 하부가 바닥 난방을 하지 않는 난방 공간일 경우에는 당해 바닥 난방을 하는 바닥 부위는 별표1의 최하층에 거실의 바닥으로 보며 외기에 간접 면하는 경우의 열관류율 기준으로 만족하여야한다.

답 : ②

9. 다음 보기에서 연면적의 합계가 3,000m^2인 신축 공공업무시설이 제로에너지건축물 인증을 취득한 경우라도 "건축물의 에너지절약설계기준"에서 준수하여야 하는 항목을 모두 고른 것은?

〈보 기〉

㉠ 에너지성능지표 판정
㉡ 열손실방지 조치
㉢ 에너지소요량 평가서 판정
㉣ 냉방부하저감을 위한 거실면적당 평균 태양열 취득 배점획득
㉤ 전기를 사용하지 아니한 냉방방식 적용 (전체 냉방설비용량의 60% 이상)

① ㉡
② ㉡, ㉤
③ ㉢, ㉣
④ ㉠, ㉢, ㉣

해설
㉡ 열손실 방지조치
㉤ 전기를 사용하지 아니한 냉방 방식 적용(전체 냉방 설비 용량의 60% 이상)
은 연면적의 합계가 3,000m^2인 신축 공공 업무 시설이 제로 에너지 건축물 인증을 취득한 경우라도 "건축물의 에너지 절약 설계 기준"을 준수하여야 한다.

답 : ②

10. 다음 조건으로 설계한 경우, 에너지성능지표 기계설비부문 2번 항목에서 획득할 수 있는 배점(b)은? (단, 냉수와 온수의 밀도, 정압비열은 동일한 것으로 가정)

〈장비일람표〉

장비명	증발기(냉수)			열원(지역난방)		
	냉수온도(℃)		유량(L/min)	온수온도(℃)		유량(L/min)
	입구	출구		입구	출구	
흡수식 냉동기	12	7	2,045	95	75	755

〈에너지성능지표 기계설비문 2번 항목 배점표〉

항목	배점(b)				
	1점	0.9점	0.8점	0.7점	0.6점
흡수식 성적계수 (1중효용)	0.75 이상	0.75~0.75 미만	0.7~0.73 미만	0.65~0.70 미만	0.65 미만

① 0.7점
② 0.8점
③ 0.9점
④ 1점

해설 $\dfrac{2,045 \times (12-7)}{755 \times (95-75)} = 0.677$

0.677은 배점) 0.7점 0.65~0.70 미만에 해당되므로 배점은 0.7점

답 : ①

11. "건축물의 에너지절약설계기준" 전기설비부문의 의무사항 중 배전방식별 전압강하 허용치에 따른 전선의 허용 단면적 산출식으로 가장 적절한 것은?

- e : 각 선간의 전압강하(V)
- e' : 외측선 또는 각 상의 1선과 중심선 사이의 전압강하(V)
- A : 전선의 단면적(mm²)
- L : 전선 1본의 길이(m)
- I : 부하기기의 정격전류(A)

① 단상 2선식 $A = \dfrac{17.8 \times L \times I}{1,000 \times e}$

② 단상 3선식 $A = \dfrac{20.6 \times L \times I}{1,000 \times e}$

③ 3상 3선식 $A = \dfrac{30.8 \times L \times I}{1,000 \times e}$

④ 3상 4선식 $A = \dfrac{35.6 \times L \times I}{1,000 \times e'}$

해설 배전방식
단상 2선식 $e = 35.6 \times L \times I/1000A$(선간)
단상 3선식 $e = 17.8 \times L \times I/1000A$(대지간)
3상 3선식 $e = 30.8 \times L \times I/1000A$(선간)
3상 4선식 $e = 17.8 \times L \times I/1000A$(대지간)
e : 각 선간의 전압강하
e' : 외측선 또는 각 상의 1선과 중심선 사이의 전압 장치(V)
A : 전선의 단면적(mm²)
L : 전선 1본의 길이(m)
I : 부하기기의 전격 전류 (A)
① 단상 2선식 $A = \dfrac{35.6 \times L \times I}{1000 \times e}$
② 단상 3선식 $A = \dfrac{17.8 \times L \times I}{1000 \times e'}$
③ 3상 3선식 $A = \dfrac{30.8 \times L \times I}{1000 \times e}$
④ 3상 4선식 $A = \dfrac{17.8 \times L \times I}{1000 \times e'}$

답 : ③

12. 다음 조건으로 설계한 경우, 에너지성능지표 건축부문 7번 항목의 배점 산정을 위한 거실 외피면적당 평균 태양열취득으로 가장 적절한 것은?

- 거실의 전체 외피면적 : 1,500 m²
- 거실의 창면적(남서) : 500 m²
- 창틀계수 : 0.9
- 유리의 태양열취득률(SHGC) : 0.581
- 가동형차양(모든 유리의 외측에 설치)의 태양열취득률(SHGC) : 0.34
- 수직면 일사량(남서) : 329 W/m²

① 17,547 W/m² ② 19,497 W/m²
③ 21,664 W/m² ④ 51,610 W/m²

해설 **건물 외피면적당 평균 태양열 취득**

$$\frac{\Sigma\,해당방위의\ 수직일사량 \times 해당방위의\ 일사조절장치의\ 태양열취득률 \times 해당방위의\ 거실투광부면적(m^2)}{\Sigma\,거실의외피면적(m^2)}$$

일사 조절 장치의 태양열 취득률
= 수평 고정형 외부 차양의 태양열 취득률×수직 고정형 외부차양의 태양열 취득률×가동형 차양의 태양열 취득률×투광부의 태양열취득률

* 투광부의 태양열 취득률(SHGC) = 유리의 태양열 취득률×창틀 계수

창틀계수 = 유리의 투광면적/창틀을 포함한 창 면적(m²)
(창틀의 종류 및 면적이 정해지지 않은 경우에는 창틀계수를 0.9로 가정)

$$\frac{329W/m^2 \times 500m^2 \times 0.581 \times 0.34 \times 0.9}{1500m^2} = 19.497W/m^2$$

329W/m² : 수직일사량
500m² : 투광부면적
0.581×0.34 : 일사조절장치 태양열취득률
0.9 : 창틀계수
1500m² : 거실의 외피면적

답 : ②

13. 에너지성능지표 전기설비부문에서 주거용 건축물이 평점을 받을 수 <u>없는</u> 항목은?

① 거실의 조명밀도
② 간선의 전압강하
③ 최대수요전력 관리를 위한 최대수요전력 제어 설비
④ 승강기 희생제동장치 설치비율

해설
① 거실 조명밀도(9.8.8.8) : 1점(8 미만), 0.9점(8~11 미만), 0.8점(11~14 미만), 0.7점(14~17 미만), 0.6점(17~20 미만)
② 간선의 전압 강하(1.1.1.1) : 3.5, 3.5~4.0, 4.0~5.0, 5.0~6.0, 6.0~7.0
③ 최대 수요 전력 고지를 위한 최대 수요 전력 제어 설비(2.1.11) : 적용여부
④ 승강기 회생제동장치 설치 비율(2.1.-.-) : 전체 승강기 동력의 60% 이상에 회생 제동장치 설치 여부
→ 승강기 회생 제동창치 설치 비율은 주거용 건축물에서 평점을 받을 수 없는 항목이다.

답 : ④

14. 다음 조건으로 설계한 경우, 에너지성능지표 신재생설비부문 1번 항목의 배점 산정을 위한 전체난방설비용량 대비 신재생에너지용량 비율로 가장 적절한 것은? (단, 신재생에너지 설비 인증을 받은 제품임)

〈장비일람표〉

장비명	난방용량(kW)	대수
흡수식 냉온수기	1,800	2
전기구동형 히트펌프 시스템	30	10
지열원 히트펌프 시스템	100	1

① 2,500 % ② 2,564 %
③ 2,778 % ④ 2,800 %

해설 **신재생 설비용량 비율(난방)**
$$= \frac{(100 \times 1)}{(1800 \times 2) + (30 \times 10) + (100 + 1)} \times 100 + 2.50\%$$

답 : ①

15. 다음 조건으로 설계한 경우, 에너지성능지표 건축부문 1번 항목 외벽의 평균열관류율 값으로 가장 적절한 것은?

〈평균열관류율 계산서〉

부호	구분	열관류율 (W/m²K)	면적 (m²)	열관류율 ×면적
W1	외기에 직접면하는 벽체	0.230	81.2	18.676
W2	외기에 직접면하는 벽체	0.330	36.2	11.946
D1	외기에 직접면하는 문	1.400	8.4	11.760
D2	외기에 직접면하는 문	1.800	3.8	6.840
G1	외기에 직접면하는 창	1.400	14.4	20.160
면적 합계			144	

① 0.443 W/m²·K
② 0.447 W/m²·K
③ 0.456 W/m²·K
④ 0.482 W/m²·K

해설
$$= \frac{(18.676 \times 1점) + (11.946 \times 0.7) + (11.760 \times 1) + (6.840 \times 0.8) + (20.160 \times 1)}{144}$$

$$= 0.447 (W/m^2k)$$

답 : ②

16. "건축물의 에너지절약설계기준" 기계설비부문 의무사항으로 가장 적절하지 <u>않은</u> 것은?

① 펌프는 KS인증제품 또는 KS규격에서 정해진 효율이상의 제품을 채택
② 기기배관 및 덕트는 국가건설기준 기계설비공사에서 정하는 기준 이상 또는 그 이상의 열저항을 갖는 단열재로 단열조치
③ 냉난방설비의 용량계산을 위한 지역별 설계용 외기조건 준수
④ 급수용 펌프의 전동기에 에너지절약적 제어방식 적용

해설 **기계 설비 부문 의무사항**
④ 급수용 펌프의 전동기에 에너지 절약적 제어방식 적용(EPI 13번항목)
→ 급수용 펌프 또는 가압급수펌프 전동기에 가변속 제어 등 에너지 절약적 제어방식 채택(①.①.①.①) : 급수용 펌프 전체 동력의 60% 이상 적용여부

답 : ④

17. 다음은 연면적의 합계가 4,000m²인 숙박시설의 계통도 및 장비일람표이다. 에너지성능지표 기계설비부문 12번 항목에서 획득할 수 있는 평점은?

<계통도>

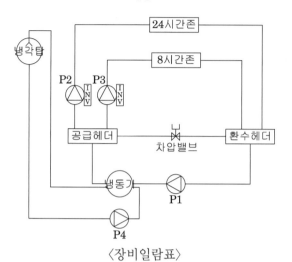

<장비일람표>

장비번호	장비명	용도	용량 (kW)	제어방식
P1	냉수펌프	냉동기 1차측	20	정유량
P2	냉수펌프	냉동기 2차측	30	가변속 제어
P3	냉수펌프	냉동기 2차측	30	가변속 제어
P4	냉각수펌프	냉동기	45	가변속 제어

〈에너지성능지표 기계설비부문 12번 기본배점표〉

항목	기본배점 (a)	
	비주거	
	대형	소형
순환펌프의 에너지절약적 제어방식 채택	2점	1점

① 0점 ② 1점
③ 1.5점 ④ 2점

해설 12번 항목 : 냉방 또는 난방 순환수, 냉각수순환펌프의 대수제어 또는 가변속제어등 에너지 절약적 제어 방식 채택(냉방 또는 난방순환수, 냉각수 순환 펌프 전체 동력의 60% 이상 적용여부)

$$= \frac{30+30}{20+30+30+45\text{kW}} = \frac{60}{125} \times 100\% = 48\% = 0점$$

배점=0×0 평점=0점

답 : ①

18. 수변전설비 도면에 사용되는 기호의 명칭으로 맞지 않은 것은?

기호 　　　　　　　명칭

① ⬚CB⬚ 　　　　차단기

② APFR 　　　역률자동조정장치

③ ◤LA◥ (LA) 　　　단로기

④ MOF 　　　계기용 변압 전류기

해설

③ ◤LA◥ : 피뢰기

단로기 : DS 　　부하개폐기 : LBS
선로개폐기 : LS

OCB : 유입차단기 　　△ : 전력용콘덴서

답 : ③

19. 다음 보기에서 현재 건축물 에너지효율등급 인증평가 프로그램(ECO2)에서 평가할 수 있는 신재생 시스템을 모두 고른 것은?

〈보 기〉

ㄱ 태양광
ㄴ 태양열
ㄷ 지열원 히트펌프
ㄹ 연료전지
ㅁ 풍력
ㅂ 수열원 히트펌프

① ㄱ, ㄴ, ㄷ, ㄹ, ㅁ, ㅂ
② ㄱ, ㄴ, ㄷ, ㄹ, ㅁ
③ ㄱ, ㄴ, ㄷ, ㄹ
④ ㄱ, ㄷ, ㄹ

해설 ECO2 평가 (신재생 : ㄱ 태양광, ㄴ 태양열, ㄷ 지열원히트펌프, ㄹ 연료전시, ㅁ 풍력, ㅂ 수열원 히트펌프) 모두 평가할 수 있다.

답 : ①

20. 건축물 에너지효율등급 인증 시 산출된 에너지 소요량과 실제 건축물 에너지사용량 간의 차이가 발생하는 원인으로 가장 적절하지 않은 것은?

① 에너지소요량은 난방, 냉방, 급탕, 조명, 환기 부문에 대한 평가만 이루어지기 때문이다.
② 에너지소요량은 용도프로필이라는 표준 설정 조건에 따라 건축물이 1년간 운영되었을 경우에 대한 예측값이기 때문이다.
③ 에너지소요량 산출 시 냉난방기기가 설치되어있지 않은 복도 및 홀을 평가에서 제외하기 때문이다.
④ 에너지소요량은 지역별 표준 기상데이터(월평균 외기온도 및 전일사량 등)가 반영되어 계산되기 때문이다.

해설 에너지 소요량 산출시 냉난방기가 설치되어 있지 않은 복도 및 홀을 평가에서 제외하기 때문이다.
→ ⑧ 용도프로필(부속공간에 포함)
부속공간 : 홀 로비, 복도, 계단실, 전실 등

답 : ③

건축물에너지평가사

❹ 건물 에너지효율설계 · 평가

定價 32,000원

저 자 건축물에너지평가사
      수험연구회

발행인 이 종 권

2013年 7月 29日 초 판 발 행
2014年 5月   1日 1차개정1쇄 발행
2015年 3月   9日 2차개정1쇄 발행
2016年 1月 29日 3차개정1쇄 발행
2016年 3月 28日 3차개정2쇄 발행
2017年 3月   9日 4차개정1쇄 발행
2018年 2月   6日 5차개정1쇄 발행
2019年 3月 26日 6차개정1쇄 발행
2020年 3月 11日 7차개정1쇄 발행
2021年 3月 10日 8차개정1쇄 발행
2022年 10月 11日 8차개정2쇄 발행
2023年 5月   3日 9차개정1쇄 발행
2024年 9月 26日 10차개정1쇄 발행

發行處 (주)한솔아카데미

(우)06775 서울시 서초구 마방로10길 25 트윈타워 A동 2002호
TEL : (02)575-6144/5   FAX : (02)529-1130
〈1998. 2. 19 登錄 第16-1608號〉

ISBN 979-11-6654-563-4 13540